CB129952

Introducción al control de procesos

Blucher

sociedade brasileira de
AUTOMÁTICA

Julio Elias Normey-Rico
Marcelo Menezes Morato

Introducción al control de procesos

Introducción al control de procesos

Editora Edgard Blücher Ltda.

Publisher Edgard Blücher

Editor Eduardo Blücher

Coordenação editorial Jonatas Eliakim

Produção editorial Bárbara Waida

Diagramação Autores

Capa Leandro Cunha

Imagem da capa iStockphoto

Editora Blucher

Rua Pedroso Alvarenga, 1245, 4º andar

CEP 04531-934 – São Paulo – SP – Brasil

Tel.: 55 11 3078-5366

contato@blucher.com.br

www.blucher.com.br

Datos de catalogación internacional en publicación (CIP)

Angélica Ilacqua CRB-8/7057

Normey-Rico, Julio Elias

Introducción al control de procesos / Julio Elias Normey-Rico, Marcelo Menezes Morato. – São Paulo : Blucher, 2022.

728 p. : il. (Recopilación SBA Press)

Bibliografía

ISBN 978-65-5506-482-7 (impreso)

ISBN 978-65-5506-478-0 (electrónico)

Título original: Introdução ao controle de processos

1. Control de procesos I. Titulo II. Morato, Marcelo Menezes III. Serie

22-2852 CDD 681.7

Las puntuaciones de catálogo sistemático:

1. Control de procesos

In memoriam *a*

Agustinho Plucenio y

Martin Pomar García

Presentación

En este libro, presentamos los elementos básicos de la teoría del control de procesos, usando un abordaje para principiantes. El objetivo de este libro es presentar de forma conceptual, sin la necesidad herramientas de cálculo avanzado, los elementos básicos de sistemas de control, así como las principales estrategias de control usadas en la práctica industrial.

De esta manera, todas las discusiones, demostraciones y ejemplos aquí expuestos son desarrollados integralmente en el dominio del tiempo, por lo tanto, para su comprensión son necesarios conocimientos básicos de física y cálculo. Este libro también presenta aspectos prácticos relacionados a las implementaciones de las diversas técnicas de control, con foco principal en sistemas digitales. Detalles prácticos, como la presencia de perturbaciones, ruido de medición y la saturación de los actuadores, son tomados en cuenta en todos los análisis elaborados a lo largo de este libro. Así, las lectoras y los lectores podrán comprender todas las etapas necesarias para el proyecto de un sistema de control básico, desde el análisis de los datos experimentales de un proceso real hasta la síntesis de la ley de control y su respectiva implementación en lazo cerrado.

En cada capítulo, el libro ofrece ejercicios propuestos, problemas resueltos y diversas actividades con ensayos que pueden ser desarrollados a través de un kit experimental de bajo costo, propuesto como una plataforma práctica de validación para principiantes en el tema del control de procesos. Con este kit, todos los pasos de proyecto de un sistema de control simple pueden ser implementados y probados.

El contenido de este libro es dividido en tres partes. Primeramente, presentamos los temas conceptuales asociados al control de procesos, como las operaciones de medición y actuación, control en lazo abierto y lazo cerrado, además de herramientas de análisis y síntesis, como los diagramas de bloques. En esta primera parte, los conceptos básicos de la teoría de señales y sistemas también son introducidos, como linealidad y estabilidad, además de las operaciones necesarias para la implementación de sistemas de control digital, como el muestreo y la interpolación.
En la segunda parte, el libro aborda las herramientas básicas para el modelamiento y el estudio de las respuestas de sistemas continuos y discretos de primer orden, visando formalizar resultados teóricos con base en ensayos intuitivos y empíricos.

La tercera y última parte esta dedicada a la discusión y al análisis de los algoritmos de control por realimentación de salida mas usados en la industria: controladores *on-off*, proporcional, proporcional-integral y proporcional-integral-derivativo. Usando únicamente conceptos matemáticos simples, métodos clásicos de ajuste basados en conceptos temporales son presentados, además de discusiones teóricas y experimentales sobre la regulación de procesos en lazo cerrado. Además, presentamos una discusión sobre diversos aspectos importantes para aplicaciones prácticas, como estrategias de *anti-windup*, el uso de señales de BIAS, ponderación del seguimiento de referencia y el uso de filtros de ruido, temas ilustrados por medio de diversos ejemplos. El libro también incluye un capítulo final que discute, de forma preliminar, algunos temas avanzados sobre sistemas de control, como incertidumbre, robustez y optimización, con el objetivo de motivar a las lectoras y a los lectores para estudios mas profundizados

Agradecimientos

Aprovechamos este espacio para agradecer a diversas personas que de diferentes maneras, tornaron posible este libro.

Primeramente, nos gustaría agradecer a Amanda Joenck, César Comelli, Luiz Hage y Daniel Regner por ayudarnos en la preparación de ejemplos. También agradecemos a Alice Branco y a Alex Cani por elaborar las listas y soluciones para la disciplina de Introducción al Control de Procesos que se usaran como base para los ejercicios aquí colocados. A Bryant B. Picon Yang y a Miriam Sejas agradecemos por la ayuda en la traducción y revisión del texto.

También nos gustaría agradecer los incentivos de nuestros colegas y amigos del departamento. Algunos ejemplos y estudios de casos presentados a lo largo de este libro fueron elaborados con base en investigaciones científicas financiadas por la CAPES, por el CNPq y también por el CNRS-Francia. Agradecemos a estas instituciones por el soporte.

Recordamos la recepción de este libro por la Sociedad Brasilera de Automática, que lo incluyo en las series de publicaciones de material didáctico.

Finalmente, agradecemos el soporte, la paciencia y la comprensión de nuestras familias y nuestros amigos durante el proceso de redacción de este libro.

Contenido

Capítulo 1

Introducción

Este libro tiene como objetivo principal presentar a los estudiantes de ingeniería (y de áreas afines) algunos problemas de control simples normalmente encontrados en la industria de procesos, como también muchas de las soluciones implementadas para resolverlos en la práctica.

El libro también aborda aspectos técnicos de los procesos industriales de producción, tales como cuestiones relacionadas a los sistemas de medición, de actuación y de control. Para tal, diversos casos reales son usados para motivar y embazar las herramientas de control y sus respectivos desarrollos matemáticos. Algunos ejemplos prácticos vistos a lo largo de este libro provienen de la industria de la caña de azúcar, de sistemas de energía solar, del sector de vehículos autónomos y de la industria de petroleo y gas, temas de gran importancia socio-económica.

A lo largo del texto, los conceptos básicos de Control de Procesos serán detallados, abordando las principales metodologías básicas de control realimentado y también algunos casos donde se aplicaran técnicas de control avanzado.

Es importante resaltar que todo desarrollo teórico presentado en este libro sigue un abordaje intuitiva, que utiliza conceptos y herramientas básicas de la física y del cálculo. El libro es orientado para estudiantes de ingeniería que poseen conocimientos básicos de matemática (como funciones, derivadas, integrales, ecuaciones diferenciales ordinarias y series) y de física (mecánica, termodinámica, hidráulica y leyes de conservación), pero no son necesarios conocimientos de transformadas de Laplace o Fourier. El material disponible en este libro también puede ser utilizado en cursos técnicos de ingeniería de control y automatización y en áreas afines.

Este libro también presenta un tutorial para el montaje de un prototipo para ensayos experimentales de técnicas de control. Este prototipo utiliza un motor-generador de corriente continua, cuya velocidad es controlada por medio de una señal de tensión accionada por un microcontrolador Arduino. Con el prototipo, diversos conceptos teóricos y métodos de control pueden ser probados.

Los temas y apartados de cada capítulo son divididos en temas básicos y avanzados. Los temas avanzados (marcados en azul) utilizan una matemática mas compleja y tienen mayor rigor y formalismos en las demostraciones. Los lectores y lectoras que no deseen estudiar los temas avanzados pueden continuar la lectura saltándolos, sin perder continuidad en el desarrollo de las ideas.

Este libro está organizado de la siguiente forma:

- Los Capítulos 2 y 3 introducen los primeros conceptos sobre procesos físicos, señales y sistemas. Las definiciones de actuación, medición, variable de control y de proceso, tal como los conceptos de interpolación y muestreo, son presentados y ejemplificados con casos prácticos.

- Los Capítulos 4, 5 y 6 presentan las herramientas matemáticas para análisis de sistemas físicos y como estos pueden ser representados a través de Ecuaciones Diferenciales o Ecuaciones en Diferencias. En estos Capítulos, los conceptos de linealidad, linealización y propiedades generales de sistemas son discutidos, siempre usando ejemplos intuitivos.

- El Capítulo 7 presenta un panorama general de como se comportan los sistemas cuando son colocados bajo la acción de controladores con realimentación dinámica de salida.

- En seguida, los Capítulos 8, 9, 10, 11 y 12 presentan, las estrategias de control del tipo *On-Off* (Todo-Nada), Proporcional (P), Proporcional-Integral (PI) y Proporcional-Integral-Derivativo (PID). En el Capítulo 12 se estudian las ideas básicas de los controladores anticipatorios (*feedforward*). Finalmente, en el Capítulo 13, algunas nociones básicas de optimización y control robusto son discutidas para motivar al estudiante en temas más avanzados.

Para la revisión de los contenidos presentados, al final de cada capítulo, incluimos listas de ejercicios y de problemas, además de algunos problemas resueltos. En las listas, proponemos ejercicios con foco directo en los temas del capítulo correspondiente. En los problemas, buscamos presentar casos de estudio que integran el contenido de varios capítulos. Destacamos también que, a partir del Capítulo 5, incluimos actividades experimentales que son propuestas para ser desarrolladas en el prototipo experimental propuesto. También, al final de gran parte de los capítulos, presentamos un apartado con lecturas recomendadas, para que el lector pueda profundizar sus conocimientos en los temas abordados en cada capítulo.

Parte I

Procesos y sistemas

Capítulo 2

Procesos

El asunto principal de este libro es el control de procesos, área de estudio de gran importante en el contexto de la ingeniería. Para poder avanzar en el estudio de los problemas asociados al control de procesos, es necesario, primeramente, presentar los conceptos básicos de sistemas y responder a preguntas como:

- ¿Qué es y cómo se define un proceso en la ingeniería de control?
- ¿Cuáles son las etapas del proyecto de un sistema de control de un proceso?

Para responder a estas preguntas, en este capítulo estudiamos el funcionamiento de procesos e introducimos algunas definiciones y conceptos importantes para su entendimiento, como, por ejemplo, lo que son variables de control, variables controladas, perturbaciones, etc.

2.1. Introducción

Definición 1 *Proceso*
En el contexto de la ingeniería, un ***proceso*** *es definido como un sistema*

que transforma o modifica las propiedades físicas, químicas o biológicas de un material o elemento, pudiendo convertirlo en un nuevo producto.

Varias pequeñas tareas cotidianas son ejemplos de procesos simples. A continuación serán presentados algunos de estos ejemplos.

Ejemplo 1 *La Figura 2.1 ilustra un proceso simple de nuestro día a día: el acto de calentar agua en una cocina a gas. En este proceso, al manipular o regular la cantidad de calor que se produce en el quemador conseguimos modificar una propiedad física (en este caso la temperatura) de la materia prima (que para este ejemplo sería el agua). Se nota, empíricamente, una relación causa-efecto; la temperatura del agua aumentará conforme la cantidad de calor entregada por el quemador. Observamos, generalmente, que la variación de la propiedad física del material es una función de la intensidad de actuación sobre el proceso que produce ese material. En este proceso estamos usando la energía producida por la combustión del gas (que es una reacción química) para cambiar la temperatura del agua.*

Ejemplo 2 *Otro ejemplo de un proceso simple, es la variación de la velocidad de las aspas de un ventilador cuando accionamos un potenciómetro que modifica la potencia eléctrica del aparato (ilustrado en la Figura 2.2). En este caso, tenemos un proceso en el cual la energía eléctrica es transformada en energía mecánica. Al aumentar la potencia eléctrica aplicada se consigue que las aspas del ventilador se muevan a mayor velocidad.*

A pesar de los ejemplos anteriores ser de áreas diferentes, desde el punto de vista del entendimiento del concepto de procesos, ellos tienen varias características en común. La primera es que existe una relación causa efecto entre una manipulación realizada sobre el proceso (que más tarde definiremos como variable manipulada del proceso) y la propiedad del material que se está produciendo o de una característica del proceso que se desea modificar (que definiremos en las próximas secciones como variable controlada

Figura 2.1 – Sistema de calentamiento de agua.

o de proceso). En el caso del quemador de gas, manipulamos la válvula de gas con el objetivo de aumentar la temperatura del agua. En el caso del ventilador, nuestro objetivo de modificar la posición del potenciómetro que ajusta la potencia eléctrica para variar la velocidad del ventilador. La segunda característica en común es que en todo proceso las variaciones de las grandezas que queremos cambiar (temperatura y velocidad en los ejemplos anteriores) se dan en la práctica de forma gradual a lo largo del tiempo, con una cierta dinámica, que estudiaremos más adelante en este libro. Finalmente, una tercera característica es que precisamos de elementos en el proceso que permitan nuestra interacción con él: un dispositivo que nos permita actuar en el proceso y otro que nos permita percibir los cambios que ocurren por causa de nuestra actuación. Estudiaremos con más detalles estos conceptos en este capítulo, pero antes mostraremos una forma gráfica simple de representación de los procesos.

Como visto en los ejemplos anteriores, la descripción de un proceso puede ser realizada de forma textual. Pero en la práctica de ingeniería, es normal utilizar representaciones gráficas de los procesos, de forma que un lector comprenda, rápida y directamente, las relaciones entre las manipulaciones que realizamos en el proceso y los efectos producidos por ellas.

Por ejemplo, el proceso del ventilador podría ser representado gráficamente de forma simple como se muestra en la Figura 2.2. En esta representación, podemos observar directamente la relación causa efecto entre las diferentes grandezas involucradas en este proceso (en el caso, la posición del potenciómetro y la velocidad) y la existencia de una transformación que traduce la posición del potenciómetro en una cierta velocidad de las aspas del ventilador.

Figura 2.2 – Ventilador con control de velocidad.

En el contexto de ingeniería de control, la principal representación para las transformaciones y relaciones de causa y efecto entre variables es denominada de "Diagrama de bloques". Por ser una herramienta muy importante estudiaremos con más detalles algunas de sus propiedades en el próximo apartado.

2.1.1. Diagrama de bloques

Un diagrama de bloques es un diagrama de flujo usado para caracterizar y detallar el funcionamiento de procesos, es una herramienta muy útil empleada para representar visualmente procesos reales. Con ella es posible, de manera simple y visual, demostrar las etapas y los procedimientos intermediarios necesarios para, por ejemplo, transformar una dada materia prima en producto final, inclusive en procesos más complejos que los que presentamos en el apartado anterior.

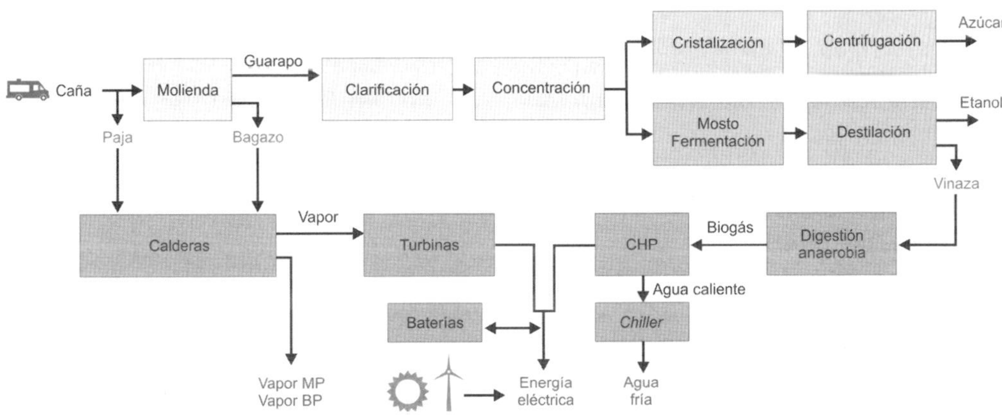

Figura 2.3 – Producción de azúcar, etanol y energía en la industria de la caña de azúcar.

Ejemplo 3 *En la Figura 2.3, presentamos un diagrama de bloques que representa las etapas fundamentales de un proceso de producción de azúcar y bioetanol a partir de la caña de azúcar. El procesamiento empieza con la molienda de la caña de azúcar, en un proceso similar al usado en los kioscos de jugo de caña. Los subproductos de este proceso son el guarapo, que es un caldo azucarado, y el bagazo de caña, que consiste en las fibras de la caña de azúcar que fueron molidas. Con estos dos subproductos, el procesamiento continua en la fábrica (en el ingenio de caña, como normalmente se denomina en la industria). El guarapo pasa, entonces, por un proceso de clarificación, tratamiento químico empleado para dejar el producto de color* *blanco; y la concentración (retirada del agua por vaporización). El producto resultante (que se puede comparar con la melaza de caña) toma dos caminos posibles: o se cristaliza y se centrifuga para producir azúcar, o se fermenta y se destila para producir etanol. El bagazo de caña de azúcar, junto con la paja (desechos orgánicos como hojas y puntas de caña, traídos de los campos), se quema en calderas para producir vapor. Este vapor se utiliza, en una pequeña parte, para la propia planta (por ejemplo, para calentar los evaporadores) y en grandes volúmenes, para la producción de energía eléctrica en turbinas de vapor, que se vende a la distribuidora de energía y/o se utiliza en la propia planta. Además, otro subproducto de la fábrica es la vinaza, que es el residuo no alcohólico de la destilación, empleado en digestores para producir biogás. Este biocombustible se puede utilizar para producir calor y electricidad en máquinas específicas para este propósito, llamadas CHP (del inglés, Combined Heat and Power). El destino de la energía eléctrica de la CHP es también designado a la venta y al consumo local; el calor puede tener varios usos prácticos. Por ejemplo, puede usarse en Chillers (resfriadores), que son dispositivos capaces de generar agua fría a partir de agua caliente. Esta agua fría es usada para enfriar algunos fluidos dentro del proceso.*

Como vemos, se trata de un proceso complejo, cuya materia prima, la caña de azúcar, se utiliza de forma íntegra: tanto en lo que podría considerarse como producto principal, el jugo, como en los residuos del proceso de transformación (paja, bagazo y vinaza), que se utilizan para generar electricidad, agua fría y vapor (que sirven para mantener en funcionamiento el proceso de clarificación, trituración y concentración). Cada uno de estos pasos (bloques en el diagrama) de la transformación de la caña de azúcar son procesos que modifican las propiedades físicas y químicas de los productos. El conjunto de todos los procesos conectados se suele denominar planta, término que a veces también se utiliza como sinónimo de proceso.

El nivel de detalle que se puede incluir en estos diagramas de bloques puede variar según el sector o la aplicación de la ingeniería (informática, producción, etc.).

Ejemplo 4 *Un ejemplo de aplicación industrial para la generación de energía renovable se representa con el diagrama de bloques mostrado en la Figura 2.4. En esta figura podemos ver cómo el proceso transforma la biomasa y la radiación solar para generar la energía eléctrica suministrada a la red externa. La biomasa recibida se almacena y luego se lleva a una caldera para producir vapor, el cual se convierte en energía eléctrica en un par turbina-generador que opera a una frecuencia de 60 Hz. Por otro lado, la radiación solar se convierte en energía eléctrica mediante paneles fotovoltaicos que puede ser enviada a la red después de pasar por una etapa de conversión a la frecuencia de la red. La energía producida en estos procesos puede inyectarse directamente a la red o acumularse en baterías para ser utilizada en otros momentos distintos al de la producción, siempre con la transformación de corriente alterna a continua, o viceversa.*

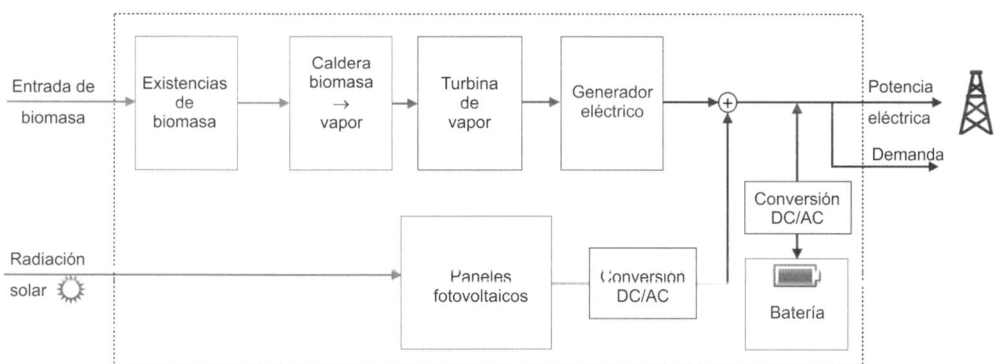

Figura 2.4 – Microred: proceso de generación de energía renovable.

Ejemplo 5 *La Figura 2.5 presenta el ejemplo de un diagrama de bloques un poco más general, en el cual solo se modelan los intercambios de energía entre el proceso de conversión y almacenamiento, sin detallar qué tipo de proceso se está representando. En este ejemplo, no son detallados los tipos de subprocesos representados con este diagrama.*

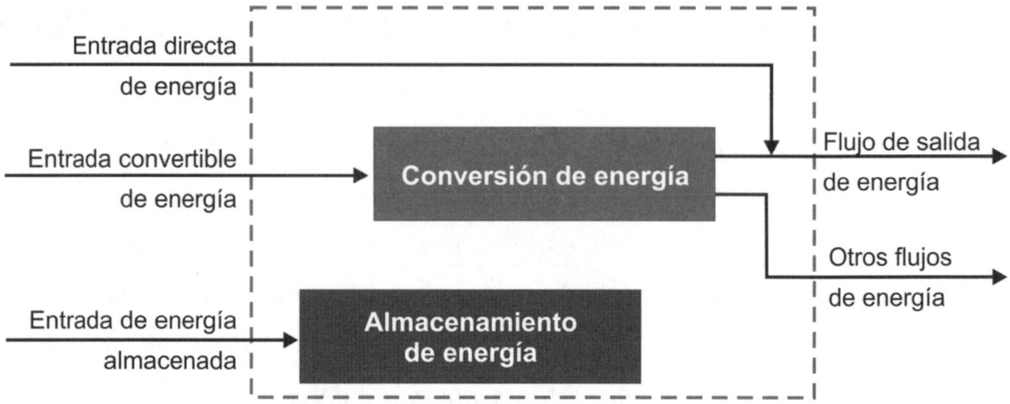

Figura 2.5 – Proceso de generación y almacenamiento de energía.

Es importante señalar, que estos diagramas son muy importantes para la comprensión cualitativa de los procesos y como veremos más adelante (este tema se discutirá en detalle en el Capítulo 3) para la aplicación de la teoría de sistemas de control. Pero, para poder realizar estudios cuantitativos y detallados de los procesos, cada uno de los bloques de este diagrama debe estar asociado a una ecuación matemática (o a un conjunto de ecuaciones) que describa(n) la relación entre las diferentes variables involucradas en el proceso.

El término "variable" se utiliza para describir una determinada propiedad relacionada con el proceso y que puede variar con el tiempo. Esta variación puede ser causada por modificaciones del proceso o por la evolución natural de sus características físico-químicas. Por ejemplo, en el caso del proceso del ventilador, la velocidad de las aspas podría considerarse la variable de proceso que se verá modificada en el tiempo por el efecto que ocasiona la manipulación del potenciómetro, que en este caso sería la variable manipulada de nuestro proceso.

2.2. ¿Control de procesos?

La palabra "control" es muy utilizada en el día a día en diversas situaciones: hablamos de controlar los gastos, controlar el peso, controlar el colesterol, etc. Controlar, significa tomar algunas acciones para causar cierto efecto en una propiedad o situación en nuestras vidas. Por ejemplo, para poder controlar nuestro peso, debemos tomar como acción la ingesta de una determinada cantidad de alimentos que esté de acuerdo con nuestra rutina de vida y el peso que se desea tener. Así, si consideramos nuestro cuerpo como un proceso que transforma los alimentos que ingerimos en energía y aumento de peso, debemos manipular la cantidad de alimentos que podemos ingerir para tener como resultado el peso deseado.

Usando el ejemplo anterior podemos introducir intuitivamente algunas ideas importantes asociadas con el control de procesos. Para controlar nuestro peso necesitamos medirlo, por lo que usaremos por ejemplo una báscula para este propósito. Conociendo el peso, lo compararemos con el peso que nos gustaría tener, es decir, con un valor de "referencia" que definimos previamente, usando algún criterio. Dependiendo de la diferencia entre el peso medido y el deseado, tomaremos una decisión, que será nuestra acción de control. Aquí usaremos algo de lógica basada en las matemáticas de una dieta. Finalmente, la acción de control se realizará a la hora de preparar nuestra comida. En ese paso final, manipulamos una variable (alimentos ingeridos) para afectar el proceso e intentar llevar nuestro peso al valor deseado.

La Figura 2.6 muestra el diagrama de bloques de este sistema de control. Antes de analizar con detalles estas operaciones, podemos señalar que tenemos tres pasos fundamentales, la medición, el control y la actuación.

Así, en general, controlar un proceso significa definir determinadas acciones a realizar sobre las variables que podemos manipular en el proceso, de tal forma que podamos conseguir que los productos del proceso cumplan determinadas condiciones o tengan determinadas propiedades.

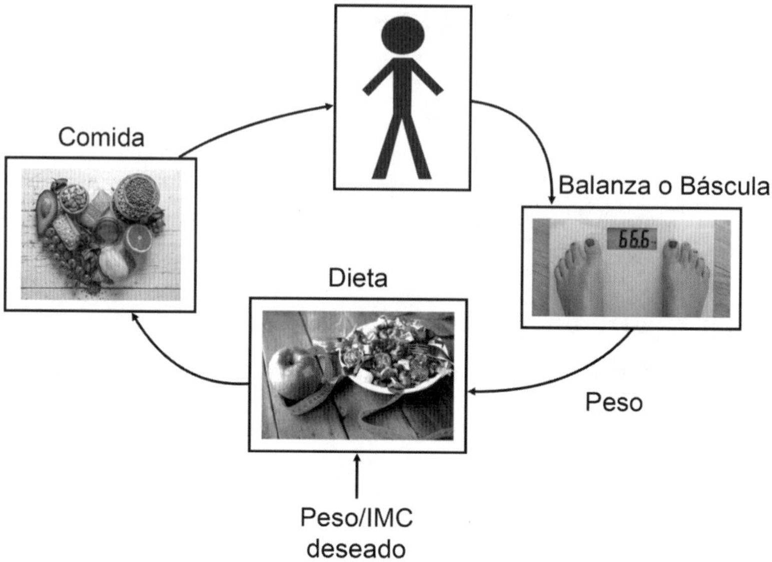

Figura 2.6 – Esquema para el control de peso.

Para el ejemplo del proceso de calentamiento del agua de la olla, controlar el proceso significa determinar cómo vamos a manipular la perilla que regula la entrada de gas para conseguir una determinada temperatura del agua, normalmente después de pasado un determinado tiempo. Tenga en cuenta que calentar el agua a una determinada temperatura puede no ser una solución satisfactoria para el usuario si tarda mucho tiempo en alcanzar la temperatura deseada. El concepto de controlar un cierto proceso, aunque simple, está directamente asociado a los objetivos que debe alcanzar este proceso, entre otras consideraciones.

Los ingenieros e ingenieras de control deben ser capaces de comprender y diseñar sistemas de control para los más variados tipos de procesos, ya sean industriales o cotidianos; deben saber diseñar estos sistemas de manera que se puedan cumplir ciertos requisitos.

Estos requisitos, llamados "requisitos de control", en general, se pueden dividir en cinco categorías principales, como se muestra a continuación:

1. **Requisitos de costo-beneficio:** los sistemas de control pueden dise-

ñarse para asegurar que el proceso mantenga un nivel específico de costo-beneficio. En la práctica, la gran mayoría de procesos deben controlarse de tal manera que su retorno económico sea mayor que su costo de producción. Por ejemplo, en un sistema de producción de energía fotovoltaica, podemos considerar como uno de los requisitos de costo-beneficio que el costo de instalación de los paneles sea amortizado por la economía en la factura de energía eléctrica en un plazo máximo de algunos años.

2. **Requisitos de seguridad:** la seguridad de los procesos industriales es siempre una prioridad, principalmente para reducir el riesgo de accidentes. De esta forma, muchos sistemas de control se diseñan para evitar situaciones de falla y paradas forzadas. En una caldera pequeña, como en el ejemplo de la Figura 2.4, se deben garantizar niveles seguros de temperatura y presión, de tal manera que nunca ocurran explosiones.

3. **Regulación ambiental:** los asuntos ambientales a menudo se tienen en cuenta para el correcto funcionamiento de los procesos. Los sistemas de control deben asegurar, por ejemplo, que la eliminación de algún material en la naturaleza o la reintroducción de este material en alguna etapa intermedia del proceso se realice de acuerdo con la legislación vigente. En la industria de curtiembres, por ejemplo, la piel de buey se utiliza para la producción de prendas de vestir y materiales de cuero. Este tipo de proceso suele generar una gran cantidad de residuos orgánicos, que deben eliminarse adecuadamente.

4. **Restricciones operativas:** las restricciones sobre el correcto funcionamiento del propio proceso deben tenerse en cuenta al diseñar los sistemas de control. Estas restricciones son mecánicas o físicas (relativas al proceso en sí) o normativas. En cuanto a las primeras, estas se refieren a los límites reales de la operación del proceso, es decir, cuanto

se puede aumentar o disminuir una determinada variable del sistema. Por ejemplo, no se pueden exceder las cargas máximas preestablecidas de una máquina o planear tener más cantidad de materia prima que la disponible. En cuanto a las segundas, se debe observar el conjunto de reglas (internas o externas) que rigen el tipo de actividad que se desarrolla en el proceso. Por lo tanto, los procesos siempre deben controlarse de tal manera que se respeten estos estándares. En una industria de cerámica, por ejemplo, es necesario definir las temperaturas máximas dentro del horno, de tal forma que las piezas cerámicas no pierdan resistencia mecánica por ser sometidas a temperaturas excesivas.

5. **Requisitos de desempeño:** finalmente, un sistema de control siempre debe diseñarse de tal manera que el proceso controlado se comporte de acuerdo con un desempeño preestablecido. Por ejemplo, un sistema de control de un automóvil autónomo debe garantizar que el automóvil se autoconduzca de acuerdo con la ruta planificada por el usuario y que llegue a los destinos en los tiempos predefinidos. En general, los requisitos de desempeño se refieren a la optimización de la operación del proceso, a la atenuación de efectos indeseables causados por perturbaciones externas, al mantenimiento de la estabilidad del proceso y también al cumplimiento de tiempos para las respuestas transitorias (por ejemplo para la transición de un estado a otro del proceso).

2.3. Comprendiendo el control de procesos

Teniendo en cuenta las cinco categorías de requisitos de control establecidos anteriormente, los procesos deben controlarse de tal manera que las mismas de hecho puedan ser garantizadas. Para ello, se debe monitorear el proceso a controlar y las intervenciones deben realizarse de manera autónoma e "inteligente". Vamos a formalizar algunos de estos conceptos mediante el diagrama de bloques que se muestra en la Figura 2.7.

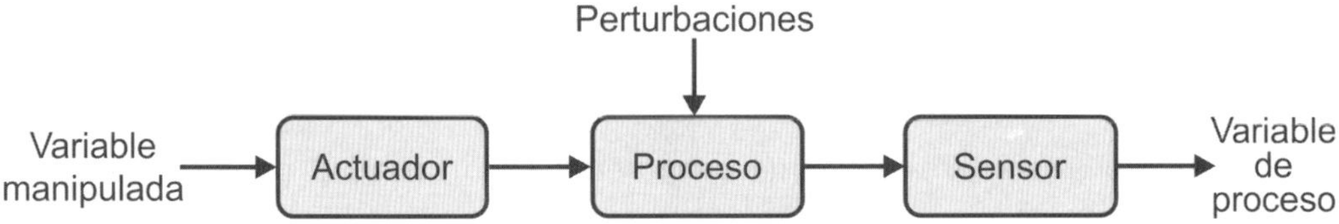

Figura 2.7 – Diagrama de bloques: actuador, proceso y sensor.

En esta figura se muestran diversas variables y algunos elementos que están presentes en prácticamente todos los procesos. La "variable de proceso" que se muestra en la figura, también llamada "variable controlada", representa alguna propiedad del producto del proceso que queremos mantener bajo control, por ejemplo, la temperatura de un fluido, la velocidad de un ventilador, la cantidad de azúcar producida por hora en una fábrica, etc. Para poder observar o conocer el estado de esta variable, en la mayoría de los casos necesitamos un sensor o medidor (por ejemplo, un termómetro para medir una temperatura). La "variable de control", también denominada "variable manipulada", representa la variable que debe ser manipulada por el operador o por el sistema de control automático. Para eso, necesitamos un elemento actuador, que conecta la manipulación con el proceso, por ejemplo cuando giramos la perilla (mando) de una cocina a gas, hay una válvula (actuador) que permite que el gas pase a través de la tubería hacia el quemador. Como ya fue mencionado, la manipulación de la variable de control tiene como objetivo que la variable de proceso respete los requisitos de control establecidos, y esto debe lograrse a pesar de posibles disturbios o perturbaciones. Las perturbaciones son aquellas variables que afectan el resultado del proceso, es decir, el valor de la variable de proceso, pero sobre las cuales no tenemos el poder de controlar (no podemos manipular).

Formalizaremos estos conceptos y citaremos algunos ejemplos adicionales.

- **Variable de control** o **variable manipulada** es la variable del sistema que el operador o controlador automático manipula para causar un efecto sobre la variable del proceso.

- **Variable de proceso** o **variable controlada** es la variable física del proceso que representa una característica de interés para el mismo y que se verá afectada por la manipulación de la variable de control.

- **Las perturbaciones** son las variables que modifican directa o indirectamente el comportamiento del proceso alterando la variable de proceso. No hay forma de manipular una perturbación. En general, las perturbaciones de un proceso son variables externas (secundarias) al sistema de control, tales como fricción, variaciones externas de temperatura, vibraciones, variables no identificables, carga o torque externo, fallas y ruido de medición.

Asimismo, se deben presentar las definiciones de los bloques de la representación del proceso correspondientes a la actuación y medición:

- **Actuador**: es el componente (generalmente electromecánico) capaz de transformar la variable de control (que generalmente es de baja potencia) en una cantidad capaz de modificar el proceso. Por ejemplo, una válvula que controla el caudal de agua en una tubería que alimenta un tanque es, de hecho un actuador, ya que recibe una señal eléctrica que se transforma en un movimiento mecánico para estrangular el paso de fluido y en consecuencia, reducir el caudal de agua que ingresa al tanque, con lo que se consigue variar el nivel de agua en el tanque. Una válvula mecánica manual también es un actuador que permite que el operador use la posición del mando de la válvula para modificar el caudal en la tubería.

- **Sensor**: es un componente capaz de traducir una magnitud física en otra que pueda ser interpretada por el sistema de control (generalmente una corriente o tensión eléctrica), o en una visualización gráfica que pueda ser entendida por el operador. Un termopar, por ejemplo, es un sensor de temperatura que transforma la variación de temperatura del líquido en el que está sumergido en un valor de voltaje eléctrico. La temperatura también se puede medir con un termómetro de mercurio, que le da al usuario una indicación visual, a través del nivel de una columna de mercurio de altura variable dependiendo de la temperatura que se mide.

Es necesario mencionar un detalle importante relacionado a las diferentes nomenclaturas utilizadas en la academia y en la industria para las variables y elementos de control. En la industria, es normal utilizar los términos variable de control o variable manipulada para la actuación sobre el proceso; ya en el mundo académico, es más habitual utilizar el término "variable de entrada" (o apenas "entrada"). La variable de interés, o la que desea controlar, se le llama en el contexto industrial como variable de proceso o variable controlada; ya en el mundo académico, es más habitual utilizar el nombre: "salida del proceso" (o apenas "salida").

Esta designación de entradas y salidas de un proceso está estrechamente asociada con el uso de los diagramas de bloques como una representación matemática del proceso, pero debemos tener cuidado al usar esta terminología, ya que la salida del proceso, desde el punto de vista del control, no es necesariamente la salida del producto de un proceso. Por ejemplo, en un sistema de control de temperatura de agua, la salida física del sistema es agua caliente, pero la variable de proceso, en términos de control, es la temperatura del agua.

A continuación presentaremos algunos ejemplos de procesos para que podamos identificar los elementos y variables involucrados.

2.3.1. Ejemplos de procesos y sus variables

Ejemplo 6 *En la Figura 2.8, presentamos una ducha eléctrica. Este aparato se utiliza para calentar el agua del baño transformando energía eléctrica en energía térmica. La ducha tiene en su interior un pequeño depósito que recibe el agua fría de la tubería y en el que se aloja una resistencia eléctrica. El agua que pasa por este pequeño depósito se calienta con el calor generado por la resistencia y sale de la ducha con una temperatura superior a la de la entrada. Esta temperatura depende de cuánta energía se disipa en la resistencia y cuánto tiempo permanece el agua en el depósito. Así, la ducha es capaz de lograr un incremento de la temperatura del agua, y el valor de temperatura final a la salida será igual a la suma de este incremento con la temperatura de entrada.*

En este proceso, podemos definir directamente la temperatura del agua que sale de la ducha como la variable de proceso, ya que esta es la variable de interés controlada por el usuario. La temperatura de entrada del agua es sin duda una perturbación, ya que no tenemos control sobre ella y sus variaciones afectan a la variable de proceso. Para la variable manipulada, podemos considerar dos casos. Si nuestra ducha no tiene la posibilidad de variar la potencia eléctrica aplicada a la resistencia, la única variable de control es el caudal de agua, regulado a través de un grifo instalado en la tubería. Tenga en cuenta que esta variable de control tiene un efecto opuesto sobre la temperatura, ya que al aumentar el caudal disminuimos la temperatura de salida, si mantenemos todas las demás variables en valores fijos. En el caso de que la ducha permita variar la potencia eléctrica aplicada a la resistencia, tendremos la posibilidad de utilizar, además del caudal, la potencia como una variable de control para el proceso. En la práctica, como usuarios u operadores de la ducha con potencia variable, normalmente utilizamos ambas variables de control en este proceso, ya que de esta forma podemos regular la temperatura que queramos y también el caudal (dentro de unos límites) para tener un baño más agradable.

Figura 2.8 – Ejemplo de ducha eléctrica con potencia variable.

Ahora identificaremos los otros elementos del proceso. La ducha no suele tener sensor de temperatura, utilizamos nuestro propio cuerpo para comprobar la temperatura, sin tener en cuenta el valor exacto, sino solo la sensación de temperatura agradable. Una ducha más sofisticada podría tener un termómetro con una pantalla digital para indicar la temperatura del agua. En cuanto a los actuadores, podemos identificar dos en este proceso: el grifo (que actúa como válvula), que nos permite modificar el caudal y en consecuencia la temperatura del agua y el accionamiento mecánico (selector) de la ducha, que nos permite modificar la potencia eléctrica consumirá en la resistencia.

Ejemplo 7 *La Figura 2.9 muestra una ilustración de un sistema de suspensión automotriz, que consta de un amortiguador de amortiguación variable y un resorte de rigidez constante. Este sistema tiene como finalidad minimizar la aceleración vertical del chasis del coche, con el objetivo de mejorar la comodidad del pasajero, independientemente del estado de la carretera por la que transita el vehículo. Por lo tanto, la aceleración vertical del automóvil es la variable de proceso para este sistema, la variable de control es la fuerza* *disipativa impuesta por el amortiguador. El actuador en este proceso es el amortiguador de amortiguación variable y el sensor es el transductor que mide la aceleración vertical instantánea del automóvil, acoplada a su centro de masa. Las características verticales de la carretera, como los baches, representan las perturbaciones de este proceso.*

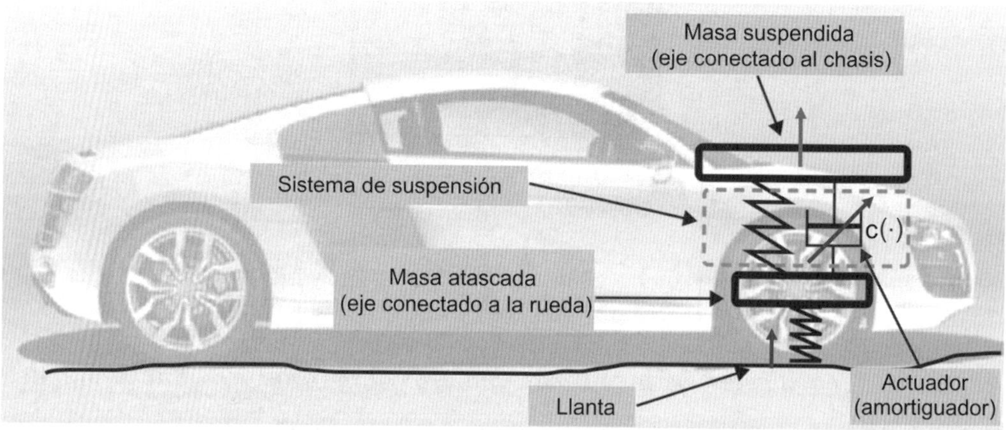

Figura 2.9 – Sistema de suspensión automotriz.

Ejemplo 8 *En la Figura 2.10, mostramos una representación gráfica de una caldera de gas, utilizada industrialmente para calentar agua. Este sistema consta de un quemador de gas y una tubería interna, para hacer circular el agua que entra en la caldera. Estos tubos están dispuestos de tal manera que en contacto con la llama que se produce al quemar el gas calientan el agua que pasa por ellos.*

El propósito de este proceso es aumentar la temperatura del agua que ingresa al calentador hasta una temperatura determinada. Por lo tanto, la temperatura del agua de salida es la variable de proceso (T en la figura), y la apertura de la válvula que controla el caudal de gas (V_2 en la figura) es la variable de control. Al igual que en el caso de la ducha, la temperatura del agua que ingresa a la tubería de la caldera y su respectivo caudal modificarán la temperatura de salida del agua, y si consideramos que no tenemos forma de controlarlas, se considerarán perturbaciones del proceso.

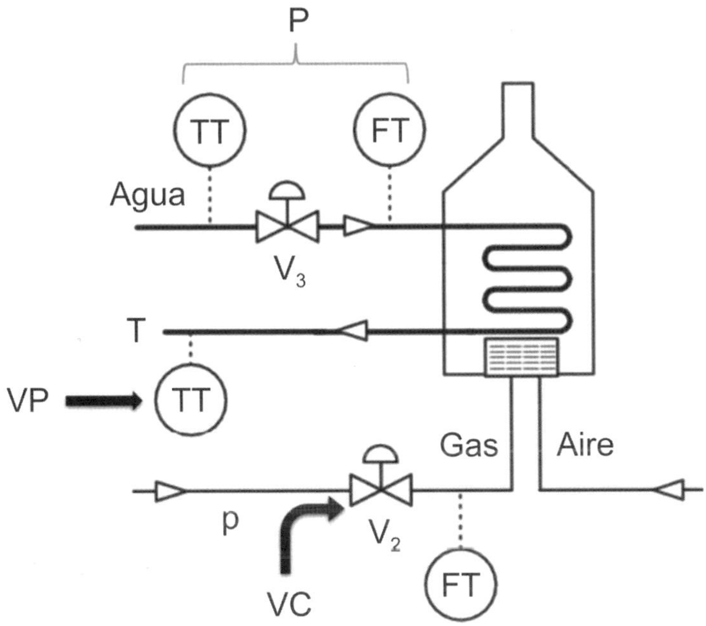

Figura 2.10 – Caldera a gas con control de temperatura (variable de proceso) usando el caudal de gas (variable de control).

En la Figura 2.10, podemos ver los actuadores y sensores instalados siendo representados respectivamente, por las válvulas (V_2 y V_3) y los medidores de temperatura (símbolo TT, en ingles temperature transducer) y caudal (símbolo FT, en ingles flow trasducer). Se observa que el sistema cuenta con sensores para la variable de proceso, pero también para otras variables, en este caso se mide el caudal de gas y agua que ingresa al sistema, así como la temperatura del agua que ingresa al sistema. Este tipo de medida auxiliar puede ser importante para mejorar el sistema de control, como veremos en los siguientes capítulos.

Como en este proceso tenemos dos actuadores, que son las válvulas que controlan el caudal de gas y agua entrando en la caldera y medidores de temperatura y caudal de agua, podríamos considerar la caldera como un sistema en el que operamos simultáneamente en dos variables manipuladas para controlar simultáneamente dos variables de proceso (caudal y temperatura del agua a la salida de la caldera). Este tipo de situación es bastante común en la práctica y se denomina sistema multivariable. Analizaremos este punto con más detalle en el siguiente apartado.

2.3.2. Procesos monovariables y multivariables

Dependiendo del número de variables de control y de proceso que se consideran en un sistema, el proceso se puede categorizar como:

- Procesos monovariables o de una única entrada y una única salida (SISO, del inglés *single input single output*). Son aquellos que tienen solo una variable de proceso y una variable de control. En este caso, todas las demás variables que modifican el producto final de un proceso SISO son consideradas perturbaciones.

- Procesos multivariables o con múltiples entradas y salidas (MIMO, del inglés *multiple inputs multiple outputs*). Son aquellos que tienen más de una variable de proceso y/o más de una variable de control. Lógicamente estos procesos tienen más de un sensor y/o actuador.

Además de la caldera mencionada anteriormente, citaremos otros ejemplos de procesos MIMO.

El proceso asociado al control de vuelo de un avión también es del tipo MIMO, ya que necesitamos controlar, como mínimo, la velocidad del avión, su altitud y su inclinación con relación al eje horizontal. En este caso, es necesario actuar a través de la potencia de los motores y de la posición del timón y de los controles aerodinámicos de las alas (*flaps*).

Los sistemas de cultivo en invernaderos necesitan un control adecuado de la humedad y la temperatura dentro del invernadero para conseguir que las condiciones climáticas dentro del mismo sean las apropiadas para el crecimiento de las plantas. En la práctica, el control de estos invernaderos se lleva a cabo calentando o enfriando el ambiente y rociando con agua el aire en su interior. Éste es un proceso con dos variables de proceso (temperatura y humedad) y varias variables de control (energía del calentador, apertura de ventanas, inyectores de agua).

2.3.3. Sistemas de control en lazo cerrado manual y automático

La estructura de implementación de los sistemas de control más utilizada en la industria (y en la investigación académica) es la llamada estrategia de "control en lazo cerrado" o "control realimentado".

El término lazo (o bucle) cerrado se refiere al esquema de implementación ilustrado por medio de un diagrama de bloques mostrado en la Figura 2.11. Comparando esta figura con la Figura 2.7, notamos que se agregó al diagrama un nuevo bloque, que se refiere al control. Este bloque recibe una medida de la variable de proceso proveniente de un sensor, la cual después de una etapa de procesamiento de la información recibida, envía un comando al proceso a través del actuador. En esta estructura de control, "cerramos un bucle", a través del bloque de control, entre la variable de proceso y la variable manipulada (entrada y salida del proceso, como se muestra en la Figura 2.11). Este bloque de control generalmente recibe (o usa internamente) una señal de referencia, que se utiliza para expresar los requisitos operativos de la variable de proceso.

Los sistemas de control en bucle cerrado también son denominados como sistemas realimentados (o retroalimentados), debido al uso de la variable de proceso por parte del controlador para definir el valor de la variable manipulada. En inglés, el término usado para realimentación es *feedback* y, para sistemas realimentados, es *feedback systems*.

Con estos nuevos elementos y definiciones podemos retomar el ejemplo del sistema de control de peso de una persona (Figura 2.6), ilustrado al comienzo de este capítulo. Vamos a asociar los bloques de la estructura de

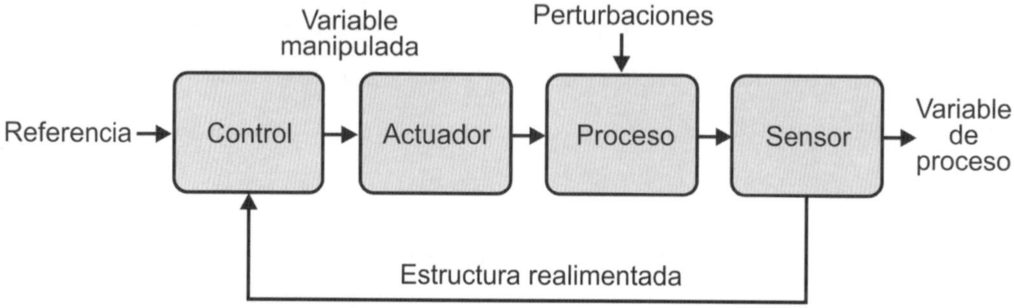

Figura 2.11 – Diagrama del sistema de control realimentado: actuador, proceso, sensor y controlador.

control de retroalimentación de la Figura 2.11, a este problema. La persona que controla su peso actúa en el proceso al ingerir un alimento. El actuador, en este caso, representa la preparación e ingestión de alimentos. La cantidad y tipo de alimento que debe ser ingerido se calcula con una dieta, lo que constituye una determinada estrategia de control. Y esta dieta utiliza la medida del peso de la persona y un valor de peso deseado (que es el valor de referencia) para definir la acción de control, por lo que se trata de un sistema realimentado. Según la nomenclatura de control de procesos, decimos que este sistema de control es de tipo manual, ya que una persona u operador humano toma decisiones de control en base a la observación de la salida del proceso (peso medido) y manipula manualmente el actuador del sistema (en este caso, la comida ingerida).

Los sistemas de control en bucle cerrado siempre se pueden representar mediante un diagrama de bloques como el de la figura anterior. Sin embargo, destacamos que, en ocasiones, algunos elementos físicos se confunden o se mezclan; hay casos en los que el actuador, el sensor y el controlador están juntos en un solo elemento/equipo. Vamos a estudiar un ejemplo muy simple de control de bucle cerrado en el que esto sucede.

Ejemplo 9 *Considere un tanque de agua residencial con un flotador mecánico instalado en la tubería de entrada de agua. El flotador se utiliza para controlar el nivel del agua en tanque, con el objetivo de permitir la entrada* *de agua mientras haya un consumo para que el nivel se mantenga siempre próximo a una determinada altura. El flotador tiene, en su extremo, una bola de plástico que en este caso funciona como sensor. Las variaciones del nivel del agua son transformadas en variaciones de posición de la varilla del flotador. Esta varilla está conectada, a su vez, a una válvula (que físicamente forma parte del mismo flotador) que regula el paso del agua al tanque, en función de la posición de la varilla. Nótese que el flotador mecánico es, al mismo tiempo que el sensor, también el actuador en este proceso, que manipula la entrada de agua en el tanque. Finalmente, la regulación mecánica y la geometría del conjunto bola-varilla-válvula definen la estrategia de control, es decir, cuál debe ser la apertura de la válvula para cada posición de la bola plástica, que se mueve flotando en el agua del tanque. Boyas de diferentes tamaños y formas ejecutarán diferentes estrategias de control. Por tanto, es claro que el flotador mecánico mide, controla y actúa en el proceso de regulación de nivel en el depósito de agua, configurándose como un sistema de control automático que opera en lazo cerrado: hay una realimentación del nivel de agua medido hacia la apertura de la válvula de entrada de agua en el tanque.*

Este sistema de control se considera automático, ya que actúa de forma independiente y autónoma, sin necesidad de que un operador humano realice ninguna acción después de la instalación y ajuste del sistema. Destacamos que una operación de control manual de este proceso podría implementarse de manera sencilla, mediante la instalación de un grifo en la entrada de agua al tanque y un indicador de nivel en la parte exterior del mismo. Con estos elementos, un operador realizaría el control, vigilando el nivel del agua en el tanque para decidir cuándo y cuánto abrir el grifo, para que se reponga el agua consumida. Tenga en cuenta que la estrategia de control permanecería en bucle cerrado, ya que el operador toma las decisiones de control basándose en el valor de la variable de proceso.

En la industria de procesos podemos encontrar varios sistemas que operan tanto en modo manual como automático, dependiendo de las necesidades y requerimientos de control. Sin embargo, destacamos que los procesos han sido cada vez más automatizados, pues, en esta condición, consiguen mayor repetibilidad, precisión y confiabilidad en sus acciones, en comparación con las operaciones resultantes de una operación manual, por parte de un ser humano.

La retroalimentación regula de forma natural muchos procesos físicos y biológicos, en los que el bucle se "cierra" de forma natural. En los sistemas de control proyectados por el hombre, tanto manuales como automáticos, tratamos de reproducir esta estructura de realimentación para mejorar el comportamiento del proceso.

El control de retroalimentación manual, en el que un operador "cierra el bucle", se utiliza en prácticamente todas nuestras acciones del día a día. Por ejemplo, cuando cerramos una ventana porque sentimos frío, estamos realizando el control de temperatura del ambiente, midiendo su temperatura con nuestro cuerpo (sensor) y tomando la decisión de cerrar la ventana (control) con nuestras manos (actuador).

Esta operación de control en bucle cerrado también se puede ejemplificar con otras situaciones cotidianas. Para recoger un objeto con nuestras manos, utilizamos una estrategia de retroalimentación, ya que nuestro cerebro (control) decide la posición correcta de nuestras manos y brazos (actuadores) en función de la información de nuestra visión (sensor). Acercamos nuestras manos al objeto de acuerdo con una ley de control estipulada por el cerebro, que procesa la información de distancia entre el objeto y nuestras manos.

A diferencia del control de bucle cerrado, también existe lo que llamamos control de bucle abierto. En este tipo de implementación, la acción sobre el proceso controlado se realiza sin utilizar información de su salida. Por ejemplo, en el caso del control de nivel del tanque de agua, se podría realizar una implementación de bucle abierto a través de un grifo en la entrada de agua al tanque, cuya operación consistiría en abrir el grifo en una posición determinada, dejando el nivel del agua en el tanque variar libremente. Si la cantidad de agua que entra al tanque por el grifo es mayor que el consumo, el nivel aumentará, caso contrario disminuirá. Tenga en cuenta que la acción de control (definida por la apertura constante del grifo) no está influenciada por la variable del proceso (nivel de agua). La Figura 2.12 muestra un diagrama de bloques para un sistema de control que opera en bucle abierto, en el que la señal de control se define sin utilizar la información de la variable del proceso, basándose únicamente en señales predefinidas, como por ejemplo una variable de referencia que define la apertura del grifo en el ejemplo anterior. Tenga en cuenta que las variables involucradas en este esquema son las mismas que las de la implementación de bucle cerrado.

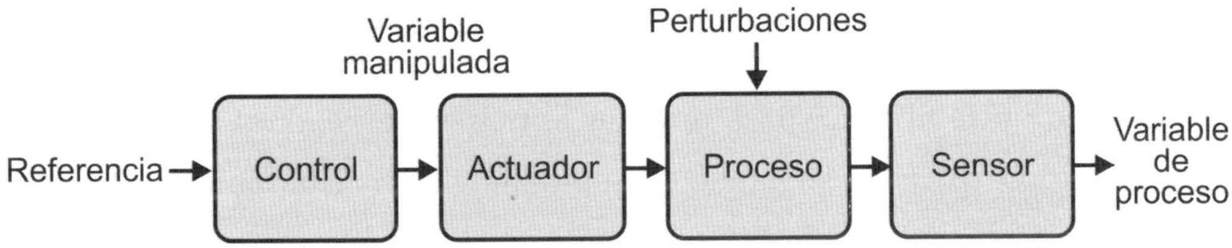

Figura 2.12 – Diagrama del sistema de control en bucle abierto: actuador, proceso, sensor y controlador.

Podemos ver varias ventajas de la operación en bucle cerrado sobre las operaciones en bucle abierto cuando buscamos un objetivo específico para la operación del proceso. Muchas de estas ventajas se discutirán a lo largo de este libro a partir del Capítulo 7.

Por ejemplo, para llenar el depósito de agua rápidamente hasta cierto nivel, es conveniente abrir el grifo por completo en un momento inicial, cuando el nivel está muy por debajo del valor deseado y, a medida que el nivel se acerca a este valor, podemos cerrar progresivamente el grifo. Nótese que la ley de control que define el valor del caudal de agua que ingresa al depósito depende de la medida del nivel de agua, que puede variar en cualquier momento en que haya consumo de agua. En otras palabras, los sistemas de control en bucle cerrado se ven menos afectados por perturbaciones, ya que la ley de control se da de acuerdo a la medición instantánea de la variable de proceso, guiada en la búsqueda de un objetivo predefinido. Por otro lado, con un control en bucle abierto, no podríamos llevar a cabo la regulación de nivel de una manera tan sencilla, a menos que supiéramos, de antemano, cómo serían las variaciones en el consumo de agua a lo largo del tiempo.

Por otro lado, el control en bucle abierto puede ser útil, y se utiliza muchas veces como complemento de un control de bucle cerrado, para mejorar el funcionamiento del proceso. Esta configuración con las dos estrategias es interesante en procesos con perturbaciones mensurables o cuando conocemos muy bien el proceso y podemos predecir su comportamiento futuro. Un ejemplo de control en bucle abierto muy utilizado es el control conocido como anticipatorio o prealimentado (*feed-forward*, en inglés), en el que, una vez conocida la perturbación (o cómo se comporta el proceso ante ella), actuamos, en bucle abierto, para intentar anticipar variaciones en la variable de proceso. Otro caso es cuando manipulamos la variable manipulada del proceso anticipándonos a lo que sucederá con la variable de proceso. Presentaremos un ejemplo del día a día que ilustra el uso del control anticipatorio en bucle abierto y del control retroalimentado en un mismo proceso, ambos implementados manualmente.

Ejemplo 10 *Considere el ejemplo de una persona regulando la temperatura de su ducha eléctrica a la hora del baño, en la que la temperatura está regulada por el caudal de agua, determinado por la apertura de un grifo. Esta persona sabe bien cómo funciona la ducha y por la experiencia previa acumulada en su funcionamiento, sabe que necesita abrir el grifo hasta una determinada posición para obtener, aproximadamente, la temperatura deseada para un buen baño. De esta forma, sin medir la temperatura del agua, la persona realiza una primera acción de control en bucle abierto, de antemano, abriendo el registro a la posición predeterminada, prediciendo que esta apertura será suficiente para que el agua se caliente hasta una temperatura determinada, generalmente próxima de la deseada. La persona también* *sabe que con esta operación, por lo general, no podrá alcanzar la temperatura ideal con precisión y, por lo tanto, después de unos segundos de la primera acción, inicia una operación de control en bucle cerrado: mientras mide la temperatura del agua con la mano (utilizada como sensor), la persona decide cuánto aumentar o disminuir el caudal de agua (abrir o cerrar el grifo) para que el agua alcance la temperatura deseada. Esta operación de bucle cerrado requiere una operación generalmente más lenta y de pequeños movimientos para un ajuste de temperatura adecuado. En este ejemplo de control manual, la combinación de una acción rápida, en bucle abierto, anticipatoria y una acción retroalimentada más lenta, permite el correcto funcionamiento del proceso de regulación de la temperatura del agua de una ducha eléctrica para un buen baño. Las ventajas de las dos estrategias son usadas para mejorar el funcionamiento del sistema.*

El ejemplo anterior ilustra cómo se pueden utilizar y asociar diferentes formas de control de tal manera que se obtengan determinadas condiciones para el funcionamiento de un proceso. Para ello, sin embargo, destacamos que el conocimiento del comportamiento del proceso es importante para una buena solución del problema. En el léxico de la ingeniería de control pretendemos comprender y describir matemáticamente los fenómenos asociados al funcionamiento de los procesos (a través de modelos), de tal manera que podamos elaborar leyes de control automático, que implementadas en dispositivos electrónicos o electromecánicos, permitan el funcionamiento autónomo de la mayoría de los procesos o sistemas. Dedicaremos los próximos capítulos de este libro al estudio de este tema.

2.4. Comentarios finales

Este capítulo tuvo como objetivo introducir intuitivamente algunos conceptos relacionados con los procesos y sus sistemas de medición, actuación y control. Uno de los aspectos principales de este análisis es la consideración de los sistemas como procesos con variables asociadas y la comprensión de cómo podemos interactuar con ellos para lograr ciertos objetivos. El segundo concepto muy importante presentado, también de manera intuitiva, es el del control en bucle cerrado, que permite actuar en un proceso con base en una ley de control que depende de la observación de su salida. Finalmente, vimos, utilizando algunos ejemplos, cómo la implementación de un sistema de control en un proceso crea la posibilidad de modificar su comportamiento, en busca de objetivos de operación. En los siguientes capítulos, entraremos en mayor detalle sobre varios aspectos discutidos aquí.

2.5. Lectura complementaria

La mayoría de los libros de texto sobre sistemas de control o de teoría del control de procesos presentan en sus capítulos iniciales ideas básicas de sistemas de control y casos simples de operación de procesos. Por lo general, estos libros están destinados a estudiantes con un conocimiento de fundamentos matemáticos más avanzados que los que se utilizan en este libro. Entonces, para aquellos interesados en profundizar sus conocimientos en el tema, sugerimos algunas referencias que utilizan este enfoque matemático más complejo.

- FRANKLIN, G.; POWELL, J.; WORKMAN, M. *Feedback Control of Dynamic Systems*. 5. ed. Upper Saddle River, NJ: Prentice Hall, 2002.
- STEPHANOPOULOS, G. *Chemical process control*. Englewood Cliffs, NJ: Prentice Hall International, 1984.
- OLLERO, P.; CAMACHO, E. F. *Control e instrumentación de procesos químicos*. [S.l.]: Editora Sínteses, 2006.

Para una lectura relacionada a los conceptos de control sin necesidad de mayor profundidad matemática, sugerimos:

- ALBERTOS, P.; MAREELS, I. *Feedback and control for everyone.* [S.l.]: Springer, 2010.

Lista de ejercicios

1. ¿Cuál es la diferencia entre variables manipuladas, controladas y perturbaciones? En general, ¿cómo se relacionan con los sensores y actuadores presentes en una planta?

2. ¿La clasificación de variables en manipuladas, controladas y perturbaciones es una consecuencia intrínseca del proceso físico o estas clasificaciones pueden variar según los objetivos de control, sensores y actuadores disponibles?

3. Enumere algunos objetivos (al menos 3) que generalmente están relacionados con el uso de un sistema de control.

4. Considere el sistema de control de una ducha eléctrica.

   - Dibuje un esquema físico simplificado, sin control, del sistema (por ejemplo, ducha + válvula + resistencia).
   - Pensando en un sistema de control de temperatura del agua, identificar variables manipuladas, controladas y perturbaciones en el esquema anterior.
   - Proponer un sistema que permita controlar la temperatura del agua que sale de la ducha. No es necesario que entre en detalles eléctricos o matemáticos, pero identifique dónde se encuentran los sensores, actuadores y controladores (si los hay). También aclare cómo fluye la información en este sistema (en qué orden se leen/calculan/envían las variables, quién envía qué a quién, etc.).
   - Transforme su esquema de control/físico en un diagrama de bloques de la estructura de control.

5. Ahora considere el sistema de control de nivel de un tanque.

   - Repita los pasos del ejercicio anterior para este nuevo sistema. Considere que puede controlar la apertura de una válvula en la parte superior del tanque (de donde proviene el agua), pero la válvula de salida del tanque no se puede modificar.
   - ¿Qué se podría hacer si fuera posible medir la apertura de la válvula de salida del tanque (solo medir, no controlar)?
   - ¿Qué debería cambiarse en el sistema de control propuesto si la posición de las válvulas se invierte? (La válvula controlable se instala en la parte inferior y la no controlable en la parte superior)

Capítulo 3

Señales y sistemas

En el capítulo anterior, presentamos algunos conceptos básicos sobre el control de procesos, así como definiciones de los términos básicos utilizados, siempre con un enfoque intuitivo y sin el rigor matemático necesario para poder seguir desarrollando las soluciones. En este capítulo comenzaremos presentando las definiciones y formulaciones matemáticas utilizadas en el área para describir el funcionamiento de los procesos. Los conceptos básicos de señal y de sistema, así como las propiedades físico-matemáticas relacionadas a ellos serán presentados a lo largo del capítulo.

3.1. Señales, sistemas y modelos

Como vimos en el capítulo anterior, en la ingeniería de control necesitamos representar los procesos de forma simple, tal que esta representación nos permita entender de forma correcta como que el proceso funciona. Al mismo tiempo, necesitamos relacionar el proceso (o parte de él) con otros procesos (u otras partes de él). Dos definiciones son muy importantes para iniciar la formalización de estas ideas y para que podamos tener una metodología general, aplicable a cualquier caso de estudio: las definiciones de señales y sistemas.

Definición 2 *Señal*
Una señal es la descripción cuantitativa de un cierto fenómeno asociado con un determinado medio.

En nuestra vida diaria, estamos lidiando con señales todo el tiempo. Por ejemplo, la temperatura máxima de cada día del año en Florianópolis puede considerarse una señal asociada al entorno de la ciudad. Cuando se coloca de forma cuantitativa, es decir, cuando se define un valor de temperatura para cada día del año, estamos representando el fenómeno físico como una señal.

Podríamos, por ejemplo, escribir un vector de treinta y un elementos, siendo que este vector esta representado por:

$$T_{\text{Enero}} = [22, 23, 27, 31, 26, \ldots, 27] \quad ,$$

que representa las temperaturas máximas observadas en enero en la ciudad de Florianópolis, para lo cual cada elemento representa la temperatura máxima diaria, del 1 al 31 de este mes.

Otro ejemplo muy simple y cotidiano es la velocidad instantánea de un automóvil, mostrada por el indicador de velocidad en el tablero (velocímetro). Esta información mostrada en el velocímetro es una señal que cuantifica el estado de funcionamiento del automóvil (o, podríamos decir, del sistema del automóvil).

Formalizamos, entonces, el concepto de sistema:

Definición 3 *Sistema*
Se define como sistema una parte de un medio ambiente que con él se comunica a través de y a partir de señales.

Esta es una definición abstracta y general de lo que es un sistema, aunque nos permite explicar bien la idea que hemos presentado a través del ejemplo anterior: el "sistema automóvil" se comunica con el medio a través de la señal de velocidad. Tenga en cuenta que, en este sistema automóvil, también podríamos considerar otras señales resultantes, como su aceleración instantánea, la inclinación de la carrocería, etc.

Observamos que un sistema puede ser algo natural (como el sistema climático de la ciudad) o creado por el hombre (como el sistema automóvil). Cualquier proceso físico puede entenderse como un sistema. Todo sistema siempre tendrá una comunicación con el entorno donde se inserta, o con otros sistemas que interactúan con él, a través de señales.

Por ejemplo, el sistema automóvil recibe varias señales de comando del conductor (o sistema conductor) y devuelve varias señales, como la velocidad y la aceleración del automóvil (que son recibidas por el conductor, pero también por los demás pasajeros y automóviles que circulan en el barrio).

Podemos entender de manera más clara por qué usamos el término "sistemas de control", ya que, al implementar el control de un proceso, estaremos creando un sistema que recibe señales del proceso (las que cuantifican las variables de proceso), realiza algunas transformaciones con ellas y finalmente, envía nuevas señales al proceso (las que cuantifican las variables manipuladas).

En la literatura sobre sistemas y teoría de control, cada señal que es producida por el sistema y que afecta el entorno donde se inserta el sistema se denomina "señal de salida" del sistema. Por otro lado, la "señal de entrada del sistema" representa la señal enviada desde el medio al sistema, que en consecuencia afecta el comportamiento del mismo (y consecuentemente sus salidas).

Ejemplo 11 *Tomemos el ejemplo de un ambiente que tiene instalado un aire acondicionado. Para este sistema, se desea mantener la temperatura interna en un cierto valor. En este sistema podemos considerar como señal de entrada la acción de control del dispositivo que calienta o enfría el ambiente (calefactor o aire acondicionado) y como señal de salida, la temperatura del ambiente cerrado, que afecta tanto a los usuarios del ambiente como a en-*

tornos vecinos. En este sistema también se pueden considerar otras señales de entrada como, por ejemplo, temperaturas fuera del ambiente (que pueden ser de ambientes vecinos o de un ambiente externo que rodea al ambiente climatizado). Tenga en cuenta que estas temperaturas exteriores también afectan la temperatura interna del ambiente climatizado, siendo así una señal de entrada para el sistema ambiente. En este caso, como estas temperaturas externas generalmente no pueden ser controladas por el usuario de la habitación, se representan como entradas de perturbación (denominadas perturbaciones del sistema).

Un sistema puede ser constituido de componentes físicos (generalmente llamada de implementación en *hardware*) o puede ser un algoritmo que calcula una señal de salida a partir de una determinada señal de entrada (generalmente llamada de implementación en *software*). El sistema del ejemplo anterior de la habitación climatizada se clasifica junto al primer grupo. Un ejemplo de un sistema implementado en *software* es un algoritmo que calcula la temperatura diaria promedio en una ciudad. Este sistema tiene como señal de entrada la temperatura instantánea y como resultado del cálculo entrega una señal de salida que representa el valor promedio calculado durante las 24 horas del día.

Ejemplo 12 *Veamos este último ejemplo con más detalle para formalizar algunas ideas. En el sistema de cálculo de valor promedio de un ambiente, con temperaturas medias medidas cada hora, tenemos:*

- *Señal de entrada:* $T(t)$ *que representa a la temperatura medida en los tiempos* $t = 1, 2, 3...,24$ *(horas de un día);*
- *Señal de salida:* T_m *que representa a la temperatura media de un determinado día;*
- *Cálculo de* T_m*:*

$$T_m = \frac{1}{24} \sum_{t=1}^{t=24} T(t) \quad .$$

Como podemos ver en este ejemplo, es necesario construir una ecuación matemática que relacione las señales de entrada del sistema con sus señales de salida, para que sea posible entender qué tipo de transformación ocurre dentro del sistema que transforma las señales. Esta ecuación se llama ley que gobierna el sistema o modelo del sistema.

Definición 4 *Modelo*
En la teoría de sistemas, las ecuaciones que describen las relaciones matemáticas entre las entradas y las salidas (y posibles variables intermedias) de un sistema se definen como el modelo matemático del sistema.

Con lo expuesto hasta aquí, tenemos un conjunto de conceptos muy poderoso para trabajar con los procesos. Podemos entender los procesos como sistemas que interactúan a través de señales y también podemos desarrollar ecuaciones matemáticas que describen las relaciones de causa y efecto entre sus señales de entrada y salida. Esto nos permite estudiar las propiedades de los procesos, verificadas matemáticamente a través de sus modelos, y calcular las soluciones (salidas) de los sistemas para un conjunto dado de entradas. Posteriormente, estos modelos también se utilizarán para diseñar sistemas de control que regulen el comportamiento de las salidas del proceso según especificaciones de diseño.

El Capítulo 5 se dedica específicamente al estudio detallado de diferentes tipos de modelos, que pueden ser utilizados para diferentes procesos. Sin embargo, ya hemos enfatizado aquí que un sistema físico consta de componentes interconectados, que se caracterizan por las relaciones dinámicas entre sus entradas y salidas. Además, cada sistema físico se rige por leyes de interconexión entre estas entradas y salidas. Las leyes que gobiernan los circuitos eléctricos, por ejemplo, se pueden encontrar a través de las relaciones de voltaje y corriente para cada elemento del circuito (resistencias, capacitancias, inductores, transformadores, transistores, etc.) junto con las leyes de interconexión entre las mallas del circuito (Leyes de Kirchhoff).

A través de estas leyes de interconexión, podemos determinar ecuaciones matemáticas que relacionan las salidas del sistema con sus entradas. Estas ecuaciones representan, al final, el modelo matemático del sistema de circuitos eléctricos. Veamos ahora un ejemplo concreto con dos circuitos simples.

Ejemplo 13 *Considere el circuito básico de una batería conectada en paralelo a una lámpara. La batería alimenta el circuito con voltaje $V(t)$ y la lámpara tiene una resistencia eléctrica R. La intensidad de la luz emitida por la lámpara depende de la corriente que fluye a través de ella. La ecuación que determina el comportamiento de la corriente $i(t)$ que circula por el circuito es:*

$$V(t) = Ri(t) \quad . \tag{3.1}$$

Observe que esta ecuación es un modelo simple que describe las dinámicas del sistema (circuito). Podemos considerar este circuito como un sistema en el que actuamos mediante la tensión de alimentación $V(t)$ para modificar la corriente eléctrica $i(t)$ y, en consecuencia, la intensidad de la luz emitida. Así, podemos definir $V(t)$ como señal de entrada, $i(t)$ como señal de salida y $V(t) = Ri(t)$ como modelo del sistema.

Ahora considere un segundo circuito, donde la batería suministra un voltaje $V(t)$ a una carga inductiva-resistiva, con inductancia L y resistencia R conectadas en serie. La nueva ecuación que determina el comportamiento de la corriente $i(t)$ que va a ser consumida por la carga es:

$$V(t) = L\frac{di}{dt}(t) + Ri(t) \quad . \tag{3.2}$$

Esta ecuación será el modelo del sistema, y consideramos $V(t)$ como señal de entrada del sistema e $i(t)$ como señal de salida del sistema.

Podemos ver que la solución de la Ecuación (3.1) es inmediata, trivial, *ya que podemos calcular la salida del sistema $i(t)$ directamente como $i(t) = V(t)/R$. Sin embargo, el segundo modelo de circuito, dado por la Ecuación* (3.2), *requiere la solución de una ecuación diferencial, ya que el modelo posee un termino con la derivada de $i(t)$.*

El modelo de la Ecuación (3.1) *es del tipo* ***estático***, *mientras que el modelo de la Ecuación* (3.2) *es de tipo* ***dinámico***, *ya que tenemos expresiones de derivadas de las señales involucradas en la ecuación, y no solo relaciones algebraicas entre las señales.*

Las mismas ideas utilizadas en los ejemplos de circuitos eléctricos se pueden aplicar en otras áreas, por ejemplo, en los sistemas térmicos, que se rigen por las leyes de la termodinámica. A continuación presentamos un ejemplo de un sistema térmico en el que podemos observar las diferencias entre modelos estáticos y dinámicos.

Ejemplo 14 *Consideremos el proceso de calentamiento de agua de una ducha eléctrica como el presentado en el Capítulo 2 (ver Figura 2.8). Imagine que queremos modelar la relación entre la potencia consumida por la ducha y el aumento de temperatura que se consigue en el agua que pasa por la ducha. Considerando el caudal de agua que pasa por la ducha constante, podemos usar un modelo estático simple para representar la relación entre el aumento de temperatura del agua y la potencia aplicada, dado por:*

$$\Delta T = K_e P \quad , \tag{3.3}$$

donde ΔT representa el aumento de temperatura del agua (^oC) y P la potencia aplicada (kW). El parámetro K_e nos da la relación estática que indica cuantos grados conseguimos aumentar la temperatura del agua por cada kW de potencia aplicado. En una ducha residencial común, el valor de K_e es normalmente próximo de $4\,^oC/kW$.

Sin embargo, sabemos que cuando aplicamos una determinada potencia a la ducha, la variación de temperatura no ocurre instantáneamente. El *agua se calienta durante un cierto tiempo hasta que alcanza el valor de temperatura final, considerado como valor estacionario. Esta variación en el tiempo de la temperatura, representada por la señal $T(t)$, está asociada con la dinámica del proceso de calentamiento del agua.*

Todos los sistemas físicos reales tienen una dinámica en el tiempo que no se puede representar simplemente con un modelo estático como el de la Ecuación 3.3. El modelo estático, en el caso de la ducha, solo describe la relación estacionaria final del proceso. Para obtener un modelo que represente bien el fenómeno del calentamiento del agua a lo largo del tiempo, debemos considerar cómo varía la energía térmica dentro de este sistema y realizar un balance energético. Sin entrar en demasiados detalles en este ejemplo, podríamos usar un modelo como:

$$\tau\frac{d\Delta T}{dt}(t) + \Delta T(t) \quad = \quad K_e P(t) \quad . \tag{3.4}$$

Este modelo se obtiene agregando al modelo estático un término que toma en cuenta el efecto de la variación de temperatura en el tiempo ($\frac{d\Delta T}{dt}(t)$). Observamos que, cuando el sistema alcanza una temperatura constante, los dos modelos presentan la misma solución. En este nuevo modelo, el parámetro τ está asociado a la importancia de la parte dinámica en el comportamiento de la señal de temperatura $\Delta T(t)$.

Estudiaremos estos asuntos con mayor detalle en los Capítulos 5 y 6.

3.2. Modelos y diagramas

Los modelos son fundamentales para el estudio de los procesos y sus respectivos sistemas de control. Normalmente, estos modelos se utilizan para poder describir las relaciones entre las entradas y salidas de los sistemas. También, ya comentamos que los procesos reales suelen estar compuestos por la interconexión de varios subprocesos. Por tanto, hacer una representación completa de un proceso utilizando únicamente sus ecuaciones (modelos) puede resultar en algunas situaciones, poco práctico, especialmente si queremos tener una visión general y no una descripción detallada del funcionamiento del sistema. La metodología de representar procesos a través de diagramas de bloques, como se presentó en el Capítulo 2, es muy interesante y práctica para hacer representaciones de las relaciones entre sistemas de una forma mas general.

De esta manera, los sistemas se representarán convenientemente en este libro mediante " bloques ". Según esta metodología de representación, un bloque representa un sistema arbitrario, que explica las relaciones de causa-efecto entre entradas y salidas, sin mostrar detalles de todas las relaciones e interconexiones internas. Formalmente, en una representación de tipo bloque mostramos un conjunto de terminales correspondientes a las entradas y otro conjunto de terminales que representan a las salidas.

La Figura 3.1 muestra la representación de un sistema arbitrario a través de un diagrama de bloques. A la izquierda de esta figura, tenemos las señales de entrada al sistema que se definen como las variables de control (o manipuladas) y las señales de perturbación. A la derecha de la figura, se encuentran, las señales de salida que son las variables del proceso (medidas y controladas).

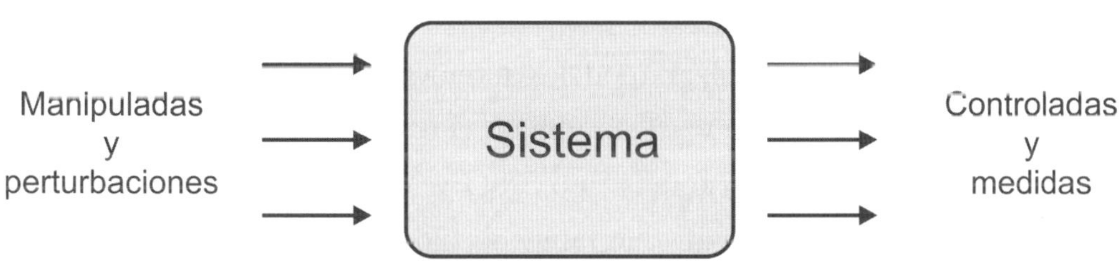

Figura 3.1 – Variables de entrada y salida del sistema en una representación tipo bloque.

Con relación a las definiciones presentadas en el Capítulo 2, recuerde que, en los sistemas de control, las variables manipuladas son aquellas que el operador (usuario del sistema) o el controlador puede manipular de tal manera que cambie el comportamiento de las variables del proceso. Las variables de perturbación son todas aquellas señales del entorno, que pueden afectar el comportamiento del sistema, pero que no son manipulables, es decir, no pueden ser controladas por el operador o controlador.

Podemos distinguir las salidas de las controladas de un proceso, ya que las salidas son aquellas que son medidas (variables utilizadas para conocer o inferir sobre el estado del sistema) y las controladas son aquellas variables que queremos controlar para que cumplan alguna especificación de control.

Tenga en cuenta que ni todo conjunto de variables controladas coincide con el de las variables medidas. Por ejemplo, en un sistema de destilación, nos interesa controlar la concentración del producto principal de la planta y debemos considerar esta concentración como variable de proceso. Pero, si no tenemos un sensor de concentración en línea, ya que son muy costosos, podemos medir presiones y temperaturas en varios puntos del proceso para inferir (usando relaciones termodinámicas) el valor de concentración que queremos controlar. Así, controlamos la concentración midiendo otras variables auxiliares.

Recuerde que los procesos pueden tener una o más variables de entrada (recuerde las definiciones de sistema monovariable, SISO o multivariable, MIMO) y por ese motivo el bloque puede tener varias entradas y salidas. La mayoría de los sistemas físicos reales son multivariables, pero en muchas situaciones, se pueden utilizar modelos monovariables para describir una parte del sistema completo y así simplificar el estudio. La Figura 3.2 ilustra diagramas de bloques de sistemas tipo SISO y MIMO.

La Figura 3.3 muestra un diagrama de bloques de un sistema MIMO donde aparecen los distintos tipos de entradas y salidas.

Ejemplo 15 *Podemos considerar la caldera de gas, ilustrada previamente en la Figura 2.10, en el capítulo anterior, como un ejemplo que involucra todas las señales recién mencionadas. Si asociamos el caso de la caldera con el diagrama de bloques de la Figura 3.3, tenemos como variable manipulada o*

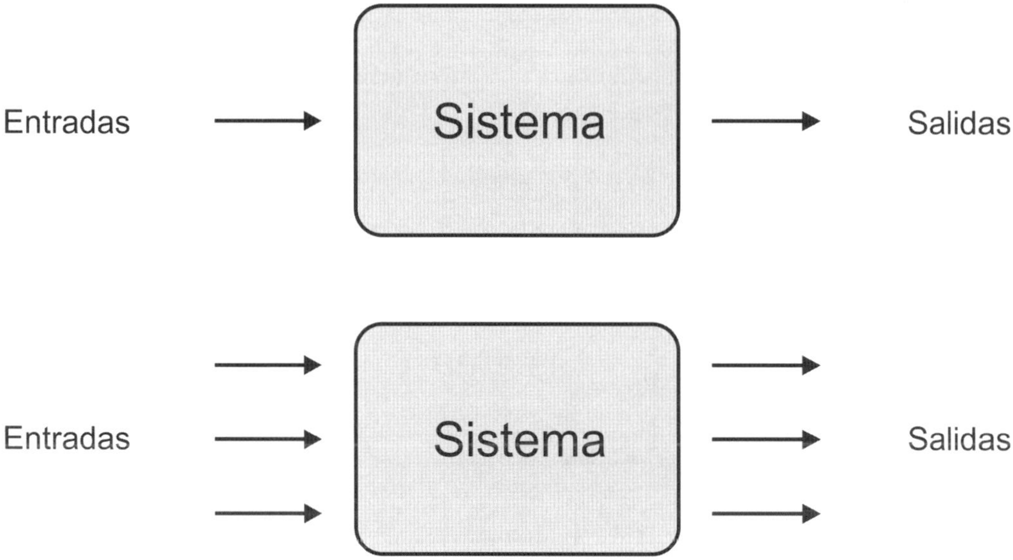

Figura 3.2 – Sistemas representados por diagramas de bloques: caso SISO (superior) y caso MIMO (inferior).

entrada de control la apertura de la válvula V_2, como salida medida y controlada la temperatura del agua caliente (variable de proceso), como salida apenas medida, el caudal de gas que ingresa a la línea de combustión, como perturbaciones medidas la temperatura y el caudal de la entrada de agua fría y finalmente, como perturbación no medida la presión del gas en la línea de entrada al quemador.

Una de las grandes ventajas de representar sistemas mediante diagramas de bloques es que permiten ilustrar operaciones entre las señales de varios sistemas de forma sencilla. A continuación, consideraremos casos de modelos SISO y algunas operaciones básicas, con el fin de ejemplificar esta propiedad. Para cada bloque (sistema S), se representa la relación de causa y efecto entre una entrada I y una salida O como

$$O = S.I \quad . \tag{3.5}$$

Aquí la notación dada por el símbolo "." se usa para expresar que O se

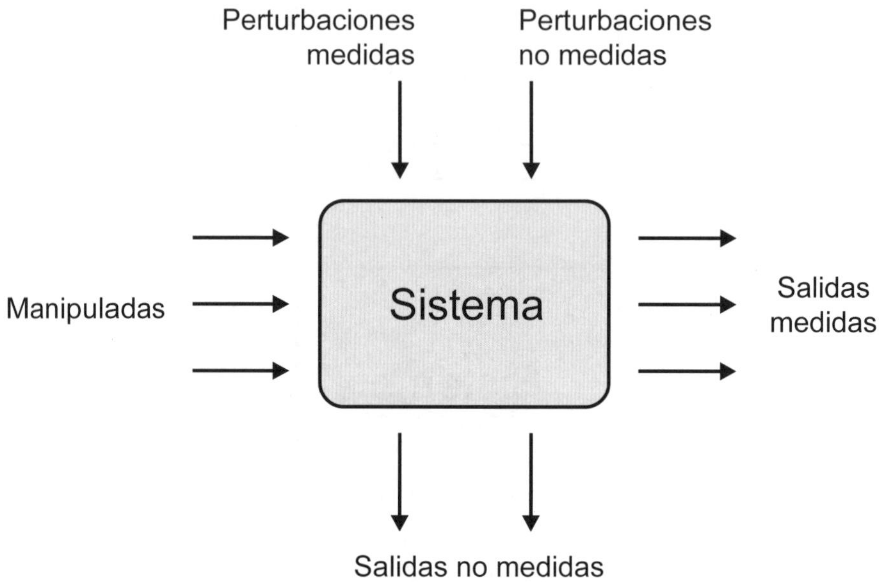

Figura 3.3 – Sistema descripto por un bloque con entradas y salidas, considerando los diferentes tipos de variables.

obtiene a partir de I con las transformaciones realizadas por el sistema S.

La Figura 3.4 ilustra una operación simple, en la cual las salidas ($O1$ y $O2$) de dos sistemas (respectivamente $S1$ y $S2$) se suman para producir un resultado final O. Las operaciones en estos dos sistemas se pueden representar matemáticamente a través de la siguiente notación:

$$\begin{cases} O1 & \equiv & S1.I1 \quad , \\ O2 & \equiv & S2.I2 \quad , \\ O = O1 + O2 & \equiv & S1.I1 + S2.I2 \quad . \end{cases} \tag{3.6}$$

Observamos en estas representaciones simplificadas que los sistemas pueden tener (como entradas y salidas) variables con diferentes unidades. Sin embargo, en las sumas éstas deben tener la misma dimensión y unidades, para que el diagrama tenga sentido. Por ejemplo, al considerar dos sistemas eléctricos con salidas de corriente, para los cuales existe una suma de corrientes que interconecta ambos circuitos, entonces, O representará la soma de las corrientes $O1$ y $O2$ que son obtenidas, respectivamente, por la aplicación de dos entradas $I1$ e $I2$ en los sistemas $S1$ y $S2$, respectivamente. Notamos que $I1$ y $I2$ no tienen necesariamente la misma unidad o dimensión, al paso que $O1$ y $O2$ deben ser obligatoriamente corrientes eléctricas.

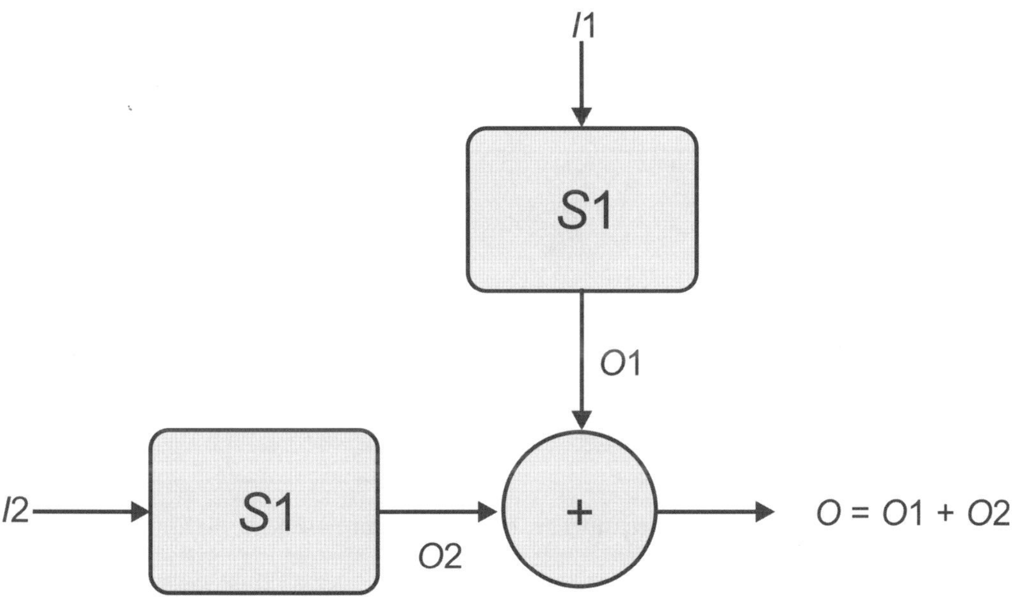

Figura 3.4 – Suma de salidas de los sistemas de la Ecuación 3.6.

La operación secuencial de dos sistemas está representada por la *operación en cascada* de bloques, como se muestra en la Figura 3.5. Observamos que la señal de salida de un bloque es la señal de entrada del siguiente, lo que nuevamente implica en la consistencia de las dimensiones de las variables ($O1$ debe tener la misma dimensión que $I2$).

Como ejemplo de un sistema físico que tiene un funcionamiento en cascada (y de hecho, podría representarse mediante el diagrama de bloques de la Figura 3.5), podemos considerar un automóvil eléctrico, cuyo motor es accionado por un cierto circuito alimentado en tensión: el primer sistema ($S1$) es el circuito eléctrico, que convierte una entrada $I1$ (tensión) en una potencia eléctrica ($O1$); esta potencia eléctrica, a su vez, es la entrada del motor eléctrico del automóvil (sistema $S2$), cuya velocidad final ($O2$) varía de acuerdo con la potencia que se le entrega. En términos matemáticos, este sistema en cascada, donde la entrada del segundo sistema es la salida del primero, está representado por:

$$\begin{cases} O1 & \equiv & S1.I1 \quad , \\ I2 & = & O1 \quad , \\ O2 & \equiv & S2.I2 \quad , \\ O2 & \equiv & S2.S1.I1 \quad . \end{cases} \tag{3.7}$$

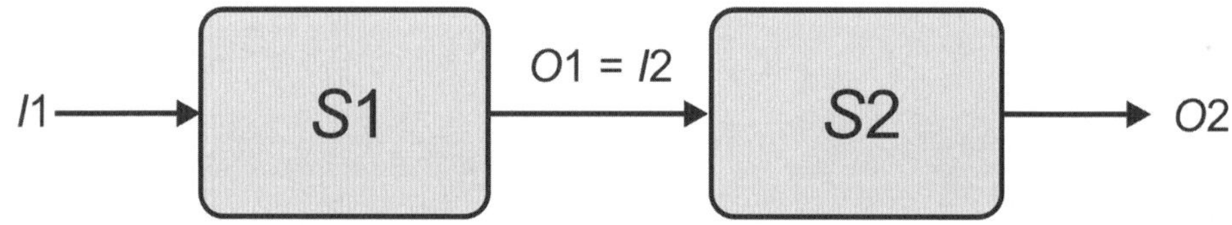

Figura 3.5 – Dos sistemas operando en configuración cascada, de acuerdo con la Ecuación 3.7.

Dado que se ha analizado la representación general de sistemas y su relación con las señales, estudiaremos ahora con más profundidad el tratamiento matemático de las señales y sus representaciones.

3.3. Señales: representación y uso

Recordemos que una señal es la descripción cuantitativa de un cierto fenómeno y en el caso de este libro, esa descripción se realizará considerando la evolución de la señal en el tiempo. Por tanto, una señal se puede representar mediante una función en el tiempo del tipo $x(t) : D \rightarrow A$, en el cual D es su dominio y A su imagen. Así, la variable tiempo t se define dentro del conjunto D y el mapa $x(t)$ se define dentro del conjunto imagen A.

Las señales pueden clasificarse según su dominio: las señales continuas tienen $t \in D \subseteq \mathbb{R}^+$, y las señales discretas tienen $t \in D \subseteq \mathbb{N}$. $\mathbb{R}^+$ representa el conjunto de los números reales positivos y $\mathbb{N}$ el conjunto de los naturales.

Destacamos estas clasificaciones a continuación:

Definición 5 *Señal de tiempo continuo*
Estas son las señales que poseen como dominio un intervalo del eje real, lo que significa que están definidas para todos los instantes de ese intervalo.

Algunos ejemplos de señales continuas son:

- Temperatura ambiente - $T(t) : \mathbb{R}^+ \to [0, 35] \subset \mathbb{R}^+$ (ºC).
- Velocidad de un coche - $V(t) : \mathbb{R}^+ \to [0, 100] \subset \mathbb{R}^+$ (km/h).
- Potencia consumida por una lampara - $P(t) : \mathbb{R}^+ \to [0, 70] \subset \mathbb{R}^+$ (W).

La representación gráfica de la señal en función del tiempo es muy útil en la práctica, ya que permite visualizar su comportamiento en el tiempo.

Ejemplo 16 *La Figura 3.6 muestra un ejemplo de cuatro señales continuas en el tiempo, que representan la variación angular del centro de gravedad de una motocicleta, en relación con el eje vertical, cuando esta hace un giro brusco. En esta figura mostramos el resultado de aplicar tres estrategias de control del motor de la motocicleta (controladores 1, 2 y 3), que intentan rastrear la señal de referencia (que indica una "curva perfecta"). Cada controlador da como resultado una variación angular diferente para el eje de la motocicleta.*

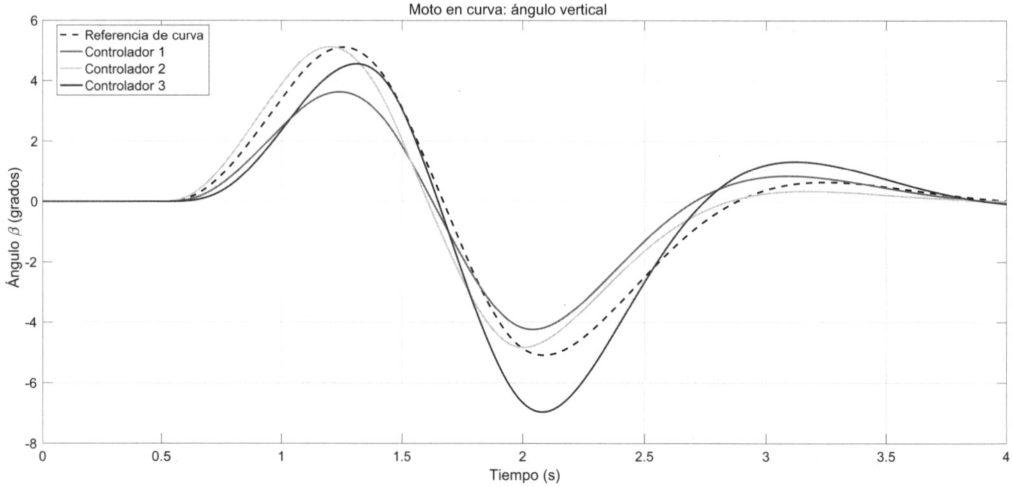

Figura 3.6 – Señal continua: ángulo lateral de una moto realizando una curva.

Definición 6 *Señal de tiempo discreto*
Son las señales cuyo dominio está definido por un número de puntos que pueden ser “ contados ”. Este conjunto se denomina conjunto discreto de puntos y suele ser un subconjunto de los naturales. Por tanto, estas señales se describen mediante una secuencia de valores.

Ejemplos de este tipo de señales son:

- Tasa de interés nominal de un depósito a plazo $I_p(k) : \mathbb{N} \rightarrow [0, 10]$ (%).
- Número de panes vendidos por día en una panadería $P(k) : \mathbb{N} \rightarrow [0, 1000]$ (piezas).

En la práctica, hay muchas señales que, naturalmente, se consideran solo en tiempos discretos.

Ejemplo 17 *La Figura 3.7 muestra la evolución del número de casos activos de una enfermedad viral en situación de pandemia, cuyos datos se publican diariamente. En este gráfico se consideran situaciones con y sin aislamiento social, es decir, con la evolución natural de la enfermedad sin ninguna* *intervención en la vida de las personas y con medidas de distanciamiento social para evitar el contagio.*

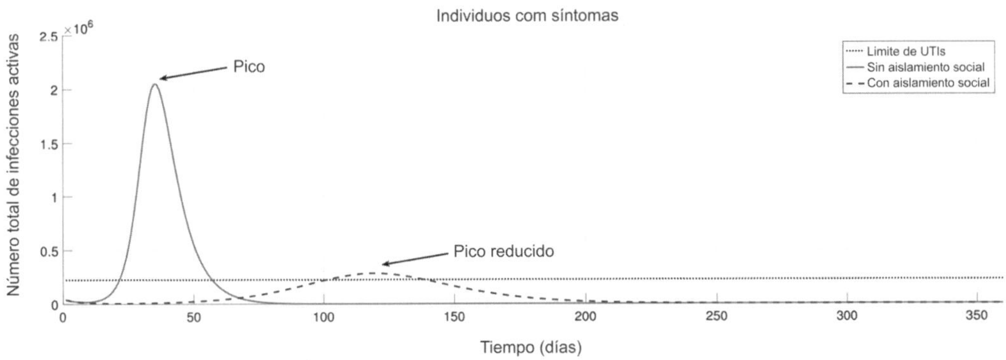

Figura 3.7 – Señal discreta: número diario de casos de COVID-19 con y sin distanciamiento social.

Teniendo en cuenta las definiciones presentadas anteriormente y los ejemplos mencionados, se puede decir que una señal, desde un punto de vista matemático, no es más que una función en el dominio del tiempo (discreto o continuo). Entonces, podríamos usar cualquier tipo de función para representar una señal (polinomial, racional, afín, lineal, entre otras clases).

Desde un punto de vista práctico, existen algunas funciones del tiempo (señales) que son de particular interés porque pueden usarse para representar las entradas y salidas de diferentes sistemas físicos. Estas señales particulares se definen mediante expresiones matemáticas simples y se utilizan a menudo para analizar y modelar procesos, así como aplicaciones de control. Las principales señales de interés para los temas desarrollados en este libro se detallan a continuación.

3.3.1. Señal tipo escalón

La señal tipo escalón representa idealmente la operación de encender o apagar un equipo y por lo tanto, es de fundamental importancia en los sistemas de control. Cuando presionamos un interruptor para, por ejemplo, encender el faro de un automóvil, hacemos que la señal de voltaje aplicada a la bombilla del faro varíe instantáneamente de 0 para 12 V (valor de voltaje de la batería del vehículo). Aunque en la práctica esta variación no es instantánea, suele ser mucho más rápida que los tiempos de respuesta (reacción) de los sistemas de control. En este caso, la variación de la tensión en el accionamiento de la lámpara es mucho más rápida que el tiempo de reacción de la propia lámpara (y también de la visión), de tal forma que podemos considerar que la lámpara recibe instantáneamente la variación de tensión.

La señal escalón unitario se representa en este libro como $\mathbf{1}(t)$ y se da de acuerdo con la siguiente ley, en el caso continuo:

$$\mathbf{1}(t) = \begin{cases} 0\,, \text{ para todo } t < 0\,, \\ 1\,, \text{ para todo } t \geq 0\,. \end{cases} \tag{3.8}$$

En el caso discreto, definimos el escalón unitario como $\mathbf{1}(k)$, con $k \in \mathbb{N}$ representando los instantes donde la señal está definida (minutos, horas, días *etc*). La Figura 3.8 muestra la señal del escalón unitario en el tiempo. Observamos que el *instante de subida* del escalón está exactamente en $t = 0$. Un escalón de amplitud A_0 (también aplicado en el tiempo $t = 0$) se puede definir como $A_0\,\mathbf{1}(t)$. Un escalón unitario que tiene el instante de transición de 0 para 1 en un tiempo posterior $t_0 > 0$, se puede representar por la expresión $\mathbf{1}(t - t_0)$.

3.3.2. Señal tipo rampa

La señal de tipo rampa es muy útil para representar fenómenos que varían lentamente y tienen tasas de cambio constantes (o aproximadamente constantes). Por ejemplo, la temperatura de un ambiente calentado por el sol de la mañana, puede aproximarse razonablemente bien mediante una rampa creciente, considerando intervalos de tiempo no demasiado largos.

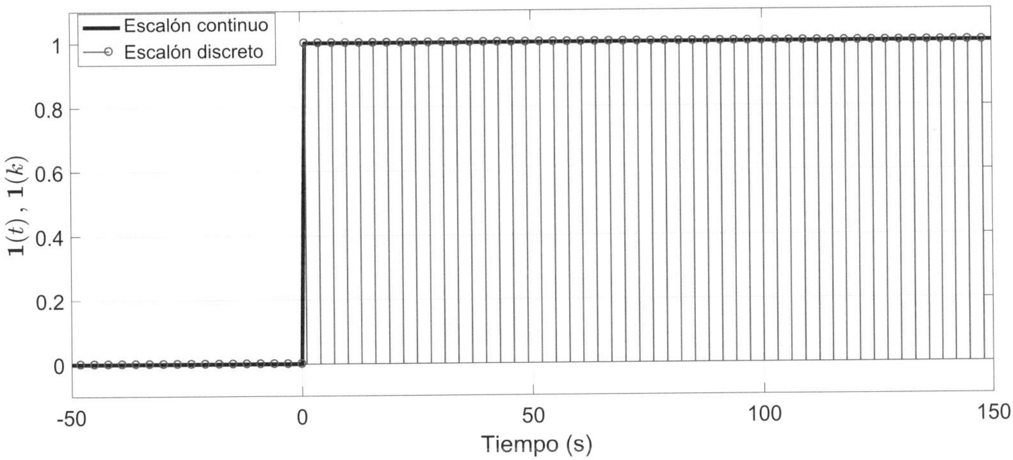

Figura 3.8 – Señal del tipo escalón unitario.

Por la tarde, la temperatura ambiente se puede aproximar por una rampa decreciente (el ambiente se enfría a medida que el sol se pone). Las señales tipo rampa son ampliamente utilizadas como señales de variables manipuladas en la industria de procesos para el accionamiento lento de equipos, de tal forma que su partida no sea repentina. Por ejemplo, en el arranque de motores industriales se usan rampas que llevan la corriente del inducido de la máquina desde el reposo (valor nulo) hasta un cierto valor de funcionamiento nominal, siguiendo una pendiente constante. La pendiente de la rampa está determinada por las características del equipo.

La señal del tipo rampa unitaria se define como

$$\text{ramp}(t) = \begin{cases} 0\,, \text{ para todo } t < 0\,, \\ t\,, \text{ para todo } t > 0\,. \end{cases} \tag{3.9}$$

La definición anterior se puede aplicar al caso discreto para la señal $\text{ramp}(k)$ con $k \in \mathbb{N}$ representando los instantes donde se define la señal (minutos, horas, días *etc*). Observe que la pendiente de $\text{ramp}(t)$ es unitaria. Así, una rampa de pendiente A_0 viene dada por $A_0\text{ramp}(t)$. La señal $\text{ramp}(t)$ tiene valores distintos de cero a partir del tiempo $t = 0$, como se ilustra en la Figura 3.9. En el caso de una rampa de pendiente A_0 desplazada en el tiempo, que comienza en un instante $t_0 > 0$, su expresión matemática viene dada por $A_0\text{ramp}(t - t_0)$.

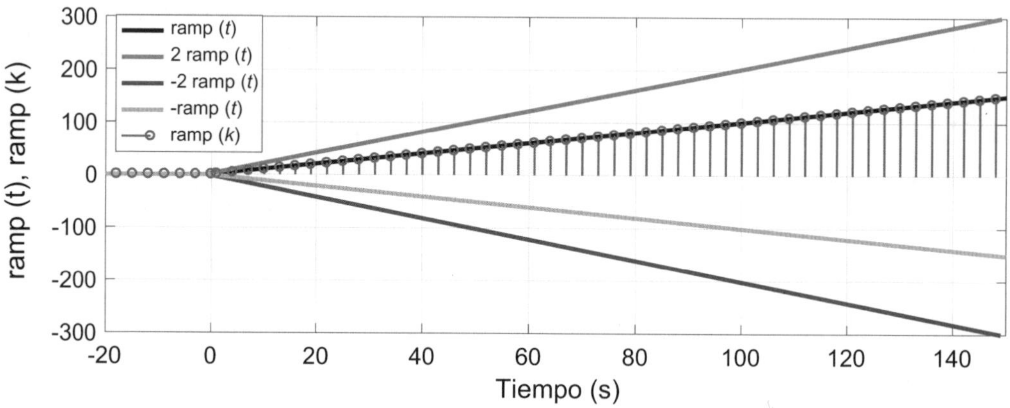

Figura 3.9 – Señal tipo rampa con diferentes inclinaciones.

Ejemplo 18 *En este ejemplo, usaremos las señales de escalón unitario y rampa unitaria para describir la señal de tensión aplicada a un motor eléctrico para el arranque de acuerdo con la siguiente secuencia: el motor está inicialmente parado (en reposo) y queremos aplicar, en el tiempo* $t = 2$ *s, un escalón de amplitud* 10 *V. Después de que hayan transcurrido* 10 *segundos, queremos aplicar una rampa que lleve la tensión del motor de* 10 *V a* 100 *V en* 18 *segundos. Posteriormente, la tensión debe mantenerse en* 100 *V durante el resto del tiempo.*

La primer señal que debemos aplicar a este motor viene dada por un escalón de amplitud 10 *V, a partir de* $t = 2$ *s; esta señal viene dada por:*

$$S_1(t) = 10.\,\mathbf{1}(t-2) \quad .$$

Esta señal es nula en los primeros 2 *segundos y vale 10 V después* $t = 2$. *Para conseguir una variación de tensión de* 10 *V hasta* 100 *V en 18 segundos, podemos usar una rampa de pendiente* 5 *V/s ya que el aumento de voltaje debe ser de 90 V en 18 s. Esta segunda señal viene dada por:*

$$S_2(t) = 5.ramp(t-12) \quad .$$

Podemos entonces observar que la suma de $S_1(t)$ con $S_2(t)$ ($S_1(t)+S_2(t)$) cumple con las especificaciones de diseño del accionamiento de la máquina hasta el instante $t = 30\,s$. Finalmente, como queremos que la señal de tensión permanezca igual a 100 V después de $t = 30\,s$, debemos sumar a la señal $S_1(t)+S_2(t)$ un tercer término $S_3(t)$ que compense el aumento de tensión causado por la rampa para $t \geq 30\,s$. La señal $S_3(t)$ necesaria es una rampa de pendiente -5 desplazada para $t = 30\,s$, es decir:

$$S_3(t) = -5.ramp(t-30) \quad .$$

La suma de estas tres señales logra el resultado deseado para arrancar el motor:

$$\begin{aligned} S(t) &= S_1(t) + S_2(t) + S_3(t) \quad , \\ &= 10.\mathbf{1}(t-2) + 5\left(ramp(t-12) - ramp(t-30)\right) \quad . \end{aligned}$$

Terminamos este ejemplo mostrando la Figura 3.10, donde se representan las señales involucradas en la señal de partida usada en el motor.

Todos las señales aquí estudiadas se pueden expresar tanto en el dominio de tiempo continuo $t \in \mathbb{R}^+$ cuanto en el dominio de tiempo discreto $k \in \mathbb{N}$. Vamos a estudiar ahora un ejemplo de un caso de tiempo discreto;

Ejemplo 19 *En una fábrica de piezas la señal $S(k)$ representa el número total de piezas enviadas al sector de embalaje en el día k. Esta fábrica, comienza a enviar 20 piezas por día en el día $k = 4$ y después de 5 días con ese patrón de producción, comienza a aumentar el número de piezas*

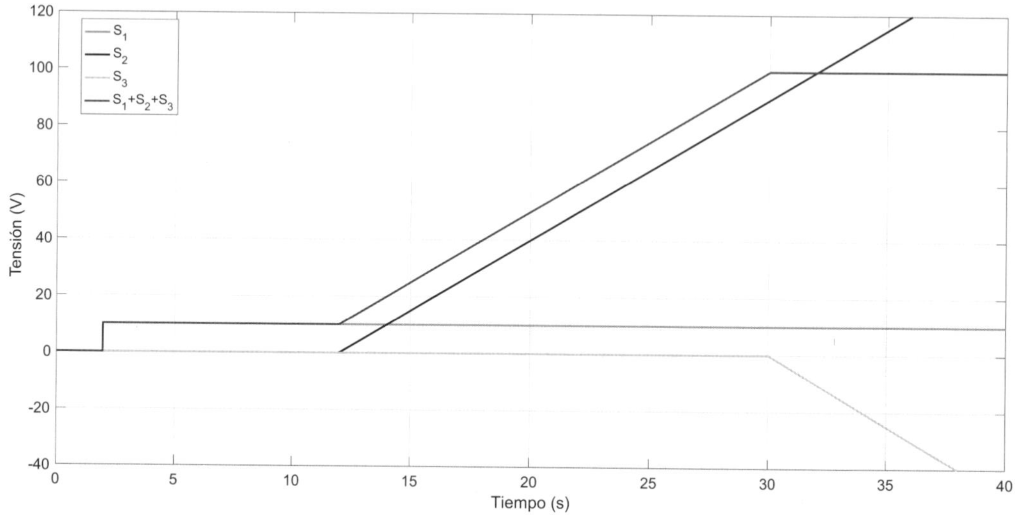

Figura 3.10 – Señal de accionamiento de un motor eléctrico.

enviadas por día en 5 piezas más a cada día, hasta alcanzar el valor de 100 piezas por día. Lo que se quiere es encontrar la expresión analítica de $S(k)$. Observe que este problema es similar al del arranque del motor, y la solución (es decir, la señal que representa el número de piezas enviadas por día) viene dada por:

$$S(k) \;=\; 20.\mathbf{1}(k-4) + 5ramp(k-9) - 5ramp(k-25) \quad .$$

Como ejercicio complementario para el lector, sugerimos dibujar la gráfica de la señal $S(k)$ a lo largo del tiempo k y verificar la validez de la solución propuesta.

3.3.3. Señal impulso unitario

La señal impulso unitario es la base de la representación de las señales discretas. Representado por $\Delta(k)$, el impulso unitario es definido como una señal de valor 1 en el instante $k = 0$, y de valor 0 el resto del tiempo, o sea:

$$\Delta(k) = \begin{cases} 1\,, \text{ si } k = 0 & , \\ 0\,, \text{ caso contrario} & . \end{cases}$$

Podemos usar la señal pulso unitario $\Delta(k)$ para representar cualquier señal discreta con las manipulaciones apropiadas. Por ejemplo: un impulso de amplitud 5, en $k = 0$, puede ser dado por $5\Delta(k)$; ya una serie de tres impulsos de amplitud 3, a partir del instante $k = 7$, puede ser representada por $3\,(\Delta(k-7) + \Delta(k-8) + \Delta(k-9))$.

Ejemplo 20 *En este ejemplo vamos a representar la señal discreta $S(k)$ usando las señales discretas impulso unitario ($\Delta(k)$) y escalón unitario ($\mathbf{1}(k)$).*

Considere $S(k)$ dado por:

$$\begin{aligned} S(k) &= 0\,, \forall\, k < 0 \quad , \\ S(1) &= S(2) = 2 \quad , \\ S(3) &= 10 \quad , \\ S(4) &= 20 \quad , \\ S(5) &= 0 \quad , \\ S(k) &= 12\,, \forall\, k > 5 \quad . \end{aligned}$$

En los primeros instantes (de $k = 0$ hasta $k = 4$) esta señal se puede representar por una suma de impulsos desplazados, de diferentes amplitudes. Para $k > 5$, la señal es descripta por un escalón desplazado, con amplitud 12. Sumando estas señales, llegamos a:

$$S(k) = 2\,(\Delta(k-1) + \Delta(k-2)) + 10\Delta(k-3) + 20\Delta(k-4) + 12.\mathbf{1}(k-6) \quad .$$

3.3.4. Señales sinusoidales

Las señales sinusoidales se utilizan ampliamente en las más diversas aplicaciones de ingeniería. Las señales eléctricas de los sistemas de generación de corriente alterna se pueden representar mediante señales sinusoidales. En Brasil, por ejemplo, la energía eléctrica se distribuye a los hogares como una señal de voltaje efectivo de 110 V o 220 V. En el segundo caso, el voltaje alterno es del tipo sinusoidal, de frecuencia 60 Hz y tensión pico-a-pico de aproximadamente 311 V. Podemos escribir esta señal[1] como $V(t) = 311sen(2\pi 60t)$ V. Las señales sinusoidales también son muy importantes para el estudio de sistemas en el dominio de la frecuencia, un tema fuera del alcance de este libro, pero esencial en otras disciplinas de ingeniería de control mas avanzadas.

3.3.5. Señal de potenciación discreta

Una señal de potenciación discreta se define por:

$$S(k) = b^k \quad , \tag{3.10}$$

para el tiempo discreto dado por k (natural). Esta señal es de fundamental importancia en el estudio de la dinámica de los sistemas de tiempo discreto y es muy importante para describir varias señales que representan las respuestas de los sistemas dinámicos discretos.

Ejemplo 21 *Considere el ejemplo de una cuenta de ahorro. Imagine que una persona invierte* 100 *pesos en una cuenta de ahorro que devenga intereses a una tasa fija del* 1 % *por mes. Luego, queremos calcular cuál será el saldo de esta cuenta a lo largo del tiempo, en el caso de que no haya nuevos retiros o depósitos. Usaremos la señal $S(k)$ para representar el saldo de la cuenta, con k representando un índice natural de meses ($k = 0$ es el mes inicial, cuando*

[1]Note que la tensión eficaz viene dada por $V_{\text{eficaz}} = \sqrt{\frac{1}{60}\int_0^{1/60} V(t)} = 220$ V.

se realizó el primer depósito). Por tanto, tenemos $S(0) = 100$ *pesos. En el mes siguiente, tenemos* $S(1) = S(0)+0{,}01S(0) = 1{,}01S(0)$*. Para el segundo mes, tenemos* $S(2) = S(1)+0{,}01S(1) = 1{,}01S(1) = 1{,}01^2S(0)$*. Usando esta ecuación de forma recursiva durante los siguientes meses, tenemos una fórmula general:*

$$S(k) = (1{,}01)^k S(0) \quad .$$

De esta forma, la señal de potenciación discreta $S(k) = b^k$*, con* $b = 1{,}01$*, permite describir la dinámica (evolución temporal) del saldo de esta cuenta de ahorro en el tiempo.*

Se observa que este tipo de señal tiene una tasa de crecimiento variable en el tiempo, que aumenta para valores superiores a k*. En el ejemplo, el saldo en el mes* $k = 100$ *será de aproximadamente* 270 *pesos, mientras que en el mes* $k = 200$ *será de* 731 *pesos, casi triplicando el saldo al duplicar el tiempo de ahorro.*

3.3.6. Señal exponencial

La señal exponencial dada por:

$$S(t) = e^{at} \quad , \tag{3.11}$$

es de fundamental importancia en los sistemas de control, ya que permite representar con precisión el comportamiento transitorio de muchos sistemas dinámicos continuos.

Por ejemplo, si observamos la evolución de la velocidad de un ventilador cuando se le desconecta la energía (partiendo de su velocidad de funcionamiento constante), podemos ver que la velocidad cae rápido después del corte de energía y que la tasa de cambio disminuye a medida que disminuye la velocidad. Esto se debe a que la fricción provocada por el aire (que frena las aspas del ventilador) es más intensa cuanto mayor es la velocidad de rotación de las aspas, por lo que la fuerza disipativa que actúa en el sistema perderá efecto a medida que disminuya la velocidad. Este comportamiento puede aproximarse mediante una señal $S(t) = e^{at}$ con $a < 0$.

Este análisis intuitivo del comportamiento del ventilador se demostrará posteriormente de forma matemática, calculando la solución del modelo matemático del ventilador.

La misma señal exponencial decreciente se puede utilizar, por ejemplo, para representar la caída de temperatura de un horno a partir del momento que se apaga y hasta que se enfría por completo. En este caso la transferencia de calor al medio ambiente depende de la diferencia de temperatura entre el horno y el ambiente, y por lo tanto la velocidad de enfriamiento es siempre proporcional a la temperatura del horno, que decae con el tiempo.

Otro ejemplo en el que la función exponencial bien puede representar un fenómeno físico es el aumento de personas infectadas por una enfermedad, como el COVID-19. En una situación de evolución natural de la enfermedad, en la fase inicial, el número de infectados crece cada vez más rápido a medida que aumenta el número de infectados. En esta etapa, la curva de infección se puede representar mediante una señal exponencial con $a > 0$.

La Figura 3.11 presenta una gráfica de la señal exponencial $y(t)$, en la que podemos observar las propiedades previamente analizadas, tanto para el caso creciente como decreciente.

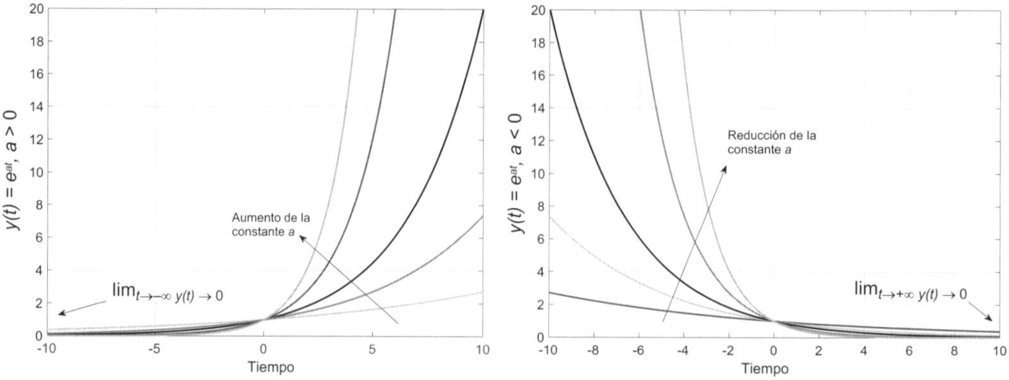

Figura 3.11 – Señal exponencial real $S(t) = e^{at}$ para diferentes valores de a.

Veremos, a continuación, un caso de estudio basado en la dinámica de un tanque, para comprender la importancia de la señal exponencial.

Ejemplo 22 *Considere un tanque de agua y suponga que está inicialmente lleno y con la válvula de salida cerrada. En un momento dado, la válvula de salida del tanque se abre completamente. Estudiaremos la evolución del nivel del tanque (al que llamaremos $h(t)$) a lo largo del tiempo, de modo que podamos construir una representación de la señal $h(t)$.*

Como el caudal de salida del tanque depende de la presión de la columna de agua en la válvula, y esta presión depende del nivel de agua en el tanque, sabemos que el caudal inicialmente será más intenso y disminuirá a medida que pasa el tiempo y que el tanque se vacía. También es posible inferir que, si esperamos lo suficiente, el nivel del agua en el tanque eventualmente llegará a cero.

De esta forma, también podemos inferir que la evolución del nivel de tanque en el tiempo $h(t)$ también tendrá una mayor tasa de cambio al principio, tan pronto como se abre la válvula de salida, y más pequeña después, a medida que la presión de la columna de agua disminuye y (en consecuencia) el caudal también. La Figura 3.12 muestra la variación en el tiempo del nivel de agua en un tanque real, con una base pequeña, cuyo nivel máximo es 0,7 m.

Vemos, entonces, que la tasa de reducción del nivel es proporcional al nivel del tanque, es decir $\frac{dh}{dt}(t)$ es proporcional a $h(t)$. La Figura 3.13 muestra este comportamiento, comparando las dos señales. Observamos que la derivada es siempre negativa (el nivel siempre disminuye) y su valor tiende a cero a medida que pasa el tiempo y el nivel se aproxima de cero.

Podemos observar también que la señal exponencial $f(t) = \exp(-t/\tau)$, con $\tau > 0$, tiene exactamente la misma propiedad que el nivel del tanque, una vez que su derivada $\frac{df}{dt}(t) = -\frac{1}{\tau}\exp(-t/\tau)$ es siempre negativa y proporcional al valor de $f(t)$. Lógicamente, esta señal no es exactamente igual al comportamiento real del nivel, ya que por ejemplo, la exponencial solo *llega a cero en tiempo infinito, diferentemente del nivel real, pero la aproximación es muy buena.*

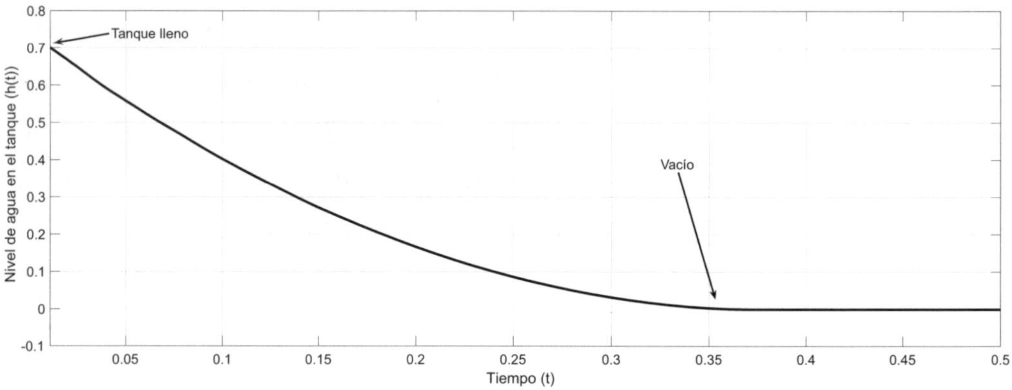

Figura 3.12 – Nivel de un tanque de agua.

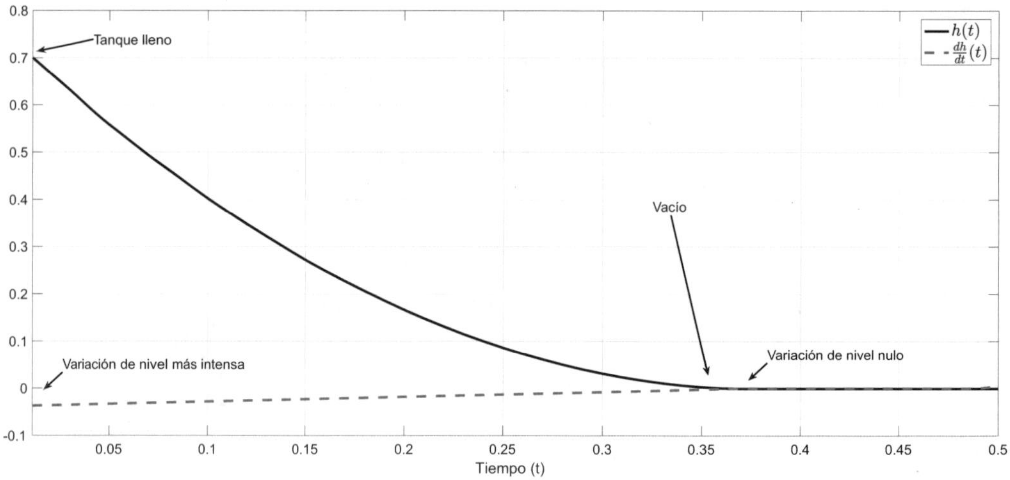

Figura 3.13 – Nivel de un tanque de agua: variación del nivel.

Con los ejemplos anteriores demostramos que la función exponencial será muy útil para representar la evolución en el tiempo de diferentes señales de diferentes sistemas físicos reales.

Para terminar este apartado traemos un último análisis. Debemos observar que una señal exponencial (continua) se transforma en una señal de potenciación discreta, mediante la transformación $t = kT_s$: $S(k) = e^{akT_s} = b^k$, con $b = e^{aT_s}$. O sea, al tomar muestras de una señal exponencial continua con una tasa fija, obtenemos un conjunto de muestras que respetan una ley de potenciación discreta.

3.4. Señales: energía

El concepto de energía de una señal definida en el tiempo es muy importante en el contexto de los sistemas de control. Estudiaremos este tema a continuación.

Definición 7 *Energía de una señal*
Considere una señal real definida en el tiempo $f : \mathbb{R}^+ \to \mathcal{F} \subseteq \mathbb{R}$. *La energía de* $f(t)$ *se define como:*

$$\mathcal{E} = \int_0^{+\infty} \left(f^2(t)dt\right) \quad . \tag{3.12}$$

En el caso discreto, una señal real definida como $f : \mathbb{N}^+ \to \mathcal{F} \subseteq \mathbb{R}$, *tiene una energía dada por:*

$$\mathcal{E} = \lim_{N \to +\infty} \sum_0^N \left(f^2(k)\right) \quad . \tag{3.13}$$

Esta definición proviene de una generalización del concepto de energía disipada en resistencias eléctricas. Por ejemplo, considere una señal $f(t)$ que representa la corriente que fluye a través de un circuito compuesto por una resistencia unitaria y una fuente de tensión. La energía disipada en esta resistencia se calcula con la integral que se muestra en la Ecuación (3.12). En el caso de una resistencia eléctrica R, la energía viene dada por $R\mathcal{E}$. En el caso más general, la integral de la Ecuación (3.12) (o suma, en el caso discreto) se define con un límite inferior en $t = -\infty$. Sin embargo, como en este libro solo consideramos señales causales definidas en el tiempo a partir del instante $t = 0$, calculamos la energía de una señal mediante una integral evaluada a partir de $t = 0$.

Note que la definición de la energía de una señal equivale al cálculo de la norma 2 de la señal, o sea, $\mathcal{E} \equiv ||f(t)||_2^2$, en el caso continuo, o $\mathcal{E} \equiv ||f(k)||_2^2$, en el caso discreto. Cuando la función f representa una señal vectorial (típicamente en un proceso multivariable), de n elementos, es decir, $f = \begin{bmatrix} f_1 & \dots & f_n \end{bmatrix}$, la norma 2 se define como la suma de las energías de todas las componentes del vector, o sea: $\mathcal{E} = \sum_{i=1}^{N} \int_0^{+\infty} (f_i^2(t)dt) = \int_0^{+\infty} \left(\left(f^T(t) f(t) \right) dt \right)$, en el caso continuo.

Destacamos que la potencia instantánea de una señal (continua) viene dada por $\mathcal{P}_{\text{inst}} = \frac{d\mathcal{E}}{dt}$. Considerando que $\int_0^{+\infty} (f^2(t)dt) = (\text{lím}_{t \to +\infty} g(t)) - g(0)$, siendo $g(t)$ definida en t, obtenemos $\mathcal{P}_{\text{inst}} = f^2(t)$. En muchos libros de señales y sistemas, se utiliza el concepto de potencia media de una señal. La potencia media viene dada por la media de la potencia instantánea en el tiempo, es decir, $\mathcal{P}_{\text{média}} = \text{lím}_{\mu \to +\infty} \frac{\int_{-\mu/2}^{\mu/2} \mathcal{P}_{\text{inst}} dt}{\mu} = \text{lím}_{\mu \to +\infty} \int_0^{\mu/2} (f^2(t)dt)$. Cuando la señal f es periódica, el límite $\text{lím}_{\mu \to +\infty}$ puede ser substituido por el período de la señal. Tenga en cuenta que la potencia media de una señal viene dada por la distribución de energía de la señal a lo largo de su evolución en el tiempo.

En términos prácticos, llamamos a una señal como "señal de energía" si tiene energía finita, es decir, $0 < \mathcal{E} < +\infty$. Una señal de potencia media finita se denomina "señal de potencia". Tenga en cuenta que no hay señales de potencia y energía simultáneamente, es decir, las desigualdades $0 < \mathcal{E} < +\infty$ y $0 < \mathcal{P} < +\infty$ son mutuamente excluyentes. Sin embargo, hay señales que no son ni de energía ni de potencia, con energía y potencia infinitas o nulas. Como ejemplo de este caso, presentamos la señal de tipo rampa unitaria, $f(t) = t$, para la cual $\mathcal{E} = +\infty$ y $\mathcal{P} = +\infty$.

Debe destacarse una propiedad importante sobre las señales de energía. Considere una señal real con una condición inicial positiva distinta de cero:

$f(t) : \mathbb{R}^+ \to \mathbb{R}$, con $f(0) = f_0 > 0$. Para que esta señal sea una señal de energía, es suficiente que el término integrado en el tiempo de la expresión para la energía de la señal, presentado en la Ecuación (3.12), disminuya con el tiempo y converja al origen. Por lo tanto, si $V(t) = f^2(t)$ es una función con $V(0) = f^2(0) = (f_0)^2 > 0$ y $\lim_{t\to+\infty} V(t) \to 0$, es válido afirmar que $f(t)$ es una señal de energía. Para hacerlo, basta con evaluar si $V(t) > 0$ para todo t y que $\frac{dV(t)}{dt} < 0$ para todo t. Enfatizamos que una derivada $\frac{dV(t)}{dt} < 0$ implica en el decaimiento de la función $V(t)$ a lo largo del tiempo. Por tanto, con $V(t) > 0$ y $\frac{dV(t)}{dt} < 0$, observaremos una señal que converge al origen.

Como ejemplo de verificación de esta propiedad, tomemos el ejemplo de una señal $f(t) = e^{\frac{-t}{\tau}}$ que representa el nivel de un tanque de agua que se vacía. Consideremos $f(0) = 0{,}7$. Presentamos, en la Figura 3.14, las curvas $f(t)$ y $V(t)$ (gráfico superior), $\frac{dV(t)}{dt}$ (gráfico intermedio) y $\mathcal{E}(t) = \int_0^t (f^2(\mu)d\mu)$ (gráfico inferior). Tenga en cuenta que esta señal es, de hecho, una señal de energía, ya que $V(t) > 0$ y $\frac{dV(t)}{dt} < 0$, lo que implica $\mathcal{E} = \lim_{t\to+\infty} \mathcal{E}(t) = 50 < +\infty$.

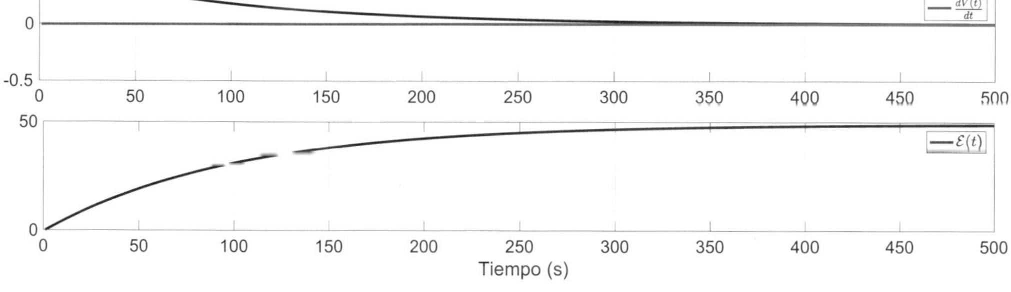

Figura 3.14 – Disipación de energía de una señal.

3.5. Señales: operaciones y transformaciones

Dado que las señales están representadas matemáticamente por funciones a lo largo del tiempo, podemos realizar con ellas todas las operaciones que usamos normalmente con las funciones. Así, y como vimos en algunos ejemplos del apartado anterior, podemos sumar señales, derivarlas, multiplicarlas, etc. Este tipo de operación modifica la imagen de la señal manteniendo su dominio.

Por ejemplo, al calcular $x(t)^2$ estamos creando una nueva señal que tiene el mismo dominio que el de $x(t)$, pero con una imagen modificada.

Además de estas operaciones tradicionales, existen otras transformaciones, que modifican el dominio de una señal y que son especialmente importantes en los sistemas de control, principalmente en aquellos sistemas en los que coexisten señales de tiempo continuas y discretas. Tenga en cuenta que en el mundo moderno la mayoría de los sistemas que procesan información se basan en computadoras (o microcontroladores) que operan en tiempo discreto, es decir, realizan operaciones en ciclos de tiempo predefinidos. Por otro lado, la mayoría de los procesos que precisamos controlar pertenecen al mundo de los sistemas continuos, cuyas señales están definidas para todo el tiempo, como por ejemplo los procesos térmicos, mecánicos o eléctricos.

Para unir estos dos *mundos*, es decir, para que las señales del mundo continuo puedan ser entendidas y utilizadas por el *mundo* discreto y viceversa, necesitamos definir dos operaciones o transformaciones con señales, llamadas muestreo y interpolación.

En la Figura 3.15, mostramos un diagrama de bloques de un sistema de control digital, que controla un proceso físico real (también denominado analógico). El término analógico se utiliza para definir señales de dominio e imagen real. De esta forma, los sistemas que utilizan señales analógicas también se denominan analógicos. Por otro lado, se dice que un sistema es digital cuando utiliza señales digitales, que son señales de tiempo discretas, cuya imagen también es discreta y que solo pueden tener valores dentro de un conjunto finito. Por ejemplo, las señales que procesa una computadora son digitales pues tienen su imagen definida por el número de bits utilizados en la computadora y su dominio definido por la frecuencia de procesamiento de la misma.

En el diagrama mostrado en la Figura 3.15 la(s) variable(s) de proceso se miden con un sensor, cuya señal continua se transforma en una señal discreta por un muestreador. La señal muestreada (discreta) luego se convierte en una señal digital (representada por un cierto número de bits) usando un cuantizador, y es recibida por el controlador, que determina una señal de control para el proceso. En este sistema, la señal de control digital se transforma en una señal continua usando un interpolador, cuya salida es la variable de control continuo, que comanda el actuador, regulando la dinámica del proceso. El símbolo VR en la Figura 3.15 representa una señal de referencia para el controlador, el cual actúa sobre el proceso normalmente para hacer que la variable del proceso se aproxime al valor definido por esta referencia.

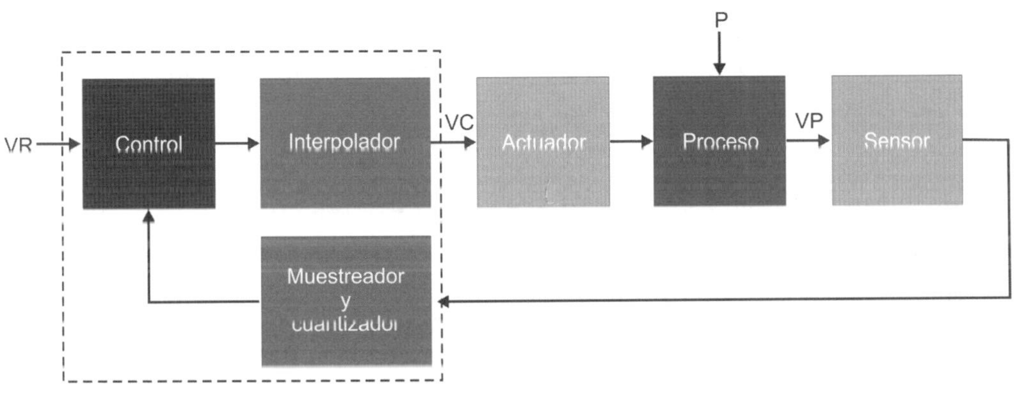

Figura 3.15 – Diagrama de bloques de un sistema de control discreto.

Ahora discutiremos con más detalle las operaciones de muestreo, interpolación y cuantificación.

3.5.1. Muestreo

En el procesamiento de señales, llamamos muestreo a la transformación de una señal continua en una señal discreta. Un ejemplo clásico (y muy común) de muestreo es el que convierte ondas sonoras (señales continuas) en una secuencia de muestras medidas en un conjunto discreto de instantes de tiempo.

Definición 8 *Muestreo*
La operación de muestreo se puede definir como el proceso de medición instantánea de los valores de una señal analógica (continua) en intervalos, que suelen ser regulares y cuya duración se define como tiempo de muestreo. El intervalo entre muestras se determina mediante un pulso de sincronismo y su frecuencia se denomina frecuencia de muestreo.

> *En 1928, Henry Nyquist de la empresa Bell Laboratories, estableció que la representación digital de una señal analógica sería funcionalmente idéntica a la forma de onda original si la frecuencia de muestreo fuera al menos dos veces mayor que la frecuencia más alta de la onda analógica. Este resultado se conoce como Teorema de Muestreo de Nyquist y es un resultado muy importante para la teoría de señales y sistemas.*

Usando el teorema de muestreo de Nyquist para la voz humana, que tiene una frecuencia máxima de cuatro mil Hertz, podemos determinar que se requieren ocho mil muestras por segundo para muestrearla correctamente. Un audio con calidad de CD tiene una frecuencia máxima de veinte mil Hertz, por lo tanto, requiere cuarenta mil muestras por segundo para ser debidamente muestreado. Si se realiza la operación de muestreo con una frecuencia de muestreo inferior al doble de la frecuencia máxima de la forma de onda muestreada, hay pérdida de información. En el caso del audio, la señal digital será una versión distorsionada de la señal original.

De una manera más intuitiva, la elección del período (o frecuencia) de muestreo debe ser compatible con la velocidad de variación de la señal a lo largo del tiempo. En términos prácticos, la señal muestreada debe tener una forma similar a la señal original.

Cuando una señal es muestreada con una frecuencia de muestreo menor que la tasa de cambio de la señal, la señal muestreada tendrá una imagen que no tendrá información suficiente para poder recuperar la imagen analógica original. También, al recuperar la señal analógica en este caso podemos obtener diversas señales diferentes, además de la imagen analógica original. A este fenómeno lo llamamos *aliasing*. En la Figura 3.16 se muestra un ejemplo de aliasing, en el que una señal sinusoidal de frecuencia f, $x(t) : \mathbb{R}^+ \to A$, dada por $x(t) = \sin(2\pi ft)$ (en línea continua en la figura), se muestrea con una frecuencia de muestreo f_s inadecuada, en este caso $f_s < 2f$. El período de muestreo es $T_s = 1/f_s$. La señal resultante del muestreo, $x(kT_s) : \mathbb{N} \to A$ es dada por $x(kT_s) = \sin(2\pi fnT_s)$, está en la figura indicada por las flechas en negrita.

Como podemos ver en la Figura 3.16, la forma de la señal muestreada no representa bien a la señal original. Además, hay otras señales continuas (de ahí el término *alias*, que significa seudónimo, apodo) que también pasan por los puntos muestreados, como la señal dibujada con una línea de puntos en la figura. Es decir, al interpretar la señal muestreada, no podríamos saber si corresponde a la sinusoide original $x(t)$ o la otra sinusoide de menor frecuencia.

Enfatizamos que la operación de muestreo se refiere solo a una transformación en el dominio de la señal, y no interfiere con su imagen (observe que la señal muestreada siempre tiene el mismo valor que la señal continua original en los instantes de muestreo). Una señal continua del tipo $x(t) : D \to A$, con $D \subseteq \mathbb{R}^+$, cuando muestreada, se convierte en una señal del tipo $x(kT_s) : D_{\text{novo}} \to A$, con $D_{\text{novo}} \subseteq \mathbb{N}_{T_s}$. Aquí, $\mathbb{N}_{T_s}$ representa los múltiplos naturales de T_s.

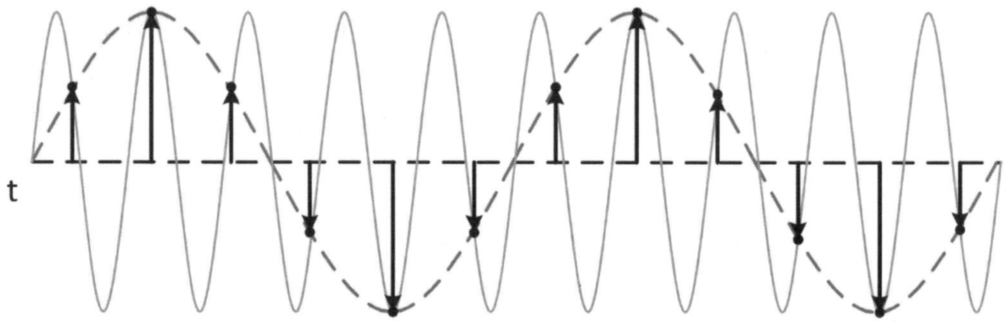

Figura 3.16 – Señal muestreada con una frecuencia de muestreo menor que su variación en el tiempo.

El muestreo viene dado matemáticamente por la siguiente operación:

$$\begin{aligned} \text{Muestreo}\{x(t)\} &\Rightarrow x(kT_s) \quad \text{con} \\ t &= kT_s = \frac{n}{f_s} \quad , \end{aligned} \tag{3.14}$$

siendo f_s la frecuencia (o tasa) de muestreo y T_s el período de muestreo.

También podemos escribir la siguiente expresión que relaciona la señal original $x(t)$ y la señal muestreada $x(kT_s)$:

$$x(t) = x(kT_s) \ \ \forall \ \ t = kT_s \ \ k \in \mathbb{N} \tag{3.15}$$

Tenga en cuenta que la señal muestreada solo se define en los múltiples enteros de T_s.

Un tema interesante que debemos analizar es la relación entre señales discretas y señales muestreadas. Una señal muestreada es evidentemente una señal discreta, con la particularidad que se define para instantes de tiempo múltiplos de T_s. Una temperatura ambiente, por ejemplo, muestreada a cada 0,5 segundos se definirá como: $T(0{,}5), T(1), T(1{,}5), T(2), ...$ que configura, también, una señal discreta, definida en un dominio contable de puntos.

Lo contrario no es cierto: no toda señal discreta es una señal muestreada. Si la señal proviene de un sistema que se comunica con el medio utilizando señales en puntos de tiempo discretos, será de naturaleza discreta. Por ejemplo, la señal que representa la tasa de interés de un plazo fijo en el día k es una señal discreta por naturaleza, que solo se define cada día.

3.5.2. Interpolación

Volvamos ahora al análisis del diagrama de bloques del sistema de control digital, mostrado en la Figura 3.15, donde aun es necesario detallar el bloque de interpolación. La necesidad de utilizar esta interpolación en sistemas de control es bastante simple. Imagínese que estamos controlando el nivel de un tanque y para eso actuaremos sobre la válvula que regula la entrada de agua en el tanque. El sistema de control discreto producirá una secuencia de valores numéricos definidos para cada T_s. Estos son valores instantáneos con una cierta amplitud $U(k)$ y duración teóricamente nula. Evidentemente, la válvula de actuación no es capaz de reaccionar instantáneamente a los pulsos, ya que su construcción física no es capaz de seguir variaciones tan rápidas. Por lo tanto, necesitamos crear una señal continua para que sea posible el accionamiento de esta válvula, y que mantenga los valores de la señal discreta en los momentos de muestreo, pero que no sea una serie de pulsos. Esta transformación puede ser realizada por un interpolador.

Para que podamos crear una señal continua $x(t)$ a partir de un conjunto de muestras discretas $x(kT_s)$, es necesario interpolar las muestras para obtener valores de la señal x para todo instante t definido dentro de un intervalo de interpolación, dado por $t \in [kT_s\, , (k+1)T_s]$. Es decir, la interpolación se encarga de "conectar los puntos" discretos, de modo que se genera una curva continua.

La interpolación es también una operación que cambia el dominio de la señal. La señal $x(kT_s) \, : \, D_n \, \to \, A$, cuando interpolada, es convertida en una nueva señal $x(t) \, : \, D_t \, \to \, A$.

Podemos optar por interpolar una señal discreta de varias formas, siguiendo enfoques lineales, polinomiales o trigonométricos. En general, las operaciones de interpolación más utilizadas son lineales, y por lo tanto las únicas estudiadas en este libro.

La notación matemática utilizada para representar la operación de la interpolación es la siguiente:

$$\begin{aligned} \text{interpolación}\{x(k)\} &\Rightarrow x(t) \quad \text{con} \\ x(t) &= x(kT_s) \ \forall \ t = kT_s \quad , \end{aligned} \tag{3.16}$$

siendo T_s el periodo de muestreo.

Notamos que $x(t)$ tiene el mismo valor que $x(kT_s)$ para todo instante $t = kT_s$ y falta definir los valores de $x(t)$ para $t \neq kT_s$. Consideraremos, entonces, dos tipos de interpolación:

- Interpolación mediante polinomio de orden cero, denominada como "ZOH" (del inglés *zero-order hold*). Para este tipo de interpolación, se utiliza la siguiente regla: $x(t) = x(kT_s)$ para todo $kT_s \leq t \leq (k+1)T_s$, es decir, $x(t)$ se hace igual a la muestra del instante kT_s y ese valor se mantiene constante hasta el tiempo $(k+1)T_s$. La señal interpolada por un interpolador de tipo ZOH se muestra en la Figura 3.17.

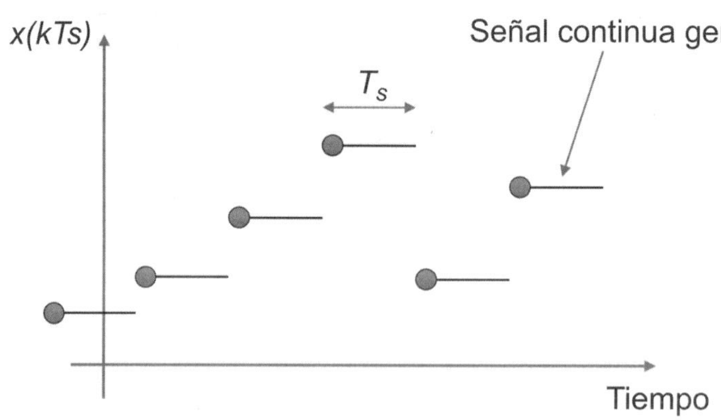

Figura 3.17 – Señal interpolada por interpolador tipo ZOH.

En esta figura, la señal muestreada original está representada por los puntos tipo bola y la señal interpolada por los umbrales de valor constante en cada período de muestreo. Este tipo de interpolación es la más utilizado en la práctica. Con períodos de muestreo T_s adecuados la representación de interpolación de tipo ZOH suele ser suficientemente buena.

- Interpolación mediante polinomio de orden uno, o aproximación por una recta, denotada como "FOH" (del inglés *first-order hold*). En este caso, la señal continua entre dos muestras consecutivas es una línea que conecta estos puntos, es decir, para $kT_s \leq t \leq (k+1)T_s$, la señal continua es dada por:

$$x(t) = x(kT_s) + \left(\frac{x((k+1)T_s) - x(kT_s)}{T_s} \right) [t - x(kT_s)] \quad ,$$

que es una reta de inclinación $\left(\frac{x((k+1)T_s) - x(kT_s)}{T_s} \right)$ que pasa por el punto $(kT_s\, ,\, x(kT_s))$ y por el punto $((k+1)T_s\, ,\, x((k+1))T_s))$. La Figura 3.18 ilustra la operación de interpolación tipo FOH.

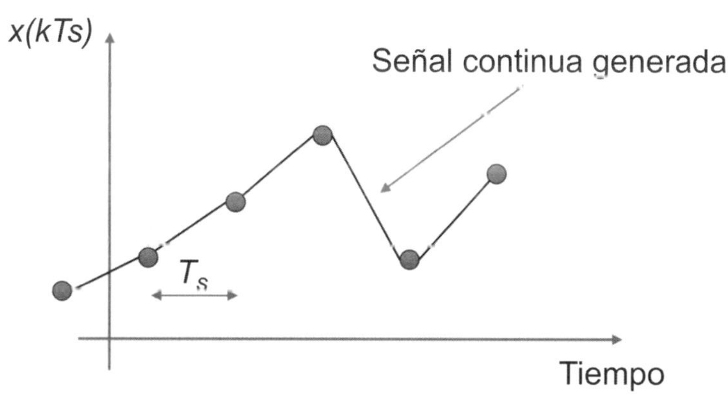

Figura 3.18 – Señal interpolada con un interpolador del tipo FOH.

Un punto importante a destacar aquí es que las operaciones de interpolación y muestreo no son inversas. Tenga en cuenta que si tenemos una señal muestreada y realizamos una interpolación y luego un muestreo (usando el mismo T_s) recuperaremos exactamente la señal muestreada original. Lo contrario no es verdad. Una señal continua muestreada y luego interpolada dará como resultado, en la mayoría de los casos, una señal diferente de la original, ya que solo en los momentos de muestreo la señal continua original y la señal continua interpolada coincidirán.

La Figura 3.19 ilustra las diferentes señales que se obtienen en el proceso de muestreo e interpolación usando el caso de una señal de temperatura sinusoidal: la señal de temperatura real (continua), la señal muestreada en el tiempo y la señal interpolada con un FOH.

Se puede observar que en este caso el error es pequeño, ya que la interpolación lineal es capaz de capturar bien los datos para el T_s utilizado.

Para concluir este capítulo, estudiaremos de forma simplificada el procesamiento realizado en la comunicación analógica-digital utilizada en los sistemas de control industrial, prestando especial atención a la operación de cuantificación.

3.5.3. Procesamiento digital

Hoy en día, los sistemas de tiempo discreto son los más comunes en todas las áreas de la ingeniería. El uso de computadoras o microcontroladores está muy extendido en la práctica, tanto para la adquisición de datos de proceso como para la monitorización y control. La Figura 3.20 presenta el diagrama de funcionamiento de un sistema de control digital. Las señales de las lecturas de las variables de proceso, provenientes de sensores digitales o analógicos, se procesan en un sistema de adquisición de datos que generalmente funciona en una placa electrónica con microprocesador. Estas señales se envían luego a la computadora que realiza los cálculos y define los valores de las acciones de control a realizar. Estas señales digitales del

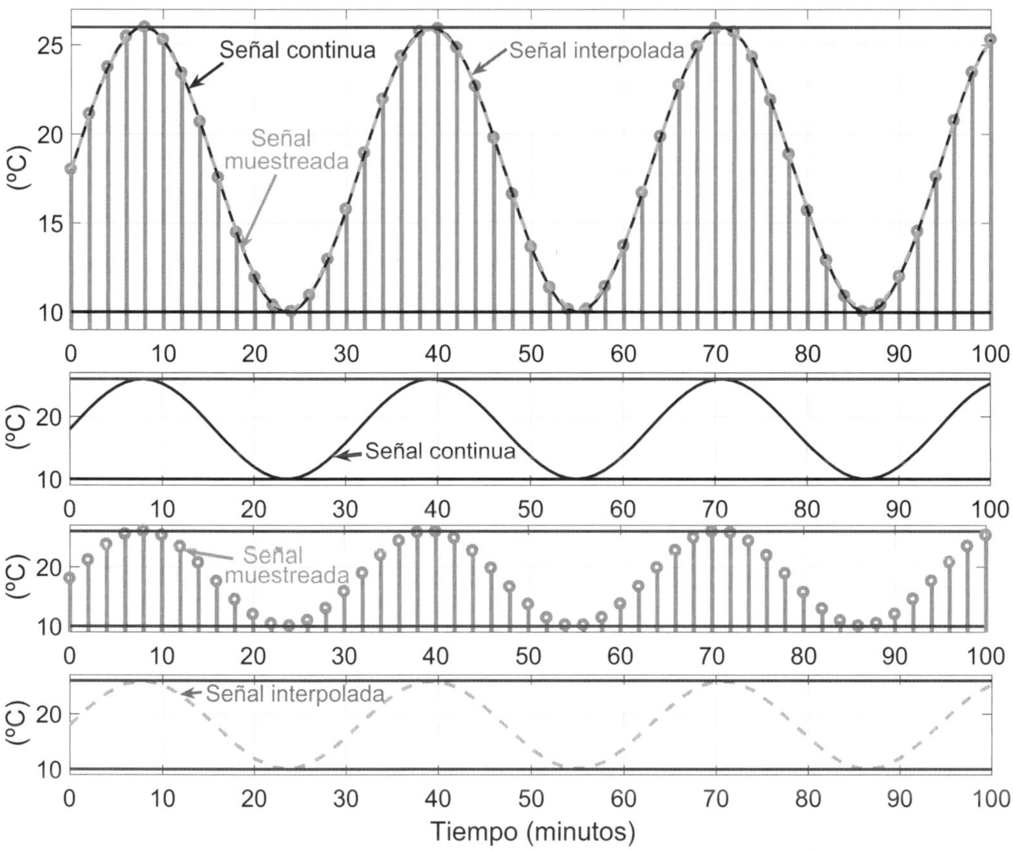

Figura 3.19 – Señal continua de temperatura, su muestreo y su interpolación FOH.

controlador pasan nuevamente por el sistema de adquisición de datos para transformarse en señales que pueden ser interpretadas por actuadores, como válvulas, motores, etc. Como este dispositivo convierte señales analógicas (A) en digitales (D) y digitales en analógicas, generalmente se denomina AD/DA. En estos sistemas AD/DA, se instalan muestreadores, interpoladores y cuantificadores.

Es necesario analizar las llamadas señales digitales con más detalle. Todas las señales procesadas por computadoras y microprocesadores son digitales, esto implica que son discretas en el tiempo, pero también que pueden asumir solo ciertos valores, es decir, el conjunto de imágenes de la señal

Figura 3.20 – Adquisición y envío de datos a través de sistemas de conversión AD/DA.

es solo una familia finita de valores. Este conjunto depende del procesador utilizado, que define los posibles valores que puede asumir la señal.

Como ejemplo, considere un microprocesador de 5 bits, que posee un total de $2^5 = 32$ posibles combinaciones de valores para cálculo. De esta manera, todas las señales procesadas por él deben ser representadas dentro de esta familia de 32 valores discretos posible. Generalmente, este procesador trabaja con voltajes entre 0 y 5 V, por lo que los valores de voltaje que pueden ser usados son definidos en pasos de 5/32 V. La amplitud de estos incrementos discretos se conoce como la resolución del procesador.

Supongamos que este microprocesador recibe datos de un termopar (sensor que mide la temperatura) de un ambiente que tiene su temperatura controlada entre 10 y 26 °C. El circuito electrónico que procesa la señal eléctrica del termopar nos proporcionará una tensión de 0 a 5 V, donde la tensión máxima corresponde a la medida de una temperatura máxima. En este caso, la resolución de los datos de temperatura es $\frac{26-10}{32} = 0{,}5$ °C. Por lo tanto, cualquier variación de temperatura inferior a 0,5°C no se tendrá en cuenta en el microprocesador.

Recuerde que la variación de temperatura del ambiente, al ser un fenómeno físico real, es necesariamente una señal analógica, es decir, es una señal que puede asumir cualquier valor entre 10 y 26 que está definida para todos los tiempos. La señal digital que representa la temperatura solo puede asumir valores múltiplos de la resolución del sistema, y apenas en los instantes de muestreo.

Este error causado por la digitalización de la imagen de la señal se denomina error de cuantificación y se ilustra en la Figura 3.21. Cuanto menor sea el paso (o mayor sea el número de bits), menor será el error de cuantificación, pero siempre existirá.

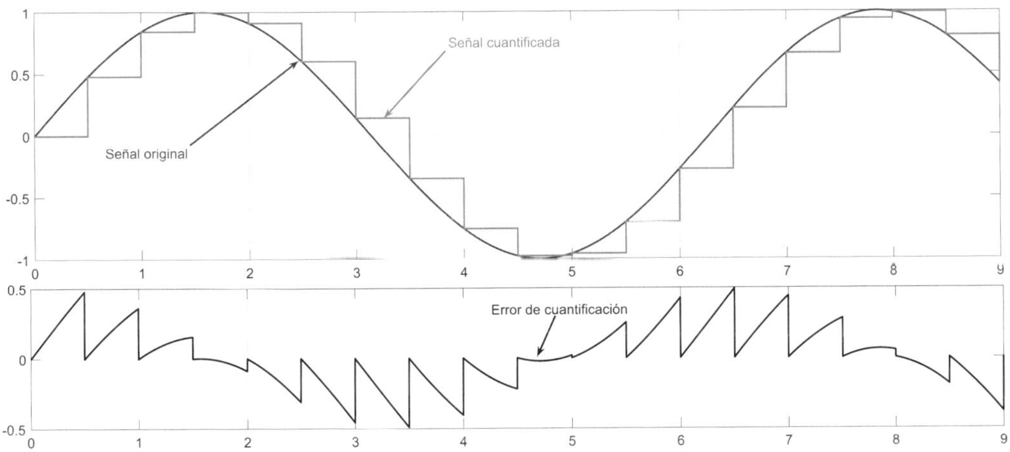

Figura 3.21 – Error de cuantificación en la creación de la señal digital.

Es importante destacar que, actualmente con el avance de la tecnología, trabajamos con procesadores de 32 o 64 bits. En este caso, el error de cuantificación termina siendo muy pequeño y en la mayoría de las aplicaciones, puede ser despreciado. Por ejemplo, para el caso anterior de medición de temperatura, si usamos un procesador con 64 bits, tendríamos pasos de 8 10^{-19} V (muy pequeños).

3.6. Comentarios finales

En este capítulo, analizamos algunos conceptos básicos sobre señales y sistemas. Introducimos las nociones de señales interpoladas y muestreadas, como también, definimos varias otras señales importantes para la ingeniería de control. En los siguientes capítulos, entraremos en más detalle sobre varios de los aspectos que se han estudiado de forma preliminar, como los modelos dinámicos y las respuestas temporales de los sistemas lineales.

3.7. Lectura complementaria

Muchos libros tratan la teoría de señales y sistemas, ya sea con el enfoque de los sistemas de comunicación o con el de la teoría del control. Como se comentó en el capítulo anterior, estos libros están destinados a estudiantes con un conocimiento de fundamentos matemáticos más avanzados que los que se utilizan en este libro. Sugerimos, de todos modos, algunos libros para aquellos interesados en profundizar en el tema.

- KWAKERNAAK, Huibert; SIVAN, Raphael; STRIJBOS, Rens C. W. *Modern signals and systems.* Englewood Cliffs: Prentice Hall, 1991.
- LATHI, Bhagwandas Pannalal; GREEN, Roger A. *Linear systems and signals.* New York: Oxford University Press, 2018.
- OPPENHEIM, Alan V.; WILLSKY, Alan S.; NAWAB, Syed Hamid. *Signals and systems.* London: Prentice-Hall International, 1997.

Lista de ejercicios

1. Mire a su alrededor y cite ejemplos de señales que se encuentren en su en torno.

2. Dibuje el gráfico de las siguientes señales. No es necesario que todos los puntos estén identificados. Lo importante es capturar la forma principal del gráfico, explicando los puntos de interés.

   a) $x(t) = \mathbf{1}(t)\mathbf{1}(\theta - t)$, con θ fijo. Preste atención a las expresiones con $-t$, piense en qué propiedad se está utilizando. Si es necesario, reemplace los valores de t (positivos y negativos) y compárelos con la función escalón.

   b) $x(t) = e^{-t}\mathbf{1}(t)$

   c) $x(t) = sin(ramp(t))$. Argumente por que esta señal es equivalente a $sin(ramp(t))\mathbf{1}(t)$. Lo mismo se puede decir del caso $x(t) = cos(ramp(t))$ y $cos(ramp(t))\mathbf{1}(t)$?

   d) $x(k) = a^k\mathbf{1}(k)$ para los siguientes casos:

      1) $0 < a < 1$

      2) $a > 1$

      3) $a = 1$

      4) $a = 0$

      5) $-1 < a < 0$

      6) $a = -1$

      7) $a < -1$

3. Considere la señal $x(t) = sin(\omega t)$. Presente el gráfico de la señal resultante $\rho(x)$ de las siguientes transformaciones:

a) $\rho(x) = sign(x)$, en el cual $sign(x)$ es la función signo:

$$sign(x) = \begin{cases} 1 & \text{se } x > 0 \\ 0 & \text{se } x = 0 \\ -1 & \text{se } x < 0 \end{cases}$$

b) $\rho(x) = sat(x)$, en el cual $sat(x)$ es la función saturación:

$$sat(x) = \begin{cases} 1 & \text{se } x > 1 \\ x & \text{se } |x| \leq 1 \\ -1 & \text{se } x < -1 \end{cases}$$

c) $\rho(x) = ramp(x)$, en el cual $ramp(x)$ es la rampa:

$$ramp(x) = \begin{cases} 0 & \text{se } x < 0 \\ x & \text{se } x \geq 0 \end{cases}$$

d) $\rho(x) = x^2(x)$

4. Dibuje el gráfico de las siguientes señales discretas. En este ejercicio, $\Delta(k) \equiv \Delta[n]$ representa el **impulso unitario discreto**.

$$\Delta(k) = \begin{cases} 1 & \text{se } k = 0 \\ 0 & \text{se } k \neq 0 \end{cases}$$

a) $y_1(k) = \Delta(k) + 3\Delta(k-2) - \Delta(k-5)$

b) $y_2(k) = 3\Delta(k+1) - \Delta(k) + 6\Delta(k-1)$

5. Exprese el escalón unitario **discreto** como función del impulso unitario discreto y vice-versa, o sea, encuentre expresiones para $\mathbf{1}(k) = f(\Delta(\cdot))$ y $\Delta(k) = g(\mathbf{1}(\cdot))$. Consejo: considere que puede sumar, restar

y desplazar las señales para a izquierda e para a derecha.

6. Considere las siguientes señales exponenciales: $f_1(t) = e^{-t}$, $f_2(t) = e^{-2t}$ e $f_3(t) = e^{-3t}$. Compare estas señales, analizando las diferencias en la velocidad convergencia para cero, $\lim_{t\to+\infty} f(t) = 0$. Encuentre una relación entre el coeficiente a (de e^{at}) y la velocidad de tendencia a cero de estas señales.

7. Considere la señal $f(t) = (1 - e^{-t/3})$. Esta es una señal de energía? Si es, calcule $\mathcal{E}$.

8. Considere la señal continua $f_c(t) = (1 - e^{-t/3})$ y la señal discreta $f_d(k) = (1 - 0{,}9^k)$. Dibuje un gráfico de estas senales, considerando los intervalos $t \in [0, 15]$ s y $k \in [0, 50]$ muestras. También dibuje la señal $f_c(t)$ muestreada con $T_s = 0{,}3$ s y la señal $f_d(k)$ interpolada (usando ZOH) con este mismo período de muestreo. ¿La señal muestreada es equivalente a la señal $f_d(k)$? ¿La señal interpolada es equivalente a la señal $f_c(k)$? Analice.

9. Considere la señal $f(t) = \sin(\frac{1}{5}\pi t)$ definida dentro del rango $t \in [0, 10]$s. Dibuje esta señal usando diferentes períodos de muestreo: $T_s = 0{,}1$ s, $T_s = 1$s y $T_s = 6$ s. Interpole las señales muestreadas con una línea recta (FOH) y compare las señales obtenidas. ¿Pueden todas las señales resultantes considerarse representaciones fieles, en el dominio del tiempo discreto, de la señal continua original? Analice el fenómeno del *aliasing*. ¿Cómo se debe hacer la elección correcta para el período de muestreo? ¿Cuál es el efecto de diferentes tipos de interpoladores (FOH, ZOH) en las senales resultantes?

Capítulo 4

Propiedades de sistemas

En el capítulo anterior presentamos las definiciones de señal y sistema, donde fueron analizadas las propiedades y operaciones de algunos tipos de señales importantes. En este capítulo, estudiaremos las propiedades físicas y matemáticas de los sistemas, clasificándolos según sus propiedades, tales como linealidad, causalidad, etc..

4.1. Clasificación de sistemas

Para el estudio de la teoría de los sistemas de control es muy conveniente que estos se clasifiquen según algunas de las propiedades físico-matemáticas de sus modelos.

Una vez clasificados los sistemas según sus propiedades, diferentes procesos de las más diversas áreas de la ingeniería se pueden agrupar en función de un conjunto de propiedades comunes. Esto permite deducir características (estáticas o dinámicas) del comportamiento de una clase de sistemas, simplificando o facilitando el estudio de varios casos prácticos.

En este libro describiremos los distintos sistemas, a través del estudio de sus modelos, considerando:

(A) el dominio en el que están definidos (sistemas continuos o discretos),

(B) la causalidad en las relaciones entre sus entradas y salidas (sistemas causales o no causales),

(C) el mantenimiento de sus características en el tiempo (sistemas invariantes en el tiempo o sistemas variantes en el tiempo),

(D) la forma en que las entradas y salidas están relacionadas (sistemas lineales o no lineales),

(E) la forma de su comportamiento dinámico (sistemas estables o inestables).

A continuación, se detalla y ejemplifica cada una de estas categorías.

4.2. Sistemas continuos y discretos

En el capítulo anterior definimos y clasificamos señales por su dominio, considerando como señales continuas a aquellas que pueden ser representadas como funciones de tiempo en el dominio real y señales discretas a aquellas definidas en el dominio de los números naturales o múltiplos enteros y positivos de un tiempo de muestreo. Cuando representamos un sistema por su modelo, estamos considerando las relaciones estáticas y dinámicas entre sus señales de entrada y salida, por lo tanto, las ecuaciones que lo representan estarán definidas en el mismo dominio que sus señales. Esto nos permite definir un sistema como continuo o discreto.

Definición 9 *Sistema continuo/discreto*
Un sistema se define como continuo (discreto) cuando las señales asociadas con el sistema son señales continuas (discretas).

Como consecuencia de esta definición, un sistema continuo (discreto) estará representado por un modelo continuo (discreto), es decir, un conjunto de ecuaciones en tiempo continuo (discreto) que relacionan sus variables de proceso, manipuladas y perturbaciones.

Ejemplo 23 *Coche eléctrico*

Considere el sistema de control de velocidad de un automóvil eléctrico, en el que usamos el mando del acelerador (variable manipulada) para actuar sobre el motor y modificar la velocidad del automóvil (variable de proceso). La velocidad del automóvil aún se ve afectada por la fricción con el aire, lo que puede considerarse una perturbación. Las señales involucradas en este sistema son continuas, ya que tanto la posición del acelerador, la velocidad del automóvil como la fuerza de fricción contra el movimiento del automóvil están definidas para todo el tiempo real. Por tanto, podemos decir que el sistema de control de velocidad del coche eléctrico es un sistema continuo, y su modelo será un modelo continuo.

Si llamamos $v(t)$ a la velocidad, $a(t)$ ala posición del acelerador, entonces, empleando la ecuación de equilibrio de fuerzas, tenemos que:

$$m\frac{dv}{dt}(t) = F_m(t) - F_a(t) = K_m a(t) - K_a v(t) \qquad t \in \mathcal{R},$$

donde m es la masa del coche, $F_m(t) = K_m a(t)$ es la fuerza del motor que es considerada en este ejemplo proporcional a la posición del acelerador y $F_a(t) = K_a v(t)$ la fuerza de fricción, considerada proporcional a la velocidad. En este modelo, K_m y K_a son dos constantes que dependen de los aspectos de construcción del automóvil.

Ejemplo 24 *Saldo de una inversión financiera*

Considere el sistema de control de saldo de una inversión a tasa fija, es decir, para la cual la rentabilidad (interés) se fija en un contrato (como por ejemplo, un bono del gobierno a tasa fija). Como todas las señales involucradas en este sistema se definen a diario, se trata de señales discretas y en consecuencia, el sistema de control de saldo de las inversiones financieras es un sistema discreto.

Si definimos $S(k)$ y $A(k)$ como el saldo y la inversión realizada en un día k (k natural) respectivamente y t_j la tasa de interés diaria, podemos *escribir:*

$$S(k) = S(k-1) + S(k-1)t_j + A(k) \qquad k \in \mathbb{N} \quad ,$$

que es un modelo discreto simple del proceso estudiado.

Nota 1 *Aquí es importante aclarar un punto sobre los sistemas y sus modelos. En la práctica de control, siempre podemos construir señales discretas a partir de señales continuas, como vimos en el capítulo anterior, utilizando la metodología de muestreo. Por lo tanto, un sistema continuo puede tener sus señales muestreadas, lo que nos lleva a poder construir un modelo discreto para un sistema continuo. Esto no cambia la propiedad del sistema, ya que las variables involucradas en el sistema real permanecen continuas. De todos modos, desde el punto de vista del control y la representación matemática del proceso (modelo), estaremos utilizando una descripción de tiempo discreto (en este caso muestreado).*

Ejemplo 25 *Modelo muestreado de un sistema continuo*
Considere nuevamente el sistema de control de velocidad del automóvil eléctrico del ejemplo anterior. Supongamos que las señales involucradas en este sistema se muestrean a cada T_s *segundos (*T_s *es el período de muestreo). Definiendo* $v(kT_s)$ *como la velocidad,* $a(kT_s)$ *como la posición del acelerador, podemos construir el siguiente modelo discreto del sistema:*

$$m\frac{v\left((k+1)T_s\right) - v\left((k)T_s\right)}{T_s} = F_m(kT_s) - F_a(kT_s)$$

$$= K_m a(kT_s) - K_a v(kT_s) \qquad k \in \mathbb{N}\,,$$

en el que aproximamos la derivada de la velocidad $\frac{dv}{dt}(t)$ *por* $\frac{v((k+1)T_s)-v(kT_s)}{T_s}$. *Tenga en cuenta que este modelo discreto puede comportarse de manera similar al continuo si* T_s *es lo suficientemente pequeño como para que la derivada se aproxime por* $\frac{v((k+1)T_s)-v((k)T_s)}{T_s}$. *Reforzando, la velocidad real del automóvil sigue siendo una variable continua, pero su representación a través del modelo es una variable discreta. Este procedimiento de aproximación de la derivada no es el único que se puede aplicar para encontrar el modelo discreto. Discutiremos esto con más detalle en el Capítulo 5.*

4.3. Sistemas causales y no causales

Definición 10 *Causalidad*
Se dice que un sistema es causal si alguna de sus salidas (definidas aquí por la señal $y(t)$), en cualquier instante t_0, depende solo de los valores de las entradas del sistema $u(t)$ para $t \leq t_0$. En otras palabras, el valor de las salidas de un sistema causal, en un dado instante de tiempo, depende solo de los valores presentes y pasados de sus entradas, no de los valores futuros de las mismas.

Esta es una definición muy intuitiva que es verificada por todos los procesos físicos reales. Veamos, por ejemplo, algunos de los sistemas analizados en el apartado anterior: el coche eléctrico no puede cambiar su velocidad antes de que se aplique una acción al acelerador, así como no podemos tener un saldo en la inversión financiera hasta el momento en que hacemos un primer aporte. Desde un punto de vista formal, la verificación de la propiedad de causalidad se realiza utilizando el modelo del sistema y no el sistema en sí. Por otro lado, desde un punto de vista empírico, esta propiedad se puede verificar analizando las características de la respuesta del sistema.

En un sistema causal en estado de reposo, sus salidas permanecerán nulas hasta el momento en que se aplique una entrada. Si las salidas dejan de ser nulas antes de que se aplique una entrada, el sistema sería no causal, por lo que diríamos que la salida actual depende de los valores futuros de la entrada.

Como mencionamos, todo sistema real es causal. Entonces, ¿cuál sería la utilidad de esta definición y clasificación? La respuesta es que se pueden crear modelos no causales para describir matemáticamente un procedimiento específico, aunque las relaciones entre las variables físicas involucradas deben ser siempre causales.

Ejemplo 26 *Un ejemplo de sistema teórico no causal está representado por la Ecuación 4.1, la salida $y(t)$ depende de un valor futuro (en el tiempo $t+2$) de la entrada $u(t)$ de sistema, siendo $t \in \mathbb{R}$.*

$$y(t) \quad = \quad u(t) + u(t+2) \quad . \tag{4.1}$$

Ejemplo 27 *Otro ejemplo matemático de sistema no causal es una calculadora de valor promedio para un intervalo de datos representados por la Ecuación 4.2. La salida $y(k)$ del sistema es el valor medio de la entrada del sistema $u(k)$ en un intervalo de datos que considera N datos por delante y N datos antes del instante k, siendo $k \in \mathbb{N}$.*

$$y(k) \quad = \quad \frac{\sum_{i=-N}^{N} u(k+i)}{2N+1} \quad . \tag{4.2}$$

Tenga en cuenta que $y(k)$ depende de los valores futuros de la entrada del sistema. Por lo tanto, está claro que aunque tenemos que definir el sistema como no causal, desde el punto de vista físico, debemos esperar a tener todas las entradas en el intervalo antes de calcular $y(k)$, por lo que, físicamente, la salida solo podría modificarse después recibir el valor de la última entrada.

Nota 2 *En los próximos apartados de este libro, cada señal continua se define dependiente de $t \in \mathbb{R}$ (unidad de tiempo), mientras que cada señal discreta se define dependiente de $k \in \mathbb{N}$ (número de muestras). De ahora en adelante, ya no haremos explícito el dominio de los modelos discretos y continuos.*

4.4. Sistemas invariantes y variantes en el tiempo

El concepto de invarianza en el tiempo también es muy intuitivo y se refiere al mantenimiento a lo largo del tiempo, de las características de respuesta del sistema. Normalmente, queremos que los sistemas sean invariantes. Por ejemplo, cuando compramos un lavavajillas, queremos que funcione durante muchos años de la misma forma que cuando lo compramos, es decir, que su respuesta a una determinada manipulación realizada hoy sea exactamente la misma que su respuesta a esa misma manipulación en cualquier otro momento en el futuro. Cuando eso ocurre clasificaremos al sistema como **invariante en el tiempo**. Por tanto, está claro que, si somos estrictos en la aplicación de esta idea, en la práctica difícilmente habría sistemas invariantes, ya que la mayoría de los sistemas no son capaces de seguir funcionando de la misma forma a lo largo del tiempo, debido al desgaste natural por envejecimiento y uso. Pero si consideramos períodos de tiempo no demasiado largos, a menudo podemos pasar por alto estas variaciones y considerar que el sistema es invariante.

Ejemplo 28 *Considere, por ejemplo, el sistema de control de velocidad del automóvil que presentamos en este capítulo. Si el modelo matemático desarrollado puede considerarse como la representación del sistema y los parámetros del modelo* m, K_a *y* K_m *son constantes, la velocidad del automóvil para una determinada acción del acelerador será siempre la misma independientemente de cuándo es aplicado, siempre que parta de las mismas condiciones iniciales. Así, está claro que no podemos considerar esta condición de invarianza en los parámetros para experimentos realizados con el automóvil nuevo y con él luego de 20 años de uso, pero sí podemos asumir esta condición en intervalos de días o semanas, debido a que el deterioro del auto es muy lento y en cortos períodos de tiempo sus parámetros pueden considerarse constantes.*

Formalizaremos este concepto matemáticamente, utilizando las señales involucradas en el sistema.

Definición 11 *Invarianza en el tiempo*
Un sistema S, con entrada $u(t)$ y salida $y(t)$, se dice ***invariante en el tiempo*** *si se cumple la siguiente condición: asumiendo una condición inicial dada en $t = t_0$, aplicamos una entrada $u(t)$, $t \geq t_0$ ($u(t) = 0$, $t < t_0$) en el sistema y obtenemos una salida $y(t)$, $t \geq t_0$; si asumimos la misma condición inicial y aplicamos la misma entrada $u(t)$ apenas atrasada un tiempo T, o sea, $u(t - T)$, la salida obtenida debe ser la misma salida observada anteriormente, pero también retrasada en tiempo, es decir, $y(t - T)$, $t \geq t_0$.*

Esta propiedad se ilustra gráficamente en la Figura 4.1, que muestra las respuestas $y(t)$ para una entrada $u(t)$ y una entrada $u(t - T)$. Se nota que, para $u(t - T)$ tenemos la misma salida $y(t)$ referente a la entrada $u(t)$, pero desplazada en T unidades de tiempo, o sea, $y(t - T)$.

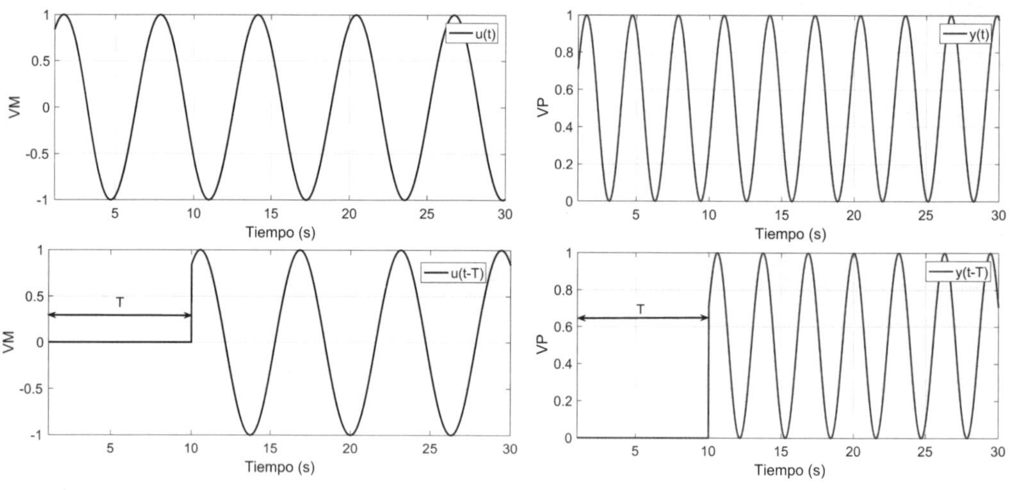

Figura 4.1 – Propiedad de invarianza en el tiempo

En el caso de los sistemas **variantes en el tiempo**, la salida en un instante dado t depende no solo de la entrada aplicada al sistema u, sino también del instante en el que se aplicó t.

En el caso invariante en el tiempo, tenemos que la salida y se puede representar a través de una función de la entrada, es decir, $y(t) = f(u(t))$.

En el caso de sistemas variantes en de tiempo, tenemos que $y(t) = f(u(t), t)$, es decir, la salida es una función de la entrada y del tiempo en que se aplica la entrada. A continuación, presentaremos algunos ejemplos más para entender mejor el concepto.

Ejemplo 29 *Consideremos nuevamente el sistema de control de velocidad del automóvil eléctrico. Modificaremos el modelo para considerar la posibilidad de variación en el tiempo de sus características. Básicamente, sabemos que el motor debido al desgaste no siempre mantendrá el mismo rendimiento, por lo que el modelo que relaciona la fuerza del motor proporcionalmente a la posición del acelerador se puede modificar para* $F_m(t) = K_m(t)a(t)$*, o sea,* K_m *deja de ser constante. El nuevo modelo del sistema de control de velocidad del coche eléctrico será en este caso:*

$$m\frac{dv}{dt} = K_m(t)a(t) - K_a v(t) \qquad t \in \mathcal{R} \quad ,$$

la velocidad que obtendremos para una dada entrada $a(t)$ *será diferente dependiendo del valor de* $K_m(t)$*, es decir, este sistema ya no es invariante en el tiempo.*

Ejemplo 30 *Un ejemplo de un sistema variante en el tiempo por definición es el sistema de aplicación en bonos del tesoro con tasas "post-fijadas", ya que el saldo* $S(k)$ *(salida del sistema) depende no solo de las aplicaciones* $A(k)$ *(entrada al sistema) que se realizarán a partir de un cierto momento y el saldo inicial de las aplicaciones (condición inicial* $S(0)$*), pero también de la tasa de interés* $t_j(k)$ *durante el período de aplicación, que en este caso es una función del tiempo (y no conocemos sus valores de antemano). En este caso, tenemos el siguiente modelo:*

$$S(k) = S(k-1) + S(k-1)t_j(k) + A(k) \qquad k \in \mathbb{N} \quad .$$

Una inversión llamada "prefijada", por otro lado, es un sistema invarian-

te en el tiempo, ya que el rendimiento (salida) para una condición inicial dada depende solo de la aplicación (entrada), ya que la rentabilidad es constante en el tiempo (tasa de interés fija). En este caso usaríamos el modelo anterior pero con t_j constante.

El segundo ejercicio de la lista de ejercicios propuestos al final de este capítulo analiza las propiedades de este sistema de inversión.

Finalmente, enfatizamos un punto importante: ¿cómo podemos, en la práctica, demostrar que un sistema es invariante en el tiempo? Para validar la propiedad de invarianza en el tiempo, debemos analizar el siguiente caso: si en el sistema, para una entrada $u_1(t)$, obtenemos una salida $y_1(t)$, debe verificarse que para una entrada $u_2(t)$ obtenida de $u_1(t)$ por un desplazamiento en el tiempo, $u_2(t) = u_1(t - T_d)$, la salida observada deberá ser $y_2(t) = y_1(t - T_d)$, es decir, una salida obtenida de $y_1(t)$ por el mismo desplazamiento de tiempo T_d.

A continuación presentamos dos ejemplos, en los que demostramos cómo es posible comprobar si un cierto sistema es (o no es) invariante en el tiempo.

Ejemplo 31 *Considere que un sistema se describe mediante la siguiente relación entrada-salida:*

$$2\frac{dy(t)}{dt} + y(t) = (u(t))^3 \quad ,$$

siendo $u(t)$ la señal de entrada e $y(t)$ la señal de salida.

Para una entrada $u_1(t)$, observamos la siguiente relación de salida:

$$2\frac{dy_1(t)}{dt} + y_1(t) = (u_1(t))^3 \quad . \tag{4.3}$$

Para una entrada desplazada, dada por $u_2(t) = u_1(t - T_d)$, tenemos:

$$2\frac{dy_2(t)}{dt} + y_2(t) = (u_2(t))^3 \quad , \tag{4.4}$$

$$2\frac{dy_2(t)}{dt} + y_2(t) = (u_1(t - T_d))^3 \quad . \tag{4.5}$$

De la Ecuación (4.3), tenemos que $(u_1(t))^3 = 2\frac{dy_1(t)}{dt} + y_1(t)$. Usando el operador de desplazamiento en el tiempo en T_d unidades, obtenemos que $(u_1(t - T_d))^3 = 2\frac{dy_1}{dt}(t-T_d)+y_1(t-T_d)$. Así, podemos reescribir la Ecuación (4.5) de la siguiente manera:

$$2\frac{dy_2(t)}{dt} + y_2(t) = 2\frac{dy_1}{dt}(t - T_d) + y_1(t - T_d) \quad . \tag{4.6}$$

Por tanto, es válido afirmar que $y_2(t) = y_1(t - T_d)$ y por tanto, podemos concluir que este sistema es, de hecho, invariante en el tiempo.

Ejemplo 32 *Considere que un sistema se describe mediante la siguiente relación entrada-salida:*

$$2\frac{dy(t)}{dt} + y(t) = t\,(u(t))^3 \quad ,$$

siendo $u(t)$ la señal de entrada e $y(t)$ la señal de salida.

Para una entrada $u_1(t)$, observamos la siguiente relación de salida:

$$2\frac{dy_1(t)}{dt} + y_1(t) = t\,(u_1(t))^3 \quad . \tag{4.7}$$

Para una entrada desplazada, dada por $u_2(t) = u_1(t - T_d)$, podemos directamente aplicar un desplazamiento en el tiempo de T_d unidades en ambos lados de la Ecuación (4.7), lo que nos lleva a:

$$2\frac{dy_1}{dt}(t - T_d) + y_1(t - T_d) = (t - T_d)\,(u_1(t - T_d))^3 \quad . \tag{4.8}$$

Por lo tanto, notamos que la relación entrada-salida dada en la Ecuación (4.8) *no es la misma que en la Ecuación* (4.7), *ya que el parámetro que multiplica la señal de entrada cambia con el tiempo. Por lo tanto, podemos concluir que este sistema es variante en el tiempo.*

Alternativamente, si usamos $y_1(t - T_d) = y_2(t)$ *y sustituimos esta relación en la Ecuación* (4.8), *obtenemos:*

$$2\frac{dy_2(t)}{dt} + y_2(t) \quad = \quad (t - T_d)\,(u_2(t))^3 \quad . \tag{4.9}$$

Esta ecuación nos muestra que la relación entre u_2 *e* y_2 *no es la misma que entre* u_1 *e* y_1.

4.5. Sistemas lineales

El concepto de linealidad es fundamental en muchas áreas y ampliamente utilizado en los sistemas de control, ya que permite una buena aproximación para describir muchos de los comportamientos encontrados en la práctica y las soluciones matemáticas asociadas a los sistemas lineales son mucho más simples que las de los sistemas no lineales.

Pero, al final, ¿qué significa decir que un cierto sistema es lineal? La linealidad es una propiedad matemática que intenta formalizar la manera de pensar o racionalizar de un ser humano. En la vida cotidiana, en general, tendemos a esperar que cuando aumentamos la acción aplicada sobre un cierto sistema, este responderá aumentando su salida en proporción al aumento realizado en la entrada. Por ejemplo, cuando usamos un calentador de ambiente eléctrico, esperamos aumentar la temperatura de la habitación en proporción al aumento da la potencia eléctrica aplicada en su resistencia. Si para cocinar una taza de arroz, usamos dos tazas de agua en la olla, esperaríamos usar cuatro tazas de agua para cocinar dos de arroz. Pero, muchas veces, nos sorprenden comportamientos que no respetan estas propiedades, comportamientos que son no lineales. Formalizaremos estas ideas en secuencia.

Definición 12 *Linealidad*
Un sistema es denominado como lineal si una combinación lineal de entradas $u = au_1 + bu_2$ *(*a, b *constantes) genera una salida* y *que puede ser descrita como una combinación lineal de las salidas* y_1 *y* y_2 *obtenidas por la aplicación de las entradas* u_1 *y* u_2 *de forma independiente, es decir,* $y = ay_1 + by_2$. *Caso contrario, el sistema es denominado no lineal.*

Vamos a presentar algunos ejemplos simples de sistemas lineales y no lineales.

Ejemplo 33 *Considere un circuito eléctrico compuesto por una fuente de tensión* u *(considerada la entrada) y una resistencia constante* R*, en el cual se mide la corriente* i *(considerada la salida). El modelo de este sistema es dado por* $i = \frac{1}{R}u$. *Este un modelo estático muy simple.*

Verificaremos si cumple la condición de linealidad. Si aplicamos una tensión u_1*, obtenemos una corriente* $i_1 = \frac{1}{R}u_1$ *y para una tensión* u_2*, obtenemos una corriente* $i_2 = \frac{1}{R}u_2$. *Si aplicamos ahora una entrada* $u = au_1+bu_2$*, donde* a *y* b *son reales, utilizando la ecuación del modelo obtenemos una salida* $i = \frac{1}{R}(au_1+bu_2)$ *que puede se reescrita como* $i = a\frac{1}{R}u_1+b\frac{1}{R}u_2$*, o como* $i = ai_1+bi_2$. *Por lo tanto, la propiedad de linealidad se verifica, y decimos que el sistema es lineal.*

Nota 3 *Observe que el modelo de este sistema que mostramos es lineal. Consideramos una operación de multiplicación de una variable (*u*) por una constante para calcular la otra variable (*i*). Podemos inferir que esta operación verifica la propiedad de linealidad.*

Nota 4 *De forma similar, podemos mostrar que es lineal una operación de suma de señales, o sea, el sistema de modelo* $y(t) = u(t) + q(t)$*, siendo* $y(t)$ *la salida,* $u(t)$ *y* $q(t)$ *las entradas, es un sistema lineal.*

Nota 5 *Combinando las dos operaciones que acabamos de usar, podemos deducir que el sistema con modelo* $y(t) = K_u u(t) + K_q q(t)$*, con* K_u *y* K_q *constantes,* $y(t)$ *la salida,* $u(t)$ *y* $q(t)$ *sus entradas, es un sistema lineal. Este modelo es particularmente interesante en la práctica, pues permite representar muchos sistemas estáticos simples que tienen una salida o variable de proceso* y*, una entrada manipulada* u *y una perturbación* q*.*

Ejemplo 34 *Consideremos nuevamente el caso anterior del circuito eléctrico, pero agregando en serie con la resistencia un elemento que represente las pérdidas de carga en el circuito que conecta la resistencia a la fuente. Así, el nuevo modelo que representa la dinámica del circuito eléctrica viene dado por* $V = Ri + V_q$*, en el cual* V_q *es la nueva variable que representa esas pérdidas. El nuevo modelo puede ser escrito, en términos de entradas y salidas, como:*

$$i = \frac{1}{R}V - \frac{1}{R}V_q \quad ,$$

que tiene la forma que acabamos de comentar. Como vemos, este modelo más completo incluye a la señal de perturbación en el sistema V_q*.*

También podemos representar matemáticamente la propiedad de linealidad según dos criterios, que juntos generan la condición para una combinación lineal. Considere un sistema arbitrario, con entrada u y salida y. Se dice que este sistema es lineal si es:

1. Asociativo, o sea, respeta:

$$\text{si } u_1 \rightarrow y_1 \quad , \tag{4.10}$$

$$\text{y } u_2 \rightarrow y_2 \quad , \text{ luego, para todo } u_1 \text{ y } u_2$$

$$u_1 + u_2 \rightarrow y_1 + y_2 \quad . \tag{4.11}$$

Esta propiedad se conoce en los sistemas de control como el principio de superposición, ya que el resultado de aplicar dos entradas diferentes en un sistema se puede calcular como la superposición (suma) de los resultados obtenidos por separado.

2. Homogéneo, es decir, respeta:

$$\begin{aligned} \text{si } u &\rightarrow y \quad , \\ \text{entonces } ku &\rightarrow ky \quad . \end{aligned} \tag{4.12}$$

El ejemplo del circuito eléctrico muestra el caso de un sistema estático, sin dinámica. Pero como hemos visto en varios ejemplos anteriores, la mayoría de los procesos tienen una dinámica asociada a su comportamiento. La operación derivada es muy importante en el modelado de sistemas dinámicos continuos, por lo que mostraremos cómo la operación de derivación es un operador lineal.

Ejemplo 35 *Consideremos un sistema simple que usa el concepto de derivada. Por ejemplo, en el modelo de coche eléctrico que ya hemos presentado, la relación entre la velocidad del coche $v(t)$ y su posición $x(t)$ viene dada por el modelo $v(t) = \frac{dx(t)}{dt}$. Consideraremos en este ejemplo que el modelo que queremos analizar tiene la posición como entrada del sistema y la velocidad como salida.*

Para comprobar la linealidad consideraremos una combinación lineal de entradas $x(t) = ax_1(t) + bx_2(t)$ (a, b constantes) y que $v_1(t)$ es la salida correspondiente a la entrada $x_1(t)$ y $v_2(t)$ es la salida correspondiente a la entrada $x_2(t)$. Precisamos encontrar la salida correspondiente a $x(t)$, así:

$$v(t) = \frac{dx(t)}{dt} = \frac{d(ax_1(t) + bx_2(t))}{dt} = a\frac{dx_1(t)}{dt} + b\frac{x_2(t)}{dt} = av_1(t) + bv_2(t)$$

lo que demuestra que el sistema es lineal.

Es relativamente interesante combinar las propiedades que acabamos de presentar. Si la suma de señales, derivada de señales y producto de señales por constantes, son operadores lineales, un modelo de un proceso que combina la suma de señales y sus derivadas multiplicadas por constantes, también será un sistema lineal. Esto nos lleva a concluir, de forma genérica, que los sistemas cuyos modelos tienen la misma estructura matemática que el modelo de control de velocidad del coche eléctrico son, de hecho lineales, ya que estos pueden expresarse mediante una ecuación diferencial lineal.

Para los sistemas discretos que presentamos, si están representados por modelos con operaciones básicas de suma y producto de señales por constantes, podemos considerarlos lineales.

Finalmente, solo es necesario analizar si la operación de desplazamiento en el tiempo es una operación lineal, ya que varios sistemas discretos se representan a través de modelos con operaciones de desplazamiento temporal entre sus entradas y salidas. Enfatizamos que la operación de desplazamiento en el tiempo relaciona una misma señal en diferentes momentos. Estos modelos que incluyen operaciones de desplazamiento en el tiempo se denominan ecuaciones en diferencias.

Ejemplo 36 *Operador desplazamiento en el tiempo discreto*
El operador de desplazamiento en el tiempo discreto se puede definir como un sistema que retrasa o hace avanzar una señal en el tiempo, de modo que la salida del sistema $y(k)$ es la entrada $u(k)$ desplazada m instantes (m es constante). Consideramos primero la operación de retraso en el tiempo como:

$$y(k) = u(k-m) \quad ,$$

con m y k naturales y $k > m$.

Vamos a demostrar que este es un operador lineal usando el procedimiento en dos pasos. Si aplicamos una entrada u_1 y después u_2 obtendremos como salidas $y_1(k) = u_1(k-m)$ y $y_2(k) = u_2(k-m)$, respectivamente. Al aplicar en el sistema la suma $u = u_1 + u_2$ obtenemos, $y(k) = u_1(k-m) + u_2(k-m)$, *que verifica* $y(k) = y_1(k)+y_2(k)$, *con lo que comprobamos la linealidad. Para la homogeneidad usamos una entrada* k_1u_1 *(*k_1 *constante) obteniendo como salida* $y(k) = k_1u_1(k-m)$, *que verifica* $y(k) = k_1y_1(k)$. *Así, concluimos que el desplazamiento de una señal en el tiempo es una operación lineal.*

Para la operación de desplazamiento positivo en el tiempo tenemos:

$$y(k) = u(k+m) \quad ,$$

con m *y* k *naturales. La demostración de linealidad es igual a la anterior.*

Nota 6 *Observe que la operación de desplazamiento positivo en el tiempo genera una salida del sistema que es igual al futuro de la entrada, configurando un sistema no causal.*

Nota 7 *El operador de desplazamiento negativo (retraso) en el tiempo es muy útil para modelar procesos reales. En muchas situaciones prácticas, los procesos tienen retrasos provocados, por ejemplo, por el tiempo que tarda un sensor o procesador de señal en realizar una medición. Considere como ejemplo el caso de un medidor de concentración en una línea de producción da la industria química, utilizado para obtener información en tiempo real, sobre la concentración de un determinado producto que se está procesando. En la práctica, el procesador tarda unos segundos (o minutos) en la operación de "traducción" de la señal química de concentración, en una señal eléctrica correspondiente, dada por* $C(k)$. *Por lo tanto, tenemos que el valor de concentración que informa el sensor, en un cierto instante* k, *no será la concentración actual sino* $C(k-m)$, *siendo* m *el número de muestras que tarda el procesador en generar la información.*

El concepto de retardo se aplica tanto a señales discretas como continuas. Por ejemplo, en un sistema de medición de temperatura de un líquido en un tanque, podríamos definir $T(t)$ como la temperatura del líquido y

$T_m(t) = T(t-L)$ la medición obtenida con un sensor térmico, que corresponde a un valor retrasado en L segundos (tiempo que demora el sensor en informar el valor) de la temperatura real en el tanque. Pero, podemos afirmar que el operador de retardo continuo también es un operador lineal, usando el mismo procedimiento aplicado al caso discreto. Volveremos a estudiar algunos casos relacionados con el fenómeno del retardo en los procesos del Capítulo 5.

Para finalizar este apartado, vamos a presentar un ejemplo un poco mas complejo que los anteriores y mostraremos el procedimiento para demostrar (o no) la linealidad.

Ejemplo 37 *Considere que un cierto sistema tiene su entrada y salida relacionadas por la ecuación:*

$$2\frac{dy(t)}{dt} + y(t) = (u(t))^3 \quad ,$$

siendo $u(t)$ la señal de entrada y $y(t)$ la señal de salida.

Para la primera entrada $u_1(t)$, tenemos la siguiente relación:

$$2\frac{dy_1(t)}{dt} + y_1(t) = (u_1(t))^3 \quad . \tag{4.13}$$

Y para la segunda entrada $u_2(t)$:

$$2\frac{dy_2(t)}{dt} + y_2(t) = (u_2(t))^3 \quad . \tag{4.14}$$

Consideramos ahora una tercera entrada dada por la suma de las entradas anteriores: $u_3(t) = u_1(t) + u_2(t)$, que aplicada al sistema genera $y_3(t)$:

$$\begin{aligned} 2\frac{dy_3(t)}{dt} + y_3(t) &= (u_1(t) + u_2(t))^3 \qquad (4.15) \\ &= (u_1(t))^3 + 3\,(u_1(t))^2\, u_2(t) + 3u_1(t)\,(u_2(t))^2 + (u_2(t))^3 \quad . \end{aligned}$$

Observe que, si sumamos las relaciones da las Ecuaciones (4.13) *y* (4.14), *obtenemos:*

$$2\frac{d(y_1 + y_2)(t)}{dt} + (y_1 + y_2)(t) \quad = \quad (u_1(t))^3 + (u_2(t))^3 \quad . \tag{4.16}$$

Y por lo tanto la salida $y_3(t)$, *dada por la Ecuación* (4.15), *no es igual a la suma las salidas* $y_1(t)$ *y* $y_2(t)$, *dada por la Ecuación* (4.16). *Así, este sistema viola la propiedad asociativa* ($y_3(t) \neq y_1(t) + y_2(t)$) *y, por lo tanto, no es lineal.*

Como conclusión principal de esta sección, podemos entender que todos los sistemas o procesos lineales pueden describirse mediante una o más ecuaciones diferenciales lineales o ecuaciones en diferencias lineales, para los casos continuo y discreto, respectivamente.

Si la ecuación diferencial o en diferencias tienen los parámetros constantes en el tiempo, tenemos un sistema lineal e invariante en el tiempo. Como ya hemos comentado, todos los sistemas físicos son causales, por tanto, todos los modelos representativos de estos sistemas serán causales. Los sistemas representados por ecuaciones diferenciales son siempre causales. Los sistemas representados por ecuaciones en diferencias son causales siempre que los desplazamientos en el tiempo hacia el futuro de las salidas del sistema sean mayores que los desplazamientos hacia el futuro de las entradas. Por ejemplo, el sistema modelado por $y(k+2) = u(k+3)$ es no causal, pues la salida en tiempo $k+2$ depende de la entrada en tiempo $k+3$ (hay 3 desplazamientos hacia el futuro de la entrada y solo 2 de la salida). Ya el sistema $y(k+2) = u(k+1)$ es causal, ya que la salida depende solo de los valores de la entrada en tiempos anteriores.

4.6. Estabilidad de sistemas

El concepto de estabilidad es extremadamente importante para la teoría de los sistemas de control. El término estabilidad se usa ampliamente en el lenguaje común para describir eventos cotidianos. Solemos decir que los precios de mercado son estables cuando varían poco, decimos que la señal de internet es estable cuando no falla y podemos comunicarnos sin problemas. Así, el concepto de estabilidad, en términos generales, se asocia a fenómenos que varían poco o no varían.

En la industria de procesos es común escuchar la frase "mejorar la estabilidad del proceso", que está asociada con este concepto de variabilidad. Considere el ejemplo de un proceso cuya temperatura se controla para seguir una referencia de 100 °C, pero la temperatura real observada varía significativamente de forma ruidosa entre 85 y 115 °C. Supongamos que al mejorar el método de control (o el ajuste del método), se consigue que la temperatura se mantenga entre 96 y 103 °C. En este caso, se dice que el nuevo sistema de control ha mejorado la estabilidad del proceso. Sin embargo, lo que se ha mejorado es la variabilidad de la variable del proceso (en este caso, la temperatura).

En términos más teóricos, la estabilidad está asociada con el comportamiento dinámico de un proceso en sus puntos de equilibrio o de operación. En general, un proceso está diseñado para funcionar de forma continua en una condición de operativa predefinida. Esta condición operativa se denomina punto de operación del proceso (o sistema). Un punto de operación simplemente representa una condición para las variables de entrada y salida del sistema que garantiza que el mismo permanecerá en ese punto, a menos que alguna de las variables de entrada, manipulada o perturbación, cambie. Por esta razón, un punto de operación también puede ser llamado de punto de equilibrio.

Como ejemplo, considere el control de nivel en un tanque de agua que tiene una válvula para dejar entrar agua desde una fuente de suministro y otra válvula que permite que el agua fluya a través de un orificio en la base del tanque. Cuando decimos que este tanque está en un punto de operación, significa que el nivel del agua en el tanque es constante e igual a un cierto valor H_0. Para que esta condición se cumpla, las dos válvulas deben estar ajustadas de tal manera que el caudal de agua que ingresa al tanque V_e sea igual al caudal que sale de V_s. En este caso del tanque, tenemos un punto de operación definido por el balance de caudal, con valores $V_e = V_s = V_0$ y por el nivel constante H_0. Tenga en cuenta que puede haber muchas combinaciones de valores de nivel y caudal que determinan el punto de operación. Formalizaremos este concepto a continuación.

Definición 13 *Punto de operación*
El punto de operación de un sistema (que también es un punto de equilibrio) se define como el conjunto de valores constantes (condiciones) para sus entradas y salidas, de modo que el sistema permanece operando indefinidamente en este punto si ninguna de las entradas se modifica.

Ejemplo 38 *Considere el sistema de posicionamiento de una pequeña pelota en una superficie que tiene una montaña y un valle, como lo ilustra la Figura 4.2. En este sistema, la bola se puede equilibrar en el punto más bajo del valle, en el que las fuerzas de gravedad y normales aplicadas a la bola se compensan (caso 1), o justo en la cima de la montaña (caso 2). Si colocamos la pelota en cualquiera de estos dos puntos de equilibrio, permanecerá en esa posición indefinidamente, a menos que se le aplique alguna fuerza (una acción de control, o una perturbación).*

Analicemos ahora qué pasaría en este sistema si perturbamos el equilibrio de la pelota. En los dos puntos de operación (caso 1 y caso 2), las dos bolas están paradas (en equilibrio) en el instante inicial. Representaremos este sistema a través de un modelo con una entrada (pequeña fuerza horizontal aplicada a la pelota) y una salida (posición vertical de la pelota). Para dos casos, en los dos puntos de equilibrio, aplicamos la misma entrada (un ligero empujón a la pelota). En el primer caso, la pelota se mueve (cuesta arriba), pero inevitablemente vuelve al punto de equilibrio inicial (reposo en el fondo del valle) después de un tiempo. En el segundo caso, cuando la pelota está en lo alto de la montaña, luego de la aplicación de la fuerza horizontal, la pelota se mueve y cae por la pendiente. En este caso la posición vertical de la pelota comienza a variar con el tiempo y no regresa mas al punto del que partió.

Para el primer caso, en el que la pelota vuelve a su punto de reposo inicial, definimos que ese punto de equilibrio es de tipo estable. Para el otro caso, dado que la bola se aleja indefinidamente del punto inicial, definimos el punto de equilibrio como inestable.

Observamos, a través de este pequeño ejemplo intuitivo, que un cierto proceso puede tener más de un punto de equilibrio y que la propiedad de estabilidad puede ser diferente para cada punto de equilibrio.

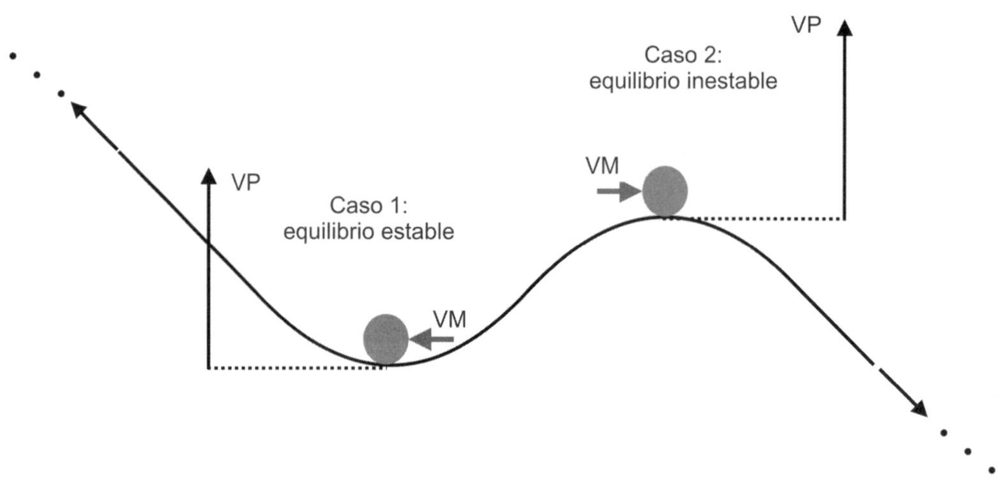

Figura 4.2 – Sistema: movimiento de una pelota en un valle/colina.

Aunque los términos punto de equilibrio y punto de operación a menudo se usan indistintamente, es importante hacer una distinción. Cuando representamos un proceso con un modelo y usamos el modelo para determinar los puntos de equilibrio, podemos encontrar puntos de equilibrio que no tienen sentido para el proceso real. Por tanto, los puntos de operación son aquellos puntos de equilibrio del modelo que determinan una condición operativa del proceso que es factible y de interés práctico. Por tanto, todo punto de operación es un punto de equilibrio, pero no todo punto de equilibrio (calculado a partir del modelo) es un punto de operación del proceso.

Ejemplo 39 *Péndulos*
El péndulo simple ilustrado en el diagrama de la izquierda, en la Figura 4.3, es un sistema que tiene un punto de equilibrio estable, que se da cuando su varilla está en posición vertical. Para este sistema, consideraremos la posición del péndulo como la salida (variable de proceso) y una fuerza horizontal aplicada a la bola como una entrada (variable manipulada). Veamos que, cuando aplicamos una fuerza (en cualquier dirección) sobre la bola colocada en la punta de la varilla del péndulo y luego la retiramos, el péndulo siempre regresa al punto de equilibrio inicial. Claro, esta fuerza debe ser la adecuada para que el sistema no se dañe, es decir, la varilla no debe chocar con el techo.

Un péndulo invertido, como se ilustra en el diagrama de la derecha, en la Figura 4.3, es un sistema cuyo punto de equilibrio se da cuando la varilla está alineada con la vertical, con la masa m colocada hacia arriba. En este caso, podemos considerar la misma entrada y salida del péndulo simple (fuerza y posición, respectivamente). Sin embargo, para este segundo caso, el punto de equilibrio es inestable, porque bajo la acción de una pequeña fuerza sobre la bola del péndulo, la posición del péndulo se aleja del equilibrio y nunca regresa al punto original, ni siquiera en el caso que la fuerza sea retirada.

La definición de estabilidad también se puede expresar intuitivamente en el contexto del control de procesos.

Definición 14 *Estabilidad de un punto de operación en un proceso*

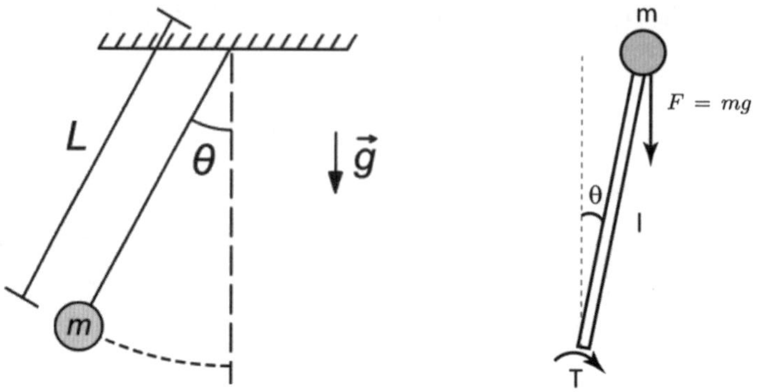

Figura 4.3 – Péndulo simple y péndulo invertido.

Consideremos un proceso que opera en un cierto punto de operación (es decir, asumimos que la variable de proceso se mantiene en un valor constante). Consideremos entonces, que se introduce una perturbación de amplitud finita en el sistema, durante un intervalo de tiempo finito, después del cual la perturbación ya no actúa sobre el sistema. Observamos que, cuando se aplica la perturbación al proceso, la variable del proceso cambiará (dejará el régimen constante). Si después de un tiempo finito, la variable de proceso regresa al punto de equilibrio en el que se encontraba, podemos decir que este proceso presenta un comportamiento estable en ese punto de operación[1]. *Si la variable de proceso se aleja del punto de operación y no regresa a él después de eliminar la perturbación, entonces decimos que el sistema tiene un comportamiento inestable en ese punto de operación.*

Observe que, para el control de procesos, la propiedad de estabilidad es fundamental, dado que los procesos reales siempre estarán sujetos al efecto de perturbaciones y que las especificaciones de control básicas requieren que un proceso controlado permanezca funcionando en un punto de operación deseado (o por lo menos en una región próxima), a pesar de posibles disturbios. Los sistemas de control, entonces, tienen un papel fundamental en este

[1]En la industria, el término autorregulación se utiliza para este tipo de comportamiento.

tema, ya que son los encargados, generalmente, de garantizar la estabilidad del proceso en un determinado punto de operación.

Matemáticamente, la propiedad de estabilidad se puede definir de varias formas. En este libro, solo desarrollaremos el concepto de estabilidad de entrada-salida, también llamada estabilidad de entrada limitada, salida limitada (BIBO, del inglés *Bounded Input, Bounded Output*).

Definición 15 *Estabilidad BIBO*
Se dice que un sistema es BIBO estable si para toda entrada u de amplitud limitada (finita), también obtenemos una salida y de amplitud limitada (finita). Si no se verifica esta propiedad, decimos que el sistema es BIBO inestable.

Matemáticamente, presentamos este concepto de la siguiente forma. Consideremos que la salida de un sistema es $y(t)$ para una entrada $u(t)$. Si para todo $||u||_\infty < k_x$ se verifica $||y||_\infty < k_y$, este sistema se dice BIBO estable (k_x, k_y son constantes finitas).

Notamos que la norma infinita de una cierta variable $u(t)$, dada por $||u||_\infty$ se refiere al mayor valor de la imagen de u para todo valor t de su dominio D, o sea, $||u||_\infty = \sup_{t \in D} u(t)$.

Finalizaremos este capítulo con algunos ejemplos más.

Ejemplo 40 *Sistema de control de nivel en un tanque*
Consideremos un proceso simple que puede presentar puntos de operación estables e inestables dependiendo de su configuración constructiva: un tanque de forma cilíndrica con área de base A, para el cual se quiere controlar el nivel $h(t)$. En este tanque, el caudal de entrada $V_i(t)$ será la variable manipulada y el caudal de salida del tanque $V_o(t)$ será una perturbación. Este es el caso típico de un tanque para consumo de agua, en el que el usuario extrae agua de forma variable y el sistema de control o operador debe activar el caudal de entrada para mantener el tanque en el nivel adecuado.

Modelemos este sistema. La variación de volumen de este tanque $V(t) = Ah(t)$ viene dada por la diferencia entre el caudal de entrada $V_i(t)$ y el caudal de salida del tanque $V_o(t)$, o sea:

$$\begin{cases} \frac{dV(t)}{dt} & = & V_i(t) - V_o(t) \quad , \\ A\frac{dh(t)}{dt} & = & V_i(t) - V_o(t) \quad . \end{cases}$$

Este modelo es genérico y se aplica a cualquier tanque cilíndrico, independientemente del tipo de sistema de actuación utilizado en los caudales: válvulas o bombas. A continuación estudiemos dos situaciones ilustradas en la Figura 4.4:

1. *El caudal de entrada está regulado por una bomba de agua, cuyo caudal está dado por $V_i(t) = k_1 u_i(t)$, siendo $u_i(t)$ la señal que actúa sobre la bomba de entrada, y el caudal de salida viene dado por la dinámica de un agujero abierto, a través del cual el agua fluye libremente,[2] bajo la acción de la gravedad, en la cual $V_o(t) = k_2\sqrt{2gh(t)}$.*

2. *Los dos caudales son regulados por bombas, o sea, $V_i(t) = k_1 u_i(t)$ y $V_o(t) = k_3 u_o(t)$, siendo $u_o(t)$ la señal que actúa en la bomba de salida.*

En estos modelos se considera que los caudales en las bombas son impuestos directamente por las señales de control de las mismas de forma proporcional.

En la primera situación, la dinámica del nivel del tanque viene dada por el modelo:

$$A\frac{dh(t)}{dt} = k_1 u_i(t) - k_2\sqrt{2gh(t)} \quad . \tag{4.17}$$

Consideremos que el tanque está en equilibrio, en un nivel inicial dado. Como el nivel es constante $h(t) = \overline{h}$, luego $\frac{dh(t)}{dt} = 0$, por lo tanto, usando

[2]Esta relación se obtiene mediante la ecuación de Bernoulli o mediante las leyes de conservación de energía.

el modelo, la señal de control de la bomba en ese punto de operación debe ser dado por $u_i(t) = \overline{u_i} = \frac{k_2}{k_1}\sqrt{2g\overline{h}}$.

Ahora considere que el caudal de entrada aumenta, haciendo $k_1 u_i(t) > k_2\sqrt{2g\overline{h}}$. *Esto da como resultado un valor positivo de la derivada de nivel en el modelo y el nivel del tanque aumentará. En consecuencia, la presión de la columna de agua en el orificio de salida también aumentará, causando que* $k_2\sqrt{2gh(t)}$ *también aumente. De esta forma, la tasa de variación del nivel tenderá a disminuir, ya que la entrada es constante y la salida aumenta a medida que aumenta el nivel. De esta manera, después de un tiempo se volverá a alcanzar la condición* $u_i(t) = \frac{k_2}{k_1}\sqrt{2gh(t)}$ *obteniéndose un nuevo equilibrio de nivel* $h(t) = \tilde{h} \neq \overline{h}$. *Observe que aquí consideramos variaciones del caudal y nivel que respetan el modelo, es decir, no podemos provocar que el tanque se desborde o se vacíe.*

Si se realiza un nuevo experimento reduciendo el caudal de entrada volviendo al valor anterior, usando $u_i = \overline{u_i}$, *después de cierto tiempo, el nivel también volverá a* $\overline{h}$. *Por tanto, este sistema tiene un comportamiento estable en cualquier punto de equilibrio dentro del rango de funcionamiento del tanque.*

En la segunda situación, la dinámica del nivel del tanque es dada por:

$$A\frac{dh(t)}{dt} = k_1 u_i(t) - k_2 u_o(t) \quad . \tag{4.18}$$

En este caso, cuando el tanque está en equilibrio (nivel constante $h(t) = \overline{h}$ *y* $\frac{dh(t)}{dt} = 0$*), tenemos que* $k_1 u_i(t) = k_2 u_o(t)$. *Sin embargo, si aumentamos el caudal de entrada manipulando* u_i *sin cambiar el caudal de salida (manteniendo* u_o *constante), el nivel aumentará indefinidamente hasta que el tanque se desborde, porque la derivada de nivel en el modelo será positiva independientemente del valor del nivel. Si el caudal de entrada vuelve al valor de equilibrio (es decir, vuelve a ser igual al valor del caudal de salida) antes de que el tanque se desborde, el nivel del tanque se estabilizará en* *otro punto diferente de* $\overline{h}$. *Esta es una condición de inestabilidad según la Definición 14 presentada anteriormente.*

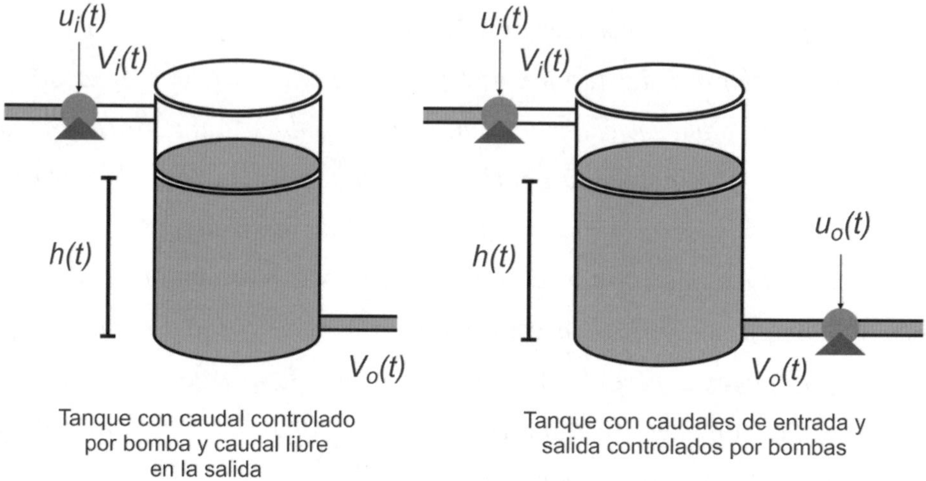

Figura 4.4 – Control de nivel de un tanque.

Ejemplo 41 *En este ejemplo, analizaremos la estabilidad de un sistema discreto, correspondiente a una inversión financiera. El modelo que usamos para representar el comportamiento de la aplicación en los ejemplos anteriores se repite aquí:*

$$S(k) = S(k-1) + S(k-1)t_j(k) + A(k) \qquad k \in \mathbb{N} \quad .$$

Consideremos que comenzamos la inversión con saldo de cero $S(0) = 0$ *y aplicamos una única vez 100 pesos en* $k = 1$ *y que la tasa de interés es* $1\,\%$ *por mes. Aplicando esto a la ecuación tenemos que:*

$$S(1) = S(0) + S(0)0{,}01 + 100 = 100 \quad ,$$

$$S(2) = S(1) + S(1)0{,}01 = 101 \quad ,$$

$$S(3) = S(2) + S(2)0{,}01 = 102{,}01 \quad .$$

En general, podemos ver que para todo $k > 0$ *se verifica que* $S(k) = 100(1{,}01)^{k-1}$, *es decir, el saldo aumenta infinitamente con* k, *incluso si la señal de entrada se aplicó solo en el instante inicial* $k = 1$. *Esto caracteriza a un sistema inestable de acuerdo con la Definición 15. Es importante destacar que la inestabilidad es una propiedad no deseada en la mayoría de los sistemas de control, pero no en este caso, para el cual siempre buscamos un aumento del saldo de la aplicación.*

4.7. Comentarios finales

Este capítulo cubrió varios conceptos relacionados con los sistemas y sus modelos matemáticos. Se presentaron e ilustraron propiedades como la linealidad, la causalidad y la estabilidad mediante ejemplos de procesos simples. También se introdujeron modelos matemáticos de algunos sistemas para formalizar los conceptos e interpretar las ideas. Todos los conceptos desarrollados en este capítulo son de fundamental importancia para los estudios que realizaremos a continuación, en los que nos adentraremos en el análisis del comportamiento dinámico y estático de los procesos a partir de la solución de las ecuaciones que los modelan.

4.8. Lectura complementaria

La teoría de sistemas lineales, utilizando conceptos en el dominio del tiempo, se puede desarrollar con formalidades matemáticas más rigurosas que las usadas aquí. Varios libros usan esa abordaje. En lo que se refiere al tratamiento y procesamiento de señales, sugerimos las siguientes referencias complementarias:

- KWAKERNAAK, Huibert; SIVAN, Raphael; STRIJBOS, Rens C. W. *Modern signals and systems*. Englewood Cliffs: Prentice Hall, 1991.

- LATHI, Bhagwandas Pannalal; GREEN, Roger A. *Linear systems and signals*. New York: Oxford University Press, 2018.
- OPPENHEIM, Alan V.; WILLSKY, Alan S.; NAWAB, Syed Hamid. *Signals and systems*. London: Prentice-Hall International, 1997.

Para una visión de los sistemas lineales con una perspectiva pragmática para el control de procesos, sugerimos:

- GEROMEL, J. C. *Controle linear de sistemas dinâmicos: teoria, ensaios práticos e exercícios*. São Paulo: Editora Blucher, 2011.

Enfatizamos que estas referencias utilizan un enfoque matemático más avanzado que el que se presenta en este libro.

Lista de ejercicios

1. Considere el sistema de control de nivel de un tanque, descrito por la siguiente ecuación:

$$A\frac{dh(t)}{dt} = F_e(t) - F_s(t)\,,\ \text{con}\ F_s(t) = K\sqrt{h(t)}\,,$$

para la cual h es el nivel del líquido dentro del tanque, F_e es el caudal de entrada, F_s es el caudal de salida, A es el área de la base del tanque y K es una constante del modelo que está relacionada con la válvula y tubería de salida. En este sistema, se manipula F_e con el objetivo de controlar h. Considere que h está en el intervalo $[0, h_{max}]$ y F_e está en el intervalo $[0, F_{max}]$.

   a) ¿Es el sistema lineal? ¿Por qué?

   b) ¿Es el sistema causal? ¿Por qué?

   c) ¿El sistema es invariante en el tiempo? ¿Por qué?

   d) Usando el modelo determine los puntos de equilibrio del sistema. Calcule también los puntos de operación del sistema. ¿Cuál es la diferencia entre el punto de equilibrio y el punto de operación de un sistema?

2. Considere los siguientes modelos de sistemas continuos, donde $y(t)$ es la variable de proceso, $u(t)$ es la variable manipulada, $q(t)$ es una perturbación y t es el tiempo (real positivo). Analice en cada caso la linealidad, invarianza en el tiempo y la causalidad del sistema.

   a) $\frac{dy(t)}{dt} + y(t) = 0{,}5tu(t) - q(t)$

   b) $5\frac{dy(t)}{dt} + y(t) = u(t)q(t) - q(t)$

   c) $\frac{dy(t)}{dt} + 3y(t) = 0{,}85u(t-5) + q(t)$

3. Considere los siguientes modelos de sistemas discretos, donde $y(k)$ es la variable de proceso, $u(k)$ es la variable manipulada y k es el tiempo (entero positivo). Analice en cada caso la linealidad, invarianza en el tiempo y la causalidad del sistema.

    a) $y(k) = 0{,}8y(k-1) + 0{,}2u(k+1)$
    b) $y(k) = 0{,}95y(k-1) + 0{,}3u(k-1)y(k-1)$
    c) $y(k) = 0{,}85y(k-1) + 0{,}25ku(k-1)$

4. Una cuenta de ahorros tiene la siguiente ecuación:

$$S(k) = S(k-1) + i(k)S(k-1) + A(k)\,,$$

para la cual $S(k)$ es el saldo de mes k, $i(k)$ es la tasa de interés del mes k y $A(k)$ es la aplicación realizada en el mes k.

Analice si el sistema es o no lineal, invariante en el tiempo y causal

Para una tasa de interés fija $i = 0{,}05$, describa cómo evoluciona el saldo con el tiempo si siempre aplicamos la misma cantidad de pesos (100 pesos). ¿En cuantos meses tendremos dinero para comprar un producto de 500 pesos?

5. La Figura 4.5 muestra un esquema simplificado del brazo de un robot.

Se considera que la masa m del brazo está concentrada en el punto extremo. El brazo tiene una longitud l y puede girar alrededor del punto **O**. La entrada del sistema es el torque u aplicado por el motor que se encuentra en el eje de rotación. La salida del sistema es el ángulo φ que forma el brazo con la vertical.

Para obtener el modelo del sistema que relaciona u y φ, se utilizan las leyes de la física (segunda ley de Newton para rotaciones):

$$J\frac{d^2\varphi}{dt^2} = \text{torque total}$$

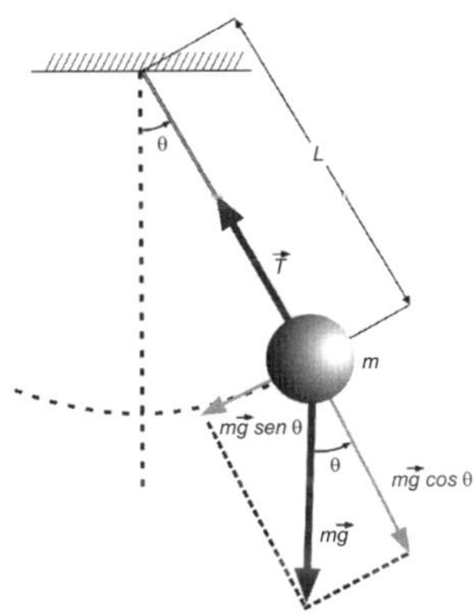

Figura 4.5 – Esquema del brazo del robot.

$J = ml^2$ es el momento de inercia. El torque producido por el peso del brazo es el producto de la longitud del brazo por la fuerza gravitacional proyectada $mgsin(\varphi)$. Luego:

$$J\frac{d^2\varphi}{dt^2} = u - mglsin(\varphi)$$

$$J\frac{d^2\varphi}{dt^2} + mglsin(\varphi) = u$$

Para un torque u_0, el robot entra en equilibrio con el ángulo φ_0 (¡recuerde el concepto!).

a) Muestre matemáticamente que el punto de equilibrio (u_0, φ_0) existe si y solamente si $|u_0| \leq mgl$ (sugerencia: piense en el dominio de $arcsin(x)$). Piense también en lo que significa físicamente que no existe un punto de equilibrio.

b) Demuestre también que, si se verifica la condición anterior, hay dos puntos de equilibrio distintos para un torque dado por u_0. Evalúe lo que esto significa geométricamente. (Sugerencia 1: recuerde que las ecuaciones no son más que representaciones matemáticas de sistemas físicos reales. ¡Intente siempre relacionar la realidad con los cálculos y viceversa! Sugerencia 2: piense en qué posiciones del eje del robot, el torque será el mismo. En términos matemáticos, piense cuántas soluciones tiene la función $arcsin(x)$)

Parte II

Modelos y respuestas en el tiempo

Capítulo 5

Modelado

Como se explicó en los capítulos anteriores, la representación matemática de los procesos es de fundamental importancia para que podamos realizar el análisis sobre su comportamiento y diseñar sistemas de control que puedan adaptar su funcionamiento a los requerimientos operacionales. En varios ejemplos ya presentados a lo largo de este libro, hemos modelado algunos procesos simples. En este capítulo, estudiaremos con mas profundidad algunos aspectos del modelado de procesos para poder realizar un análisis más detalladas de sus comportamientos. A través de ejemplos y de estudios de casos reales, ilustraremos procesos simples y otros mas complejos. En este último caso, veremos que a menudo es necesario aproximar el comportamiento de los procesos utilizando modelos más simples, de modo que sea posible diseñar sistemas de control adecuados para uso industrial.

5.1. Principios básicos del modelado

El principal objetivo de un modelo es que sea capaz de representar (matemáticamente) el comportamiento de un proceso real. Por tanto, un modelo debe describir cómo se relacionan las variables manipuladas, las variables de proceso y las perturbaciones. A lo largo de este libro, usaremos modelos de entrada-salida, para los cuales las entradas representan variables manipuladas y perturbaciones, mientras que las salidas representan las variables de proceso.

En otras palabras, un modelo debe ser tal que, al utilizar como entradas del modelo señales que representan las variables manipuladas y perturbaciones del proceso real, las salidas del modelo deben ser señales que representen bien a las variables controladas del proceso realmente observadas en el experimento realizado. Es precisamente en esta propiedad donde radica la importancia de los modelos para la ingeniería: con ellos podemos estudiar el comportamiento de procesos en diferentes situaciones sin la necesidad de realizar experimentos costosos o complejos en el proceso real.

Ejemplo 42 *Considere un proceso de control de temperatura en un ambiente, con un calentador eléctrico con potencia máxima P_m. La temperatura ambiente T es la variable del proceso, mientras que la variable manipulada es la posición de la perilla que regula la potencia del calentador. En un experimento realizado con temperatura inicial T_0 y temperatura externa T_e constante e igual a T_0, se aumentó la potencia de 0 hasta su valor máximo P_m y se registró la temperatura en un termómetro instalado en la sala. La temperatura ambiente aumentó con el tiempo y puede describirse como una señal de tiempo continua $T(t)$. Consideremos que se construyó un modelo matemático de este sistema para relacionar la salida T con las entradas: potencia P y temperatura externa T_e. Este modelo debe ser tal que, si sus entradas se definen como las del proceso, es decir, la temperatura $T_e = T_0$ y $P(t)$ como un escalón de amplitud P_m, la evolución de la salida del modelo debe estar muy cerca de la evolución de la temperatura real $T(t)$ observada en el termómetro.*

Debemos enfatizar que, a lo largo de la historia, fue este concepto de modelo representativo el que guió a todos los famosos científicos físicos y matemáticos a establecer las leyes de comportamiento del universo real, como las leyes de Newton, las ecuaciones de Maxwell, la ley de Faraday, etc.

Todos estos científicos desarrollaron modelos matemáticos representativos que pueden describir aproximadamente (y suficientemente bien) el comportamiento de los fenómenos reales en el mundo que nos rodea. En el control de procesos, usaremos este mismo concepto de modelo representativo, con respecto a las relaciones de causa-efecto entre variables manipuladas, perturbaciones y variables controladas. Nos centraremos en los aspectos tanto estáticos como dinámicos de estos fenómenos.

La metodología para modelar un proceso básicamente sigue los pasos descritos a continuación:

1. Identificar en el proceso cuáles son las variables de interés: las manipuladas, controladas y perturbaciones;

2. A través de principios físico-químicos, encontrar las relaciones entre estas variables de forma estática o dinámica, dependiendo de la situación y el objetivo del modelo. Por ejemplo, utilizamos principios y relaciones de conservación de masa, energía y momento para sistemas térmicos, hidráulicos y mecánicos, y las Leyes de Kirchoff para sistemas eléctricos;

3. Finalmente, organizar las relaciones de tal manera que se obtenga un conjunto de ecuaciones (modelo) que describa directamente las relaciones entre las variables manipuladas, controladas y las perturbaciones del proceso.

El modelo de un proceso puede ser más simple o más complejo, según la situación y el propósito del modelado. En muchos casos, algunos de los fenómenos intermedios que suceden en los procesos pueden ser ignorados o desconsiderados para propósitos de modelado, especialmente cuando la supresión de la dinámica de estos fenómenos intermedios no compromete la representatividad del modelo resultante. En este libro, solo estudiaremos procesos y sistemas relativamente simples, de modo que podamos ilustrar los conceptos principales del control de procesos. El lector interesado en más estudios sobre el tema puede consultar las referencias indicadas al final del capítulo.

5.2. Ejemplos de modelado de procesos continuos

En este apartado aplicaremos el procedimiento metodológico descrito anteriormente para modelar algunos sistemas de diferentes áreas de la ingeniería, considerando, por ahora, modelos en tiempo continuo.

Ejemplo 43 *Modelo de un sistema de control de velocidad de un ascensor de carga*

Considere que este ascensor tiene masa m y que se mueve verticalmente a una velocidad $v(t)$. La velocidad varía según una fuerza $F_m(t)$, procedente del motor que sostiene el cable que jala del ascensor. En este sistema, $F_a(t)$ representa la fuerza de fricción del ascensor con el aire y con las rieles a las que está unido el ascensor (se usa para asegurar que no se sacuda ni se balancee).

En este sistema, como estamos interesados en controlar la velocidad del ascensor, $v(t)$ será la variable de proceso (o controlada). Sabemos que la fuerza del motor es responsable de mover el elevador y que la fricción también afecta a $v(t)$. De estas dos variables, solo podemos manipular la fuerza motora y por tanto, en un primer modelo, se considerará como variable manipulada. La fuerza de fricción no se puede manipular y será, por ahora, la perturbación del proceso.

La ecuación de la segunda Ley Newton aplicada a la dinámica vertical de este sistema permite relacionar la velocidad con las fuerzas aplicadas:

$$m\frac{dv}{dt}(t) = F_m(t) - F_a(t) \qquad t \in \mathcal{R} \quad .$$

Este modelo es una ecuación diferencial de primer orden con dos variables de entrada $F_m(t), F_a(t)$ *y una salida* $v(t)$. *Si calculamos la solución de esta ecuación, obtendremos una señal* $v(t)$ *en función de las fuerzas aplicadas al ascensor. Así, el modelo se puede utilizar por ejemplo para saber cómo se comportaría la velocidad del ascensor real cuando aplicamos una fuerza determinada, para luego diseñar el motor que lo moverá (esto sin necesidad de experimentos o construcción de prototipos, al menos en la etapa inicial del proyecto).*

Podemos crean un modelo con más detalles si consideramos que la variable manipulada del sistema es la posición de un potenciómetro $p(t)$ *que acciona el motor que genera la fuerza que mueve el ascensor. Por lo tanto, necesitamos relacionar* $p(t)$ *con* $F_m(t)$ *para obtener un modelo entrada-salida que dicta las relaciones de causa y efecto entre la posición del potenciómetro* $p(t)$ *y la velocidad del ascensor* $v(t)$. *Para simplificar, consideramos que la relación entre la posición del potenciómetro y la fuerza del motor está dada por* $F_m(t) = K_m p(t)$, *siendo* K_m *una constante de proporcionalidad. En este caso, estamos asumiendo que la fuerza del motor se modifica instantáneamente cambiando* $p(t)$, *lo que en realidad no es correcto (es decir, este modelo de proporcionalidad es una simplificación del fenómeno real). Sin embargo, como el tiempo que tarda este motor en reaccionar a las variaciones en el potenciómetro es mucho menor que el tiempo que tarda el ascensor en reaccionar a las variaciones en la fuerza del motor (dado que el ascensor es un sistema con mucha más inercia que el motor), esta simplificación no comprometerá la representatividad del modelo final.*

Todavía tenemos otra consideración que hacer. Sabemos que la fricción que afecta el movimiento del ascensor es mayor cuanto mayor es su velocidad vertical. Por tanto, podemos utilizar la siguiente relación entre la fuerza de fricción y la velocidad del ascensor: $F_a(t) = K_a v(t)$, *es decir, estamos considerando que la fuerza se considera proporcional a la velocidad, siendo* K_a *una constante de proporcionalidad.*

Con base en estas hipótesis, el modelo entrada-salida del proceso, consi-

derando la posición del potenciómetro como entrada, es:

$$m\frac{dv}{dt}(t) = K_m p(t) - K_a v(t) \qquad t \in \mathcal{R} \quad ,$$

que se puede reorganizar como:

$$m\frac{dv}{dt}(t) + K_a v(t) = K_m p(t) \qquad t \in \mathcal{R} \quad .$$

Nuevamente, tenemos una ecuación diferencial de primer orden, pero ahora solo con una variable de entrada $p(t)$ y una variable de salida $v(t)$. Para cada señal $p(t)$ definida, habrá una solución $v(t)$ para este modelo. De acuerdo con lo presentado en el capítulo anterior, podemos clasificar este modelo como lineal e invariante en el tiempo, ya que está representado por una ecuación diferencial lineal con coeficientes constantes m, K_a y K_m.

Ejemplo 44 *Modelo de un calentador térmico*
El calentador es un equipo que se utiliza para aumentar la temperatura de algún fluido (por ejemplo, agua o aire). La Figura 5.1 ilustra un calentador eléctrico que consume una potencia P. Este equipo convierte esta energía eléctrica en energía térmica y así calienta un ambiente cerrado, cuya temperatura interna T aumenta. Este ambiente cerrado está separado del ambiente externo por una pared de resistencia térmica R, que expresa la "dificultad" para el intercambio de calor entre el ambiente interno y el ambiente externo, cuya temperatura está dada por T_e. Hagamos aquí una analogía entre la resistencia térmica de un sistema cerrado y la resistencia eléctrica de un conductor eléctrico. La resistencia eléctrica del conductor representa la "dificultad" de la corriente eléctrica al pasar por este elemento, mientras que la resistencia térmica representa la "dificultad" del flujo de calor al atravesar la pared del ambiente cerrado.

En este sistema, queremos controlar la temperatura interior T que será la variable controlada. Esta temperatura dependerá claramente de la potencia *del calentador P, pero también de la temperatura exterior, ya que el interior de la habitación no está perfectamente aislado del exterior. Así, como en la práctica no podemos manipular T_e, esta será una perturbación del proceso y P se considerará la variable manipulada. Una vez identificadas las variables, crearemos un modelo para representar la dinámica de este proceso.*

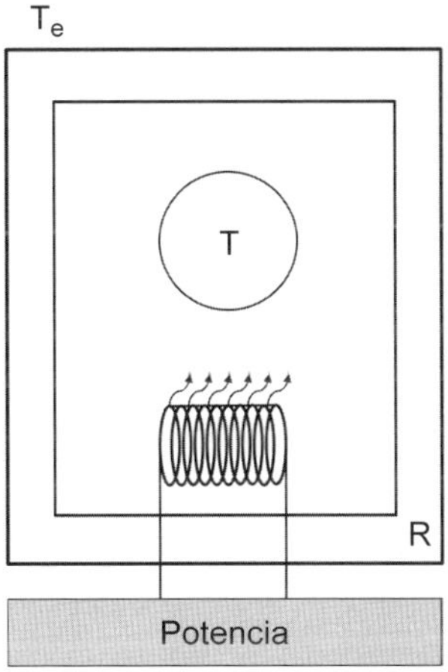

Figura 5.1 – Representación de un calentador eléctrico.

Para describir matemáticamente el fenómeno del intercambio de calor y consecuentemente el calentamiento de este ambiente cerrado por el calentador, se procede a realizar el balance energético de este sistema (conservación de energía). La ecuación de conservación de energía toma la siguiente forma:

$$\textit{Potencia acumulada} = \frac{\textit{Entrada de energía}}{\textit{Tiempo}} - \frac{\textit{Salida de energía}}{\textit{Tiempo}},$$

es decir, la potencia acumulada por el sistema es igual a la diferencia entre el flujo de energía entrante (del medio al sistema) y el flujo de salida (del sistema al medio), medido en relación al tiempo.

La potencia acumulada en un sistema térmico se calcula por la cantidad de calor intercambiado por el sistema durante un período de tiempo. La *cantidad de calor acumulada por un cuerpo depende de su masa m, su calor específico C y su variación de temperatura $\frac{dT}{dt}(t)$.*

En el caso del sistema de la Figura 5.1, el flujo de energía entrante corresponde a la potencia térmica P que es suministrada por el calentador al sistema, mientras que el flujo de energía saliente es la potencia térmica perdida del sistema al medio externo, calculado como el cociente entre la diferencia de temperatura entre los ambientes y la resistencia térmica de la pared, es decir, $\frac{1}{R}(T(t) - T_e(t))$.

De esta forma, podemos encontrar la siguiente ecuación que describe el comportamiento de este sistema térmico:

$$mC\frac{dT}{dt}(t) = P(t) - \frac{1}{R}(T(t) - T_e(t)) \quad . \tag{5.1}$$

Esta ecuación se puede reorganizar de la siguiente manera:

$$mC\frac{dT}{dt}(t) + \frac{1}{R}T(t) = P(t) + \frac{1}{R}T_e(t) \quad . \tag{5.2}$$

Nuevamente observamos que el proceso está representado por una ecuación diferencial de primer orden, con dos variables de entrada $P(t)$ y $T_e(t)$ y una salida $T(t)$. Para cada par de señales $P(t)$ y $T_e(t)$ que definamos, habrá una solución $T(t)$ para este modelo. Tenga en cuenta que podemos clasificar este modelo como lineal e invariante en el tiempo, ya que está representado por una ecuación diferencial lineal con coeficientes constantes, m, C y R.

Ejemplo 45 *Modelo de control de velocidad de un automóvil en una carretera de pendiente variable*

Como se ilustra en la Figura 5.2, este automóvil tiene una masa m, se mueve a una velocidad $v(t)$ y es acelerado por una fuerza $F_m(t)$ que depende de la acción del pedal del acelerador $u(t)$, mientras frena por una fuerza de fricción $F_a(t)$ generada por la resistencia del aire que depende de

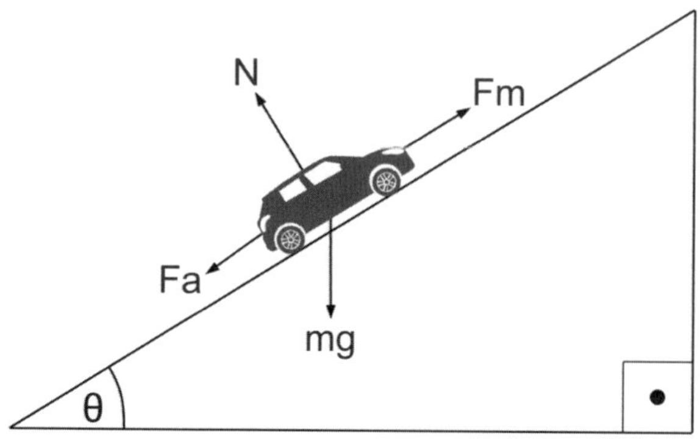

Figura 5.2 – Representación de un automóvil que viaja por una carretera en pendiente.

la velocidad.

Este automóvil puede acelerar o frenar, independientemente de la pendiente de la carretera $\theta(t)$.

Este sistema es muy similar al sistema del ascensor. En este caso, la velocidad del automóvil $v(t)$ *se considera la variable de proceso (o controlada). Usaremos la acción sobre el pedal del acelerador* $u(t)$ *como variable manipulada y la principal perturbación del proceso será la pendiente de la carretera, que obviamente no podemos manipular y afecta la velocidad del coche.*

La aceleración de este automóvil está dada por $\frac{dv}{dt}(t)$. *Usando la segunda Ley de Newton en el sistema y considerando las fuerzas en los ejes paralelos y perpendiculares a la carretera, tenemos:*

- *En el eje perpendicular a la carretera, actúan la proyección del peso del automóvil y la fuerza de reacción normal del suelo. Supongamos que no hay movimiento en esta dirección, es decir, no consideramos los movimientos de balanceo del chasis del automóvil. Así:*

$$N(t) = mg\cos(\theta(t)) \quad , \tag{5.3}$$

siendo g la aceleración de la gravedad. Vemos que esta ecuación no afecta la velocidad del automóvil.

- *En el eje paralelo a la carretera actúan: la fuerza del motor, la fuerza de fricción del viento y la proyección de la fuerza del peso del vehículo a lo largo de este eje:*

$$F_m(t) - F_a(t) - mg\sin(\theta(t)) \quad = \quad m\frac{dv}{dt}(t) \quad . \tag{5.4}$$

Podemos ver aquí que si $\theta(t)$ es positivo, significa que el automóvil va cuesta arriba y el peso proyectado actuará como freno, mientras que si $\theta(t)$ es negativo, esta fuerza ayuda al coche a acelerar.

Inicialmente asumimos que la fuerza de fricción $F_a(t)$ con el viento está dada aproximadamente por $F_a(t) = K_a v(t)$ y que la fuerza del motor es proporcional a $u(t)$, $F_m(t) = K_m u(t)$. Por lo tanto, la ecuación anterior se puede reescribir como:

$$m\frac{dv(t)}{dt} + K_a v(t) \quad = \quad K_m u(t) - mg\sin(\theta(t)) \quad , \tag{5.5}$$

donde m, K_a y K_m son consideradas constantes.

Observamos que el proceso está representado por una ecuación diferencial de primer orden, con dos variables de entrada $u(t)$ y $\theta(t)$ y una salida $v(t)$. Si definimos una variación de $u(t)$ y $\theta(t)$ a lo largo del tiempo, tendremos una solución $v(t)$ para este modelo, que se puede utilizar para comprender el comportamiento del automóvil en la carretera.

Aún podemos clasificar este modelo como causal, no lineal e invariante en el tiempo, dado es representado a través de una ecuación diferencial no lineal con coeficientes constantes. En este caso, aparece la no linealidad debido a la función seno de la pendiente de la carretera.

Tenga en cuenta que es simple mostrar que la propiedad de homogeneidad no se verifica en este sistema para $\theta(t)$: la fuerza aplicada al automóvil en *una carretera con un ángulo de inclinación $2\tilde{\theta}$ no es igual a 2 multiplicado por la fuerza generada en una carretera con pendiente en ángulo $\tilde{\theta}$.*

Este modelo podría ser mejorado estudiando la relación entre la fuerza de fricción y la velocidad. Si realizamos algunos experimentos con el automóvil, podríamos observar que F_a aumenta más que linealmente con la velocidad, por lo que una relación cuadrática sería mas adecuada para representar la realidad. Por lo tanto, usando $F_a(t) = K_a v^2(t)$ tendríamos un modelo modificado de la velocidad del automóvil de la siguiente manera:

$$m\frac{dv(t)}{dt} + K_a v^2(t) = K_m u(t) - mg\sin(\theta(t)) \quad , \qquad (5.6)$$

que ahora tiene más no linealidades que el modelo anterior.

Este es un modelo más complejo, pero que permite aproximar la velocidad real del automóvil con menos error que el anterior.

5.3. Ejemplos de modelado de sistemas discretos

El procedimiento de modelado estudiado también se puede aplicar a procesos que operan en tiempo discreto, para obtener modelos en tiempo discreto.

Ejemplo 46 *Sistema de control de un almacén de productos en una fábrica*

En este tipo de sistema, el almacén contiene una cierta cantidad de productos ("stock") para ser vendidos y lo ideal es que se mantenga con una cantidad de productos tal que permita cumplir con los pedidos recibidos sin demora y al mismo tiempo no mantenga gran cantidad de productos parados en el almacén. Como retrasar la entrega al cliente provoca una pérdida para la empresa, parecería ideal mantener muchos productos en el almacén, pero esto, por otro lado, aumenta los costos de almacenamiento y deja parado un capital sin necesidad. Así, los sistemas de control se utilizan para mantener la cantidad de productos en el almacén dentro de ciertos límites calculados *por el sector de gestión operativa. Cada vez que se haga una venta $V(k)$ en el día k el "stock" $E(k)$ disminuirá en $V(k)$ productos. Por otro lado, $E(k)$ aumentará con la llegada de los pedidos $P(k)$ realizados a la fábrica. Por tanto, se trata de un proceso en el que la variable a controlar es $E(k)$, la manipulada es $P(k)$ y la perturbación es $V(k)$.*

Un modelo simple de este proceso sería:

$$E(k) = E(k-1) + P(k) - V(k) \qquad k \in \mathbb{N}\,,$$

donde observamos que el "stock" de un día es igual al del día anterior más los pedidos que llegan en el día menos las ventas realizadas en ese día.

Este modelo simple considera que los pedidos realizados en un día k llegan al almacén en el mismo día, lo que en la práctica generalmente no es correcto, ya que el sistema de fabricación tarda en producir. Entonces, si consideramos que hay un retraso de m días entre la solicitud del pedido y el momento en que este llega al almacén, el modelo anterior, incluido este retraso, será:

$$E(k) = E(k-1) + P(k-m) - V(k) \qquad k \in \mathbb{N} \quad .$$

Este modelo es del tipo ecuación a diferencias (en este caso lineal y con coeficientes constantes). Conociendo las entradas P y V, podemos calcular la evolución del "stock" E a lo largo del tiempo.

Ejemplo 47 *En este ejemplo estudiaremos el comportamiento del crecimiento de una población de conejos en una granja. Cada día k el número total de conejos $N_c(k)$ puede ser calculado en función de los nacimientos y muertes de ese día y del número de conejos que había en la granja el día anterior. El número de nacimientos $N(k)$ depende del número de conejos en la granja y de un factor de nacimiento $n(k)$, que que puede ser ajustado por el propietario según el aislamiento entre machos y hembras. Este aislamiento se* *define como $I(k)$ y se considera que puede variar entre 0 e 1 (0 significa aislamiento total y 1 significa sin aislamiento). El número de muertes depende de dos factores, muertes por enfermedad $M_d(k)$ y por abate $M_a(k)$. En este sistema, $I(k)$ y $M_a(k)$ se pueden manipular y considerar como variables de control, $M_d(k)$ es una perturbación para el sistema y $N_c(k)$ es la variable de proceso. Entonces, podemos escribir un primer modelo como:*

$$N_c(k) = N_c(k-1) + N(k) - M_a(k) - M_d(k) \qquad k \in \mathbb{N} \quad .$$

Si consideramos que $N(k) = n(k)N_c(k-1)$ y que el aislamiento afecta de forma proporcional al factor $n(k)$, podemos escribir $n(k) = aI(k)$, siendo a una constante del modelo. Con estas consideraciones el modelo anterior puede ser escrito como:

$$N_c(k) = N_c(k-1) + aI(k)N_c(k-1) - M_a(k) - M_d(k) \qquad k \in \mathbb{N} \quad ,$$

que es un modelo en diferencias no lineal con coeficientes constantes.

En el ejemplo anterior, el sistema estudiado se define naturalmente en tiempo discreto, sin embargo, en muchas situaciones prácticas (principalmente en la industria), los modelos discretos se obtienen a partir de datos muestreados de sistemas continuos, es decir, se obtienen modelos discretos de tipo muestreado. El siguiente ejemplo considera un sistema de este tipo.

Ejemplo 48 *En un tanque cilíndrico de una industria petroquímica, se almacena un producto utilizado en un proceso de fabricación de fertilizantes. En el tanque se quiere controlar el nivel $h(k)$ (variable de proceso) manipulando $a_e(k)$, que es la apertura de la válvula que regula el caudal de entrada. La demanda de producto usado (caudal de salida) se regula con $a_s(k)$, que es la apertura de la válvula de salida del tanque, por lo que la apertura de* *esta válvula se considera una perturbación para el sistema. A partir de experimentos realizados en el tanque con medidas de $h(k)$, $a_e(k)$ y $a_s(k)$ se puede observar que el caudal que ingresa al tanque $V_e(k)$ es proporcional a la apertura $a_e(k)$ y que el caudal de salida $V_s(k)$ es proporcional a la apertura $a_s(k)$, pero también proporcional a la raíz cuadrada del nivel de producto en el tanque (Equação de Bernoulli). Así, los caudales se calculan como:*

$$V_e(k) = \alpha_1 a_e(k) \quad , \qquad V_s(k) = \alpha_2 a_s(k)\sqrt{2gh(k)} \quad , \tag{5.7}$$

siendo que α_1 y α_2 son constantes que dependen del tipo de válvula. Por otro lado, como la variación de volumen (y por lo tanto de nivel) entre muestras consecutivas depende de la cantidad de producto que entra y sale del tanque entre estos instantes, el comportamiento del proceso se puede modelar mediante la siguiente ecuación, para muestras k de 1s de duración:

$$Ah(k+1) - Ah(k) = \alpha_1 a_e(k) - \alpha_2 a_s(k)\sqrt{2gh(k)} \quad ,$$

siendo A el área de la base del tanque. Esta ecuación también puede ser escrita como:

$$h(k) - h(k-1) = \frac{\alpha_1}{A} a_e(k-1) - \frac{\alpha_2}{A} a_s(k-1)\sqrt{2gh(k-1)} \quad ,$$

cuando hacemos un desplazamiento temporal de todas las variables a un paso atrás (es decir, $k+1 \to k$). Este es un modelo discreto no lineal representado por una ecuación en diferencias no lineal con coeficientes constantes, por lo tanto invariante en el tiempo. También podemos inferir la causalidad del sistema ya que $h(k)$ depende solo de los valores actuales y pasados de las entradas del sistema.

5.4. Análisis de procesos: modelos estáticos y dinámicos

Los modelos presentados en los ejemplos de este libro consideraron, en algunas situaciones, comportamientos dinámicos del proceso y en otros casos, solo relaciones estáticas. Por ejemplo, en el modelo de control de nivel de tanque, consideramos la relación entre el nivel de h y los caudales V_e y V_s dinámicamente, pues incluimos la derivada del nivel en el modelo:

$$A\frac{dh}{dt} = V_e(t) - V_s(t) \quad .$$

Sin embargo, para las relación entre la apertura de la válvula a_e y el caudal V_e y para la relación entre V_s y h, usamos los siguientes modelos estáticos: $V_e(t) = \alpha a_e(t)$ y $V_s(t) = k_2\sqrt{2gh(t)}$. Cuando optamos por utilizar este tipo de modelo, nos interesa estudiar el comportamiento del nivel del tanque de tal forma que sea posible observar cómo se comporta en el tiempo cuando actuamos sobre la válvula acoplada al tanque. Por lo tanto, para observar variaciones en el nivel, necesitamos incluir su derivada en el modelo, que modela la tasa de cambio del nivel en el tiempo. Por otro lado, se consideró un modelo de válvula sin dinámica porque entendemos que el tiempo que se tarda en imponer un caudal determinado después de definir una apertura es muy rápido en comparación con el tiempo de variación de nivel.

Así, la elección del modelo de representación para un proceso depende fuertemente del tipo de fenómeno que queramos representar y de la escala de tiempo que consideremos interesante para el estudio. Por otro lado, cualquier modelo dinámico se puede convertir en un modelo estático, simplemente considerando que el sistema está operando en un punto de operación con las variables de entrada y salida constantes.

Volviendo al ejemplo de la válvula, cuando construimos un modelo para ella queremos representar las variaciones de caudal a lo largo del tiempo como consecuencia de la apertura de la válvula. En la práctica, observaremos que luego de modificar el valor de la apertura, por ejemplo, abriendo la válvula, el caudal irá aumentando gradualmente hasta alcanzar el valor dado por el modelo estático, generalmente con una tasa de variación mayor al inicio del experimento. Entonces podríamos considerar un modelo dinámico como:

$$\tau \frac{dV_e(t)}{dt} + V_e(t) = \alpha a_e(t) \quad .$$

Observamos que el nuevo modelo se obtiene a partir del modelo estático anterior más un factor que considera el efecto da variación del caudal en el tiempo. La interpretación de este modelo es simple: la ecuación establece que, cuando variamos a_e en un cierto momento, esa variación será absorbida, en parte, por una variación de $V_e(t)$ y en otra parte, por su derivada, de tal manera que V_e no asumirá instantáneamente su valor final o de equilibrio. Cuanto mayor sea el factor de la derivada en el instante inicial, menor será la variación instantánea de V_e. A medida que la derivada se acerca a cero, cuando V_e alcanza un valor constante, el modelo dinámico se convierte en el modelo estático utilizado en el ejemplo del tanque.

También notamos aquí que τ juega un papel importante en el efecto de la derivada en la ecuación, que estudiaremos con más detalle en el próximo capítulo. Podríamos decir que cuanto mayor sea τ mayor será el efecto de la derivada sobre el modelo, es decir, menos instantáneo será el comportamiento dinámico, por lo que se acostumbra llamar a τ como constante de tiempo del modelo dinámico. Es un parámetro del modelo que da una indicación de cuánto tiempo tardará la variable en alcanzar una condición de derivada cero después de una variación tipo escalón en las entradas.

En el ejemplo de la válvula, τ generalmente se asocia con el tipo y tamaño de la válvula. Las válvulas más grandes tienen valores más altos de τ. Teóricamente, la constante de tiempo se define formalmente para sistemas diferenciales lineales con coeficientes constantes, como veremos en el próximo capítulo, pero desde un punto de vista práctico es un término muy utilizado para describir la velocidad de respuesta de un sistema, aunque no sea lineal e invariante en el tiempo.

Así, el modelado completo y detallado de un sistema real debe considerar modelos dinámicos de cada una de sus partes, pero esto puede generar modelos muy complejos que muchas veces no son necesarios para el fenómeno que queremos observar o representar con el modelo. En el caso del tanque y su válvula, tendríamos dos ecuaciones para el modelo completo:

$$\begin{cases} A\frac{dh(t)}{dt} = V_e(t) - k_2\sqrt{2gh(t)} & , \\ \tau\frac{dV_e(t)}{dt} = -V_e(t) + \alpha a_e(t) & . \end{cases} \tag{5.8}$$

Dependiendo del valor de τ, la solución $h(t)$ de este modelo puede ser muy parecida con la que se obtiene usando el modelo estático de la válvula $V_e(t) = \alpha a_e(t)$. En este caso, no se justifica usar un modelo mas complejo.

Un ejemplo de esta situación sería el caso donde el tanque tarda unos segundos en cambiar su nivel, de una condición a otra, cuando cambiamos el valor de a_e, el caudal V_e alcanza el valor estático deseado en unos milisegundos.

Desde el punto de vista del proceso, los modelos estáticos o instantáneos son fundamentales para comprender el funcionamiento del proceso en una condición de equilibrio. En la industria, la mayoría de los procesos están diseñados para operar en un punto de operación determinado durante largos períodos de tiempo. Este punto de operación generalmente se conoce como "condición de operación de estado estacionario", que corresponde a considerar nulas todas las derivadas del modelo dinámico continuo o considerar que $x(k) = x(k - i)$ para todas las variables del modelo dinámico discreto, para todo $i \in \mathbb{N}$.

Así, el modelo estático se puede transformar en una ecuación o conjunto de ecuaciones que relacionen las principales variables del proceso. Con estas ecuaciones y el rango de variación esperado para cada una de estas variables, podemos construir lo que se llama la "característica estática" del proceso.

Definición 16 *Característica estática del proceso*
Se define como característica estática del proceso al conjunto de ecuaciones e intervalos de las diferentes variables del proceso que determinan sus puntos de operación.

En la práctica, es muy útil describir esta característica estática del proceso a través de un conjunto de gráficos, normalmente colocando los valores de una de las entradas (manipulada o perturbación) sobre el eje de abscisas y sobre el eje de ordenadas la salida del proceso (variable controlada) usando como parámetros las otras entradas.

Por ejemplo, en un sistema con una variable manipulado u, una perturbación q y una variable controlada y, tendríamos dos gráficos. El primero $y = f_u(u)$ para q constante y el segundo $y = f_q(q)$ con u constante.

Para tener una mejor visualización de las propiedades estáticas del sistema estos gráficos se dibujan usando los intervalos de las variables $u \in [u_{min}, u_{max}]$, $q \in [q_{min}, q_{max}]$, $y \in [y_{min}, y_{max}]$. Por ejemplo, dibujamos $y = f_u(u)$ en el intervalo $u \in [u_{min}, u_{max}]$ y $y \in [y_{min}, y_{max}]$ para q_1, q_2, q_3 definidos en el intervalo $[q_{min}, q_{max}]$. El próximo ejemplo presenta un caso concreto de la característica estática de un proceso.

Ejemplo 49 *Consideremos el sistema de control de nivel presentado en esta sección usando el modelo de tanque con salida libre:*

$$A\frac{dh}{dt} = \alpha a_e - k_2\sqrt{2gh(t)} \quad ,$$

en el cual se considera que $a_e \in [0, 1]$ *(0 para válvula cerrada y 1 para la válvula totalmente abierta) y* $h \in [0, 5]m$*, siendo 5 m la altura máxima del tanque. La condición de equilibrio es dada cuando el nivel está constante* $h(t) = h_0$*, o sea,* $\frac{dh}{dt} = 0$ *o caudal de entrada igual al caudal de salida*

$\alpha a_e = k_2\sqrt{2gh_0}$ *que se obtiene para una apertura de entrada* $a_e = a_{e0}$. *Así, la característica estática de este proceso es:*

$$h_0 = \frac{1}{2g}(\alpha a_{e0}/k_2)^2 \ , \qquad a_{e0} \in [0,1], h \in [0,5] \quad . \tag{5.9}$$

El gráfico de la característica estática de este proceso es presentado en la Figura 5.3, considerando un tanque con $\alpha = 2$, $k_2 = 0{,}2$ *y para simplificar los cálculos fue considerada la aceleración de la gravedad como* $g = 10\ m/s$.

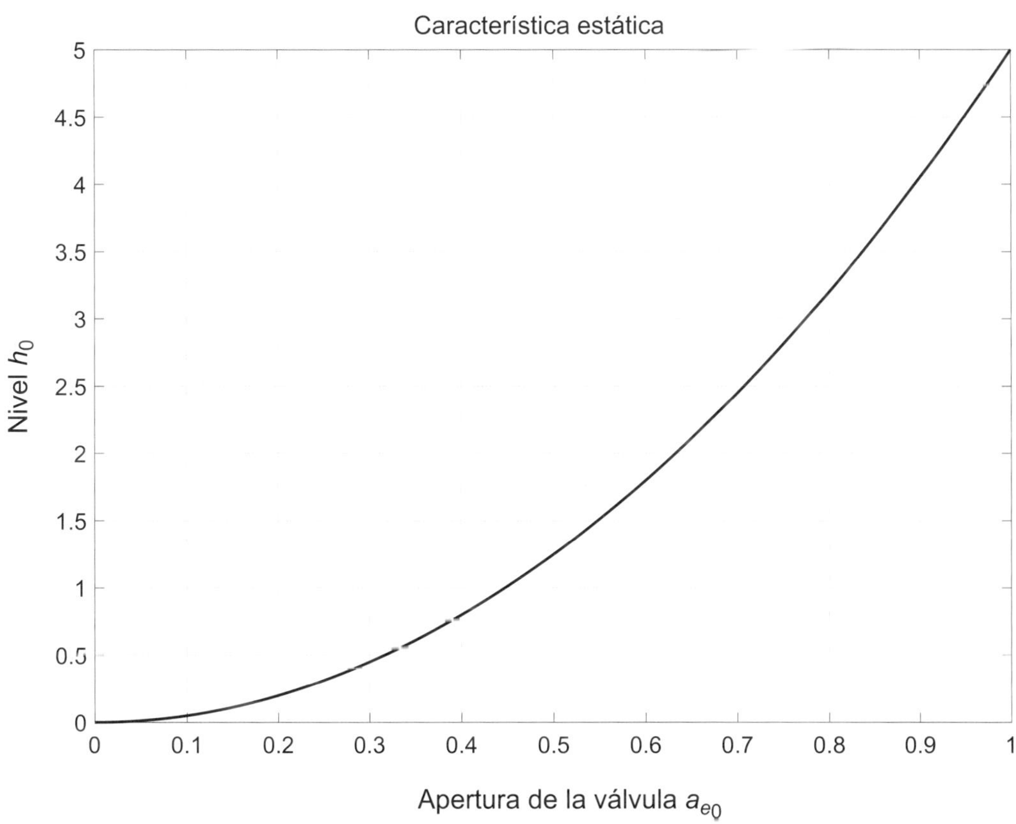

Figura 5.3 – Característica estática del sistema de control de nivel del tanque con salida libre.

Como podemos observar en la Figura 5.3, los puntos operativos están en una curva cuadrática $h_0 = 5a_{e0}^2$ *en el cuadrante positivo. La derivada de la curva es siempre positiva, lo que indica que los aumentos de* a_e *provocan aumentos de nivel. También observamos que es una característica no lineal, que para puntos de operación de apertura pequeños la tasa de crecimiento del nivel es menor que en puntos de operación de apertura más grandes (note que la derivada de la curva es mayor cerca de la apertura máxima).*

Usando el resultado anterior presentamos ahora un segundo concepto muy importante en los sistemas de control, que se define como **ganancia estática de un proceso**. Formalmente este concepto se define para sistemas lineales e invariantes en el tiempo, pero, en la práctica, es común usar la idea de ganancia estática en todo tipo de sistema, considerando el comportamiento local.

La ganancia estática, relaciona la ganancia que se obtiene en la variación estática de la salida de un sistema cuando hay una variación en una de las entradas, en un cierto punto de operación. Esta relación entre variaciones es, de hecho, la derivada de la característica estática del modelo del proceso en un punto de operación dado. Por lo tanto, en general, en el caso de sistemas no lineales, no podemos asociar el concepto de ganancia estática al sistema, sino solo al punto de operación. Así, para cada punto de operación tendremos una ganancia estática, una constante del modelo que nos dice aproximadamente por cuánto debemos multiplicar una variación en la entrada del sistema para obtener la variación de su salida.

El ejemplo anterior no consideró perturbaciones en el proceso. Consideremos ahora un nuevo ejemplo basado en el mismo tanque para estudiar un caso más general.

Ejemplo 50 *Considere el tanque del ejemplo anterior con una válvula en la salida del tanque. La válvula tiene apertura* a_s *y se considera que* $a_s \in [0, 1]$*. La apertura se puede cambiar externamente y por lo tanto se considera una perturbación para el nivel del tanque. La ecuación diferencial del nuevo* *modelo es:*

$$A\frac{dh(t)}{dt} = \alpha a_e(t) - k_2 a_s(t)\sqrt{2gh(t)} \quad .$$

Observe que con apertura máxima $a_s = 1$ obtenemos el modelo del caso anterior. La condición de equilibrio ocurre ahora para una apertura de entrada $a_e = a_{e0}$, una apertura de salida $a_s = a_{s0}$ y un nivel h_0 tales que:

$$h_0 = \frac{1}{2g}\left(\frac{\alpha a_{e0}}{k_2 a_{s0}}\right)^2 \quad , \qquad a_{e0}, a_{s0} \in [0,1], h_0 \in [0,5] \quad ,$$

es decir, el nivel de equilibrio depende del valor de las dos aperturas.

En este caso, tenemos que analizar dos situaciones: (i) la relación entre h_0 y a_{e0} para diferentes valores fijos de a_{s0}; (ii) la relación entre h_0 y a_{s0} para diferentes valores fijos de a_{e0}. Estos análisis nos permiten evaluar las características estáticas del proceso, desde el punto de vista de la variable manipulada a_e y de la perturbación a_s.

El gráfico de la característica (h_0, a_{e0}) con a_{s0} como parámetro se muestra en la Figura 5.4 para el tanque con $\alpha = 2$ y $k_2 = 0{,}2$, aproximando $g = 10m/s$ y para varios valores de a_{s0}. Esta figura muestra la misma for-

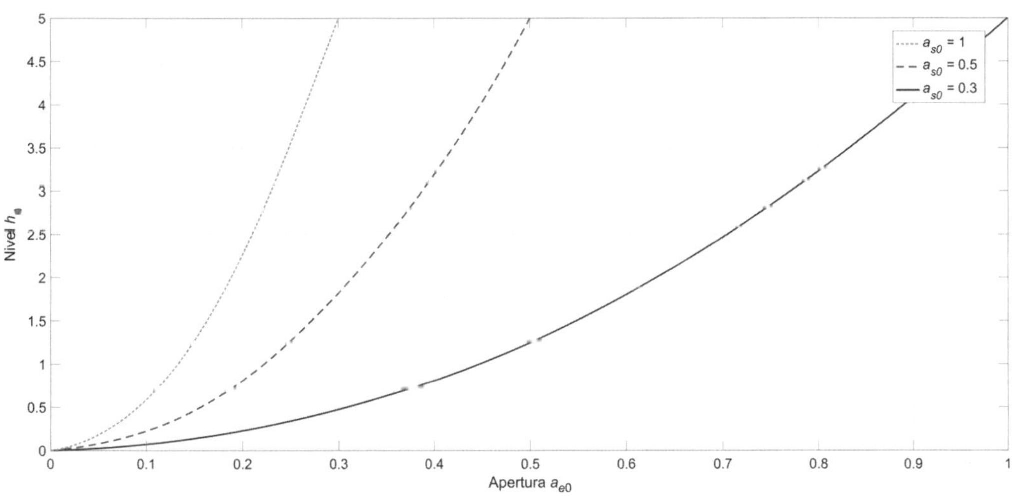

Figura 5.4 – Característica estática del sistema de control de nivel del tanque (h_0, a_{e0}) para valores de a_{s0} de 0.3, 0.5 y 1.

ma de variación que en el caso anterior (sin válvula en la salida), pero ahora los valores de nivel son más altos cuanto más cerrada está la válvula de salida. La curva tiene una tasa de cambio (derivada) que también se ve afectada por el valor de a_{s0}. *Cuanto más cerrada esté la válvula de salida, mayor será la pendiente de la curva (para todos los valores de apertura de entrada). Es importante notar, que para mantener el tanque operando dentro de los niveles mínimo y máximo, tenemos diferentes rangos posibles de* a_{e0} *para cada valor fijo de* a_{s0}. *Esta condición es muy importante para saber como operar el proceso y como diseñar controladores adecuados para controlar el nivel.*

El gráfico de la característica (h_0, a_{s_0}), *con* a_{e_0} *como parámetro, es mostrado en la Figura 5.5, para el mismo tanque. En esta figura, observamos, nuevamente, un comportamiento no lineal, pero una situación diferente del caso anterior. La nueva curva tiene una forma hiperbólica, indicando que aumentos en la apertura de la válvula de salida* a_s *causan, como esperado, disminución del nivel (la derivada es negativa). Observamos que los valores del nivel son mayores cuanto mas abierta esta la válvula de entrada. También observamos que la apertura de la válvula de entrada afecta la tasa de variación (derivada) de la curva. Cuanto mas abierta está la válvula de entrada, mayor es la inclinación de la curva, para cualquier apertura de la válvula de salida.*

Finalmente, resaltamos que podemos usar estos gráficos para tener una noción (muy buena!) de todos los puntos de operación del sistema y también, de los efectos causados por la variación de las entradas y de las perturbaciones. Además, podemos inferir, a través de los gráficos, que el sistema presenta para todos los puntos operativos una ganancia estática positiva para la relación entre h *y* a_{e_0} *y una ganancia negativa para la relación entre* h *y* a_{s_0}.

Un aspecto muy importante del modelo estático o característica estática de un proceso es que se puede utilizar en la fase de diseño de la planta.

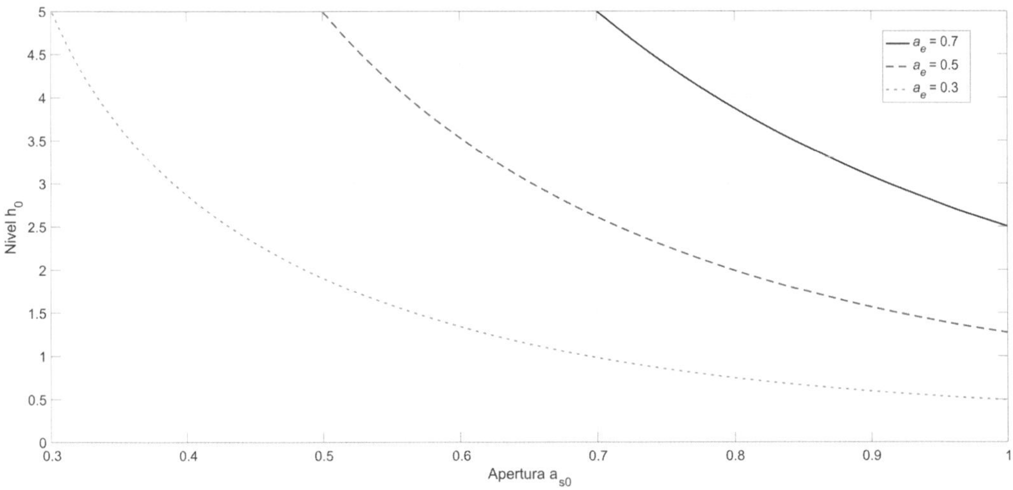

Figura 5.5 – Característica estática del sistema de control de nivel del tanque (h_0, a_{s0}) para valores de a_{e0} de 0.3, 0.5 y 0.7

Como los puntos de operación dependen de los parámetros del modelo (que reflejan las características del equipo utilizado) se pueden ajustar en la fase de diseño para tener un sistema que opere en una región específica de (u, y) o (q, y).

Si consideramos el caso del tanque, está claro que cuando modificamos α o k_2, modificamos las regiones de puntos de equilibrio. Entonces, si queremos que el tanque mantenga un punto de operación definido por un cierto nivel y unos determinados caudales de entrada y salida, podemos elegir los valores de α y/o k_2 para esto, lo que implica en la práctica la selección de cierto tipo de tubo para la entrada y salida de líquido y de un cierto tipo de válvula.

En la práctica es muy importante que el punto de funcionamiento más común del proceso se alcance con valores de los actuadores no muy cercanos a los valores máximo o mínimo. Observe que si se perturba el sistema, la variable manipulada debe poder moverse en un rango amplio para que el control actúe de manera efectiva, lo que no puede suceder si la variable se encuentra en un punto de operación muy cercano a su máximo o mínimo.

Usemos otro ejemplo de un proceso térmico para discutir estos aspectos.

Ejemplo 51 *Sistema de calentamiento*

Retomemos el ejemplo del sistema de calentamiento de un ambiente del Ejemplo 44. El modelo es dado por:

$$mC\frac{dT(t)}{dt} = P(t) - \frac{1}{R}(T(t) - T_e(t)) \quad , \tag{5.10}$$

donde T y T_e varían en el intervalo $[T_{min}, T_{max}]$ y P en el intervalo $[0, P_{max}]$.

En el equilibrio, tenemos la siguiente relación:

$$P_0 = \frac{1}{R}(T_0 - T_{e0}) \quad ,$$

siendo P_0 la potencia constante aplicada en el calentador, T_{e0} la temperatura exterior constante y T_0 la temperatura interior de equilibrio. La característica estática en este caso puede ser colocada como:

$$T_0 = RP_0 + T_{e0} \quad , \quad T, T_e \in [T_{min}, T_{max}], P \in [0, P_{max}] \quad ,$$

lo que permite determinar las relaciones entre las entradas y salidas en régimen permanente.

En el diseño del sistema de calefacción, es evidente que la elección de R determina el aumento de temperatura que se puede alcanzar por encima de la temperatura externa para una determinada potencia. Por lo tanto, elegir un R más grande (un entorno mejor aislado térmicamente) conducirá al mismo aumento de temperatura para una potencia menor. La eficiencia térmica del sistema depende del parámetro R y en la etapa de diseño, debemos elegir adecuadamente el material para el aislamiento térmico del sistema. Note que R es medida en $^oC/kW$, determinando cuantos grados Celsius por kilowatt se consiguen en el ambiente.

El análisis de la característica estática en este sistema es bastante simple. La relación entre P_0 y T_0 para diferentes valores fijos de T_{e_0} es una recta de inclinación R que pasa en $T_0 = T_{e_0}$ para $P_0 = 0$. Por otro lado, la relación *entre* T_{e_0} *y* T_0 *para diferentes valores fijos de* P_0 *es una recta de coeficiente angular unitario y término independiente* RP_0. *Esto nos permite estudiar las características estáticas del proceso del punto de vista de la variable manipulada* P_0 *y de la perturbación* T_{e_0}.

Como ejercicio complementar, recomendamos que el lector dibuje das curvas estáticas del sistema, considerando $R = 2\,^oC/kW$, T *y* T_e *variando entre* $5\,^oC$ *y* $30\,^oC$ *y* P *entre* $0\,kW$ *y* $5\,kW$.

Ejemplo 52 *Retomemos el Ejemplo 47, que analiza el crecimiento de una población de conejos en una granja. El modelo que usamos para este sistema viene dado por la siguiente ecuación en diferencias no lineales, con coeficientes constantes:*

$$N_c(k) = N_c(k-1) + aI(k)N_c(k-1) - M_a(k) - M_d(k) \quad .$$

El modelo estático de este sistema mostraría en qué situación la población permanecería constante, es decir, qué tipo de acción debería realizar el agricultor aislando a los machos de las hembras y faenando conejos, para mantener constante N_c, *asumiendo también constante el número de muertes por enfermedad.*

Así, colocando una condición de equilibrio para el sistema para todo k, *usamos* $N_c(k) = N_{c_0}$, $M_a(k) = M_{a_0}$, $M_d(k) = M_{d_0}$ *e* $I(k) = I_0$. *Con esta condición, calculamos la siguiente relación estática entre las variables:*

$$N_{c_0} = N_{c_0} + aI_0N_{c_0} - M_{a_0} - M_{d_0} \quad ,$$

simplificando:

$$N_{c_0} = \frac{M_{a_0} + M_{d_0}}{aI_0} \quad .$$

Esta ecuación muestra que para un factor de aislamiento fijo y un número de muertes por enfermedad conocido, el equilibrio se logra manteniendo una faena proporcional a la población de conejos. Lo mismo ocurre con la relación entre la perturbación de M_d *y la población de conejos para una faena constante. El aislamiento, por otro lado, tiene un efecto interesante, considerando las muertes constantes, aumentar el aislamiento* $(I_0 \rightarrow 0)$ *requiere que la población de conejos tienda al infinito, lo cual es totalmente lógico dado que se necesitaría una población teóricamente infinita para mantenerse constante* N_c *incluso con muertes.*

Desde un punto de vista práctico, esta situación no tiene sentido y siempre debemos mantener I *por encima de un valor superior a cero, ya que con un aislamiento total la población nunca puede aumentar y tener una granja productora de carne de conejo pierde su sentido.*

Vamos a ejemplificar este análisis gráficamente para un sistema en el que $I_0 \in [0{,}2, 1]$, $M_{a_0} \in [0, 50]$, $M_{d_0} \in [0, 5]$ *y* $a = 0{,}5$. *La Figura 5.6 muestra la característica estática del sistema de control de la población de conejos* (N_{c0}, M_{a0}) *para diferentes valores de* I_0 *y para dos valores distintos de* M_{d0}.

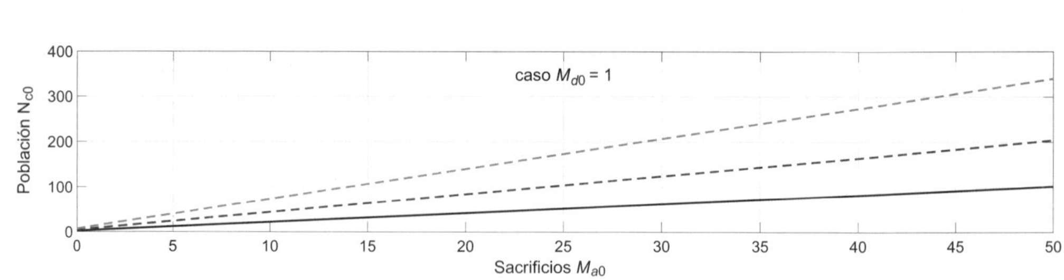

Figura 5.6 – Característica estática del sistema de control de la población de conejos (N_{c_0}, M_{a_0}) para valores de I_0 iguales a 0,3, 0,5 y 1 y para M_{d_0} igual a 1 y 5.

Podemos ver en esta figura que, para incrementar la producción (faena diaria), es necesario aumentar proporcionalmente el número de conejos en la población y también que el factor de proporcionalidad depende in-

versamente de I. Las muertes por enfermedad tienen un efecto menor en el sistema, pero provocan un aumento de la población necesaria para una producción diaria determinada.

Dejamos como ejercicio para el lector el análisis de la gráfica que relaciona la población con el aislamiento, manteniendo constante la faena en diferentes valores.

5.4.1. Régimen transitorio y régimen permanente

Cuando observamos el comportamiento dinámico de un sistema estable, que se mueve desde un punto de equilibrio inicial (u_0, y_0) para un ponto de equilibrio terminal (u_f, y_f), cuando ocurren cambios en la señal de entrada (u, que transita de u_0 para u_f), dividimos la "respuesta" del sistema, retratada por la salida y, en dos regímenes: transitorio y permanente.

Para dar las definiciones de régimen transitorio y régimen permanente de una variable y consideramos un proceso estable, con $y(t)|_{t=0} = y_0$ y $\lim_{t\to+\infty} y(t) = y_f$ para el caso continuo donde $y(k)|_{k=0} = y_0$ y $\lim_{k\to+\infty} y(k) = y_f$, en el caso discreto.

Definición 17 *Régimen permanente (aproximado)*
El régimen permanente se define como el período en el cual la variable de proceso presenta un comportamiento aproximadamente constante. En régimen permanente, las relaciones entre las entradas y las salidas de un proceso pueden ser descritas por las relaciones estáticas. Así, para $\xi \approx 0$, tenemos que:

$$\begin{aligned} \textit{Caso continuo: } y(t) &\in \mathcal{Y}_P \textit{ se } \forall t^\star \geq t\,,\, y(t^\star) = y_f + \xi \quad , \\ \textit{Caso discreto: } y(k) &\in \mathcal{Y}_P \textit{ se } \forall k^\star \geq k\,,\, y(k^\star) = y_f + \xi \quad . \end{aligned}$$

Enfatizamos que, teóricamente, el régimen permanente (también denominado estacionario) se da cuando y converge a y_f. En términos prácticos, aceptamos una pequeña banda alrededor del valor final, definida por un valor $\pm\xi$.

Definición 18 *Régimen transitorio (aproximado)*
El régimen transitorio de una variable de proceso, que varía desde un equilibrio inicial y_0 hasta un segundo equilibrio y_f, representa los momentos en los que y aún no se ha estabilizado en y_f. Matemáticamente, este período se da para:

$$\begin{aligned} \textit{Caso continuo: } y(t) &\in \mathcal{Y}_T \textit{ si } \forall t^\star \in [0,t]\,,\, y(t^\star) \neq \lim_{\xi\to 0}(1\pm\xi)y_f \quad , \\ \textit{Caso discreto: } y(k) &\in \mathcal{Y}_T \textit{ si } \forall k^\star \in [0,k]\,,\, y(k^\star) \neq \lim_{\xi\to 0}(1\pm\xi)y_f \quad . \end{aligned}$$

Enfatizamos que, teóricamente, el estado transitorio podría demorar un tiempo infinito. En términos prácticos, aceptamos una pequeña banda alrededor del valor final, definida por un valor $\pm\xi$.

La Figura 5.7 ilustra cualitativamente los regímenes transitorios y permanentes de diferentes procesos, para una variación de la variable de proceso, de un equilibrio en $y_0 = 0$ para otro en $y_f = 1$. Podemos ver en esta figura el rango definido para considerar al sistema como operando en régimen permanente y además, vemos que algunos sistemas tardan más que otros en alcanzar este rango.

5.5. Simulación de procesos

La simulación es una herramienta muy útil en el control de procesos, ya que permite, usando un modelo, analizar escenarios de operación del proceso, con o sin control. La simulación se puede utilizar para estudiar la influencia de un parámetro de diseño del proceso o para estudiar un determinado algoritmo de control.

En el caso de este libro, lo que nos interesa es el estudio del comportamiento de un proceso cuando se ve afectado por perturbaciones o variaciones

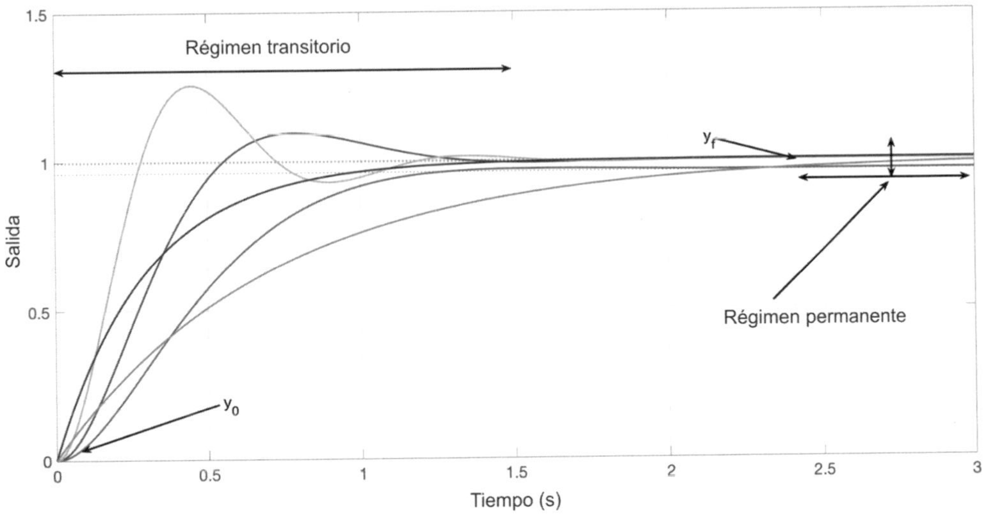

Figura 5.7 – Representación de los regímenes transitorio y permanente de varias respuestas.

en la acción de control. De esta forma, una vez construido el modelo del proceso, solo necesitamos encontrar la solución en el tiempo de la ecuación (en diferencias o diferencial) que describe el sistema.

Con el fin de validar las estrategias de control analizadas a lo largo de este libro, enfatizamos que el Apéndice C detalla dos herramientas de simulación gratuitas que pueden ser utilizadas por lectoras y lectores para pruebas de validación de sistemas de control y para estudiar las soluciones en el tiempo de los modelos de procesos discretos y continuos.

Comencemos el análisis con un caso discreto. Para generalizar, supongamos que la variable de proceso o la salida del modelo se llama $y(k)$, la entrada manipulada o de control es $u(k)$ y la perturbación es $q(k)$. Entonces, la ecuación en diferencias de primer orden, para el caso invariante en el tiempo, se escribe como:

$$y(k) = f(y(k-1), u(k-1), q(k-1)) \quad .$$

Caso el sistema sea variante en el tiempo, tenemos:

$$y(k) = f(y(k-1), u(k-1), q(k-1), \mathbf{p}(k)) \quad ,$$

siendo $\mathbf{p}(k)$ el vector con todos los parámetros que varían con el tiempo en el sistema. En este caso, la expresión $f(y(k-1), u(k-1), q(k-1))$ indica que $y(k)$ puede ser calculada como función de los valores anteriores de y, u y q, a través de alguna relación matemática conocida.

Por lo tanto, podemos encontrar la evolución en el tiempo de $y(k)$ a partir de las entradas, el modelo y sus parámetros, simplemente resolviendo, de forma recursiva, la ecuación del modelo anterior.

El procedimiento para realizar esta simulación sería:

- Definir un intervalo de tiempo para la simulación con valores iniciales y finales $k = k_i....k_f$;
- Definir una condición inicial para $y(k)$;
- Definir los valores a ser aplicados en el sistema en el escenario propuesto $u(k), q(k)$ y $\mathbf{p}(k)$ con $k = k_i....k_f$. Caso los parámetros sean constantes $\mathbf{p}$ será fijo;
- Escribir una rutina que calcule $y(k) = f(y(k-1), u(k-1), q(k-1), \mathbf{p}(k))$ con k dado;
- Crear un lazo de cálculo recursivo para encontrar $y(k)$ para $k = k_i....k_f$.

Enfatizamos que este procedimiento se puede aplicar a sistemas lineales o no lineales, ya sean variantes o invariantes en el tiempo.

Un código genérico para realizar esta simulación en Matlab®, considerando el tiempo con $k_i = 1$, $k_f = 100$, los vectores de datos de entrada u_0, q_0 y parámetros p_0 así como la condición inicial y_0, son mostrados en el Algoritmo 1.

Algoritmo 1: Código Matlab para la simulación de un proceso discreto

```
%
Parámetros de simulación:
k_i = 1; k_f = 100;
% Condiciones iniciales:
y(1) = y_0;
u(1) = u_0;
q(1) = q_0; p(1) = p_0;
% Simula:
for i = k_i : 1 : k_f
y(i + 1) = function(y(i), u(i), q(i), p(i));
end
```

Ejemplo 53 *Hagamos un ejemplo del código del sistema que modela el almacén previamente analizado, para 100 días de simulación, con vectores de pedidos y ventas con variaciones en forma de escalón y dos días de retraso para la llegada de los pedidos al almacén. El algoritmo 2 muestra el resultado.*

Algoritmo 2: Código Matlab para la simulación del stock de un almacén

```
%
Parámetros de simulación:
k_i = 1; k_f = 100; m = 2;
% Condiciones iniciales:
E(1) = 50;
P = ones(1, 100);
V = [1,5 * ones(1, 50)zeros(1, 50)];
% Simula:
for i = k_i : 1 : k_f
E(i + 1) = E(i - 1) + P(i - 2) - V(i);
end
```

Este procedimiento de simulación también se puede aplicar a modelos continuos, simplemente haciendo una aproximación de la ecuación diferencial mediante una ecuación en diferencias. No es el propósito de este libro hacer un análisis en profundidad de este tema y recomendamos al lector interesado algunas referencias al final del capítulo sobre métodos numéricos para resolver la ecuación del modelo continuo. Aquí aproximaremos la derivada usando su definición y aplicaremos el método a ecuaciones diferenciales de primer orden, que son de interés para este libro.

Consideramos, en el análisis que, $\frac{dy(t)}{dt}$ es la derivada de la salida del sistema y que el modelo del proceso es, de forma general, dado por:

$$\frac{dy(t)}{dt} = f(y(t), u(t), q(t), \mathbf{p}(t)) \quad ,$$

siendo $u(t)$ la variable manipulada, $q(t)$ la perturbación y $\mathbf{p}(t)$ el vector de parámetros del sistema. Aquí, la función $f(\cdot)$ tiene la misma connotación que en el caso discreto.

La derivada es, por definición, dada por:

$$\frac{dy(t)}{dt} = \lim_{T_c \to 0} \frac{y(t+T_c) - y(t)}{T_c} \qquad , \qquad T_c > 0 \quad ,$$

que puede ser aproximada si T_c es suficientemente pequeño por:

$$\frac{dy(t)}{dt} \approx \frac{y(t+T_c) - y(t)}{T_c} \qquad , \qquad T_c > 0 \quad .$$

De esta forma, podemos observar que, si el intervalo de tiempo en el que queremos encontrar la solución de la ecuación diferencial se divide en períodos de tamaño T_c, podemos reescribir $t = kT_c$ con k entero positivo, lo que nos lleva a:

$$\frac{dy(t)}{dt} \approx \frac{y((k+1)T_c) - y(kT_c)}{T_c} \qquad , \qquad T_c > 0 \quad .$$

Con esta aproximación, el modelo del sistema puede ser dado por:

$$\frac{y((k+1)T_c) - y(kT_c)}{T_c} = f\left(y(kT_c), u(kT_c), q(kT_c), \mathbf{p}(kT_c)\right) \quad ,$$

o, de forma equivalente, por:

$$y((k+1)T_c) = y(kT_c) + T_c f\left(y(kT_c), u(kT_c), q(kT_c), \mathbf{p}(kT_c)\right) \quad .$$

Aplicando el desplazamiento en el tiempo de un paso de cálculo, obtenemos:

$$\begin{aligned} y(kT_c) &= y((k-1)T_c) \\ &+ T_c f\left(y((k-1)T_c), u((k-1)T_c), q((k-1)T_c), \mathbf{p}((k-1)T_c)\right) \quad . \end{aligned}$$

Finalmente, podemos escribir el modelo discreto equivalente agrupando los términos en el lado derecho de la igualdad anterior como una nueva función g:

$$y(kT_c) = g\left(y((k-1)T_c), u((k-1)T_c), q((k-1)T_c), \mathbf{p}((k-1)T_c)\right) \quad .$$

La solución de este modelo se puede calcular de forma recursiva, de la misma forma que vimos en el apartado anterior, considerando, de forma simplificada, que k se da en un intervalo cerrado $[k_i, k_f]$:

$$y(k) = g\left(y(k-1), u(k-1), q(k-1), \mathbf{p}(k-1)\right) \quad .$$

El resultado de esta recursividad se asocia con los instantes de tiempo a través de la siguiente relación: $t = kT_c$ con k en el intervalo definido.

El resultado de esta simulación numérica estará tan cerca de la solución exacta del modelo continuo cuanto menor sea el paso de cálculo T_c. Sin embargo, el algoritmo de recursividad tardará más en procesar todos los datos en el rango $[k_i, k_f]$, ya que tendremos un número mayor de datos k con períodos más cortos T_c.

Presentaremos a continuación, un ejemplo de aplicación de este método, simularemos la recursividad comparándola con la solución analítica exacta de la ecuación diferencial, para diferentes valores de T_c.

Ejemplo 54 *Considere el modelo del auto estudiado en este capítulo en el Ejemplo 45:*

$$m\frac{dv}{dt}(t) + K_a v^2(t) = K_m u(t) - mg\sin(\theta(t)) \quad . \tag{5.11}$$

Usando la aproximación de la derivada y colocando todas las variables en tiempo discreto, tenemos:

$$\begin{aligned} m\frac{v((k+1)T_c) - v(kT_c)}{T_c} + K_a v^2(kT_c) &= K_m u(kT_c) \\ &-mg\sin(\theta(kT_c)) \quad . \end{aligned} \tag{5.12}$$

Manipulando la ecuación, llegamos en:

$$\begin{aligned} v((k+1)T_c) = v(kT_c) - \frac{T_c K_a}{m}v^2(kT_c) + \frac{T_c K_m}{m}u(kT_c) \\ -\frac{T_c mg}{m}\sin(\theta(kT_c)) \quad . \end{aligned} \tag{5.13}$$

Escribiendo de forma simplificada, llegamos a la siguiente ecuación:

$$\begin{aligned} v(k) = v(k-1) - \frac{T_c K_a}{m}v^2(k-1) + \frac{T_c K_m}{m}u(k-1) \\ -T_c g\sin(\theta(k-1)) \quad , \end{aligned} \tag{5.14}$$

que puede usarse para encontrar recursivamente $v(k)$ dada una condición inicial y una secuencia de valores de posición del acelerador $u(k)$ y la pendiente de la carretera $\theta(k)$ en el intervalo de tiempo definido por $[k_i, k_f]$.

Para el ejemplo usaremos un auto con $m = 1000$ kg, que puede acelerar de 0 a 100km/h en 10 segundos. Haremos la aproximación de la derivada con pasos de derivación de diferentes valores, $T_c = 0{,}01$, $0{,}1$ y $0{,}4$ s. Evaluaremos los diferentes resultados obtenidos con estos valores para T_c. Es importante notar que cuanto menor sea el valor de T_c, mejor será la aproxi-

mación de la derivada de la velocidad del auto (aceleración). Las constantes del modelo de este auto son $K_a = 500$ kg/m, $K_m = 3000$ N/V; el ángulo de la carretera varía entre -10 y 10 grados. La señal de control u está en voltios y puede variar entre 0 y 5 V.

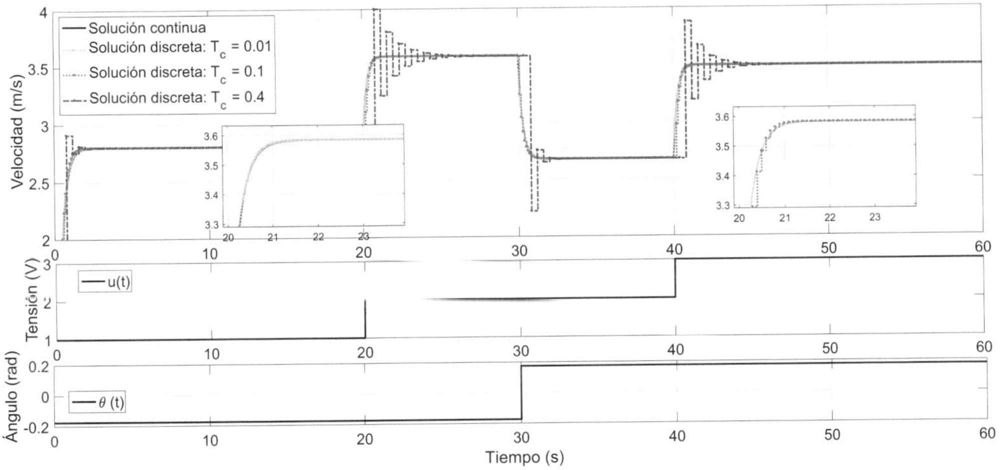

Figura 5.8 – Aceleración de un auto: solución discreta recursiva aproximada.

En la Figura 5.8, podemos observar el efecto de los diferentes valores de T_c. Para $T_c = 0{,}01$, tenemos una solución discreta de $v(k)$ que se acerca mucho a la solución exacta de $v(t)$. A medida que aumentamos T_c, el resultado empeora. Tenga en cuenta que para todas las aproximaciones, el valor de la velocidad en el equilibrio está perfectamente descrito por la ecuación discreta, ya que, en el equilibrio, tenemos $\frac{dv}{dt}(t) = 0$.

5.6. Ajuste de modelos a partir de datos experimentales

Otro aspecto muy importante en el modelado de procesos es la determinación de los parámetros del modelo. Al modelar un sistema usando principios de física o química, usamos parámetros o constantes conocidos para escribir el modelo.

Por ejemplo, para el caso del automóvil estudiado en este capítulo, consideramos que se conocen su masa y la constante de proporcionalidad que relaciona la posición del acelerador con la fuerza del motor. Sin embargo, en la práctica, estos parámetros pueden no conocerse con precisión y por lo tanto, son necesarios algunos experimentos sobre el proceso para determinarlos. En otros casos, es posible que no conozcamos todas las leyes que gobiernan los fenómenos dentro del proceso, lo que nos impide escribir las ecuaciones que describen su comportamiento en detalle. En estos casos, podemos construir modelos que representen el proceso de manera aproximada, a través de ecuaciones diferenciales o en diferencias simples, que pueden expresar las relaciones de causa y efecto entre las entradas y salidas del proceso.

En ambos casos, nos encontramos ante un problema matemático que consiste en utilizar datos de pruebas realizadas en el proceso para ajustar los parámetros de un cierto modelo, de tal forma que se obtenga una buena aproximación del comportamiento del proceso en las situaciones para las que operará. Este tipo de procedimiento se llama "identificación". En la literatura, existen muchos métodos y técnicas para la identificación de sistemas. En este libro, solo discutiremos el tema conceptual y trataremos con sistemas simples que pueden tener su comportamiento representado por ecuaciones diferenciales o en diferencias de primer orden y con coeficientes constantes, o por modelos estáticos simples.

A continuación, presentaremos algunos ejemplos de procesos continuos y discretos, para los cuales los parámetros del modelo se determinan a partir de datos de prueba que se realizaron en el proceso. Volveremos al tema en el próximo capítulo, después de presentar la forma analítica de calculo de las soluciones de las ecuaciones diferenciales y en diferencias.

Ejemplo 55 *Considere una aplicación financiera para la cual la tasa de interés es constante (prefijada), pero el valor de esta tasa no se conoce. Sabemos que el comportamiento del saldo $S(k)$ se puede relacionar con las aplicacio-*

nes $A(k)$ *por el modelo matemático:*

$$S(k) = S(k-1)(1+t_a) + A(k) \quad ,$$

siendo t_a *la tasa de interés de la aplicación.*

Para determinar t_a *podemos usar datos del extracto de la aplicación y en este caso, como solo tenemos un parámetro en el modelo, solo necesitamos datos de dos meses. Si, por ejemplo, el extracto dice que el saldo del mes 4 era de 200 pesos y con una aplicación de 30 pesos aumentó para 232 pesos en el mes siguiente, tenemos:*

$$S(5) = S(4)(1+t_a) + A(5) \quad ,$$

Podemos determinar la tasa de interés de la aplicación directamente:

$$t_a = \frac{S(5) - A(5)}{S(4)} - 1 = \frac{232 - 30}{200} - 1 = 0{,}01 \quad .$$

Así, la tasa de interés de esta aplicación es de 1 % al mes.

Ejemplo 56 *Consideremos el modelo del auto estudiado en el Ejemplo 45, dado por:*

$$m\frac{dv}{dt}(t) + K_a v(t) \quad = \quad K_m u(t) - mg\sin(\theta(t)) \quad . \tag{5.15}$$

Supongamos que la masa del automóvil (parámetro m*) es conocida e igual a 1000 kg. Sin embargo, los valores de las constantes* K_a *y* K_m *del modelo no se conocen y deben determinarse experimentalmente. Con este fin, el coche fue probado en una pista para dos situaciones diferentes, con velocidad, inclinación de la carretera y acción del acelerador constantes. En la primera prueba, se midió una velocidad* $v_1 = 30m/s$*, con la acción del acelerador* $u_1 = 4V$ *e inclinación* $\theta_1 = 5$ *grados. Ya en un segundo experimento, se midió la velocidad* $v_2 = 35m/s$*, con* $u_2 = u_1 = 4V$ *e inclinación* $\theta_2 = 2$

grados.

Con estos datos, podemos escribir las siguientes ecuaciones:

$$\begin{cases} K_a v_1 & = & K_m u_1 - mg\sin(\theta_1) & , \\ K_a v_2 & = & K_m u_2 - mg\sin(\theta_2) & . \end{cases} \tag{5.16}$$

Aplicando los valores medidos, tenemos un problema con dos ecuaciones y dos incógnitas (K_a y K_m):

$$\begin{cases} 30K_a - 4K_m & = & -9800\sin(5) & , \\ 35K_a - 4K_m & = & -9800\sin(2) & . \end{cases} \tag{5.17}$$

Resolviendo este sistema de ecuaciones, tenemos que, $K_a = 10{,}24$ kg/s y $K_m = 290{,}33$ N/V. Con estos datos, podemos completar el modelo y usarlo para estudiar el comportamiento del automóvil sin necesidad de más pruebas.

5.7. Modelos lineales aproximados de sistemas no lineales

Como se discutió en los apartados anteriores, el comportamiento dinámico de un sistema se puede representar mediante un modelo matemático que relaciona la variable controlada, la variable manipulada y las perturbaciones. Para la gran mayoría de los procesos, estos modelos son generalmente no lineales, con no linealidades en las relaciones entre la variable manipulada y la variable controlada y/o entre las perturbaciones y la variable controlada.

En el caso de los modelos de tiempo continuo, tenemos representaciones dadas por ecuaciones diferenciales no lineales; en el caso discreto, tenemos representaciones dadas por ecuaciones en diferencias no lineales.

En general, el procedimiento para encontrar la solución analítica de un modelo no lineal (tanto en el caso de una ecuación diferencial como en el caso de una ecuación en diferencias) para variaciones dadas en las señales de la variable manipulada y la perturbación es complejo y no trivial. Además, en muchas aplicaciones prácticas de control, los procesos controlados operan la mayor parte del tiempo, en una región operativa limitada. Es decir, los procesos controlados operan considerando un rango restringido de variaciones en las señales de entrada y salida.

Para sistemas controlados en una región operativa restringida, se puede usar un modelo lineal aproximado para representar suficientemente bien el comportamiento del proceso dentro de la región operativa. De hecho, como la solución analítica para modelos lineales es relativamente simple (los detalles serán presentados en el Capítulo 6), el procedimiento de aproximación de un modelo no lineal por un modelo lineal para una región de operación dada puede ser bastante útil en la práctica.

Enfatizamos que, en la práctica para poder aplicar la "linealización", técnica que aproxima un modelo no lineal a un modelo lineal en una determinada región de operación, consideraremos en este libro que esas regiones son estables.

5.7.1. Un ejemplo motivador

Para comenzar a presentar algunas ideas sobre el uso de modelos lineales aproximados de sistemas no lineales, consideremos el siguiente ejemplo de un sistema de suspensión automotriz.

Considere el diseño de un sistema de control de la fuerza de amortiguación para el sistema de suspensión de un vehículo. En este proceso, se desea controlar la fuerza entregada por el sistema de suspensión para minimizar la vibración del automóvil debido a las perturbaciones causadas por la carretera. El sistema de control está diseñado para regular la fuerza de amortiguación, regulando así la aceleración del chasis del automóvil. La Figura 5.9 ilustra este tipo de sistema: a la izquierda se muestra el sistema de suspensión completo, compuesto por un muelle y un amortiguador; a la derecha, se muestra un diagrama esquemático del amortiguador en sí. El amortiguador entrega una fuerza que disipa el movimiento vertical causado por la vibración impuesta por la carretera. La señal de control utilizada para regular la fuerza de amortiguación es un voltaje que energiza dos electrodos dentro del amortiguador. La corriente que circula entre los electrodos hace que la viscosidad del fluido de amortiguación varíe, aumentando o disminuyendo la fuerza vertical.

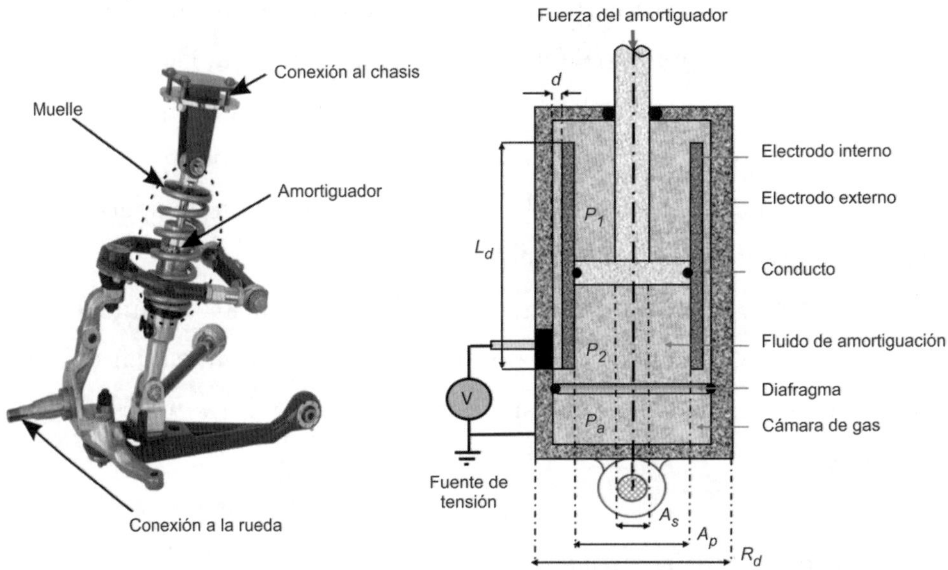

Figura 5.9 – Representación de un sistema de suspensión de un automóvil.

El modelo que representa la dinámica de este proceso de control de la fuerza de amortiguación vertical viene dado por la siguiente ecuación diferencial no lineal:

$$40\frac{dy(t)}{dt} + y(t) = 12\,(u(t))^{0{,}4}\,\text{signo}\{q(t)\} + 65q(t) \quad , \tag{5.18}$$

siendo $y(t) \in [-20\,,\, 20]$ N la fuerza del amortiguador (variable de proceso), $u(t) \in [0{,}1\,,\, 0{,}3]$ representa una señal de voltaje normalizada, utilizada para controlar la fuerza (variable manipulada) y $q(t) \in [-0{,}05\,,\, 0{,}05]$ m/s es la velocidad de la deflexión del amortiguador (perturbación del sistema impuesta por la vibración de la carretera). Para este modelo, la variable t es real y denota el tiempo medido en milisegundos. Enfatizamos que la función $\text{signo}\{q(t)\}$ indica el signo de la variable $q(t)$. La definición formal de esta función es:

$$\text{signo}\{q(t)\} \;:=\; \begin{cases} 1\,, & \text{si} \quad q(t) \geq 0 \quad , \\ -1\,, & \text{si} \quad q(t) < 0 \quad . \end{cases} \tag{5.19}$$

La dinámica de este mismo sistema de control de fuerza se representa, en unidades de tiempo discretas, mediante una ecuación en diferencias no lineal, en cuyo caso todas las variables del sistema se miden mediante sensores con muestras a cada $T_s = 5\,\text{ms}$. Para tal condición, considerando la variable de muestras discretas k, el modelo viene dado por:

$$\begin{aligned} y(k) = 0{,}99y(k-1) + 0{,}12\,(u(k-1))^{0{,}4}\,\text{signo}\{q(k)\} \\ +0{,}65q(k-1) \quad . \end{aligned} \tag{5.20}$$

En ambos casos, enfatizamos que existe una relación no lineal entre las variables de entrada (variable manipulada u y perturbación q) y la variable controlada y.

El problema y su solución

En este ejemplo del sistema de control de fuerza, buscaremos un modelo lineal que represente aproximadamente el comportamiento del sistema verdadero (modelo no lineal) en su región operativa.

Primero, enfatizamos que el modelo estático de este sistema, que muestra las relaciones entre las variables del proceso en los puntos de operación,[1]

[1]Destacamos que esta relación estática se encuentra usando los modelos no lineales (continuo y discreto), con $y(t)$ (o $y(k)$) igual a y_0 y por lo tanto $\frac{dy_0}{dt} = 0$, en el caso continuo y $y(k-1) = y(k) = y_0$, en el caso discreto.

viene dado por:

$$y_0 \quad = \quad 12u_0^{0,4}\text{signo}\{q_0\} + 65q_0 \quad , \tag{5.21}$$

siendo y_0, u_0 y q_0 los valores de las variables en el punto de equilibrio, para las cuales se ha eliminado la dependencia del tiempo (en t, en el caso continuo, y en k, en el caso discreto), ya que se supone que, en un punto de equilibrio, estas variables son constantes.

La Figura 5.10 presenta la característica estática de este sistema, obtenida mediante la Ecuación (5.21), para los puntos (y_0, u_0), considerando q_0 como parámetro fijo y (y_0, q_0) considerando u_0 como parámetro fijo. En estas curvas, observamos claramente la relación no lineal entre la variable de proceso y la variable manipulada en los intervalos correspondientes. Tenga en cuenta que si tuviéramos una relación lineal entre estas variables, la curva estática sería una línea recta que pasaría por el origen $(y_0, u_0) = (0, 0)$.

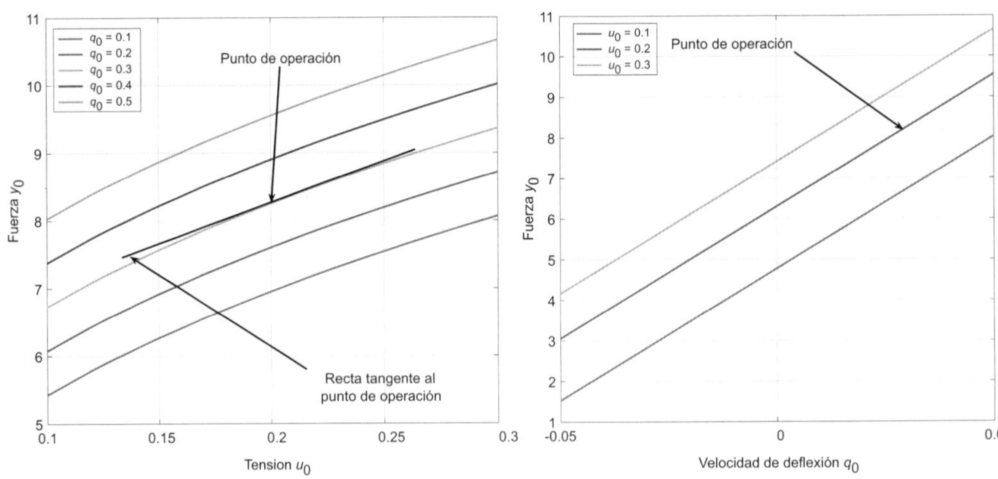

Figura 5.10 – Característica estática del sistema de control de fuerza de un sistema de suspensión de un automóvil.

Consideremos, que este proceso opera, la mayor parte del tiempo, con un voltaje de actuación igual a $u_0 = 0{,}2$ y una velocidad de deflexión siempre positiva y con valores cercanos a $q_0 = 0{,}03$ m/s. En estas situaciones, la fuerza entregada por el sistema de suspensión siempre estará cerca de $y_0 = 8{,}25\,\mathrm{N}$, que se calcula usando el modelo estático del sistema.

En este caso, podemos aproximar el comportamiento del sistema real, en las cercanías de este punto de operación, por el comportamiento de un sistema descrito por la recta tangente a la curva estática, en el punto de operación $P_0 = (u_0, y_0, q_0) = (0{,}2, 8{,}25, 0{,}03)$. Esta aproximación se puede entender a través de la figura anterior, en la que notamos que la curva y su línea tangente son relativamente similares en regiones cercanas a este punto (por ejemplo, para $u_0 = 0{,}21$).

Con base en esta hipótesis, podemos construir un modelo aproximado de la dinámica del proceso, en la región considerada, utilizando la recta tangente al punto y no la curva original.

Esto sugiere el desarrollo de un modelo aproximado para el sistema, que describe su comportamiento en las cercanías del punto de equilibrio elegido. Para hacer esto, podemos reescribir las variables del proceso en función del punto de equilibrio elegido, de la siguiente manera:

$$P_0 \;:=\; \begin{cases} u &= \; u_0 + \Delta u \quad , \\ q &= \; q_0 + \Delta q \quad , \\ y &= \; y_0 + \Delta y \quad . \end{cases} \tag{5.22}$$

En esta representación, tenemos las variables incrementales $\Delta u, \Delta y$ y Δq, que definen el desplazamiento de las variables absolutas (u, y y q, respectivamente) en relación con el punto de equilibrio P_0.

La Figura 5.11 muestra nuevamente la curva estática del proceso cerca del punto de equilibrio P_0, la recta tangente a este punto y una nueva gráfica con ejes relacionados con las variables incrementales. Este nuevo sistema de coordenadas se centra en el punto P_0. Destacamos que podríamos presentar un diagrama equivalente, considerando el plano (q, y) con $u = u_0$ constante.

En esta nueva gráfica, podemos ver que la recta tangente al punto de

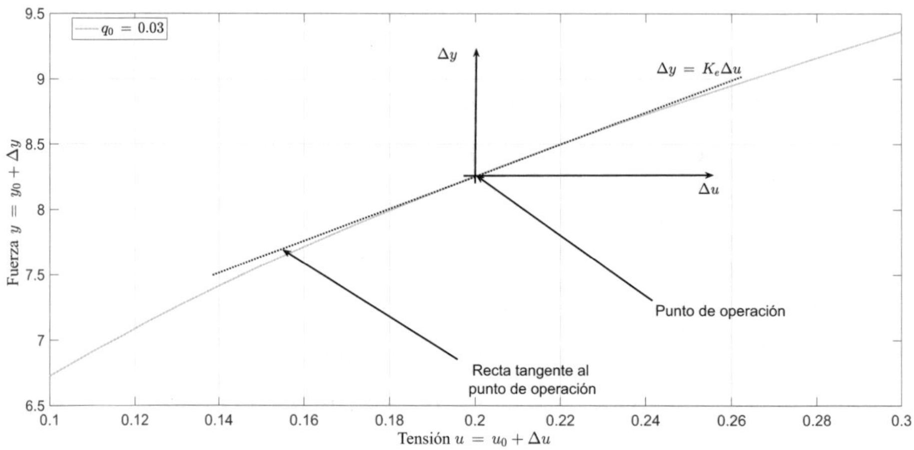

Figura 5.11 – Característica estática del sistema de control de fuerza en un sistema de suspensión de un vehículo en las proximidades del punto de operación P_0.

operación P_0 es una recta que pasa por el origen del nuevo sistema de coordenadas ($\Delta u \times \Delta y$). Esto indica que la característica estática relativa al nuevo sistema de coordenadas, que describe la relación entre las variables incrementales, es lineal, del tipo $\Delta y = K_e \Delta u + K_q \Delta q$, donde K_e es la pendiente de la recta tangente al punto P_0, en el plano $u \times y$ y K_q la pendiente de la recta tangente a P_0 en el plano $q \times y$.

Es importante resaltar que este modelo aproximado solo es válido para el punto de operación elegido (P_0), ya que la pendiente de la recta tangente cambia con el punto de operación. Además, la aproximación solo será válida para puntos cercanos a P_0. De lo contrario, el error de aproximación (diferencias entre la solución del modelo aproximado y la solución del modelo real) puede ser demasiado grande.

Para analizar este procedimiento de aproximación con más detalle, generalmente consideraremos $y = f(u, q)$ como la función que describe la característica estática del proceso. Tenemos que $y_0 = f(u_0, q_0)$ y que, para cualquier punto $P = (u, y, q)$, la siguiente construcción es válida:

$$y = y_0 + \Delta y \;=\; f(u_0 + \Delta u, q_0 + \Delta q) \quad . \tag{5.23}$$

Siempre que Δu y Δq sean pequeños (en magnitud), podemos escribir $\Delta y \approx K_e \Delta u + K_q \Delta q$. En este caso, hacemos la siguiente aproximación:

$$y = y_0 + \Delta y \;\approx\; K_e \Delta u + K_q \Delta q \quad . \tag{5.24}$$

Esta aproximación nos permite encontrar un valor para y como una función lineal de los incrementos Δu y Δq, en las cercanías del punto P_0, con un pequeño error, como se ilustra en la Figura 5.11 (en este caso, $\Delta q = 0$). Tenga en cuenta que dado que el plano $\Delta y = K_e \Delta u + K_q \Delta q$ es tangente a la curva $y = f(u, q)$, en el punto de operación P_0, podemos calcular el valor de los coeficientes lineales de la siguiente manera:

$$\begin{cases} K_e = \left.\frac{\partial y}{\partial u}\right|_{P_0} \quad , \\ K_q = \left.\frac{\partial y}{\partial q}\right|_{P_0} \quad . \end{cases} \tag{5.25}$$

Por lo tanto, llegamos a la siguiente aproximación:

$$y = y_0 + \Delta y \;\approx\; \left.\frac{\partial y}{\partial u}\right|_{P_0} \Delta u + \left.\frac{\partial y}{\partial q}\right|_{P_0} \Delta q \quad . \tag{5.26}$$

Con respecto a la Ecuación (5.26), debemos considerar dos aspectos muy importantes:

(A) el concepto físico asociado con el comportamiento estático del sistema cerca del punto de equilibrio;

(B) el concepto matemático asociado con la aproximación de una función no lineal por una línea recta.

Aproximación por la reta tangente: concepto físico (A)

La relación $\Delta y = K_e \Delta u + K_q \Delta q$ encontrada en el modelo aproximado nos permite calcular la variación en régimen estacionario de la variable de proceso, dadas pequeñas variaciones de la variable manipulada y la perturbación. La relación entre Δy y Δu, dada por K_e, se define como la **ganancia estática del sistema en un punto de equilibrio**. Como esta ganancia K_e depende de la derivada $\frac{\partial y}{\partial u}$, evaluada en el punto de equilibrio, es una propiedad local que varía con el cambio del punto de equilibrio. Tenga en cuenta que K_q es una ganancia frente a una perturbación de entrada, también válida solo localmente.

Definición 19 *Ganancia estática para la variable manipulada*
La ganancia estática de un sistema que opera en un punto de equilibrio estable se define como el cociente entre la variación en el estado estacionario de la variable del proceso por la variación en la variable manipulada, también en el estado estacionario.

La definición de la ganancia estática frente a la perturbación es similar, apenas reemplazando la perturbación por la variable manipulada.

Aproximación por la recta tangente: concepto matemático (B)

Desde el punto de vista matemático, la aproximación de la función $y = f(u, q)$ por el plano $y = y_0 + \left.\frac{\partial y}{\partial u}\right|_{P_0} \Delta u + \left.\frac{\partial y}{\partial q}\right|_{P_0} \Delta q$ es, nada más nada menos, que la expansión de Taylor de primer orden de la función $y = f(u)$ en el punto P_0. Esta expansión permite calcular, aproximadamente, el valor de $y = f(u, q)$ para valores conocidos de la función $f(\cdot)$ y de sus derivadas, cuando son evaluadas en P_0.

Definición 20 *Serie de Taylor*
Una función analítica de clase[2] $\mathcal{C}^\infty$ *para cualquier* $y = f(x_1, x_2, \ldots, x_n)$

[2]La clase de funciones analíticas reales o imaginarias $\mathcal{C}^\infty$ involucra todas las funciones continuamente derivables.

puede ser expandida en un dado punto de operación P_0*, definido por* $(x_{1_0}, x_{2_0}, \dots x_{n_0}, y_0)$*, por la siguiente serie de potencias:*

$$f(\cdot) = f(\cdot)|_{P_0} + \sum_{i=1}^{n} \left(\sum_{j=1}^{+\infty} \frac{1}{j!} \left. \frac{\partial f(\cdot)}{\partial x_i} \right|_{P_0} (x_i - x_{i_0})^j \right) . \tag{5.27}$$

Notamos que la serie en la Ecuación (5.27) está compuesta por una suma (en j*) de términos infinitos, lo que garantiza la igualdad entre la función no lineal* $f(\cdot)$ *y su expansión de Taylor.*

Sin embargo, para nuestro propósito práctico, usamos como aproximación la serie en la Ecuación (5.27) solamente con $j = 1$*, o sea:*

$$\begin{aligned} f(\cdot) &\approx f(\cdot)|_{P_0} + \sum_{i=1}^{n} \left. \frac{\partial f(\cdot)}{\partial x_i} \right|_{P_0} (x_i - x_{i_0}) \qquad (5.28) \\ &\approx f(\cdot)|_{P_0} + \left. \frac{\partial f(\cdot)}{\partial x_1} \right|_{P_0} \underbrace{(x_1 - x_{1_0})}_{\Delta x_1} + \cdots + \left. \frac{\partial f(\cdot)}{\partial x_n} \right|_{P_0} \underbrace{(x_n - x_{n_0})}_{\Delta x_n} . \end{aligned}$$

Por lo tanto, al evaluar las derivadas parciales de $f(\cdot)$ *con respecto a cada variable* x_i *en el punto* P_0*, tenemos una aproximación de* $f(\cdot)$ *mediante una expansión de Taylor de primer orden.*

Destacamos que podemos obtener una interpretación gráfica de esta aproximación para funciones de hasta dos variables, del tipo $y = f(x_1, x_2)$*. En este caso, la aproximación viene dada por el plano* $y = y_0 + a_1(x_1 - x_{1_0}) + a_2(x_2 - x_{2_0})$ *tangente a la superficie* $y = f(x_1, x_2)$*, en el punto* P_0*. Para los casos con más variables, tenemos hiperplanos tangentes a* $f(\cdot)$*, que no se pueden visualizar gráficamente.*

Ejemplo 57 *Expansión Taylor de primer orden*

Considere la siguiente función no lineal:

$$y = f(x_1, x_2) = x_1 e^{-x_1^2 - x_2^2} \quad .$$

Para obtener un modelo aproximado de esta función, consideramos la región dada por $x_1 = x_{1_0} + \Delta x_1$ *y* $x_2 = x_{2_0} + \Delta x_2$, *siendo* $x_1 = -0{,}5$ *y* $x_2 = 0{,}5$. *En este punto, tenemos* $y_0 = -0{,}3033$, *o sea,* $P_0 = (-0{,}5, 0{,}5, -0{,}3033)$.

Para tal, aproximamos la función $f(x_1, x_2)$ *por:*

$$f(x_1, x_2) \approx f(x_{1_0}, x_{2_0}) + \underbrace{\left.\frac{\partial f(x_1, x_2)}{\partial x_1}\right|_{P_0}}_{a_1} \Delta x_1 + \underbrace{\left.\frac{\partial f(x_1, x_2)}{\partial x_2}\right|_{P_0}}_{a_2} \Delta x_2 \quad .$$

Tenemos:

$$\begin{aligned} a_1 &= \left.\left(e^{-x_1^2 - x_2^2} - 2x_1^2 e^{-x_1^2 - x_2^2}\right)\right|_{P_0} = 0{,}3033 \quad , \\ a_2 &= \left.\left(-2x_1 x_2 e^{-x_1^2 - x_2^2}\right)\right|_{P_0} = 0{,}3033 \quad . \end{aligned}$$

En este caso, presentamos en la Figura 5.12 la superficie no lineal $y = f(x_1, x_2)$ *y el plano tangente al punto* P_0. *Con cortes bidimensionales en estas superficies, para* x_{1_0} *y* x_{2_0}, *obtenemos las curvas presentadas en la Figura 5.13, en la cual podemos notar como la expansión lineal* $y = y_0 + a_1 \Delta x_1 + a_2 \Delta x_2$ *aproxima el comportamiento de la función no lineal solo para puntos próximos a* P_0.

Volvamos al ejemplo del sistema de control de fuerza de un sistema de suspensión automotriz. Para este sistema, tuvimos la siguiente relación estática: $y_0 = -12u_0^{0,4}\text{sinal}\{q_0\} + 65q_0$.

A continuación, consideramos, por simplicidad matemática, que $q_0 \geq 0$ y por lo tanto, podemos descartar la función sign$\{q\}$ del modelo de este proceso.

Supongamos, entonces, que queremos estudiar el comportamiento diná-

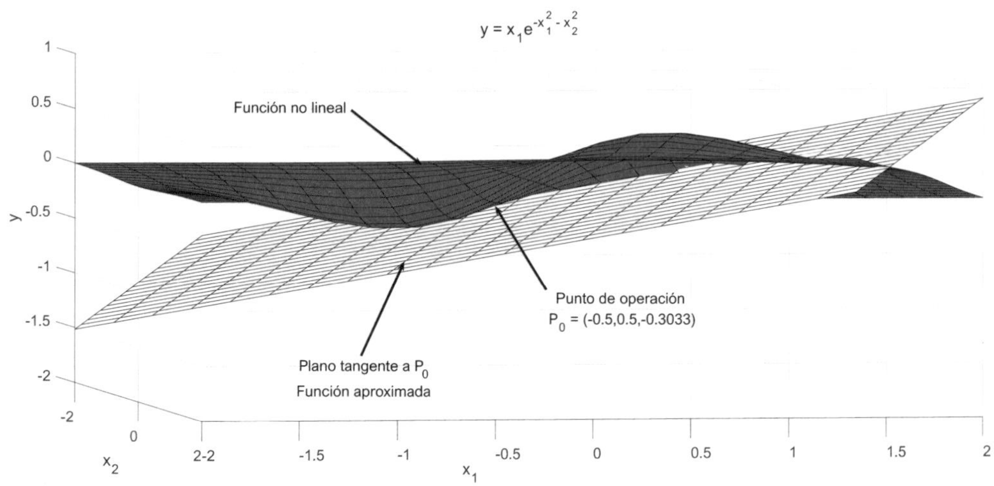

Figura 5.12 – Aproximación por Taylor, vista en tres dimensiones, hiper-plano $x_1 \times x_2 \times y$.

mico de este proceso en las cercanías del punto de operación P_0, dado por $(u_0, y_0, q_0) = (0{,}2, 8{,}25, 0{,}03)$.

Así, evaluando el término $\frac{\partial y}{\partial u}\big|_{u=u_0}$, obtenemos $4{,}8(u_0)^{-0{,}6}$. Por tanto, podemos escribir la siguiente aproximación:

$$y = y_0 + \Delta y \approx y_0 + \left(4{,}8(u_0)^{-0{,}6}\right)\Delta u + K_q \Delta q \quad . \tag{5.29}$$

De forma análoga, evaluando el termino $\frac{\partial y}{\partial q}\Big|_{q=q_0}$, obtenemos $K_q = 65$.

Por lo tanto, para el punto $u_0 = 0{,}2$, $q_0 = 0{,}03\,\mathrm{m/s}$ y $y_0 = 8{,}25\,\mathrm{N}$, obtenemos:

$$y \approx 8{,}25 + 12{,}6\Delta u + 65\Delta q \quad . \tag{5.30}$$

Destacamos que esta aproximación representa la ecuación del plano tangente a la función en el punto de equilibrio P_0, en el espacio (u, q, y).

Como se explicó, el procedimiento de aproximación, mediante una expansión de Taylor de primer orden, de una función no lineal por una función

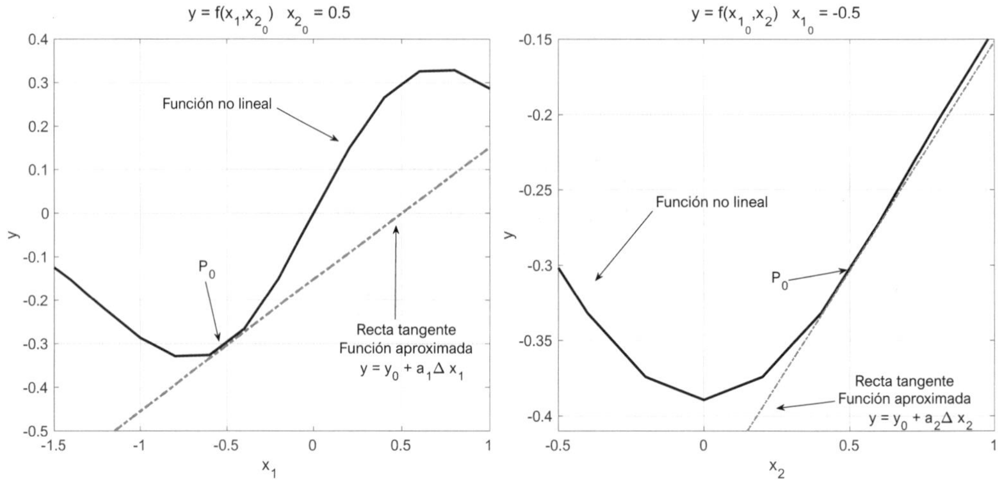

Figura 5.13 – Aproximación por Taylor, planos $x_1 \times y$ y $x_2 \times y$.

lineal en las variables incrementales, nos permite encontrar, de manera simple y directa, un modelo estático lineal para puntos cercanos al de operación P_0. Ahora necesitamos expandir esta idea al caso de los modelos dinámicos.

5.7.2. Aproximación de Taylor de primer orden para modelos dinámicos

Consideremos nuevamente el ejemplo del sistema de control de la fuerza del amortiguador. Supongamos, que queremos estudiar el comportamiento dinámico de este proceso en las cercanias del punto de operación P_0, dado por $(u_0, y_0, q_0) = (0{,}2, 8{,}25, 0{,}03)$.

Definimos, así, las siguientes variables incrementales dinámicas:

$$y(t) = y_0 + \Delta y(t), \qquad u(t) = u_0 + \Delta u(t), \qquad q(t) = q_0 + \Delta q(t) \quad .$$

Al substituir estas relaciones en el modelo no lineal de la Ecuación (5.18), obtenemos:

$$40\frac{d\left(y_0 + \Delta y(t)\right)}{dt} + \left(y_0 + \Delta y(t)\right) = 12\left(u_0 + \Delta u(t)\right)^{0,4} + 65\left(q_0 + \Delta q(t)\right) \quad .$$

Podemos manipular esta ecuación de la siguiente forma:

$$
\begin{aligned}
40\frac{dy_0}{dt}+40\frac{d\Delta y(t)}{dt}+\Delta y(t) &= -y_0+12\left(u_0+\Delta u(t)\right)^{0,4} \\
&+ 65q_0+65\Delta q(t) \quad .
\end{aligned}
\tag{5.31}
$$

Sabemos que $\frac{dy_0}{dt}=0$, pues y_0 es constante. Por tanto, para el punto de equilibrio P_0, considerando la relación entre variables del modelo estático de la Ecuación (5.21), podemos escribir:

$$
\begin{aligned}
40\frac{d\Delta y(t)}{dt}+\Delta y(t) &= -12u_0^{0,4}+12\left(u_0+\Delta u(t)\right)^{0,4} \\
&+ 65\Delta q(t) \quad .
\end{aligned}
\tag{5.32}
$$

Ahora, usando el concepto de aproximar una función no lineal por medio de una expansión de Taylor de primer orden, podemos encontrar un modelo lineal aproximado del término no lineal de la ecuación: $12\left(u_0+\Delta u(t)\right)^{0,4}$.

Denotemos, a efectos prácticos, el término no lineal como:

$$
f(u(t)) = 12\left(u(t)\right)^{0,4} = 12\left(u_0+\Delta u(t)\right)^{0,4} \quad .
$$

Usando la expansión de Taylor, obtenemos:

$$
\begin{aligned}
f(u(t)) &\approx f(u_0)+\left(\left.\frac{df(u)}{du}\right|_{u_0}\right)(u(t)-u_0) \\
&\approx 12u_0^{0,4}+\left(4{,}8(u_0)^{-0,6}\right)\Delta u(t) \quad .
\end{aligned}
\tag{5.33}
$$

Luego reemplazamos esta aproximación en el modelo no lineal completo. Con pocas manipulaciones, obtenemos un modelo lineal que aproxima el comportamiento dinámico del proceso de control de la fuerza del amortiguador:

$$
40\frac{d\Delta y(t)}{dt}+\Delta y(t) = \left(4{,}8(u_0)^{-0,6}\right)\Delta u(t)+65\Delta q(t) \quad . \tag{5.34}
$$

Por tanto, cuando calculamos la solución analítica de la ecuación diferencial lineal (5.34), para una entrada dada $\Delta u(t)$ y una perturbación dada $\Delta q(t)$, obtendremos una expresión para $\Delta y(t)$ tal que, cuando se suma a y_0, nos da una aproximación de la solución $y(t)$ para el modelo no lineal del proceso real, dada por la Ecuación (5.18), para la entrada $u(t) = u_0 + \Delta u(t)$ y una perturbación $q(t) = q_0 + \Delta q(t) \geq 0$. Tenga en cuenta que la perturbación debe ser positiva para que podamos suprimir la función de signo del modelo.

Finalmente, enfatizamos que el modelo lineal aproximado dado en la Ecuación (5.34) incluye la relación de ganancia estática entre la variación de u (dada por $\Delta u(t)$) y la variación de y (dado por $\Delta y(t)$), donde $K_e = 4{,}8(u_0)^{-0{,}6}$. La ganancia estática frente a la variación de la perturbación q (dada por $\Delta q(t)$) está dada por $K_q = 65$.

Nota 8 *El procedimiento de linealización se refiere a la relación entre las variables del sistema que es independiente del tiempo, es decir, la linealización tiene lugar en una función del tipo $y = f(u)$, a pesar de que y y u varíen en el tiempo. Por lo tanto, el procedimiento se puede aplicar a sistemas discretos de manera similar al caso continuo, simplemente reemplazando en el modelo las variables absolutas por el valor en el punto de equilibrio sumado a la respectiva variación incremental. Finalmente, a través de la expansión de Taylor de primer orden, encontramos una aproximación lineal para los términos no lineales.*

5.7.3. Caso discreto

Ahora aplicaremos el procedimiento al sistema de control de fuerza de un sistema de suspensión a través de su modelo discreto, que se reescribe a continuación:

$$y(k) = 0{,}99y(k-1) + 0{,}12u(k-1)^{0{,}4} + 0{,}65q(k-1) \quad .$$

Tenga en cuenta que la función signo se ha eliminado de este modelo y por lo tanto, solo consideramos las perturbaciones positivas.

Primero, verificaremos el punto de equilibrio, que en este sistema ocurre cuando todas las variables están en valores constantes, independientemente de la muestra, es decir, $y(k) = y(k-1) = y_0 = 8{,}25$, $u(k-1) = u_0 = 0{,}2$ y $q(k-1) = q_0 = 0{,}03$. Entonces tenemos:

$$y_0 = 0{,}99y_0 + 0{,}12u_0^{0,4} + 0{,}65q_0 \rightarrow 0{,}01y_0 = 0{,}12u_0^{0,4} + 0{,}65q_0 \quad ,$$

que equivale a $y_0 = 12u_0^{0,4} + 65q_0$, como era esperado (igual al caso continuo).

Ahora reescribiremos la ecuación en diferencias no lineales usando las siguientes variables incrementales discretas:

$$y(k-i) = y_0 + \Delta y(k-i), \quad u(k-i) = u_0 + \Delta u(k-i), \quad q(k-i) = q_0 + \Delta q(k-i) \quad ,$$

obteniendo:

$$\begin{aligned} y_0 + \Delta y(k) &= 0{,}99\,(y_0 + \Delta y(k-1)) + 0{,}12\,(u_0 + \Delta u(k-1))^{0,4} \\ &+ 0{,}65\,(q_0 + \Delta q(k-1)) \quad . \end{aligned}$$

A través de algunas manipulaciones, llegamos a la siguiente ecuación:

$$\begin{aligned} \Delta y(k) &= -0{,}01y_0 + 0{,}99\Delta y(k-1) + 0{,}12\,(u_0 + \Delta u(k-1))^{0,4} \\ &+ 0{,}65\,(q_0 + \Delta q(k-1)) \quad . \end{aligned}$$

Al imponer la relación entre las variables estáticas $-0{,}01y_0 + 0{,}65q_0 = 0{,}12u_0^{0,4}$, obtenemos:

$$\begin{aligned} \Delta y(k) &= -0{,}12u_0^{0,4} + 0{,}99\Delta y(k-1) + 0{,}12\,(u_0 + \Delta u(k-1))^{0,4} \\ &+ 0{,}65\Delta q(k-1) \quad . \end{aligned}$$

En esta ecuación en diferencias, tenemos el siguiente término no lineal $f(u(k)) = 0{,}12\,(u_0 + \Delta u(k-1))^{0{,}4}$, que se aproxima por Taylor de primera orden:

$$0{,}12\,(u_0 + \Delta u(k-1))^{0{,}4} \approx 0{,}12 u_0^{0{,}4} + \left(0{,}048(u_0)^{-0{,}6}\right)\Delta u(k-1) \quad .$$

Sustituyendo esta aproximación en el modelo no lineal, con $u_0 = 0{,}2$, obtenemos:

$$\Delta y(k) = 0{,}99\Delta y(k-1) + 0{,}048\Delta u(k-1) + 0{,}65\Delta q(k-1) \quad .$$

Observamos que la ecuación en diferencias anterior es un modelo lineal discreto en las variables incrementales. Este modelo aproxima al comportamiento del sistema original en las cercanías del punto de equilibrio.

Nota 9 *El uso de expansiones de Taylor para la aproximación de la función no lineal por una lineal no es un procedimiento obligatorio, sino una formulación generalizada, directa y simple para encontrar una aproximación lineal. En casos de no linealidades simples, podemos usar un procedimiento directo desarrollando las expresiones no lineales del modelo en función de los incrementos de las variables y usar aproximaciones lineales del comportamiento de estas funciones.*

Por ejemplo[3]*, en el caso de un modelo con un término no lineal dado por $y = f(u) = u^2$, podemos calcular:*

$$y = f(u_0) + \Delta y \;=\; (u_0 + \Delta u)^2 = u_0^2 + 2u_0\Delta u + (\Delta u)^2 \quad .$$

Como estamos considerando que Δu es un término de pequeña magnitud, entonces tenemos que $(\Delta u)^2 << \Delta u$ y por lo tanto, podemos considerar la

[3]Por simplicidad (y sin pérdida de generalidad), no pusimos dependencia temporal de las variables en este ejemplo.

siguiente aproximación:

$$y = y_0 + \Delta y \approx u_0^2 + 2u_0\Delta u \quad .$$

En términos incrementales, tenemos $\Delta y \approx 2u_0\Delta u$. *Note que esta aproximación es la misma que la obtenida por una expansión de Taylor de primer orden, ya que* $2u_0$ *es la derivada de* u^2 *con respecto a* u*, en el punto* u_0.

Ilustraremos este procedimiento en otro ejemplo.

Ejemplo 58 *Considere el modelo de un auto moviéndose en la carretera:*

$$m\frac{dv(t)}{dt} = F(t) - Kv(t)^2 \qquad t \in \mathbb{R} \quad ,$$

para lo cual $v(t)$ *representa la velocidad o variable de proceso,* m *es la masa del automóvil,* K *es una constante y* $F(t)$ *es la fuerza del motor (variable manipulada). El tiempo es una variable real y se mide en segundos. En este modelo, la fuerza del viento se considera proporcional al cuadrado de la velocidad del automóvil, lo que implica una característica no lineal.*

Encontraremos un modelo de comportamiento dinámico de este automóvil en las proximidades de un punto de funcionamiento genérico dado por una fuerza F_0 *y una velocidad* v_0*, que deben estar en los intervalos* $[0, F_{max}]$ *y* $[0, v_{max}]$ *respectivamente.*

El punto de equilibrio genérico se calcula considerando la derivada cero en el modelo, por lo que $F_0 = Kv_0^2$ *define el modelo estático del sistema. La característica estática en este caso podría definirse como:*

$$v_0 = \sqrt{\frac{F_0}{K}} \qquad F \in [0, F_{max}], v \in [0, v_{max}] \quad ,$$

que no es lineal y permite encontrar la velocidad de funcionamiento del automóvil para cada fuerza aplicada. Al ser una curva de raíz cuadrada, sabemos que la función $v_0 = f(F_0)$ *tiene una derivada mayor para valores cercanos* *a cero y menor para valores cercanos a F_{max}. Esto implica que la ganancia estática del proceso es mayor para velocidades más bajas. Esto confirma lo que observamos en la práctica, que necesitamos un mayor aumento de fuerza para aumentar la misma cantidad de velocidad cuando vamos más rápido. En una bicicleta esto es más fácil de notar.*

Definimos las variables incrementales del sistema como:

$$v(t) = v_0 + \Delta v(t), \qquad F(t) = F_0 + \Delta F(t) \quad .$$

Substituimos estas variables, en el modelo no lineal, obtenemos:

$$m\frac{d\left(v_0 + \Delta v(t)\right)}{dt} = F_0 + \Delta F(t) - K\left(v_0 + \Delta v(t)\right)^2 \quad .$$

Como v_0 es constante y $\left(v_0 + \Delta v(t)\right)^2$ se aproxima por:

$$\left(v_0 + \Delta v(t)\right)^2 \approx v_0^2 + 2v_0\Delta v(t) \quad ,$$

un modelo aproximado para este proceso es dado por:

$$m\frac{d\Delta v(t)}{dt} = F_0 + \Delta F(t) - K\left(v_0^2 + 2v_0\Delta v(t)\right) \quad .$$

Como $F_0 = Kv_0^2$, el modelo incremental es dado por:

$$m\frac{d\Delta v(t)}{dt} = \Delta F(t) - 2Kv_0\Delta v(t) \quad ,$$

que puede ser escrito en la forma padrón como:

$$\frac{m}{2Kv_0}\frac{d\Delta v(t)}{dt} + \Delta v(t) = \frac{1}{2Kv_0}\Delta F(t) \quad .$$

Observamos que la ecuación anterior tiene la misma forma que el modelo aproximado para el sistema de control de la fuerza del amortiguador: es un modelo representado por una ecuación diferencial lineal de primer orden.

En este sistema, la ganancia estática viene dada por $K = \frac{1}{2Kv_0}$, *que es menor a medida que aumenta la velocidad en el punto de operación. Esto confirma el hecho de que las mismas variaciones de fuerza provocan variaciones de velocidad más pequeñas para velocidades más altas, debido al efecto de la fuerza de fricción, que es cuadrática en* $v(t)$.

5.8. Comentarios finales

Este capítulo tuvo como objetivo presentar varios temas relacionados con el modelado de procesos, tanto en el caso continuo como en el discreto. También se presentaron aspectos de modelado fenomenológico y ajuste de modelos con datos de experimentos para casos simples. Ilustramos las metodologías con ejemplos de diferentes áreas para mostrar la posibilidad de aplicar las ideas en diferentes sectores. También mostramos cómo los modelos obtenidos, a menudo no lineales, pueden ser aproximados por modelos lineales, bajo ciertas condiciones de operación. Lo más interesante de este último análisis es que muchos sistemas de diferentes áreas pueden ser representados de forma aproximada mediante una simple ecuación diferencial o en diferencias de primer orden. Por tanto, si encontramos la solución para este tipo de ecuación, podemos encontrar una manera de aproximar el comportamiento dinámico de muchos sistemas. Esto es muy importante para el análisis y diseño de sistemas de control. En el próximo capítulo se elaborará el estudio de las soluciones analíticas para estos modelos, así como el análisis de sus propiedades.

5.9. Lectura complementaria

Para conocer más sobre el tema de identificación de modelos para procesos reales, recomendamos las siguientes referencias complementarias:

- AGUIRRE, L. A. *Introdução à identificação de sistemas–técnicas li-*

neares e não lineares aplicadas a sistemas reais. Belo Horizonte: Editora UFMG, 2007.

- GARCIA, C. *Controle de processos industriais: estratégias convencionais.* São Paulo: Editora Blucher, 2017.

El modelado básico de procesos se puede encontrar en muchos libros de control de procesos. Te sugerimos:

- FRANKLIN, G.; POWELL, J.; WORKMAN, M. *Feedback control of dynamic systems.* 5. ed. Upper Saddle River, NJ: Prentice Hall, 2002.
- STEPHANOPOULOS, G. *Chemical process control.* Englewood Cliffs, NJ: Prentice Hall International, 1984.
- OLLERO, P.; CAMACHO, E. F. *Control e instrumentación de procesos químicos.* [S.l.]: Editora Síntesis, 2006.

Lista de ejercicios

1. Un sistema de prueba de amortiguadores de la industria automotriz utiliza una plataforma como la mostrada en la Figura 5.14. La rue-

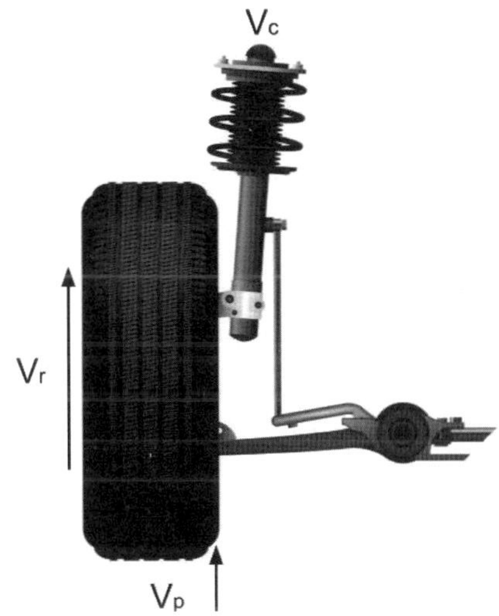

Figura 5.14 – Plataforma para prueba de amortiguadores.

   da del automóvil se apoya en la plataforma y así es posible realizar movimientos verticales y probar el amortiguador. Considere $v_r(t)$ la velocidad vertical del centro de la rueda, $v_c(t)$ la velocidad vertical del chasis del automóvil y m la masa equivalente del automóvil que descansa sobre la plataforma (aproximadamente 1/4 de la masa del vehículo).

   En este ejercicio, consideraremos dos tipos de amortiguadores, uno cuya fuerza es proporcional a la diferencia de velocidad entre sus extremos y otro cuya fuerza es proporcional al cuadrado de esta diferencia. Suponga que la rueda no se deforma y que la velocidad de la plataforma $v_p(t)$ se transmite perfectamente a la velocidad del centro de la rueda. Modele el sistema para estudiar la velocidad vertical del chasis en los dos casos propuestos, considerando v_p como manipulada y v_c como variable de proceso.

2. Queremos obtener un modelo de la evolución en el tiempo de una población de peces en un estanque. Los peces son criados para la venta. El modelo se considera en tiempo discreto, ya que mensualmente se realizan mediciones y cambios en las estrategias de pesca y alimentación, por lo que el tiempo se mide en meses. Por tanto, $x(k)$ representa la cantidad de peces en el estanque en un mes determinado. Se considera en el modelo que la cantidad de peces aumenta proporcionalmente a la cantidad promedio de alimento colocado en el mes $c(k)$ y también proporcionalmente a la cantidad de peces dentro del estanque, siempre que se respete su capacidad. Por otro lado, es lógico que la disminución de la cantidad de peces sea directamente proporcional a la cantidad de peces capturados en el mes $p(k)$. Escriba un modelo genérico para el comportamiento dinámico de la cantidad de peces en el estanque.

3. Un reactor en la industria petroquímica usa dos fluidos X e Y para producir un producto Z. El caudal de salida de Z depende de los caudales de entrada de X e Y a través del modelo:

$$5\frac{dz(t)}{dt} + z(t) = e^{x(t)}\sqrt{y(t)} + x(t) \quad ,$$

donde x es el caudal de X, y es el caudal de Y y z es el caudal de Z. Todos los caudales se expresan en L/min y el tiempo se mide en minutos.

En este sistema, el caudal de X se utiliza como variable manipulada, siendo el caudal de Z la variable de proceso y el caudal de Y una perturbación.

- Dibuje las características estáticas del sistema considerando que x y y varían, respectivamente, en los intervalos $[0,\ 1]\frac{\text{L}}{\text{min}}$ y $[0,\ 1]\frac{\text{L}}{\text{min}}$.
- Encuentre un modelo linealizado para el sistema que opera en

las proximidades al punto de equilibrio dado por $x = 0{,}5\frac{\mathrm{L}}{\mathrm{min}}, y = 0{,}5\frac{\mathrm{L}}{\mathrm{min}}$.

- Mediante ensayos de simulación, compare el comportamiento del sistema no lineal y el modelo lineal que opera en las proximidades del punto de operación definido.
- ¿El modelo linealizado presenta un comportamiento estable o inestable en el punto de operación?

4. Un tanque industrial usa dos fluidos X y Y para producir un producto Z. La concentración de salida de Z depende de las concentraciones de entrada de X y Y. El modelo:

$$2\frac{dz(t)}{dt}x(t) + z(t) = (1 - e^{-x(t)})y(t) \quad ,$$

que describe el comportamiento del proceso, siendo x la concentración de X, y la de Y y z la de Z. Todas las concentraciones se dan en porcentaje y el tiempo se mide en minutos.

En este sistema x se usa como variable manipulada, z es la variable de proceso y y es la perturbación.

- ¿El modelo de proceso es lineal? ¿Es invariante en el tiempo?
- Dibuje las características estáticas del sistema considerando que x y y varían, respectivamente, en los rangos $[0,\ 5]\,\%$ y $[0,\ 4]\,\%$.
- Encuentre un modelo linealizado para el sistema que opera cerca del punto de equilibrio dado por $x = 1\,\%, y = 2\,\%$.
- Analice mediante simulación las respuestas del sistema linealizado para escalones aplicados en x y y. Compare con el sistema no lineal y analice el error de aproximación. Observe el comportamiento del sistema y analice su estabilidad.

5. El modelo discreto que describe la velocidad de un tren eléctrico que viaja sobre una vía férrea viene dado por:

$$v(k) = v(k-1) - 0{,}003v^2(k) + 0{,}1u(k) - 16\sin(\theta(k)) \quad ,$$

siendo $v(k)$ la velocidad del tren que se desea controlar, $u(k)$ la acción sobre el acelerador o freno que es la variable manipulada del proceso, y $\theta(k)$ la inclinación del carril con respecto al plano horizontal que es una perturbación. En el modelo, k representa el tiempo en minutos.

- ¿El modelo del proceso es lineal? ¿Es invariante en el tiempo?
- Dibuje las características estáticas del sistema considerando que v varía en el rango $[0,\ 60]$ m/s, u varía en el rango $[-100,\ 100]$ % y θ varía en el rango $[-10,\ 10]$ °.
- Encuentre un modelo linealizado para el sistema que opera cerca del punto de equilibrio dado por la velocidad nominal de operación del tren $v = 50$ m/s en un plano horizontal.
- Analice mediante simulación las respuestas del sistema lineal y no lineal para escalones aplicados en u y θ en las proximidades del punto de operación. Observe el comportamiento del sistema y compare las respuestas del sistema linealizado y no lineal.
- Realice varias respuestas de prueba y opine sobre la estabilidad de este sistema.

6. El modelo de un intercambiador de calor viene dado por:

$$\tau \frac{dT(t)}{dt} + T(t) = K_e U(t) \quad ,$$

con $T(t)$ la temperatura de salida del fluido a calentar y U el caudal de fluido caliente. Para determinar los parámetros del modelo se realizó el siguiente ensayo: inicialmente, el sistema operaba en equilibrio con

$T = 25\,°\mathrm{C}$ y $U = 10\,\mathrm{L/s}$. Se aplicó un escalón en $U(t)$ con amplitud $5\,\mathrm{L/s}$ y en consecuencia, la temperatura varió según la siguiente función: $T(t) = 25 + 12{,}5(1 - e^{-0{,}1t})$. Con base en los datos del ensayo, determine los valores de los parámetros τ y K_e del modelo del proceso.

7. El modelo discreto de la humedad de un ambiente viene dado por:

$$U(k) = aU(k-1) + bP(k-1) + cQ(k-1) \quad ,$$

siendo $U(k)$ la humedad ambiental, que es la variable de proceso, $Q(k)$ la temperatura exterior del ambiente, que es la perturbación y $P(k)$ la potencia del humidificador, que es la variable manipulada. Para determinar los parámetros del modelo, se realizó el siguiente ensayo. Inicialmente, el sistema operaba en equilibrio con $P = 50\,\%$, $U = 50\,\%$ y $Q = 50\,\%$. Se aplicó un escalón en U, cambiando su valor a $60\,\%$, manteniendo constante Q y se observó la evolución de la humedad en el tiempo, que fue modelada por la función $U(k) = 50 + 20(1 - 0{,}8^k)$. Con los datos del ensayo, determine los valores de a, b y c del modelo.

8. Para el problema de control del sistema de amortiguamiento de la Sección 5.7.1, desarrolle dos modelos de simulación: uno usando la ecuación diferencial no lineal y el otro usando la ecuación diferencial lineal (modelo linealizado). Realice las siguientes simulaciones.

   - Simule el modelo no lineal variando la manipulada y la perturbación dentro de los valores permitidos y observe el comportamiento del amortiguador. Analice la no linealidad.
   - Aún para el modelo no lineal, observe si este alcanza el punto de equilibrio $(u_0, y_0, q_0) = (0{,}2, 8{,}25, 0{,}03)$. Repita el procedimiento para otros puntos de equilibrio.
   - Use $(u_0, y_0, q_0) = (0{,}2, 8{,}25, 0{,}03)$ como condición inicial para simular el sistema no lineal e introduzca pequeñas variaciones en

u (Δu) y q (Δq). Observe el comportamiento del sistema.

- Usando las mismas variaciones de Δu y Δq del punto anterior, simule el modelo linealizado, observando el comportamiento de $\Delta y(t)$. Calcule $y(t) = y_0 + \Delta y(t)$ y compárelo con el resultado obtenido con el modelo no lineal. Note las diferencias. Aumente el valor de las variaciones de entrada y observe.

Actividad práctica: kit experimental motor-generador

El propósito de esta actividad es estudiar las propiedades del sistema motor-generador, un kit experimental que se utiliza para la validación, a lo largo de este libro, de estrategias de control de la velocidad de rotación del motor DC. Para propósitos de notación, asumimos que la señal de actuación es $u \in [0\,,5]\,\mathrm{V}$, mientras que la señal de medición es $y \in [0\,,5]\,\mathrm{V}$. Como se explica en el manual de montaje, la velocidad de rotación del motor se mide en V.

En este capítulo se proponen las siguientes actividades prácticas:

- Ensamble el kit experimental usando las instrucciones del manual presentado en el Apéndice B.

- Analice el funcionamiento del sistema. Para ello, cree un código que envíe, a través del microcontrolador Arduino, una señal de control u y mida la señal correspondiente a la variable controlada y. Este código asegura que la señal enviada está limitada al rango factible $[0\,,5]\,\mathrm{V}$, evitando que el motor y el puerto del Arduino se dañen. Use la señal u como una secuencia de escalones, aumentando desde $u = 0\,\mathrm{V}$ a $u = 5\,\mathrm{V}$, en incrementos de 0,1 V. Los incrementos en la señal u solo deben ser aplicados después que la señal y medida alcanza un estado estacionario. Para ello, considere que el estado estacionario se establece cuando la variable de proceso varía menos de $\pm 2\,\%$ alrededor de un valor constante.

- Use la interfaz gráfica del Arduino para mostrar la señal medida y además de la señal de actuación u. Analice estas señales y observe la presencia de ruido en las mediciones.

- Adapte este código para realizar varias pruebas experimentales diferentes utilizando señales de actuación de tipo escalón u con mayor o menor amplitud. ¿Las respuestas obtenidas en la variable de proceso son siempre las mismas, para todos los puntos operativos? ¿El tiempo que tarda la variable de proceso en estabilizarse es igual para cualquier incremento del tipo escalón aplicado en la señal de actuación?

- Observe si hay una "zona muerta", región para la cual el eje del motor no gira (y por lo tanto se mide $y = 0\,\mathrm{V}$) debido a la fricción estática, a pesar de una actuación $u > 0\,\mathrm{V}$ ¿Cuál es el rango de valores de variación de y?
- En términos estáticos, cuando se aplica un escalón de actuación u de amplitud constante, la señal medida y también se estabiliza en un valor constante. Realice varias pruebas con escalones de diferentes amplitudes y dibuje la característica estática del proceso.
- Con base en estas diversas pruebas experimentales realizadas y la característica estática encontrada, analice las propiedades de este sistema motor-generador: si es lineal, invariante en el tiempo, estable y causal.

Problema resuelto

Considere el modelo de un sistema de control de pH industrial. En este proceso, se desea controlar el pH del producto que se obtiene mezclando un reactivo con un ácido. El sistema de control está diseñado para regular el caudal de ácido que se agrega a la mezcla y por lo tanto regular el pH. El caudal de reactivo puede variar según la producción de la fábrica.

El modelo que define este proceso de control de pH está representado por la siguiente ecuación diferencial no lineal:

$$2\frac{dy(t)}{dt} + y(t) = -0{,}9u(t)^3 + 1{,}4q(t) \quad , \tag{5.35}$$

donde $y(t) \in [0\,,\,14]$ representa el pH del producto (variable de proceso), $u(t) \in [0, 2]\text{m}^3/\text{min}$ es el caudal de ácido utilizado para controlar el pH (variable manipulada) y $q(t)$ es el caudal de producto (perturbación) que puede variar dentro del rango $[6, 10]\text{m}^3/\text{min}$. Para este modelo, la variable t es real y denota el tiempo medido en minutos.

1. Dibuje un diagrama de bloques del sistema.

2. Encuentre y dibuje las características estáticas del sistema, considerando todas las relaciones entre variables que considere importantes.

3. Encuentre un modelo linealizado para el sistema que opera cerca del punto de equilibrio dado por $u_0 = 1, q_0 = 8$.

4. Dibuje el diagrama de bloques del sistema linealizado. ¿Cuál es la constante de tiempo y la ganancia estática de la relación entre la variable de control y la variable de proceso del sistema encontrado?

Resolución

Punto 1: Para dibujar el diagrama de bloques que representa este sistema, usaremos un bloque integrador que tendrá como entrada $\frac{dy(t)}{dt}$ y como salida

$y(t)$ y bloques matemáticos de ganancia, suma y potencia. La ecuación del modelo se puede escribir como:

$$\frac{dy(t)}{dt} = 1/2[-y(t) - 0{,}9u(t)^3 + 1{,}4q(t)] \quad ,$$

que muestra que la entrada del integrador se calcula como una suma ponderada de las variables y, q y u^3. Entonces podemos dibujar el diagrama de bloques que representa el sistema como se muestra en la Figura 5.15, donde las variables se definen como:

$$u = \text{manipulada} \quad q = \text{perturbación} \quad y = \text{controlada}$$

Punto 2: Para obtener el modelo estático de este sistema, que muestra las relaciones entre las variables del proceso en los puntos de equilibrio, hacemos $\frac{dy_0}{dt} = 0$ en el modelo y obtenemos:

$$y_0 \;=\; -0{,}9u_0^3 + 1{,}4q_0 \quad ,$$

donde y_0, u_0 y q_0 son los valores de las variables en el punto de equilibrio. Para obtener ahora la característica estática del sistema, analizaremos esta ecuación en los intervalos definidos para las variables, obteniendo así los puntos de operación del proceso.

La Figura 5.16 presenta la característica estática del sistema y_0 descrito en la ecuación anterior, para los puntos (y_0, u_0), considerando q_0 como parámetro fijo (en este caso, la curva fue calculada para $q_0 = 6$, $q_0 = 8$ y $q_0 = 10$). En estas curvas, observamos claramente la relación no lineal entre la variable de proceso y la variable manipulada. Tenga en cuenta que si tuviéramos una relación lineal entre estas variables, la curva estática sería una línea recta pasando por el origen $(y_0, u_0) = (0, 0)$. De manera complementaria, la Figura 5.17 presenta la característica estática frente a la perturbación. Se muestran los puntos (y_0, q_0), considerando u_0 como parámetro fijo (en este caso, la curva se obtiene con $u_0 = 0$, $u_0 = 1$ y $u_0 = 2$).

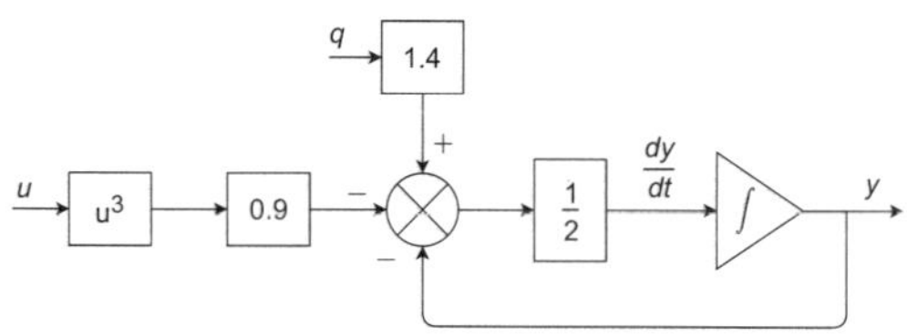

Figura 5.15 – Diagrama de bloques del sistema.

Enfatizamos que la relación entre y_0 y q_0 es una línea recta, pero el modelo es solo lineal para el caso $u_0 = 0$.

Punto 3: Ahora procedemos con el cálculo del modelo linealizado en las proximidades del punto definido por un caudal de ácido igual a $u_0 = 1\,\mathrm{m}^3/\mathrm{min}$ y un caudal de producto igual a $q_0 = 8\,\mathrm{m}^3/\,\mathrm{min}$, lo que da como resultado un pH del producto de $y_0 = 10{,}3$, que se calcula en base al modelo estático del sistema. Recuerde que estamos considerando que este proceso opera, la mayoría de las veces, con valores de sus variables cercanos al punto de operación.

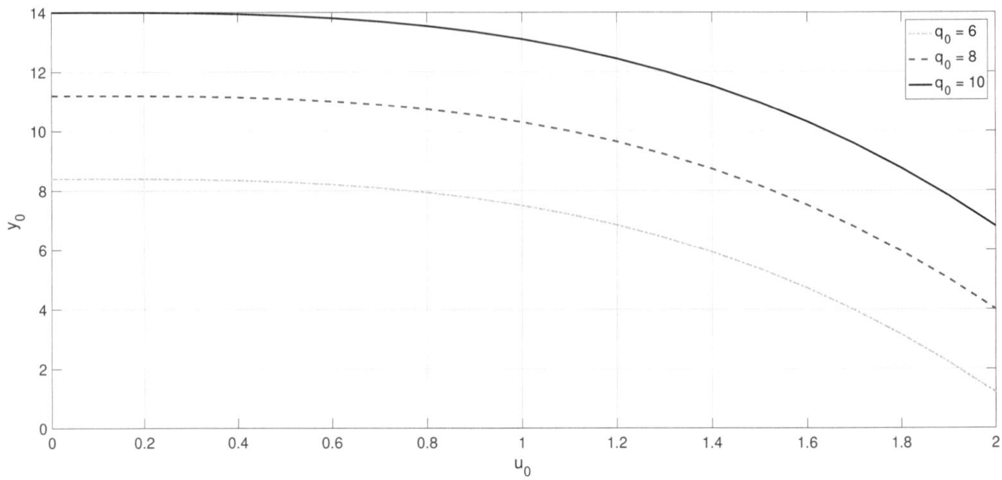

Figura 5.16 – Característica estática del sistema de control de pH. Relación entre u_0 e y_0.

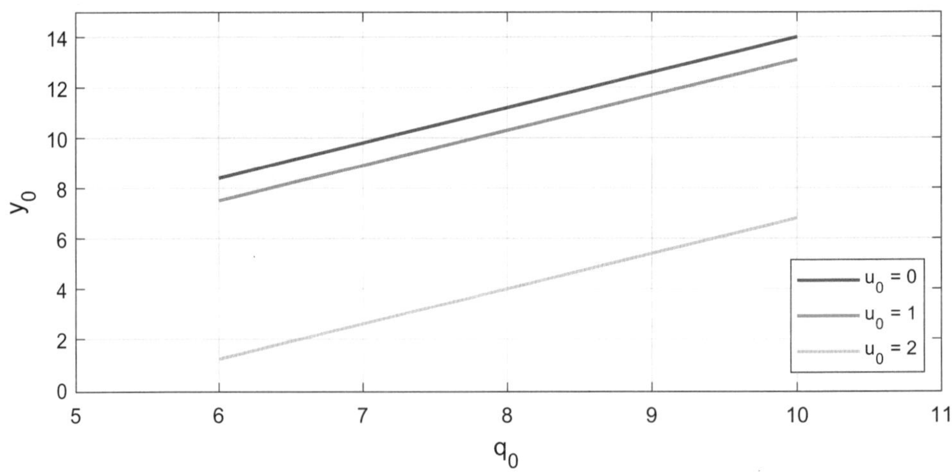

Figura 5.17 – Característica estática del sistema de controle de pH. Relación entre q_0 y y_0.

Esto sugiere la creación de un modelo aproximado para el sistema que describe el comportamiento en las cercanías del punto de operación definido. Para hacer esto, podemos reescribir las variables de proceso como:

$$u = u_0 + \Delta u\,, \qquad y = y_0 + \Delta y\,, \qquad q\ ,= q_0 + \Delta q\,,$$

para lo cual tenemos nuevas variables incrementales $\Delta u, \Delta y$ y Δq, que definen el desplazamiento de las variables absolutas con respecto al punto de equilibrio.

Como ilustración, la Figura 5.18 muestra nuevamente la curva estática del proceso para el plano (u, y) cerca del punto de equilibrio P_0, la recta tangente a este punto y una nueva gráfica con ejes relacionados con las variables incrementales. Este nuevo sistema de coordenadas se centra en el punto P_0. Destacamos que podríamos presentar un diagrama equivalente, considerando el plano (q, y), con $u = u_0$ (constante).

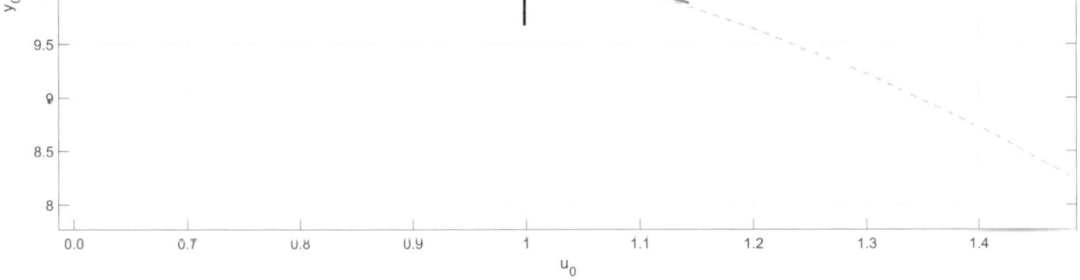

Figura 5.18 – Característica estática del sistema de control de pH en las proximidades del punto de funcionamiento y modelo lineal estático aproximado.

En este nuevo gráfico, podemos ver que la recta tangente a la característica estática es una recta que pasa por el origen del nuevo sistema de coordenadas. Esto indica que la característica estática relativa al nuevo sistema de coordenadas que describe la relación entre las variables incrementales, es lineal, del tipo $\Delta y = K_e \Delta u + K_q \Delta q$, donde K_e es la pendiente de la recta tangente a P_0 en el plano $u \times y$ y K_q la pendiente de la recta tangente a P_0 en el plano $q \times y$. De acuerdo con la definición de ganancia estática de un proceso en un punto, sabemos que K_e es la ganancia estática entre u y y, y K_q es la ganancia estática entre q y y, ambos calculados en el punto de operación P_0.

Ahora encontraremos el modelo lineal incremental reemplazando las relaciones entre las variables absolutas e incrementales en el modelo no lineal de la ecuación (5.35):

$$2\frac{d\left(y_0 + \Delta y(t)\right)}{dt} + \left(y_0 + \Delta y(t)\right) = -0{,}9\left(u_0 + \Delta u(t)\right)^3 + 1{,}4\left(q_0 + \Delta q(t)\right) \quad .$$

Podemos manipular esta ecuación de la siguiente manera:

$$2\frac{dy_0}{dt} + 2\frac{d\Delta y(t)}{dt} = -y_0 - \Delta y(t) - 0{,}9\left(u_0 + \Delta u(t)\right)^3 + 1{,}4q_0 + 1{,}4\Delta q(t) \quad .$$

Enfatizamos, entonces, que $\frac{dy_0}{dt} = 0$, ya que y_0 es constante. Además, dado que en el punto de equilibrio P_0, la relación entre variables viene dada por el modelo estático $-y_0 + 1{,}4q_0 = 0{,}9u_0^3$, podemos escribir:

$$2\frac{d\Delta y(t)}{dt} = -\Delta y(t) + 0{,}9u_0^3 - 0{,}9\left(u_0 + \Delta u(t)\right)^3 + 1{,}4\Delta q(t) \quad .$$

Ahora, usando el concepto de aproximar una función no lineal por medio de una expansión de Taylor de primer orden, podemos encontrar un modelo lineal aproximado del término no lineal de la ecuación: $-0{,}9\left(u_0 + \Delta u(t)\right)^3$.

Notemos que, para simplificar el termino no lineal como $f(u(t)) =$

$-0{,}9u(t)^3 = -0{,}9\left(u_0 + \Delta u(t)\right)^3$. Usando la expansión de Taylor, tenemos:

$$\begin{aligned} f(u(t)) &\approx f(u_0) + \left(\left. \frac{df(u)}{du} \right|_{u_0} \right) (u(t) - u_0) \\ &\approx -0{,}9u_0^3 - (2{,}7u_0^2)\Delta u(t) \quad . \end{aligned} \tag{5.36}$$

Reemplazando esta aproximación en el modelo no lineal completo, obtenemos:

$$2\frac{d\Delta y(t)}{dt} + \Delta y(t) = 0{,}9u_0^3 - 0{,}9u_0^3 - 2{,}7u_0^2\Delta u(t) + 1{,}4\Delta q(t) \tag{5.37}$$

Con pocas manipulaciones obtenemos un modelo lineal que aproxima el comportamiento dinámico del proceso regulador del pH de la sustancia química generada:

$$2\frac{d\Delta y(t)}{dt} + \Delta y(t) = -\left(2{,}7u_0^2\right)\Delta u(t) + 1{,}4\Delta q(t) \quad . \tag{5.38}$$

Es importante resaltar que este modelo aproximado solo es válido para el punto de operación elegido (al que llamamos P_0), ya que los coeficientes obtenidos con la linealización cambian con el punto de operación. Además, la aproximación solo será válida para puntos cercanos a P_0. De lo contrario, el error de aproximación (diferencias entre la solución del modelo aproximado y la solución del modelo real) puede ser demasiado grande.

Punto 4: Aplicando el mismo procedimiento que en el punto 1, podemos aislar el término $\frac{d\Delta y(t)}{dt}$ de la ecuación y obtener:

$$\frac{d\Delta y(t)}{dt} = 1/2[-\Delta y(t) - \left(2{,}7u_0^2\right)\Delta u(t) + 1{,}4\Delta q(t)] \quad .$$

Así, usando un bloque integrador, un sumador y ganancias, obtenemos el nuevo diagrama de bloques con el modelo linealizado, como se muestra en Figura 5.19.

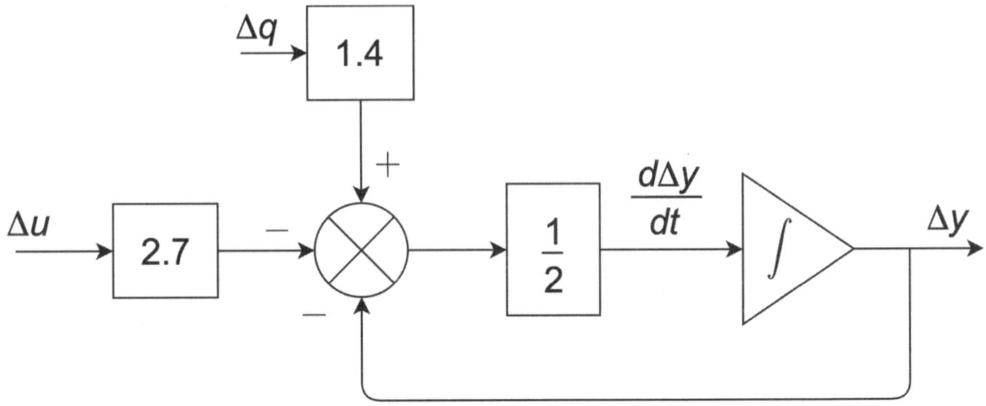

Figura 5.19 – Diagrama de bloques del sistema.

El modelo linealizado es del tipo:

$$\tau \frac{\Delta y(t)}{dt} + \Delta y(t) = K_e \Delta u(t) + K_q \Delta q(t) \quad .$$

Así, la constante de tiempo del sistema es:

$$\tau = 2\,\text{minutos.}$$

Finalmente, del modelo linealizado anterior podemos encontrar la ganancia estática entre la variación de u ($\Delta u(t)$) y la variación de y ($\Delta y(t)$) como $K_e = -2{,}7u_0^2 = -2{,}7$ y la ganancia estática entre la variación de q ($\Delta q(t)$) y la variación de y ($\Delta y(t)$) como $K_q = 1{,}4$.

Capítulo 6

Respuesta en el tiempo de sistemas lineales de primer orden

En este capítulo, presentaremos las herramientas matemáticas para calcular las respuestas temporales de sistemas lineales de primer orden, tanto en el caso continuo como en el caso discreto.

Como se mencionó en los capítulos anteriores, muchos procesos se pueden representar mediante modelos lineales (continuos o discretos) en varias situaciones que son bastante comunes en la práctica. Además, los procesos con modelos no lineales pueden aproximarse mediante modelos lineales cuando trabajan en las cercanías de un punto de operación.

En este libro consideraremos solo modelos de primer orden, tanto discretos como continuos. Nos limitaremos a estos casos, porque, desde un punto de vista conceptual, podemos, discutir varios de los problemas de la teoría del control de procesos, sin necesidad de matemáticas avanzadas.

6.1. Abordaje intuitivo

Antes del desarrollo formal de la respuesta temporal de los sistemas lineales de primer orden, estudiaremos, intuitivamente, la respuesta de dos sistemas, uno continuo y otro discreto, ambos estables. Como vimos en los capítulos anteriores, el comportamiento dinámico de muchos sistemas reales puede ser aproximado por modelos estables de primer orden (nivel de un tanque, temperatura de un ambiente, velocidad de un automóvil, etc.).

Empezaremos por el caso continuo. Para ello, consideramos el proceso de aceleración de un automóvil presentado en el Ejemplo 45, que como vimos, usando las Leyes de Newton, la dinámica de la velocidad del vehículo se puede representar mediante la siguiente ecuación:

$$\frac{m}{K_a}\frac{dv}{dt}(t) + v(t) = \frac{K_m}{K_a}u(t) \quad , \tag{6.1}$$

suponiendo que la fuerza de fricción que actúa en el automóvil sea lineal y proporcional a la velocidad del vehículo y que la carretera sea plana. Este modelo describe la relación de la señal de velocidad $v(t)$ con la acción del conductor del automóvil, descripta por la señal $u(t)$, que representa la posición del pedal que acelera el automóvil (acelerador). Considerando, que 0 corresponde al pedal suelto y 1 al pedal completamente pisado. Recordamos que m es la masa del automóvil, K_a la constante relacionada a la fricción y K_m la constante que relaciona la actuación de propulsión del automóvil $u(t)$ y su velocidad $v(t)$.

Consideremos, en un primer experimento, que el automóvil está circulando en una carretera recta, a velocidad constante $v(t) = \overline{v}$. En este caso, el acelerador esta, en posición fija, o sea $u(t) = \overline{u}$ es constante. Así, reemplazando esas señales en el modelo del proceso, de la Ecuación (6.1), tenemos (dado que la derivada de $v(t) = \overline{v}$ es cero):

$$\overline{v} = \frac{K_m}{K_a}\overline{u} \quad . \tag{6.2}$$

La Ecuación (6.2) nos afirma una propiedad muy interesante encontrada en los sistemas con modelos del tipo de la Ecuación (6.1) (que es estable). Cuando aplicamos una entrada constante o con límite constante

$\lim_{t \to +\infty} u(t) = \overline{u}$ (como la señal escalón), vemos que hay una relación proporcional entre el valor de régimen permanente de la salida del proceso y el valor de régimen permanente de la entrada, que definimos en el capítulo anterior como ganancia estática.

Como ejemplo, para $\frac{K_m}{K_a} = 120\,\text{km/h}$, tenemos que, cuando el pedal del acelerador está parado en la mitad, con $\overline{u} = 0{,}5$, la velocidad del automóvil llegará al valor de $60\,\text{km/h}$, con el pasar del tiempo.

Es importante destacar que esta propiedad es válida para todos los sistemas representados por una ecuación diferencial de primer orden estable como la del automóvil. Retomaremos el estudio de este punto con mas detalles en los próximos apartados.

En un segundo experimento, asumimos que el automóvil está a una velocidad constante $\overline{v}$, con el acelerador en posición constante $\overline{u}$. Entonces, supongamos que el automóvil, repentinamente, para de acelerar, aplicando $u(t) = 0$. Para esta situación, por conservación de la energía, sabemos que la fuerza de fricción hará con que el automóvil pare; o sea, la velocidad decaerá del valor inicial $\overline{v}$ hasta llegar al valor de reposo. También sabemos por experiencia práctica que a lo largo de este movimiento la aceleración es negativa y su módulo disminuye con el tiempo, es decir, la velocidad disminuirá más rápidamente al principio y más lentamente al final. Usando el modelo, con $u(t) = 0$, podemos decir que la velocidad y su derivada verifican la ecuación:

$$\frac{dv(t)}{dt} = -\frac{K_a}{m}v(t) \quad . \tag{6.3}$$

Como se ve en el Capítulo 3, hay una señal que representa aproximadamente este tipo de fenómeno y es la solución de la Ecuación (6.3): la señal exponencial, cuya derivada es proporcional a la señal. Así, la llamada respuesta "natural" de este sistema continuo, con entrada nula, viene dada por:

$$v(t) \;=\; \overline{v}e^{-\frac{K_a t}{m}} \quad , \tag{6.4}$$

cuya constante exponencial viene dada por $\frac{K_a}{m} > 0$, parámetros que dependen del modelo del proceso.

Verificaremos que la señal de velocidad calculada $v(t)$ verifica la ecuación del modelo para una entrada cero, $\frac{m}{K_a}\frac{dv(t)}{dt} + v(t) = 0$, pues:

$$\frac{m}{K_a}\frac{dv(t)}{dt} + v(t) = \frac{m\overline{v}}{K_a}\frac{d(e^{-\frac{K_a.t}{m}})(t)}{dt} + \overline{v}e^{-\frac{K_a.t}{m}} = -\overline{v}e^{-\frac{K_a.t}{m}} + \overline{v}e^{-\frac{K_a.t}{m}} = 0 \quad .$$

Por lo tanto, la señal $v(t)$ es, de hecho, la solución que estábamos buscando para el modelo del automóvil, que es una ecuación diferencial ordinaria (EDO) de primer orden. En el próximo apartado haremos una demostración matemática formal de esta solución.

Todavía podemos hacer un análisis adicional de la solución. La constante $\frac{m}{K_a}$ determina cuánto tiempo tarda el sistema en alcanzar el estado de reposo, razón por la cual se denomina constante de tiempo del sistema. Por ejemplo, si $\frac{m}{K_a}$ es grande, necesitamos más tiempo para que la exponencial llegue a cero y viceversa para valores pequeños de $\frac{m}{K_a}$. Tenga en cuenta, por ejemplo, que si la constante de fricción tiene un valor alto (viajando por un camino irregular), el automóvil se detendrá más rápido, lo que implica una constante de tiempo $\frac{m}{K_a}$ menor.

Tenga en cuenta que la derivada de esta función exponencial, que representa a la velocidad, es la aceleración:

$$a(t) = \frac{dv(t)}{dt} \;=\; \frac{-K_a}{m}\overline{v}e^{-\frac{K_a.t}{m}} = \frac{-K_a}{m}v(t) \quad , \tag{6.5}$$

o sea, $a(t)$ es proporcional a la velocidad. Esta dinámica entonces representa bien el comportamiento de velocidad esperado, desacelerando más en los tiempos iniciales. También tenga en cuenta que se trata de una aproximación, dado que, en la práctica, el automóvil siempre alcanza velocidad cero en un tiempo finito, pero la solución de la ecuación diferencial es una exponencial que tarda un tiempo infinito en converger a cero.

Por fin, consideramos un tercer experimento: el automóvil parte del reposo y se acciona el acelerador con $u(t) = \overline{u}.\mathbf{1}(t)$, o sea, con un escalón de amplitud $\overline{u}$. En este caso, sabemos que la velocidad aumentará hasta llegar a un equilibrio (valor de régimen permanente) dado por $\lim_{t\to+\infty} v(t) = \overline{v} = \frac{K_m}{K_a}\overline{u}$, que fue la condición estudiada en el primer experimento de este ejemplo.

De nuevo, la experiencia nos demuestra que el automóvil acelera más en los primeros momentos del experimento y que su aceleración va disminuyendo lentamente hasta llegar a cero al final del mismo. Nuevamente, una función del tipo exponencial puede aproximar bien este comportamiento.

En el Capítulo 3, vimos que la señal $s(t) = s_f(1-e^{-\alpha t})$, con $\alpha > 0$ tiene esta característica: parte de $s(0) = 0$ y converge para $\lim_{t\to+\infty} s(t) = s_f$. De esta forma, tenemos que la respuesta para esta tercera situación en el automóvil puede ser descripta por:

$$v(t) = \frac{K_m}{K_a}(1 - e^{\frac{-K_a t}{m}})\overline{u} \quad . \tag{6.6}$$

Nuevamente, esta sería la solución de la ecuación diferencial para este caso, lo que se puede demostrar derivando y reemplazando $v(t)$ en la ecuación del modelo original. Observe que:

$$\begin{aligned}
\frac{m}{K_a}\frac{dv(t)}{dt} + v(t) &= \frac{m}{K_a}\frac{K_m\overline{u}}{K_a}\frac{d(1 - e^{\frac{-K_a t}{m}})}{dt} + \frac{K_m}{K_a}(1 - e^{\frac{-K_a t}{m}})\overline{u} \\
&= \frac{K_m}{K_a}\overline{u}e^{\frac{-K_a t}{m}} + \frac{K_m}{K_a}\overline{u} - \frac{K_m}{K_a}\overline{u}e^{\frac{-K_a t}{m}} \\
&= \frac{K_m}{K_a}\overline{u} \quad ,
\end{aligned}$$

que es, de hecho, la solución buscada. Volveremos a estudiar esta solución en el próximo apartado con más detalle.

Terminemos el ejemplo con un análisis gráfico de las dos soluciones presentadas. La Figura 6.1 ilustra, para un automóvil con $m = 500$ kg, $K_a = 1$ kg/h y $K_m = 120$ kg km/h^2, dos experimentos diferentes:

- (a) un automóvil está a velocidad constante y el conductor deja de pisar el acelerador, lo que hace que el automóvil se detenga;
- (b) un automóvil que parte del reposo y aumenta su velocidad hasta llegar a un equilibrio con velocidad constante, considerando $\overline{u} = 0{,}5$.

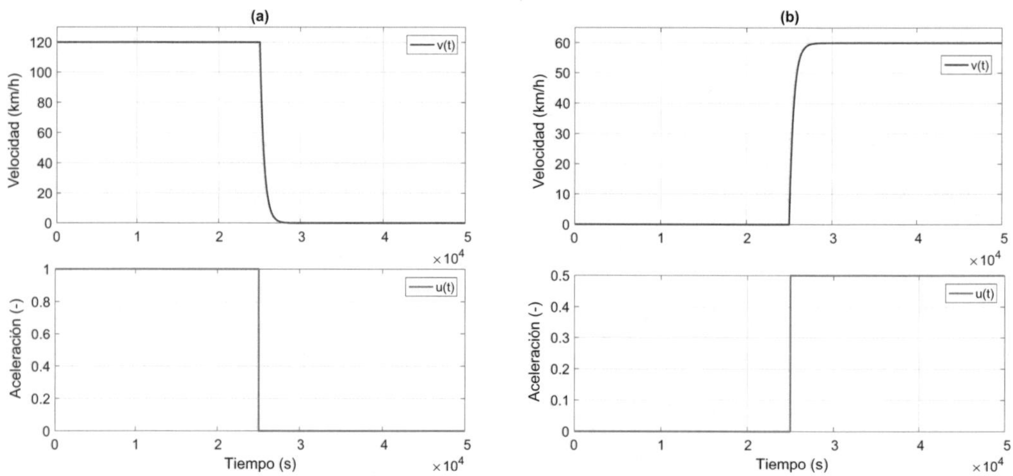

Figura 6.1 – Respuestas en el tiempo de un sistema continuo: control de velocidad de un automóvil.

Como se puede observar en esta figura, en ambos casos, el resultado generado por la solución de la ecuación diferencial obtenida de manera intuitiva representa bien el comportamiento esperado del automóvil. Por lo tanto, el modelo y su solución se pueden utilizar para representar aproximadamente este sistema. La solución completa para una respuesta con una condición inicial distinta de cero a una entrada escalón se obtiene sumando las dos respuestas anteriores, ya que el principio de superposición es válido para este caso (¡el sistema es lineal!).

Cabe señalar que el comportamiento de este sistema siempre termina convergiendo a un valor de amplitud limitada cuando aplicamos una entrada de amplitud limitada, cumpliendo con la propiedad de estabilidad. Esta característica se debe a que la solución exponencial encontrada tiene un límite nulo cuando t tiende a infinito, y esto es consecuencia del valor positivo del término $\frac{K_a}{m}$.

Considere otro proceso con un modelo similar al del automóvil:

$$A\frac{dx(t)}{dt} + x(t) \quad = \quad Ku(t) \quad . \tag{6.7}$$

Para este caso, consideramos la constante $A < 0$. Por lo tanto, la solución está vinculada a un término exponencial $x(t) = e^{-\frac{t}{A}}$, que tiende a infinito a medida que aumenta el tiempo. Este modelo, por tanto, representa un comportamiento inestable. Tenga en cuenta que, incluso con una entrada nula, la derivada $\frac{dx(t)}{dt} = -\frac{x(t)}{A}$ será positiva siempre que la señal $x(t)$ sea positiva, así la variable $x(t)$ aumentará indefinidamente si partimos de un $x(0) > 0$ (y disminuye indefinidamente si parte de un valor negativo). Discutiremos esta idea en los próximos apartados de este capítulo, con más formalidad matemática.

Como segundo ejemplo de análisis intuitivo, consideremos un caso discreto de carga/descarga de una batería de un vehículo eléctrico, con muestras tomadas a cada hora. Esta batería tiene un modelo discreto dado por:

$$y(k) \quad = \quad 0{,}95y(k-1) + 0{,}025u(k-1) \quad , \tag{6.8}$$

donde $y(k)$ representa el nivel de carga de la batería, dado entre 0 y 100 %, y $u(k)$ representa la potencia de carga eléctrica en el instante k. El modelo muestra que la carga de la batería en un instante k depende de la carga que tenía en el instante anterior multiplicada por un factor menor que la unidad (en este ejemplo 0,95) y de la potencia de carga multiplicada por otro factor que depende de la características de la batería y la fuente utilizada para la carga. Tenga en cuenta que este modelo dice que si no aplicamos una potencia de carga ($u = 0$) la batería se descargará naturalmente con el tiempo (5 % cada hora, dado que el nivel de carga en el momento de tiempo k es dado por 95 % del nivel de carga en el momento de tiempo anterior, $k-1$).

En un primer experimento, consideramos que la batería está con nivel de carga nulo y es cargada, a partir del momento $k = 1$, con una potencia de carga constante e igual a 50 kW. En este caso, tenemos $u(k) = \overline{u} = 50$ para todo $k \geq 1$ y $y(0) = 0\,\%$. Se espera que, después de un cierto número de muestras $k^\star$, tendremos la batería cargada a un cierto nivel constante, o sea, con $y(k^\star + 1) = y(k^\star)$.

Sabemos que en la práctica, debido al proceso físico-químico que ocurre en la batería, después de un cierto tiempo de carga, la energía que entra será solamente la cantidad necesaria para compensar las pérdidas. Eso puede ser visualizado en el modelo haciendo:

$$y(k) = y(k-1) - 0{,}05y(k-1) + 0{,}025u(k-1) \quad , \tag{6.9}$$

en el cual separamos las pérdidas en un término $0{,}05y(k-1)$. Cuando $0{,}025u(k-1)$ sea igual a las pérdidas, la carga será mantenida constante.

Analizando de otra forma, podemos imponer que para todo tiempo $k \geq k^\star$ la carga sea constante $y(k^\star)$:

$$\begin{aligned} y(k^\star) &= 0{,}95y(k^\star) + 0{,}025\overline{u} && (6.10) \\ (1-0{,}95)y(k^\star) &= 0{,}025\overline{u} \\ y(k^\star) &= 0{,}5\overline{u} \quad . \end{aligned}$$

Esta es la relación estática entre la potencia aplicada $\overline{u}$ y el nivel de carga $y(k^\star) = \overline{y}$. En este caso, esta relación viene dada por una constante de proporcionalidad de 0,5, que es la ganancia estática de este modelo.

Como en el caso continuo, vemos en la Ecuación (6.10) una relación proporcional entre el valor del régimen permanente de la variable de proceso y y el valor del régimen permanente de la variable manipulada u. Además, sabemos que para este experimento $y(0) = 0$, luego $y(k)$ debe ser una señal que parte del punto 0 y converge con el paso del tiempo, al valor $\overline{y} = 0{,}5\overline{u}$. Esta convergencia tiene un formato similar al estudiado en el automóvil, en el que la carga tiene una mayor tasa de variación al inicio y menor al final del experimento.

Por tanto, de forma análoga al caso continuo, utilizaremos una señal exponencial discreta para representar este comportamiento. Sabemos que la señal discreta $s(k) = 0{,}5(1 - \alpha^k)\overline{u}$ tiene la forma deseada. Tenga en cuenta que esta señal parte del reposo, $s(0) = 0$, dado que $\alpha^0 = 1$, y converge para $\lim_{k\to+\infty} s(k) = 0{,}5\overline{u}$, una vez que $\lim_{k\to+\infty} \alpha^k = 0$ para $0 < \alpha < 1$. Así que solo falta determinar el valor de α, para que esta señal sea una solución del modelo. Esto puede ser verificado haciendo $y(k) = s(k)$, calculando $y(k-1)$ y substituyendo en la Ecuación 6.8:

$$0{,}5(1 - \alpha^k)\overline{u} = 0{,}95(0{,}5(1 - \alpha^{k-1})\overline{u}) + 0{,}025\overline{u} \qquad ,$$

que lleva a:

$$1 - \alpha^k = 0{,}95 - 0{,}95\alpha^{k-1} + 0{,}05 = 1 - 0{,}95\alpha^{k-1} \qquad ,$$

obteniendo:

$$\alpha^k = 0{,}95\alpha^{k-1} \to \alpha = 0{,}95 \qquad ,$$

Así, $s(k)$ con $\alpha = 0{,}95$ es la solución de este modelo para la entrada tipo escalón utilizada.

En un segundo experimento, asumimos que la batería tiene un nivel de carga constante igual a y_0 e instantáneamente la potencia de carga u es llevada a 0. Eso hace con que la batería de descargue progresivamente.

Una señal que puede representar este fenómeno, que se denomina respuesta natural (o de entrada cero), es la señal exponencial discreta del tipo $y(k) = y_0\alpha^k$. Observamos que $y(0) = y_0$, o sea, la batería comienza cargada y que $\lim_{k\to+\infty} y(k) = 0$, o sea la descarga es completa al final del experimento. Nuevamente, es muy simple encontrar el valor de α para verificar que $y(k) = y_0\alpha^k$ es la solución para la ecuación con entrada cero. Sustituyendo $y(k)$ en el modelo tenemos:

$$\alpha^k y_0 = 0{,}95\alpha^{k-1}y_0 \rightarrow \alpha^k = 0{,}95\alpha^{k-1}$$

que implica que $\alpha = 0{,}95$.

La Figura 6.2 ilustra las situaciones previamente analizadas, considerando la batería estudiada en los experimentos:

- (a) carga a potencia constante, partiendo del reposo (es decir, de carga cero);
- (b) descarga completa después de hacer cero la señal de entrada u.

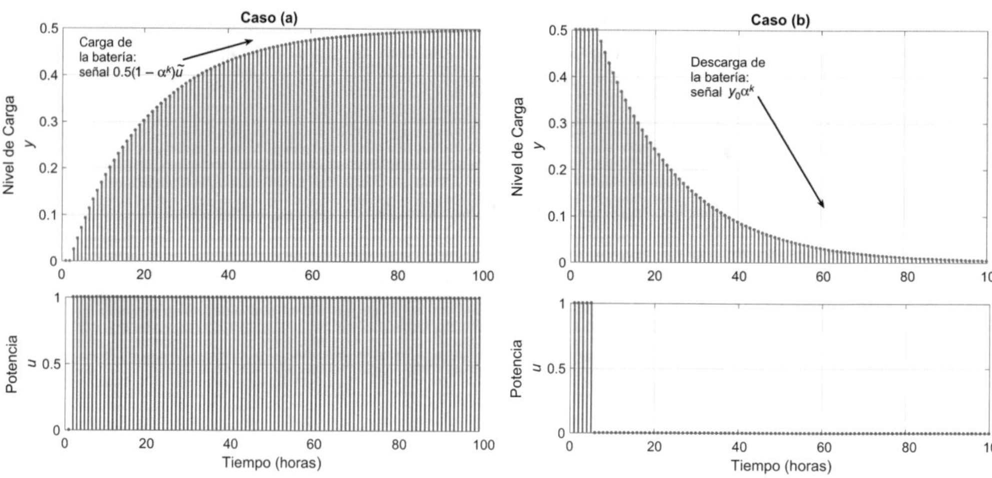

Figura 6.2 – Respuesta de un sistema discreto: carga/descarga de una batería eléctrica.

Podemos observar que la solución encontrada tiene la forma esperada, ya que el modelo y su solución pueden usarse como una buena aproximación del sistema real. Observamos que el tiempo de carga y descarga está asociado con el valor de la constante 0,95 del modelo, que tiene el mismo papel que la constante de tiempo en el sistema del automóvil. Si, por ejemplo, la batería tuviera un parámetro mayor, digamos 0,99, tardaría más en descargarse. En este caso podríamos decir que tiene una constante de tiempo mayor.

El parámetro α en una ecuación en diferencias de primer orden genérico, del tipo $y(k) = \alpha y(k-1) + \beta u(k-1)$, determina la velocidad de la respuesta transitoria del sistema, por lo que cuanto más cerca de 1 esté α, más lenta será la respuesta y cuando α se acerca a 0, obtenemos respuestas más rápidas. Enfatizamos que, en la literatura de control, el parámetro α no es llamado de constante de tiempo del sistema, pero podemos usarlo para comprender el comportamiento transitorio del proceso. Finalmente, la ganancia estática del sistema se obtiene utilizando los valores de u_0 y y_0 en la ecuación genérica: $K_e = \beta/(1-\alpha)$.

Como hicimos en el caso continuo, podemos afirmar que el comportamiento estable de la batería se debe a la señal α^k que converge a cero cuando k tiende a infinito si $|\alpha| < 1$. Si consideramos un modelo de un sistema con $|\alpha| > 1$, tendríamos un comportamiento inestable, con la variable de proceso tendiendo al infinito incluso con una entrada aplicada limitada. Un caso típico que ya hemos estudiado en este libro es el de una cuenta de ahorros con una tasa de interés fija, por ejemplo, 5 % al mes, que tiene un saldo determinado por el modelo $s(k) = 1{,}05s(k-1)$. Tenga en cuenta que si $s(0)$ no es nulo, $s(k)$ tiende a infinito cuando el tiempo k va para infinito, configurando una dinámica inestable.

Ahora reforzaremos todo el análisis aquí realizado y lo fundamentaremos teóricamente, comenzando por sistemas continuos y considerando todos los casos de modelos lineales estables e inestables de primer orden.

6.2. Sistemas continuos

A partir de este apartado estudiaremos de forma analítica y demostrativa las respuestas en el tiempo de sistemas representados por modelos continuos, lineales y de primer orden, además de presentar varios ejemplos. Destacamos que todos los ejemplos presentados siguen la metodología de modelado descrita en el capítulo anterior.

6.2.1. Ecuación diferencial ordinaria

Como vimos en el capítulo anterior, podemos modelar muchos procesos continuos usando ecuaciones diferenciales de primer orden, que solo tienen derivadas de orden 1, en relación con el tiempo t.

Como forma general, podemos usar la Ecuación (6.11) para representar los sistemas continuos, donde $y(t)$ es la salida del sistema, $u(t)$ la entrada y $q(t)$ la perturbación.

$$\tau\,\frac{dy(t)}{dt} + y(t) \;=\; K_e\,u(t) + K_q\,q(t) \quad . \tag{6.11}$$

Observamos que esta ecuación diferencial ordinaria (EDO) tiene una solución $y(t)$, es decir, existe una función $y(t) = f_y(u(t), q(t))$ tal que verifica la Ecuación (6.11). A continuación, detallaremos cómo encontrar la solución para esta EDO.

Enfatizamos que la EDO anterior se usa como un modelo matemático para describir el comportamiento de muchos sistemas continuos, como en el sistema calentador del Ejemplo 44, cuyo modelo (Ecuación (5.1)) se puede reescribir directamente en forma de la EDO (6.11):

$$\overbrace{mCR}^{\tau}\,\overbrace{\frac{dT}{dt}(t)}^{\frac{dy}{dt}(t)} + \overbrace{T(t)}^{y(t)} \;=\; \overbrace{RP(t)}^{K_e u(t)} - \overbrace{T_e(t)}^{K_q q(t)} \quad . \tag{6.12}$$

En este caso, $y = T$ representa la variable de proceso (salida), $u = P$ representa la variable de control (entrada) y $q = T_e$ representa la perturbación del sistema.

Con respecto a las propiedades de los sistemas discutidos anteriormente (Capítulo 4), enfatizamos que la Ecuación (6.11) puede representar sistemas del tipo:

1. Estables, con $\tau > 0$.

2. Inestables, con $\tau < 0$.

3. Integradores, en los cuales el término $+y(t)$ desaparece, siendo modelos del tipo $\frac{dy(t)}{dt} = K_e u(t) + K_q q(t)$. [1]

La Figura 6.3 muestra las respuestas en el tiempo ($y(t)$) para estos tres tipos de sistemas, para una entrada $u(t)$ escalón unitario y considerando $K_e = 1$ (y $q(t)$ cero). Observe que la curva $y(t)$ es la solución de la EDO (6.11) para ese caso. Como ya comentamos los sistemas estables presentan respuestas/soluciones que, con el tiempo, se estabilizan en un punto dado, mientras que, los sistemas inestables, tienen respuestas que crecen indefinidamente en el tiempo t.

6.2.2. Solución de la EDO: Casos estable e inestable

Como vimos en los ejemplos del Capítulo 5, la EDO ((6.11)) sirve como modelo de entrada-salida para muchos procesos continuos. Esta EDO tiene una solución dinámica $y(t)$, que se detalla a continuación. Por ahora, retiramos $q(t)$ de la EDO, ya que la respuesta $y(t)$ para $u(t)$ tiene una ecuación análoga a la respuesta $y(t)$ para $q(t)$ y podemos calcular las respuestas por separado y luego sumarlas, dada la linealidad del sistema. Además, por

[1] Estos sistemas se clasifican como inestables de acuerdo con las definiciones de estabilidad presentadas en este libro, pero los tratamos por separado por su importancia práctica.

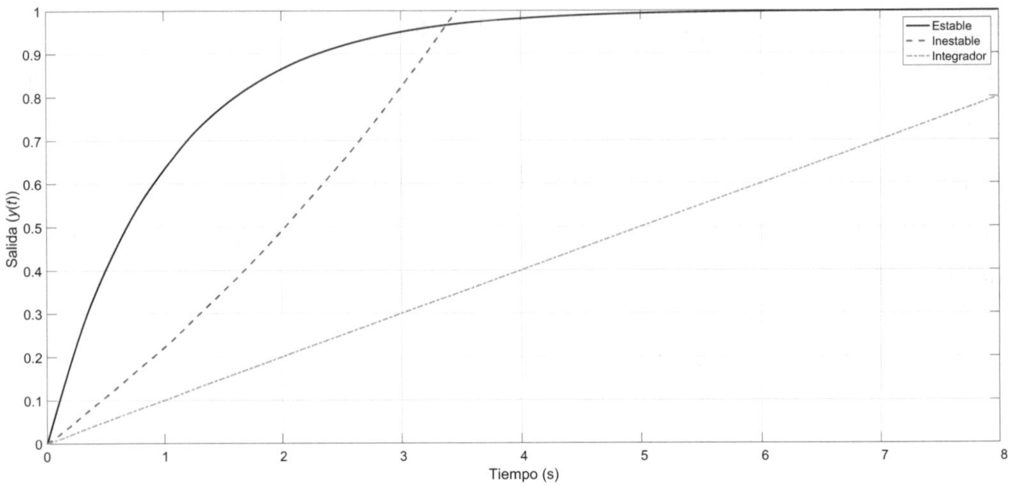

Figura 6.3 – Respuestas de sistemas continuos - EDO de primer orden.

razones prácticas, definimos $y(t)$ dentro del dominio $[0\ ,\ +\infty)$, es decir, el sistema presenta una respuesta desde el instante $t\ =\ 0$.

Para demostrar cómo encontrar esta solución, separaremos la EDO (6.11) en dos partes: una solución (o respuesta) natural y una solución (o respuesta) particular. La respuesta natural de un cierto sistema es la respuesta en ausencia de entradas (es decir, con $u = 0$) y para una condición inicial $y(0) = y_0$. La particular es la respuesta debida a una entrada particular $u(t)$ y con una condición inicial nula $y(0) = 0$.

Dado que la EDO 6.11 es lineal, la solución $y(t)$ se puede escribir como la suma de las partes, así:

$$y(t) \quad = \quad y_{\text{natural}}(t) + y_{\text{particular}}(t) \quad . \tag{6.13}$$

Primero calcularemos la solución natural de la EDO escribiendo la ecuación del sistema con entrada cero:

$$\tau \frac{dy_{\text{natural}}(t)}{dt} + y_{\text{natural}}(t) \quad = \quad 0 \quad . \tag{6.14}$$

Reorganizando, llegamos a:

$$\begin{aligned} \frac{dy_{\text{natural}}(t)}{dt} &= \frac{-1}{\tau} y_{\text{natural}}(t) \quad , \\ \frac{dy_{\text{natural}}(t)}{y_{\text{natural}}(t)} &= \frac{-1}{\tau} dt \quad . \end{aligned} \tag{6.15}$$

Integrando los dos lados de la ecuación entre 0 y t, tenemos:

$$\begin{aligned} \ln(y_{\text{natural}}(t)) - \ln(y_{\text{natural}}(0)) &= \frac{-1}{\tau} t \quad , \\ y_{\text{natural}}(t) &= y_{\text{natural}}(0) e^{\frac{-t}{\tau}} \quad . \end{aligned} \tag{6.16}$$

Así:

$$y_{\text{natural}}(t) = y_0 e^{-\frac{t}{\tau}} \quad . \tag{6.17}$$

Por tanto, observamos que este sistema tiene una respuesta natural que parte de y_0 y si $\tau > 0$, converge al origen a medida que el tiempo tiende al infinito. La respuesta es divergente si $\tau < 0$. Por lo tanto, podemos concluir que los sistemas descritos por modelos con $\tau > 0$ son estables, mientras que los sistemas representados por modelos con $\tau < 0$ son inestables. Este hecho confirma el análisis intuitivo elaborado anteriormente.

La Figura 6.4 muestra la respuesta natural de dos sistemas, uno con $\tau = 1$ s y otro con $\tau = 2$ s que comienzan desde la condición inicial $y_0 = 1$. Observe que $y_{\text{natural}}(t)$ converge a $\lim_{t \to +\infty} y(t) \to 0$ (reposo) a medida que pasa el tiempo.

Como ya conocemos la función que describe la solución natural de EDO (6.11), ahora consideramos la parte particular de la solución $y(t)$. La solución particular representa la respuesta del sistema para condición inicial cero ($y_0 = 0$) y entrada distinta de cero, es decir, la respuesta que representa el comportamiento del sistema partiendo del reposo $y = 0$.

Para desarrollar esta respuesta, consideramos que $u(t)$ es una entrada

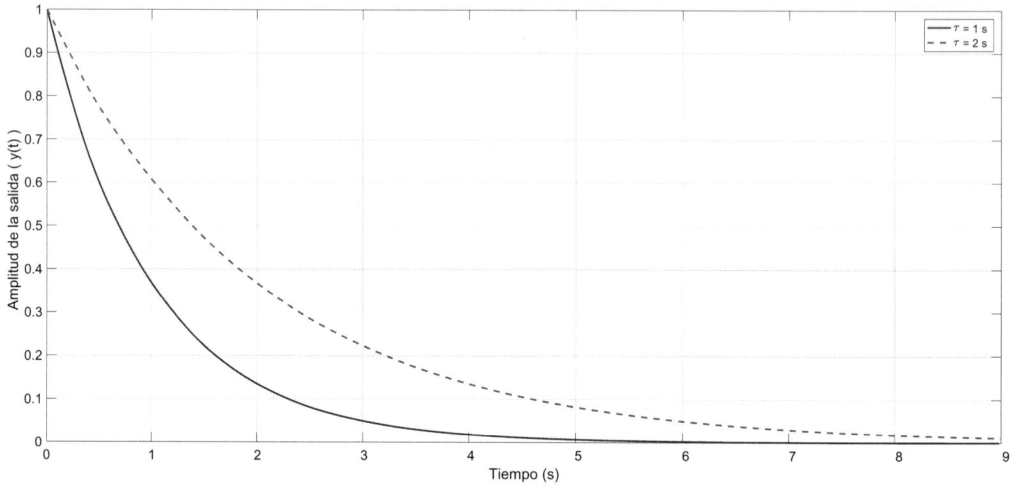

Figura 6.4 – Sistema estable: respuesta a las condiciones iniciales.

escalón de amplitud U, o sea $\lim_{t\to+\infty} u(t) = U$.

En el caso particular, tenemos que:

$$\tau \frac{dy_{\text{particular}}(t)}{dt} + y_{\text{particular}}(t) = K_e u(t) \quad . \tag{6.18}$$

Si consideramos esta ecuación para $t > 0$, tenemos que $u(t) = U$, así:

$$\tau \frac{dy_{\text{particular}}(t)}{dt} + y_{\text{particular}}(t) = K_e U \quad . \tag{6.19}$$

Reorganizando:

$$\tau \frac{dy_{\text{particular}}(t)}{dt} = -(y_{\text{particular}}(t) - K_e U) \quad . \tag{6.20}$$

Haciendo un cambio de variable, definimos que $x(t) = y_{\text{particular}}(t) - K_e U$ y como $K_e U$ es constante, $\frac{dx(t)}{dt} = \frac{dy_{\text{particular}}(t)}{dt}$, con lo que, podemos escribir:

$$\tau \frac{dx(t)}{dt} = -x(t) \quad . \tag{6.21}$$

Tenga en cuenta que la solución de esta ecuación es análoga al caso de la solución natural. Entonces tenemos que:

$$x(t) = x(0)e^{-\frac{t}{\tau}} = -K_e U e^{-\frac{t}{\tau}} \quad , \tag{6.22}$$

dado que $x(0) = y(0) - K_e U = -K_e U$. Reescribiendo el cambio de variable, obtenemos:

$$y_{\text{particular}}(t) = K_e U - K_e U e^{-\frac{t}{\tau}} = K_e U(1 - e^{-\frac{t}{\tau}}) \quad , \tag{6.23}$$

misma solución que encontramos en el análisis intuitivo.

Como $u(t)$ es una función escalón, podemos reescribir la solución particular de la siguiente manera, válida para $t \geq 0$:

$$y_{\text{particular}}(t) = K_e \left(1 - e^{-\frac{t}{\tau}}\right) u(t) \quad . \tag{6.24}$$

Así, $y_{\text{particular}}(t)$ es una señal que parte del reposo ($y_{\text{particular}}(t)|_{t=0} = 0$) y converge a $K_e U$, cuando el limite de t tiende a $+\infty$ en el caso estable, o sea, si $\tau > 0$. En el caso inestable, con $\tau < 0$, la respuesta es divergente.

Así, la solución completa de $y(t)$ para la EDO (6.11), en el caso estable, es dada por la Ecuación (6.13). Sustituyendo las Ecuaciones (6.17) y (6.24) en la Ecuación (6.13), obtenemos la siguiente solución general del caso estable:

$$y(t) = y_0 e^{-\frac{t}{\tau}} + K_e \left(1 - e^{-\frac{t}{\tau}}\right) u(t) \quad , \tag{6.25}$$

que permite encontrar la solución para una condición inicial dada y una entrada de tipo escalón.

Para completar el análisis, incluimos $q(t)$ en la EDO y como esta modificación solo agrega una nueva entrada particular, considerando $q(t)$ un escalón $q(t) = Q\mathbf{1}(t)$ para todo $t > 0$, tenemos que:

$$y(t) = y_0 e^{-\frac{t}{\tau}} + K_e \left(1 - e^{-\frac{t}{\tau}}\right) u(t) + K_q \left(1 - e^{-\frac{t}{\tau}}\right) q(t) \quad . \quad (6.26)$$

Analizaremos esta solución para el caso estable ($\tau > 0$). Como ya mencionamos durante el análisis intuitivo, en la respuesta $y(t)$, como se da en la Ecuación (6.26), el parámetro τ se conoce como la "constante de tiempo" del sistema. Este parámetro indica el tiempo de respuesta de la exponencial $y(t)$ para una entrada escalón en $u(t)$ (o $q(t)$). Para valores superiores de τ, el tiempo necesario para alcanzar el equilibrio y_f es mayor. Es importante notar la relación lineal entre τ y el tiempo que tarda el sistema en alcanzar el equilibrio, es decir, si un sistema 1 tiene una constante de tiempo τ_1 y un sistema 2 tiene una constante de tiempo τ_2, si $\tau_1 = n\tau_2$ significa que el sistema 1 es n veces más lento que el sistema 2.

El parámetro K_e de la solución representa la "ganancia estática" del proceso. Este parámetro indica cuánto varía la salida del sistema en régimen permanente en relación con una variación en su entrada, también en régimen permanente. Tenga en cuenta que el equilibrio alcanzado está dado por $y_f = K_e U$, es decir, para una variación de entrada de amplitud U, la salida varía $K_e U$.

El término K_q representa la ganancia estática de las perturbaciones. Para una señal de perturbación $q(t)$ tipo escalón de amplitud Q, tenemos que el equilibrio alcanzado por la salida está dado por $y_f = K_e Q$. Para una variación de la perturbación de amplitud Q, la salida varía $K_q Q$.

También es importante enfatizar la relación lineal entre la ganancia estática y la amplitud de la variación causada en la salida cuando se aplica una variación a su entrada. Así, si un sistema tiene una ganancia estática K_1 y un segundo sistema tiene una ganancia estática K_2, la relación $K_1 = nK_2$ implica que el primer sistema amplifica n veces más el efecto de la variación en su entrada que el segundo sistema.

Para el caso inestable, solo podemos comentar que cuanto menor es el módulo de τ (recordar que τ es negativo), más rápido $y(t)$ irá al infinito desde una condición inicial no nula o cuando aplicamos una entrada no nula en $u(t)$ o $q(t)$ al sistema.

Ejemplo 59 *La Figura 6.5 ilustra la respuesta de un sistema del tipo* $\tau\frac{dy(t)}{dt}+y(t)=K_e u(t)$*, para un escalón unitario en* $u(t)$ *(*$U=1$*) y para diferentes valores de la constante de tiempo (en este caso, no tenemos perturbaciones). Este sistema parte del reposo* $y_0=0$ *y llega al equilibrio* $y_f=10$*, por lo tanto* $K_e=10$*. Como puede ser observado, para constantes de tiempo menores (como* $\tau=1$*), el tiempo que demora la salida en estabilizarse en* y_f *es menor. Observe que se verifica la relación lineal entre* τ *y el tiempo de respuesta.*

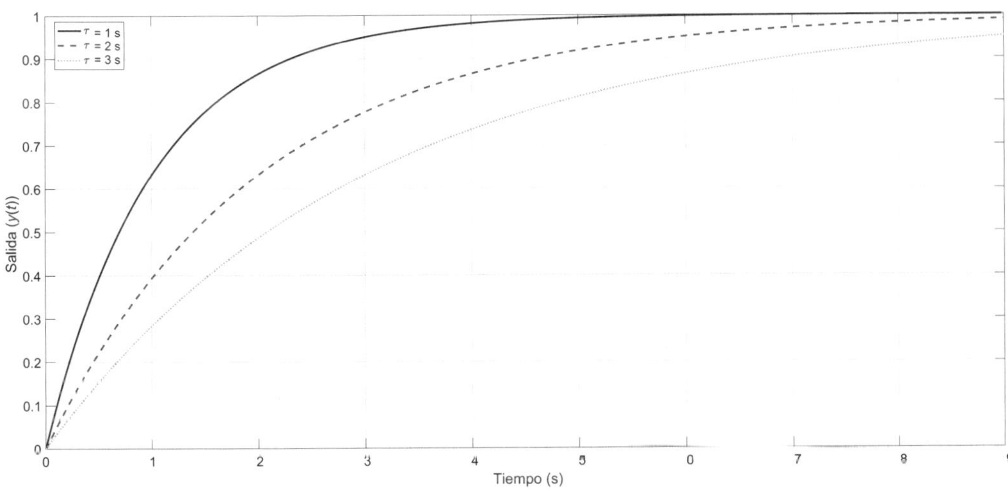

Figura 6.5 – Sistema estable: Respuesta a un escalón unitario para los casos $\tau=1$, $\tau=2$ y $\tau=3$, con $K_e=1$.

Ya la Figura 6.6 ilustra la respuesta del mismo sistema a la misma entrada, para diferentes valores de K_e*. Estos sistemas parten del reposo* $y_0=0$ *y alcanzan el equilibrio siempre en el mismo instante de tiempo, ya que* $\tau=1$ *para todos los casos. Como puede verse, para* K_e *menores el valor final* y_f *es menor, proporcionalmente al valor de* K_e*.*

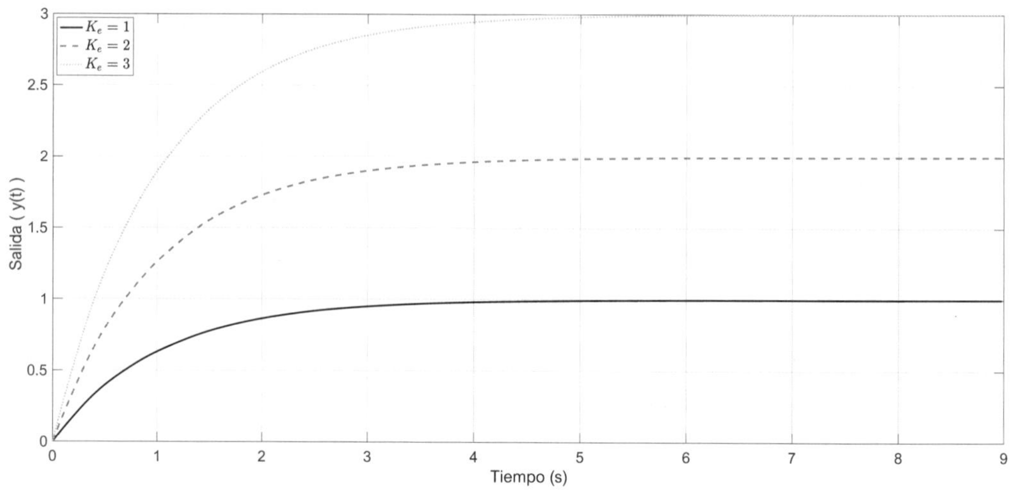

Figura 6.6 – Sistema estable: Respuesta a un escalón unitario para los casos $K_e = 1$, $K_e = 2$ y $K_e = 3$, con $\tau = 1$.

Es importante notar que la constante de tiempo τ juega un papel importante en la cuantificación del comportamiento de la solución $y(t)$. Consideremos el caso en que $y_0 = 0$, con la aplicación de un escalón en $t = 0$ de amplitud U. Sabemos que la respuesta $y(t) = K_e(1-e^{-\frac{t}{\tau}})U$ converge a un equilibrio dado por $y_f = K_eU$, conforme t tiende a infinito. Por lo tanto, podemos analizar algunos puntos particulares de la respuesta. Cuando τ segundos pasan, tenemos $t_1 = \tau$ y por lo tanto, $y(t_1) = K_e(1 - e^{-\frac{\tau}{\tau}})U \approx 0{,}63K_eU$, es decir, la salida pasa por el punto correspondiente a 63 % del valor de régimen permanente. Si esperamos que pasen 3τ segundos, tenemos que $t_2 = 3\tau$ y por lo tanto, $y(t_2) = K_e(1 - e^{-\frac{3\tau}{\tau}})U \approx 0{,}95K_eU$, o sea, la salida pasa por el punto correspondiente a 95 % del valor del régimen permanente. Finalmente, cuando pasan 5τ segundos, tenemos $t_3 = 5\tau$ y por lo tanto, $y(t_3) = K_e(1 - e^{-\frac{5\tau}{\tau}})U \approx 0{,}99K_eU$, o sea, la salida pasa por el punto correspondiente a 99 % del valor del régimen permanente.

También destacamos que la respuesta general obtenida para la EDO, en el caso estable, se puede generalizar al caso en el que aplicamos escalones a la variable manipulada y a la perturbación en diferentes momentos. Suponiendo que $u(t) = \mathbf{1}(t-t_u)U$ y $q(t) = \mathbf{1}(t-t_q)Q$, es decir, que las entradas son escalones de amplitudes U y Q, aplicados en $t = t_u$ y $t = t_q$, respectivamente, podemos obtener la respuesta completa del sistema aplicando las propiedades de linealidad del modelo y de invarianza en el tiempo. Para ello, basta aplicar un desplazamiento en el tiempo a las componentes de la señal de salida para cada señal de entrada y sumar:

$$\begin{aligned} y(t) &= y_0 e^{-t/\tau} + K_e(1 - e^{-\frac{(t-t_u)}{\tau}})\,\mathbf{1}(t-t_u)U \\ &+ K_q(1 - e^{-\frac{(t-t_q)}{\tau}})\,\mathbf{1}(t-t_q)Q \quad . \end{aligned}$$

Ahora, ilustraremos las respuestas de un sistema inestable modelado por la EDO de primer orden para un escalón unitario en $u(t)$, con condiciones iniciales nulas $y_0 = 0$ y sin perturbaciones $q = 0$. La Figura 6.7 ilustra las respuestas para diferentes valores de τ y $K_e = 1$. Se observa que la respuesta diverge más rápidamente para valores más pequeños del módulo del parámetro τ. Recordemos que K_e en este caso no es la ganancia estática, dado que el sistema es inestable.

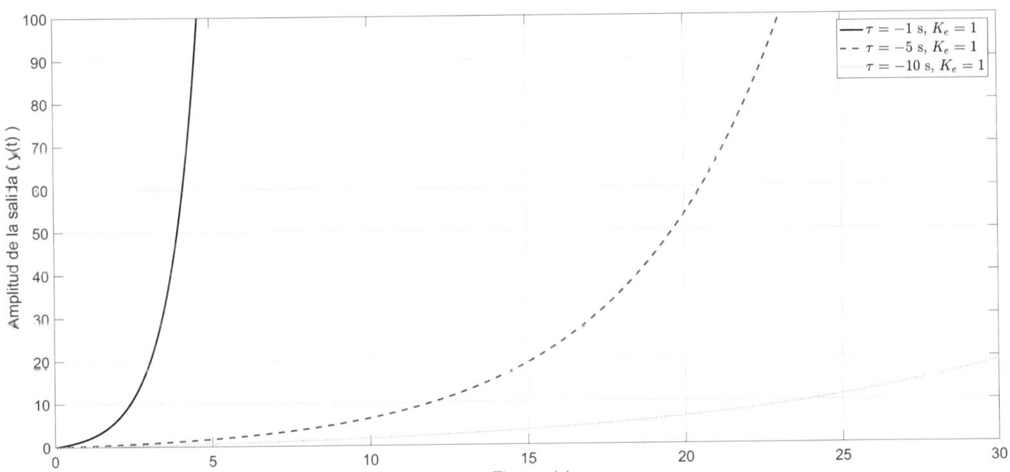

Figura 6.7 – Sistema continuo inestable: respuesta a un escalón unitario para diferentes valores de τ.

6.2.3. Solución de la EDO: caso integrador

En este apartado, consideraremos los sistemas integradores. Para estos sistemas, la EDO que los representa viene dado por:

$$\frac{dy(t)}{dt} = K_q u(t) + K_q q(t) \quad , \tag{6.27}$$

que tiene una solución directa, dada por:

$$y(t) = y_0 + \int_0^t (K_e u(\mu) + K_q q(\mu))\, d\mu \quad , \tag{6.28}$$

siendo $y_0 = y(0)$ la condición inicial para la salida y.

Notamos que, partiendo del reposo $y_0 = 0$, cuando aplicamos entradas del tipo escalón $u(t) = U$ y $q(t) = Q$ para $t > 0$, observamos una señal de salida de tipo rampa, con inclinación $\alpha_y = \frac{(K_e U + K_q Q)}{\tau}$:

$$\begin{aligned} y(t) &= y_0 + \frac{1}{\tau}\int_0^t (K_e u(\mu) + K_q q(\mu))\, d\mu \\ &= 0 + \frac{1}{\tau}\int_0^t (K_e U + K_q Q)\, d\mu \\ &= \frac{(K_e U + K_q Q)}{\tau}\int_0^t d\mu \\ &= \alpha_y \int_0^t d\mu \\ &= \alpha_y t \\ &= \alpha_y \text{ramp}(t) \quad . \end{aligned} \tag{6.29}$$

En esta respuesta, α_y es la pendiente de la rampa observada en la salida del proceso. Si consideramos cada entrada por separado, tenemos una rampa debida a la señal $u(t)$ dada por $K_e U \text{ramp}(t)$, de pendiente $K_e U$ y otra rampa debida a la señal $q(t)$ dada por $K_q Q \text{rampa}(t)$, de pendiente $K_q Q$.

Claramente, la pendiente de la rampa de salida de la respuesta del sistema de tipo integrador depende de la amplitud del escalón de entrada y de las ganancias K_e y K_q. Por lo tanto, la ganancia K_e en este caso se llama "**ganancia de velocidad del sistema**", ya que nos dice la velocidad a la que varía la rampa de salida, para una entrada escalón unitario. Para la perturbación, la ganancia K_q se llama "**ganancia de velocidad del sistema para la perturbación**".

En la Figura 6.8, vemos el ejemplo de diferentes respuestas de un sistema cuyo modelo viene dado por $\frac{dy(t)}{dt} = K_e u(t)$, cuando aplicamos una entrada del tipo escalón u, partiendo del reposo $y(0) = 0$ y para diferentes valores de K_e.

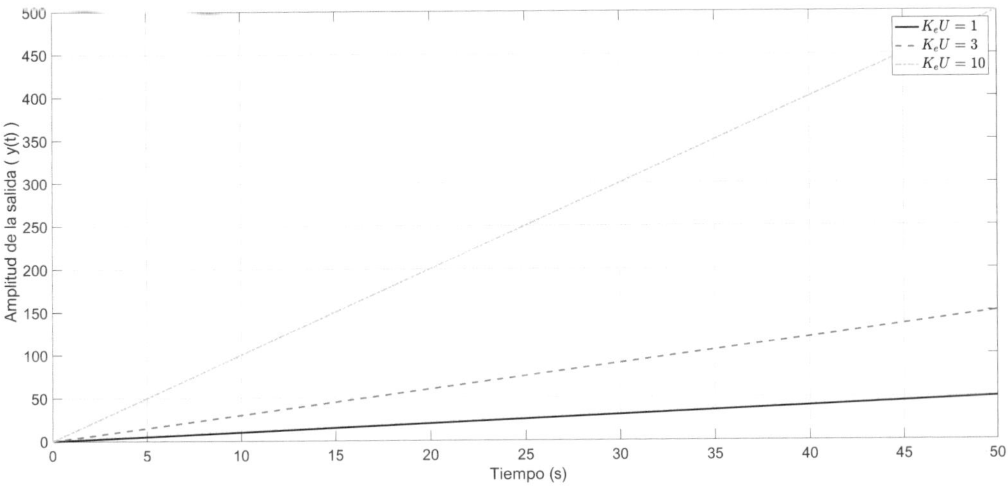

Figura 6.8 – Sistema continuo integrador: respuesta al escalón unitario para diferentes valores de K_e.

Debemos señalar que hay una característica esencial de los sistemas de tipo integrador. Si aplicamos una entrada del tipo escalón, la respuesta diverge partiendo de la condición inicial, pero, a diferencia del caso inestable, pueden estabilizarse en otro punto de equilibrio, una vez que las entradas vuelven a ser cero. Por esta razón, estos sistemas a veces se denominan de estabilidad marginal. Demostremos este hecho: considere que un sistema integrador está inicialmente en reposo y que se aplica una entrada escalón unitario de $t = 0$ hasta $t = t_1$ (en este punto t_1 la entrada vuelve a cero).

Tenemos que, para $0 \leq t < t_1$:

$$\begin{aligned} y(t) &= y_0 + \int_0^t K_e u(\mu) d\mu \quad , \\ y(t) &= 0 + K_e \int_0^t d\mu \quad , \\ y(t) &= K_e t \quad , \\ y(t_1) &= K_e t_1 \quad . \end{aligned}$$

Para $t \geq t_1$, tenemos:

$$\begin{aligned} y(t) &= y(t_1) + \int_{t_1}^t K_e u(\mu) d\mu \quad , \\ y(t) &= K_e t_1 + \int_{t_1}^t 0 \quad , \\ y(t) &= K_e t_1 \; = \; y(t_1) \quad . \end{aligned}$$

El sistema tiene un comportamiento de rampa hasta que alcanza el punto $y(t_1) = K_e t_1$. Después del tiempo t_1, las entradas cesan y el sistema permanece en $y(t_1)\,, \forall t \geq t_1$.

Tenga en cuenta que, para el caso inestable, este tipo de comportamiento no es posible, ya que si aplicamos una entrada escalón en un sistema inestable, su respuesta diverge a partir del reposo inicial y mismo que la entrada vuelva a cero, el sistema no volverá al reposo. Tenga en cuenta que, para el caso inestable, las respuestas a condiciones iniciales distintas de cero también son divergentes, ya que tenemos un término divergente $y_0 e^{-\frac{t}{\tau}}$.

6.3. Sistemas discretos

Como vimos anteriormente, sabemos que, además del caso continuo, debemos saber cómo lidiar con procesos discretos. Para esta clase de sistemas, consideraremos modelos del siguiente tipo:

$$y(k+1) = \alpha y(k) + \beta_u u(k) + \beta_q q(k) \quad . \tag{6.30}$$

Este modelo es una ecuación en diferencias (ED) de primer orden, similar a la EDO de primer orden del caso continuo, que se ve en la Ecuación (6.11).

Esta ED puede representar tanto una dinámica estable, para la cual $y(k)$ converge a un equilibrio y_f cuando tenemos entradas de tipo escalón en u y q, cuanto dinámicas inestables, para las cuales y diverge y no vuelve al reposo para ninguna entrada distinta de cero, o una dinámica integradora, para las cuales y presenta un comportamiento convergente cuando tenemos entradas que convergen a cero y divergente (con comportamiento tipo rampa), cuando tenemos entradas tipo escalón.

A continuación, detallaremos la solución $y(k)$ de forma genérica, y luego estudiaremos las particularidades de cada uno de estos casos.

6.3.1. Solución de la ED

Comencemos observando la respuesta de un sistema discreto cuyo modelo viene dado por la ED (6.30). Para analizar esta respuesta, recurriremos a la solución, comenzando desde $k = 0$. Suponemos que el sistema, en este instante inicial, está en un punto dado y_0.

En el instante discreto siguiente, $k = 1$, tenemos que:

$$\begin{aligned} y(1) &= \alpha y(0) + \beta_u u(0) + \beta_q q(0) \\ &= \alpha y_0 + \beta_u u(0) + \beta_q q(0) \quad . \end{aligned} \tag{6.31}$$

Para el segundo instante, $k = 2$, tenemos que:

$$\begin{aligned} y(2) &= \alpha y(1) + \beta_u u(1) + \beta_q q(1) \\ &= \alpha \underbrace{\left(\alpha y_0 + \beta_u q(0) + \beta_q q(0)\right)}_{y(1)} + \beta_u u(1) + \beta_q q(1) \\ &= \alpha^2 y_0 + \alpha\beta_u u(0) + \alpha\beta_q q(0) + \beta_u u(1) + \beta_q q(1) \quad . \end{aligned} \tag{6.32}$$

Para el tercer instante, $k = 3$, tenemos que:

$$\begin{aligned} y(3) &= \alpha y(2) + \beta_u u(2) + \beta_q q(2) \\ &= \alpha \underbrace{\left(\alpha^2 y_0 + \alpha\beta_u u(0) + \alpha\beta_q q(0) + \beta_u u(1) + \beta_q q(1)\right)}_{y(2)} + \beta_u u(2) + \beta_q q(2) \\ &= \alpha^3 y_0 + \alpha^2\beta_u u(0) + \alpha^2\beta_q q(0) + \alpha\beta_u u(1) + \alpha\beta_q q(1) + \beta_u u(2) + \beta_q q(2) \end{aligned} \tag{6.33}$$

A partir de estas ecuaciones, podemos ver claramente la repetición de un patrón.[2] Por lo tanto, podemos intentar escribir la salida $y(k)$ en función de las entradas u, q (entre los instantes 0 y $k-1$) y de la condición inicial $y(0) = y_0$. Como hicimos para el caso continuo, reescribiremos la respuesta $y(k)$ como una suma de dos términos:

$$y(k) = y_{\text{natural}}(k) + y_{\text{particular}}(k) \quad , \tag{6.34}$$

siendo $y_{\text{natural}}(k)$ la parcela referente a la condición inicial y $y_{\text{particular}}(k)$ la parcela referente a las entradas no nulas.

En el caso de $y_{\text{natural}}(k)$, usamos las Ecuaciones (6.31), (6.32) y (6.33) tomando $u(k) = q(k) = 0$ para todo k. Notamos que la respuesta natural del sistema solo depende de y_0 y de la constante α, o sea:

$$y_{\text{natural}}(k) = \alpha^k y_0 \quad . \tag{6.35}$$

[2]Podemos demostrar formalmente este patrón usando inducción completa.

Para la solución particular, correspondiente a las entradas no nulas, podemos escribir $y_{\text{particular}}(k)$ como una función de q y u:

$$y_{\text{particular}}(k) = \sum_{i=1}^{k} \alpha^{i-1}\beta_u u(k-i) + \sum_{i=1}^{k} \alpha^{i-1}\beta_q q(k-i) \quad . \tag{6.36}$$

Consideremos, de la misma forma que en el caso continuo, que se aplican un escalón de amplitud U en $u(k)$ y un escalón de amplitud Q en $q(k)$, ambos con subida en $k = 0$. Por lo tanto, podemos reescribir la Ecuación (6.36) de la siguiente manera, considerando $k > 0$:

$$y_{\text{particular}}(k) = \beta_u \left(\sum_{i=1}^{k} \alpha^{i-1}\right) U + \beta_q \left(\sum_{i=1}^{k} \alpha^{i-1}\right) Q \quad . \tag{6.37}$$

Ahora observamos que el término $S(k) = \left(\sum_{i=1}^{k} \alpha^{i-1}\right)$ se puede reescribir como la suma de los términos de la siguiente progresión geométrica, con respecto a α:

$$\text{PG} := \left\{ \alpha^0 \quad \alpha^1 \quad \dots \quad \alpha^{k-2} \quad \alpha^{k-1} \right\} \quad . \tag{6.38}$$

Así la suma:

$$S(k) = \left(\alpha^0 + \alpha^1 + \cdots + \alpha^{k-2} + \alpha^{k-1}\right) \quad . \tag{6.39}$$

Para encontrar $S(k)$ podemos multiplicar ambos lados de la ecuación anterior por la razón geométrica α:

$$\alpha S(k) = \alpha\left(\alpha^0 + \alpha^1 + \cdots + \alpha^{k-2} + \alpha^{k-1}\right) \quad , \tag{6.40}$$

$$\alpha S(k) = \left(\alpha^1 + \alpha^2 + \cdots + \alpha^{k-1} + \alpha^{k}\right) \quad . \tag{6.41}$$

Restando la Ecuación (6.39) menos la Ecuación (6.41), tenemos, para el caso $\alpha \neq 1$:

$$\begin{aligned} S(k) - \alpha S(k) &= \alpha^0 - \alpha^k \quad , \qquad (6.42) \\ (1-\alpha)\, S(k) &= 1 - \alpha^k \\ S(k) &= \frac{\left(1-\alpha^k\right)}{1-\alpha} \quad . \qquad (6.43) \end{aligned}$$

Ahora podemos sustituir la Ecuación (6.43) en la Ecuación (6.37), lo que nos lleva a:

$$y_{\text{particular}}(k) = \frac{\beta_u}{1-\alpha}\left(1-\alpha^k\right) U + \frac{\beta_q}{1-\alpha}\left(1-\alpha^k\right) Q, \text{ si } \alpha \neq 1 \quad (6.44)$$

Finalmente la solución para $\alpha \neq 1$ es dada por:

$$y(k) = \alpha^k y_0 + \frac{\beta_u}{1-\alpha}\left(1-\alpha^k\right) U + \frac{\beta_q}{1-\alpha}\left(1-\alpha^k\right) Q \quad . \quad (6.45)$$

Para o caso de $\alpha = 1$, la solución es simple ya que $S(k) = k$ y así:

$$y(k) = y_0 + \beta_u U k + \beta_q Q k \quad . \quad (6.46)$$

Analizaremos la forma de estas respuestas en el próximo apartado.

6.3.2. Análisis de la solución de la ED: casos estable, inestable e integrador

En la demostración del apartado anterior, probamos que la respuesta $y(k)$ para una ED del tipo (6.30), para $\alpha \neq 1$, puede ser calculada con la Ecuación (6.45), considerando entradas tipo escalón.

Observamos que, en esta Ecuación (6.45), el único término variante con k es el término α^k, los otros términos son parámetros constantes. Por lo tanto, la característica estable o inestable del sistema depende de la forma de α^k. Este término es una señal de potenciación discreta (como vimos en el Capítulo 3), cuya respuesta es limitada si $\alpha < 1$ e ilimitada (crece exponencialmente) si $\alpha > 1$.

Para el caso $\alpha = 1$, la solución es, como en el caso del sistema integrador continuo, una señal $y(k)$ de tipo rampa para entradas escalón en $u(k)$ y $q(k)$. Tenga en cuenta que $y(k)$ en la Ecuación (6.46) se compone de un valor constante y_0 y dos rampas discretas de pendientes $\beta_u U$ y $\beta_q Q$.

Cabe señalar que para los casos con $\alpha < 0$ las respuestas del sistema tienen un comportamiento oscilatorio, dado que el término α^k será positivo para k pares y negativo para k impares. Este tipo de sistema no es de interés en este libro y nos centraremos a continuación en sistemas con $\alpha \geq 0$. Tenga en cuenta que para los sistemas con $\alpha = 0$, la salida es igual a una suma ponderada de las entrada en el instante anterior:

$$y(k) = \beta_u u(k-1) + \beta_q q(k-1) \quad . \tag{6.47}$$

En resumen, la ED que representa sistemas discretos lineales de primer orden con $\alpha \geq 0$ puede ser del tipo:

1. Estable, con $\alpha < 1$ y respuesta

$$y(k) = \alpha^k y_0 + \frac{\beta_u}{1-\alpha}\left(1-\alpha^k\right)U + \frac{\beta_q}{1-\alpha}\left(1-\alpha^k\right)Q \quad .$$

2. Inestable, con $\alpha > 1$ y respuesta

$$y(k) = \alpha^k y_0 + \frac{\beta_u}{\alpha-1}\left(\alpha^k-1\right)U + \frac{\beta_q}{\alpha-1}\left(\alpha^k-1\right)Q \quad .$$

3. Integradora, para $\alpha = 1$ y respuesta

$$y(k) = y_0 + (\beta_u U + \beta_q Q)k \quad .$$

De manera análoga al caso continuo, debemos enfatizar que, para el caso estable, la solución para la aplicación de escalones en las entradas (variable manipulada y perturbación) en instantes de tiempo diferentes viene dada directamente por la suma de las respuestas desplazadas. Considerando $u(k) = U\,\mathbf{1}(k-k_u)$ y $q(k) = Q\,\mathbf{1}(k-k_q)$, tenemos la siguiente respuesta:

$$
\begin{aligned}
y(k) = \alpha^k y_0 &+ \frac{\beta_u}{1-\alpha}(1-\alpha^{k-k_u})U\,\mathbf{1}(k-k_u) \\
&+ \frac{\beta_q}{1-\alpha}(1-\alpha^{k-k_q})Q\mathbf{1}(k-k_q) \quad .
\end{aligned}
$$

Para ilustrar los resultados del análisis, en la Figura 6.9, mostramos las tres posibles respuestas de un sistema discreto con $\alpha > 0$, $\beta_u = 1$, $y_0 = 0$ (partiendo del reposo), $q(k) = 0$ y usando un escalón unitario en $u(k)$ aplicado en $k = 0$.

En esta figura, podemos ver claramente que, en el caso estable, con $\alpha = 0{,}8$, hay una convergencia a un punto de equilibrio dado por $y_f = 5$. Si aplicamos el límite para k tendiendo al infinito en la respuesta estable discreta, tenemos:

$$
\begin{aligned}
\lim_{k\to\infty} y(k) &= \lim_{k\to\infty}\left(\alpha^k y_0 + \frac{\beta_u}{1-\alpha}\left(1-\alpha^k\right)U + \frac{\beta_q}{1-\alpha}\left(1-\alpha^k\right)Q\right) \quad , \\
y_f &= \frac{\beta_u}{1-\alpha}U + \frac{\beta_q}{1-\alpha}Q \quad ,
\end{aligned}
$$

o sea, para el caso de la figura, tenemos $y_f = \frac{\beta_u}{1-\alpha}$. Notamos que, como el sistema es estable, el término $\left(\frac{\beta_u}{1-\alpha}\right)$ representa la ganancia estática del sistema discreto, análogo al parámetro K_e del sistema continuo. Consecuentemente, $\left(\frac{\beta_q}{1-\alpha}\right)$ representa la ganancia para la perturbación q, análogo al parámetro K_q del caso continuo. Resaltamos que estos valores no tienen ninguna interpretación en el caso inestable.

Como ya mencionamos en la parte de análisis intuitivo, en la respuesta $y(k)$ del sistema estable, el parámetro α está asociado al tiempo de respuesta de $y(k)$.

Consideremos $0 < \alpha < 1$ que es el caso del interés práctico. Para valores

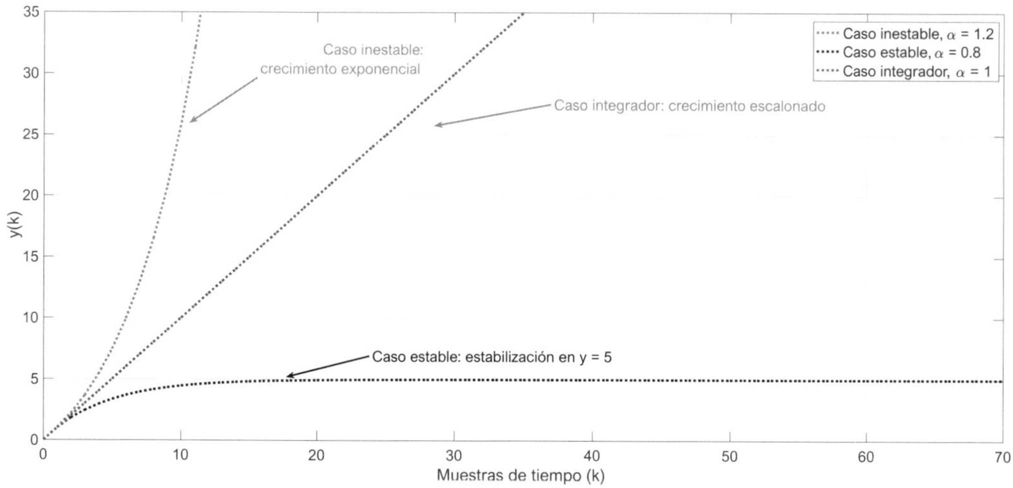

Figura 6.9 – Respuestas de sistemas discretos.

superiores de α, se necesita más tiempo para pasar del punto de partida y_i hasta el equilibrio final y_f.

Es importante señalar que la relación entre α y el tiempo que tarda el sistema en alcanzar el equilibrio no es lineal como en el caso de la EDO, es decir, si un sistema se describe mediante un modelo con parámetro α_1 y un segundo sistema se describe mediante un modelo con parámetro α_2, la relación $\alpha_1 = n\alpha_2$ **no significa** que el primer sistema es n veces más lento que el segundo sistema. Analizaremos esta situación y mostraremos la relación correcta, utilizando la respuesta natural para sistemas discretos descritos por las ED.

Considere un sistema cuya respuesta natural está dada por $y_1(k) = y_i\alpha_1^k$ y un segundo sistema cuya respuesta natural es $y_2(k) = y_i\alpha_2^k$. Suponga que ambos sistemas comienzan desde el mismo punto de operación, dado por y_i. Por construcción, asumimos que el primer sistema es n veces más lento que el segundo. En este caso, alcanzaría un punto operativo dado y_n en un tiempo n veces mayor que el segundo sistema, es decir, $y_i\alpha_1 nk = y_i\alpha_2^k$. Esto nos lleva a que $\alpha_1^{nk} = \alpha_2^k \rightarrow \alpha_1^n = \alpha_2$. Evidentemente, la relación entre los valores de α no es lineal.

Por ejemplo, considere un sistema que tiene el parámetro $\alpha = 0{,}9$. Para encontrar un sistema dos veces más rápido, necesitamos un modelo con parámetro $\alpha = 0{,}9^2 = 0{,}81$.

Por otro lado, en la solución estable discreta, así como en la continua estable, existe una relación lineal entre la ganancia estática y la amplitud de la variación provocada por la salida al aplicar una variación a su entrada. Así, si un sistema tiene una ganancia estática K_1 y un segundo sistema tiene una ganancia estática K_2, la relación $K_1 = nK_2$ impone que el primer sistema amplifique el efecto de la variación en su entrada n veces más que el segundo sistema. Terminaremos esta sección con un último ejemplo.

Ejemplo 60 *La Figura 6.10 ilustra la respuesta del sistema representado por una ED de primer orden, siendo $u(k)$ un escalón unitario, para diferentes valores de α (en este caso, no tenemos perturbaciones). Este sistema parte del reposo $y_0 = 0$ y llega al equilibrio $y_f = 1$, por lo tanto con $K_e = 1$. Como puede verse, el tiempo que tarda la salida en estabilizarse en y_f es menor para valores más pequeños del parámetro α. Tenga en cuenta que existe una relación de potenciación no lineal entre el parámetro α y el tiempo de respuesta del sistema, como se mostró anteriormente.*

6.4. Respuesta de los sistemas muestreados

Ahora que se han elaborado formalmente las soluciones de los modelos que representan los sistemas lineales continuos y discretos, podemos hacer una analogía entre las respuestas, lo cual es muy útil para entender la respuesta de los sistemas muestreados, para el uso de modelos discretos cuando deseamos simular modelos continuos y para saber como elegir el período de muestreo o el paso de cálculo en una simulación discreta. Usaremos el caso estable para este análisis, pero los resultados se puede generalizar para los otros casos.

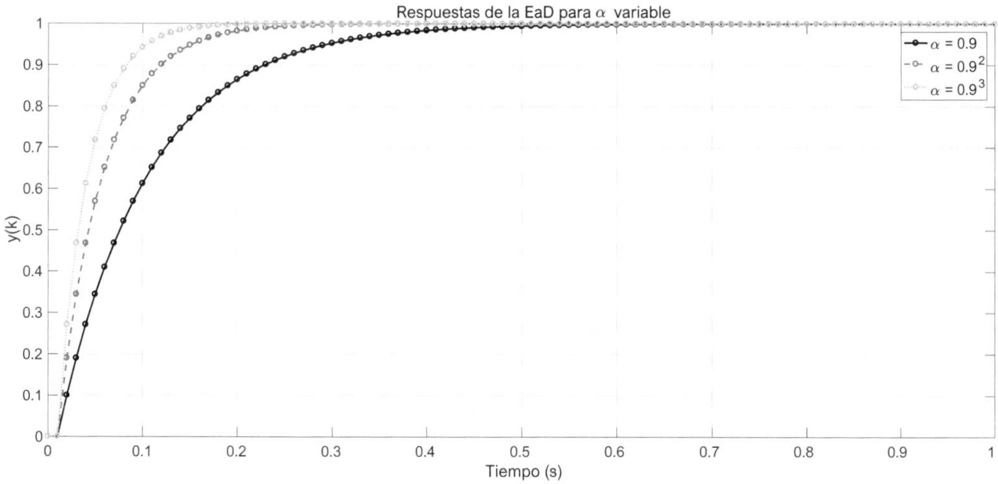

Figura 6.10 – Sistema estable discreto: respuesta a una entrada escalón con $\alpha = 0{,}9$, $\alpha = 0{,}9^2$ y $\alpha = 0{,}9^3$.

Como hemos mostrado, la respuesta de un sistema continuo de primer orden estable, sin perturbaciones y con entrada u tipo escalón de amplitud U, viene dada por:

$$y(t) \;=\; y_0 e^{-\frac{t}{\tau}} + K_e\left(1 - e^{-\frac{t}{\tau}}\right) U \quad , \tag{6.48}$$

mientras que la respuesta de un sistema discreto de primer orden estable, también con tipo de entrada escalón de amplitud U y perturbación nula, está dada por:

$$y(k) \;=\; y_0 \alpha^k + \frac{\beta_u}{1-\alpha}\left(1 - \alpha^k\right) U \quad . \tag{6.49}$$

Consideremos ahora que se muestrea la respuesta del sistema continuo, usando $t = kT_s$. Para hacer esto, tenemos que:

$$y(kT_s) \;=\; y_0 e^{-\frac{kT_s}{\tau}} + K_e\left(1 - e^{-\frac{kT_s}{\tau}}\right) U \quad , \tag{6.50}$$

que puede ser escrita de la siguiente forma:

$$y(kT_s) \;=\; y_0\left(e^{-\frac{T_s}{\tau}}\right)^k + K_e\left(1-\left(e^{-\frac{T_s}{\tau}}\right)^k\right)U \quad . \tag{6.51}$$

Comparando termino a termino esta respuesta con la respuesta de la ED de primer orden, observamos que:

- (i) esta nueva respuesta es válida solo para los instantes de muestreo;
- (ii) existe una equivalencia entre las respuestas de la ED del caso discreto con la respuesta muestreada de la EDO del caso continuo, con $\alpha = e^{-\frac{T_s}{\tau}}$.

Estas propiedades nos dicen que la respuesta de un sistema continuo, cuyo modelo es una EDO de primer orden, tiene una equivalencia, punto a punto (muestra a muestra), con cada muestra dada por $k = \frac{t}{T_s}$, con la solución de una ED de primer orden. Observamos que, como esperado, los dos modelos tienen la misma ganancia estática y la misma constante de tiempo, si se verifica que $\alpha = e^{-\frac{T_s}{\tau}}$ y $K_e = \frac{\beta u}{(1-\alpha)}$.

Por lo tanto, podemos utilizar un modelo de tipo ED de primer orden para representar el comportamiento de un sistema EDO de primer orden, si elegimos correctamente los parámetros del sistema modelado por una ED.

Los dos sistemas tendrán una respuesta con la misma forma coincidiendo en los instantes de muestreo. Desde un punto de vista matemático, este resultado es independiente del período de muestreo T_s. Sin embargo, en la práctica, cuando recuperamos una señal continua a partir de sus muestras, necesitamos interpolarlas, y una señal interpolada nunca será igual a la señal continua que dio lugar a las muestras. Sin embargo, como vimos en el Capítulo 2, en la práctica, con un período de muestreo T_s bien elegido, podemos usar la señal interpolada como una buena representación de la señal continua original.

Otro tema relacionado con este análisis se refiere al cálculo de la solución

EDO en forma numérica. En capítulos anteriores elaboramos la equivalencia entre los modelos continuo (EDO) y discreto (ED), utilizando la aproximación de la derivada $\frac{dy(t)}{dt}$ por $\frac{y(k+1)-y(k)}{T_c}$, en la Ecuación (6.52), cuando intentamos realizar una simulación numérica para obtener aproximadamente la solución de la ecuación.

Tenga en cuenta que, cuando aproximamos el término de la derivada del sistema continuo de primer orden con $\frac{dy(t)}{dt} \approx \frac{y(k+1)-y(k)}{T_c}$, siendo T_c el tiempo de cálculo y k un natural, tenemos que:

$$
\begin{aligned}
\tau\frac{dy(t)}{dt} + y(t) &= K_e u(t) + K_q q(t) \quad , \\
\tau\left(\frac{y(k+1)-y(k)}{T_c}\right) &\approx -y(k) + K_e u(k) + K_q q(k) \quad , \\
y(k+1) - y(k) &\approx -\frac{T_c}{\tau} y(k) + \frac{T_c}{\tau} K_e u(k) + \frac{T_c}{\tau} K_q q(k) \quad , \\
y(k+1) &\approx \underbrace{\left(\frac{\tau - T_c}{\tau}\right)}_{\alpha} y(k) + \underbrace{\left(\frac{T_c K_e}{\tau}\right)}_{\beta_u} u(k) \qquad (6.52) \\
&+ \underbrace{\left(\frac{T_c K_q}{\tau}\right)}_{\beta_q} q(k) \quad .
\end{aligned}
$$

Esto significa que la ED (6.30) puede representar aproximadamente las mismas dinámicas que la EDO de la Ecuación (6.11). En esta aproximación de Euler, T_c es el tiempo de cálculo que usaremos en una computadora o en un micro-controlador para resolver la ecuación.

Cuando aproximamos el modelo, obtenemos una ED de primer orden con $\alpha = 1 - \frac{T_c}{\tau}$ y $\beta_u = \frac{T_c K_e}{\tau}$. Con esta aproximación, notamos que la ganancia estática $\frac{\beta_u}{1-\alpha}$ es consistente con la del caso continuo, pues $\frac{\beta_u}{1-\alpha} = K_e$ y el parámetro α se puede obtener mediante una expansión de Taylor de primer orden del término exponencial de la respuesta continua. Tenga en cuenta que la fórmula de Euler que usamos es solo una aproximación lineal[3] de

[3]Usando la expansión de Taylor, tenemos: $e^x \approx 1+x$, para x suficientemente pequeño.

primer orden de $e^{-T_c/\tau}$, dada por:

$$e^{-T_c/\tau} = 1 - \frac{T_c}{\tau} \quad .$$

.

Así, caso $\frac{T_c}{\tau}$ sea suficientemente pequeño, las respuestas del sistema muestreado y el sistema discretizado con Euler serán muy similares, si $T_c = T_s$.

Usaremos un ejemplo numérico y un ejemplo simulado para ilustrar esta discusión sobre la equivalencia entre las respuestas obtenidas con un modelo continuo y un modelo discreto.

Ejemplo 61 *Considere el ejemplo del siguiente sistema continuo:*

$$50\frac{dy(t)}{dt} + y(t) \;=\; 6u(t) \quad , \tag{6.53}$$

cuya respuesta para un escalón unitario, a partir de la condición inicial $y(0)$ nula, es:

$$y(t) \;=\; 6\left(1 - e^{\frac{-t}{50}}\right) \quad . \tag{6.54}$$

Si muestreamos esta respuesta con $k = \frac{t}{T_s}$ muestras con $T_s = 1$ s obtenemos:

$$y(t)|_{t=kT_s} \;=\; 6\left(1 - (e^{\frac{-T_s}{50}})^k\right) \quad . \tag{6.55}$$

La Figura 6.11 ilustra las diferencias entre la respuesta de este sistema continuo ($y(t)$, curva negra continua) y el muestreo de esta respuesta punto a punto ($y(t)|_{t=kT_s}$, curvas de colores con estrellas). En esta figura, podemos ver la diferencia entre la respuesta del sistema continuo real y el sistema muestreado, pero que existe una equivalencia entre ambas respuestas en todos los tiempos de muestreo. Si la respuesta muestreada fuera interpolada por escalones, utilizando el interpolador de orden cero, obtendríamos seña-

les en forma de escalera para todos los intervalos de tiempo de tamaño T_s. *En el caso de* $T_s = 1$, *que es 50 veces menor que la constante de tiempo del sistema, las respuestas de este sistema interpolado (por un ZOH) serían muy cercanas a las respuestas del caso continuo, incluso en los puntos entre las muestras. En otros casos, la diferencia sería más notoria.*

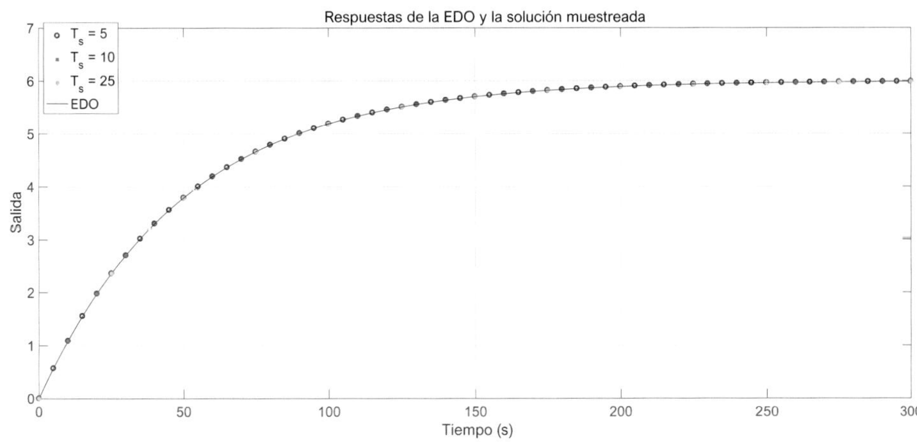

Figura 6.11 – Equivalencia de soluciones ED y EDO considerando el muestreo.

Este resultado es muy importante y requiere que, en la práctica, usemos el período de muestreo T_s *como al menos veinte veces menor que el tiempo esperado para que la respuesta del sistema continuo pase por la mayor parte de su régimen de transición. Como sabemos que un sistema representado por una EDO de primer orden alcanza 95 % de su valor final en aproximadamente* 3τ, *una opción apropiada para este caso es* $T_s \leq \frac{3\tau}{20}$.

Veamos ahora la aproximación del modelo de la EDO con una ED, que se obtiene con $\frac{dy(t)}{dt} \approx \frac{y(k+1)-y(k)}{T_c}$, *considerando* $T_c = T_s$. *La ED resultante de la aproximación* [4] *es:*

$$y(k+1) \;=\; (1-\frac{T_s}{50})y(k)+\frac{6T_s}{50}u(k) \quad . \tag{6.56}$$

La Figura 6.12 muestra, nuevamente, la solución del sistema continuo

[4]Para simplificar la notación, no usamos T_c en la siguiente ecuación

($y(t)$, curva negra en línea completa) y las soluciones aproximadas calculadas con la Ecuación (6.56) *para diferentes valores de $T_c = T_s$ (curvas de puntos de colores).*

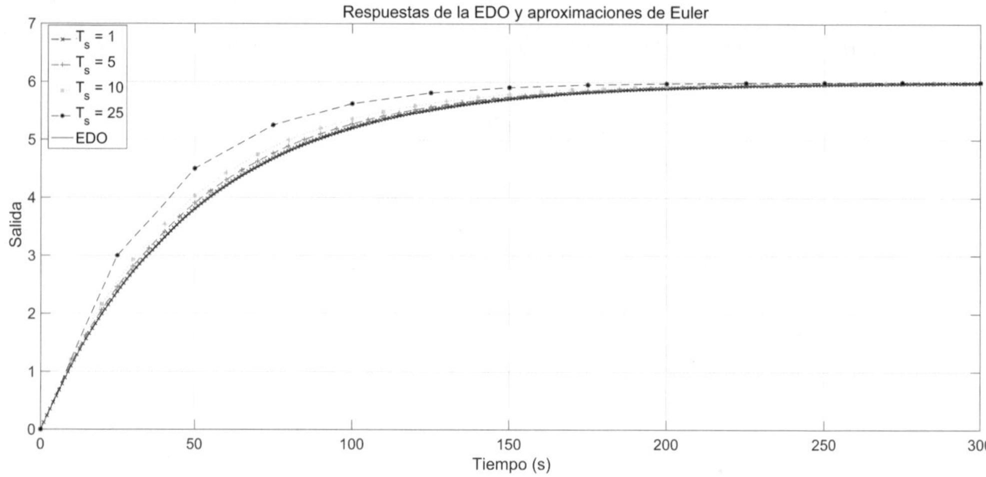

Figura 6.12 – Aproximación de la solución de la EDO usando discretización de Euler.

Podemos observar, como era de esperar, que la solución para T_s más pequeños está muy cerca de la respuesta continua y que a medida que usamos tiempos de cálculo más largos, tenemos más errores de aproximación durante el transitorio.

En este caso, a diferencia del anterior, no hay coincidencia en los tiempos de cálculo múltiples de T_s, pero con T_s pequeños el resultado es satisfactorio. Esto resalta la importancia de elegir un paso de cálculo que sea lo suficientemente pequeño cuando se simula un sistema continuo utilizando una aproximación discreta.

Terminaremos este capítulo con algunos ejemplos de cálculo de la respuesta de sistemas (representados por modelos ED o EDO) para situaciones particulares. También presentaremos ejemplos para los cuales, a partir del conocimiento de la respuesta de un sistema, calculamos los parámetros del modelo que aproxima el comportamiento dinámico observado.

Como hemos mostrado a lo largo del capítulo, las respuestas analizadas se pueden determinar totalmente conociendo la condición inicial del sistema, su ganancia estática y su constante de tiempo o parámetro α. El problema inverso también es cierto, si conocemos la respuesta de un sistema real y asumimos que puede ser modelado por una EDO o una ED de primer orden, podemos, al hacer coincidir los datos de la respuesta con la solución analítica del modelo, encontrar los valores de K_e, K_q, τ o α, β_u, β_q.

Por ejemplo, considere que en un sistema real se realizó un experimento con la aplicación de un escalón de valor U_0 en la variable manipulada, sin perturbaciones y con condición inicial cero $y(0) = 0$, obteniendo una respuesta que después de un tiempo alcanza un valor de equilibrio y_f y que para llegar a 99 % de ese valor se necesitan T_0 segundos. Supongamos que la respuesta toma una forma similar a la de una EDO de primer orden. Entonces podemos encontrar K_e de este sistema por el cociente entre la variación de la variable controlada $y_f - 0$ y de la manipulada $U_0 - 0$, como $K_e = \frac{y_f}{U_0}$. Por otro lado sabemos que un sistema representado por una EDO de primer orden tiene una respuesta que tarda aproximadamente 5τ hasta llegar a 99 % de su valor final (de régimen permanente). Por lo tanto, podemos determinar que $\tau = \frac{T_0}{5}$.

Este mismo tipo de procedimiento se puede utilizar en el caso de modelos ED, y también se puede realizar para la relación entre la perturbación y la variable del proceso. En los próximos ejemplos ilustraremos estos procedimientos.

Ejemplo 62 *Considere el sistema de control de nivel $h(t)$ de un tanque, sobre el cual actuamos abriendo la válvula de salida de agua $a(t)$ y considere el caudal de entrada $V_e(t)$ como una perturbación al sistema. El modelo EDO que aproxima el comportamiento del tanque es:*

$$5\frac{dh(t)}{dt} + h(t) = -3a(t) + 2V_e(t) \quad .$$

Queremos calcular la respuesta del sistema para el siguiente experimento: el tanque está en $t = 0$ *con nivel* $h(0) = 0{,}5\,m$ *para una apertura de* $a(0) = 0{,}5$ *y un caudal de entrada unitario. En* $t = 0$ *se aplica un escalón de* V_e *de amplitud* $0{,}2$ *(pasando para 1.2) manteniendo la apertura a constante. Un tiempo después, en* $t = 20\,s$ *se aplica un escalón en la apertura a de* $0{,}1$ *(cambiando a 0.6) manteniendo* V_e *constante. También queremos saber cuál será el valor final de h al final del experimento.*

Sabemos que el sistema tiene $\tau = 5\,s$, $K_e = -3$, $K_q = 2$ *y que la respuesta del sistema se compone de tres partes, una a causa de la condición inicial, otra a causa de la apertura a y otra debido a la perturbación* V_e*. Consideraremos la respuesta en dos partes, del tiempo 0 al tiempo 20 y del tiempo 20 en adelante. Para el intervalo de 0 a 20 tenemos:*

$$h(t) = h(0)e^{-t/5} - 3(1 - e^{-t/5})a_0 + 2(1 - e^{-t/5})V_0 \quad ,$$

siendo a_0 *el valor constante aplicado en a y* V_0 *el valor final aplicado en* V_e*. Así en este caso tenemos:*

$$h(t) = 0{,}5e^{-t/5} - 3(1 - e^{-t/5})0{,}5 + 2(1 - e^{-t/5})1{,}2 = 0{,}9 - 0{,}4e^{-t/5} \quad .$$

A partir de t=20 s podemos usar una expresión:

$$h(t) = h(20)e^{-(t-20)/5} - 3(1 - e^{-(t-20)/5})a_1 + 2(1 - e^{-(t-20)/5})V_1 \quad ,$$

usando los nuevos valores finales de $a_1 = 0{,}6$ *y* $V_1 = 1{,}2$.

Precisamos determinar el valor de $h(20)$ *de la primera parte de la solución,* $h(20) = 0{,}9 - 0{,}4e^{-20/5} = 0{,}8927$*, así tenemos para* $t \geq 20$*:*

$$h(t) = 0{,}8927e^{-(t-20)/5} - 3(1 - e^{-(t-20)/5})0{,}6 + 2(1 - e^{-(t-20)/5})1{,}2 \quad ,$$

$$h(t) = 0{,}6 + 0{,}2927e^{-(t-20)/5} \quad .$$

A partir de esta solución, podemos determinar que el nivel alcanzará el valor de $h = 0{,}6$ *al final del experimento, ya que el límite de* $e^{-t/5}$ *es cero cuando el tiempo tiende al infinito. Observe que este valor final podría calcularse sin necesidad de toda la respuesta analítica transitoria, asumiendo que existe el punto de equilibrio y que el experimento no provoca el vaciado ni el desbordamiento del tanque, dado que el modelo estático del tanque indica que:*

$$h = -3a + 2V_e \quad ,$$

para todos los puntos operativos. Por tanto, para $a = 0{,}6$ *y* $V_e = 1{,}2$*, la condición final del experimento, obtenemos* $h = 0{,}6\,m$*. Destacamos que también podríamos resolver esta ecuación en un solo paso, utilizando la formulación de la respuesta completa considerando las entradas como combinación de escalones aplicados en instantes de tiempos distintos.*

Ejemplo 63 *Considere que el sistema de control de temperatura de una habitación se puede modelar bien mediante una EDO de primer orden con entrada* P *(potencia del calentador) y salida* T *(temperatura de la habitación medida en relación con la temperatura ambiente, que se considera constante):*

$$\tau \frac{dT}{dt} + T(t) = K_e P(t) \quad .$$

Considere que se realiza un experimento para el cual, a partir de $T(0) = 0$ *y* $P(0) = 0$*, se aplica un escalón de potencia* $5kW$ *y se observa que* T *varía en forma exponencial como se esperaba pasando aproximadamente por* $T = 12{,}6\,^oC$ *en* $t = 10$ *s y por* $T = 19\,^oC$ *en* $t = 30$ *s. Con estos datos se desea determinar los valores de* τ *y* K_e *del modelo.*

Sabemos que, dado que el sistema parte del reposo, la respuesta en el tiempo al escalón de potencia vendrá dada por:

$$T(t) = K_e(1 - e^{-t/\tau})5 \quad .$$

Tenemos dos puntos de esta función: $T(10) = 12{,}6$ *y* $T(30) = 19$*, o sea, que:*

$$12{,}6 = K_e(1 - e^{-10/\tau})5, \qquad 19 = K_e(1 - e^{-30/\tau})5 \quad .$$

Dividiendo una expresión por la otra, llegamos en:

$$12{,}6/19 = \frac{(1 - e^{-10/\tau})}{(1 - e^{-30/\tau})} \rightarrow 12{,}6 - 12{,}6e^{-30/\tau} = 19 - 19e^{-10/\tau} \quad ,$$

que lleva a:

$$6{,}4 - 19e^{-10/\tau} + 12{,}6e^{-30/\tau} = 0 \quad .$$

Usando $x = e^{-10/\tau}$*, tenemos que* $e^{-30/\tau} = x^3$ *y así, resolviendo la ecuación* $12{,}6x^3 - 19x + 6{,}4 = 0$*, encontramos el valor admisible de* $x = 0{,}37$ *y de* $\tau = 9{,}94$*. Usando este valor, encontramos el valor de la ganancia estática del sistema, que es aproximadamente* $K_e = 20$*.*

Ejemplo 64 *Para controlar la velocidad de rotación de un sistema turbina-generador, utilizado para generar energía eléctrica a frecuencia constante en una industria de caña de azúcar, se opera a través de una válvula que inyecta vapor en la turbina. La carga eléctrica en el sistema de generación actúa como freno del generador, perturbando la velocidad. Estudiando el comportamiento del proceso, se propuso un modelo discreto dado por la ecuación:*

$$y(k) = 0{,}85y(k-1) + 0{,}45u(k-1) - 0{,}3q(k-1) \quad ,$$

siendo $y(k)$ *la velocidad,* $u(k)$ *el caudal de vapor inyectado y* $q(k)$ *la carga eléctrica en el sistema. Las variables* u *y* q *están normalizadas en el intervalo* $[0,1]$ *y* y *está en el intervalo* $[0,3]$*. Las muestras* k *son a cada segundo.*

Considere que el sistema está en el punto de equilibrio inicial $u_i = 0{,}5, q_i = 0{,}5, y_i = 0{,}5$ *y se aplica un escalón incremental en el caudal de vapor, pasando de* $u_i = 0{,}5$ *para* $u_f = 0{,}8$ *(*q *se mantiene constante). Calcularemos la expresión de la respuesta del sistema para este caso y también el* *valor final y_f que alcanzará la velocidad en el nuevo equilibrio. Además, queremos saber el tiempo que la velocidad tarda en alcanzar aproximadamente 95 % de la variación $(y_f - y_i)$.*

En este sistema, sabemos que la expresión general de la respuesta para $k \geq 0$ viene dada por:

$$y(k) = 0{,}85^k y_i + \frac{0{,}45}{1-0{,}85}(1-0{,}85^k)u_f - \frac{0{,}3}{1-0{,}85}(1-0{,}85^k)q_f \quad ,$$

siendo u_f, q_f los valores finales de los escalones aplicados al sistema en la manipulación y perturbación respectivamente. Entonces tenemos:

$$y(k) = 0{,}5(0{,}85)^k + \frac{0{,}45}{1-0{,}85}(1-0{,}85^k)0{,}8 - \frac{0{,}3}{1-0{,}85}(1-0{,}85^k)0{,}5 \quad ,$$

$$y(k) = 0{,}5(0{,}85)^k + 2{,}4(1-0{,}85^k) - (1-0{,}85^k) = 1{,}4 - 0{,}9(0{,}85)^k \quad .$$

Una vez obtenida esta solución, podemos calcular el valor final y_f usando el límite de la expresión anterior para $k \to \infty$ obteniendo $y_f = 1{,}4$. Este valor también se puede calcular directamente a partir del modelo estático, que en este caso es:

$$y = 0{,}85y + 0{,}45u - 0{,}3q \to y = 3u - 2q \quad .$$

De esta forma, para $u_f = 0{,}8$ y $q_f = 0{,}5$, tenemos $y_f = 3(0{,}8) - 2(0{,}5) = 1{,}4$.

Para calcular el tiempo que tarda la velocidad en alcanzar aproximadamente 95 % de la variación $(y_f - y_i)$, que en este caso es $0{,}95(1{,}4 - 0{,}5) = 0{,}855$ usaremos nuevamente la solución $y(k) = 1{,}4 - 0{,}9(0{,}85)^k$. Precisamos encontrar k para que $y(k) \geq 0{,}5 + 0{,}855 = 1{,}355$. Así, resolvemos:

$$1{,}355 = 1{,}4 - 0{,}9(0{,}85)^x \to (0{,}85)^x = 0{,}05 \to x = \frac{log(0{,}05)}{log(0{,}85)} = 18{,}43 \quad .$$

Esta expresión nos lleva a considerar que en la muestra $k = 19$, el sistema llega a la condición requerida.

Encontraremos la respuesta de este sistema de otra manera, utilizando, ahora, la idea de modelo incremental. Las variables de este sistema se pueden describir a partir del punto de equilibrio inicial como:

$$y(k) = y_i + \Delta y(k) \quad , \tag{6.57}$$

$$u(k) = u_i + \Delta u(k) \quad , \tag{6.58}$$

$$q(k) = q_i + \Delta q(k) \quad . \tag{6.59}$$

Si encontramos la solución para $\Delta y(k)$ *que tiene condición inicial nula, y la sumamos con* y_i *tendremos la solución que buscamos. Como en el caso estudiado no tenemos variación de* $q(k)$*, esto es,* $\Delta q(k) = 0$*, podemos escribir la solución de* $\Delta y(k)$ *solamente considerando la variación de* $\Delta u = u_f - u_i$*:*

$$\Delta y(k) = 3(1 - 0{,}85^k)(u_f - u_i) = 0{,}9(1 - 0{,}85^k) \quad .$$

Sumando esta expresión con y_i*, obtenemos:*

$$y(k) = 0{,}5 + 0{,}9(1 - 0{,}85^k) = 1{,}4 - 0{,}9(0{,}85)^k \quad ,$$

que es la misma solución obtenida anteriormente.

Ejemplo 65 *En un segundo sistema turbina-generador, de la misma industria de caña de azúcar, se propuso un modelo discreto dado por la ecuación:*

$$y(k) = 0{,}85y(k-1) + \beta_u u(k-1) - \beta_q q(k-1) \quad ,$$

con las mismas variables e intervalos que en el caso anterior. En este caso, necesitamos determinar los valores de β_u *y* β_q *del modelo utilizando mediciones de las condiciones de funcionamiento en dos puntos de equilibrio:*

- *con* $u_1 = 0{,}5, q_1 = 0{,}5$ *se midió* $y_1 = 0{,}5$*;*

- *con* $u_2 = 0{,}8, q_2 = 0{,}2$ *se midió* $y_2 = 2{,}0$.

También tenemos que determinar la ganancia estática del modelo del sistema para la relación entre u *y* y*, para la relación entre* q *y* y.

La condición de equilibrio del sistema implica $y(k) = y(k-1) = y, u(k) = u, q(k) = q$ *para todo* k. *Entonces el modelo estático viene dado por:*

$$y = 0{,}85y + \beta_u u - \beta_q q \quad .$$

Usando las dos condiciones impuestas tenemos que:

$$0{,}5\,(1 - 0{,}85) = \beta_u 0{,}5 - \beta_q 0{,}5 \quad ,$$

$$2\,(1 - 0{,}85) = \beta_u 0{,}8 - \beta_q 0{,}2 \quad ,$$

lo que nos lleva a dos ecuaciones en β_u, β_q:

$$0{,}15 = \beta_u - \beta_q \qquad 0{,}3 = 0{,}8\beta_u - 0{,}2\beta_q \quad .$$

Resolviendo el sistema, tenemos $\beta_u = 0{,}45$ *y* $\beta_q = 0{,}3$.

Para determinar la ganancia estática, podemos considerar nuevamente la ecuación estática del sistema con $\beta_u = 0{,}45$ *y* $\beta_q = 0{,}3$. *Por lo tanto,* $0{,}15y = 0{,}45u - 0{,}3q$ *o* $y = 3u - 2q$. *Así, las ganancias estáticas son dadas por* $K_e = 3$ *y* $K_q = -2$.

Los ejemplos anteriores han estudiado casos de sistemas estables, que representan la mayoría de casos prácticos. Para completar el estudio consideraremos un caso inestable.

Ejemplo 66 *Estudiaremos en este ejemplo un sistema de aplicación financiera de interés fijo y aplicación mensual constante. Supongamos que queremos ahorrar para comprar una casa que cuesta 500,000.00 pesos y que vamos a invertir mensualmente 1000 pesos y que conseguimos una aplicación que nos rinde 0,5 % al mes. Queremos saber cuántos meses debemos* *ahorrar para poder comprar la casa, partiendo de cero y considerando los primeros 1000 pesos aplicados al inicio del mes* $k = 1$ *(supongamos que vemos el saldo el mismo día que aplicamos, por ejemplo, el quinto día de cada mes).*

El modelo de la aplicación, con $k > 0$ *en meses, es:*

$$s(k) = 1{,}05s(k-1) + A \quad ,$$

siendo $s(k)$ *el saldo y* $A = 1000$*. Como* $s(0) = 0$ *la respuesta de este sistema para* $k > 0$ *es dada por:*

$$s(k) = 1000(1{,}05)^{k-1} \quad ,$$

que es una respuesta divergente, pues $(1{,}05)^{k-1}$ *tiende al infinito para* k *infinito. En este caso, queremos encontrar* k *para que:*

$$1000(1{,}05)^{k-1} \geq 500000 \rightarrow (1{,}05)^{k-1} \geq 500 \quad .$$

Calculamos, entonces, un x *para que* $(1{,}05)^{x-1} = 500$*:*

$$x - 1 = \frac{log(500)}{log(1{,}05)} = 127{,}37 \quad ,$$

por lo tanto $x = 128, 37$ *y como* k *representa un número entero, necesitamos 129 meses (muestras) para ahorrar la cantidad necesaria.*

Observe que en esta inversión de interés compuesto, el saldo tiene el crecimiento de una curva exponencial.

6.5. Comentarios finales

En este capítulo, estudiamos los procedimientos para calcular las respuestas en el tiempo de los sistemas EDO y ED de primer orden, que representan el funcionamiento de sistemas dinámicos continuos y discretos en muchas situaciones prácticas.

En el estudio fue considerado el efecto sobre la respuesta de las condiciones iniciales, las entradas manipuladas y las perturbaciones. Limitamos nuestro estudio a señales de entrada de tipo escalón por su utilidad práctica y por ser suficientes para explorar los aspectos conceptuales más importantes del control de procesos simples.

Como veremos en los próximos capítulos, en base a estos modelos, podremos realizar el análisis y diseño de sistemas de control básicos, pero de gran utilidad práctica.

En los ejemplos presentados se estudió tanto el análisis de las características de la respuesta del sistema para observar los efectos de los parámetros del modelo, como la ganancia estática y la constante de tiempo, así como la determinación de estos parámetros en base al conocimiento de experimentos realizados en el proceso. Estos procedimientos, aunque sencillos, se utilizan ampliamente en la práctica industrial. Estudiaremos más sobre ellos en los próximos capítulos.

A partir del próximo capítulo comenzaremos el estudio de los sistemas en bucle cerrado y de varias estrategias de control.

6.6. Lectura complementaria

Para obtener más información sobre el tema de este capitulo, respuesta de sistemas lineales continuos y discretos, recomendamos las siguientes referencias complementarias, que generalmente abordan el tema utilizando conceptos de matemática más avanzados y también tratan con sistemas más complejos.

- KWAKERNAAK, Huibert; SIVAN, Raphael; STRIJBOS, Rens C. W. *Modern signals and systems.* Englewood Cliffs: Prentice Hall, 1991.

- LATHI, Bhagwandas Pannalal; GREEN, Roger A. *Linear systems and signals*. New York: Oxford University Press, 2018,
- OPPENHEIM, Alan V.; WILLSKY, Alan S.; NAWAB, Syed Hamid. *Signals and systems*. London: Prentice-Hall International, 1997.

Lista de ejercicios

1. El siguiente sistema dinámico discreto

$$y(k) = 0{,}8y(k-1) + 0{,}4u(k-1) - 0{,}2q(k-1), \qquad (6.60)$$

representa el modelo simplificado de un motor de corriente continua accionado por tensión, donde y representa la velocidad de rotación del motor y es la variable de proceso, u es la tensión aplicada al inducido del motor (señal de control) y q es el torque de carga en el eje del motor (un disturbio). Este modelo se obtuvo mediante un muestreo realizado cada $T_s = 1\,\mathrm{s}$, con $t = kT_s$.

Usando el modelo de la Ecuación (6.60), elabore un código que simule el comportamiento del motor. Para los experimentos en el simulador, considere cien segundos de simulación y la señal de control (variable manipulada) como un escalón unitario, aplicado en $t = 10\,\mathrm{s}$ y una señal de perturbación también del tipo escalón unitario, con subida en $t = 50\,\mathrm{s}$.

Calcule analíticamente el valor final que alcanzará y con estas señales de control y perturbación. Además, estime cuántas muestras se necesitan para que la salida del sistema llegue a 95 % del valor final. Compare gráficamente los resultados de su simulación con el resultado obtenido en el procedimiento analítico.

2. El mismo motor del problema 1 ahora se modela usando ecuaciones diferenciales. La siguiente ecuación representa el comportamiento de este sistema dinámico continuo:

$$5\frac{dy(t)}{dt} + y(t) = 2u(t) - q(t) \quad , \qquad (6.61)$$

donde y representa la velocidad de rotación del motor (variable de proceso), u representa la tensión de alimentación del motor (señal de control) y q representa el torque en el eje del motor (señal perturbadora).

Simule la EDO. Considere 100 segundos de simulación y la variable manipulada como un escalón unitario, aplicado en $t = 10\,\text{s}$ y la perturbación un escalón unitario con subida en $t = 50\,\text{s}$.

Calcule analíticamente el valor final que alcanzará y con estas señales de control y perturbación. Además, calcule el tiempo necesario para llegar a 95 % de este valor. Demuestre que el tiempo para alcanzar 95 % del valor de y en régimen permanente es independiente de la amplitud del escalón en u o en q.

Finalmente, muestre las señales y, u y q usadas en la simulación y compare estas señales con las calculadas analíticamente. Observe las respuestas y mida el tiempo para llegar a 95 % del valor final de y en régimen permanente.

3. A partir de la respuesta en el tiempo del modelo continuo del Problema 2, muestree el resultado con $t = kT_s$, usando $T_s = 1\,\text{s}$. Compare esta señal muestreada con la señal discreta del Ejercicio 1. Observe la relación entre las dos respuestas y demuestre que el muestreo de la solución del Ejercicio 2 es equivalente a la solución del Ejercicio 1.

4. El modelo discreto de un sistema de control de velocidad de un cohete viene dado por la siguiente ecuación:

$$v(k) = 0{,}9v(k-1) + 0{,}3u(k-1) \quad ,$$

con muestras medidas a cada minuto.

Considerando la siguiente situación:

- el cohete está inicialmente en reposo.$v(0) = 0$

- se aplica un control constante de la forma $u(k) = u_0$ para $k \geq 0$.

Calcule el valor final de la velocidad del cohete y el tiempo que tarda en alcanzar aproximadamente 99 % del valor final. ¿Cuál es la ganancia estática del modelo de cohete?

El modelo de un segundo cohete viene dado por:

$$v(k) = 0{,}81v(k-1) + 0{,}57u(k-1) \quad ,$$

con muestras medidas a cada minuto.

Sin calcular la solución de la respuesta en el tiempo completa, demuestre que este segundo cohete tiene la misma ganancia estática que el anterior y tarda aproximadamente la mitad que el anterior en alcanzar 99 % del valor final para la misma señal de entrada.

5. Un compresor es un equipo que se utiliza para elevar la presión de un gas (entra al compresor a una presión determinada y sale a una presión más alta). En condiciones de temperatura y presión de entrada constantes, la presión de salida p está relacionada con el caudal que el compresor está procesando $f(t)$ mediante un modelo simplificado dado por:

$$\tau\frac{dp(t)}{dt} + p(t) = K_e f(t) \quad ,$$

donde todas las variables están normalizadas y pueden variar en el rango $[0, 100]$ %.

En este compresor se realizó el siguiente experimento: variando $f(t)$ de 50 % a 70 %, se observó un comportamiento en $p(t)$, que va desde 55 % a 77 %, tomando aproximadamente 20 s para alcanzar el equilibrio (considere que al llegar a 99 % del valor final de la variación esperada, el sistema ya está en equilibrio). Determine los valores de K_e y τ del modelo y escriba la ecuación para la respuesta completa, comenzando desde la condición inicial y llegando a la condición final.

Aproximadamente, ¿cuánto tiempo le tomaría a este sistema para que su producción pase de un valor de equilibrio de presión de 27,5 % a otro, dado por 38,5 %? ¿Porque?

Ahora considere que el modelo se modifica considerando una perturbación $q(t)$ en el proceso, manteniendo los valores encontrados de K_e y τ:

$$\tau \frac{dp(t)}{dt} + p(t) = K_e f(t) - 0{,}5q(t) \quad .$$

Encuentre la respuesta completa del sistema para un experimento en el que, partiendo de un equilibrio con $f = 50\,\%$, $q = 0\,\%$, se aplica primero un escalón en q de valor 10 %, en el instante $t = 0\,\mathrm{s}$ y después de quince segundos, se aplica un segundo escalón en f, que va de 50 % a 65 %.

Actividad práctica: kit experimental motor-generador

El objetivo de esta actividad es desarrollar un modelo aproximado que describa las relaciones entre la entrada de voltaje u y la medida de la velocidad de rotación en voltaje y del sistema motor-generador, kit experimental utilizado en este libro.

En este capítulo, proponemos las siguientes actividades prácticas:

- Adaptar el código desarrollado en las actividades prácticas del capítulo anterior para realizar el siguiente experimento: utilizar una señal de actuación tipo escalón u, con mayor o menor amplitud, y medir los valores de la variable de proceso y, en estado estacionario. Suponga que el estado estable se establece cuando la variable del proceso varía menos de ± 2 % alrededor de un valor constante.

- Elija un punto operativo arbitrario, descrito por un par $(u\,,\,y)$. Por ejemplo, suponga que un motor con entrada $u = 3\,\text{V}$ llega en régimen permanente, a una variable de proceso medida $y = 2{,}1\,\text{V}$, el punto de operación está descrito por $(3\,,\,2{,}1)\,\text{V}$.

- Adapte el código diseñado para llevar el sistema motor-generador a este punto de equilibrio y a partir de ahí, incremente la señal de actuación u con una serie de pequeños escalones de amplitud de $\pm\,0{,}1\,\text{V}$. La rutina debe esperar a que la variable de proceso se estabilice para variar la señal de actuación. Guarde los valores enviados a través de la señal de control u y los valores medidos en la variable de proceso y en la memoria del microcontrolador Arduino.

- Con base en los valores guardados y utilizando las metodologías estudiadas, realice una gráfica que describa el comportamiento estático de este sistema en las cercanías del punto de operación definido (tenga cuidado de respetar siempre los rangos de operación para la señal de control, de 0 a 5 V) y para la señal medida de la variable de proceso (definida en las actividades prácticas del capítulo anterior).

- Analice la curva que describe el comportamiento estático del proceso en las cercanías del punto de operación. ¿Se puede considerar lineal el modelo de variaciones de y (Δy) en función de las variaciones de u (Δu)?

- Gráficamente, dibuje una recta que represente, lo mejor posible, la curva estática obtenida para ese punto de operación. ¿Cuál es la validez del modelo lineal dado por la recta determinada? ¿La pendiente de esta recta tiene un valor cercano al de la relación estática absoluta $\frac{y}{u}$? ¿Qué resultado obtendría si cambiara el punto de operación?

Problema resuelto

El control de temperatura de una ducha electrónica se realiza cambiando la potencia aplicada en su resistencia eléctrica o variando el caudal de agua. En una fábrica de duchas se estudió el comportamiento del aumento de temperatura logrado por una ducha de alta potencia para regiones muy frías. Los experimentos se llevaron a cabo con un caudal constante de 5 L/min, un caudal típico para una residencia.

El siguiente modelo discreto describe el comportamiento de este sistema:

$$y(k) = ay(k-1) + bu(k-1) \quad ,$$

donde $y(k)$ es el incremento de temperatura del agua, es decir, la diferencia entre la temperatura de entrada y salida del agua en la ducha y $u(k)$ la potencia aplicada a la resistencia eléctrica. a y b reales son parámetros del sistema. La potencia puede variar en el rango $[0, 100\,\%]$ y el incremento de temperatura varia de 0 a 60 °C. Las muestras k se miden cada segundo.

- (a) Determine los valores de a y b utilizando la información obtenida del siguiente experimento: estando el sistema en $y = 0$ °C con la potencia nula $u = 0\,\%$, la potencia se incrementó en forma de escalón para $u = 50\,\%$ y se observó que $y(k)$ aumentó lentamente, alcanzando un valor de 28,5 °C después de 20 segundos y un valor final de 30 °C en el nuevo equilibrio.

- (b) Ahora considere la relación $y(k) = T(k) - T_e(k)$, siendo T y T_e, respectivamente, las temperaturas de entrada y salida del agua en la ducha. Escriba el modelo completo del sistema considerando T como variable de proceso, T_e como perturbación y u como variable manipulada. ¿Cuál es la ganancia estática del modelo del sistema para la relación entre u y T y para la relación entre T_e y T?

Resolución

(a) A partir del modelo $y = ay(k-1) + bu(k-1)$, podemos calcular la forma general de la respuesta como:

$$y(k) \quad = \quad a^k y(0) + \frac{b}{1-a}(1-a^k)u_0 \quad , \tag{6.62}$$

siendo $y(0) = 0$ la condición inicial y u_0 el valor del escalón de potencia de 50 % aplicado.

Entonces podemos reorganizar la Ecuación (6.62) de la siguiente manera:

$$y(k) = 50\frac{b}{1-a}(1-a^k) \quad . \tag{6.63}$$

Considerando que la temperatura se estabiliza en $y(\infty) = 30$, tenemos que a^k tiende a cero para k yendo al infinito, y así:

$$\frac{b}{1-a} = \frac{3}{5} \quad , \tag{6.64}$$

lo que nos da una primera relación entre a y b y directamente la ganancia estática del sistema:

$$K_e = \frac{b}{1-a} = \frac{3}{5} \quad .$$

También sabemos que la salida alcanza 95 % de 30 °C a $k = 20$, es decir, $y(20) = 28{,}5$ °C. Usando nuevamente la ecuación general de la solución y sabiendo que $\frac{b}{1-a} = \frac{3}{5}$ tenemos:

$$y(20) = \frac{b}{1-a}(1-a^{20})50 = \frac{3}{5}(1-a^{20})50 = 28{,}5 \quad . \tag{6.65}$$

Así:

$$30(1-a^{20}) = 28{,}5 \;\rightarrow\; 1-a^{20} = 0{,}95 \;\rightarrow\; a^{20} = 0{,}05 \quad . \tag{6.66}$$

Aplicando el logaritmo y simplificando la ecuación anterior obtenemos:

$$\log(a^{20}) = \log(0{,}05) \;\rightarrow\; 20\log(a) = \log(0{,}05) \;\rightarrow\; \log(a) = \frac{\log(0{,}05)}{20} \quad , \tag{6.67}$$

$$\log a = -0{,}065 \qquad \text{así} \qquad a = 0{,}86 \quad . \tag{6.68}$$

Ahora que conocemos el valor de a, podemos calcular el valor de b:

$$b = \frac{3}{5}(1 - 0{,}86) = \frac{0{,}42}{5} = 0{,}084 \quad .$$

b) Partiendo del modelo del proceso, podemos calcular $y(k-1)$ como:

$$y(k-1) = T(k-1) - T_e(k-1) \quad . \tag{6.69}$$

Reemplazaremos esta ecuación en el modelo del proceso, obteniendo:

$$T(k) - T_e(k) \;=\; aT(k-1) - aT_e(k-1) + bu(k-1) \quad .$$

$$T(k) = aT(k-1) - aT_e(k-1) + bu(k-1) + T_e(k) \quad , \tag{6.70}$$

que es el nuevo modelo ED del sistema, que relaciona T con T_e y u.

Para calcular las ganancias estáticas, colocamos el sistema en un punto operativo genérico:

$$T_0 = aT_0 + bu_0 + T_{e_0} - aT_{e_0} \quad . \tag{6.71}$$

Organizando la ecuación, obtenemos:

$$T_0 = \frac{b}{1-a}u_0 + T_{e_0} = 0{,}6u_0 + T_{e_0} \quad . \tag{6.72}$$

Por lo tanto, podemos concluir que la ganancia estática de T_e para T es 1 y de u para T es 0,6.

Capítulo 7

Cerrando el lazo: control por realimentación de salida

En este capítulo, comenzaremos a formalizar algunos de los conceptos básicos de estrategias de retroalimentación y de sistemas de control en lazo cerrado, que se presentaron intuitivamente en el Capítulo 2, utilizando las formulaciones matemáticas presentadas en los Capítulos del 3 al 6. También analizaremos aquí algunos aspectos prácticos sobre la implementación de sistemas de control y presentaremos las estrategias de control que serán discutidas en detalle en los siguientes capítulos.

7.1. Los objetivos del control de procesos

Como se vio en el Capítulo 2, los sistemas de control sirven para actuar en el proceso de tal manera que su comportamiento cumpla con los requisitos del usuario. Estudiamos varios ejemplos en aquel capítulo, de forma intuitiva, mostrando que al modificar la variable manipulada de un proceso, podemos cambiar el comportamiento de la variable controlada, de modo que cumpla con alguna especificación: controlar la temperatura de un ambiente, la velocidad de un automóvil, etc. Ahora, en este capítulo y en los siguientes, profundizaremos en este estudio. Para ello, comenzamos por estudiar el funcionamiento de los sistemas de control, de manera más general.

Los requisitos de funcionamiento (metas) de un proceso pueden relacionarse con objetivos en diferentes escalas de tiempo y de variada complejidad. Por lo tanto, es interesante distribuir y asignar estas pautas a diferentes niveles de control, correspondientes a diferentes escalas de tiempo y complejidades de los procesos.

La Figura 7.1 presenta una representación de la "Pirámide de la automatización". Esta pirámide ilustra los diferentes niveles de control de los sistemas industriales, considerando la escala temporal de la operación (tiempo de ejecución de la tarea, objetivo o requerimiento operacional) y el número de unidades de control. Esta representación se usa ampliamente en la práctica y es muy útil para comprender la acción del sistema de control en un proceso o planta compleja, dado que este normalmente es compuesto por varios subsistemas que interactúan.

Como se ve en la figura, en el nivel más bajo (nivel 0), tenemos los sistemas de medición, actuación y hardware vinculados al proceso; estos componentes operan en escalas de tiempo rápidas (del orden de segundos o milisegundos). En el primer nivel de control, tenemos los controladores locales[1], también llamados controladores de bajo nivel, que regulan los procesos buscando cumplir objetivos en tiempos del orden de unos pocos segundos o minutos. También se les llama de controladores locales porque son empleados localmente (en una parte de la planta o subsistema) para resolver un problema de control sin preocuparse por los demás subsistemas.

Estos controladores reciben de la capa superior (nivel 2) los valores de referencia y las condiciones que se utilizarán para mantener las variables de proceso de este nivel dentro de ciertos requisitos. El foco de este libro es precisamente el estudio de estos controladores de nivel primario. En el nivel

[1]Tenemos, en la figura, la indicación que el nivel 1 consta principalmente de controladores lógicos programables (PLC) y controladores de tipo PID (estudiados en el Capítulo 12 de este libro).

2, observamos los controladores avanzados, que se encargan de controlar conjuntamente varias variables del proceso, considerando los acoplamientos entre los diferentes subsistemas. Estos controladores consideran la dinámica del proceso en el orden de los minutos a las horas; y pueden ser controladores predictivos, óptimos o robustos (fuera del contexto de este libro). Estos controladores reciben desde el nivel 3 los valores deseados para las variables de proceso del nivel 2.

En el nivel terciario de control, tenemos los controladores (o optimizadores) de la producción del sistema industrial en la escala de muchas horas o días, tomando en cuenta requerimientos económicos asociados con los costos de materias primas, energía utilizada en el proceso y valor de venta de los productos. Finalmente, en la cima de la pirámide se encuentra la etapa de planificación de producción, donde se definen los planes de producción mensuales o anuales.

La forma piramidal utilizada en la figura se justifica porque en las capas inferiores (cercanas a la planta) tenemos más unidades de control, es decir, más sistemas de control en funcionamiento que en las capas superiores. Por ejemplo, en una empresa petroquímica, tenemos cientos o miles de actuadores, sensores y controladores de bajo nivel, algunas unidades de control avanzadas y optimización y por lo general, un sistema de planificación para coordinar la planta en su conjunto.

La pirámide presentada es muy general y tiene cinco niveles, pero en la práctica los procesos pueden utilizar más o menos capas de control, dependiendo de la complejidad del proceso y el nivel de automatización.

Para ejemplificar el uso de los distintos niveles jerárquicos de control, presentaremos un caso de la industria del etanol y otro de la industria automotriz. En ambos casos, enumeraremos y analizaremos las tareas y requisitos para cada nivel.

Ejemplo 67 *Consideremos una unidad de fermentación que forma parte de una planta industrial para la producción de etanol. En este proceso, se fer-*

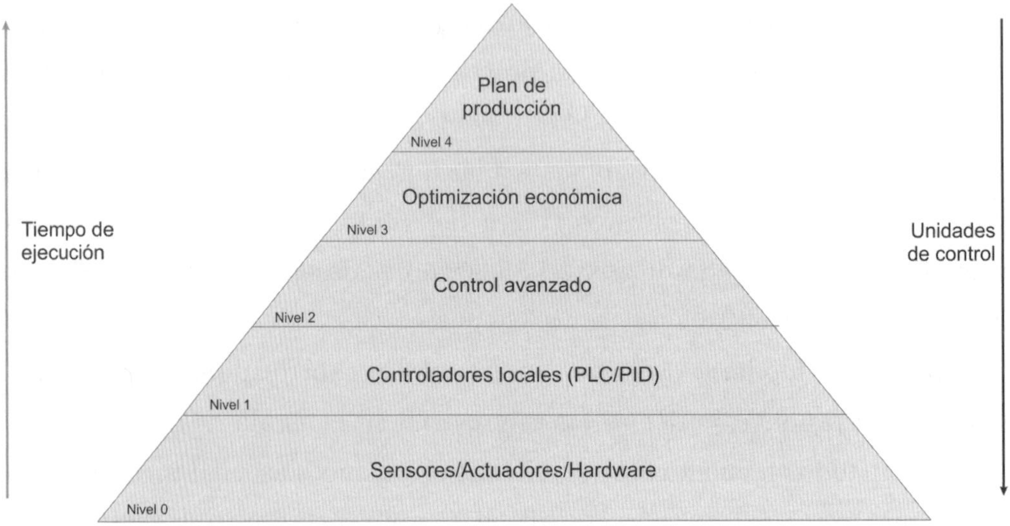

Figura 7.1 – Pirámide da automatización y los niveles de control.

menta el jugo concentrado de caña de azúcar que llega de la unidad de evaporación, produciendo un vino que luego se destila en otra unidad para la producción de etanol. La fábrica tiene varios fermentadores funcionando simultáneamente; el esquema de un fermentador se muestra en la Figura 7.2. El caldo es mezclado en la entrada con un ácido para controlar su pH, formando el mosto. Se utiliza una bomba que controla el caudal de jugo para regular el perfil de llenado del fermentador, que trabaja en régimen del tipo "batch" (por lotes).

Para mantener la temperatura de fermentación bajo control, el vino es recirculado continuamente, pasando por un intercambiador de calor que utiliza agua fría para enfriar el vino. Este proceso cuenta con un sistema de control de cuatro niveles, con optimización económica y un plan de producción en el mismo nivel, como se describe a continuación:

- *En el nivel terciario de control (plan de producción), se consideran requisitos en cuanto a la cantidad de litros que se deben producir en una cosecha determinada de caña de azúcar (período de aproximadamente 200 días). En este nivel también se consideran los requisitos económicos, como cuál debe ser el valor medio de venta por litro, dado el precio de los ingredientes para la producción de etanol (ácido, energía, etc.). Estas cantidades de producto a procesar y las calidades requeridas se pasan como referencias para el nivel 2.*

- *En el nivel 2 de control, se considera la dinámica compleja y no lineal de cada sistema de fermentación, dado que la fábrica tiene varios fermentadores operando simultáneamente (uno de estos sistemas se ilustra en la Figura 7.2). En este nivel se tienen en cuenta los requisitos operativos de los subsistemas (intercambiador de calor, válvula que regula el caudal de jugo, bomba de agua, etc.), como regiones de operación y metas de producción a cada hora. Aquí, utilizamos una función matemática que relaciona el pH, la temperatura y el volumen dentro del reactor para lograr la producción y calidad de vino requerida en el siguiente proceso, que es la destilación (que produce etanol a partir del vino) y que se impusieron a través de la capa superior. El nivel, la temperatura y los valores de pH deseados son las salidas o el resultado de este proceso de optimización; estos valores se envían al nivel primario.*

- *En el nivel de control primario, se controlan todos los sistemas de bajo nivel individualmente, como el control del caudal de agua que alimenta al intercambiador de calor, el control del caudal de ácido y caldo que ingresa al reactor, el control de temperatura dentro del reactor y control de nivel dentro de la unidad de fermentación, etc. Cada uno de estos sistemas de control local tiene sus objetivos, especificaciones operativas y requisitos, que están definidos por las referencias enviadas desde el nivel superior y por los requisitos operativos de cada variable (por ejemplo, el nivel del fermentador debe respetar un rango de valores). Como podemos ver, tenemos muchas más unidades de control locales que unidades de control secundarias y terciarias en el proceso de producción de etanol.*

- *En el nivel cero de este proceso podemos considerar todos los instrumentos utilizados en el fermentador, como son los sensores de nivel, caudal y pH, así como los actuadores, compuestos principalmente por válvulas, bombas y los sistemas de hardware encargados de comunicar los instrumentos y actuadores con los dispositivos de control.*

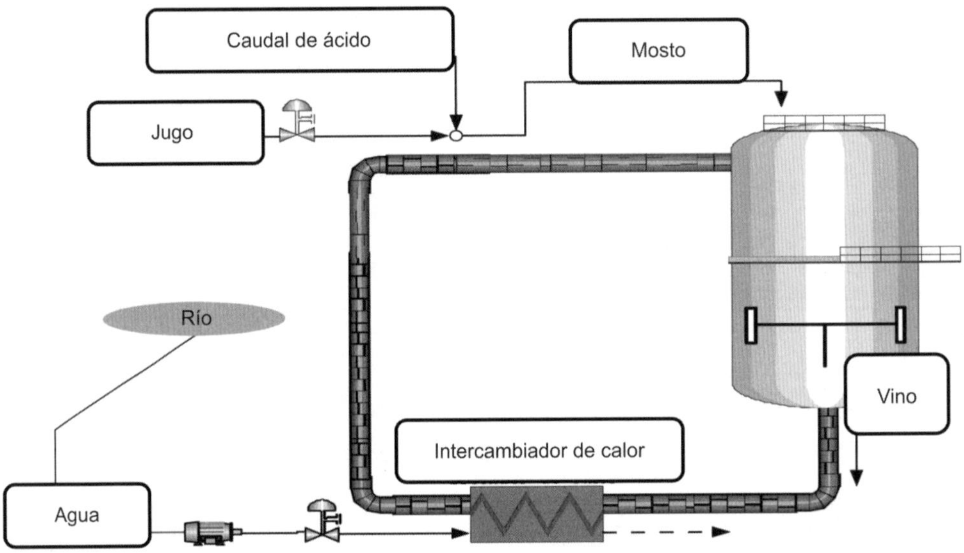

Figura 7.2 – Sistema de fermentación de jugo concentrado para la producción de etanol.

Ejemplo 68 *Considere, como segundo ejemplo, el sistema de piloto automático de un vehículo autónomo, ilustrado en la Figura 7.3. En este sistema, tenemos un vehículo que debe realizar un recorrido determinado de forma autónoma, considerando diversos aspectos del desempeño, como el tiempo necesario para completar el recorrido, consumo de combustible, desvío de obstáculos, etc. Por lo tanto, el sistema de control por capas de la pirámide para este caso estaría compuesto por los siguientes niveles.*

- *En el nivel terciario de control (plan de viaje) se consideran los requisitos en cuanto a tiempo de viaje, consumo de combustible, posibles rutas alternativas, etc. A partir de una optimización, se define una ruta, con datos de velocidad, posición y tiempo a lo largo de la ruta, datos que deben pasarse como referencia para el nivel 2.*

- *En el nivel secundario de control se consideran las dinámicas de guiado del vehículo y la redefinición de rutas en caso de obstáculos. Aquí solemos tener que considerar modelos no lineales del comportamiento del vehículo, así como el procesamiento de imágenes de las cámaras instaladas en el coche, etc. En este nivel, se tienen en cuenta los requisitos operativos de los subsistemas (potencia del motor, ángulo de giro, tamaño del vehículo, etc.) para determinar las trayectorias que se deben realizar. Los valores de velocidad, ángulo de volante deseado son las salidas o el resultado de este sistema de control; estos valores se envían al nivel primario.*

- *En el nivel primario de control, todos los sistemas de bajo nivel se regulan individualmente, como el control del motor que impulsa las ruedas para imponer velocidad, el motor que impulsa el volante, etc. Cada uno de estos sistemas de control local tiene sus objetivos, requisitos que se definen por las referencias enviadas desde el nivel superior y por los requisitos operativos de cada variable. Por ejemplo, las variaciones de velocidad y ángulo deben ser suaves para que los pasajeros se sientan cómodos.*

- *Finalmente, en el nivel cero se encuentran todos los sensores, como los que miden la posición y velocidad del vehículo y el ángulo de giro del volante y actuadores, como el motor eléctrico que posiciona el volante y el sistema de aceleración y frenado.*

La Figura 7.4 muestra un esquema de los elementos utilizados para implementar este sistema de control.

Figura 7.3 – Vehículo autónomo.

7.2. Los sistemas de control (en el nivel 1)

En este libro, estudiaremos los sistemas de control para el nivel primario de la pirámide de automatización. Los principales requisitos para esta capa se refieren a la regulación de procesos y subprocesos de bajo nivel. La regulación se refiere al control de la salida del proceso de acuerdo con un objetivo de desempeño preestablecido.

Considere el ejemplo del proceso de fermentación en la industria de la caña de azúcar para ilustrar los requisitos o especificaciones de control. En este sistema el pH del jugo debe mantenerse en un valor constante dado durante la alimentación del fermentador.

Además, debemos controlar la bomba de agua de tal manera que la entrada de caudal al intercambiador siga una determinada referencia, necesitamos controlar la temperatura dentro del fermentador para que se mantenga en un rango cercano a un valor especificado, asegurar que el caudal de ácido que se mezcla con el caldo sea el necesario, entre otros objetivos. Y todos estos requisitos deben cumplirse incluso en presencia de perturbaciones, es decir, nuestro sistema de control debe poder eliminar o atenuar los efectos

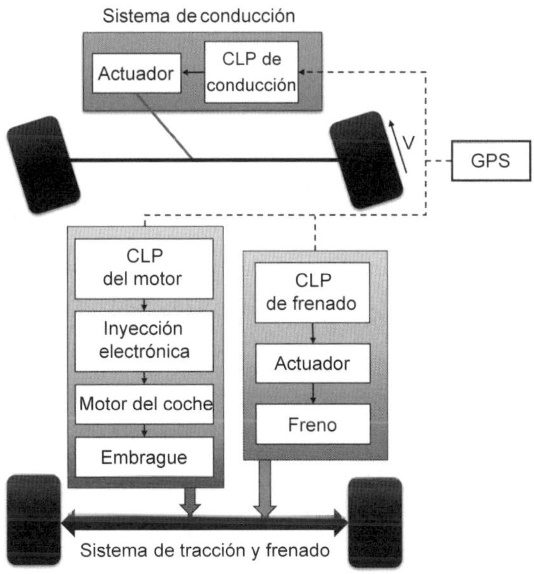

Figura 7.4 – Sistema de control de un vehículo autónomo.

de las perturbaciones en la variable del proceso.

Por lo tanto, ¿cómo podemos actuar sobre los procesos de manera que se puedan cumplir estos objetivos/requisitos de desempeño? Para esto, normalmente usamos el concepto de retroalimentación dinámica de salida (retroalimentación o *feedback*), como ya presentamos en el Capítulo 2, es decir, actuamos en el proceso, a través de la variable manipulada, en base a las mediciones de la variable de proceso. De esta forma, la señal de control (entrada del proceso) ahora se calcula a partir de una operación sobre la señal que se desea controlar (salida o variable de proceso) para que se cumplan los objetivos de desempeño establecidos. Intuitivamente, entendemos que cuando la variable de proceso se ve afectada por una perturbación, tendrá su funcionamiento modificado y por tanto, el control percibirá esta variación, a través de la retroalimentación de la salida y realizará una acción de control con el fin de corregir la desviación del comportamiento de la variable de proceso.

Ahora que tenemos más elementos matemáticos para estudiar estos problemas, seremos capaces de comprender la forma de la respuesta $y(t)$ de un proceso a una cierta manipulación $u(t)$. Como ya estudiamos, esta respuesta $y(t)$ es dependiente del modelo del proceso (de su EDO o ED) y del tipo de señal $u(t)$ que se aplica (de la forma de la señal en el tiempo). Por lo tanto, al diseñar una cierta ley de control de retroalimentación $u(t) = f(y(t))$, crearemos señales de control que variarán con el tiempo, dependiendo de las variaciones en la salida del proceso y que deben ser tal que $y(t)$ cumpla con las especificaciones deseadas. Presentemos un ejemplo.

Ejemplo 69 *Considere un dispositivo que enfría el aire en un ambiente cerrado (aire acondicionado). En este sistema, el equipo (climatizador) debe enfriar la habitación hasta que se alcance un objetivo preestablecido (referencia de temperatura para el ambiente, elegida por el usuario mediante un control remoto, por ejemplo). De hecho, ¿cómo elige el climatizador qué valor de potencia debe utilizar para lograr este objetivo? El sistema de control presente en este climatizador decide, en cada instante de tiempo, cuál debe ser la potencia instantánea del equipo, de acuerdo con la medida de la temperatura ambiente (variable de proceso). Consideraremos que en este sistema de control, la decisión de actuación se toma a través de una lógica muy simple: si la temperatura está por encima de un valor máximo de referencia, el controlador se da cuenta de que debe actuar para enfriar aún más el ambiente y de esta forma, activa el equipo para elevar la potencia; si la temperatura medida es menor que un valor mínimo de referencia, el controlador se da cuenta de que debe dejar de enfriar el ambiente y de esta forma, disminuir la potencia o apagar el equipo. Finalmente, si la temperatura se encuentra dentro de un rango cercano al valor de referencia, la actuación se mantiene (en términos de potencia instantánea). Este sistema de control actúa, por tanto, a través de una retroalimentación de salida, tomando las decisiones de control, en términos de la variable manipulada, en base a la medida de la señal controlada (variable de proceso).*

Del análisis de este ejemplo, podemos entender que, a pesar de ser un sistema con una lógica de control simple, hay varias preguntas por responder:

- ¿Qué potencia se debe aplicar en cada situación?
- ¿Cuál debería ser el valor de la variación de potencia?
- ¿Qué efecto tiene el valor de la potencia aplicada en el tiempo que tarda el sistema en volver a las condiciones de funcionamiento requeridas tras la aparición de una nueva perturbación (como, por ejemplo, la caída de la temperatura exterior o la apertura de una ventana)?

Para responder a estas y otras preguntas, necesitamos modelar el sistema matemáticamente incluyendo la ley de control. Lo haremos en los siguientes capítulos. Por ahora, formalizaremos algunos de los conceptos importantes de los sistemas de control de lazo cerrado, que discutimos intuitivamente en el Capítulo 2.

7.3. Control de lazo abierto y lazo cerrado

En este apartado presentaremos algunas definiciones y conceptos relacionados con la estructura de los sistemas de control, las especificaciones de funcionamiento y algunos aspectos prácticos.

Con respecto a los sistemas de control basados en realimentación dinámica de salida, definiremos dos condiciones de funcionamiento:

Definición 21 *Operación en lazo abierto*
Se dice que un sistema opera en lazo abierto cuando la variable manipulada es independiente de la variable controlada.

Definición 22 *Operación en lazo cerrado*
Se dice que un sistema funciona en lazo cerrado cuando la variable manipulada es calculada a partir de una operación sobre la variable controlada.

Los procesos que operan bajo la acción de un controlador que usa los datos de la salida del proceso para definir su acción de control (control de retroalimentación) se clasifican como procesos que operan en lazo cerrado. Por otro lado, los procesos sin sistemas de control o que operan con controles que no utilizan la salida del proceso para definir su acción de control (control anticipatorio por ejemplo) se denominan procesos que operan en lazo abierto.

La Figura 7.5 ilustra dos situaciones posibles a través de un diagrama de bloques: un cierto proceso es controlado por un sistema de control; la relación entre la variable manipulada y la variable de proceso viene dada por la dinámica de lazo abierto del proceso, mientras que la representación en lazo cerrado se refiere al comportamiento de la variable de proceso bajo la acción de la variable manipulada calculada mediante retroalimentación.

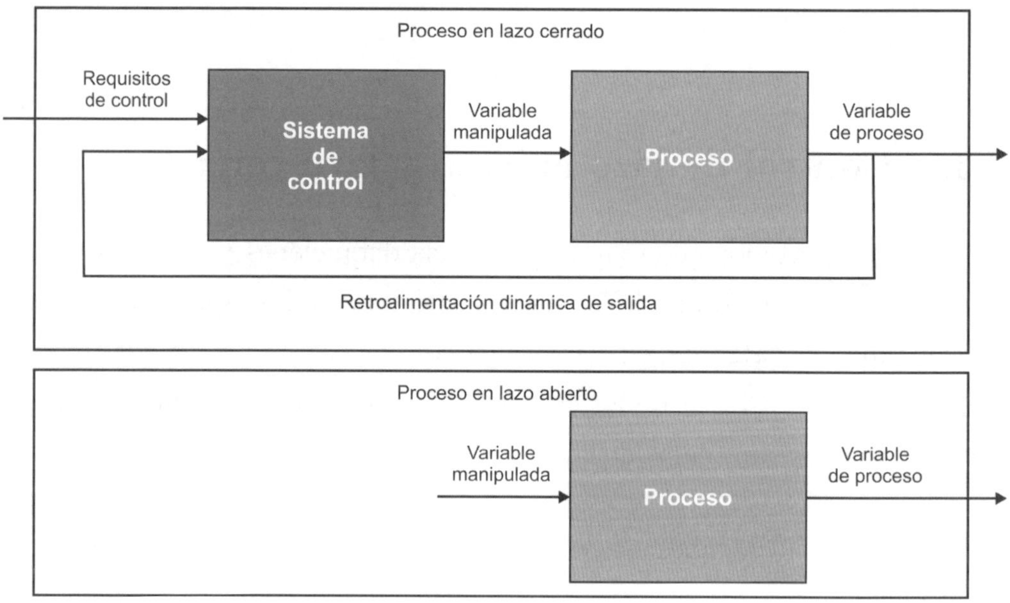

Figura 7.5 – Retroalimentación dinámica de salida: proceso en lazo abierto y en lazo cerrado.

Definición 23 *Control por realimentación*
Un controlador se clasifica como retroalimentación en el caso de que la señal

referente a la acción de control (variable manipulada, entrada de proceso) se calcule en base a información de la medición de la variable controlada del proceso sobre el cual está actuando.

Definición 24 *Control anticipatorio o pre-alimentado*
Un controlador se clasifica como anticipatorio (o prealimentado) en el caso de que la señal referente a la acción de control (variable manipulada, entrada de proceso) se calcule independientemente del valor de medición de la variable controlada del proceso sobre el cual se encuentra actuando.

De esta manera, para propósitos de implementación, los sistemas de control de retroalimentación (con retroalimentación *feedback* de la variable de proceso requieren mediciones de la salida del proceso, las cuales se proporcionan a través de sensores o transductores. Así, los sistemas de control calculan su acción basándose en una comparación de la medición de la variable de proceso con una señal de referencia (también llamada *set-point*), que describe los requisitos de comportamiento para el funcionamiento del sistema en lazo cerrado. Observe que los sistemas de control siempre actúan a través de la variable manipulada para corregir o regular la variable de proceso de tal manera que cumpla con los requisitos de control, tanto sea en una estrategia anticipatoria como realimentada.

Definición 25 *Señal de referencia*
La señal de referencia (o set-point) es una señal utilizada por el sistema de control, que resume los requisitos de rendimiento para la variable controlada.

Esta señal siempre se usa en estrategias de retroalimentación, pero también se puede usar en implementaciones de sistemas de control anticipatorio. A continuación, presentamos un ejemplo del uso de la señal de "referencia".

Ejemplo 70 *En el ejemplo del sistema de refrigeración de un ambiente cerrado, regulado por un equipo de aire acondicionado o climatizador, la señal* *de referencia es, de hecho, el valor de temperatura deseado para el ambiente (y pre-especificado por el usuario). Por ahora, llamamos a esta señal* T_d *(temperatura deseada).*

Con el fin de ilustrar el uso de la referencia en una operación de control prealimentado, asumiremos que la ganancia estática del modelo que relaciona la potencia P *(variable manipulada) con la temperatura* T *(variable de proceso) es conocida y dada por* K_e *(que, en este caso, es negativa, ya que el aumento de potencia del dispositivo provoca una caída de la temperatura ambiente). Con base en esta ganancia estática, el controlador prealimentado se describe mediante una ley estática, con una ganancia* $K_a = \frac{1}{K_e}$*, de modo que cuando el controlador recibe una señal de referencia* T_d*, aplica la siguiente ley de control al proceso:* $P = K_a T_d = \frac{T_d}{K_e}$*. Cuando se aplica este valor en la variable manipulada, el equilibrio alcanzado por la variable de proceso viene dado por* $T = K_e P = K_e \frac{T_d}{K_e} = T_d$*, es decir, la señal de control hará que la salida del proceso alcance la temperatura deseada (referencia) sin medir la temperatura* T *instantáneamente.*

Destacamos que este resultado es puramente teórico, ya que el equilibrio de T *puede variar si existen perturbaciones en el proceso (como variaciones en la temperatura del ambiente externo) o si el modelo de ganancia estática* K_e *no es representativo del comportamiento del proceso real.*

En caso de utilizar un control de retroalimentación, la señal de referencia se utiliza para comparar el valor instantáneo de la temperatura ambiente para definir cuál debe ser la potencia aplicada en cada instante. El valor de la potencia dependerá entonces de la ley de control diseñada para el lazo cerrado, una función del tipo $P = f(T, T_d)$*. La definición de esta función, que puede ser estática o dinámica, será objeto de estudio en los siguientes capítulos. Para motivar este análisis, consideramos, por ahora, que el sistema de control está diseñado de acuerdo con la siguiente ley* $P = K_p(T - T_d)$*, con* $K_p > 0$*. Este proyecto de control parece adecuado, ya que para* $(T - T_d) > 0$ *(sala más caliente de lo deseado), habrá un aumento* *en la potencia del dispositivo y cuando* $(T - T_d) < 0$ *(sala más fría que lo deseado), la potencia se reducirá. Sin importarnos, por ahora, con el valor de la constante* K_p*, podemos analizar el comportamiento del sistema en lazo cerrado, en equilibrio, considerando un modelo estático para el proceso, dado por* $T = K_e P$*. En este caso, valor de equilibrio de* T *puede ser determinado:*

$$T = K_e P = K_e K_p (T - T_d) \rightarrow T = \frac{-K_e K_p}{1 - K_e K_p} = K_{MF} T_d \quad .$$

En esta ecuación, K_{MF} *representa la ganancia estática de lazo cerrado, es decir, nos da la relación estática entre* T_d *y* T *(observe que es un valor positivo porque* K_e *es negativo). Lógicamente nos gustaría que esta ganancia fuera unitaria, que tuviera* $T = T_d$*. Esto no es posible lograr en este ejemplo, pero si* $|K_e K_p| >> 1$*,* K_{MF} *estará cerca de 1.*

Este es un resultado muy interesante, ya que indica que el sistema, regulado por una estrategia de retroalimentación de salida, es menos sensible al error entre el modelo estático del proceso $T = K_e P$ *y el proceso real a medida que aumenta* K_p*. Esta solución, cuando se compara con el enfoque anticipatorio* $P = \frac{1}{K_e} T_d$*, es menos sensible a los errores de modelado. Analizaremos este punto.*

Consideremos, a efectos de análisis, que el valor de la ganancia estática K_e *está subestimada en 10 % con relación a la ganancia estática real del proceso. En este caso, para el enfoque anticipatorio, observaremos un error de 10 % entre la temperatura* T *y el valor de referencia* T_d*. Ya para el caso realimentado, observaremos un error mucho menor que 10 % caso* $K_p >> 1$*, visto que* $\frac{-K_e K_p}{1 - K_e K_p} \approx 1$ *para cualquier valor de* K_e*.*

Como ejemplo numérico, considere que $K_e = -2$ *y* $K_p = 20$*. En el caso ideal (sin error de modelado), tenemos* $K_{MF} = 40/41 = 0{,}975$*. Ya con un error de 10 % en el modelo de la ganancia estática del proceso, tenemos* $K_e = -2{,}2$ *y por lo tanto,* $K_{MF} = 44/45 = 0{,}977$*. La variación en la* *ganancia estática en lazo cerrado* K_{MF} *(y por lo tanto del error entre* T *y* T_d*) es del orden de* 0,1 %.

La baja sensibilidad de la ganancia de lazo cerrado a errores en la determinación de la ganancia del proceso es una de las principales ventajas de las estrategias de control con retroalimentación de la variable de proceso.

7.3.1. Requisitos de operación

Una vez presentados los conceptos asociados con las variables involucradas y las estructuras de control, necesitamos analizar los requisitos de control con más detalle.

En los sistemas de control de lazo cerrado estudiados en este libro, el controlador utiliza las medidas de la variable controlada de modo que se determina la señal de control y se pueden establecer dos objetivos principales de comportamiento en la variable controlada. Estos objetivos son:

1. El rastreo (o seguimiento) de la referencia en régimen permanente.

2. El rechazo a las perturbaciones en régimen permanente.

Aquí estamos considerando que el sistema de lazo cerrado será estable, es decir, que se alcance el estado estacionario o punto de equilibrio y consideraremos solo señales de tipo escalón para la referencia y la perturbación aplicada en el sistema.

Definición 26 *Rastreo de referencia en régimen permanente*
Considerando una señal de referencia r*, el propósito del seguimiento de una referencia en régimen permanente se refiere a la realización de la siguiente propiedad:*

$$\begin{cases} \textit{Caso continuo:} \lim_{t\to+\infty} y(t) \to \lim_{t\to+\infty} r(t) & , \\ \textit{Caso discreto:} \lim_{k\to+\infty} y(k) \to \lim_{k\to+\infty} r(k) & . \end{cases}$$

Definición 27 *Rechazo de perturbación en régimen permanente*
Considere que la variable de proceso y está estabilizada en un dado punto y_f. En un dado momento (para $t > t_0$ o $k > k_0$), el proceso es perturbado por una señal q tipo escalón no nulo. El objetivo de rechazo de perturbación en régimen permanente se refiere al regreso de y al punto y_f, a pesar de la presencia de q, o sea:

$$\begin{cases} \textit{Caso continuo: } \lim_{t \to +\infty} y(t) \to y_f & , \\ \textit{Caso discreto: } \lim_{k \to +\infty} y(k) \to y_f & . \end{cases}$$

Ejemplifiquemos estos dos objetivos de desempeño con el sistema de enfriamiento térmico de un ambiente cerrado.

Ejemplo 71 *Consideremos un objetivo a la vez en el sistema de control de temperatura.*

- *El objetivo de seguimiento de referencia se establece cuando la variable controlada (temperatura del ambiente cerrado) se estabiliza en el valor de referencia deseado, establecido por el usuario. Una señal r del tipo escalón se utiliza, en la práctica, para representar los cambios instantáneos en el valor deseado de la temperatura, solicitados por el usuario a través del control remoto del equipo. Tan pronto como ocurre un cambio de referencia, el sistema de control del dispositivo define la potencia con la que debe activarse el equipo en función del* ***error de seguimiento*** *$e = r - y$ (comparación entre la medida de la variable controlada con el valor de la referencia). Por ejemplo, en el caso de una referencia de temperatura constante igual a $20\,^oC$ y un ambiente a $30\,^oC$, se calcula una señal de error igual a $-10\,^oC$ y por lo tanto, la ley de control impone que se incremente la potencia del equipo, de tal manera que y converja para r.*

- *Suponga que el objetivo de seguimiento de referencia se estableció con la temperatura ambiente dada por* $y_f = 20^oC$*, valor de punto de ajuste. Entonces, la puerta de la habitación se abre y a través de ella, un caudal de aire caliente, proveniente del ambiente externo, ingresa a la habitación. En este caso, observamos una perturbación que hace que la variable controlada* y *salga del punto de equilibrio dado por* y_f*. Entonces, el sistema de control debe actuar para que la salida* y *vuelva al punto* y_f*, a pesar del aire caliente que ingresa a la habitación. Cuando* y *regresa al punto* y_f*, decimos que la perturbación fue rechazada mediante la actuación del sistema de control de lazo cerrado.*

Cuando el sistema de control mantiene la estabilidad en lazo cerrado pero no puede seguir la referencia o rechazar la perturbación, el proceso mostrará un error de seguimiento o un error de rechazo. A continuación definimos estos conceptos.

Definición 28 *Error de seguimiento de referencia en régimen permanente Considerando una señal de referencia* r *tipo escalón, el error de seguimiento de referencia en régimen permanente se define como:*

$$\begin{cases} \textit{Caso continuo: } \lim_{t\to+\infty}(r(t)-y(t)) = e_r & , \\ \textit{Caso discreto: } \lim_{k\to+\infty}(r(k)-y(k)) = e_r & . \end{cases}$$

Definición 29 *Error de rechazo de perturbación en régimen permanente Considere que la variable de proceso está estabilizada en un cierto punto* y_0*. En un dado momento (para* $t > t_0$ *o* $k > k_0$*), el proceso es perturbado por una señal* q *tipo escalón no nulo. El error de rechazo de perturbación en régimen permanente se define como:*

$$\begin{cases} \textit{Caso continuo: } \lim_{t\to+\infty}(y(t)-y_0) = e_q & , \\ \textit{Caso discreto: } \lim_{k\to+\infty}(y(k)-y_0) \to e_q & . \end{cases}$$

En la práctica, estos valores de error de seguimiento e_r y error de rechazo

e_q generalmente se definen en términos de porcentaje. En el primer caso, e_r se da como un porcentaje del valor del escalón aplicado en la referencia. Ya e_q se da como un porcentaje del valor del escalón aplicado en la perturbación.

Es muy importante señalar que, si bien estas especificaciones se definen considerando un límite con t tendiente al infinito, en la práctica siempre se alcanzan en tiempo finito, dado que cuando una variable se aproxima lo suficiente a un valor estacionario esperado (cuando $y(t)$ está muy cerca de $r(t)$, por ejemplo), ya podemos considerar que el sistema está, de hecho, en un régimen permanente.

Ejemplo 72 *Considerando nuevamente el sistema de control de temperatura de un ambiente cerrado, supongamos que el sistema está operando en un estado estable con $T = T_d = 23$ °C. En un momento dado, el usuario establece una nueva temperatura deseada a través del control remoto y la señal de referencia cambia a $T_d = 20$ °C. Se observa que la temperatura del ambiente, después de un transitorio, alcanza un equilibrio de $T_d = 20{,}6$ °C. Para este caso, tenemos un error de seguimiento de 0,6 °C. Cómo se aplicó un escalón en T_d de amplitud 3 °C, tenemos un error de seguimiento de régimen permanente de $e_r = 20\,\%$. Supongamos, de forma complementaria, un segundo experimento, para el cual $T = 20$ °C. En este experimento, la temperatura del ambiente externo (perturbación) varía instantáneamente de $T_a = 20$ °C a 30 °C. La temperatura del interior del ambiente está influenciada por el aumento de la temperatura externa y converge, después de un cierto período de tiempo, a $T = 23$ °C. En este caso, el error de rechazo de perturbación en régimen permanente viene dado por $e_q = 3$ °C; en forma de porcentaje, este error viene dado por 3 °C / 10 °C = 30 %.*

Otras especificaciones típicas en los sistemas de control de lazo cerrado están relacionadas con el comportamiento transitorio, que, como vimos en los capítulos anteriores, está asociado al concepto de constante de tiempo. Una medida muy utilizada, en la práctica, es el tiempo de establecimiento o el tiempo de rechazo, ambos medidos en el transitorio de la variable de proceso. Estas propiedades nos informan cuánto tiempo tarda el proceso, bajo la acción del control, en llegar a un punto muy cercano a su valor final de equilibrio, cuando se impone un cambio de referencia (tipo escalón) o cuando se produce una nueva perturbación en el sistema (tipo escalón).

Definición 30 *Tiempo de establecimiento de* $5\,\%$
Considere un sistema que opera en un punto de equilibrio y_0. *Para este sistema, una señal de referencia* r *del tipo escalón es aplicada en el proceso en el tiempo* $t = t_0$ *(*$k = k_0$*, en el caso discreto), que lleva el sistema hasta un nuevo equilibrio de valor* y_f*, conforme* $t \to +\infty$ *(*$k \to +\infty$*).*

En este caso, el tiempo de establecimiento de $5\,\%$ *de la variable de proceso es definido como el tiempo que esta variable lleva para pasar del punto inicial* (t_0, y_0) *hasta el punto* (t_{as}, y_{as}) *(del punto* (k_0, y_0) *al punto* (k_{as}, y_{as})*, en el caso discreto), considerando que:*[2]

$$\begin{cases} \textit{Caso continuo:} \\ t_{5\,\%} = t_{as} - t_0 \quad , \\ 0{,}95(y_f - y_0) \leq y(t_{as}) - y(t_0) \leq 1{,}05(y_f - y_0) \quad , \\ \textit{Caso discreto:} \\ k_{5\,\%} = k_{as} - k_0 \quad , \\ 0{,}95(y_f - y_0) \leq y(k_{as}) - y(k_0) \leq 1{,}05(y_f - y_0) \end{cases}$$

Estas expresiones consideran los casos en los que la variable de proceso se acerca a la referencia tanto en valores mayores como en menores, ya que, de hecho, solo importa cuando llega a una banda centrada en y_f con una amplitud de $5\,\%$ del valor de la variación estática esperada.

[2]Note que en el caso discreto siempre tendremos que aproximar el resultado al un entero mas próximo, dado que difícilmente el sistema alcanzará el valor deseado exactamente en la muestra $k = k_{as}$.

Definición 31 *Tiempo de rechazo de 5 %*
Considere un proceso operando en un punto de equilibrio y_0. *En este sistema, una señal de perturbación* q *del tipo escalón es aplicada en el instante de tiempo* $t = t_0$ *(*$k = k_0$*, en el caso discreto). Considere que el sistema alcanza un nuevo equilibrio, luego de un régimen transitorio, de valor* y_f*, conforme* $t \to +\infty$ *(*$k \to +\infty$*).*

En este caso, el tiempo de rechazo de 5 % de la variable de proceso es definido como el tiempo que el sistema lleva para pasar del punto (t_m, y_m) *hasta el punto* (t_{rj}, y_{rj}) *(del punto* (k_m, y_m) *al punto* (k_{rj}, y_{rj})*, en el caso discreto), considerando que:*

$$
\begin{cases}
\textit{Caso continuo:} \\
t_{5\,\%} = t_{rj} - t_m \quad , \\
|y(t_0) - y(t_{rj})| = 0{,}05|y_0 - y_m| \quad , \\
\textit{Caso discreto:} \\
k_{5\,\%} = k_{rj} - k_m \quad , \\
|y(t_0) - y(t_{rj}| = 0{,}05|y_0 - y_m| \quad ,
\end{cases}
$$

siendo y_m *el valor de* y *durante el transitorio que se aleja mas del equilibrio inicial* y_0. *El instante de tiempo en el cual* y *pasa por* y_m *es dado por* t_m *(*k_m*, en el caso discreto).*

En este caso, el módulo utilizado en las expresiones permite considerar los casos en que la variable de proceso se acerca a la referencia tanto por valores mayores como menores.

Ejemplo 73 *Considere, nuevamente, el sistema de control de temperatura del ejemplo anterior. En este ejemplo, mostraremos gráficamente cuatro escenarios plausibles para aplicaciones de señales de referencia y perturbación* *tipo escalón. Para ello, consideramos que el proceso tiene un comportamiento lineal y por tanto, que podemos analizar cada uno de los cuatro casos por separado. Enfatizamos que la respuesta para casos de escalones simultáneos es equivalente a la suma de las respuestas para los casos separados.*

Como primer caso, consideremos que la planta se encuentra en régimen permanente en un punto de operación dado por $y = 1$ y que se aplica un cambio de referencia para llevarla a otro punto de operación $y = 2$, con error cero. En este experimento, medimos el $t_{5\%}$ de la respuesta, a través de las ilustraciones de la Figura 7.6. Tenga en cuenta que $t_{5\%}$ representa el tiempo que y tarda para llegar en 95 % de la variación del punto inicial hasta su nuevo valor de régimen permanente.

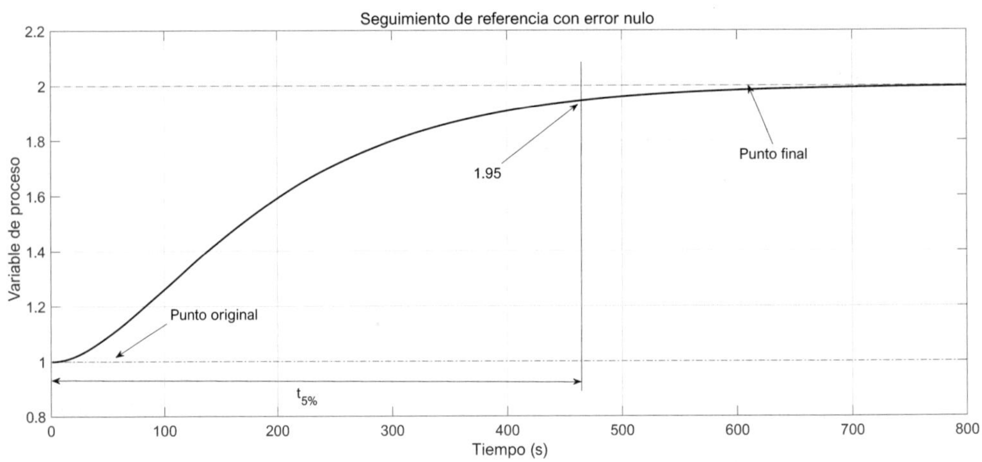

Figura 7.6 – Respuesta de seguimiento de referencia con error cero.

En el segundo caso, supongamos que la planta se encuentra en el punto de operación $y = 1$ y que aplicamos un cambio de referencia para llevarla a otro punto de operación, dado por $y = 2$, pero el sistema de control no garantiza un error de seguimiento nulo. En este experimento, medimos $t_{5\%}$ de la respuesta y el error de seguimiento e_r mediante las ilustraciones de la Figura 7.7. Tenga en cuenta que $t_{5\%}$ se mide nuevamente con respecto al tiempo que tarda y en alcanzar 95 % de la variación a su nuevo valor de *régimen permanente, dado por* $y = 1{,}9$. *En este caso el error* $e_r = 0{,}1$ *y con respecto al cambio esperado es* $e_r = 10\,\%$.

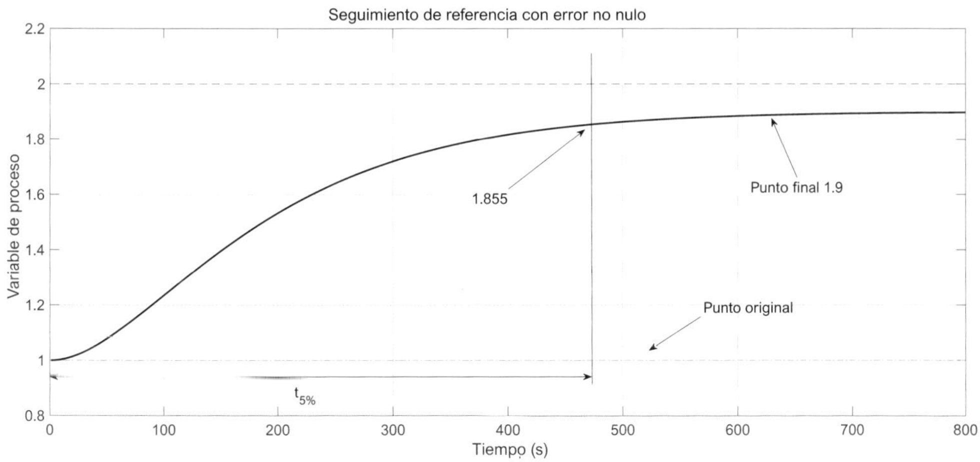

Figura 7.7 – Respuesta de seguimiento de referencia con error no nulo.

En el tercer caso, consideramos que la planta se encuentra en un punto de operación $y = 1$ *y que se aplica una perturbación de tipo escalón al proceso. Pasado un tiempo,* y *vuelve al mismo punto de operación anterior, es decir, con un error de rechazo cero. Usando la Figura 7.8, ilustramos la medida para el tiempo de rechazo de* $5\,\%$. *Tenga en cuenta que* $t_{5\,\%}$ *se da con respecto al instante donde* y *pasa por el punto más lejano del inicial, dado por* $y = y_m$.

En el último caso, consideramos que el sistema está en equilibrio en $y = 1$ *cuando se aplica una perturbación de tipo escalón. El sistema de control no garantiza el error nulo de rechazo de esta perturbación y por tanto,* y *se estabiliza en un nuevo punto de equilibrio* $y = y_f$. *Para este caso, la Figura 7.9 ilustra el tiempo de rechazo* $t_{5\,\%}$ *y el error de rechazo* e_q.

Otra especificación común en aplicaciones prácticas es cuando se requiere que la variable de proceso se mantenga dentro de una banda de operación permisible. Esta especificación es más liviana que requerir un seguimiento de referencia (que la variable del proceso converja al valor del punto de

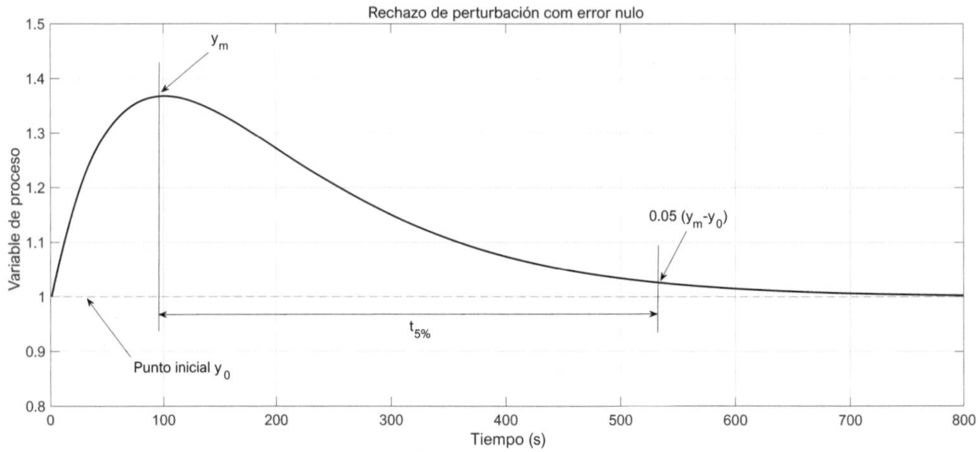

Figura 7.8 – Respuesta de rechazo de perturbación con error cero.

ajuste) y por lo tanto, se usa a menudo para procesos cuyas variables de proceso toleran pequeñas variaciones alrededor de un valor óptimo, o para la regulación de variables de proceso que no son tan importantes para el proceso en su conjunto.

Definición 32 *Operación por bandas*
Considerando una banda de operación admisible dada por $[y_{min}, y_{max}]$*, el objetivo de la operación por banda se refiere a la realización de la siguiente propiedad:*

$$\begin{cases} \textit{Caso continuo: } y(t) & \in & [y_{min}, y_{max}], \forall t \quad , \\ \textit{Caso discreto: } y(k) & \in & [y_{min}, y_{max}], \forall k \quad . \end{cases}$$

Ejemplo 74 *En las cámaras frigoríficas, en el sector industrial de alimentos, se utilizan sistemas de control para regular la temperatura dentro de las cámaras. En este tipo de aplicación, se exige una temperatura máxima, que no debe alcanzarse para que los alimentos se conserven y generalmente una temperatura mínima para evitar un gasto energético innecesario con la refrigeración de las cámaras. Por lo tanto, para estos sistemas, es común establecer rangos permisibles para la temperatura interior de las cámaras*

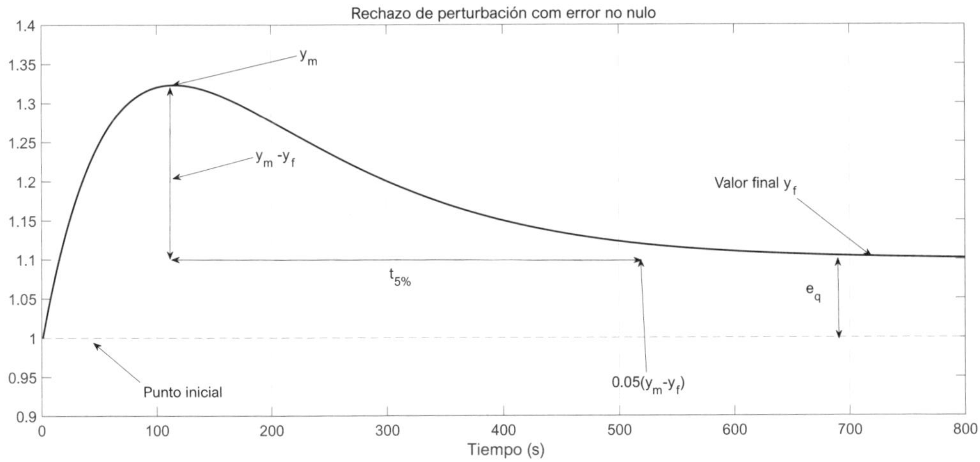

Figura 7.9 – Respuesta de rechazo de perturbaciones con error distinto de cero.

como especificación de control. Por ejemplo, estos rangos pueden estar dados por $T_{max} = -15\ ^\circ C$ *e* $T_{min} = -20\ ^\circ C$*, de tal manera que los sistemas de control que regulan estas máquinas frigoríficas admiten oscilaciones de sus temperaturas dentro del rango de funcionamiento dado por* $[T_{min}, T_{max}]$.

7.3.2. Modelos aproximados con retardo

Previamente, en el Capítulo 4, presentamos el concepto de retardo, fenómeno observado en procesos para los cuales se observan salidas cuyas respuestas se retrasan respecto a las entradas, es decir, sistemas para los cuales, al aplicar una entrada no nula, la salida no varía instantáneamente, tardando un cierto tiempo en mostrar una señal no nula.

En muchos casos prácticos industriales, la dinámica de procesos reales se describe mediante modelos dinámicos aproximados, que son representativos de la dinámica del sistema en la cercanía del punto de operación donde se realiza la prueba de identificación.

Ya hemos analizado, brevemente, el ajuste de modelos basados en datos experimentales en los Capítulos 5 y 6, pero retornaremos a analizar algunos puntos esenciales para el desarrollo posterior de estrategias de control.

El ajuste de controladores y la puesta a punto de los parámetros de control se suelen realizar en base a estos modelos aproximados que describen el proceso, obtenidos a partir de pruebas de identificación y en muchos casos, estos modelos incluyen el fenómeno del retardo.

El fenómeno de retardo es extremadamente común en los procesos industriales, especialmente cuando alguna señal se transporta (físicamente) de un proceso a otro.

Como ejemplo, podemos mencionar los procesos de calentamiento de fluidos en paneles solares, cuya temperatura se mide en el extremo de un tubo por el que circula el fluido y que se ubica justo debajo de la superficie caliente de los colectores. En este caso, existe un retardo relativo al tiempo que tarda el fluido en circular a través de los colectores, ya que este período depende del caudal del fluido. Tenga en cuenta que este retardo puede ser variable, ya que la señal de actuación que controla el caudal de entrada de líquido a los paneles puede variar con el tiempo. Lo mismo ocurre en las duchas residenciales, en las que observamos un retardo entre el momento de la acción (apertura de la válvula de la ducha) y el calentamiento del agua que llega a la persona que se está duchando.

El siguiente modelo sirve como base para representar un proceso con comportamiento lineal y estable cerca de un punto de operación, con un retardo de L unidades de tiempo, considerando la relación entre la entrada u y la salida y:

$$\tau \frac{dy(t)}{dt} + y(t) = K_e u(t-L) \quad . \tag{7.1}$$

En el caso de que el proceso tenga una dinámica integradora en el punto de operación, el modelo anterior puede ser reemplazado por:

$$\frac{dy(t)}{dt} = K_v u(t-L) \quad . \tag{7.2}$$

En ambos modelos, el parámetro L representa el tiempo de retardo entre la aplicación de una señal de entrada u y el efecto correspondiente en la salida y.

En la industria de procesos, es muy común realizar un experimento de respuesta al escalón en las cercanías de un punto de operación para obtener un modelo representativo del proceso, basado en los datos del experimento, como se explica en el Capítulo 6. En este caso, considerando los modelos presentados en las Ecuaciones (7.1) y (7.2), podemos realizar experimentos para obtener los valores de los parámetros L, τ y K_e (o L y K_v).

Enfatizamos que, si el modelo de la Ecuación (7.1) representa perfectamente el proceso, el retardo de transporte L se obtiene directamente como el tiempo transcurrido entre la aplicación del escalón de entrada u y el momento en que la salida y sale del punto de equilibrio en el que estaba. Para estimar K_e basta esperar que el sistema alcance el estado estacionario, calculando K_e como el cociente entre la variación de la variable de proceso y la variación de la variable manipulada. Finalmente, la constante de tiempo se mide, por ejemplo, usando τ como el tiempo que tarda la variable de proceso, después de pasado el retardo, para llegar a 63 % de la variación total observada en régimen permanente.

Sin embargo, en la práctica, debido a los problemas asociados con el ruido de medición y al hecho de que todos los procesos reales no son realmente sistemas lineales, el resultado será aproximado y muchas veces se utilizan métodos gráficos para encontrar los parámetros representativos del modelo.

Uno de estos métodos se describe a continuación. Este método se basa en el análisis de las respuestas típicas de un proceso a una entrada de tipo escalón, como se muestra en la Figura 7.10.

En la Figura 7.10, observamos un proceso con un comportamiento estable en el punto de operación donde se realiza el experimento de identificación. La variable de proceso varía desde un punto de equilibrio inicial y_0 hasta un nuevo equilibrio dado por y_∞. En este experimento, la variación de la variable manipulada es $u_\infty - u_0$. Por lo tanto, se determina $K_e = \frac{(y_\infty - y_0)}{(u_\infty - u_0)}$.

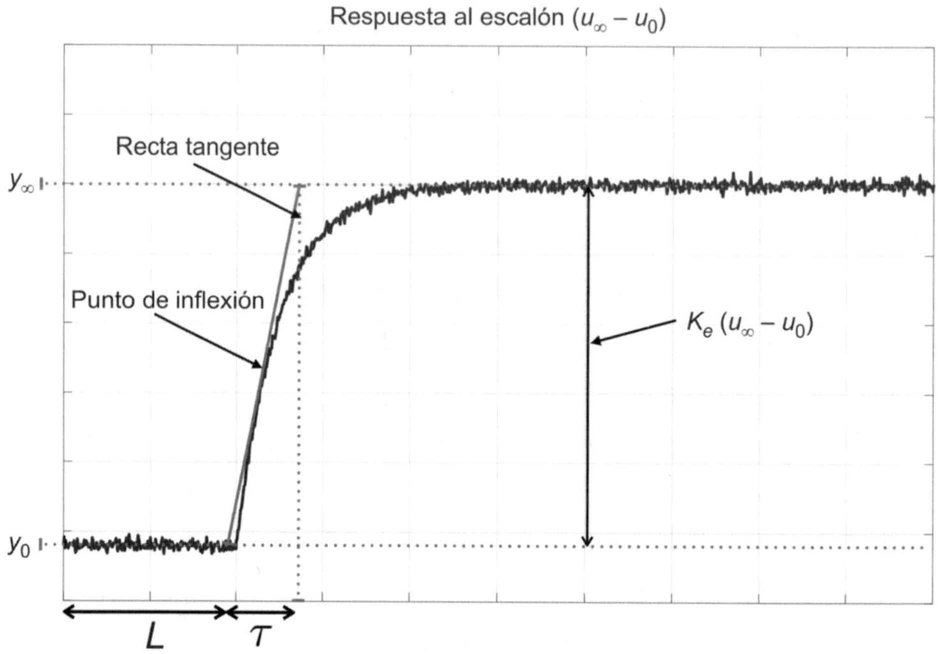

Figura 7.10 – Respuesta al escalón de un proceso continuo y metodología para la determinación de los parámetros del modelo.

Sobreponiendo la curva de la variable de proceso a una recta tangente en su punto de mayor inclinación (punto de inflexión, para un sistema de segundo orden), definido entre los puntos y_0 y y_∞, de inclinación $\frac{K_e}{\tau}$, podemos determinar los valores de los parámetros L y τ. Esta metodología se ilustra en la Figura 7.10. En la Figura 7.11, presentamos los datos del experimento realizado en un proceso continuo y la respuesta del modelo obtenido a través de esta metodología de identificación.

Cuando el proceso presenta una respuesta integradora en el punto de operación donde se realiza la identificación, también se puede utilizar este método con una pequeña modificación.

En este caso, el experimento debe detenerse después de un tiempo, ya que $y(t)$ exhibe un comportamiento similar a una rampa. El retardo L se determina de la misma manera que en el caso anterior y $K_v\,(u_\infty - u_0)$ indica la pendiente de la rampa.

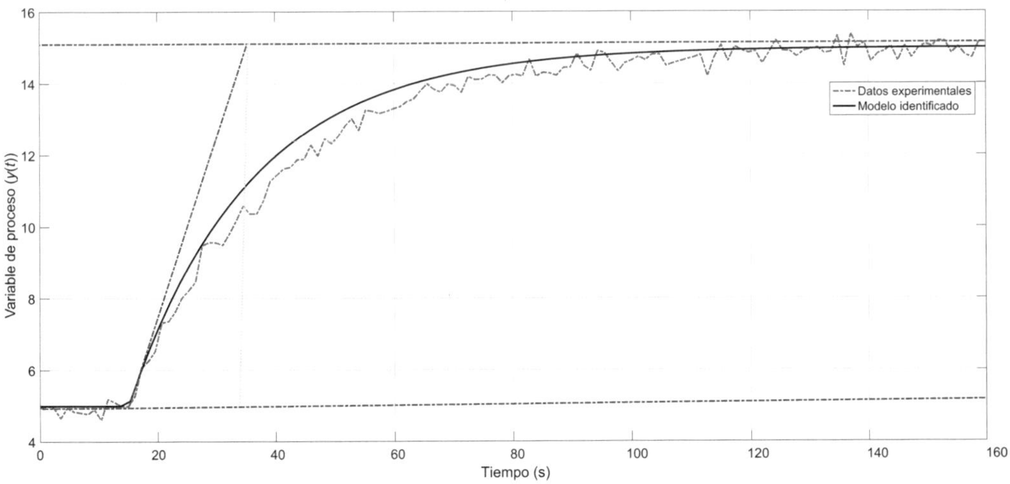

Figura 7.11 – Salida del modelo obtenido usando la metodología de identificación de respuesta al escalón experimental.

Un aspecto interesante que debe tenerse en consideración en estos modelos es que el modelo integrador se puede utilizar de forma aproximada para representar procesos muy lentos. Tenga en cuenta que el modelo lineal $\tau \frac{dy(t)}{dt} + y(t) = K_e u(t-L)$ se puede reescribir como $\frac{dy(t)}{dt} + \frac{1}{\tau} y(t) = \frac{K_e}{\tau} u(t-L)$. En este caso, si el proceso es lento, τ es una constante de tiempo muy grande y por lo tanto, se puede tomar $\frac{1}{\tau} \approx 0$. Así, obtenemos una aproximación del modelo dado por: $\frac{dy(t)}{dt} = \frac{K_e}{\tau} u(t-L) = K_v u(t-L)$.

En este caso, solo a través del conocimiento del retardo L y la pendiente de la respuesta K_v podemos describir la dinámica del proceso, independientemente de los valores reales K_e y τ, apenas usando la relación entre estos parámetros.

La metodología anterior fue desarrollada considerando modelos de procesos continuos, pero enfatizamos que también se puede aplicar a sistemas discretos, para obtener modelos aproximados del tipo $y(k) = \alpha y(k-1) + \beta_u u(k-1-d)$. En este modelo d representa el retardo en número de muestras. Para ello, basta con utilizar las relaciones entre las soluciones de las EDO y las ED presentadas en el Capítulo 6 de este libro. El siguiente ejemplo ilustra un procedimiento de identificación de este tipo.

Ejemplo 75 *Considere un proceso real con datos capturados con período de muestreo* $T_s = 0{,}5\,s$*. En este proceso se realizó un experimento de identificación, haciendo variar la variable manipulada desde* $u_0 = 0$ *a* $u_\infty = 1$*. Las señales discretas resultantes, medidas en el proceso real (con ruido de medición), se muestran en la Figura 7.12.*

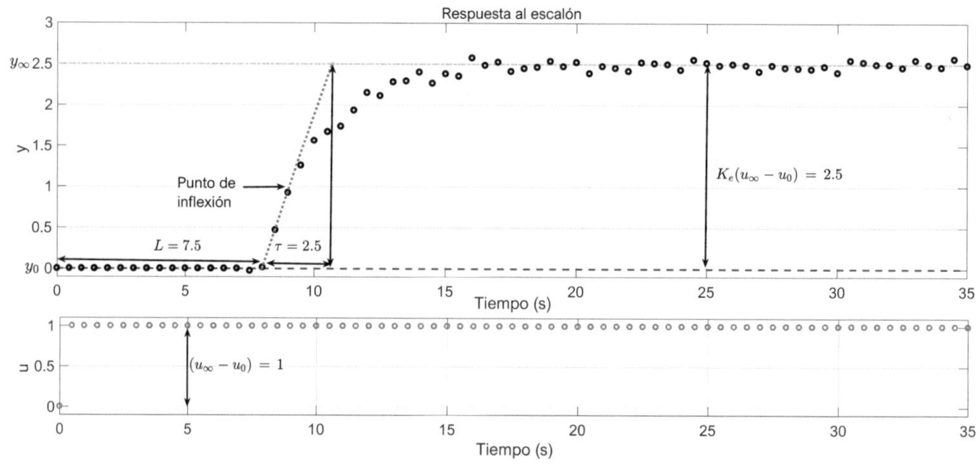

Figura 7.12 – Respuesta muestreada de un proceso con entrada al escalón.

En esta figura, podemos ver que la variable de proceso varía de $y_0 = 0$ *a* $y_\infty \approx 2{,}5$ *debido al escalón de amplitud* $(u_\infty - u_0) = 1$ *aplicado al canal de entrada del proceso. Con este dato podemos calcular* $K_e = 2{,}5$*.*

Siguiendo la metodología de identificación antes mencionada, trazamos una línea tangente al punto de mayor pendiente de la señal medida referente a la variable de proceso. Con base en esta línea, estimamos $L = 7{,}5\,s$ *y* $\tau = 3\,s$*. Enfatizamos que estos parámetros se refieren a un modelo continuo, tipo EDO, como se indica en la Ecuación* (7.1)*.*

Basado en la analogía entre las respuestas de una EDO de este tipo y una ED descrita por la Ecuación (7.4)*, como se discutió en el capítulo anterior,* *podemos tomar los parámetros de esta ED como:*

$$\begin{cases} \alpha &= e^{-\frac{T_s}{\tau}} \quad , \\ \beta_u &= K_e(1-\alpha) \quad , \\ d &= int\left\{\frac{L}{T_s}\right\} \quad , \end{cases} \tag{7.3}$$

donde $int\{\cdot\}$ es el operador que define la división de enteros.

$$y(k) \;=\; \alpha y(k-1) + \beta_u u(k-1-d) \quad . \tag{7.4}$$

Así, obtenemos los parámetros $\alpha = 0{,}8187$, $\beta_u = 0{,}4532$ y $d = 15$ muestras referentes a la Ecuación (7.4). Con fines ilustrativos, la Figura 7.13 compara la señal resultante de la simulación de la Ecuación (7.4) con una entrada $u(k) = \mathbf{1}(k)$ con la señal de la variable de proceso. Evidentemente, la metodología nos permite encontrar un modelo tipo ED representativo del proceso real, válido para dinámicas en las cercanías de la región de prueba de identificación, es decir, para $(u\,,\,y)$ en $([0,1]\,,\,[0,2{,}5])$.

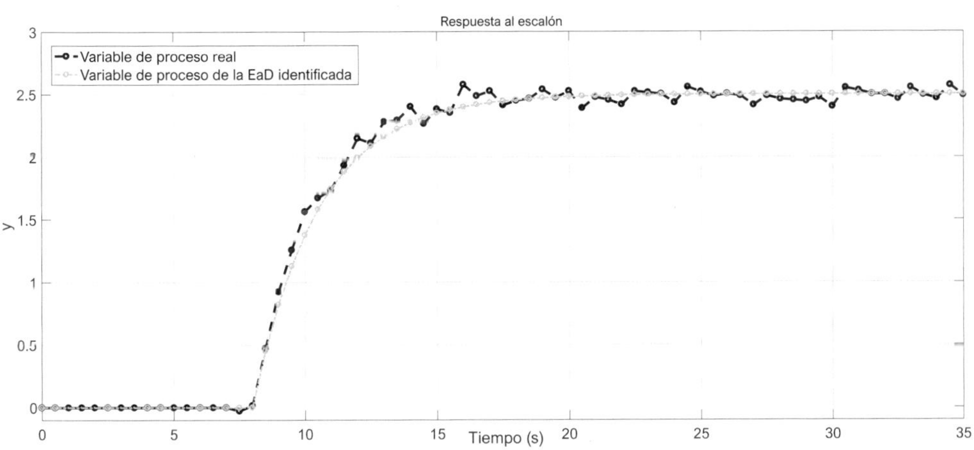

Figura 7.13 – Modelo ED identificado en comparación con la señal de variable de proceso real.

7.3.3. Aspectos prácticos

Un aspecto práctico importante que debemos considerar en los sistemas de control en general (pero que aquí aplicaremos solo a controladores de bajo nivel) está relacionado con la forma de presentar las variables involucradas en los procesos. En la mayoría de las aplicaciones industriales, todas las variables involucradas (manipuladas, perturbaciones y controladas) se especifican en términos porcentuales. A efectos de notación, cuando las variables se expresan en unidades específicas (por ejemplo, grados para una temperatura o metros de desplazamiento), decimos que se dan en *unidades de ingeniería.*

Por otro lado, incluso si estamos considerando modelos lineales para estudiar el comportamiento de los sistemas, debemos considerar que las variables del proceso real solo pueden transitar dentro de intervalos definidos. Por tanto, las variables se pueden expresar, de forma análoga, en porcentajes relativos a sus rangos de operación (en unidades de ingeniería). Por lo tanto, es importante conocer los rangos operativos de todas las variables del proceso para poder construir modelos en términos porcentuales. La forma más sencilla de obtener modelos porcentuales es a través del procedimiento de normalización de variables, que se obtiene dividiendo cada variable por su valor absoluto máximo.

Considere un proceso en una variable genérica χ, dado en unidades us. La variable χ, en la práctica, puede solo variar dentro del intervalo $[\underline{\chi}\,,\,\overline{\chi}]\,us$, y que el valor máximo de χ es dado por $\chi_M = \text{máx}\{|\underline{\chi}|\,,\,|\overline{\chi}|\}\,us$. Luego, en términos porcentuales, podemos denotar $\chi_p = 100\frac{\chi}{\chi_M}$ como una variable porcentual que representa χ. Tenga en cuenta que χ_p es, naturalmente, definida dentro del intervalo $[-100\,,\,100]\,\%$. Esta formulación es simples, sin embargo sabemos que la variable normalizada χ_p no variará dentro de todo su intervalo $[-100\,,\,100]\,\%$, a menos que $\chi_M = |\underline{\chi}| = |\overline{\chi}|$. La ventaja de esta formulación es la linealidad del modelo resultante de χ_p que se mantiene con respecto al modelo original, ya que la relación de χ_p con χ es lineal.

Una forma más elaborada de realizar la normalización, de modo que la variable de porcentaje resultante utilice todo su rango de variación, es tomar $\chi_p = 100\frac{\chi - \underline{\chi}}{\overline{\chi} - \underline{\chi}}\,\%$. En este caso, χ_p será igual a $0\,\%$ cuando $\chi = \underline{\chi}us$ e igual a $100\,\%$ cuando $\chi = \overline{\chi}us$. La desventaja de esta formulación es que no se mantiene la linealidad en el modelo resultante, ya que la relación entre χ_p y χ es afín.

En la práctica, estas normalizaciones se realizan en gran medida para calibrar equipos e instrumentos de proceso, pero también se pueden realizar en el modelo que representa el proceso, para luego realizar simulaciones. Para eso, podemos definir cada entrada del proceso en valores porcentuales, usar un modelo en porcentaje y para propósitos de ajuste, introducir bloques de conversión, que traducen variables en unidades de ingeniería en variables porcentuales y viceversa. Ilustremos esta idea con el ejemplo del control del nivel de un tanque.

Ejemplo 76 *Considere el sistema de control de nivel de un tanque, donde la variable de proceso es el nivel $h(t)$, medido en metros y la variable manipulada es el caudal de agua que entra en el tanque $V_e(t)$, medido en m^3/s. El caudal de salida V_s también es dado en m^3/s.*

Consideramos que este tanque tiene sus variables definidas dentro de las siguientes bandas operativas: $h \subset [0,10]$ m, $V_e \in [0,5]$ m^3/s y $V_s \in [0,5]$ m^3/s. Las variables porcentuales, en este caso son: $h_p(t) = 100\frac{h(t)}{10} \in [0,100]\,\%$, $V_{e_p} = 100\frac{V_e(t)}{5} \in [0,100]\,\%$ e $V_{s_p} = 100\frac{V_s(t)}{5} \in [0,100]\,\%$.

Para obtener un modelo porcentual para este proceso, hacemos el siguiente procedimiento. Partimos del modelo en variables de ingeniería:

$$A\frac{dh}{dt}(t) = V_e(t) - V_s(t) \quad ,$$

siendo A el área de la base del tanque, dada en m^2. Reemplazando las va-

riables de ingeniería con variables incrementales, tenemos:

$$\begin{cases} 0{,}1A\frac{dh_p(t)}{dt} = 0{,}05\left(V_{e_p}(t) - V_{s_p}(t)\right) & , \\ 2A\frac{dh_p(t)}{dt} = \left(V_{e_p}(t) - V_{s_p}(t)\right) & . \end{cases}$$

Para construir un diagrama de bloques basado en este modelo de porcentaje, agregamos una ganancia estática de magnitud 10 *para convertir la salida real del proceso* $h(t)$ *(proveniente del modelo real) en* $h_p(t)$ *(salida en porcentual) y una ganancia estática de magnitud* 0,05 *en la entrada del proceso real, convirtiendo la entrada porcentual* $V_{e_p}(t)$ *en la entrada real* $V_e(t)$*. De esta forma, tenemos un modelo entrada-salida en variables porcentuales, construido a partir de un modelo en variables de ingeniería.*

7.4. Estrategias clásicas de control en lazo cerrado

Con respecto a los requisitos y estrategias de control discutidos en este capítulo, enfatizamos que, en los próximos capítulos de este libro, estudiaremos cuatro estrategias clásicas de control de lazo cerrado para procesos modelados por sistemas lineales SISO, con una entrada de control u, una salida controlada y y una perturbación q. Estas estrategias son:

- controle on-off, presentado en el Capítulo 8;
- controle proporcional, presentado en el Capítulo 9;
- controle proporcional-integral, presentado en los Capítulos 10 y 11;
- controle proporcional-integral-derivativo, presentado en el Capítulo 12.

7.5. Comentarios finales

En este capítulo, nos dedicamos principalmente a la presentación de los conceptos básicos relacionados con los sistemas de retroalimentación, así como a los requisitos normalmente exigidos en el diseño de sistemas de control simples. Los principales conceptos relacionados con el seguimiento de referencias, el rechazo de perturbaciones y los errores estáticos se presentaron para apoyar los temas que estudiaremos en los siguientes capítulos, dedicados al diseño de controladores. También se introdujeron algunos aspectos prácticos importantes relacionados con aplicaciones reales, como métodos sencillos para obtener modelos de primer orden a partir de resultados experimentales y cómo llevar a cabo la normalización de las variables de un proceso.

7.6. Lectura complementaria

Para conocer más sobre el tema del control de procesos y las diferentes estrategias de control en lazo cerrado, recomendamos las siguientes referencias complementarias, que en general abordan las asignaturas utilizando matemáticas más avanzadas y también tratan sistemas más complejos.

- FRANKLIN, G. F.; POWELL, J. D., EMAMI-NAEINI, A. *Sistemas de controle para engenharia.* Porto Alegre: Bookman Editora, 2013.
- DORF, R. C. et al. *Sistemas de control moderno.* Madrid: Pearson Educación,2005.
- GEROMEL, J. C.; PALHARES, A. G. *Análise linear de sistemas dinâmicos: teoria, ensaios práticos e exercícios.* São Paulo: Blucher, 2019.
- COLANERI, P.; GEROMEL, J. C.; LOCATELLI, A. *Control theory and design: an $R\mathcal{H}_2$ and $R\mathcal{H}_\infty$ Viewpoint.* [S.l.]: Elsevier, 1997.

- AGUIRRE, L. A. *Sistemas realimentados: uma abordagem histórica.* São Paulo: Blucher, 2020.

Lista de ejercicios

1. La Figura 7.14 presenta los datos medidos de un proceso continuo real y un modelo tipo EDO de primer orden con un retardo ajustado para describir aproximadamente la dinámica de este proceso. Utilizando las metodologías detalladas en este capítulo, calcule esta EDO.

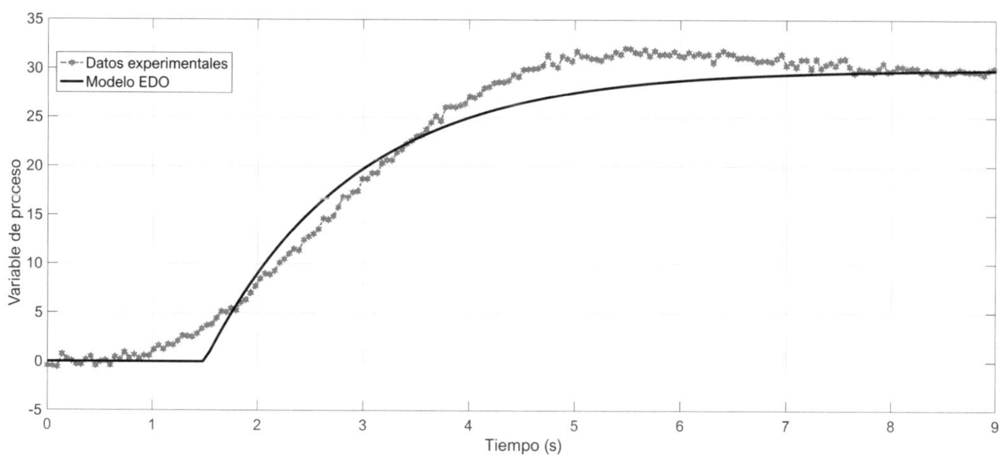

Figura 7.14 – Respuesta al escalón de un proceso continuo real.

2. Considere un proceso discreto, descrito por una ED de tipo $y(k) = \alpha y(k-1) + \beta_u u(k-1)$. Proponga especificaciones para la síntesis de un controlador para este proceso, tanto en lazo abierto como en lazo cerrado, dadas en términos de los diferentes valores posibles para α (caso estable e integrador).

3. Considere un proceso descrito por la siguiente ED:

$$y(k) \;=\; 0{,}7y(k-1) + 0{,}9u(k-1) \quad . \tag{7.5}$$

Este proceso debe controlarse en lazo cerrado. Proponga especificaciones para la síntesis de un controlador para este proceso, considerando que la respuesta en lazo cerrado debe ser más rápida que en lazo abierto.

4. Proponga un sistema de control en cascada para regular el proceso del ejercicio anterior, compuesto por un optimizador de nivel 2 y un controlador local (nivel 1). Detallar las especificaciones y funciones de cada nivel de control.

5. Un cierto proceso opera en lazo cerrado. La variación de la variable de proceso con relación a una señal de referencia $r(t) = 40\,\mathbf{1}(t)$ se muestra en la Figura 7.15. Las especificaciones para el diseño del controlador fueron: $t_{5\,\%} < 5{,}6\,\mathrm{s}$ y error de seguimiento inferior a $5\,\%$ da la amplitud del escalón de referencia. ¿Este sistema de control garantiza estas dos especificaciones?

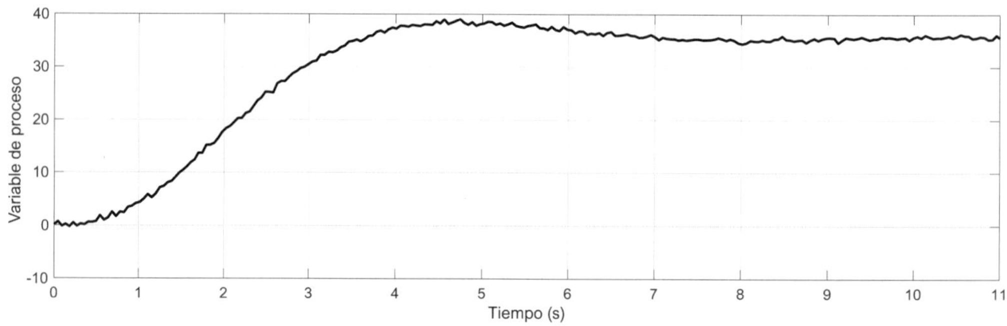

Figura 7.15 – Respuesta al escalón de referencia de un proceso continuo que opera en lazo cerrado.

6. Un proceso continuo se describe mediante el siguiente modelo: $3\frac{dy(t)}{dt} + y(t) = 2u(t) + 0{,}3q(t)$. Se diseñan dos sistemas de control: a) un sistema de control de lazo abierto, con ley de control $u(t) = 0{,}5r(t)$, y b) un sistema de control de lazo cerrado, con ley de control $u(t) = 4{,}5\,(r(t) - y(t))$. Este proceso debe ser controlado de tal manera que, bajo la acción del controlador, el error estático para seguimiento a las señales de referencia tipo escalón sea menor a 20 % y que el efecto de

las perturbaciones $q(t)$ (tipo escalón) en y se reduzca con relación al lazo abierto. Analice las respuestas obtenidas con ambas estrategias de control y verifique si garantizan o no el cumplimiento de las especificaciones. Además, analice el efecto de los errores en el modelo del proceso sobre el resultado obtenido. ¿Qué estrategia es más sensible al error en el modelo?

7. Un sistema de control de nivel de un tanque se describe mediante el siguiente modelo:

$$20\frac{dh(t)}{dt} = 5a_e(t) - 2\sqrt{20h(t)}a_s(t) \quad , \tag{7.6}$$

donde $a_s(t)$ representa la apertura de la válvula de salida del tanque, $a_e(t)$ la apertura de la válvula de entrada y $h(t)$ el nivel de agua en el tanque. El tiempo se mide en minutos, las aberturas se dan en el rango $[0, 1]$ y el nivel se mide en el rango $[0, 10]$ m. Encuentre un modelo normalizado del proceso con todas las variables expresadas en porcentajes.

Actividad práctica: kit experimental motor-generador

El objetivo de esta actividad es desarrollar un modelo lineal dinámico que describa, en las cercanías de un punto de operación, las relaciones dinámicas entre la entrada de voltaje u y la medición de la velocidad de rotación en voltaje y del sistema motor-generador, kit experimental utilizado en este libro.

En este capítulo se proponen las siguientes actividades prácticas:

- Utilizando el código elaborado en las actividades prácticas del capítulo anterior, lleve el sistema a un punto de operación predefinido y en este punto, aplique una serie de escalones en u de diferentes amplitudes, para observar gráficamente el comportamiento de la variable de proceso. Distinga las no linealidades observadas en esta respuesta. ¿Tiene el sistema el mismo tiempo de estabilización para todos los puntos de equilibrio probados?

- Con base en las metodologías de identificación descritas en este capítulo y en los anteriores, proponer un modelo tipo EDO de primer orden que represente, aproximadamente, el comportamiento del motor en las regiones cercanas al punto de operación predefinido. Busque el modelo lineal que le permita representar el rango operativo más amplio de este sistema. Analice los resultados a la luz de los conceptos de modelo absoluto y modelo incremental; entienda las diferencias entre ellos.

- ¿Cuál es la constante de tiempo estimada en el modelo EDO propuesto? ¿Es esta constante de tiempo representativa de todo el rango operativo del sistema motor-generador?

- ¿Cuál es la ganancia estática estimada en el modelo EDO propuesto? ¿Es esta ganancia representativa de todo el rango operativo del sistema motor-generador? Haga una comparación de la ganancia estática de la EDO propuesta con la pendiente de la línea recta que mejor se aproxima a la curva estática de este sistema, propuesta en el capítulo anterior. ¿Son esta ganancia y la pendiente de la curva similares? ¿Porque?

- ¿Se puede concluir que el modelo EDO propuesto representa suficientemente bien la dinámica del sistema motor-generador para todos los puntos operativos? ¿Se puede concluir que este modelo es representativo?

Problema resuelto

Un reactor de la industria farmacéutica utiliza dos fluidos X y Y para producir un producto Z. La salida de Z depende de las entradas de X y Y. El siguiente modelo describe la dinámica de este proceso:

$$3\frac{dz(t)}{dt} + 2(z(t))^2 y(t) = \beta x(t) \quad ,$$

para el cual x es el caudal de X, y el de Y y z el de Z. Todos los caudales son positivos y se describen en litros por minuto, mientras que el tiempo se mide en minutos.

En este sistema, el caudal de X se utiliza como variable manipulada, siendo el caudal de Z la variable de proceso y el caudal de Y una perturbación.

- (a) Determine el valor de β, sabiendo que el sistema tiene un punto de equilibrio dado por $x = 10$, $y = 5$ y $z = \sqrt{2}$.
- (b) Analice el comportamiento estático del reactor y dibuje la característica estática del sistema considerando las variables que considere importantes. Considere $\beta = 2$, y en el rango $[1, 5]$ y x en el rango $[0, 20]$. Determine el rango de variación de z.
- (c) Dibuje un diagrama de bloques del sistema identificando la variable del proceso, la variable manipulada y la perturbación, así como la operación de integración de la variable.
- (d) Encuentre un modelo linealizado para el sistema que opera en la cercanía del punto de equilibrio dado por $x = 10, y = 2$ y con $\beta = 2$.
- (e) Utilizando el modelo linealizado de (d), calcule la constante de tiempo del sistema y las ganancias del sistema estático para las relaciones entre la variables manipulada y controlada y entre la perturbación y la controlada. Calcule el tiempo que le tomaría a la variable

controlada llegar desde el punto de equilibrio dado por $x = 10$, $y = 2$ al punto de equilibrio dado por $x = 12$, $y = 2$ (considere que en la práctica, llegando a 99 % del valor final, el sistema ya está en equilibrio).

- (f) Para el caso no lineal, encuentre un modelo normalizado, en el que todas las variables se normalizan entre 0 y 100 %.

Resolución

a) Reemplazando los datos de equilibrio ($x = 10$, $y = 5$ y $z = \sqrt{2}$), en el modelo de proceso, con $\frac{dz}{dt} = 0$, obtenemos:

$$2(\sqrt{2})^2 5 = \beta 10 \,. \tag{7.7}$$

Ahora, aislamos el parámetro β:

$$\beta = \frac{20}{10} = 2 \quad . \tag{7.8}$$

b) El comportamiento estático del proceso se da para $\frac{dz}{dt} = 0$, es decir, para $2z_0^2 y_0 = \beta x_0$. Por tanto, el modelo estático es:

$$z_0 = \sqrt{\frac{\beta x_0}{2y_0}} \quad .$$

Las curvas estáticas que describen el comportamiento estático de este sistema se presentan en las Figuras 7.16 y 7.17. Trazamos dos curvas $z_0 = \sqrt{\frac{\beta x_0}{2y_0}}$, la primera muestra z como una función de x con y como parámetro y la segunda z en función de y con x como parámetro. Observamos que z varía de 0 a $\sqrt{20}$, mostrando relaciones no lineales, aumentando contra x y disminuyendo contra y.

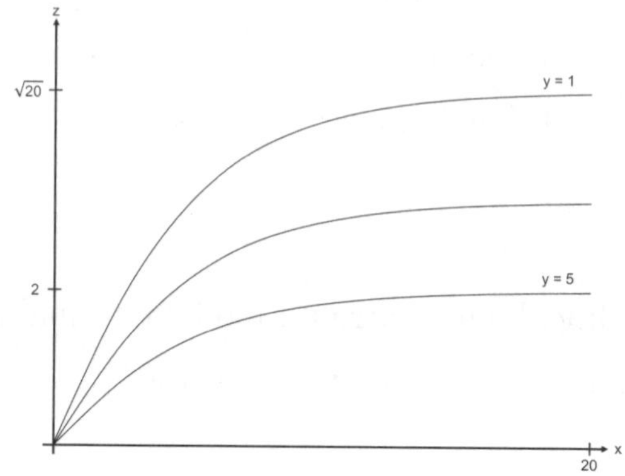

Figura 7.16 – Característica estática del proceso ($z_0 \times x_0$).

c) Para obtener el diagrama de bloques, reescribimos el modelo como:

$$\frac{dz(t)}{dt} = 1/3[-2(z(t))^2 y(t) + \beta x(t)] \quad ,$$

y usamos un bloque integrador, un sumador, ganancias y un bloque que eleva al cuadrado una variable. El diagrama de bloques que describe este proceso se presenta en la Figura 7.18.

d) Para linealizar el modelo de este proceso, utilizamos variables incrementales descritas en las proximidades del punto de operación $P_0(x_0 = 10$, $y_0 = 0{,}2$ y $z_0 = \sqrt{5})$:

$$x(t) = x_0 + \Delta x(t) \quad , \tag{7.9}$$

$$y(t) = y_0 + \Delta y(t) \quad , \tag{7.10}$$

$$z(t) = z_0 + \Delta z(t) \quad . \tag{7.11}$$

Reemplazando estas variables en el modelo de proceso, obtenemos:

$$3\frac{d(z_0 + \Delta z(t))}{dt} + 2(z_0 + \Delta z(t))^2(y_0 + \Delta y(t)) = 2(x_0 + \Delta x(t)) \, .$$

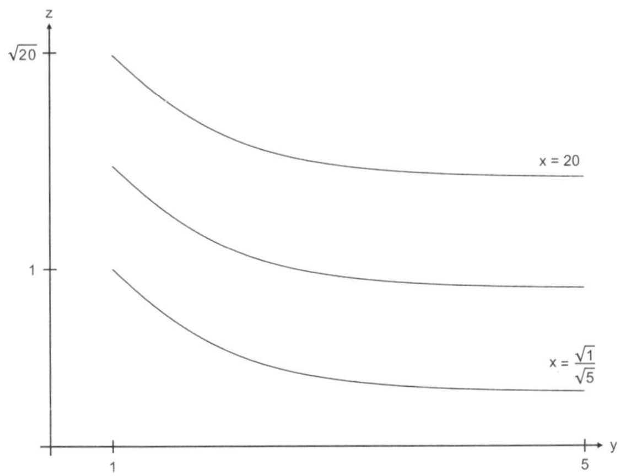

Figura 7.17 – Característica estática del proceso ($z_0 \times y_0$).

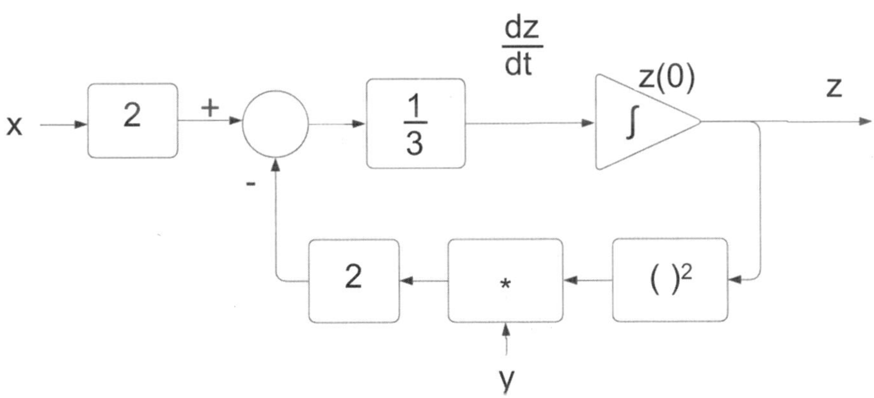

Figura 7.18 – Diagrama de bloques del proceso.

Manipulando el término $2(z_0 + \Delta z(t))^2(y_0 + \Delta y(t))$, tenemos:

$$2z_0^2y_0+4z_0y_0\Delta z(t)+2y_0(\Delta z(t))^2+2z_0^2\Delta y(t)+4z_0\Delta z(t)\Delta y(t)+2(\Delta z(t))^2\Delta y(t) \quad ,$$

y desconsiderando los términos de segundo y tercer orden:

$$2z_0^2y_0 + 4z_0y_0\Delta z(t) + 2z_0^2\Delta y(t) \quad .$$

Usando este resultado y considerando que la derivada de z_0 es nula, tenemos:

$$3\frac{d(\Delta z(t))}{dt} + 2z_0^2 y_0 + 4y_0 z_0 \Delta z(t) + 2z_0^2 \Delta y(t) = 2(x_0 + \Delta x(t)) \quad ,$$

Como $2z_0^2 y_0 = 2x_0$ encontramos:

$$\begin{aligned} 3\frac{d(\Delta z(t))}{dt} + 2z_0^2 \Delta y(t) + 4y_0 z_0 \Delta z(t) &= 2\Delta x(t) \quad , \\ 3\frac{d(\Delta z(t))}{dt} + 4y_0 z_0 \Delta z(t) &= 2\Delta x(t) - 2z_0^2 \Delta y(t) \quad . \end{aligned}$$

Ahora solo nos queda sustituir los valores de las variables en el punto de equilibrio para obtener el modelo linealizado:

$$3\frac{d(\Delta z(t))}{dt} + 8\sqrt{5}\Delta z(t) = 2\Delta x(t) - 10\Delta y(t) \quad . \tag{7.12}$$

e) Queremos calcular el valor de los parámetros τ, K_e y K_{eq}. Poniendo el modelo linealizado de la Ecuación (7.12) en forma de una EDO estándar, obtenemos:

$$\left(\frac{3}{8\sqrt{5}}\right)\frac{d(\Delta z(t))}{dt} + \Delta z(t) = \left(\frac{2}{8\sqrt{5}}\right)\Delta x(t) - \left(\frac{10}{8\sqrt{5}}\right)\Delta y(t) \quad .$$

Entonces tenemos:

$$\begin{cases} \tau = \frac{3}{8\sqrt{5}}\,\text{s} \quad , \\ K_{eu} = \frac{2}{8\sqrt{5}} \quad , \\ K_{eq} = \frac{-10}{8\sqrt{5}} \quad . \end{cases} \tag{7.13}$$

Para averiguar el tiempo necesario para que la salida z alcance 99 % del estado estable, simplemente multiplicamos la constante de tiempo por cinco, dado que en un sistema linear el tiempo de 1 % es aproximadamente 5τ: $t_{1\%} = \frac{15}{8\sqrt{5}}$.

f) Sabemos que la señal y está en el rango $[1,5]$, x en el rango $[0,20]$ y z en el rango $[0,\sqrt{20}]$. Así, podemos definir las variables normalizadas de la siguiente manera: multiplicando por 100 y dividiendo por el valor máximo del rango:

$$\left\{\begin{array}{lcl} y_n(t) & = & \frac{100}{5}y(t) \quad , \\ x_n(t) & = & \frac{100}{20}x(t) \quad , \\ z_n(t) & = & \frac{100}{\sqrt{20}}z(t) \quad . \end{array}\right. \tag{7.14}$$

Reemplazando estas nuevas variables en el modelo de proceso original, obtenemos el siguiente modelo normalizado:

$$0{,}13\frac{dz_n(t)}{dt} + 0{,}0002(z_n(t))^2 y_n(t) \;=\; 0{,}4x_n(t) \quad .$$

Parte III

Control de procesos

Capítulo 8

Control *on-off*

En este capítulo, presentamos la primera estrategia de control de retroalimentación de este libro, el sistema de control tipo *on-off*. Este es el método más simple de entre todos los métodos que serán estudiados en este libro, así como una de las estrategias más simple implementada en la industria. Calcularemos las respuestas de los sistemas controlados con esta estrategia, además de analizar sus propiedades, ventajas y desventajas.

8.1. Idea básica

El control *on-off* (también llamado todo o nada) se usa principalmente cuando las especificaciones de diseño permiten oscilaciones de la variable controlada alrededor del valor de referencia. Esta propiedad fue definida en el capítulo anterior como una operación por bandas. Por tanto, el control todo o nada es para procesos cuya variable controlada se puede mantener dentro de una banda operativa sin comprometer su funcionamiento, independientemente de la forma de las variaciones de esta variable dentro de la banda.

La idea básica de los sistemas de control de este tipo es la siguiente: se posiciona el actuador en su valor máximo o mínimo dependiendo de si la variable de proceso está dentro o fuera de una banda de actuación predefinida.

Para esta estrategia de control, a la señal de control apenas se le puede asignar los estados de encendido y apagado, dependiendo del estado de la variable controlada, si esta excede o no los límites que definen la banda operativa. Por este motivo, el elemento actuador es muy simple, ya que precisa tener apenas dos posiciones, encendido o pagado, abierto o cerrado, como por ejemplo una válvula solenoide o un relé.

Los procesos térmicos se regulan comúnmente con estrategias *on-off*. A modo de ejemplo, podemos ilustrar el control de las heladeras, cámaras frigoríficas y equipos de aire acondicionado, para lo cuales el accionamiento se suele realizar de la siguiente manera: cuando la temperatura del ambiente enfriado supera un valor máximo aceptable, el equipo se enciende, mientras que cuando la temperatura es menor que valor mínimo aceptable, el equipo es apagado. La región operativa de esta estrategia está definida por los límites (superior e inferior) predefinidos para la variable controlada. La Figura 8.1 representa la variación, a lo largo del tiempo, de la temperatura de un ambiente cuya temperatura es regulada por un refrigerador bajo la acción de un control *on-off*. La temperatura ambiente es inicialmente igual a 25 °C, cuando se enciende el sistema de control *on-off* del equipo, para una banda de 15 °C. En este caso, el límite inferior es dado por 13 °C y el superior por 17 °C.

Observamos cómo el sistema de control mantiene encendido el dispositivo de refrigeración hasta que la temperatura alcanza los 13 °C, aproximadamente 45 minutos después del inicio del experimento. Luego, cuando el dispositivo se apaga, la temperatura aumenta naturalmente y aproximadamente en el instante de tiempo igual a 65 minutos, alcanza los 17 °C, cuando el dispositivo se enciende nuevamente. Este ciclo se repite indefinidamente. Destacamos que esta tipo de control *on-off* también se usa en refrigeradores domésticos y hornos eléctricos.

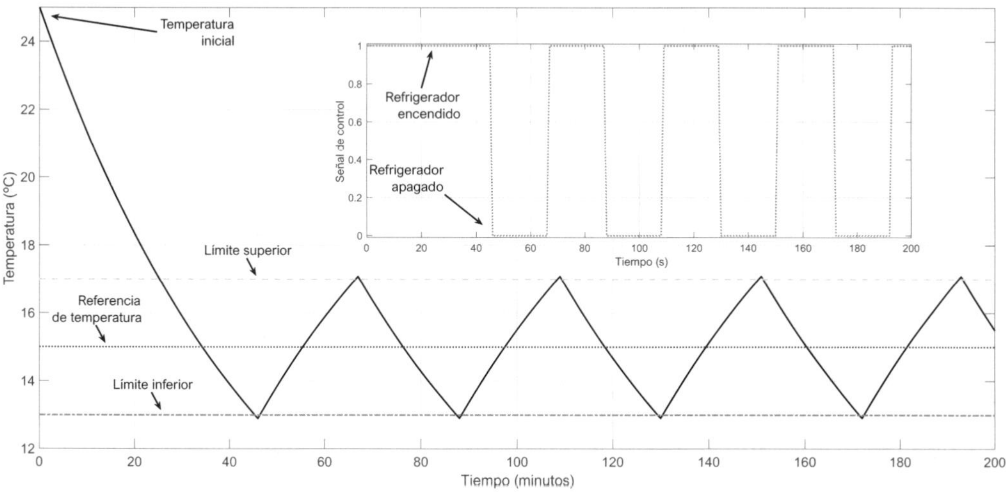

Figura 8.1 – Sistema térmico: control *on-off*.

Esta estrategia de control es más común para la regulación de procesos lentos (con constantes de tiempo del orden de minutos o mayores) y que aceptan amplios rangos de operación, por lo que el cambio en la señal de control entre los estados *on* y *off* no se realiza muy frecuentemente. Destacamos que:

(I) El proceso siempre evolucionará con una dinámica dada por su constante de tiempo (ya sea para el caso de entrada nula o para entradas constantes).

(II) El tiempo que permanecerá en un estado (encendido o apagado) dependerá de la constante de tiempo, la ganancia y el ancho de la banda (analizaremos esta propiedad en detalle en las los próximos apartados).

(III) Para procesos en los que la frecuencia de conmutación de la señal de control de encendido a apagado es alta, el elemento actuador del sistema debe diseñarse especialmente. Si es electromecánico, se desgastará y se dañará. En la práctica, existen sistemas de actuación puramente electrónicos para algunas aplicaciones, basados en semiconductores (llamados interruptores electrónicos) que pueden pasar de encendido a apagado (y viceversa) de forma muy rápida y repetida sin sufrir daños.

Antes de analizar con más detalle la dinámica y las soluciones de los sistemas regulados por estrategias *on-off*, presentaremos un ejemplo ilustrativo.

Ejemplo 77 *Considere el sistema de control de suministro de agua de un edificio que tiene un depósito subterráneo, que se abastece de agua del distribuidor y un tanque de agua instalado en el piso superior, que recibe agua del depósito subterráneo a través de una bomba. El sistema de control instalado en el tanque de agua está destinado únicamente a regular el nivel del agua h de tal manera que el tanque no se desborde y que los residentes nunca se queden sin agua. Así, para este sistema, solo necesitamos definir dos condiciones de funcionamiento: encender la bomba cuando el nivel alcance un nivel mínimo y apagarla cuando alcance un nivel máximo. Suponga que los valores para estos umbrales se definen, respectivamente, como $\underline{h}$ y $\overline{h}$. Así, la implementación de la estrategia de control será la siguiente: la acción de control se mantiene sin cambios, en el caso de $\underline{h} < h < \overline{h}$, la bomba de agua se enciende, en el caso de $h < \underline{h}$ y la bomba de agua se apaga, si $h > \overline{h}$.*

Esta operación, en la práctica, se puede realizar directamente a través de un flotador eléctrico, que es, al mismo tiempo, un sensor y un controlador de proceso. La boya eléctrica flota en el agua del tanque, pero se ata con una cuerda de longitud adecuada a la parte superior del mismo. La boya tiene un interruptor instalado en su interior que abre o cierra un circuito eléctrico, dependiendo de la inclinación de la boya en el agua. En posición casi horizontal (con la cuerda suelta y el nivel del agua alto), el circuito está abierto y en una posición muy inclinada (con la cuerda tensada y el nivel del agua bajo) activa el circuito. Cuando el flotador está conectado al circuito de suministro de la bomba, realiza la operación de encender y apagar la bomba, como una estrategia de control de encendido y apagado. El ajuste del sistema, para establecer los valores de nivel para los que se debe encender o apagar la bomba, se puede hacer ajustando la longitud de la cuerda.

8.2. Implementación

Para que esta estrategia de control sea efectivamente implementada, debemos tener en cuenta el signo de la ganancia del proceso.

Por ejemplo, supongamos que queremos regular la temperatura de una habitación con un calentador, que debe mantener la temperatura en una banda alrededor de T_{ref}, definida por $[\underline{T}, \overline{T}]$. Este es un caso de un proceso con ganancia positiva: un aumento en la variable manipulada (potencia del calentador) conduce a un aumento en la variable del proceso (temperatura de la sala) después de pasar el transitorio de la respuesta. En este caso, el calentador debe encenderse cuando T sea menor que $\underline{T}$ y apagarse cuando la temperatura exceda el límite superior $\overline{T}$.

Considere, ahora, que esta habitación debe tener su temperatura enfriada a través de un equipo de aire acondicionado, hasta entrar en una banda $[\underline{T}, \overline{T}]$ alrededor de una temperatura de referencia T_{ref}. Este segundo ejemplo representa un proceso con ganancia negativa, ya que un aumento en la variable manipulada (potencia del aire acondicionado) conduce a una reducción en la variable del proceso (temperatura ambiente) después de pasar el transitorio de la respuesta. En este caso, el dispositivo debe estar encendido cuando la temperatura del ambiente sea mayor que $\overline{T}$ y se apaga cuando la temperatura está por debajo de $\underline{T}$.

Por tanto, para procesos con ganancia positiva, la estrategia de control *on-off* debe diseñarse para que el cambio del estado encendido al apagado del actuador se produzca cuando la variable controlada supere un límite superior y que se produzca el cambio inverso (de apagado a encendido) cuando la variable controlada esté por debajo de un límite inferior. Para procesos con ganancia negativa, debemos invertir la lógica del control. El controlador debe diseñarse de modo que el cambio del estado de encendido a apagado del actuador se produzca cuando la variable controlada sea menor que un límite inferior y de modo que el cambio inverso (de apagado a encendido) ocurra cuando la variable controlada es mayor que un límite superior. A continuación, presentamos los detalles matemáticos de la implementación del control *on-off*.

8.2.1. Procesos con ganancia positiva

De acuerdo con la discusión anterior, para procesos con ganancia positiva, la implementación del sistema de control *on-off* se realiza de acuerdo con la siguiente ley:

$$\text{Continuo: } u(t) = \begin{cases} u_{\text{On}}, & \text{para} \quad y(t) < y_{\text{inf}}, \\ u_{\text{Off}}, & \text{para} \quad y(t) > y_{\text{sup}}, \\ \text{Se mantiene} & \text{caso contrario.} \end{cases} \tag{8.1}$$

$$\text{Discreto: } u(k) = \begin{cases} u_{\text{On}}, & \text{para} \quad y(k) < y_{\text{inf}}, \\ u_{\text{Off}} & \text{para} \quad y(k) > y_{\text{sup}}, \\ u(k-1), & \text{caso contrario.} \end{cases} \tag{8.2}$$

Resaltamos que u_{On} define el valor de la variable manipulada en el caso conectado/encendido y de manera similar, u_{Off} establece su valor para el caso desconectado/apagado. Los límites inferior y superior de la variable de proceso están dados, respectivamente, por y_{inf} y y_{sup}, así su región operativa es dada por $y \in [y_{\text{inf}}, y_{\text{sup}}]$. Normalmente, la referencia se define como el valor medio de este intervalo.

8.2.2. Procesos con ganancia negativa

En el caso de procesos con ganancia negativa, la ley de implementación de una estrategia de control *on-off* es:

$$\text{Continuo: } u(t) = \begin{cases} u_{\text{On}}, & \text{para} \quad y(t) > y_{\text{sup}}, \\ u_{\text{Off}}, & \text{para} \quad y(t) < y_{\text{inf}}, \\ \text{Se mantiene} & \text{caso contrario.} \end{cases} \tag{8.3}$$

$$\text{Discreto: } u(k) = \begin{cases} u_{\text{On}}, & \text{para} \quad y(k) > y_{\text{sup}}, \\ u_{\text{Off}}, & \text{para} \quad y(k) < y_{\text{inf}}, \\ u(k-1), & \text{caso contrario.} \end{cases} \tag{8.4}$$

Podemos observar que, en el caso de que usemos un dispositivo digital (microcontrolador, computadora, etc.) para implementar la ley de control *on-off*, simplemente tendríamos que escribir un código de unas pocas líneas, para que defina el valor de $u(k)$ según la salida del proceso. La señal de baja potencia definida por la estrategia de control empotrada en el dispositivo digital debe activar algún actuador capaz de encender o apagar el equipo utilizado (por ejemplo, un interruptor electrónico). Por otro lado, en la industria se utilizan dispositivos analógicos muy simples en equipos domésticos para realizar controles de tipo *on-off* de tal manera que permitan una actuación de alta potencia con señales de entrada de baja potencia.

8.2.3. Implementación práctica con relés

En la práctica industrial, los sistemas de control de encendido y apagado a menudo se implementan a través de relés. Los relés son dispositivos que permiten conmutar entre los estados *on* y *off* de una señal (en este caso, la variable manipulada) en función de una señal recibida externamente (en este caso, la variable de proceso o el error de seguimiento). Los relés más comunes son los electromecánicos, que suelen utilizar un circuito primario que contiene un electroimán acoplado a una palanca que cierra o abre un interruptor en un circuito secundario. Cuando el electroimán se activa (por corriente o tensión), induce la apertura o el cierre de una palanca conectada a un circuito secundario (dependiendo de si su posición normal es abierta o cerrada), cambiando así el estado del equipo al que el relé está conectado.

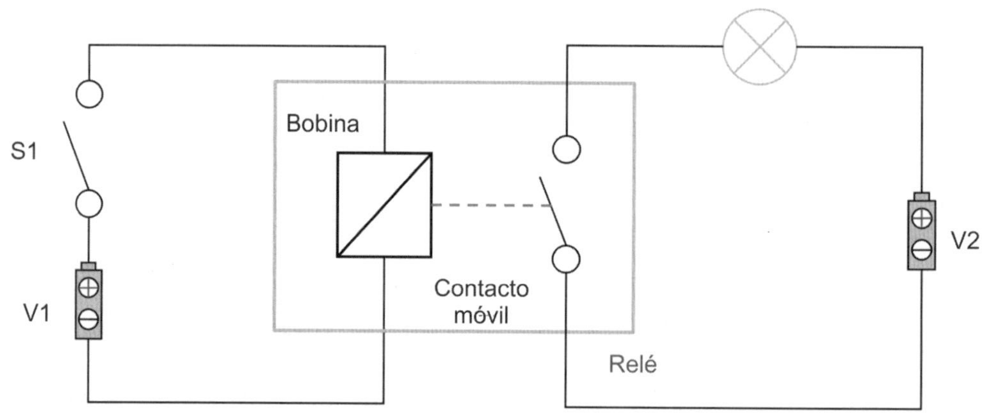

Figura 8.2 – Esquema de funcionamiento del relé electromecánico.

La Figura 8.2 muestra el funcionamiento de un relé electromecánico utilizado para encender una lámpara en el circuito de alta potencia alimentado por una batería V2. Cuando el control activa el interruptor S1 en el circuito de baja potencia alimentado por la batería V1, la bobina se excita y por tanto, su campo electromagnético activa el contacto móvil que cierra o abre el circuito secundario. Normalmente se utiliza un resorte para mantener el contacto móvil en una posición de reposo cuando la bobina no está energizada. Si el resorte mantiene cerrado el interruptor, se dice que el relé es del tipo normalmente cerrado. De lo contrario, se llama normalmente abierto.

Los relés de estado sólido, construidos con semiconductores, reemplazan la parte electromecánica por un interruptor electrónico, como un transistor de potencia o *triac*, elementos que también se activan mediante un circuito de baja potencia para permitir (o no) el paso de la corriente en un circuito secundario de alta potencia.

Destacamos que la construcción del relé también puede permitirle tener un comportamiento de histéresis, es decir, cambiar entre el estado *on* y *off* en una condición diferente a la definida para el cambio de estado de *off* a *on*. A continuación, detallaremos el funcionamiento del sistema de control *on-off* implementado con relés con histéresis.

8.2.4. Control *on-off* con relés

Para analizar matemáticamente el funcionamiento de los sistemas de control *on off* implementados por relés, definiremos el rango de funcionamiento de la variable de proceso mediante una señal de error de seguimiento de referencia.

Consideramos la siguiente especificación de control: la variable de proceso y debe configurarse para seguir una referencia y_r, cuyo diseño admite oscilaciones alrededor de y_r, dentro de un rango admisible $y \in [y_{\text{inf}}, y_{\text{sup}}]$. Por lo tanto, el error de seguimiento de la variable de proceso se define como la discrepancia entre y y y_r. Sin embargo, enfatizamos que el cálculo de esta señal de error es diferente para procesos con ganancia positiva y negativa, de modo que la señal de control se pueda calcular correctamente.

Para un proceso de ganancia positiva, cuya salida debe ser controlada para seguir una referencia y_r, admitiendo oscilaciones cercanas a y_r, dentro de un intervalo permitido $y \in [y_{\text{inf}}, y_{\text{sup}}]$, se define la señal de error de seguimiento de la siguiente forma: $e = (y_r - y)$, cuya región de operación es dada por:

$$e \in [(y_r - y_{\text{sup}}), (y_r - y_{\text{inf}})] \quad .$$

Para procesos con ganancia negativa, la señal de error es definida por $e = (y - y_r)$, cuya región de operación es dada por:

$$e \in [(y_{\text{inf}} - y_r), (y_{\text{sup}} - y_r)] \quad .$$

Basado en esta señal de error $e \in [e_{\text{inf}}, e_{\text{sup}}]$, el sistema de control *on-off*, implementado a través de un relé, tiene la variable manipulada definida según el diagrama que se muestra en la Figura 8.3, llamada curva de histéresis. Esta es la característica estática del relé, que relaciona las variables e y u.

Enfatizamos que esta curva de histéresis implica que la señal de control está encendida, con $u = u_{\text{On}}$, para toda señal de error $e > e_{\text{sup}}$ y está desactivado, con $u = u_{\text{Off}}$, para toda señal de error $e < e_{\text{inf}}$. Para cualquier condición intermedia, $e_{\text{inf}} \leq e \leq e_{\text{sup}}$, la señal de control no cambia (permanece). Las flechas dibujadas en la curva de la figura indican que cuando el signo del error es inicialmente negativo y aumenta progresivamente, solo provocará un cambio de estado de la señal de control u cuando sea mayor que e_{sup}. En el caso de que inicialmente tengamos un error positivo que disminuya progresivamente, el cambio de estado de la señal de control u solo ocurrirá cuando el error sea menor que e_{inf}.

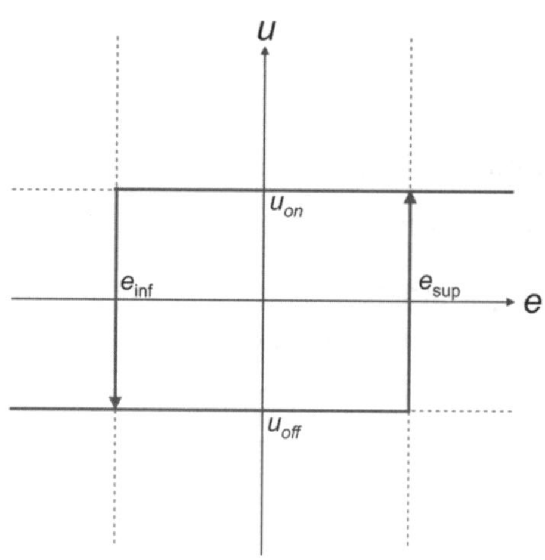

Figura 8.3 – Curva de histéresis.

La Figura 8.4 presenta una estructura para implementar el control *on-off*, en diagrama de bloques, para un proceso de calentamiento de una habitación. La actuación se realiza a través de un termostato (que es, de hecho, una estructura tipo relé). Observamos que el termostato establece la señal de control $u(t)$ en base a la señal de error $e(t)$, actuando sobre el proceso de tal manera que la variable de proceso $y(t)$ se encuentra dentro de las bandas de actuación preestablecida en el termostato.

La señal de error se calcula mediante la medición de la temperatura ambiente y un valor de referencia (que generalmente se da mediante un botón o mediante una interfaz de comunicación con operadores).

Los rangos de temperatura pueden ser fijos o ajustables según la sofisticación del dispositivo. Por ejemplo, en los calentadores eléctricos comunes, solo podemos ajustar el valor de referencia mediante la posición de una perilla, sin poder cambiar la banda, que es fijada por la empresa que fabrica el calentador. Incluso en este caso, la referencia se regula cualitativamente (más caliente o más fría), sin conocer el valor exacto que determinamos como referencia para la señal de temperatura.

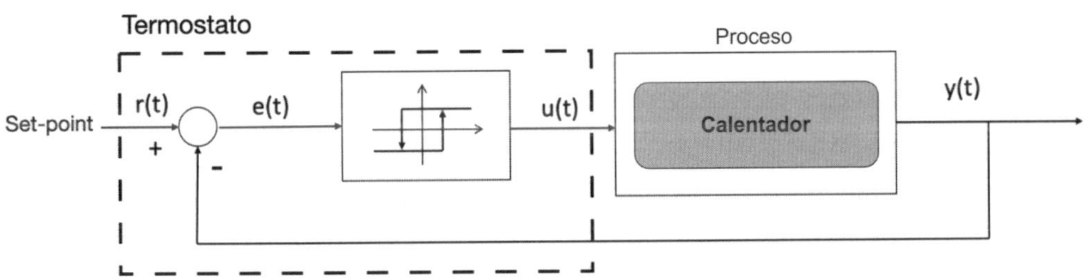

Figura 8.4 – Diagrama de bloques: control *on-off* del sistema de calefacción térmica con actuación por termostato.

En una implementación de relé para procesos de ganancia negativa, con respecto a la estructura de implementación de la Figura 8.4, podemos, de forma práctica, simplemente invertir el cálculo de la señal de error, tomándola como $e(t) = y(t) - r(t)$, sin necesidad de cambiar el proyecto del termostato. En la práctica, esto se logra con un selector de modo de operación, que cambia las operaciones de calefacción y refrigeración simplemente invirtiendo internamente el cálculo de la señal de error $e(t)$. El termostato siempre tiene un regulador del valor de temperatura de referencia. Vale la pena mencionar, que los termostatos más sofisticados pueden ofrecer también la posibilidad de ajustar el ancho de la banda.

8.3. Respuesta de regulación *on-off*

Una vez presentada la idea principal de la estrategia de control *on-off* y sus posibles implementaciones, estudiaremos ahora cómo se da la respuesta de los sistemas regulados con controladores basados en este concepto.

Para ello, consideraremos que los procesos controlados son lineales, invariantes en el tiempo y de primer orden, como se hace en la precedencia de este libro. Por tanto, los modelos referentes a estos procesos son del tipo EDO, como en la Ecuación (6.11), para el caso continuo, o del tipo ED, como en la Ecuación (6.30), para el caso discreto. Primero, consideraremos el caso continuo.

8.3.1. Caso continuo

Para el caso de procesos con ganancia positiva, la dinámica de regulación de la variable de proceso a través de una estrategia *on-off* tiene tres etapas diferentes, dos de las cuales se repiten de forma alternada en el tiempo. Supondremos que el sistema parte de una condición inicial $y(0)$ fuera del rango deseado para la variable de proceso, con un valor $y(0) < y_{\text{inf}}$ (un procedimiento similar podría ser realizado para el caso $y(0) > y_{\text{sup}}$).

(A) Paso A: primero, el proceso está en equilibrio en su condición inicial $y(0)$, cuando se activa el control automático *on-off*. Como el error inicial es mayor que e_{sup}, la variable manipulada $u(t)$ se vuelve no nula (estado On), lo que hace que $y(t)$ aumente progresivamente con el tiempo, hasta el momento en que $y(t) = y_{\text{sup}}$.

(B) Paso B: esta etapa comienza cuando la variable de proceso alcanza el valor superior y_{sup} del límite preestablecido para la banda y la señal de control se apaga. Una vez desactivada la acción de control, la salida $y(t)$ comienza a disminuir progresivamente, ya que el sistema está disipando energía de forma natural, hasta alcanzar el valor $y(t) = y_{\text{inf}}$.

(C) Paso C: la última etapa comienza cuando la variable de proceso alcanza el valor más bajo y_{inf} del límite preestablecido para la banda y la señal de control se vuelve a encender. Así, la variable de proceso vuelve a iniciar una dinámica de crecimiento progresivo, que finaliza cuando y alcanza, una vez más, el límite superior de la banda.

Tenga en cuenta que las etapas B y C se repetirán alternadamente de forma indefinida si ningún evento externo cambia el funcionamiento del proceso, ya que el estado final de la etapa B es el estado inicial de C y viceversa.

Además, tenga en cuenta que, para procesos con ganancia negativa a partir de una condición inicial fuera del rango operativo $y(0) > y_{\text{sup}}$, también observamos tres etapas operativas: la primera, en el que el sistema se mueve desde la condición inicial hasta entrar en el rango deseado y otras dos que se repiten alternadamente, manteniendo la variable de proceso dentro del rango en condiciones análogas a las condiciones del caso con ganancia positiva.

Para describir analíticamente la respuesta de la variable de proceso para estos tres casos, usaremos las propiedades de la solución EDO. Describiremos, por tanto, la primer etapa (A) dada entre los instantes $t = 0$ y $t = t_1$, la segunda etapa (B) entre los instantes $t = t_1$ y $t = t_2$ y finalmente, la tercer etapa (C) entre los instantes $t = t_2$ y $t = t_3$.

Para eso, consideremos que el sistema de control está diseñado para la condición *on* con $u(t) = u_{\text{On}}$ y para la condición *off* con $u(t) = u_{\text{Off}} = 0$. También consideramos que con el control encendido el sistema puede alcanzar un valor de régimen permanente y_∞ tal que $y_\infty > y_{\text{sup}}$. Los cambios entre las condiciones de la variable manipulada son instantáneos, es decir, se pueden modelar con funciones similares a escalones

A efectos de demostración, consideraremos por ahora, que las perturbaciones q son nulas. También consideraremos que la medición de la variable de proceso por parte del sensor es instantánea, de manera que el sistema de control siempre toma la decisión de cambiar de estado (de encendido a apagado y viceversa) en el momento exacto en que la variable de proceso llega a uno de los siguientes límites (y_{inf} o y_{sup}).

Finalmente, consideraremos la condición inicial $y(0) = 0$. Esta suposición no es de ninguna manera restrictiva, ya que si $y(0) = y_0 \neq 0$ simplemente podríamos analizar el modelo con la variable incremental $\Delta y(t) = y(t) - y_0$, que tiene una condición inicial cero.

Paso (A): ascenso a y_{sup}

En esta etapa (A), $y(t)$ sube, comenzando desde el reposo, con $u(t) = u_{\text{On}}$, hasta $y(t_1) = y_{\text{sup}}$, es decir, hasta que se alcance el límite superior predefinido para la variable de proceso.

Como se detalla en el Capítulo 6, sabemos que la respuesta de un sistema lineal continuo de primer orden, modelado por la EDO de la Ecuación (6.11), a una entrada de tipo escalón viene dada por:

$$y(t) = K_e(1 - e^{\frac{-t_1}{\tau}})u_{On} \quad . \tag{8.5}$$

También sabemos que $y_\infty = K_e u_{\text{On}} > y_{\text{sup}}$. Por lo tanto, la señal $y(t)$ alcanza el límite superior y_{sup} en un tiempo finito $t = t_1$. Entonces tenemos que:

$$
\begin{aligned}
y(t_1) &= K_e\left(1-e^{-\frac{t_1}{\tau}}\right)u_{\text{On}} = y_{\text{sup}} \quad , & (8.6)\\
-K_e u_{\text{On}} e^{-\frac{t_1}{\tau}} &= y_{\text{sup}} - K_e u_{\text{On}} \quad , & (8.7)\\
e^{-\frac{t_1}{\tau}} &= 1-\frac{y_{\text{sup}}}{K_e u_{\text{On}}} \quad , & (8.8)\\
-\frac{t_1}{\tau} &= \ln\left(1-\frac{y_{\text{sup}}}{K_e u_{\text{On}}}\right) \quad , & (8.9)\\
t_1 &= -\tau\ln\left(1-\frac{y_{\text{sup}}}{K_e u_{\text{On}}}\right) \quad . & (8.10)
\end{aligned}
$$

Con fines ilustrativos, representamos la respuesta $y(t)$ de la Ecuación (8.5) en la Figura 8.5, válida para $0 < t \leq t_1$.

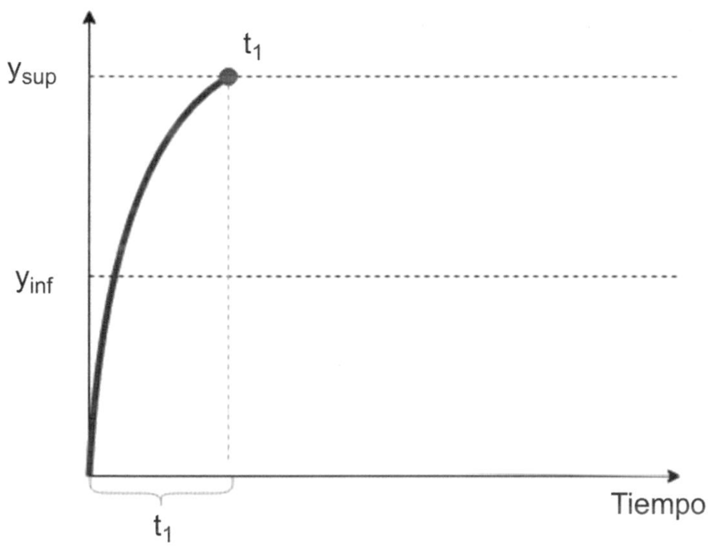

Figura 8.5 – Respuesta de regulación *on-off*: Paso (A).

Paso (B): descenso de y_{sup} hasta y_{inf}

Una vez que la variable de proceso $y(t)$ alcanza y_{sup}, en el instante $t = t_1$, cuya duración está dada analíticamente por la Ecuación (8.10), entramos en la segunda etapa de regulación (B).

En este segundo caso, la variable manipulada se pone a cero instantáneamente. Por tanto, observamos en la variable de proceso una característica de respuesta a condiciones iniciales distintas de cero, con $u(t) = 0$.

De acuerdo con lo estudiado en el Capítulo 6, sabemos que la salida $y(t)$, para $t_1 < t \leq t_2$, viene dada por:

$$y(t) = y_{\text{sup}} e^{-\frac{t-t_1}{\tau}} \quad . \tag{8.11}$$

Tenga en cuenta que hay un cambio de tiempo explícito en la Ecuación (8.11), ya que esta respuesta es válida solo para $t > t_1$. También notamos que, si se mantuviera este estado, el sistema alcanzaría la condición de reposo $y(0) = 0$ en tiempo infinito.

Como en la etapa (A), tenemos una condición de frontera que nos permite calcular el tamaño del intervalo de tiempo $t_{\text{Off}} = (t_2 - t_1)$, que representa el tiempo que la variable manipulada permanece en el estado desactivado, con $u = u_{\text{Off}} = 0$. Dado que, en el instante $t = t_2$, la salida $y(t)$ alcanza el límite inferior predefinido para el control, tenemos:

$$y(t_2) = y_{\text{sup}} e^{-\frac{t_2-t_1}{\tau}} = y_{\text{inf}} \quad , \tag{8.12}$$

$$y_{\text{sup}} e^{-\frac{t_{\text{Off}}}{\tau}} = y_{\text{inf}} \quad , \tag{8.13}$$

$$e^{-\frac{t_{\text{Off}}}{\tau}} = \frac{y_{\text{inf}}}{y_{\text{sup}}} \quad , \tag{8.14}$$

$$t_{\text{Off}} = \tau \ln \left(\frac{y_{\text{sup}}}{y_{\text{inf}}} \right) \quad . \tag{8.15}$$

Sobre la base de la Figura 8.5, ahora mostramos la Figura 8.6, que ilustra las etapas (A) y (B) de la regulación *on-off*, válida para $0 < t \leq t_2$, siendo t_1 el tiempo para el ascenso en la etapa (A), dado por la Ecuación (8.10), y $t_{\text{Off}} = (t_2 - t_1)$ el tiempo para el descenso de la etapa (B), dado por la Ecuación (8.15).

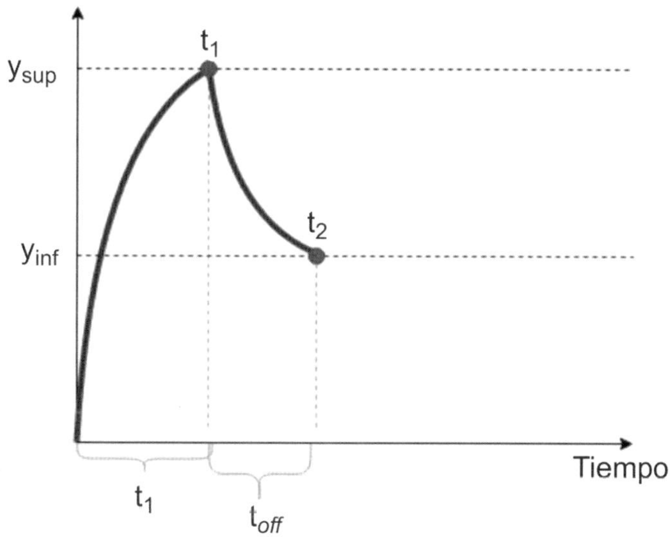

Figura 8.6 – Respuesta de regulación *on-off*: Pasos (A) y (B).

Paso (C): ascenso de y_{inf} hasta y_{sup}

La etapa (C) se refiere a la regulación para que $y(t)$ suba nuevamente, cuando $u(t)$ cambia, instantáneamente en $t = t_2$, de u_{Off} a u_{On}.

Como se discutió en el Capítulo 6, tenemos, para la etapa (C), un aumento de la variable de proceso para una entrada de tipo escalón de amplitud u_{On}. Sin embargo, tenga en cuenta que tenemos una condición inicial distinta de cero, en este caso igual a y_{inf}, a diferencia del caso estudiado en la etapa (A).

Por lo tanto, la respuesta para $t_2 < t \leq t_3$ viene dada por:

$$y(t) \; = \; y_{\text{inf}} e^{-\frac{t-t_2}{\tau}} + K_e \left(1 - e^{-\frac{t-t_2}{\tau}}\right) u_{\text{On}} \quad . \tag{8.16}$$

Nuevamente, usamos una condición de límite para determinar el tiempo que el sistema permanece en el estado activado, que viene dado por $t_{\text{On}} = (t_3 - t_2)$. Sabemos que, en el instante de tiempo $t = t_3$, tenemos $y(t) = y_{\text{sup}}$. Por tanto, se verifica que:

$$
\begin{aligned}
y(t_3) &= y_{\text{inf}} e^{-\frac{t_3 - t_2}{\tau}} + K_e \left(1 - e^{-\frac{t_3 - t_2}{\tau}}\right) u_{\text{On}} = y_{\text{sup}} \quad , \\
y_{\text{sup}} &= y_{\text{inf}} e^{-\frac{t_{\text{On}}}{\tau}} + K_e \left(1 - e^{-\frac{t_{\text{On}}}{\tau}}\right) u_{\text{On}} \quad , \\
\left(y_{\text{inf}} - K_e u_{\text{On}}\right) e^{-\frac{t_{\text{On}}}{\tau}} &= y_{\text{sup}} - K_e u_{\text{On}} \quad , \\
t_{\text{On}} &= \tau \ln \left(\frac{y_{\text{inf}} - K_e u_{\text{On}}}{y_{\text{sup}} - K_e u_{\text{On}}} \right) \quad , \\
t_{\text{On}} &= \tau \ln \left(\frac{K_e u_{\text{On}} - y_{\text{inf}}}{K_e u_{\text{On}} - y_{\text{sup}}} \right) \quad .
\end{aligned}
\tag{8.17}
$$

Sobre la base de las Figuras 8.5 y 8.6, ahora mostramos la Figura 8.7, que ilustra las etapas (A), (B) y (C) de la regulación *on-off*, válida para $0 < t \leq t_3$, siendo t_1 el tiempo para el ascenso de la etapa (A), dado por la Ecuación (8.10), $t_{\text{Off}} = (t_2 - t_1)$ el tiempo para el descenso de la etapa (B), dado por la Ecuación (8.15) y finalmente, $t_{\text{On}} = (t_3 - t_2)$ el tiempo para el ascenso de la etapa (C), dado por la Ecuación (8.17).

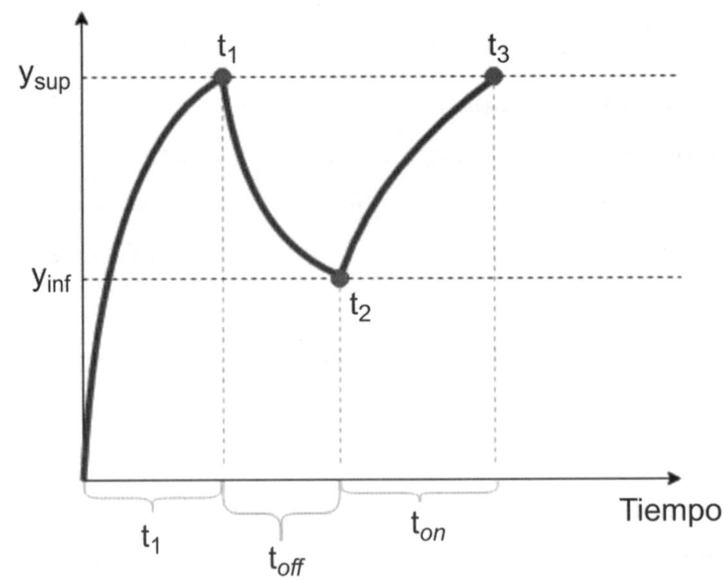

Figura 8.7 – Respuesta de regulación *on-off*: Pasos (A), (B) y (C).

Como ya se mencionó, sin perturbaciones, el sistema entraría en una respuesta periódica después de t_3.

Períodos de tiempo en *on* y *off*

Las Ecuaciones (8.15) y (8.17), que se refieren, relativamente, a los períodos de la variable manipulada en *on*, t_{On} y en *off*, t_{Off}, cuando usamos un sistema de control *on-off*, nos permiten extraer algunas propiedades relevantes:

- Ambos períodos de tiempo son directamente proporcionales al valor de τ, lo cual es de esperar dado que los sistemas más rápidos pueden moverse de un extremo al otro de la banda más rápidamente que los sistemas más lentos.

- El período de tiempo que el sistema permanece apagado, t_{Off}, no depende de la amplitud de la señal de control u_{On} y viene dado solo por las características del proceso (τ) y por el tamaño de la banda definida por los límites (y_{inf} y y_{sup}). Para bandas con mayor amplitud $|y_{\mathrm{sup}} - y_{\mathrm{inf}}|$, observamos períodos más largos en la condición de apagado, ya que el término $\ln(\frac{y_{\mathrm{sup}}}{y_{\mathrm{inf}}})$ aumenta. Las bandas estrechas, por el contrario, llevan este término a cero, reduciendo el período de tiempo en *off*.

- El período de tiempo en el que el sistema está en *on*, t_{On}, depende tanto de las propiedades del proceso controlado (implícitas en los parámetros τ y K_e) como de la amplitud del control u_{On} y de la banda de actuación. Tenga en cuenta que tanto para una señal de control de mayor amplitud u_{On} y para una ganancia estática mayor K_e, observaremos valores $K_e u_{\mathrm{On}}$ más grandes, haciendo que el término $\ln\left(\frac{K_e u_{\mathrm{On}} - y_{\mathrm{inf}}}{K_e u_{\mathrm{On}} - y_{\mathrm{sup}}}\right)$ sea más pequeño. Enfatizamos que, si $K_e u_{\mathrm{On}}$ aumenta y el ancho de banda es estrecho, entonces este término tiende a cero, provocando que el sistema cambie de modo rápidamente.

Como conclusión importante de este análisis, podemos enfatizar que, para el diseño adecuado del control *on-off* de un proceso, debemos considerar las relaciones entre el modelo dinámico y las bandas requeridas para la operación, a fin de obtener una acción de control que conmute entre los límites sin causar daño al actuador (por hacerlo muy frecuentemente), o que tarde mucho en cambiar de un estado a otro. Si consideramos el diseño del control y del proceso simultáneamente, estas relaciones son aún más importantes, ya que los valores de K_e y τ serán parámetros de diseño, no solo valores dados a priori.

Procesos de ganancia negativa

Para procesos con ganancia directa negativa, se mantienen los conceptos del desarrollo anterior. Sin embargo, consideraremos el proceso a partir de una condición de reposo inicial $y(0) > y_{\text{sup}}$.

Además, debemos considerar que $K_e u_{\text{On}} = y_\infty < y_{\text{inf}}$, es decir que, con el actuador encendido, el sistema puede alcanzar un valor de variable de proceso menor que la preestablecida para la banda operativa.

Al modelar los procesos con sistemas lineales, podemos asumir, sin pérdida de generalidad, que la condición inicial es $y(0) = 0$ y que, como consecuencia, los valores de y_{sup} y y_{inf} son negativos.

Por ejemplo, considere un sistema de control de temperatura ambiente que queremos mantener entre 20 y 22 °C, asumiendo que la temperatura ambiente con el aire acondicionado apagado es de 27 °C. Usando un modelo relativo a 27 °C, tendríamos $y(0) = 0$, $y_{\text{sup}} = -5\,^\circ\text{C}$ y $y_{\text{inf}} = -7\,^\circ\text{C}$.

En este caso, la etapa (A) se refiere al descenso a y_{inf}, la etapa (B) al ascenso desde y_{inf} a y_{sup} y finalmente, la etapa (C) al descenso desde y_{sup} a y_{inf}. Esto hace que los períodos de tiempo t_{Off} y t_{On} sean dados por:

$$\begin{cases} t_{\text{Off}} = \tau \ln\left(\frac{y_{\text{inf}}}{y_{\text{sup}}}\right) , \\ t_{\text{On}} = \tau \ln\left(\frac{y_{\text{sup}} - K_e u_{\text{On}}}{y_{\text{inf}} - K_e u_{\text{On}}}\right) . \end{cases} \tag{8.18}$$

Tenga en cuenta, que el parámetro τ afecta directamente estos períodos de tiempo y que la ganancia estática K_e y la actuación máxima u_{On} solo afectan el período de tiempo que el sistema está encendido, dado por t_{On}.

Régimen oscilatorio repetitivo

Como pudimos ver en la regulación del sistema térmico con control *on-off*, presentada en la Figura 8.1, las etapas (B) y (C) se repiten indefinidamente si el sistema no se perturba. La señal de control, a su vez, está representada por una sucesión de escalones hacia arriba y hacia abajo, con períodos de tiempo t_{On} en la condición $u = u_{\text{On}}$ y t_{Off} en la condición $u = u_{\text{Off}}$.

Así, la operación de "régimen permanente" de este sistema controlado por la técnica *on-off* es una respuesta periódica $y(t)$ tipo diente de sierra, compuesta por curvas exponenciales crecientes y decrecientes y una onda cuadrada periódica en $u(t)$. El período de estas señales viene dado por $(t_{\text{On}} + t_{\text{Off}})$, como se ve en la Figura 8.1.

8.3.2. Caso discreto

El desarrollo de la respuesta de un sistema discreto controlado por una estrategia de control *on-off* es análogo al desarrollo realizado con el caso continuo.

Por lo tanto, observaremos las mismas tres etapas de operación (A), (B) y (C), considerando un proceso con ganancia positiva, partiendo de $y(0) = 0$ y considerando que $K_e u_{\text{On}} > y_{\text{sup}}$. A continuación mostraremos los detalles de los cálculos de los períodos de tiempo.

(A) En la etapa inicial, entre las muestras $0 < k \leq k_1$, tenemos un aumento desde el reposo hasta el límite superior y_{sup}, cuya respuesta está dada por :

$$y(k) = \frac{\beta_u}{1-\alpha}\left(1-\alpha^k\right)u_{\mathrm{On}} \quad . \tag{8.19}$$

Donde k_1 viene dado por el número de muestras que necesita el sistema para llegar a y_{sup}, dado por:

$$k_1 = \mathrm{int}\left(\frac{\log\left(1-\frac{y_{\mathrm{sup}}(1-\alpha)}{\beta_u u_{\mathrm{On}}}\right)}{\log\alpha}\right) \quad , \tag{8.20}$$

con $\mathrm{int}\{x\} : \mathbb{R} \to \mathbb{Z}$ siendo la función que calcula el siguiente entero del número real x, utilizado ya que el número de muestras k_1 siempre debe ser entero.

(B) En la segunda etapa, entre las muestras $k_1 < k \leq k_2$, tenemos un descenso del límite superior al límite inferior y_{inf}, por un número de muestras $k_{\mathrm{Off}} = (k_2 - k_1)$, cuya respuesta viene dada por:

$$y(k) = y_{\mathrm{sup}}\alpha^{k-k_1} \quad , \tag{8.21}$$

y haciendo $y_{\mathrm{inf}} = y_{\mathrm{sup}}\alpha^{k_{\mathrm{Off}}}$, obtenemos:

$$k_{\mathrm{Off}} = \mathrm{int}\left(\frac{\log\left(\frac{y_{\mathrm{inf}}}{y_{\mathrm{sup}}}\right)}{\log\alpha}\right) \quad . \tag{8.22}$$

(C) En la tercera etapa, entre las muestras $k_2 < k \leq k_3$, tenemos un aumento del límite inferior al límite superior de la variable de proceso, en un número de muestras $k_{\mathrm{On}} = (k_3 - k_2)$, cuya respuesta viene dada por:

$$y(k) = y_{\mathrm{inf}}\alpha^{k-k_2} + \frac{\beta_u}{1-\alpha}(1-\alpha^{k-k_2})u_{\mathrm{On}} \quad , \tag{8.23}$$

y haciendo $y_{\text{sup}} = y_{\text{inf}}\alpha^{k_{\text{On}}} + \frac{\beta_u}{1-\alpha}(1-\alpha^{k_{\text{On}}})u_{\text{On}}$ tenemos:

$$k_{\text{On}} = \text{int}\left(\frac{\log\left(\frac{y_{\text{sup}}-\frac{\beta_u}{1-\alpha}u_{\text{On}}}{y_{\text{inf}}-\frac{\beta_u}{1-\alpha}u_{\text{On}}}\right)}{\log\alpha}\right). \tag{8.24}$$

Para procesos con ganancia negativa podemos aplicar el mismo procedimiento, considerando las mismas ideas del caso continuo.

8.4. Análisis de casos con perturbaciones

Ahora que hemos analizado las respuestas temporales de los sistemas controlados por estrategias de encendido y apagado, debemos discutir los efectos de la perturbación en estas respuestas.

Dado que consideramos en este libro solo los procesos que pueden ser modelados por sistemas lineales con la EDO de la Ecuación (6.11), en el caso continuo, o con la ED de la Ecuación (6.30), en el caso discreto, sabemos que la influencia de las perturbaciones (consideradas escalones de amplitud Q) en la salida del proceso, en régimen permanente, viene dada por K_qQ, en el caso continuo y $K_qQ = \frac{\beta_q}{1-\alpha}Q$, en el caso discreto. Por lo tanto, cuando el sistema está en modo *on* y se ve afectado por la perturbación, el valor de la variable de proceso en régimen permanente será $y_\infty = K_e u_{\text{On}} + K_qQ$.

Así, para que el sistema de control *on-off* pueda controlar el proceso dentro de la banda, es necesario analizar algunas condiciones en los valores de y_{inf}, y_{sup} y y_∞. Analicemos estas condiciones de funcionamiento:

- **Condición 1**: Para que la variable de proceso entre en la banda.

    - Para el caso de un proceso con ganancia positiva, verifique $y_\infty > y_{\text{inf}}$.

- En el caso de un sistema con ganancia negativa, verifique $y_\infty < y_{\text{sup}}$.

Tenga en cuenta que el sistema no puede alcanzar la banda incluso dejando el actuador encendido permanentemente si no se verifica la Condición 1. En este caso, el problema de control no tiene solución.

- **Condición 2** Para que el control ingrese al modo de conmutación periódica.
  - Para el caso de un proceso con ganancia positiva, se debe verificar que $y_\infty > y_{\text{sup}}$.
  - En el caso de un sistema con ganancia negativa, se debe verificar que $y_\infty < y_{\text{inf}}$.

  Si la Condición 2 no se verifica, pero la Condición 1 es válida, entonces el sistema estará operando dentro de la banda sin conmutación y con una acción de control siempre en modo *on*.

Ilustraremos, a través de otro ejemplo sencillo, las diferentes situaciones posibles.

Ejemplo 78 *Considere un sistema de calefacción de la habitación en una casa, que usa un calentador eléctrico con un termostato. El dispositivo tiene un control on-off y su banda está definida por* $[T_d-2, T_d+2]\,^oC$*, donde* T_d *es la temperatura de referencia. Cuando encendemos el calentador, considerando* $T_d = 20\,^oC$*, observamos, al cabo de unas horas, que la temperatura ambiente se mantiene entre* $T_{inf} = 18\,^oC$ *y* $T_{sup} = 22\,^oC$ *y que el calentador se enciende y apaga periódicamente. Además, medimos la temperatura exterior, que es la principal perturbación de este proceso, y observamos un valor constante de* $16\,^oC$*.*

Entonces decidimos repetir el experimento otro día, con la temperatura exterior constante e igual a $15\,^oC$*. Observamos que el calentador está* *siempre encendido. De esta manera, no sabemos cuál es la temperatura ambiente porque el sistema de control no está cambiando. Medimos la temperatura de la habitación y vemos que es aproximadamente igual a* $19\,^oC$*. En este caso, por lo tanto, observamos una situación en la que el control logra mantener la temperatura en la banda, pero para eso debe permanecer en condición de encendido permanentemente. La condición 1 se verifica ya que:* $T_\infty > T_{inf} = 18\,^oC$*, pero* $T_\infty < T_{sup} = 22\,^oC$ *y por lo tanto el sistema de control no conmuta.*

Finalmente, en un tercer día, realizamos otro experimento: observamos que el calentador permanece encendido sin conmutar, pero en este caso la temperatura ambiente es aproximadamente constante e igual a $16\,^oC$*, mientras que la temperatura exterior es igual a* $12\,^oC$*. En este caso, observamos una situación en la que el control no es capaz de mantener la temperatura en la banda, ni estando permanentemente en condición de encendido. Observamos una condición tal que* $T_\infty < T_{inf} = 18\,^oC$*, es decir, el sistema no está preparado para atender las especificaciones de control con temperaturas exteriores por debajo de* $14\,^oC$*.*

A través de este ejemplo, podemos ver que las perturbaciones pueden ocasionar diferentes efectos en la solución del problema de control *on-off*, que básicamente dependen de las características estáticas del proceso.

Al realizar un análisis de las características estáticas del proceso, podemos obtener los rangos de valores para la variable manipulada y para la perturbación de tal forma que la variable del proceso se mantenga dentro de un rango. Con este análisis, podemos deducir si el control *on-off* funcionará como esperado para una cierta perturbación de amplitud conocida.

Consideraremos ahora el caso en el que un sistema de control ha sido bien diseñado, o sea el control conmuta y logra mantener la variable de proceso operando dentro de la banda operativa predefinida. Nos interesa, entonces, comprender los efectos que la perturbación provoca en la dinámica del proceso y en los periodos de tiempo en los estados *on* y *off*.

Por lo tanto, considerando esta hipótesis, con respecto a las tres etapas (A), (B) y (C) de la respuesta de los sistemas de control *on-off*, analizados anteriormente, podemos observar que las perturbaciones solo pueden acelerar o desacelerar las respuestas en los intervalos de tiempo en los que la variable de proceso permanece en cada una de estas etapas.

Para ejemplificar esta situación, consideremos el caso de un proceso con ganancia positiva relativa a la perturbación $K_q > 0$ (recordando que $K_q = \frac{\beta_q}{1-\alpha}$, en el caso discreto).

Si una perturbación está activa durante la primera etapa (A), tenemos una nueva respuesta en lugar de la Ecuación (8.5), dada por:

$$y(t) = K_e(1 - e^{-\frac{t}{\tau}})u_{\text{On}} + K_q(1 - e^{-\frac{t}{\tau}})Q \quad , \tag{8.25}$$

cuyo período de tiempo t_1 para llegar a y_{sup} viene dado por:

$$\begin{aligned} y(t_1) &= K_e(1 - e^{-\frac{t_1}{\tau}})u_{\text{On}} \\ &+ K_q(1 - e^{-\frac{t_1}{\tau}})Q = y_{\text{sup}} \quad , \end{aligned} \tag{8.26}$$

$$\begin{aligned} t_1 &= -\tau \ln\left(1 - \frac{y_{\text{sup}}}{K_e u_{\text{On}} + K_q Q}\right) \\ &= \tau \ln\left(\frac{K_e u_{\text{On}} + K_q Q}{K_e u_{\text{On}} + K_q Q - y_{\text{sup}}}\right) \quad . \end{aligned} \tag{8.27}$$

Recuerde que este resultado solo es válido para $K_e u_{\text{On}} + K_q Q - y_{\text{sup}} > 0$. Tenga en cuenta también que el período t_1, en este caso, es más corto que en el caso sin perturbación (compare con la Ecuación (8.10)) porque $K_e u_{\text{On}} + K_q Q > K_e u_{\text{On}}$. Además, enfatizamos que, si el término de estado estacionario que se refiere a la perturbación $K_q Q$ es negativo, el período t_1 será más largo, es decir, la perturbación siempre afecta el tiempo de entrada en la banda.

Podemos usar demostraciones equivalentes para las etapas (B) y (C):

- Para la etapa (B), observamos una respuesta a la condición inicial no nula y_{sup}. Si la perturbación esta activa en esta etapa, tendremos un período de respuesta t_{Off} más largo si $K_q Q > 0$ y más corto si $K_q Q < 0$.

- En la etapa (C), observamos una respuesta a la condición inicial no nula y_{inf} y a una entrada escalón u_{On}. Por lo tanto, si la perturbación esta activa en esta etapa, tendremos un período de respuesta t_{On} más corto para $K_q Q > 0$ y más largo para $K_q Q < 0$.

Destacamos que consideramos procesos con ganancia positiva. Para el caso con ganancia negativa, se invierte la relación de la influencia de la perturbación en los períodos de tiempo.

Ejemplo 79 *Con fines ilustrativos, consideraremos el proceso de calentamiento continuo de una caldera industrial, cuya temperatura se regula mediante una estrategia on-off. Esta caldera se encuentra en una industria de la caña de azúcar y su función es quemar bagazo para generar vapor. Para, efectivamente, generar suficiente vapor, la temperatura dentro de la caldera $y(t)$ debe controlarse dentro de la siguiente banda de operación: $[1300\,,\,1600]\,^oC$.*

El modelo que describe la temperatura dentro de esta caldera se aproxima por la siguiente EDO:

$$\tau\frac{dy(t)}{dt} + y(t) \quad = \quad K_e u(t) + K_q q(t) \quad , \tag{8.28}$$

donde $u(t) \in [0\,,\,1]$ representa una señal de control que regula la potencia de accionamiento del quemador de la caldera y $q \in [-1\,,\,1]$ representa la perturbación relacionada con una variación (en $\pm\,100\,\%$) de la entrada de bagazo a la caldera. Las variables q y u están normalizadas. En condiciones nominales, tenemos $q = 0$. Los parámetros de este modelo son: $\tau = 0{,}66$ hora, $K_e = 2000\,^oC$ y $K_q = 300\,^oC$. Además, consideramos que la caldera puede operar desde 0 hasta $2000\,^oC$.

Antes de analizar el funcionamiento del control, comprobaremos si las condiciones de funcionamiento son válidas. El modelo estático del proceso viene dado por:

$$y_\infty = 2000u_\infty + 300q_\infty \quad . \tag{8.29}$$

La Figura 8.8 muestra la característica estática para los casos de $q = -1$ (línea continua), $q = 0$ (línea discontinua) y $q = 1$ (línea punteada) y la banda de operación deseada. Así, para la operación más desfavorable, que tiene lugar con control $u = 1$ y perturbación $q = -1$, tenemos $T_\infty = 1700 > 1600\,^oC$ y por tanto, se comprueban las dos condiciones de funcionamiento y el sistema podrá funcionar en modo conmutado de tal forma que mantenga la temperatura ambiente dentro de la banda predefinida.

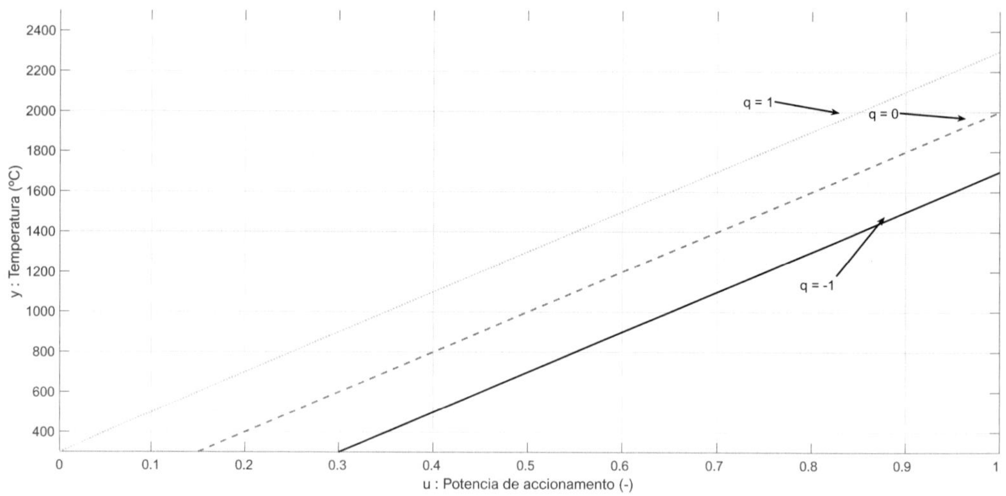

Figura 8.8 – Característica estática de la caldera de vapor.

El control se implementa usando la Ecuación (8.1) con $u_{On} = 1$, $u_{Off} = 0$, $y_{inf} = 1300\,^oC$ y $y_{sup} = 1600\,^oC$.

Para el caso de $q = 0$, podemos calcular analíticamente los períodos de *tiempo* t_1, t_{Off} *y* t_{On}, *dados por :*

$$t_1 = -\tau \ln\left(1 - \frac{y_{sup}}{K_e u_{On}}\right) = 1{,}06\, horas \quad , \tag{8.30}$$

$$t_{Off} = -\tau \ln\left(\frac{y_{inf}}{y_{sup}}\right) = 0{,}137\, horas \quad , \tag{8.31}$$

$$t_{On} = -\tau \ln\left(\frac{y_{sup} - K_e u_{On}}{y_{inf} - K_e u_{On}}\right) = 0{,}3693\, horas \quad . \tag{8.32}$$

A partir de una simulación de este proceso, bajo la acción del controlador on-off, podemos analizar los fenómenos observados. El proceso se simula libre de perturbaciones, partiendo del reposo, desde $t = 0$ *hasta* $t = 3$ *horas. Luego, con* $q = -1$ *hasta* $t = 7$ *horas y finalmente, con* $q = 1$ *hasta* $t = 10$ *horas. La Figura 8.9 muestra la respuesta de la temperatura de la caldera* $y(t)$ *a lo largo del tiempo.*

En esta figura podemos verificar, en primer lugar, que se verifican los períodos de tiempo calculados analíticamente (para el caso sin perturbaciones, con $t \leq 3$ *horas). Tenga en cuenta que la señal de control es una secuencia de subidas y bajadas escalonadas, como se explica a lo largo de este capítulo.*

En los períodos de tiempo en los que existe una perturbación que contribuye con una variación negativa, en estado estacionario, es decir, con $K_q Q < 0$, *observamos una desaceleración de los períodos* t_{On} *y una aceleración de los períodos* t_{Off}, *un hecho consistente con las conclusiones anteriores. De manera similar, en períodos en los que existe una perturbación que contribuye a una variación positiva, estado estacionario, es decir, con* $K_q Q > 0$, *observamos una aceleración de los períodos* t_{On} *y una desaceleración de los períodos* t_{Off}.

8.5. Comentarios finales

Terminamos este capítulo con un análisis cualitativo de la estrategia *on-off*, enumerando ventajas, desventajas y algunas de las propiedades de los

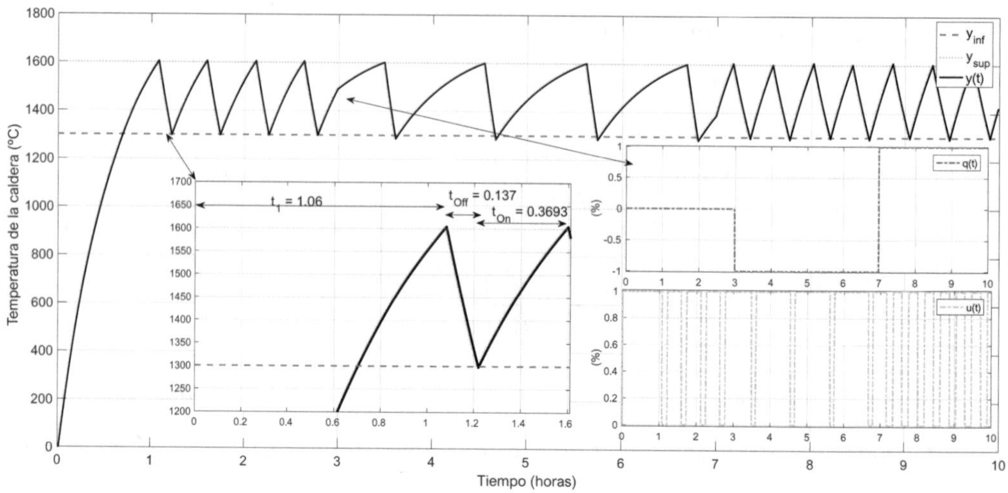

Figura 8.9 – Caldera de vapor: control *on-off*.

sistemas de control de este tipo.

De hecho, como puede verse en los ejemplos y en los análisis anteriores, la estrategia *on-off* no garantiza el seguimiento de referencia, solo el mantenimiento de la variable de proceso dentro de una banda de regulación. Sin embargo, esta regulación puede garantizarse a pesar de la presencia de perturbaciones dentro de ciertos límites. No podemos caracterizar las respuestas *on-off* como respuestas de rechazo a la perturbación, como se da en la Definición 27; sin embargo, es válido afirmar que la regulación es insensible a perturbaciones, en cuanto a mantener la variable de proceso dentro de la banda, siempre y cuando la variable manipulada logre hacer que la variable de proceso supere el efecto de la perturbación, es decir, cumpla como mínimo la Condición 1 presentada aquí (que para el caso de ganancia positiva es $K_e u_{\text{On}} + K_q Q > y_{\text{inf}}$).

La respuesta de la variable de proceso de estos sistemas varía entre momentos para los cuales la variable manipulada viene dada por $u = u_{\text{On}}$ o $u = u_{\text{Off}}$. En la condición de apagado, enfatizamos que el tiempo de respuesta está dado solo por las características del proceso y por la banda predefinida para la variable de proceso, vea la Ecuación (8.15). Sin embargo, en la condición *on*, notamos una dependencia del tiempo de respuesta tanto de las características del proceso y de la banda predefinida para la variable de proceso, así como en el rango de actuación u_{On}, como muestra la Ecuación (8.17).

Las estrategias *on-off* son interesantes para regular procesos cuyas especificaciones de control permiten fluctuaciones en la variable del proceso y no requieren garantías estrictas de un tiempo de respuesta predefinido. Tenga en cuenta que el diseño del sistema de control *on-off* no tiene grados de libertad adicionales que puedan cambiar los períodos de tiempo t_{On} y t_{Off}, ya que la banda de oscilación de la variable de proceso es una especificación de diseño y generalmente la variable manipulada toma solo los valores fijos $u_{\text{Off}} = 0$ y u_{On} como el valor máximo que la variable manipulada puede asumir.

La gran ventaja del control *on-off* es su sencillez de implementación y el hecho de que el actuador utilizado es sencillo y económico. Su principal desventaja es la oscilación de la variable de proceso dentro de la banda operativa. Para disminuir la variación de la variable de proceso cerca de la referencia, podríamos usar valores de banda muy estrechos, pero esto daría lugar a tiempos de encendido y apagado muy cortos, que no se pueden aplicar en la mayoría de los sistemas reales porque dañarían el actuador.

Finalmente, si la oscilación en la variable de proceso provocada por la operación *on-off* es un problema para el proceso estudiado, no se puede utilizar la estrategia *on-off* y debemos pensar en una forma más inteligente de actuar sobre el sistema. Una alternativa sería, por ejemplo, aplicar una senal de control de mayor intensidad cuando la variable de proceso se aleja del punto de operación deseado, de manera que se fuerce un retorno más rápido hacia la referencia, complementado con el uso de controles menos intensos en los momentos que la variable de proceso se acerca al punto de operación, de modo que el sistema se acerque a la referencia con mayor suavidad y pueda mantenerse cerca de ella. Este concepto está asociado a una acción de control proporcional al error de seguimiento, que discutiremos en el próximo capítulo.

Lista de ejercicios

1. El modelo simplificado de un motor de corriente continua viene dado por la siguiente EDO:

$$\tau \frac{d\omega(t)}{dt} + \omega(t) = k_m U(t) - k_T T(t) \quad ,$$

donde ω es la velocidad de rotación del motor (variable controlada), U el voltaje aplicado (variable manipulada) y T el torque de carga aplicado en el eje del motor (perturbación).

Los parámetros de este modelo son $\tau = 1\,\text{s}$ y $k_T = 52{,}3\,\text{radN}^{-1}\text{m}^{-1}\text{s}^{-1}$. El parámetro k_m debe calcularse.

Mediante pruebas se verificó que, para un voltaje máximo de 5V y sin carga, el motor alcanzaba una velocidad constante de $\omega = 100\,\text{rpm} = 10{,}46\,\text{rad/s}$. Usando su conocimiento de sistemas dinámicos lineales de primer orden (recuerde los conceptos de ganancia estática, constante de tiempo, equilibrio, etc.), responda:

a) ¿Cuál es el valor del parámetro k_m?

b) ¿Cuál es la velocidad de equilibrio del motor con $U = 5$ V y torque de carga $T = 0{,}1$ Nm?

c) Pregunta conceptual: ¿cuál es la diferencia entre una ecuación algebraica, por ejemplo, $f(x) = x^2 + 3x - 1$, y una ecuación diferencial, como el modelo adoptado para el motor?

d) Pregunta conceptual: ¿qué significan físicamente la ganancia estática y la constante de tiempo de un sistema? ¿Cómo podemos conseguirlos utilizando experimentos con la planta real? Ejemplifique con el caso del motor.

e) Suponga que $T = 0$ Nm y que $\omega(0) = 0$ rad/s. Calcule $\omega(t)$ para una entrada escalón de $U(t) = 2$ V. ¡Recuerde la diferencia entre una ecuación diferencial y una ecuación algebraica!

f) Encuentre el tiempo para que la respuesta del punto anterior alcance el valor del 95 % del valor final. Compare este tiempo con 3τ.

g) Considere que se aplica un control *on-off* al motor, partiendo del reposo, sin carga y con una banda de velocidad de 70 a 90 rpm. Calcule la respuesta en el tiempo del motor y los tiempos de encendido y apagado de la respuesta periódica obtenida. ¿Cuál es el valor de torque de carga máximo para que el sistema de control pueda mantener la velocidad en la banda?

2. Considere el sistema de control de stock de una fábrica modelado por:

$$S(k) = S(k-1) + E(k) - V(k) \quad ,$$

siendo S el stock (variable controlada), E el número de pedidos (variable de control) y V el número de productos vendidos (perturbación). Recuerde que k representa la unidad de tiempo discreta. Para este sistema, k es el tiempo en días.

a) Suponga que las ventas son nulas ($V(k) = 0 \; \forall k \geq 0$) y que $S(0) = 0$. Desarrolle algunos pasos de la solución $S(k)$ para $E(k) = 2 \; \forall k \geq 0$ (constante) y analice su comportamiento. Encuentre la forma general (analítica) de $S(k)$ para $E(k) = E_0$ y $S(0) = S_0$ constantes.

b) Manteniendo $E(k) = 2$, repita el procedimiento de análisis para $V(k) = 4$, luego para $V(k) = 2$ y finalmente para $V(k) = 1$. Comente las diferencias y trate de averiguar por qué suceden los fenómenos observados (interprete físicamente). Considere para los cálculos $S(0) = 100$. Finalmente, encuentre la expresión analítica de $S(k)$ para $E(k) = E_0$, $S(0) = S_0$ y $V(k) = V_0$.

c) Escriba un código de ley de control del tipo *on-off* para este sistema, para mantener el stock S entre 40 y 60 piezas. Considere que la condición *on* corresponde a $E = 5$ y la condición *off* a $E = 0$ y suponga ventas constantes a lo largo del tiempo de valor $V(k) = 2$. ¿El control logra su objetivo?

3. El modelo que describe la dinámica horizontal de un automóvil viene dado por la siguiente ecuación diferencial:

$$m\frac{dv(t)}{dt} = F_m(t) - \alpha v(t) \quad ,$$

donde m es la masa del automóvil y α es un coeficiente que relaciona la fuerza de fricción con la velocidad del automóvil. En este modelo, m y α son constantes que **no son** conocidas. Para determinarlos se realizaron dos experimentos:

En el primer experimento, se aplicó una fuerza constante $F_m = 50$ N y se midió la velocidad final del automóvil cuando alcanzó un valor constante. El automóvil, que inicialmente estaba parado, llegó a una velocidad final $v_f = 10\,\text{m/s}$.

En el segundo experimento, el automóvil se acelera hasta llegar a una velocidad constante $v_0 = 10\,\text{m/s}$. En ese momento, se eliminó la fuerza que mantenía el automóvil en movimiento y a partir de ese momento, se midió el tiempo que tardó el automóvil en alcanzar la velocidad de $v_f = 0{,}05\,\text{m/s}$. El valor medido fue $t_f = 60\,\text{s}$.

Con esta información y su conocimiento de sistemas lineales de primer orden, calcule los valores de m y α.

Considere que se aplica un control *on-off* al automóvil, con $F_m = 100$ N en el modo *on* y $F_m = 0$ N en el modo *off*. El automóvil tiene una velocidad inicial de 18 m/s y la banda de velocidad deseada es de 14 a 16 m/s. Calcule la respuesta en el tiempo del automóvil e implemente un modelo de simulación para comprobar los resultados analíticos.

4. El sistema de aire acondicionado de una habitación tiene un control *on-off* que se muestra en el diagrama de la Figura 8.10.

   La potencia solo puede asumir los valores $P_{max} = 1$ kW o $P_{min} = 0$ kW. La temperatura de referencia para la habitación es $T_r = 20$ °C. El controlador está configurado para encenderse y apagarse con un error de temperatura de 2 °C y -2 °C, respectivamente.

   El modelo de primer orden obtenido para el ambiente es de tipo **incremental** en temperatura, por lo que $\Delta T = T - T_a$, con una constante de tiempo $\tau = 20$ minutos. La ganancia del sistema viene dada aproximadamente por $K_e = -15$ °C/kW. Suponemos que la temperatura exterior de la habitación es constante y tiene un valor dado por $T_a = 30$ °C.

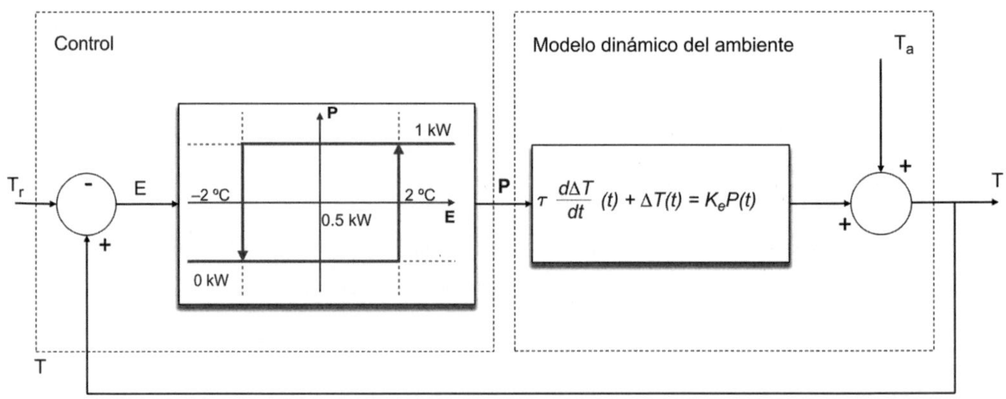

Figura 8.10 – Sistema de aire acondicionado.

Atención: Analice qué significa un modelo incremental y cómo se relaciona con las variables físicas del proceso.

a) Considerando que, cuando el sistema es activado, $T(0) = T_a = 30$ °C, calcule el tiempo durante el cual el dispositivo permanece encendido hasta que alcanza la condición “apagada”.

b) Calcule los períodos de tiempo de encendido y apagado, es decir, el tiempo que el dispositivo permanecerá apagado hasta que alcance la condición de encendido y el tiempo que permanecerá encendido hasta que vuelva a alcanzar la condición de apagado.

c) Dibuje un gráfico de la temperatura ambiente en función del tiempo desde el inicio ($t = 0$) hasta el final del primer ciclo. Muestre en el gráfico la duración de los intervalos de tiempo y los puntos importantes.

d) ¿Qué pasaría con los tiempos de encendido y apagado si la temperatura ambiente aumentara a $T_a = 40\,^{\circ}\mathrm{C}$?

5. La Figura 8.11 muestra un sistema básico de calentamiento de agua con un colector solar:

Figura 8.11 Colector solar.

En este sistema, el caudal de agua se utiliza para controlar la temperatura de salida, ya que no es posible controlar la fuente de calor, que es la irradiación solar.

a) Considere que el modelo no lineal completo del sistema de temperatura del colector solar en función de las variables que afectan la temperatura viene dado por:

$$\begin{aligned} \rho C_p A_a \frac{dT_o}{dt} &= \beta_I I(t) - \frac{H}{L_{eq}} [0{,}5T_o(t) + 0{,}5T_i(t) - T_a(t)] \\ &- \frac{C_p}{mL_{eq}} V(t) [T_o(t) - T_i(t)] \quad , \end{aligned}$$

donde:

- $T_o \in (20\,,\,90)\,°\mathrm{C}$ es la temperatura del agua de salida del colector,
- $T_i \in (20\,,\,60)\,°\mathrm{C}$ es la temperatura de entrada del agua de colector,
- $T_a \in (20\,,\,25)\,°\mathrm{C}$ es la temperatura ambiente,
- $V \in (2\,,\,5)$ L/s es el caudal del agua,
- $I \in (0\,,\,1000)\,\mathrm{W/m^2}$ es la radiación solar.

Los parámetros de este modelo están en la Tabla 8.1 y $m = 588$ es un factor de ajuste relacionado con el número de tubos y sectores en los colectores.

Cuadro 8.1 – Parámetros

Parámetro	Descripción	Valor	Unidad
A_a	Área de la sección lateral del colector	$1{,}753\,10^{-4}$	$\mathrm{m^2}$
C_p	Calor específico del colector	4190	$\mathrm{J\,kg^{-1}\,°C^{-1}}$
H	Coeficiente de pérdida térmica	4	$\mathrm{Js^{-1}K^{-1}}$
L_{eq}	Longitud del colector	5,67	m
β_I	Eficiencia térmica de la irradiación	0,1024	m
ρ	Densidad del agua	975	$\mathrm{kg\,m^{-3}}$

b) Analizar el funcionamiento del sistema en equilibrio dibujando las características estáticas dentro del rango de variación de las diferentes variables involucradas. Para hacer esto, considere el punto de equilibrio dado por: $T_i = 60$ °C, $T_a = 20$ °C, $V = 3$ L/s e $I = 800$ W/m^2.

c) El sistema fue linealizado en el punto de equilibrio dado por $T_i = 60$ °C, $T_a = 20$ °C, $V = 3$ L/s, $I = 800$ W/m^2. Usando el sistema linealizado visto en la Ecuación (8.33), construya, usando el paquete Simulink de Matlab, un modelo de simulación del proceso. Simule el comportamiento del sistema para diferentes variaciones en las temperaturas de entrada, del ambiente, del caudal e irradiación.

$$\begin{aligned}\rho C_p A_a \frac{d\Delta T_o}{dt} &= \beta_I \Delta I - \frac{H}{L_{eq}}\left(0{,}5\Delta T_o + 0{,}5\Delta T_i - \Delta T_a\right) \quad (8.33)\\ &- \frac{C_p}{mL_{eq}}\left(\bar{V}(\Delta T_o - \Delta T_i) + \Delta V(\bar{T}_o - \bar{T}_i)\right).\end{aligned}$$

d) Estudie y analice, mediante pruebas de simulación, el comportamiento de este sistema y compare su comportamiento con el del sistema no lineal cerca del punto de equilibrio.

e) Estudie el comportamiento del sistema utilizando un control *on-off* que actúa sobre el caudal V para mantener la temperatura de funcionamiento de la salida de campo entre 75 y 90 °C, asumiendo dos situaciones: (a) con irradiación constante de 800 W/m^2 y (b) con irradiación constante de 900 W/m^2. En ambos casos considere $T_i = 60$ °C, $T_a = 20$ °C y que el caudal máximo es 5 L/s.

Actividad práctica: kit experimental motor-generador

El objetivo de esta actividad es implementar y analizar una estrategia de control *on-off*, basada en los modelos desarrollados para el sistema de control de velocidad en los últimos capítulos. Para ello, se proponen los siguientes pasos:

- Defina un rango para el funcionamiento de la velocidad de rotación del motor, es decir, los valores mínimo y máximo que se utilizarán para el control *on-off*.

- Implemente el código de control *on-off* en la aplicación de Arduino. Para ello, defina un tiempo de experimento que permita observar unos ciclos de encendido y apagado del motor.

- Ejecute el control y observe el resultado. Observe las gráficas de las variables de control y de proceso y analice. Compare cualitativamente los resultados experimentales con lo que esperaba obtener de acuerdo con el análisis teórico realizado en este capítulo.

- Realice varios experimentos cambiando los valores mínimo y máximo de conmutación del control. Observe el efecto en la respuesta del sistema y vea si el resultado concuerda con el análisis teórico. Por ejemplo, aumentando el rango (diferencia entre los valores de encendido y apagado), ¿cuál es el efecto en los tiempos de encendido y apagado?

- Para uno de los casos anteriores, aplique manualmente una fuerza constante contra la dirección de rotación del motor para "emular" una perturbación de carga. Revise las respuestas y discuta. ¿El control rechaza la perturbación? ¿Qué pasa con los tiempos de encendido y apagado? ¿Es el resultado el esperado?

- Usando el modelo lineal aproximado del proceso encontrado en la actividad anterior, calcule los períodos de tiempo de encendido y apagado que teóricamente esperaría observar en el sistema y compárelos con los obtenidos en los experimentos. Haga esto para uno de los rangos estudiados en los puntos anteriores.

Problema resuelto

Una persona toma prestados \$1000, 00 a una tasa de interés del 2 % mensual. Como tu trabajo es estacional, solo puedes pagar \$50, 00 por cuatro meses al año, dejando ocho meses sin pagar en cada año. Al pagar la deuda de esta manera, la persona realmente implementa una estrategia de pago tipo *on-off*. Analice el comportamiento dinámico del sistema, trace un gráfico de la deuda a lo largo del tiempo, detallando al menos algunos meses del primer año. ¿Será posible saldar la deuda en su totalidad utilizando esta estrategia de pago?

Resolución

El modelo dinámico de la deuda está representado por la ecuación

$$D(k) = 1{,}02D(k-1) - P(k) \quad ,$$

donde k es el tiempo dado en meses, $D(k)$ el monto de la deuda y $P(k)$ el pago mensual. Es posible realizar algunas iteraciones para analizar el comportamiento del sistema.

Consideramos el monto inicial de la deuda, en el mes "cero", como $D(0) = 1000$. El monto a pagar en el primer año viene determinado por el siguiente vector:

$$P(k) = \{50, 50, 50, 50, 0, 0, 0, 0, 0, 0, 0, 0\} \quad ,$$

que considera los primeros cuatro meses a pagar y el resto del año sin pagos, repitiendo cada año.

Analizaremos el primer año, así tendremos, para el primer mes:

$$D(1) \;\; = \;\; 1{,}02(1000) - 50 = 970 \quad .$$

Sustituyendo el valor de la primera iteración, el procedimiento se repite de la siguiente manera:

$$\begin{aligned} D(2) &= 1{,}02(970) - 50 = 939{,}40 \quad , \\ D(3) &= 1{,}02(939{,}40) - 50 = 909{,}188 \quad , \\ D(4) &= 1{,}02(909{,}188) - 50 = 876{,}35 \quad . \end{aligned}$$

Esta iteración generalmente se representa como

$$\begin{aligned} D(1) &= 1{,}02D(0) - P(1) \quad , \\ D(2) &= 1{,}02D(1) - P(2) = (1{,}02)^2 D(0) - 1{,}02P(1) - P(2) \quad , \\ &\vdots \\ D(k) &= D(0)(1{,}02)^n - \sum_{i=0}^{k-1} (1{,}02)^i P(k-i) \quad . \end{aligned}$$

Tenemos, para nuestro caso de estudio:

$$\begin{cases} P(i) = 50 & \text{si} \quad i = 1 \ldots 4 \\ P(i) = 0 & \text{si} \quad i = 5 \ldots 12 \end{cases} .$$

Dividiremos el problema en dos partes, analizando primero los meses 1 a 4 y luego 5 a 12. Aplicando la forma general de la solución a los primeros cuatro meses, tenemos:

$$D(4) = 1000(1{,}02)^4 - 50 \sum_{i=0}^{3} (1{,}02)^i .$$

Como vimos, la expresión de la suma de las iteraciones viene dada por:

$$\sum_{i=0}^{k-1} a^i = \frac{1-a^n}{1-a} \quad .$$

Usando esta expresión, tenemos:

$$D(4) \quad = \quad 1000(1{,}02)^4 - \frac{50(1-1{,}02^4)}{(1-1{,}02)} = 876{,}35 \quad .$$

Para los meses siguientes, podemos volver a considerar la solución general, pero considerando el quinto mes como el primer mes y con la deuda del cuarto mes como condición inicial. Entonces tenemos:

$$D(12) \quad = \quad D(4)(1{,}02)^8 - 0\sum_{i=0}^{7}(1{,}02)^i = D(4)(1{,}02)^8 = 1026{,}78\,.$$

Por lo tanto, para el segundo año, $D(12)$ será el nuevo $D(0)$, para $i = 1 \ldots 4$ y así sucesivamente, donde:

$$\begin{cases} 1^{\underline{o}} \text{ ano} \rightarrow D(4) & = \quad 876{,}35\ ,\ D(12) = 1026{,}78 \quad , \\ 2^{\underline{o}} \text{ ano} \rightarrow D(4) & = \quad 905{,}34\ ,\ D(12) = 1060{,}75 \quad . \end{cases}$$

Por lo tanto, es posible notar que la deuda solo aumenta con el tiempo y nunca se pagará, ya que el monto final de la deuda en un año es siempre mayor que el monto inicial. A continuación, representamos gráficamente la dinámica de la deuda a lo largo del tiempo. En la Figura 8.12, la dinámica se representa durante un año y en la Figura 8.13, durante tres años.

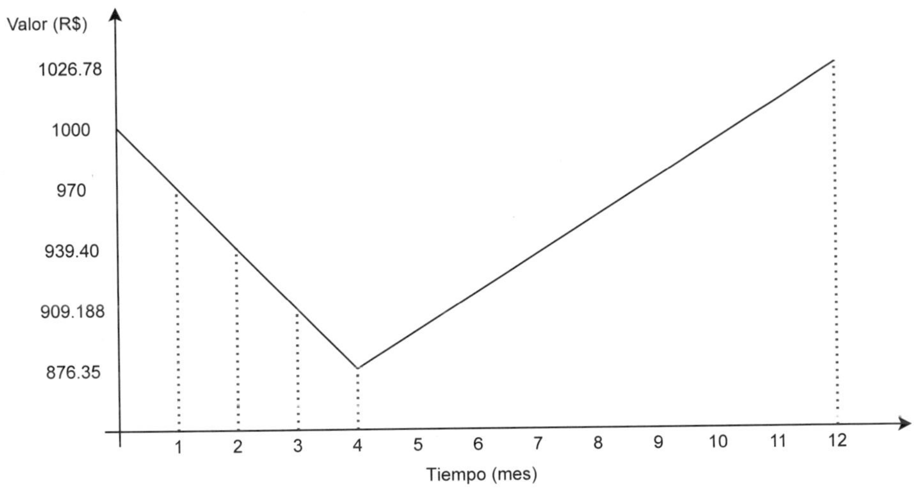

Figura 8.12 – Representación de la deuda en los primeros meses.

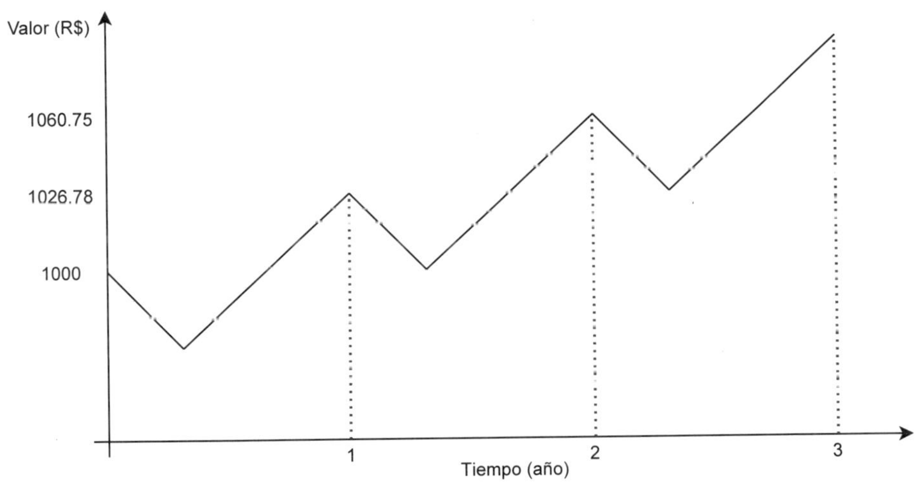

Figura 8.13 – Representación de la deuda a lo largo de los años.

Capítulo 9

Control proporcional (P)

En este capítulo, presentaremos la segunda estrategia de control de retroalimentación de este libro, el control proporcional (P). Mostraremos cómo este método puede garantizar el seguimiento de una referencia constante con un error limitado e incluso nulo en algunos casos particulares. Así, el control proporcional permite resolver el problema de oscilación de la variable de proceso que presenta el control *on-off*. Analizaremos, a lo largo de este capítulo, las respuestas en el tiempo de procesos de primer orden, lineales e invariantes en el tiempo, cuando se controlan bajo la acción de sistemas de control proporcional. También, mostraremos las ventajas y desventajas de esta estrategia.

9.1. Idea básica

El sistema de control proporcional se basa en la siguiente idea: la intensidad de la acción de control disminuye a medida que la variable del proceso se acerca a la señal de referencia, mientras que su intensidad aumenta a medida que la variable del proceso se aleja de la señal de referencia. Por lo tanto, el aumento/disminución del valor de la variable manipulada se calcula como una proporción del error de seguimiento de referencia. El principal objetivo de esta estrategia es asegurar que la variable de proceso permanezca, en el régimen permanente, cercana o igual al valor de referencia deseado, que es un valor constante.

Por tanto, la estrategia proporcional usa la siguiente ley de control para procesos continuos:

$$u(t) = K_p e(t) = K_p (r(t) - y(t)) \quad , \tag{9.1}$$

siendo $e(t)$ el error de seguimiento de la salida $y(t)$ con relación a la referencia $r(t)$. La ganancia estática K_p es llamada de "ganancia proporcional".

La Figura 9.1 ilustra la implementación de esta estrategia de control de retroalimentación. Destacamos que el bloque entre $e(t)$ y $u(t)$ representa la ganancia proporcional, con valor K_p, cuya relación entrada-salida está descrita por la Ecuación (9.1). Este controlador actúa a través de la variable manipulada $u(t)$ de tal manera que garantiza un objetivo de seguimiento de la referencia $r(t)$ en la variable de proceso $y(t)$. Tenga en cuenta que la amplitud de la acción de control es mayor para valores de error mayores.

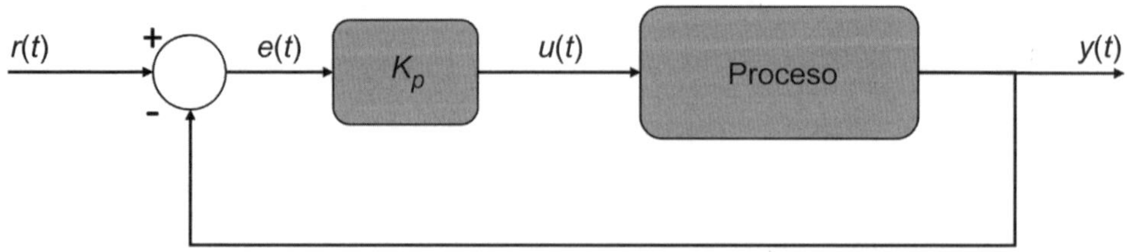

Figura 9.1 – Sistema de control proporcional.

9.2. Implementación del control proporcional

En muchos textos de la literatura académica, solo el bloque K_p se define como el controlador P. Sin embargo, enfatizamos que, en realidad, el sistema de control está compuesto por el bloque K_p y también el sumador que calcula el error de seguimiento e. Así, las señales de entrada de un sistema de control proporcional son: la referencia (r) y la medida de la variable de proceso (y). La salida del controlador es la variable manipulada (u), como se muestra en la Figura 9.2.

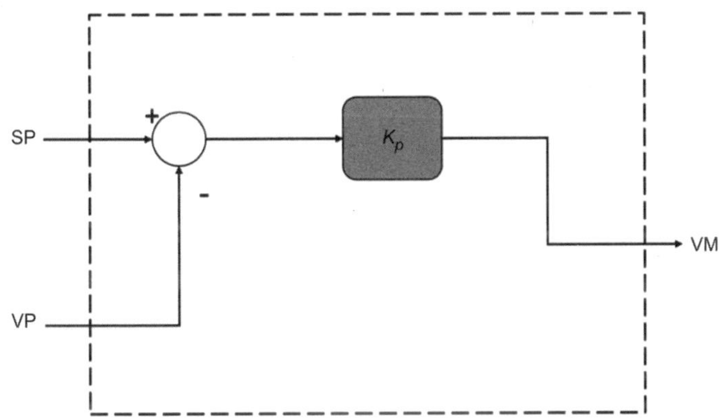

Figura 9.2 – Bloque de implementación de un controlador tipo P.

En el caso de procesos con ganancia directa positiva, debemos usar una ganancia proporcional positiva, $K_p > 0$, de forma que $u(t)$ sea positiva para valores de $e(t)$ positivos. Note que cuando $y(t)$ es menor que $r(t)$ $(e(t) > 0)$ precisamos aumentar $y(t)$ para que la variable de proceso se aproxime a $r(t)$ y esto se consigue usando una señal de control positiva $u(t)$, para este tipo de proceso. Por ejemplo, si estamos calentando un ambiente con un calentador eléctrico, debemos usar una potencia positiva $(u > 0)$ cuando la temperatura del ambiente sea menor a la deseada $(e > 0)$, es decir, usar una ganancia proporcional K_p positiva.

Llamamos al proceso de retroalimentación con error de seguimiento dado por $e(t) = r(t) - y(t)$ de retroalimentación negativa. Tenga en cuenta que tenemos un término $-y(t)$ que se usa para calcular el control, ya que tenemos $u(t) = K_p r(t) - K_p y(t)$, con $K_p > 0$. Como ya se mencionó, la retroalimentación negativa siempre intenta reducir el error entre la variable de proceso y la referencia. Si la ley de control fuera del tipo $u(t) = K_p y(t) - K_p r(t)$, con $K_p > 0$, observamos una **retroalimentación positiva**. Las retroalimentaciones positivas, en la mayoría de los casos, conducen a la inestabilidad del proceso. Se pueden utilizar en algunas aplicaciones específicas que no se considerarán en el contexto de este libro.

En el caso de procesos con ganancia directa negativa, usamos una ganancia proporcional negativa, $K_p < 0$, de tal forma que $u(t)$ sea negativo cuando el error sea positivo. Tenga en cuenta que cuando $y(t)$ es menor que $r(t)$ ($e(t) > 0$), también necesitamos aumentar $y(t)$ para acercar la variable de proceso a $r(t)$, pero, en este caso, esto solo se puede obtener mediante una señal de control negativa $u(t)$, ya que, en este tipo de procesos, un aumento en $u(t)$ provoca una disminución en $y(t)$ (y viceversa). Por ejemplo, si estamos enfriando una habitación con aire acondicionado, debemos usar potencia positiva ($u > 0$) cuando la temperatura ambiente sea mayor que la deseada ($e < 0$), es decir, usar una ganancia proporcional K_p negativa. Si usáramos un K_p positivo en este problema, la variable de proceso se desviaría de la referencia por la acción de control.

También debemos enfatizar que, en la práctica, la Ecuación 9.1 solo es válida para valores de u que no superen los valores máximo y mínimo de la región operativa del actuador. En los procesos reales, siempre existe un límite físico factible para la actuación. Por ejemplo, en el caso del sistema de refrigeración con una unidad de aire acondicionado, tendremos un límite físico para la potencia máxima del aire acondicionado. Por otro lado, la potencia no puede ser menor que cero. Matemáticamente, estos límites físicos se traducen como límites superior e inferior para la señal de control u.

Como siempre tendremos valores finitos para estos límites operativos, el control se comportará como un control *on-off* para valores de error muy grandes o muy pequeños. Si consideramos que la región factible para la acción viene dada por $u_{\min} \leq u \leq u_{\max}$, podemos obtener los valores límites para la señal de error como $e_{\min} \leq e \leq e_{\max}$, siendo que:

$$
\begin{aligned}
(u_{\max} - u_{\min}) &= K_p (e_{\max} - e_{\min}) \quad , \\
(e_{\max} - e_{\min}) &= \frac{1}{K_p} (u_{\max} - u_{\min}) \quad .
\end{aligned} \tag{9.2}
$$

Como puede se observa en la Ecuación (9.2), existe una banda proporcional BP$=$ $(e_{\max} - e_{\min})$ donde el funcionamiento del controlador es, de hecho, del tipo proporcional. Fuera de esta banda, el control se comporta como una estrategia *on-off*, con una acción de control saturada en $u_{\min}$ o $u_{\max}$. Note que la BP siempre es inversamente proporcional a K_p.

En el caso de ganancia positiva, por ejemplo, para un valor $e > e_{\max}$, tenemos una señal de control teórica dada por $K_p e$, pero la señal que realmente se implementa es dada por $u_{\max}$, dado que $K_p e > u_{\max}$.

La Figura 9.3 ilustra ese caso con un control proporcional con $K_p > 0$, considerando los límites de actuación dados de forma normalizada, entre 0 % y 100 %.

El gráfico de la figura ilustra cómo, cuando aumentamos el valor de la ganancia proporcional K_p, estaremos disminuyendo la banda proporcional, dada en este caso por:

$$
\text{BP} = \frac{100\,\%}{K_p} \quad . \tag{9.3}
$$

Para valores muy grandes de esta ganancia en relación con la zona factible para la acción de control, tendremos BP ≈ 0 y la estrategia de control P será prácticamente equivalente a un control del tipo *on-off*, porque la señal de actuación real, de hecho, oscilará entre dos estados, dados por $u = u_{\min}$ y $u = u_{\max}$. Por lo tanto, para evitar las fluctuaciones características de

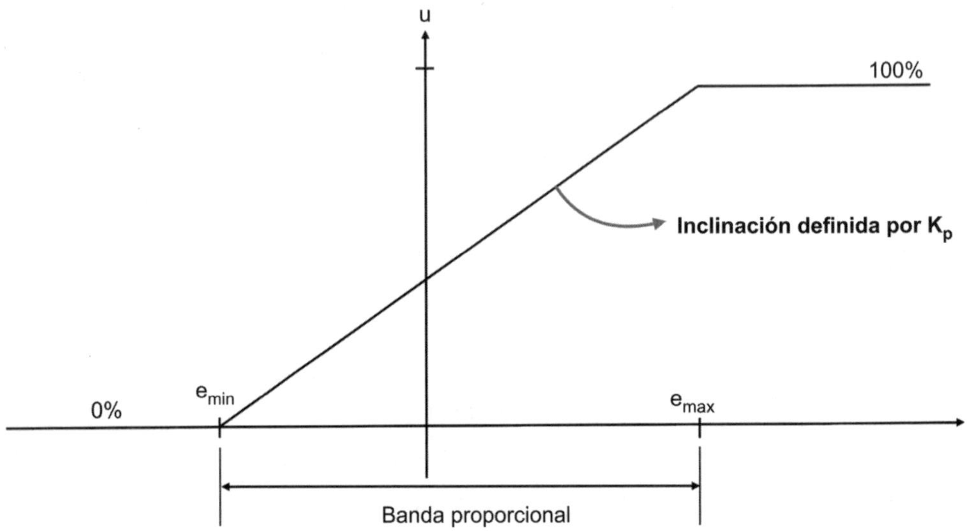

Figura 9.3 – Control P: banda proporcional.

las variables de proceso controladas a través de *on-off*, debemos ajustar la ganancia proporcional de manera adecuada, consistente con la zona factible para los valores del control. Estudiaremos este punto con más detalle a continuación.

La Figura 9.3 también es interesante para analizar las diferencias prácticas entre el control P y el control *on-off*. Enfatizamos que la transición repentina de la región de histéresis del control *on-off* como función del error (ver Figura 8.3) se convierte, en el caso del control P, en una rampa de pendiente K_p. La Figura 9.4 muestra las características estáticas de estas dos estrategias de control colocadas bajo un enfoque de comparación, donde podemos ver claramente las diferencias en el interior de la banda proporcional. Observe como en el caso del control P, u transita suavemente entre los valores mínimo y máximo.

Como mostraremos más adelante en este capítulo, esta característica del controlador proporcional permite que el sistema se estabilice en un punto de operación fijo, de modo que haya un error de seguimiento dentro de la

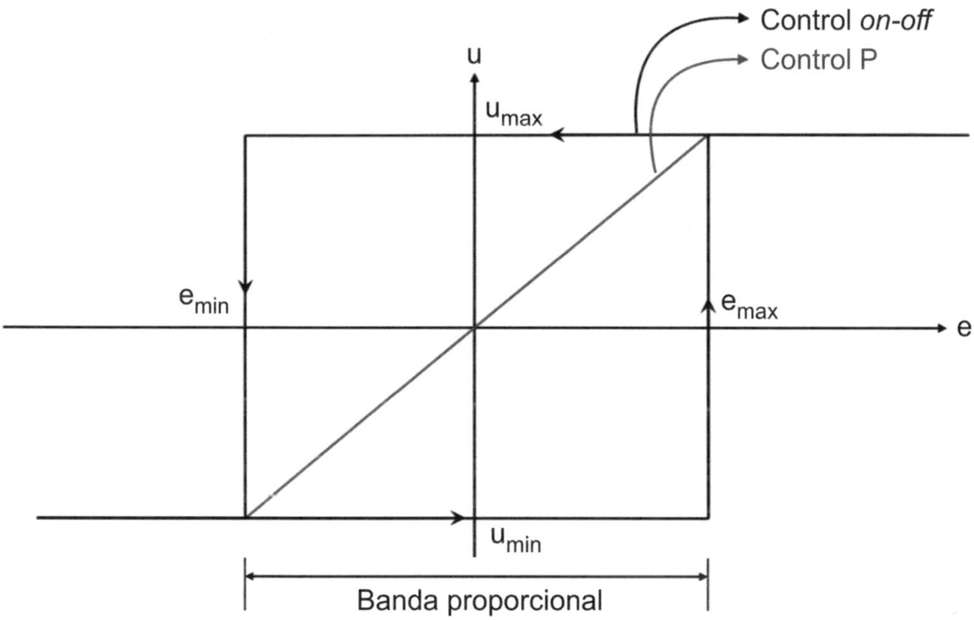

Figura 9.4 – Curvas estáticas del control P y del control *on-off*.

banda proporcional.

Una última observación que debe hacerse en este análisis inicial es la siguiente: en la práctica, los controladores industriales solo usan valores de ganancia proporcional positivos $K_p > 0$ en sus configuraciones de implementación.

Por tanto, de la misma forma que se mostró en el caso del control *on-off*, en el capítulo anterior, cuando el proceso tiene ganancia directa negativa, la señal se invierte en el cálculo del error, cambiando la suma $e = r - y$ para $e = y - r$. La Figura 9.5 muestra estas dos situaciones (proceso de ganancia positiva, $e = r - y$, y proceso de ganancia negativa, $e = y - r$) en una implementación de control proporcional, con un interruptor selector para elegir el tipo de proceso.

En esta Figura 9.5, observamos cómo la elección de la posición del selector cambia la implementación de un control del tipo $u = K_p(r - y)$ a $u = K_p(y - r)$. Esta estructura con selector (modo de operación) del con-

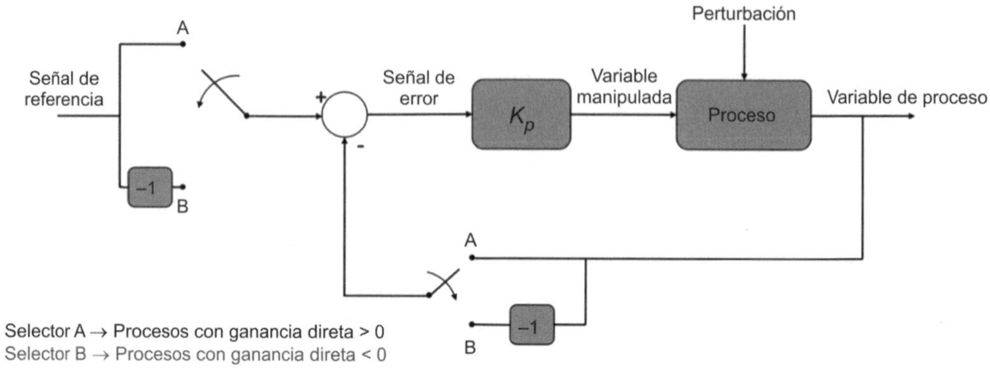

Figura 9.5 – Implementación del control P para procesos con ganancia positiva y negativa. Aquí K_p es siempre positivo.

trol P se puede utilizar de forma equivalente en estrategias PI y PID, que estudiaremos en los próximos capítulos.

9.2.1. Implementación electrónica analógica y digital

Para la implementación de un sistema de control proporcional, considerando los voltajes de entrada del circuito como las señales r, y y el voltaje de salida como u, es necesario utilizar dos amplificadores operacionales, como se muestra en Figura 9.6, para el caso de un proceso con ganancia directa positiva y por tanto con control proporcional implementado con ganancia proporcional $K_p > 0$. Así, en este esquema de implementación, tanto la señal del sensor de medición de la variable de proceso y, como la señal de referencia r y la señal de actuación u se dan en términos de voltaje eléctrico. En este diagrama, los amplificadores están configurados en modo inversor. En cada amplificador, el voltaje entre las terminales positivas y negativas se acercan a cero, por lo que la corriente que llega a la terminal de entrada negativa del primer amplificador es $r/R1$ y esta corriente también pasa a través de la resistencia de retroalimentación del amplificador, de tal forma que el voltaje en su salida es $-r$. Usando el mismo principio en el segundo amplificador, la corriente que llega a la terminal negativa es $(y - r)/R1$

y el voltaje en la salida del circuito $(y - r)(-R2/R1)$ o $(R2/R1)(r - y)$, configurando la ley de control P con ganancia $R2/R1$. En la práctica, si

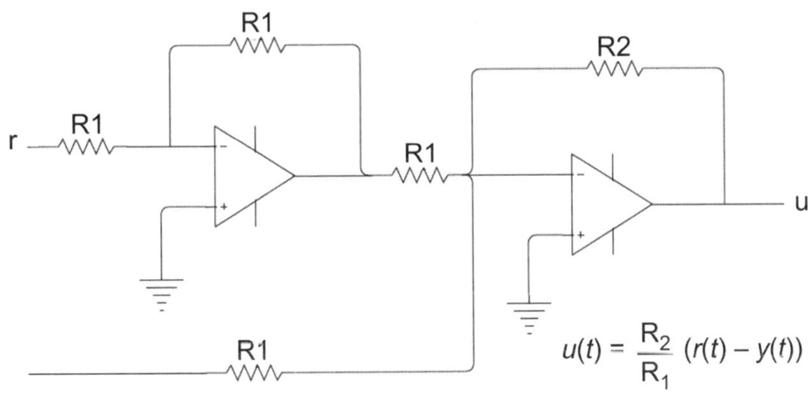

Figura 9.6 – Control proporcional implementado con amplificadores operacionales.

la resistencia $R2$ de la figura es una resistencia eléctrica variable (potenciómetro), esta implementación permite un ajuste analógico de la ganancia proporcional del control $K_p = R2/R1$. Para implementar un control P para una planta con ganancia negativa, simplemente tenemos que invertir las señales en la entrada (r en lugar de y).

La implementación digital de este tipo de control en una computadora o micro-procesador es simple, basta implementar una única línea de código en el control dada por:

$$u(k) = K_p r(k) - K_p y(k) \quad ,$$

considerando las medidas en cada muestra k de la referencia y la variable de proceso. En este caso, el ajuste del control se realiza solo cambiando el valor del parámetro K_p en el código y para usar el control en plantas con ganancia negativa, simplemente cambiamos el signo de K_p. Tenga en cuenta que también es posible utilizar la ecuación en la forma $u(k) = K_p y(k) - K_p r(k)$, con K_p positivo para plantas de ganancia negativa.

9.3. Algunos ejemplos intuitivos

Antes de presentar la respuesta de la variable de proceso obtenida cuando se controla una planta de primer orden mediante un controlador proporcional, presentaremos dos ejemplos intuitivos, con el fin de observar las diferencias entre relaciones estáticas y dinámicas en lazo abierto y lazo cerrado con un controlador proporcional.

Ejemplo 80 *Consideremos el control de nivel de un tanque de agua con un flotador mecánico (que tiene una válvula acoplada), que ya hemos presentado anteriormente en este libro. El flotador tiene como objetivo mantener el tanque en un nivel cercano a un valor máximo, ajustado con el diseño mecánico del flotador.*

El modelo del nivel de agua del tanque para una región de operación se puede aproximar linealmente para un consumo distinto de cero de acuerdo con la siguiente EDO:

$$10\frac{dy(t)}{dt} + y(t) = 2u(t) - q(t) \quad , \tag{9.4}$$

considerando $u(t)$ el caudal de entrada, $q(t)$ la apertura de la válvula de consumo de agua y $y(t)$ el nivel de agua del tanque.

El flotador mecánico tiene una acción aproximadamente proporcional, ya que el caudal de agua que entra depende proporcionalmente del error entre el nivel deseado y el actual. Podemos ver que si el nivel es muy bajo, entra una cantidad de agua mucho mayor que cuando el nivel está cerca del máximo deseado. Naturalmente podemos inferir que teniendo un consumo menor que el caudal máximo de entrada, siempre se alcanzará un determinado nivel de equilibrio, es decir, el control ajustará la posición de la válvula de entrada para que el caudal de entrada sea igual al caudal de salida, dado que el caudal de salida está relacionado con la presión de la columna de agua y por tanto, con el nivel del agua en el tanque. Sin embargo, este punto de operación se alcanza con un error distinto de cero, es decir, con un valor inferior al deseado. Tenga en cuenta que si el error realmente convergiera a cero, de forma permanente, no tendríamos un caudal de agua entrando en el tanque y como hay un caudal de salida (consumo) distinto de cero, el nivel del tanque no sería constante, contradiciendo la hipótesis de convergencia a cero.

De esta forma, podemos observar que el sistema de control P es capaz de garantizar que, en régimen permanente, el nivel se estabilice en un valor distinto de cero, pero es necesario que la señal de error sea distinta de cero, para que se pueda mantener el actuador en una posición distinta de cero, por lo que, de hecho, hay un caudal de agua entrando en el tanque.

En este ejemplo, si consideramos la actuación del flotador como $u(t) = 5(r - y(t))$*, con* r *constante y un consumo de agua constante* q*, tenemos:*

$$10\frac{dy(t)}{dt} + y(t) = 10(r - y(t)) - q \quad . \tag{9.5}$$

Esta EDO, en el equilibrio ($\lim_{t\to+\infty} y(t) \to y_\infty$*), implica en:*

$$y_\infty = 10(r - y_\infty) - q \quad , \tag{9.6}$$

$$y_\infty = \frac{10}{11}r - \frac{1}{11}q = 0{,}909r - 0{,}0909q \quad . \tag{9.7}$$

Enfatizamos que la ecuación anterior demuestra, de hecho, que $y_\infty \neq r$*. Sin embargo, podemos ver que el valor de la variable de proceso, de manera permanente, se acerca al valor deseado (*r*), ya que el efecto del consumo de agua* q *se reduce en 11 veces en comparación con la dinámica del lazo abierto y que la relación entre* y_∞ *y* r *es muy cercana a 1.*

Otro aspecto importante del control de retroalimentación P es que esta estrategia permite obtener dinámicas en lazo cerrado poco sensibles a las variaciones en la ganancia estática del proceso. Demostramos este hecho.

Consideremos que la válvula embutida en el flotador se ha deteriorado con el tiempo y que el siguiente modelo representa la dinámica del tanque de agua en este caso deteriorado:

$$10\frac{dy(t)}{dt} + y(t) = 2{,}2u(t) - q(t) \quad . \tag{9.8}$$

Al calcular una nueva condición de equilibrio para la variable de proceso con la misma ley de control $u(t) = 5\,(r - y(t))$, *obtenemos:*

$$y_\infty = 11(r - y_\infty) - q \quad , \tag{9.9}$$
$$y_\infty = \frac{11}{12}r - \frac{1}{12}q = 0{,}917r - 0{,}083q \quad . \tag{9.10}$$

Destacamos, por tanto, que la variación de 10 % *en la ganancia estática de la planta (entre la EDO* (9.4)*, modelo original y la EDO* (9.8)*, modelo deteriorado) causa una variación menor a* 1 % *en la ganancia estática del lazo cerrado de* y_∞ *con relación a* r.

En el siguiente ejemplo, detallaremos el efecto de la estrategia de control P sobre el comportamiento dinámico del proceso controlado.

Ejemplo 81 *Considere un sistema de control de temperatura de un horno, cuya variable manipulada* $u(t)$ *permite cambiar la potencia eléctrica consumida por el horno, cambiando su temperatura interna* $T(t)$.

Sin tener en cuenta las posibles variaciones de temperatura en el exterior del horno, podemos obtener el siguiente modelo simplificado:

$$50\frac{dT(t)}{dt} + T(t) = 5u(t) \quad . \tag{9.11}$$

En este modelo, el tiempo se mide en minutos.

Si queremos que la temperatura del horno alcance $200\,^oC$ *manualmente (sin control automático), partiendo de un estado de reposo dado por* $T(0) = 0\,^oC$, *podemos simplemente usar el modelo estático* $T_\infty = 5u_\infty$

y consecuentemente, aplicaremos una señal de actuación de tipo escalón de amplitud 40 *W, o sea,* $u(t) = 40\,\mathbf{1}(t)$.

Sabemos por el análisis de las soluciones EDO del Capítulo 6, que el modelo de este horno tiene una constante de tiempo de 50 *minutos y por lo tanto, la temperatura tardará aproximadamente* 250 *minutos en alcanzar un valor muy cercano a* $200\,^oC$.

Ahora analizaremos los efectos de una ley de control automática tipo P de la siguiente manera: $u(t) = 4(200 - T(t))$. *En este caso, la acción de control sobre el horno será dinámica, variando en el tiempo.*

En el instante inicial, partiendo del estado en reposo dado por $T(0) = 0\,^oC$, *obtenemos una señal de actuación instantánea dada por* $u(0) = 800$ *W, es decir, la estrategia P aplica una potencia inicial muy alta, provocando que la temperatura del horno suba muy rápidamente.*

Recalcamos que la dinámica del horno en sí no se modifica, porque si la señal de control se mantuviera en $u = 800$ *W (potencia muy alta), el tiempo suficiente, la temperatura del horno alcanzaría* $T_\infty = 4000\,^oC$ *siguiendo una dinámica dada por la constante de tiempo de* 50 *minutos.*

Sin embargo, a medida que la temperatura $T(t)$ *aumenta y se aproxima de* $200\,^oC$, *la potencia del horno se reduce gradualmente, según la ley proporcional, hasta que se alcanza el equilibrio térmico. Como el aumento (y la reducción) de la temperatura del horno se lleva a cabo dinámicamente, la estrategia P puede hacer que el régimen permanente* T_∞ *(que es dado por un valor cercano al valor de referencia* $200\,^oC$*) se alcance mas rápidamente (más rápido que la dinámica de lazo abierto, que tardó aproximadamente* 250 *minutos en estabilizarse).*

Para demostrar el efecto de la estrategia P sobre la dinámica del proceso, reemplazamos la ley de control en el modelo de proceso, obteniendo la siguiente EDO, que representa la dinámica en lazo cerrado:

$$50\frac{dT(t)}{dt} + T(t) \;=\; 20(200 - T(t)) \quad . \tag{9.12}$$

Este modelo puede ser reescrito como:

$$2{,}4\frac{dT(t)}{dt} + T(t) \;=\; 190 \quad . \tag{9.13}$$

Resaltamos que la EDO (9.13) *muestra que el proceso en lazo cerrado tiene una constante de tiempo de aproximadamente* 2,4 *minutos y que en equilibrio T alcanza una temperatura de* 190 *°C. Por tanto, en lazo cerrado, partiendo de un estado en reposo dado por $T(0) = 0$ °C, la temperatura del horno es llevada a $T_\infty = 190$ °C en aproximadamente* 12 *minutos.*

Concluimos, por tanto, que el sistema de control proporcional permitió que la respuesta en lazo cerrado del tanque sea más rápida que la respuesta en lazo abierto y que la variable de proceso alcance un valor cercano al deseado (referencia). Sin embargo, observamos que para que esto sea posible, el actuador del proceso debe poder alcanzar instantáneamente el valor de actuación $K_p(r - y(0))$. Tenga en cuenta que, en el caso de este proceso de calentamiento de la temperatura de un horno eléctrico, la potencia instantánea $u(0) = 800$ W es mucho mayor que la potencia de 200 *W utilizada para la operación de lazo abierto.*

Los ejemplos anteriores ilustraron intuitivamente las propiedades del control proporcional. A continuación, haremos un análisis más formal de la solución en lazo cerrado de procesos de primer orden regulados con controladores tipo P.

9.4. La solución en lazo cerrado: plantas estables.

En los ejemplos que presentamos con anterioridad, pudimos observar que la acción de control proporcional nos permite modificar la respuesta de la variable de proceso, a través del canal de retroalimentación. En los casos analizados, la dinámica de lazo cerrado se aceleró en relación con la dinámica de lazo abierto. También observamos que fue posible obtener sistemas con ganancia estática en lazo cerrado cerca de la unidad y con baja sensibilidad a las variaciones de la planta.

Ahora analizaremos de forma general cómo se comportan los procesos estables cuando son regulados por controladores proporcionales. Para ello, desarrollaremos modelos dinámicos relacionados con la dinámica de lazo cerrado, en el caso continuo y discreto, para plantas modeladas por sistemas de primer orden.

En las demostraciones de este apartado, no consideraremos la saturación de la acción de control, dado que ya hemos comentado el tipo de respuesta observado en este caso.

9.4.1. Caso continuo

Para el caso continuo, consideraremos procesos de primer orden, lineales e invariantes en el tiempo y estables, cuyos modelos son del tipo EDO, como en la Ecuación (6.11) con $\tau > 0$.

Consideramos que este proceso continuo está regulado en lazo cerrado por una estrategia proporcional como la del diagrama de bloques que se muestra en la Figura 9.1. La ganancia proporcional K_p es consistente con la ganancia directa del proceso. Por lo tanto, consideramos que K_p es positivo para procesos con $K_e > 0$ y de manera similar, K_p es negativo para procesos con $K_e < 0$. Por tanto, el producto $K_e K_p$ siempre será positivo.

Para desarrollar un modelo de lazo cerrado, que describe la dinámica de la salida del proceso $y(t)$ en función de la señal de referencia $r(t)$, reemplazamos la ley de control $u(t) = K_p\left(r(t) - y(t)\right)$ en la EDO original del proceso, que relaciona $y(t)$ con $u(t)$. Así, obtenemos:

$$
\begin{aligned}
\tau \frac{dy(t)}{dt} + y(t) &= K_e u(t) + K_q q(t) \\
&= K_e \left(K_p \left(r(t) - y(t) \right) \right) + K_q q(t) \qquad (9.14) \\
\tau \frac{dy(t)}{dt} + y(t) + K_e K_p y(t) &= K_e K_p r(t) + K_q q(t) \quad , \qquad (9.15) \\
\tau \frac{dy(t)}{dt} + (1 + K_e K_p)\, y(t) &= K_e K_p r(t) + K_q q(t) \quad , \qquad (9.16) \\
\underbrace{\left(\frac{\tau}{1 + K_e K_p} \right)}_{\tau_{\mathrm{MF}}} \frac{dy(t)}{dt} + y(t) &= \underbrace{\left(\frac{K_e K_p}{1 + K_e K_p} \right)}_{K_{\mathrm{MF}}} r(t) \\
&+ \underbrace{\left(\frac{K_q}{1 + K_e K_p} \right)}_{K_{q_{\mathrm{MF}}}} q(t) \quad . \qquad (9.17)
\end{aligned}
$$

Observamos que la Ecuación (9.17) es una EDO de primera orden similar a la del modelo de proceso, con otros parámetros.

La EDO (9.17) tiene una constante de tiempo de "lazo cerrado" τ_{MF}, que es positiva dado que $K_e K_p > 0$, por lo que el sistema de lazo cerrado es estable y podemos calcular la ganancia estática relativa a la referencia K_{MF} y la ganancia estática relativa a la perturbación $K_{q_{\mathrm{MF}}}$. Estos tres parámetros influyen directamente en la respuesta dinámica del proceso de lazo cerrado y dependen del valor de ganancia proporcional. Recordamos que la solución EDO (9.17), para $r(t)$ y $q(t)$ del tipo escalón aplicados en $t = 0$, de amplitudes R y Q, respectivamente, es dado por:

$$
\begin{aligned}
y(t) &= y_0 e^{-\frac{t}{\tau_{\mathrm{MF}}}} + K_{\mathrm{MF}} \left(1 - e^{-\frac{t}{\tau_{\mathrm{MF}}}} \right) R \\
&+ K_{q_{\mathrm{MF}}} \left(1 - e^{-\frac{t}{\tau_{\mathrm{MF}}}} \right) Q \quad , \qquad (9.18)
\end{aligned}
$$

siendo $y_0 = y(0)$ la condición inicial.

Sabemos, debido a la solución de la dinámica del proceso de lazo cerrado, dada por la Ecuación (9.18) y por el modelo de la Ecuación (9.17), que este proceso alcanza un equilibrio, en régimen permanente, dado por $K_{\text{MF}}R + K_{q_{\text{MF}}}Q$.

Enfatizamos que la ganancia proporcional K_p tiene un papel importante en la Ecuación (9.17), ya que altera los tres parámetros de la solución analítica de la variable de proceso, dada por la Ecuación (9.18). Notamos que:

- A medida que aumentamos la ganancia proporcional K_p (su módulo), se reduce la constante de tiempo del sistema de lazo cerrado τ_{MF}. Por lo tanto, con valores más altos para $|K_p|$, podemos ver respuestas de lazo cerrado más rápidas.

- La relación de régimen permanente entre la variable de proceso y una referencia del tipo escalón de amplitud R es dada por $y_\infty = K_{\text{MF}}R$. Visto que $K_{\text{MF}} = \frac{K_e K_p}{1+K_e K_p}$, podemos obtener valores de K_{MF} muy próximos de 1 para valores de $K_e K_p >> 1$. También, podemos inferir que la propiedad de seguimiento de referencia sin error es solamente alcanzada para $|K_p| \to +\infty$, una vez que $\lim_{|K_p| \to +\infty} \frac{K_e K_p}{1+K_e K_p} = 1$. Sin embargo, esta es una condición inalcanzable, ya que K_p debe limitarse debido a la saturación del actuador, inherente a cualquier proceso físico real.

- La relación de régimen permanente entre la variable del proceso y las perturbaciones tipo escalón de amplitud Q está dada por $y_\infty = K_{q_{\text{MF}}}Q$. Por tanto, a medida que aumenta la ganancia proporcional (en módulo), el sistema de control de lazo cerrado inducirá un comportamiento para mejorar el rechazo a las perturbaciones, ya que $K_{q_{\text{MF}}} = \frac{K_q}{1+K_e K_p}$ se torna pequeño caso $K_e K_p >> 1$. Por otro lado, solamente hay rechazo perfecto de la perturbación cuando $|K_p| \to +\infty$, una vez que $\lim_{|K_p| \to +\infty} \frac{K_q}{1+K_e K_p} = 0$ (inalcanzable por las razones mencionadas anteriormente).

- Podemos observar que las ganancias K_{MF} y $K_{q_{\mathrm{MF}}}$ se ven poco afectadas por las posibles variaciones de las ganancias del modelo K_e y K_q (o errores en la determinación de estas ganancias) si el producto $K_eK_p >> 1$. Esto se puede calcular analíticamente, utilizando la derivada de ganancias de lazo cerrado con respecto a K_e y K_q, determinando, respectivamente, las sensibilidades S_{K_e} y S_{K_q}:

$$S_{K_e} = \frac{\partial K_{\mathrm{MF}}}{\partial K_e} = \frac{K_p}{(1+K_eK_p)^2} << 1, \text{ si } K_eK_p >> 1\,, \quad (9.19)$$

$$S_{K_q} = \frac{\partial K_{q_{\mathrm{MF}}}}{\partial K_q} = \frac{1}{1+K_eK_p} << 1, \text{ si } K_eK_p >> 1\,. \quad (9.20)$$

9.4.2. Caso discreto

Para el caso discreto haremos una demostración similar y por supuesto, esperamos obtener las mismas conclusiones que en el caso continuo.

Considere un proceso discreto, lineal, invariante en el tiempo y estable ($0 < \alpha < 1$), cuya dinámica viene dada por la ED (6.30), que repetiremos aquí para simplificar el análisis:

$$y(k+1) = \alpha y(k) + \beta_u u(k) + \beta_q q(k) \quad . \quad (9.21)$$

Este proceso es de primer orden y la ganancia estática de u para y viene dada por $K_e = \frac{\beta_u}{1-\alpha}$.

Suponemos que este proceso está controlado en lazo cerrado por la siguiente ley de control: $u(k) = K_p\,(r(k) - y(k))$, siendo el signo de K_p igual al signo de la ganancia estática del proceso K_e.

En este caso, las dinámicas de lazo cerrado son dadas por:

$$y(k+1) = \alpha y(k) + \beta_u\,(K_p\,(r(k) - y(k))) + \beta_q q(k) \quad . \quad (9.22)$$

$$y(k+1) = \underbrace{(\alpha - \beta_u K_p)}_{\alpha_{\mathrm{MF}}} y(k) + \beta_u K_p r(k) + \beta_q q(k) \quad . \quad (9.23)$$

Luego obtenemos una nueva ED que tiene la misma forma que la Ecuación (9.21). Para que este nuevo sistema tenga un comportamiento estable y sin oscilaciones, debemos restringir $\alpha_{\mathrm{MF}} = \alpha - \beta_u K_p$ dentro del intervalo $[0, 1)$, conforme mostrado en el Capítulo 6.

Destacamos que la solución analítica para la ED (9.23), considerando señales de referencia y perturbaciones del tipo escalón, de amplitudes R y Q, respectivamente, viene dada por:

$$\begin{aligned} y(k) &= y_0 \alpha_{\mathrm{MF}}^k + \frac{\beta_u K_p}{1 - \alpha_{\mathrm{MF}}} \left(1 - \alpha_{\mathrm{MF}}^k\right) R \\ &+ \frac{\beta_q}{1 - \alpha_{\mathrm{MF}}} \left(1 - \alpha_{\mathrm{MF}}^k\right) Q \quad . \end{aligned} \tag{9.24}$$

Analizaremos la solución analítica presentada en la Ecuación (9.24) con mayores detalles:

- La dinámica del proceso es acelerada conforme $|K_p|$ aumenta, una vez que el parámetro α_{MF} se acerca a 0. Resaltamos que el término α_{MF}^k, con constante $\alpha_{\mathrm{MF}} \in [0\,,\,1)$, lleva más muestras k para converger a cero para constantes más próximas de 1.

- La ganancia estática en lazo cerrado entre la variable de proceso y la señal de referencia $r(k) = R\,\mathbf{1}(k)$ es dada por:

$$\begin{aligned} K_{\mathrm{MF}} &= \frac{\beta_u K_p}{1 - \alpha_{\mathrm{MF}}} = \frac{\beta_u K_p}{1 - \alpha + \beta_u K_p} \\ &= \frac{\frac{\beta_u K_p}{1-\alpha}}{1 + \frac{\beta_u K_p}{1-\alpha}} = \frac{K_e K_p}{1 + K_e K_p} \quad , \end{aligned} \tag{9.25}$$

  que es, lógicamente, el mismo resultado del caso continuo, usando $K_e = \frac{\beta_u}{1-\alpha}$. Destacamos que al igual que en el caso continuo, un aumento (en módulo) de la ganancia proporcional K_p (dentro de los límites establecidos para tener un sistema estable) conduce a una ganancia estática en lazo cerrado más cercana a 1.

- Siendo $K_q = \frac{\beta_q}{1-\alpha}$ la ganancia estática del proceso ante perturbaciones (en lazo abierto), observamos la siguiente ganancia en lazo cerrado:

$$\begin{aligned} K_{q_{\mathrm{MF}}} &= \frac{\beta_q}{1-\alpha_{\mathrm{MF}}} = \frac{\beta_q}{1-\alpha+\beta_u K_p} \\ &= \frac{\frac{\beta_q}{1-\alpha}}{1+\frac{\beta_u K_p}{1-\alpha}} = \frac{K_q}{1+K_e K_p} \quad . \end{aligned} \tag{9.26}$$

  Obtenemos nuevamente el mismo resultado que en el caso continuo, así, un aumento (en módulo) de la ganancia proporcional K_p conduce a una ganancia estática ante perturbaciones en lazo cerrado, más cercana a 0 (nuevamente, dentro de los límites establecidos para tener un sistema estable).

- Dado que las expresiones de ganancias estáticas en lazo cerrado son las mismas que en el caso continuo, las mismas expresiones de sensibilidad calculadas aquí son válidas.

Resumiendo el análisis realizado, podemos enfatizar que tanto para sistemas continuos como discretos:

- La acción de control en las estrategias P es proporcional al error de seguimiento de referencia.

- Para sistemas de primer orden, este método es capaz de garantizar que la variable de proceso (y también la variable manipulada) se mantenga en condiciones de equilibrio, en régimen permanente, para perturbaciones y referencias constantes, a diferencia de la estrategia *on-off*, para la cual observamos oscilaciones en la variable de proceso, dentro de un rango operativo predefinido.

- Para el correcto funcionamiento de los controladores proporcionales, se requieren actuadores que permitan señales de control variables dentro de un rango de operación, tales como válvulas proporcionales, motores eléctricos, amplificadores lineales, actuadores hidráulicos proporcionales, entre otros.

- El control P permite una aceleración de la respuesta del proceso, en lazo cerrado, además de reducir la sensibilidad de la respuesta del proceso a variaciones en los parámetros del modelo, reduciendo el efecto de las perturbaciones y alcanzando un punto de equilibrio de lazo cerrado con un error de seguimiento distinto de cero.

Presentaremos algunos ejemplos adicionales para ilustrar el uso del control proporcional y analizar sus propiedades.

Ejemplo 82 *Consideremos primero el siguiente proceso discreto, cuya variable de proceso y tiene una dinámica dada por la siguiente ED, en la que u representa la señal de control:*

$$y(k) \;=\; 0{,}8y(k-1) + 0{,}4u(k-1) \quad . \tag{9.27}$$

A partir de esta ED, podemos obtener directamente la relación estática entre una señal de control constante u_∞ y el punto de operación consecuente para la variable de proceso, dado por y_∞:

$$y_\infty \;=\; 2u_\infty \quad .$$

Además, este sistema toma aproximadamente 23 muestras para llegar al régimen permanente (99 % del valor final) cuando aplicamos un escalón en la entrada.

Para el control de este proceso, consideramos el uso de una estrategia proporcional, implementada como se describe en el diagrama de bloques de la Figura 9.1, para la cual tenemos:

$$\begin{cases} r(k) = \mathbf{1}(k) & . \\ e(k) = r(k) - y(k) & . \\ u(k) = 1{,}8e(k) & . \end{cases}$$

Note que tenemos una señal de referencia tipo escalón unitario, con subida en $k = 0$ *y una ganancia proporcional* $K_p = 1{,}8$. *Las condiciones iniciales para este problema son dadas por* $y(0) = 0$, $r(0) = 1$ *y por lo tanto,* $e(0) = 1$.

Sustituyendo la ley de control P de la Ecuación (9.28) *en la ED* (9.27), *referente al modelo del proceso, obtenemos la siguiente dinámica:*

$$y(k) = 0{,}8y(k-1) + 0{,}72e(k-1) \quad . \tag{9.28}$$

Para analizar el comportamiento de este proceso en lazo cerrado, usaremos recursivamente la Ecuación (9.28), *observando las señales de error y control. Al principio, tenemos:*

$$\begin{cases} y(1) = 0{,}8y(0) + 0{,}72e(0) & . \\ \quad\;\; = 0{,}72 & . \\ e(1) = 1 - 0{,}72 = 0{,}28 & . \\ u(1) = 1{,}8(0{,}28) = 0{,}504 & . \end{cases} \tag{9.29}$$

Para $k = 2$:

$$\begin{cases} y(2) & = & 0{,}8y(1) + 0{,}72e(1) \quad . \\ & = & 0{,}5760 + 0{,}2016 \; = \; 0{,}7776 \quad . \\ e(2) & = & 0{,}2224 \quad . \\ u(2) & = & 1{,}8(0{,}2224) \; = \; 0{,}4 \quad . \end{cases} \tag{9.30}$$

Para $k = 3$*:*

$$\begin{cases} y(3) & = & 0{,}8y(2) + 0{,}72e(2) \quad . \\ & = & 0{,}7822 \quad . \\ e(3) & = & 0{,}2178 \quad . \\ u(3) & = & 1{,}8(0{,}2178) \; = \; 0{,}39 \quad . \end{cases} \tag{9.31}$$

Para $k = 4$*:*

$$\begin{cases} y(4) & = & 0{,}8y(3) + 0{,}72e(3) \quad . \\ & = & 0{,}7826 \quad . \\ e(4) & = & 0{,}2174 \quad . \\ u(4) & = & 1{,}8(0{,}2174) \; = \; 0{,}391 \quad . \end{cases} \tag{9.32}$$

Por fin, para $k = 5$*, obtenemos una condición de estabilidad, ya que para* $k > 5$ *tenemos* $y(k) \approx y(5)$*:*

$$\begin{cases} y(5) &= 0{,}8y(4) + 0{,}72e(4) \quad . \\ &= 0{,}7826 \quad . \\ e(5) &= 0{,}2174 \quad . \\ u(5) &= 0{,}3913 \quad . \end{cases} \tag{9.33}$$

Podemos observar, que el proceso, cuando es controlado por un controlador P con $K_p = 1{,}8$, *tiene las siguientes propiedades:*

- *(1) la variable de proceso llega en aproximadamente* 5 *muestras discretas al nuevo equilibrio (más de 4 veces más rápido que en lazo abierto);*
- *(2) para lograr esto, el control tiene inicialmente un valor mayor que el del régimen permanente y converge al valor final en estos 5 pasos;*
- *(3) que no garantizamos el seguimiento de la referencia, ya que se alcanza un valor final de* y *de aproximadamente* 78 % *de la referencia.*

Podemos concluir, por tanto, que la estrategia de control proporcional, en el ejemplo, permite una aceleración del tiempo de respuesta del proceso, para una referencia dada y permite, mediante una acción $u = K_p e$ *dentro de la banda proporcional, una estabilización de la variable de proceso en un valor constante, a menudo cercano a la referencia* r. *Tenga en cuenta que hay una clara ventaja en este método en relación con el enfoque on-off, ya que ya no observamos oscilaciones en las proximidades del valor de equilibrio deseado.*

Ejemplo 83 *Como segundo ejemplo, ahora consideramos un proceso continuo cuya dinámica está representada por el siguiente modelo:*

$$3\frac{dy(t)}{dt} + y(t) = -3u(t) \quad . \tag{9.34}$$

Este es un modelo de tipo EDO que tiene una constante de tiempo de $\tau = 3$ segundos y una ganancia estática $K_e = -3$. Sabemos, con base en la solución analítica de esta EDO para una entrada u de tipo escalón de amplitud u_∞, que la señal de salida $y(t)$ tarda aproximadamente nueve segundos en llegar a 95 % del valor de régimen permanente, dado por $K_e u_\infty$.

Para regular este proceso, consideramos una estrategia de control proporcional, cuya variable manipulada está definida por la siguiente ley:

$$u(t) = -\frac{1}{3}\left(r(t) - y(t)\right) \quad . \tag{9.35}$$

Tenga en cuenta que la ganancia proporcional $K_p = \frac{1}{3}$ de esta ley de control es negativa, ya que el proceso controlado tiene una ganancia estática negativa.

Reemplazando la Ecuación (9.35) en el modelo de proceso, dado por la Ecuación (9.34), obtenemos el siguiente modelo del sistema en lazo cerrado:

$$3\frac{dy(t)}{dt} + y(t) = \left(r(t) - y(t)\right) \quad . \tag{9.36}$$

La EDO (9.36) se reescribe siguiendo la Ecuación (9.34):

$$1{,}5\frac{dy(t)}{dt} + y(t) = 0{,}5r(t) \quad . \tag{9.37}$$

Por lo tanto, podemos concluir que la respuesta de este proceso, cuando es controlado en lazo cerrado por el control proporcional de la Ecuación (9.35), a una señal de referencia de tipo escalón $r(t)$ será dos veces más rápida que la respuesta en lazo abierto, ya que la constante de tiempo de la EDO (9.37) es la mitad de la constante de tiempo de la EDO (9.34).

La acción proporcional en lazo cerrado permite una aceleración de la respuesta dinámica del proceso. En términos estáticos, podemos calcular la ganancia de lazo cerrado como $K_{MF} = \frac{K_e K_p}{1+K_e K_p} = 0{,}5$. Note que esta ganancia corresponde a la relación estática $y_\infty = \frac{1}{2}r$, dada por el modelo *presentado en la EDO* (9.37).

Para finalizar este ejemplo, consideraremos que queremos diseñar una ley de control proporcional para que el sistema sea en lazo cerrado cinco veces más rápido que en lazo abierto. Dado que $\tau_{MF} = \frac{\tau}{1+K_e K_p}$*, necesitamos ajustar el valor de la ganancia proporcional* K_p *para que tengamos la relación* $K_e K_p = 4$*, es decir, tomando* $K_p = -\frac{4}{3}$*. En este caso, la ganancia estática en lazo cerrado viene dada por* $K_{MF} = \frac{4}{1+4} = 0{,}8$ *y por lo tanto el error de seguimiento al escalón de referencia es de 20 %.*

En la Figura 9.7, presentamos la señal de control, la variable de proceso y la señal de error para el siguiente experimento: partiendo del reposo, aplicamos una señal de referencia tipo escalón de amplitud $r_\infty = 2$ *para el sistema en lazo cerrado. Para hacerlo, consideramos los dos ajustes analizados: (1) control proporcional con ganancia proporcional* $K_p = -\frac{1}{3}$ *y (2) control proporcional con ganancia proporcional* $K_p = -\frac{4}{3}$*.*

En esta figura podemos ver, como era de esperar que debido a los análisis teóricos para el primer ajuste, obtenemos un error estático de 50 % y un período de tiempo para el cual el sistema alcanza los 99 % del valor final cercano a 7,5 segundos. Para el segundo ajuste, observamos un error estático de 20 % y un período de tiempo de 3 segundos. Además, podemos observar cómo la acción de control del segundo ajuste es más rápida y de mayor amplitud que la del primero. También tenga en cuenta que ambas señales de control, en módulo, decaen con el tiempo.

Ejemplo 84 *Como tercer ejemplo, consideramos el proceso discreto descrito en el siguiente modelo ED:*

$$y(k) \;=\; 0{,}8y(k-1) + 0{,}8u(k-1) \quad . \tag{9.38}$$

Esta ED tiene una constante $\alpha = \beta_u = 0{,}8$*. Por lo tanto, la ganancia estática de este proceso viene dada por* $K_e = \frac{\beta_u}{(1-\alpha)} = 4$*. Además, sabemos que el proceso toma aproximadamente* $int\{-\frac{3}{ln(\alpha)}\} = 14$ *muestras para que*

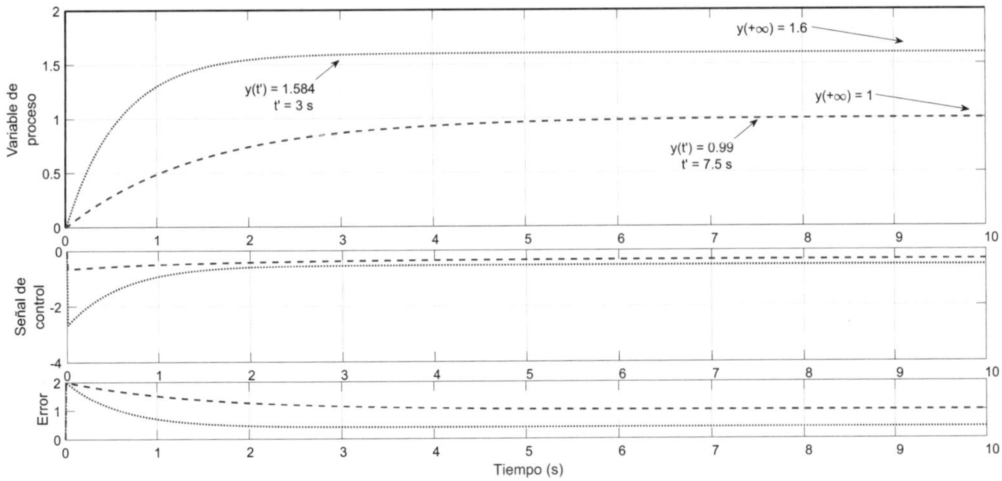

Figura 9.7 – Respuestas de un sistema de primer orden controlado por un control proporcional. En líneas discontinuas, se presentan los resultados del primer ajuste, con $K_p = -\frac{1}{3}$. En líneas punteadas, se presentan los resultados del segundo ajuste, con $K_p = -\frac{4}{3}$.

la señal de salida y pase por 0,95 *del valor de régimen permanente, dado por* $K_e u_\infty$*, siendo* u_∞ *la amplitud del escalón aplicado a la señal de entrada* u.

Para regular este proceso, consideramos dos leyes de control proporcional. La primera ley considera una ganancia proporcional $K_p = 0{,}2$*, lo que implica en la siguiente ganancia estática en lazo cerrado* $K_{e_{MF}} = \frac{KeK_p}{1+K_eK_p} \approx 0{,}44$*. La segunda ley considera* $K_p = 0{,}4$*, lo que implica en la siguiente ganancia estática en lazo cerrado* $K_{e_{MF}} = \frac{KeK_p}{1+K_eK_p} \approx 0{,}615$*. Tenga en cuenta que* $\alpha_{MF} = 0{,}64$*, en el primer caso y* $\alpha_{MF} = 0{,}48$*, en el segundo caso. Estos parámetros del sistema de lazo cerrado implican que* $int\{-\frac{3}{ln(\alpha_{MF})}\} = 7$ *muestras (primer ajuste, dos veces más rápido que el lazo abierto) y* $int\{-\frac{3}{ln(\alpha_{MF})}\} = 5$ *muestras (segundo ajuste, aproximadamente* 3,50 *veces más rápido que el lazo abierto).*

En la Figura 9.8, presentamos la señal de control, la variable de proceso y la señal de error para el siguiente experimento: partiendo del reposo, aplicamos una señal de referencia tipo escalón de amplitud $r_\infty = 3$ *para el*

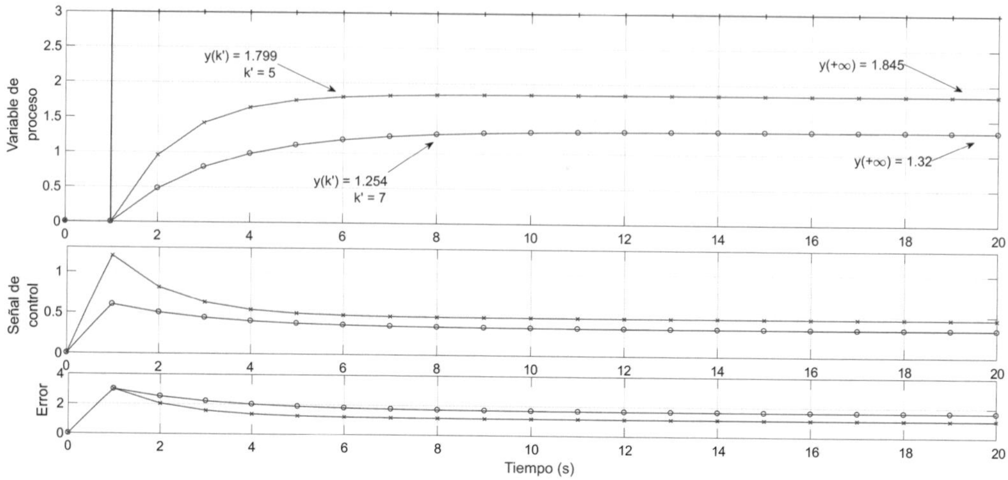

Figura 9.8 – Respuestas de un sistema de primer orden controlado por un controlador proporcional. En lineas discontinuas y punteadas, se presentan los resultados del primer ajuste, con $K_p = 0{,}2$. Con una linea discontinuas marcada con X, se presentan los resultados del segundo ajuste, con $K_p = 0{,}4$.

proceso en lazo cerrado. Para hacerlo, consideramos los dos ajustes anteriores: (1) control proporcional con ganancia proporcional $K_p = 0{,}2$ *y (2) control proporcional con ganancia proporcional* $K_p = 0{,}4$.

En esta figura podemos observar, como se esperaba debido al análisis teórico, que para el primer ajuste, obtenemos un error estático de 56 %, *tomando siete muestras para que la salida llegue a* 95 % *del valor final. Para el segundo ajuste, observamos un error estático de* 39 % *y cinco muestras. Además, como en el ejemplo anterior, podemos observar que la acción de control del segundo ajuste es más rápida y de mayor amplitud que la del primero.*

Destacamos que los procedimientos aplicados en el estudio del control proporcional en plantas estables pueden ser utilizados para procesos integradores o con dinámicas inestables. En ambos casos, se pueden determinar las condiciones para que K_p obtenga un sistema estable en lazo cerrado. El sistema resultante tendrá un comportamiento dinámico que dependerá de la ganancia proporcional. Analizaremos brevemente este punto.

9.5. Procesos inestables e integradores

En esta sección, discutimos brevemente cómo las estrategias de control proporcional se pueden aplicar a procesos inestables e integradores. Separamos la discusión en procesos continuos y discretos.

9.5.1. Procesos continuos inestables

El desarrollo del análisis de controladores proporcionales para el caso de procesos continuos inestables se puede realizar utilizando los mismos pasos y demostraciones del caso estable. La principal diferencia está en el parámetro del proceso τ que, en el caso inestable, es negativo. También enfatizamos que los parámetros K_e y K_q no representan ganancias estáticas en el caso de procesos inestables.

Como se vio en el Capítulo 6, la respuesta a un escalón unitario de la EDO inestable tiende a ∞ si $K_e < 0$. Entonces, en este caso, la ganancia directa de la planta es positiva y K_p debe ser positiva. Por otro lado, K_p debe ser negativo si K_e es positivo, lo que implica que siempre tendremos $K_eK_p < 0$ para estos sistemas.

Analizando el sistema de lazo cerrado usando las ecuaciones desarrolladas para el caso estable, ver Ecuación (9.17), observamos que la constante de tiempo de lazo cerrado τ_{MF} será positiva si $1 + K_eK_p < 0$, es decir, siempre que $K_eK_p < -1$. Así, con $K_p < -\frac{1}{K_e}$, obtenemos un sistema estable de lazo cerrado, imponiendo una restricción a la elección de la ganancia proporcional K_p. Tenga en cuenta que la acción de control debe ser lo suficientemente potente como para estabilizar el sistema de lazo cerrado. En términos intuitivos: la acción de control debe reaccionar rápidamente para compensar la dinámica natural de la planta (que es inestable y tiende a $+\infty$).

En este caso, gracias a la estabilidad obtenida para el lazo cerrado, las ganancias estáticas del sistema de lazo cerrado se pueden calcular como en el caso estable y si $|K_e K_p| >> 1$, obtendremos un sistema rápido con una ganancia estática casi unitaria. Por tanto, la estrategia de control proporcional permite no solo la estabilización de procesos inestables, sino también el ajuste del tiempo de respuesta y/o ganancias estáticas en lazo cerrado.

En el sexto ejercicio de la lista al final de este capítulo, presentamos el estudio de caso de una planta inestable de lazo abierto.

9.5.2. Procesos continuos integradores

En el caso de las plantas integradoras, la dinámica de lazo cerrado viene dada por:

$$\begin{aligned} \frac{dy(t)}{dt} &= K_v u(t) + K_q q(t) \\ &= K_v \left(K_p \left(r(t) - y(t)\right)\right) + K_q q(t) \quad , \end{aligned} \tag{9.39}$$

$$\frac{dy(t)}{dt} + K_v K_p y(t) = K_v K_p r(t) + K_q q(t) \quad , \tag{9.40}$$

$$\underbrace{\left(\frac{1}{K_v K_p}\right)}_{\tau_{\mathrm{MF}}} \frac{dy(t)}{dt} + y(t) = \underbrace{1}_{K_{\mathrm{MF}}} r(t) + \underbrace{\left(\frac{K_q}{K_v K_p}\right)}_{K_{q_{\mathrm{MF}}}} q(t) \quad . \tag{9.41}$$

Dado que K_p tendrá el mismo signo que K_v (ganancia de velocidad), $\tau_{\mathrm{MF}} > 0$ y por lo tanto obtendremos un sistema estable en lazo cerrado. En este caso, la ganancia estática $K_{\mathrm{MF}} = 1$ garantiza una respuesta con error cero al escalón de referencia.

Intuitivamente, podemos entender este resultado de la siguiente manera: como la variable de proceso es la integral de la variable manipulada y el sistema integrador solo puede tener una salida constante con entrada nula, observamos que el equilibrio solo se puede alcanzar con $u = 0$ (error nulo para el control proporcional).[1]

[1] Analizaremos con más detalle el efecto de la integración en un sistema de lazo cerrado

Tenga en cuenta que un sistema integrador podría considerarse como un caso especial del sistema estable, cuando τ y K_e tienden al infinito. El proceso tomaría una cantidad infinita de tiempo para alcanzar el valor final (infinito) frente a una entrada escalón. Por lo tanto, podemos entender que $K_{\text{MF}} = \frac{K_e K_p}{1+K_e K_p} \to 1$, cuando $K_e \to \infty$ para todo K_p que mantenga el sistema estable en lazo cerrado.

Finalmente, tenga en cuenta que, en el sistema integrador, si $|K_v K_p| >> 1$, obtenemos un sistema de lazo cerrado rápido y estable, con K_p como parámetro para ajustar el tiempo de respuesta y/o la ganancia estática $K_{q_{\text{MF}}}$.

Luego de analizar el caso discreto, presentaremos un ejemplo de control proporcional en una planta integradora.

9.5.3. Procesos discretos

El procedimiento de cálculo presentado para modelos discretos estables se puede utilizar directamente para el caso de modelos de proceso con $\alpha = 1$ (integradores) o $\alpha > 1$ (inestable).[2]

Para obtener un sistema de lazo cerrado estable, necesitamos calcular K_p para obtener $0 \leq \alpha_{\text{MF}} = \alpha - \beta_u K_p < 1$, lo que implica $\frac{\alpha-1}{\beta_u} < K_p \leq \frac{\alpha}{\beta_u}$. Dada esta condición, podemos usar los cálculos de ganancia estática de lazo cerrado como en el caso estable. Seguimos teniendo las mismas conclusiones con respecto a la velocidad de respuesta del sistema de lazo cerrado.

Para finalizar este tema, presentamos a continuación el caso de estudio de una planta integradora: el control de nivel de un tanque operado con bombas. En este estudio también realizaremos algunas simulaciones.

Ejemplo 85 *Simulación: tanque de agua accionado por bomba*

Ahora mostraremos un experimento de simulación que representa la diná-

en el próximo capítulo.

[2]Nos limitamos aquí al estudio de sistemas con respuestas no oscilatorias, es decir, para los cuales $0 \leq \alpha \leq 1$.

mica de un tanque de agua, cuyo nivel varía en el tiempo cuando varían los caudales de entrada y salida de agua. Estas dinámicas vienen dadas por la siguiente EDO:

$$A\frac{dh(t)}{dt} = V_e(t) - V_s(t) \quad , \tag{9.42}$$

este tanque es cilíndrico, con un área de base $A = 50\,m^2$. *La variable manipulada de este proceso es la salida de agua del tanque* $V_s(t)$, *mientras que* $V_e(t)$ *actúa como una perturbación.*

Tenga en cuenta que este es un sistema integrador y si aplicamos un escalón a una de las entradas (variable manipulada o perturbación), el nivel del tanque disminuirá o aumentará indefinidamente. Además, tenga en cuenta que este es un sistema de ganancia negativa, ya que un aumento en la señal V_s *provoca una disminución en la señal de nivel* h.

Consideraremos que el caudal de salida de este tanque se controla con una bomba de agua, cuya dinámica está dada por $V_s(t) = u(t)$, *donde* $u(t)$ *es la señal de accionamiento de la bomba.*

La señal de accionamiento, a su vez, es dada por una ley de control proporcional, para que el nivel del tanque $h(t)$, *variable de proceso, siga una señal de referencia* $r(t)$, *del tipo escalón, de amplitud* $h_r = 0{,}8$ *m. Por lo tanto, el caudal de salida viene dado por* $V_s(t) = K_p\,(h(t) - r(t))$.

Tenga en cuenta que, en este tanque, implementamos una ley de control con K_p *positivo, pero invertimos los signos para calcular el error de seguimiento. Reemplazando esta ley proporcional en la EDO* (9.42), *obtenemos la dinámica de lazo cerrado de este proceso, dado por el siguiente modelo:*

$$\frac{A}{K_p}\frac{dh(t)}{dt} + h(t) = r(t) + \frac{1}{K_p}V_e(t) \quad . \tag{9.43}$$

A partir de esta EDO, observamos que este proceso presenta una constante de tiempo de lazo cerrado dada por $\tau_{MF} = \frac{A}{K_p}$.

Observe que, en este caso, obtenemos una ganancia unitaria estática en lazo cerrado frente a la referencia, es decir, sin perturbación la condición de equilibrio es $h = r$. *Como ya se mencionó, esto sucede porque el modelo de proceso de lazo abierto es del tipo integrador.*

En este proceso, por lo tanto, solo con una ley de control proporcional es posible garantizar la propiedad de seguimiento de referencia de lazo cerrado. Sin embargo, el rechazo de perturbaciones no está garantizado, ya que la ganancia estática en lazo cerrado, frente a perturbaciones, viene dada por $K_{q_{MF}} = \frac{1}{K_p}$.

En el primer experimento, presentamos resultados de simulación de la dinámica de lazo cerrado de este sistema (de la EDO (9.43)*) partiendo de una condición inicial* $h(0) = 0{,}8$ *y considerando una ganancia proporcional* $K_p = 4$, *una referencia fija en 0.8 y una perturbación dada por un caudal de entrada de tipo escalón, que varía de* $0{,}8$ *a* $0{,}4\,m^3/s$ *en el momento 60. Las señales referentes a este experimento se muestran en la Figura 9.9. Observamos que, de hecho, no hay rechazo de perturbación, ya que* $K_{q_{MF}} \neq 0$ *y por lo tanto el nivel del tanque no se estabiliza en el valor de referencia deseado sino en valores de equilibrio dados por* $h_\infty = h_r + K_{q_{MF}} q_\infty$, *siendo* q_∞ *los valores del estado estacionario del disturbio. Observamos que el tiempo de respuesta de este proceso, para la estabilización en* 95 % *de* h_∞, *es aproximadamente* 40 *s, consistente con el cálculo analítico de la constante de tiempo de lazo cerrado, dado por* $\tau_{MF} = 12{,}5$ *s. Recuerde que el tiempo de estabilización para* 95 % *del valor de régimen permanente viene dado por* $3\tau_{MF}$.

En un segundo experimento, con las mismas señales de referencia y perturbación, aumentamos la ganancia proporcional a $K_p = 10$. *Las señales correspondientes a este caso se muestran en la Figura 9.10. Observamos claramente que el error de régimen permanente se reduce, ya que la ganancia estática frente a las perturbaciones es inversamente proporcional a* K_p, *dada por* $K_{q_{MF}} = \frac{1}{K_p}$. *Además, observamos que el tiempo de estabilización*

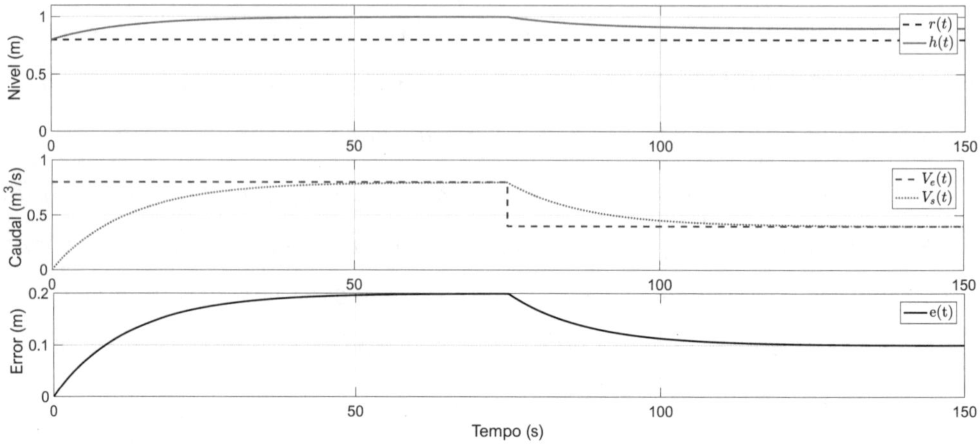

Figura 9.9 – Depósito de agua controlado por válvula de salida. Control proporcional con $K_p = 4$.

del proceso es, en este caso, aproximadamente 16 *s*, 2,5 *más rápido que el de la primera prueba.*

Podemos observar que la señal de control no es, en este caso, muy violenta (es decir, sin picos), pero ciertamente es más rápida que la señal de control del caso anterior. Por tanto, la estrategia de control proporcional genera una solución muy sencilla y adecuada para este sistema, si no tenemos un requisito de error de seguimiento cero.

Podemos observar a partir de estas respuestas que, a medida que aumentamos la ganancia de control, el caudal de salida tiende a seguir el caudal de entrada más rápidamente y por lo tanto, el nivel se mantiene más cerca del equilibrio. Esta es una característica física simple de entender, porque si los caudales son iguales, el nivel permanece constante. Está claro que, desde un punto de vista práctico, un seguimiento tan perfecto no es posible, ya que necesitaríamos, para ello, una ganancia proporcional infinita. Por otro lado, si la ganancia es pequeña, el caudal de salida sigue lentamente al de la entrada y el nivel del tanque varía junto con las variaciones en el caudal de entrada.

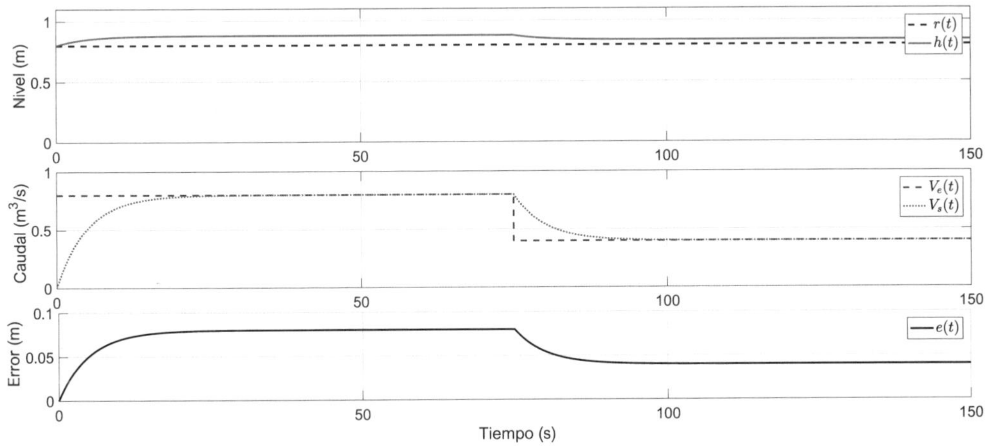

Figura 9.10 – Depósito de agua controlado por válvula de salida. Control proporcional con $K_p = 10$.

En problemas de control donde necesitamos errores de seguimiento nulos, el control proporcional se puede mejorar con una acción llamada BIAS, que estudiaremos a continuación.

9.6. El signo BIAS

De hecho, como pudimos ver en el desarrollo anterior, la ganancia estática en lazo cerrado entre la variable de proceso y la señal de referencia, en el caso de un proceso regulado por una estrategia proporcional, viene dada por $K_{\text{MF}} \neq 1$. Solo podemos obtener $K_{\text{MF}} = 1$ en el caso de $|K_p| \to +\infty$, situación que no se puede lograr en la práctica, debido al problema de saturación en la variable manipulada. Solo en el caso particular de las plantas integradoras, se obtiene $K_{\text{MF}} = 1$.

Esto se debe a que un sistema de control proporcional, cuya ley de control está dada por $u(t) = K_p e(t)$, genera una señal de control nula para valores de error nulos. Por tanto, a menos que el proceso controlado sea del tipo integrador, no es posible mantener la variable del proceso en un valor fijo distinto de cero. Es decir, la propiedad del seguimiento de referencia (para un escalón) en régimen permanente no está garantizada, ya que, en lazo cerrado, $\lim_{t\to+\infty} y(t) \neq \lim_{t\to+\infty} r(t)$ (lo mismo es cierto en el caso discreto).

Sin embargo, existe un enfoque práctico, ampliamente utilizado en la industria, que permite solucionar esta deficiencia del control proporcional, permitiendo el seguimiento de referencias tipo escalón con error nulo: el uso de una señal "BIAS".

La palabra BIAS proviene del término inglés para la palabra tendencia. Esta señal, por lo tanto, está relacionada con la tendencia deseada para la variable manipulada de manera que la variable de proceso siga una referencia constante con error cero en estado estacionario. Detallaremos este concepto a continuación.

Con fines ilustrativos, consideramos un proceso continuo, cuya relación estática entre la variable de proceso y la variable manipulada está dada por: $y_\infty = K_e u_\infty$. Para este proceso se diseña un sistema de control que debe llevar la variable de proceso a una referencia tipo escalón, cuya amplitud viene dada por R. Sabemos, por tanto, que en el estado estacionario y_∞ debe ser igual a R y por tanto, que la variable manipulada debe estabilizarse en un punto de equilibrio dado por $u_\infty = \frac{1}{K_e}R$. Destacamos que este valor de equilibrio para la variable manipulada no depende de la estrategia del sistema de control (P, PI, PID, etc), sino que solo indica la "tendencia" de la señal u en estado estacionario.

Para que esta tendencia de la señal de control se incluya en la ley de control P, la estrategia se adapta de acuerdo con la siguiente ecuación, para el caso continuo: [3]

$$u(t) = K_p e(t) + \text{BIAS}(t) \quad . \tag{9.44}$$

El diagrama de bloques que se muestra en la Figura 9.11 detalla esta

[3]Para el caso discreto, tenemos una ecuación análoga, dada por $u(k) = K_p e(k) + \text{BIAS}(k)$.

estrategia de control.

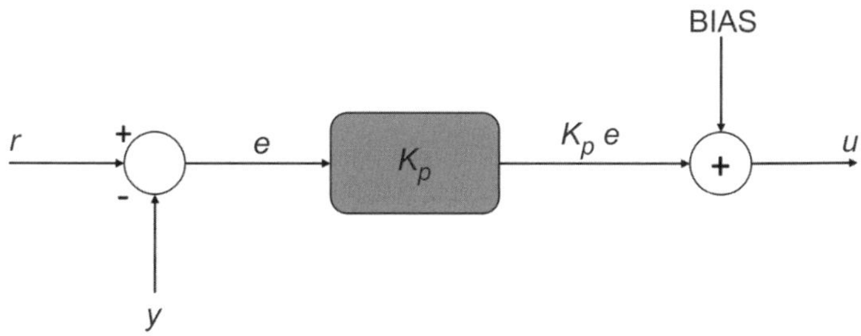

Figura 9.11 – Sistema de control proporcional con señal de BIAS.

Podemos notar directamente que, si el proceso está en equilibrio, la señal de control u será constante. Si buscamos un equilibrio dado por $y = R$, tendremos $e = 0$ y por lo tanto, $u =$ BIAS, siendo este un valor constante. Así, el BIAS, contribuye en el canal de entrada con la energía necesaria para mantener constante y en el punto de equilibrio definido por r, es decir, su valor viene dado por BIAS $= \frac{r}{K_e}$.

También podemos averiguar el valor de esta señal de BIAS mediante una demostración matemática por inducción: [4] Queremos una acción de control en la Ecuación (9.44) que garantice que un proceso continuo, invariante en el tiempo, modelado por una EDO de primer orden de tipo $\tau\frac{dy(t)}{dt} + y(t) = K_e u(t) + K_q q(t)$, presente la propiedad de seguimiento de referencia $r(t)$ del tipo escalón de amplitud R, en ausencia de perturbaciones. Para ello, asumimos que esta propiedad está verificada y por tanto:

$$\begin{cases} \text{lím}_{t\to+\infty} y(t) & = & R & , \\ \text{lím}_{t\to+\infty} y(t) & = & K_e u_\infty = R & , \end{cases} \tag{9.45}$$

siendo u_∞ el valor de régimen permanente de la señal de control, que se

[4]Esta demostración se hace para el caso continuo, pero todas las hipótesis, supuestos y resultados son válidos también para el caso discreto.

calcula como:

$$\begin{cases} u_\infty &= \quad \text{lím}_{t\to+\infty} u(t) \quad , \\ u_\infty &= \text{lím}_{t\to+\infty} K_p e(t) + \text{BIAS}(t) \quad . \end{cases} \tag{9.46}$$

Para resolver este límite, asumimos que la señal BIAS (t) es constante y que, de hecho, $\text{lím}_{t\to+\infty} e(t) = 0$ (hay seguimiento de referencia en régimen permanente). Así:

$$\begin{cases} u_\infty &= \text{BIAS} \quad , \\ K_e u_\infty &= R \quad , \\ \text{BIAS} &= \frac{1}{K_e} R \quad . \end{cases} \tag{9.47}$$

Por tanto, para el caso de referencias escalón de amplitud R, la señal BIAS debe ser constante e igual a $\frac{1}{K_e}R$ para garantizar el seguimiento de la referencia.

Podemos demostrar que esta señal realmente garantiza esta propiedad mediante el uso de la EDO que describe la dinámica de lazo cerrado del sistema:

$$\tau \frac{dy(t)}{dt} + y(t) = K_e u(t) \quad , \tag{9.48}$$

$$\tau \frac{dy(t)}{dt} + y(t) = K_e \left(K_p \left(r(t) - y(t) \right) + \text{BIAS} \right) \quad , \tag{9.49}$$

$$\frac{\tau}{1 + K_e K_p} \frac{dy(t)}{dt} + y(t) = \frac{K_e K_p}{1 + K_e K_p} r(t) + \frac{K_e}{1 + K_e K_p} \text{BIAS} \quad . \tag{9.50}$$

Cuando reemplazamos $r(t) = R\mathbf{1}(t)$ y $\text{BIAS} = \frac{R}{K_e}$ en la EDO (9.50), obtenemos:

$$\begin{aligned}\frac{\tau}{1+K_eK_p}\frac{dy(t)}{dt}+y(t) &= \frac{K_eK_p}{1+K_eK_p}(R\,\mathbf{1}(t)) \\ &+ \frac{K_e}{1+K_eK_p}\left(\frac{1}{K_e}R\right) \quad , \end{aligned} \tag{9.51}$$

$$\frac{\tau}{1+K_eK_p}\frac{dy(t)}{dt}+y(t) = \frac{K_eK_p}{1+K_eK_p}(R\,\mathbf{1}(t))+\frac{1}{1+K_eK_p}(R) \quad ,$$

$$\frac{\tau}{1+K_eK_p}\frac{dy(t)}{dt}+y(t) = \left(\frac{K_eK_p}{1+K_eK_p}\mathbf{1}(t)+\frac{1}{1+K_eK_p}\right)R \quad . \tag{9.52}$$

Aplicando el límite en ambos lados de la EDO (9.52), verificamos, de hecho, la propiedad del seguimiento en régimen permanente:

$$\begin{aligned}\lim_{t\to+\infty}\left(\frac{\tau}{1+K_eK_p}\frac{dy(t)}{dt}+y(t)\right) &= \lim_{t\to+\infty}\left(\frac{K_eK_p}{1+K_eK_p}\mathbf{1}(t)+\frac{1}{1+K_eK_p}\right)R \quad , \\ y_\infty &= \left(\frac{K_eK_p}{1+K_eK_p}+\frac{1}{1+K_eK_p}\right)R \;=\; R \quad .\end{aligned}$$

Destacamos que la señal BIAS equivale a un ajuste manual del controlador, el cual debe estar sintonizado para mantener el proceso en un punto operativo determinado. Por lo tanto, si la amplitud de la señal de referencia, R, cambia o el sistema se ve afectado por una perturbación constante, el BIAS debe ajustarse manualmente para esta nueva situación.

Tenga en cuenta que con una perturbación constante Q el valor de régimen permanente de la planta es $y_\infty = K_eu_\infty + K_qQ$ y como deseamos $y_\infty = R$, si $u_\infty = \text{BIAS}$ obtenemos $\text{BIAS} = (R - K_qQ)/K_e$.

No obstante, que la definición es simple y el ajuste es manual (observe que esta señal es independiente del valor dinámico de la variable de proceso), el BIAS es muy importante en la práctica industrial de estrategias proporcionales, ya que solo se necesita el modelo estático del proceso para ajustarlo.

Otra propiedad importante del BIAS es que su concepto y método de ajuste se pueden aplicar al caso de sistemas no lineales, siempre que la estrategia P garantice que el proceso se mantiene en un punto de operación. Considere que el control proporcional puede llevar la planta a una condición de operación estable, descrita por un punto de operación dado por $P_0 = (u_\infty, q_\infty, y_\infty)$ y el modelo estático del proceso es dado por $y_\infty = f(u_\infty, q_\infty)$, donde u_∞ es el valor de la variable manipulada y q_∞ el valor de la perturbación, en el punto P_0. Con y_∞ el valor deseado para la variable de proceso, la estrategia de control $u(t) = K_p\,(y_\infty - y(t)) + \mathrm{BIAS}$, con $\mathrm{BIAS} = u_\infty$ asegura que el proceso no lineal se lleve al punto operativo P_0.

Presentaremos un ejemplo de esta situación con dos sistemas de calefacción.

Ejemplo 86 *Considere dos sistemas de calefacción de habitaciones con diferentes sistemas de actuación. Uno de ellos utiliza un sistema eléctrico, regulando la potencia disipada en la resistencia del calentador y el otro un sistema de gas, regulando la válvula que alimenta el gas al quemador.*

Los modelos de estos dos sistemas están dados, respectivamente, por:

$$\tau \frac{dT_1(t)}{dt} + T_1(t) = K_1 u_1(t) + T_e(t) \quad , \tag{9.53}$$

$$\tau \frac{dT_2(t)}{dt} + T_2(t) = K_2 \sqrt{u_2(t)} + T_e(t) \quad , \tag{9.54}$$

donde T_i es la temperatura del ambiente i (a controlar) y T_e es la temperatura fuera de estos ambientes (perturbación).

Como puede verse en estos modelos, el primer sistema, cuyo modelo viene dado por la Ecuación (9.53)*, presenta una relación lineal entre la variable manipulada $u_1(t)$ y la variable de proceso. Para el segundo sistema, cuyo modelo viene dado por la Ecuación* (9.54)*, observaremos una relación no lineal entre u_2 y T_2.*

Para ambos sistemas, las temperaturas se regulan mediante enfoques pro-

porcionales con BIAS, de modo que se puede seguir una referencia de temperatura constante dada por T_r:

$$u_1(t) = K_{p_1}(T_r - T_1(t)) + BIAS_1 \quad , \tag{9.55}$$

$$u_2(t) = K_{p_2}(T_r - T_2(t)) + BIAS_2 \quad . \tag{9.56}$$

Para el primer sistema, asumiendo que la ganancia proporcional está bien ajustada y que la temperatura externa es constante y está dada por T_{e_∞}, de modo que el proceso se estabiliza en el punto de equilibrio definido por la referencia, tenemos:

$$\begin{cases} T_r = K_1 u_1(+\infty) + T_{e_\infty} \quad , \\ u_1(+\infty) = \frac{1}{K_1}(T_r - T_{e_\infty}) \quad . \end{cases} \tag{9.57}$$

Por lo tanto, al tomar $BIAS_1 = u_1(+\infty)$, garantizamos que el primer sistema opera en el punto de equilibrio deseado.

Para el segundo sistema, asumiendo nuevamente que la ganancia proporcional está bien ajustada y que la temperatura externa es constante y está dada por T_{e_∞}, de modo que el proceso se estabiliza en el valor de referencia deseado, tenemos:

$$\begin{cases} T_r = K_2 \sqrt{u_2(+\infty)} + T_{e_\infty} \quad , \\ u_2(+\infty) = \left(\frac{1}{K_2}(T_r - T_{e_\infty})\right)^2 \quad . \end{cases} \tag{9.58}$$

Nuevamente, tomando $BIAS_2 = u_2(+\infty)$, garantizando con que este segundo sistema también opere en el equilibrio deseado, a pesar de que la dinámica del proceso no sea lineal. La Figura 9.12 muestra los diagramas de bloques referentes a estos sistemas de control utilizando únicamente modelos estáticos. Tenga en cuenta que no hay otra posibilidad de equilibrio para los sistemas en esta configuración para valores constantes T_r y T_{e_∞}.

Un aspecto importante que debe mencionarse es que el ajuste del BIAS

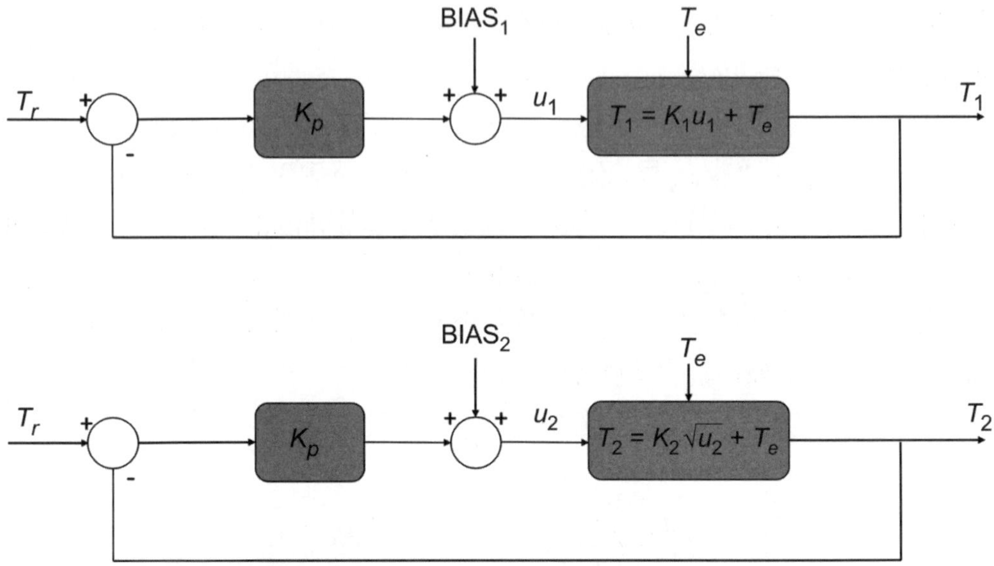

Figura 9.12 – Sistema de calefacción: control proporcional con BIAS. Modelos estáticos.

depende en gran medida del modelo estático del proceso, por lo que los errores en la determinación de la ganancia del proceso conducen a errores en el seguimiento de las referencias de tipo escalón. A diferencia de la acción de retroalimentación proporcional, la sensibilidad del BIAS a estas variaciones de parámetros es alta. De todos modos, como se trata de un ajuste típicamente manual, ayuda a compensar el sistema de control incluso si no alcanza el error nulo.

A continuación, presentaremos un caso de estudio importante para la industria de procesos, en el que los controladores tipo P con BIAS son ampliamente utilizados y muestran buenos resultados.

9.6.1. Control de tanque pulmón

Los tanques se utilizan a menudo en la industria para aislar la dinámica de diferentes partes del proceso. Por ejemplo, cuando un material que se produce de forma intermitente en procesos por lotes se va a utilizar en la siguiente etapa en un proceso continuo, se coloca un tanque que recoge el producto de la primera etapa y lo suministra a la segunda etapa del proceso. El tanque actúa como un acumulador del material producido, de tal manera que la segunda etapa puede mantenerse activa incluso con una parada de la primera etapa. Estos tanques "acumuladores" se denominan comúnmente de tanques pulmón. La figura 9.13 muestra un esquema simple para el uso de este tipo de tanque. Estos tanques se describen mediante modelos integradores, del siguiente tipo:

$$A\frac{dh(t)}{dt} = V_e(t) - V_s(t) \quad , \tag{9.59}$$

donde $h(t)$ es el nivel del tanque en forma de cilindro, con una base de área A y caudales de entrada y salida $V_e(t)$ y $V_s(t)$, respectivamente.

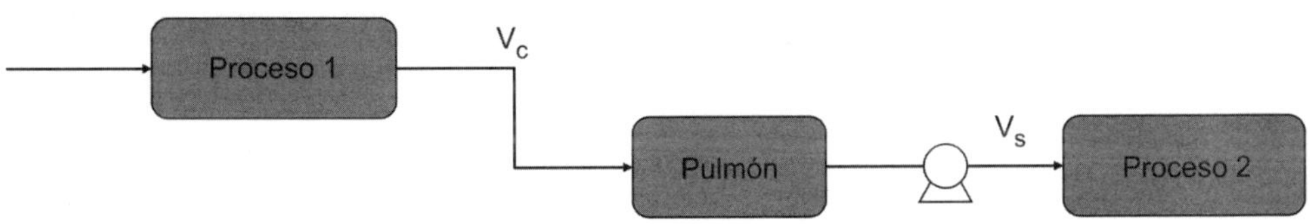

Figura 9.13 – Proceso con dos etapas y un tanque pulmón.

Un ejemplo práctico de este tipo de sistema lo encontramos en la industria azucarera, en la que reactores por lote producen una masa de azúcar que posteriormente debe ser enfriada en cristalizadores, que operan de manera continua. Por lo tanto, para evitar que las fluctuaciones en la producción de la masa azucarada que sale de los reactores afecten la dinámica del proceso de cristalización, se instala un tanque intermedio entre las dos etapas. El tanque pulmón se controla por su caudal de salida (variable manipulada). El caudal de entrada, por otro lado, es la perturbación del proceso tanque, ya que depende de la disponibilidad de masa de azúcar del proceso anterior. La

Figura 9.14 ilustra el tanque pulmón, llamado aquí de receptor, que recibe la masa de los reactores y alimenta el cristalizador.

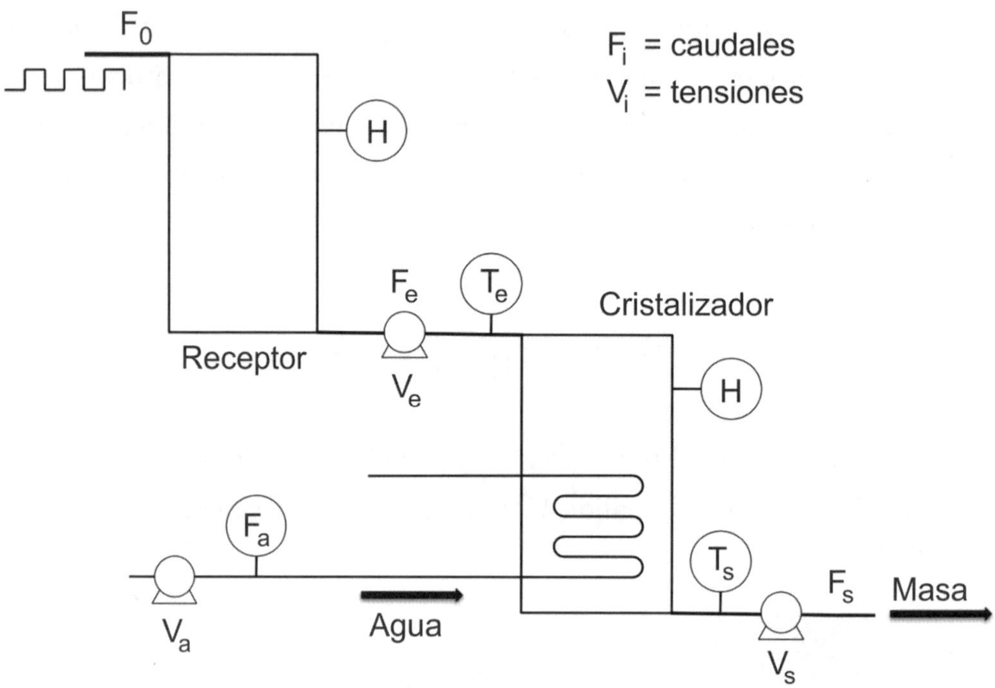

Figura 9.14 – Proceso de cristalización por enfriamiento con un tanque pulmón.

En este proceso, es importante que siempre haya masa disponible en el tanque receptor para el proceso de cristalización, que a su vez utiliza bombeo de agua fría para el control de la temperatura de la masa. Para regular el nivel de masa en el tanque receptor (pulmón), se utiliza una estrategia de control proporcional con BIAS.

Cuando se trabaja con un tanque pulmón, el objetivo es atenuar las oscilaciones entre el caudal de entrada (perturbación) y el caudal de salida (variable manipulada). Por lo tanto, no necesitamos un controlador que garantice que el nivel del tanque pulmón sea constante, pues esto conduciría al objetivo opuesto, ya que todas las oscilaciones de entrada se transmitirían a la salida. Por lo tanto, el objetivo es que el nivel del tanque pulmón oscile dentro de una banda predefinida de tal manera que permita que el caudal de salida tenga pocas oscilaciones, de modo que el proceso de cristalización no se vea afectado.

De esta manera, el controlador proporcional se ajusta de tal manera que la dinámica de lazo cerrado es lenta. La ley de control viene dada por:

$$u(t) \quad = \quad K_p\,(h(t) - r(t)) \quad , \tag{9.60}$$

donde $h(t)$ es el nivel del tanque pulmón, $r(t)$ es una señal de referencia y K_p es una ganancia proporcional positiva. Destacamos que esta ley garantiza una acción proporcional solo dentro de la banda proporcional y fuera de esta banda observamos una regulación *on-off*. En este estudio, consideramos que todas las variables están normalizadas.

A continuación, analizamos el ajuste de la señal de referencia, la ganancia proporcional K_p y el BIAS para que se garantice el objetivo de regular el nivel del tanque pulmón. En este caso, buscamos maximizar el uso de la capacidad del tanque pulmón, reduciendo al máximo las oscilaciones de salida debidas a las oscilaciones de entrada. Para ello, analizaremos los casos extremos de funcionamiento del sistema, observando los límites físicos de entrada y salida.

Para fines de análisis, asumimos que se utilizará 90 % de la capacidad del tanque. De esta forma ajustaremos la estrategia de control para que el nivel del tanque varíe entre 5 y 95 %, evitando situaciones de desborde o vaciado.

Primero, queremos que el nivel no sea menor a 5 % y por lo tanto, la señal de control debe ser nula en esta situación. Destacamos que la variable manipulada del tanque intermedio es el caudal de salida y por tanto, que para situaciones de nivel a 5 %, el caudal debe ser nulo, para evitar la disminución del nivel por debajo de este valor. Tenemos que asegurarnos de que si $h(t) = 5$ %, tenemos $u(t) = 0$ %.

Para el otro extremo de la operación, delimitamos que, para un nivel superior a 95 %, la salida debe ser máxima, de tal manera que se evite que el tanque se desborde. Por lo tanto, tenemos que asegurarnos de que si $h(t) = 95\ \%$, tenemos $u(t) = 100\ \%$.

Como predefinimos un rango de $90 = 95\,\% - 5\,\%$ para variaciones del nivel $h(t)$, tomamos el valor promedio de este rango como punto de referencia, es decir, $r(t) = 50\ \%$. Destacamos que la referencia se elige en este punto para que, cuando no existan perturbaciones importantes en el sistema, es decir, grandes afluencias o grandes espacios de tiempo con caudal nulo, el nivel debe permanecer a la misma distancia entre el máximo y el mínimo de operación. Por lo tanto, el error de seguimiento de referencia se define en el rango de $-45\ \%$ a $+45\ \%$, definiendo una banda proporcional dada por $\text{BP} = 90\ \%$. Una vez que se conoce el valor de la banda proporcional, la ganancia proporcional se relaciona con la banda de acuerdo con la Ecuación (9.3), es decir, $K_p = \frac{100\,\%}{\text{BP}} = \frac{100\,\%}{90\,\%} = \frac{10}{9}$.

Finalmente, elegimos el valor BIAS para que, en ambas situaciones extremas, se garanticen las restricciones de operación del proceso:

$$h(t) = 5\,\% \Longleftrightarrow u(t) = K_p\,(h(t) - 50\,\%) + \text{BIAS} \tag{9.61}$$
$$= -0{,}45K_p + \text{BIAS} = 0\,\% \quad ,$$
$$h(t) = 95\,\% \Longleftrightarrow u(t) = K_p\,(h(t) - 50\,\%) + \text{BIAS} \tag{9.62}$$
$$= 0{,}45K_p + \text{BIAS} = 100\,\% \quad ,$$
$$\text{BIAS} = 50\,\% \quad . \tag{9.63}$$

La Figura 9.15 presenta dos diagramas de bloques, considerando ambos casos de análisis. Destacamos que:

- Para $h(t) = 50\,\%$, tenemos $e(t) = 0\,\%$ y $u(t) = \text{BIAS} = 50\ \%$, como se diseñó. El sistema de control proporcional para el tanque pulmón, en este caso, mantiene el nivel en el valor de referencia predefinido, en la mitad del rango de operación.

- Para valores de nivel entre los límites del rango operativo (5 y 95 %), la ley de control es, de hecho, proporcional al error de seguimiento. Fuera de este rango, la acción de control está saturada.

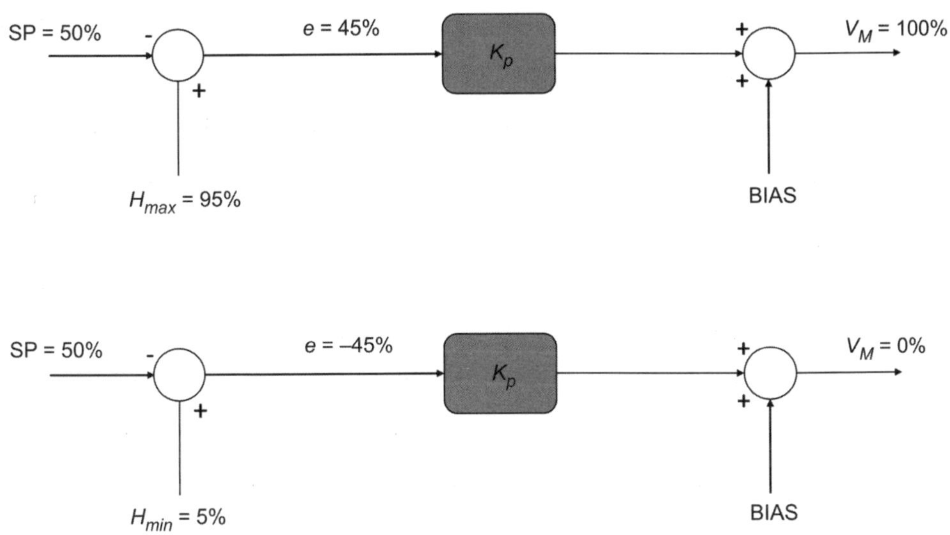

Figura 9.15 – Control proporcional con BIAS en tanque pulmón, análisis de casos extremos. En esta figura, "V_M" representa la variable manipulada (u), "SP" representa la señal de referencia (r), "e" representa la señal de error y $H_{\min}$, $H_{\max}$ representan la variable de proceso (nivel) en condiciones mínimas y máximas, respectivamente.

Para finalizar este caso de estudio, presentamos el diseño del sistema de control proporcional para un tanque pulmón en general, considerando que el rango de operación para el nivel del tanque está dado por $[h_{\min}, h_{\max}]$, considerando valores normalizados. Para hacer esto, debemos resolver el siguiente conjunto de ecuaciones, para procesos con $K_p > 0$:

$$\left\{\begin{array}{rcl} \text{BP} & = & (h_{\max} - h_{\min}) \quad , \\ r & = & \frac{(h_{\max} - h_{\min})}{2} \quad , \\ K_p & = & \frac{u_{\max} - u_{\min}}{\text{BP}} \quad , \\ \text{BIAS} & = & K_p(r - h_{\min}) \quad . \end{array}\right. \tag{9.64}$$

Es importante señalar que todo el análisis anterior se basa en el supuesto de que el caudal de entrada es la perturbación y que el caudal de salida es la variable manipulada, es decir, se desconsidera la dinámica de las bombas que regulan estos caudales. Destacamos que esta hipótesis es razonable en la práctica, ya que la dinámica de las bombas que regulan los caudales suele ser mucho más rápidas que la dinámica de las variaciones en el nivel del tanque pulmón. Se considera como supuesto subyacente que existe un sistema de control de los caudales (control de las bombas) con dinámica rápida y ganancias estáticas unitarias.

Finalmente, presentamos un comentario relacionado con la efectividad del tanque pulmón: el correcto funcionamiento de este tipo de sistema no solo está vinculado al sistema de control. Tenga en cuenta que la mejor estrategia de control proporcional posible, que aprovecha al máximo la capacidad del tanque, está dada por una banda proporcional de 100 % (o ganancia proporcional $K_p = 1$), lo que hace que el nivel del tanque fluctúa entre 0 y 100 %. Sin embargo, como el objetivo del sistema de control es atenuar el efecto de las fluctuaciones de la entrada sobre la salida, la dimensión del tanque juega un papel fundamental en la dinámica de lazo cerrado. Si el tanque intermedio tiene un volumen pequeño (parámetro A pequeño en la Ecuación (9.59)) en relación con el caudal de entrada, las oscilaciones del caudal prácticamente no se atenuarán. Por tanto, es necesario disponer de un depósito cuyo volumen permita que no se produzcan situaciones de desborde o vaciado, mientras que la salida es casi constante para entradas con grandes oscilaciones. En la industria, el diseño de tanques siempre debe atender un compromiso entre el comportamiento dinámico del sistema y el costo del tanque, que aumenta con el tamaño del mismo.

9.6.2. BIAS automático

Finalmente, vale la pena enfatizar que la señal BIAS también puede usarse para asegurar el seguimiento de señales de referencia de tipo escalón con amplitudes variables en el tiempo y el rechazo de perturbaciones conocidas.

Ejemplo 87 *Para ejemplificar esta segunda propiedad, tomemos el Ejemplo 85, refiriéndonos al tanque de agua, cuyo nivel es controlado por el caudal de salida. Para este proceso, ya hemos demostrado que una estrategia proporcional sin BIAS fue suficiente para garantizar el seguimiento de las referencias tipo escalón en ausencia de perturbaciones, ya que el proceso es del tipo integrador en lazo abierto. Desafortunadamente, el rechazo de perturbaciones no fue posible, dada la ganancia estática* $K_{q_{MF}} \neq 0$.

Sin embargo, consideremos que la señal de perturbación de este proceso (caudal de entrada de agua al tanque) es conocida y medible en un momento inicial. En este caso, entonces, podemos usar la señal de BIAS para contrarrestar los efectos de $V_e(t)$. *Tomando la ley de control como* $u(t) = K_p e(t) + BIAS$ *y reemplazándola en la EDO del proceso de lazo abierto, obtenemos:*

$$\frac{A}{K_p}\frac{dh(t)}{dt} + h(t) = r(t) + \frac{1}{K_p}V_e(t) + BIAS \quad . \tag{9.65}$$

Naturalmente, si conocemos el caudal inicial $V_e(0)$, *podemos tomar la señal BIAS como* $-\frac{1}{K_p}V_e(0)$ *para contrarrestar el efecto de este caudal en los cambios en el nivel del tanque.*

Luego, considerando $K_p = 10$ *y las mismas señales que en el ejemplo anterior, presentamos los resultados en simulaciones con este BIAS compensador de perturbaciones en la Figura 9.16. Observamos que el nivel del tanque sigue la referencia deseada sin influencia de la perturbación inicial (que se rechaza). Sin embargo, cuando hay un cambio de tipo escalón en la señal* $V_e(t)$, *nuevamente observamos un error de seguimiento* $e(t)$ *no nulo.*

Para el caso de perturbaciones mensurables y de señales de referencia variables en el tiempo, podemos utilizar una señal BIAS variable en el tiempo para garantizar las propiedades de seguimiento y rechazo. Esta señal de

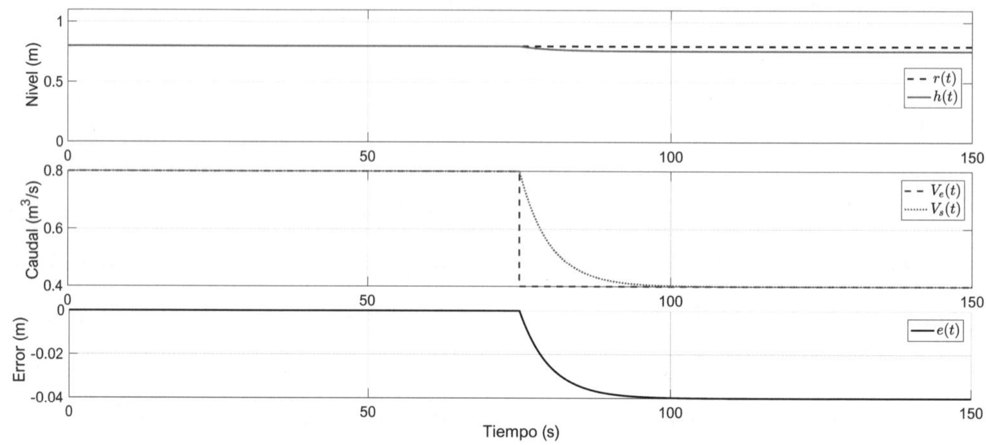

Figura 9.16 – Depósito de agua controlado por válvula de salida. Control proporcional con $K_p = 10$ y BIAS compensador de perturbaciones.

BIAS variable en el tiempo se denomina BIAS automático y se toma en función de las señales $r(t)$ y $q(t)$.

Con base en las demostraciones anteriores, podemos inferir directamente que la señal de BIAS automática debe estar dada por la siguiente ley:

$$\mathrm{BIAS}(t) = \frac{1}{K_e} r(t) - K_{q_{\mathrm{MF}}} q(t) \quad . \tag{9.66}$$

Reemplazando la Ecuación (9.66) en la EDO de un proceso continuo de lazo abierto controlado por una ley proporcional con BIAS:

$$\tau \frac{dy(t)}{dt} + y(t) = K_e \left(K_p \left(r(t) - y(t) \right) + \mathrm{BIAS}(t) \right) + K_q q(t) \quad , (9.67)$$

obtenemos:

$$\left(\frac{\tau}{1 + K_e K_p} \right) \frac{dy(t)}{dt} + y(t) = r(t) \quad . \tag{9.68}$$

La EDO (9.68) tiene, evidentemente, ganancia estática unitaria frente a la señal de referencia y nula frente a perturbaciones, como deseado.

Este BIAS automático también se puede interpretar como una acción de control anticipatoria estática. Lo que realmente implementamos es un sistema de control con dos acciones que se suman. Una de retroalimentación (acción de lazo cerrado), dada por el control $u_r(t) = K_p e(t)$ y la otra de anticipatoria (acción de lazo abierto), dado por $u_a(t) = \frac{1}{K_e} r(t) - K_{q_{\mathrm{MF}}} q(t)$. La suma de estos dos términos es la ley de control proporcional con BIAS:

$$u(t) = u_r(t) + u_a(t).$$

Es muy importante enfatizar aquí que, a diferencia del control de retroalimentación, la estrategia de tipo anticipatoria es muy sensible a las variaciones del proceso y depende fuertemente del modelo. Así, si las ganancias utilizadas en la ley de control u_a no son exactamente iguales a las del proceso, tendremos un sistema que no cumple exactamente las condiciones deseadas. De todos modos, esta solución es útil en la práctica, porque puede reducir el error, incluso cuando no se elimina por completo. Tenga en cuenta que la implementación de este control requiere medir la perturbación, lo que puede no ser posible en muchos procesos.

9.7. Comentarios finales

Como en el capítulo anterior, terminamos este con una discusión cualitativa de la estrategia de control proporcional, enumerando las ventajas, desventajas y propiedades de los sistemas de control de este tipo.

En el caso de que no se utilice la señal BIAS, los controladores proporcionales no garantizan el rechazo de las perturbaciones ni el seguimiento de las referencias de tipo escalón. Como hemos visto, el efecto de acción proporcional puede garantizar un seguimiento cercano a la referencia si la ganancia proporcional K_p aumenta (en módulo). En lazo cerrado, los procesos tienen ganancias estáticas y constantes de tiempo que dependen de

K_p. Por lo tanto, este parámetro se utiliza para ajustar la dinámica de lazo cerrado de acuerdo con las especificaciones de diseño, como la velocidad de respuesta.

En el caso de los procesos integradores, observamos que la dinámica de lazo cerrado presenta efectivamente una ganancia unitaria estática frente a la referencia, propiedad que se garantiza por la acción integral de la propia planta. Analizaremos este aspecto con mayor detalle más adelante en este libro.

En caso de procesos inestables, el control proporcional, si está bien ajustado, puede garantizar un funcionamiento estable del sistema de lazo cerrado.

Hay un aspecto más a considerar en los controladores proporcionales: la saturación de la señal de control. La ganancia proporcional debe diseñarse de tal manera que la banda proporcional sea coherente con los límites físicos permisibles para la actuación. Si un proyecto se hace con una ganancia muy alta K_p, tal que ocurra $K_pe > u_{\max}$ o $K_pe < u_{\min}$ a menudo (en el caso de ganancia directa positiva), observamos respuestas oscilatorias, al igual que las respuestas observadas en el caso de los controladores *on-off*.

En el caso de estrategias que utilizan BIAS, podemos inducir el seguimiento de referencias (conocidas, constantes) mediante una adición a la señal de control K_pe con un término constante que se relacione con el valor de equilibrio de la variable manipulada de tal forma que la variable de proceso está en un equilibrio definido por la referencia. Tenga en cuenta que, de esta manera, se garantiza una acción de control no nula para el error nulo.

En este capítulo, también discutimos y demostramos cómo una estrategia P con BIAS automático puede garantizar el seguimiento de referencias y el rechazo de perturbaciones mensurables que varían en el tiempo. Sin embargo, ¿sería este el mejor método para desarrollar un controlador de error nulo de régimen permanente? Esta pregunta será respondida a través de las demostraciones del siguiente capítulo, en el que presentamos la estrategia de control proporcional-integral.

Lista de ejercicios

1. Un sistema de control de temperatura en un ambiente con aire acondicionado se modela, en las proximidades de un punto de operación, por la siguiente EDO:

$$\tau \frac{dT(t)}{dt} + T(t) \;=\; K_e u(t) \quad . \tag{9.69}$$

Los parámetros de este modelo son $\tau = 5$ minutos y $K_e = -3\ ^o\text{C/V}$. La señal $T(t)$ representa la diferencia entre la temperatura ambiente y la temperatura externa y la señal $u(t)$ es la manipulada que acciona el aire acondicionado, $u(t) \in [0\,,\,5]$ V. Para el control de la temperatura de este ambiente, se utiliza una estrategia de control proporcional. Se desea mantener la temperatura ambiente en $10\,^\circ$C por debajo de la temperatura externa, es decir, la señal $T(t)$ debe seguir una referencia de $-10\,^\circ$C.

a) Dibuje el diagrama de bloques del sistema de control que define el modo de actuación, la señal BIAS y la ganancia. Recuerde la relación entre variables incrementales y absolutas.

b) Ajuste la estrategia de control proporcional (determine el BIAS y la ganancia proporcional K_p), considerando una constante de tiempo para la respuesta de lazo cerrado de 1 minuto. Calcule la banda proporcional del control diseñado.

c) Cuando la temperatura ambiente llega a un régimen permanente, con el equilibrio dado por $T = -10\,^\circ$C (si el control esta bien ajustado), el usuario decide cambiar la señal de referencia a $-5\,^\circ$C. Si el ajuste del controlador se mantiene como está (K_p y BIAS son los mismos), ¿alcanzará el sistema este nuevo equilibrio? Si no es así, explique por qué, determine cuál será la nueva temperatura de equilibrio y qué se debe hacer para que el proceso realmente pueda alcanzar este nuevo equilibrio.

2. Considere el siguiente modelo de comportamiento dinámico de un tanque en la proximidad del punto de equilibrio:

$$A\frac{dh(t)}{dt} = -K_h(h) + K_1a_1(t) + K_2a_2(t) \quad . \tag{9.70}$$

En este modelo, $a_1(t)$ representa la variación de la apertura de la válvula que alimenta al tanque (variable manipulada), $a_2(t)$ representa la variación de la apertura de la válvula que regula la salida de líquido (perturbación) y $h(t)$ representa las variaciones del nivel del tanque (variable controlada). Los parámetros del modelo son constantes y están dados por $K_1 = 3$, $K_2 = -1{,}5$, $K_h = 1$ y $A = 2$.

a) Suponga que se aplica un control proporcional simple de tipo $a_1(t) = K_p\,(h_r(t) - h(t))$, donde $h_r(t)$ es la referencia para la variación de nivel. Ajuste este sistema de control para que la ganancia estática de lazo cerrado en relación a la referencia sea igual a 0,95. Encuentre la EDO que modela el sistema de lazo cerrado.

b) ¿Qué significa obtener una "ganancia estática de lazo cerrado" de 0,95, con relación a la referencia? ¿Sería posible obtener una ganancia estática unitaria? ¿Qué implica esto en términos de eficiencia del controlador proporcional para este sistema?

c) Con el valor de K_p calculado en los puntos anteriores, ¿cuál es la ganancia estática de lazo cerrado para las variaciones de la perturbación? ¿Qué significa esto en términos de rechazo a la perturbación? ¿Sería posible obtener una ganancia estática cero para la perturbación?

d) ¿Cuál es la constante de tiempo del sistema de lazo cerrado? Compare el tiempo de respuesta del sistema en lazo abierto (sin control) y con control. ¿Se ha acelerado el sistema?

e) Con el controlador proporcional elegido, que tiene como parámetro de ajuste la ganancia proporcional K_p, es posible elegir **al mismo tiempo** la ganancia estática en relación con la referencia, la ganancia en relación con la perturbación y la constante de tiempo, del sistema en lazo cerrado? Si no es posible hacerlo, ¿cuáles (y cuántos) de estos indicadores podemos definir y cuáles son las consecuencias para el diseño del sistema de control?

3. La dinámica de un tanque pulmón viene dada por:

$$A\frac{dy(t)}{dt} = -k_1u(t) + k_2q(t) \quad , \tag{9.71}$$

donde $y(t)$ es el nivel de líquido en el tanque, $u(t)$ es la señal de accionamiento de la bomba que regula la salida de líquido en la base del tanque y $q(t)$ es una perturbación, debida al caudal de líquido que ingresa al tanque por la parte superior. Un sistema de control para la regulación de este proceso usa la siguiente ley:

$$u(t) = K_pe(t) + \text{BIAS} \quad , \tag{9.72}$$

$$e(t) = y(t) - y_r(t) \quad , \tag{9.73}$$

donde $y_r(t)$ es una señal de referencia de tipo escalón. Se desea mantener el nivel del tanque siempre entre 20 % y 70 % de su capacidad, de modo que la bomba instalada en la salida funcione entre 0 % y 100 % para lograr esta condición.

a) Explique por qué el error $e(t)$ se calcula como $y(t) - y_r(t)$ en lugar del habitual (inverso). ¿Qué se podría hacer si quisiéramos calcular el error de la forma habitual y seguir teniendo el mismo comportamiento? Investigue en la literatura sobre acción directa y acción inversa en los controladores industriales.

b) Calcule el valor de la referencia y los valores de los parámetros del controlador para este sistema de modo que se logre el funcionamiento especificado.

c) ¿Cual es la banda proporcional del control ajustado?

d) Trace un gráfico estático que relacione la señal de error con la señal de control. Identifique en él los valores del BIAS, K_p y la banda proporcional. Reflexione y analice la relación entre la señal BIAS y la ganancia estática del sistema de lazo abierto.

4. Un sistema de control de posición que consta de un motor de corriente continua tiene su modelo ilustrado esquemáticamente en la Figura 9.17. En este diagrama de bloques, $V(t)$ representa el voltaje aplicado

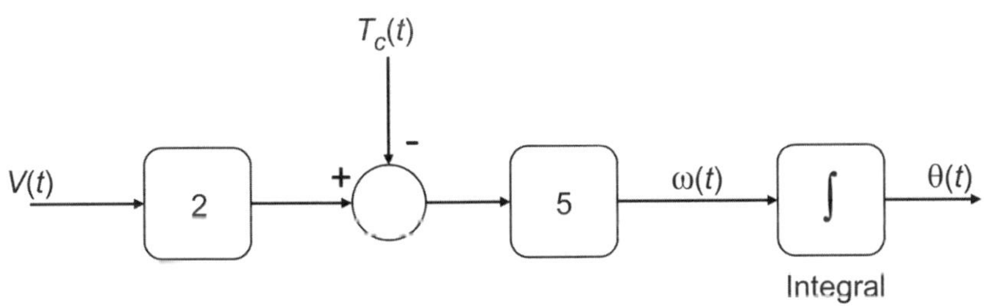

Figura 9.17 – Diagrama de bloques: motor de corriente continua.

al motor, $T_c(t)$ representa el torque de carga aplicado en el eje del motor, $\omega(t)$ representa la velocidad de giro del motor y $\theta(t)$ su posición.

a) Encuentre la ecuación diferencial que representa la dinámica del sistema del diagrama. Identifique las variables controlada, manipulada y perturbación.

b) Considere un control proporcional dado por $V(t) = K_p\theta_r(t) - K_p\theta(t)$, donde $\theta_r(t)$ representa la referencia deseada para la posición del eje del motor. Encuentre la ecuación diferencial del sistema de lazo cerrado y demuestre que el sistema puede alcanzar, con error cero, la referencia de posición cuando no hay torque de carga ($T_c = 0$).

c) Considere $T_c(t) = T_{c0}$ y $\theta_r(t) = \theta_{r_0}$ como señales constantes. ¿Cuál es la posición de equilibrio del sistema de lazo cerrado?

d) Ajuste la ganancia del control para que la perturbación del par $T_c(t) = T_{c_0}$ constante tenga un efecto sobre la salida de equilibrio de θ de como máximo 10 % del valor de T_{c_0}. Reflexione sobre el valor deseado para la relación θ/T_c, en régimen permanente. Para el valor proyectado de K_p, ¿cuál es la constante de tiempo del sistema de lazo cerrado? ¿Cuánto tiempo tarda el sistema en alcanzar 95 % del valor de equilibrio alcanzado para una referencia θ_r?

e) Realice un nuevo ajuste de K_p, con el objetivo de obtener una constante de tiempo de lazo cerrado de 0,01s. En este caso, ¿cuál es el efecto de un escalón en el torque de carga $T_c = 1$ Nm en la posición de equilibrio del sistema?

f) Tenga en cuenta que ahora puede introducir en el controlador la acción del BIAS. ¿Es posible ajustar el valor de BIAS (manteniendo el K_p del ajuste anterior) de modo que la posición del eje del motor se mantenga en el valor deseado θ_r? Si es así, explique el procedimiento para ajustar la señal BIAS y luego ajústela.

5. El modelo de aumento de población de una bacteria en un reactor industrial se calculó a partir de muestras horarias por la siguiente ED:

$$P(k) = 0{,}8P(k-1) + 0{,}4a(k) - 0{,}2T(k) \quad . \tag{9.74}$$

En este modelo, $P(k)$ representa la población de bacterias (variable de proceso), $a(k)$ representa la cantidad de alimento disponible (variable manipulada) y $T(k)$ representa la temperatura del sistema (perturbación). Analizando el sistema se puede ver que al aumentar la cantidad de alimentos aumenta la población, mientras que un aumento de la temperatura reduce el crecimiento de las bacterias. Para este sistema, deseamos utilizar un control proporcional dado por $a(k) = K_p\left(P_r(k) - P(k)\right)$, donde $P_r(k)$ es una referencia de tipo de escalón para la población de bacterias.

a) Encuentre la solución analítica del sistema ($P(k)$ en función del tiempo) para un escalón aplicado en $a(k)$ y considerando $T(k) = 0$. Sugerencia: realice algunos pasos de iteración con a constante y $T = 0$ para encontrar un patrón. Extrapolar el patrón a un instante arbitrario k y usar la identidad $\sum_{i=0}^{k-1} a^i = \frac{a^k - 1}{a-1}$ para determinar la forma analítica de la respuesta.

b) Conociendo la solución analítica $P(k)$, ¿aproximadamente cuánto tiempo, en horas, tarda el sistema en llegar a 95 % del valor de equilibrio final para una entrada escalón en $a(k)$?

c) Repita el procedimiento del ítem anterior para un escalón de $T(k)$, considerando ahora $a(k) = 0$. Compare y saque conclusiones sobre el tiempo de respuesta y las ganancias estáticas.

d) Ahora considere el control proporcional propuesto. Encuentre la ecuación en diferencias del sistema de lazo cerrado. Calcule el valor de K_p que debe usarse para reducir el tiempo de respuesta del sistema a 1/3 del tiempo de lazo abierto.

e) Para la ganancia proyectada, ¿cuál es la ganancia estática de lazo cerrado para la relación entre P_r y P?

f) Para la ganancia proyectada, ¿cuál es el efecto de una perturbación $T = 2$ en el valor de la población en equilibrio?

6. El modelo de temperatura de un reactor químico, donde ocurre una reacción exotérmica, viene dado por la ecuación:

$$-5\frac{dT(t)}{dt} + T(t) \;=\; 3U(t) - 0{,}5Q(t) \quad . \tag{9.75}$$

En este modelo, $T(t)$ representa la temperatura del reactor (variable de proceso), $U(t)$ representa el caudal de refrigerante en la camisa del reactor (variable manipulada) y $Q(t)$ representa el caudal de alimentación (disturbio).

a) Analice la respuesta de lazo abierto del reactor, tanto para los escalones de la variable manipulada como para la perturbación. Analice también la estabilidad del proceso.

b) Considere un control proporcional para esta planta. A partir de las respuestas analizadas en el punto anterior, decida el signo de la ganancia que debe ser usado en el control.

c) Calcule la ecuación (EDO) del sistema de lazo cerrado e identifique las condiciones que el controlador debe cumplir para obtener un sistema de lazo cerrado estable.

d) Ajuste el control K_p a dos valores distintos dentro de los intervalos determinados en el punto anterior y analice las respuestas del sistema de lazo cerrado en ambos casos. Calcule las ganancias estáticas y las constantes de tiempo de los sistemas en lazo cerrado. Analice los resultados.

Actividad práctica: kit experimental motor-generador

El objetivo de esta actividad es implementar y analizar una estrategia de control proporcional, basada en los modelos desarrollados en los últimos capítulos para el sistema de control de velocidad. Para ello, se proponen los siguientes pasos:

- Implemente el código de control proporcional en la aplicación Arduino. Recuerde que en este control es necesario definir la amplitud de la referencia de velocidad que el motor debe seguir, el valor de la ganancia K_p del control y el valor del BIAS. Piense en una forma de implementación que facilite el cambio de los valores de SP, K_p y BIAS.

- Planifica bien tu experimento. Elije cómo modificar los valores de la referencia para que pueda aprovechar el modelo lineal aproximado obtenido en los capítulos anteriores. También establezca un tiempo de experimento que le permita observar la respuesta transitoria de la velocidad del motor hasta que alcance el nuevo punto de equilibrio.

- Diseñe un controlador proporcional sin BIAS. Con base en el modelo lineal aproximado desarrollado para el proceso, ajuste la ganancia K_p de modo que el error en el seguimiento de régimen permanente de las señales de referencia de velocidad de tipo escalón sea como máximo 20 % (recuerde que esto significa, por ejemplo, que para un escalón incremental de 0,5 V en la referencia, el sistema debe estabilizarse con un incremento mínimo de 0,4 V en la salida medida).

- Ejecute el control y observe el resultado. Dibuje las gráficas de las variables de control y proceso y analice los resultados. Compare los resultados experimentales con lo que esperaba obtener de acuerdo con el análisis teórico realizado en este capítulo sobre el control P. ¿Tiene el sistema el transitorio esperado? ¿Se alcanza el valor de equilibrio esperado?

- Realice varios experimentos cambiando los valores de la referencia aplicados. Observe el efecto en la respuesta del sistema y vea si el resultado concuerda con el análisis teórico. ¿El error sigue siendo el especificado? ¿Se mantiene el tiempo de respuesta de lazo cerrado?

- Para uno de los casos anteriores, aplique manualmente en el eje del motor un torque constante contra la dirección de rotación del motor para "emular" una perturbación de carga. Analice las respuestas. ¿El control rechaza la perturbación? ¿Qué sucede con el tiempo de respuesta y el valor de velocidad final cuando se aplica la perturbación? ¿El resultado es el esperado?. Compare la ganancia estática del sistema de lazo cerrado para la perturbación con la misma ganancia para el caso de lazo abierto.

- Ahora ajuste el controlador proporcional para que el error de seguimiento de referencia se reduzca a un máximo de 5 %, en régimen permanente. Analice, mediante pruebas experimentales y análisis teóricos con el modelo EDO propuesto, el tiempo de asentamiento y la ganancia estática del sistema de lazo cerrado, comparándolos con los valores obtenidos para la ganancia utilizada en el ajuste anterior. ¿Son los resultados experimentales los esperados? ¿Notas alguna particularidad en estas respuestas?

- Ahora use un BIAS distinto de cero en la ley de control proporcional. Ajuste el valor de BIAS para garantizar cero error en el seguimiento de referencias de tipo escalón, en régimen permanente. Utilice el modelo lineal aproximado para calcular este BIAS y realice ajustes manuales si es necesario para lograr el objetivo. Cambie el punto de funcionamiento de la velocidad (cambiando la referencia) y observe los resultados. ¿Se alcanza el punto de funcionamiento con error cero? Discuta los resultados observados experimentalmente a la luz de la teoría. Ahora aplique una perturbación manual al eje del motor y observe. ¿Puede el motor mantener la velocidad? ¿El BIAS mantiene el sistema con error cero? ¿Puedes justificar teóricamente el resultado?

- Implemente una estrategia de BIAS "automática", en la cual el ajuste de la señal de BIAS se define en base al punto de operación definido por la señal de referencia. Pruebe experimentalmente esta solución. Analice las ventajas y desventajas de este método. ¿Podrías aplicar el método incluso con perturbaciones? ¿Qué datos necesitas saber en este caso?

Problema resuelto

El modelo discreto de un sistema de control de velocidad de un cohete viene dado por la siguiente ED con muestras a cada minuto:

$$v(k) = 0{,}9v(k-1) + 0{,}3u(k-1) \quad .$$

Para regular la velocidad $v(k)$, se utiliza un sistema de control proporcional:

$$u(k) = K_p(v_r(k) - v(k)) + \text{BIAS} \quad ,$$

donde v_r es una señal de referencia para la velocidad.

- (a) Solo considere el modelo del cohete (sin control) en la siguiente situación:

  - El cohete está inicialmente en reposo $v(0) = 0$.
  - Se aplica un control tipo escalón $u(k) = u_0\,\mathbf{1}(k)$, $\forall k \geq 0$.

  Calcula el valor final de la velocidad del cohete y el tiempo que tarda en alcanzar aproximadamente 99 % del valor final. ¿Cuál es la ganancia estática del modelo de cohete?

- (b) Considere que el control proporcional se usa con BIAS $= 0$ y se realiza un segundo experimento con el cohete controlado en lazo cerrado en la siguiente situación:

  - El cohete está inicialmente en reposo $v(0) = 0$.
  - Se define una referencia de velocidad con la forma $v_r(k) = v_{r_0}\mathbf{1}(k)\,, \forall k \geq 0$.

  Calcule el valor de la ganancia del control K_p de modo que el tiempo que se tarda en alcanzar aproximadamente 99 % del valor final sea 5 veces menor que en el caso anterior (punto (a)). ¿Cuál es la velocidad final alcanzada?

- (c) Si mantenemos el K_p calculado previamente y usamos un BIAS distinto de cero, ¿es posible calcular el BIAS para que el cohete alcance el valor final igual a v_{r_0}? ¿Porque? ¿Cuál es el valor de BIAS?

Resolución

a) El valor final y la ganancia estática del cohete se pueden calcular directamente a partir del modelo estático. Para el equilibrio $v = v_0$ y $u = u_0$, obtenemos:

$$
\begin{aligned}
v_0 &= 0{,}9v_0 + 0{,}3u_0 \quad , \\
v_0 &= 3u_0 \quad .
\end{aligned}
$$

Por lo tanto, la ganancia estática es $K_e = 3$ y el valor final de v para $u_0 = 1$ es 3 m/s.

Para el experimento propuesto, la respuesta del sistema se calcula de la siguiente manera:

$$
\begin{cases}
v(k) &= \quad av(k-1) + bu_0 \quad , \\
v(0) &= \quad 0 \quad , \\
v(1) &= \quad 0 + bu_0 \quad , \\
v(2) &= \quad a(bu_0) + bu_0 \quad , \\
v(3) &= \quad a(abu_0 + bu_0) + bu_0 \quad , \\
v(3) &= \quad a^2(bu_0) + abu_0 + bu_0 \quad , \\
&\vdots \quad , \\
v(k) &= \quad \sum_{n=0}^{k-1} a^n bu_0 \quad .
\end{cases}
$$

Para obtener el tiempo para llegar a 99 % del valor de la velocidad final a partir de $v = 0$, necesitamos calcular 99 % de 3, que es igual a 2,97. Usando la fórmula general de la respuesta del sistema, tenemos:

$$\begin{cases} 2{,}97 &= 0{,}3\sum_{n=0}^{k-1} 0{,}9^n \quad , \\ 2{,}97 &= 0{,}3\left(\frac{0{,}9^k-1}{0{,}9-1}\right) \quad , \\ -0{,}99 &= 0{,}9^k - 1 \quad , \\ 0{,}01 &= 0{,}9^k \quad , \\ \left(\frac{\ln 0{,}01}{\ln 0{,}9}\right) &= k \quad , \\ k &= 43{,}7 \approx 44 \quad . \end{cases}$$

El cohete tarda 44 segundos en alcanzar los 99 % del valor final.

b) Utilizando el modelo del proceso $v(k) = av(k-1)+bu(k-1)$, incluimos la retroalimentación con la ganancia K_p, obteniendo:

$$\begin{cases} v(k) &= av(k-1) + b(K_p(v_{r0} - v(k-1))) \quad , \\ v(k) &= av(k-1) + bK_p v_{r0} - bK_p v(k-1) \quad , \\ v(k) &= (a - bK_p)v(k-1) + bK_p v_{r0} \quad . \end{cases}$$

Para resolver el problema, basado en el modelo anterior, es posible reescribir:

$$v(k) = \alpha v(k-1) + \beta u_0 \quad ,$$

con

$$\begin{cases} \alpha &= a - bK_p \quad , \\ \beta &= bK_p \quad . \end{cases}$$

Usando la misma forma para calcular la respuesta en el tiempo, considerando v_{r_0} como entrada y v como salida, tenemos:

$$v(k) \quad = \quad \sum_{n=0}^{k-1}(a - bK_p)^n(bK_p)v_{r_0} \quad .$$

Observamos que la respuesta de este sistema será más rápida cuanto menor sea el parámetro a $(0 < a < 1)$.

El tiempo necesario para que la respuesta alcance los 99 % del valor final sea cinco veces menor que sin control, imponemos:

$$\begin{cases} 0{,}9^5 & = & 0{,}9 - 0{,}3K_p \quad , \\ 0{,}59 & = & 0{,}9 - 0{,}3K_p \quad , \\ 0{,}31 & = & 0{,}3K_p \quad , \\ K_p & = & 1{,}03 \quad . \end{cases}$$

Finalmente, sustituyendo el valor de ganancia proporcional en el modelo de sistema de lazo cerrado, el valor final alcanzado por la velocidad se calcula de la siguiente manera:

$$v_\infty \quad = \quad K_{e_{\text{MF}}} v_{r_0} \quad ,$$

donde $K_{e_{\text{MF}}}$ es la ganancia de lazo cerrado del proceso, dada por $\frac{\beta}{(1-\alpha)} = 0{,}755$. Así, $v_\infty - 0{,}755v_{r_0}$.

c) Sabemos que la señal BIAS se usa para mantener la variable de proceso, en régimen permanente, en el valor de referencia.

Entonces tenemos:

$$\begin{cases} u(k) & = & K_p(v_r(k) - v(k)) + \text{BIAS} \quad , \\ u_\infty & = & K_p(v_{r_0} - v_{r_0}) + \text{BIAS} \quad , \\ u_\infty & = & \text{BIAS} \quad . \end{cases}$$

Por lo tanto, tomamos $u_\infty = \text{BIAS}$ como la condición de equilibrio.

Ahora, usando la relación de proceso estático, tenemos:

$$\begin{cases} \text{BIAS} &= \frac{v_{r_0}}{K_e} \quad , \\ \text{BIAS} &= \frac{1}{3}v_{r_0} \quad . \end{cases}$$

Es decir, cuando el error es nulo, el BIAS mantiene la variable manipulada en el valor necesario para que la variable de proceso esté en el punto deseado.

Capítulo 10

Control proporcional-integral (PI)

En este capítulo y en el siguiente, presentaremos la tercera estrategia de control estudiada en este libro: control de retroalimentación proporcional-integral (PI). A continuación, discutiremos el concepto básico asociado a la acción integral, las ventajas de utilizar este tipo de acción junto con la acción proporcional, la implementación de esta estrategia de control (en circuitos analógicos y microcontroladores digitales) y algunos posibles ajustes de sintonía para los sistemas de control PI. En el próximo capítulo, se presentarán algunos detalles prácticos relativos al uso del control PI en las industria.

Comenzamos este capítulo con una demostración intuitiva y formal de la acción integral (I) y cómo se puede garantizar el seguimiento de referencias del tipo escalón con error cero, así como el rechazo de perturbaciones constantes, para procesos de primer orden.

10.1. Idea básica

El concepto asociado al control proporcional-integral es el siguiente: la acción de control PI se compone de dos partes, una de las cuales es proporcional al error de seguimiento y la otra a la integral del error de seguimiento.

Al igual que con el sistema de control proporcional, el objetivo principal de esta estrategia es asegurar que la variable de proceso permanezca, en régimen permanente, en un valor de referencia deseado, especificado por una señal $r(t)$.

Así, comenzamos presentando la ley del control proporcional-integral, para procesos continuos:

$$u(t) = \overbrace{K_p e(t)}^{u_p(t)} + \overbrace{K_i \left(\int_{-\infty}^{t} e(\mu) d\mu \right)}^{u_i(t)} , \qquad (10.1)$$

donde $e(t) = r(t) - y(t)$ es el error de seguimiento de la salida $y(t)$ frente a la referencia $r(t)$. La ganancia estática K_p se llama "ganancia proporcional", mientras que K_i se llama "ganancia integral".

Notablemente, la principal diferencia entre la ley de control PI, presentada en la Ecuación (10.1) y la ley de control P, presentada en la Ecuación (9.1), es la parte integradora, dada por $u_i(t) = K_i \left(\int_{-\infty}^{t} e(\mu) d\mu \right)$.

Por lo tanto, antes de discutir con mayor detalle esta estrategia de control como un todo, en términos de implementación y ajustes, entendamos por qué es interesante usar la acción integral $u_i(t)$ en un lazo de retroalimentación. Para ello, presentaremos un ejemplo ilustrativo y motivador sobre el efecto de la acción integral en los sistemas de control.

10.2. Acción integral: un ejemplo motivador

En el capítulo anterior, estudiamos el control de nivel de un tanque de agua, cuya variable manipulada fue la apertura de la válvula de entrada del caudal de agua al tanque, considerando el caudal de salida como una perturbación. En este sistema, concluimos que los diferentes puntos de operación del tanque se obtienen en situaciones con caudales de entrada y salida iguales, asegurando un nivel de operación constante.

Cuando usamos una estrategia de control de retroalimentación tipo P (sin BIAS) para este sistema, mostramos que el nivel no se podía estabilizar en el valor de referencia, ya que esto implicaría una señal de error nula y en consecuencia, el controlador cerraría la válvula de entrada, hecho que, a su vez, contradice la hipótesis original de que los caudales de entrada y de salida serían iguales y que, en consecuencia, el nivel sería constante.

Con base en el análisis de este proceso, ahora analizaremos un tanque que utiliza un motor posicional de corriente continua (DC) para regular la apertura de la válvula de entrada del caudal de agua al tanque.

Ejemplo 88 *Tanque con válvula motorizada*
Consideremos la dinámica de un tanque cilíndrico, cuyo nivel varía según la siguiente EDO:

$$A\frac{dh(t)}{dt} = V_e(t) - V_s(t) \quad , \tag{10.2}$$

donde A es el área base de este tanque, $h(t)$ la señal que indica el nivel (variable de proceso), $V_e(t)$ y $V_s(t)$ los caudales de entrada y salida de agua al tanque, respectivamente.

En este tanque, la salida de agua $V_s(t)$ no está controlada y por lo tanto, es una señal de perturbación para la regulación del nivel $h(t)$. Por otro lado, el caudal de agua de entrada $V_e(t)$ está regulado por una válvula posicional motorizada, ilustrada en la Figura 10.1.

El funcionamiento de esta válvula es el siguiente: dada una señal de excitación $u(t)$, el motor gira su eje a una cierta velocidad angular $\omega(t)$. Un engranaje acoplado al eje del motor convierte el giro en una posición angular $p(t)$. El otro engranaje, asociado al primero, regula la apertura de la válvula $a(t)$.

Como se explicó en el capítulo anterior, la señal de actuación del motor de CC se define a partir de una ley proporcional al error de seguimiento de

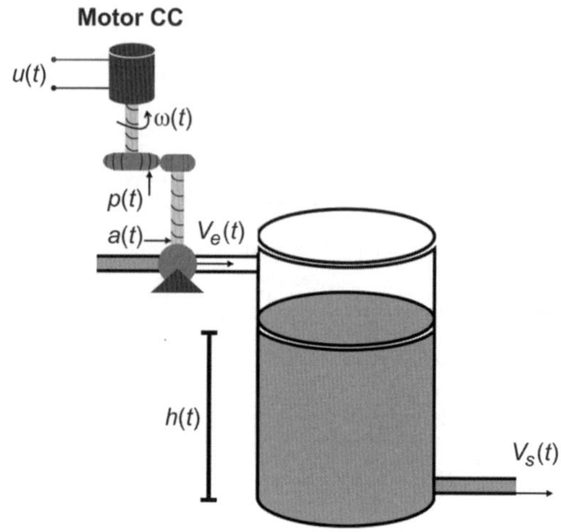

Figura 10.1 – Sistema de engranajes y motor de CC utilizados en una válvula posicional motorizada.

la referencia de nivel $r(t)$, es decir:

$$u(t) = K_p e(t) = K_p\left(r(t) - h(t)\right) \quad . \tag{10.3}$$

La Figura 10.2 presenta el diagrama de bloques correspondiente a este sistema de control: el tanque se controla a través del caudal de entrada $V_e(t)$, cuya dinámica está dada por una señal $a(t)$, proporcional a una señal de posición $p(t)$ del eje de rotación de un motor de corriente continua que, a su vez, se controla mediante una señal de control $u(t)$, proporcional al error de seguimiento de nivel $e(t)$.

Por tanto, analizaremos el funcionamiento de este sistema de lazo cerrado para un cierto nivel de referencia h_r.

Como hipótesis inicial de este análisis, suponga que el control se ajusta para que el sistema mantenga el nivel del tanque en el punto de equilibrio h_∞, considerando un caudal de salida constante V_∞. Tenga en cuenta que esta suposición implica, por construcción, que el caudal de entrada al tanque también es igual a V_∞.

Demostraremos que, en este sistema, el equilibrio está, de hecho, definido

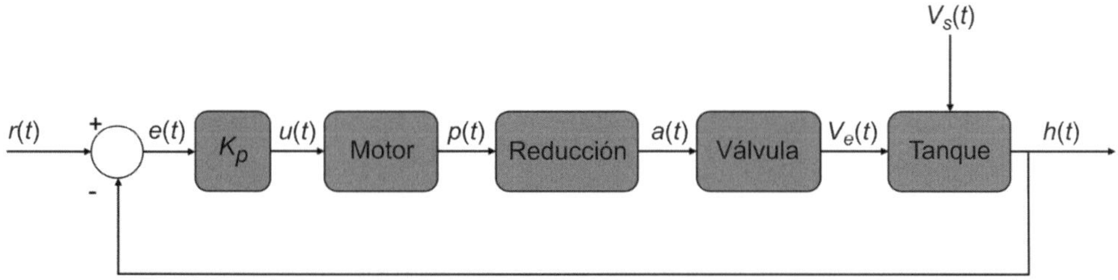

Figura 10.2 – Diagrama de bloques: sistema de control de nivel del tanque con válvula motorizada.

por $h_\infty = h_r$. *Para hacerlo, suponga que esta condición no es verdadera, es decir, que existe una condición de equilibrio tal que* $e_\infty = (h_r - h_\infty) \neq 0$. *En este caso, en equilibrio, el motor de CC sería impulsado con un voltaje* $u_\infty \neq 0$, *ya que* $u(t) = K_p e(t)$ *con* $K_p > 0$. *Con* $u_\infty \neq 0$, *el motor giraría, provocando que la posición de su eje varíe y en consecuencia, la posición del reductor también variará, moviendo la válvula que regula el caudal de entrada de agua al tanque. En este caso, la entrada no sería igual a* V_∞ *y por lo tanto, ya no observaríamos una condición de equilibrio, lo que haría que el tanque saliera del punto de operación definido por* h_∞.

Por otro lado, asumiendo que la condición preestablecida es, de hecho, verdadera y que $h_\infty = h_r$, *tendríamos un voltaje de accionamiento del motor nulo, ya que* $u_\infty = K_p e_\infty$ *y que en este caso* $e_\infty = (h_r - h_\infty) = 0$. *En este caso, con el motor parado, los engranajes no girarían y la válvula tendría su apertura fija. Si la válvula tiene una apertura constante y el nivel es constante e igual a* h_r, *siendo la perturbación constante e igual a* V_∞, *es necesario que la apertura de la válvula implique un caudal de entrada* V_∞ .

Así, podemos observar que este sistema de control, cuyo controlador principal se basa en una acción proporcional, cuando se complementa con el accionamiento realizado mediante una válvula motorizada, logra mantener el nivel del agua en el tanque en un punto de operación dado por h_r.

Tenga en cuenta que si cambiamos la referencia a otro punto de equilibrio alcanzable, el sistema de control actuaría "buscando" un caudal de entrada que estabilizaría el nivel del tanque en este nuevo punto de operación, ya que solo con error nulo, el motor deja de girar y logra mantener el sistema en equilibrio.

Con un poco de notación y construcción matemática, ahora podemos hacer un análisis más detallado de este sistema de control para que podamos entender por qué podemos asegurarnos de que el nivel del tanque se estabilice en un valor de referencia incluso frente a perturbaciones constantes no nulas. Destacamos que tal fenómeno no se observó cuando aplicamos una estrategia de control proporcional para este tanque sin el uso de la válvula motorizada.

Para ello, presentaremos modelos más detallados de cada elemento de este sistema de control. Primero, enfatizamos que la dinámica del caudal de entrada se describe a través de la siguiente ley:

$$V_e(t) \;=\; K_v a(t) \quad , \tag{10.4}$$

donde $a(t) \in [0,1]$ es una señal que describe la apertura de la válvula, desde completamente cerrada, en cero, hasta completamente abierta, en 1. K_v es una ganancia estática proporcional que relaciona la apertura de la válvula con el caudal de agua. Estamos asumiendo aquí, como hicimos en ejemplos anteriores, que la dinámica de las válvulas es rápida y puede ignorarse en el modelo.

La apertura de esta válvula $a(t)$, a su vez, se describe mediante la reducción de una señal de posición realizada al unir engranajes de diferentes tamaños, como se ilustra en la Figura 10.1. Por tanto, la apertura de la válvula se calcula de acuerdo con:

$$a(t) \;=\; K_r p(t) \quad , \tag{10.5}$$

donde $p(t)$ es la señal que describe la posición angular del primer engra-

naje, conectado físicamente al motor de CC y K_r es una ganancia estática proporcional que relaciona la apertura de la válvula con la posición angular del primer engranaje.

Sabiendo que la velocidad angular del motor viene dada por $\omega(t) = \frac{dp(t)}{dt}$, es válido afirmar que la señal de la posición angular es descrita por:

$$p(t) = p_0 + \int_0^t \omega(\mu)d\mu \quad , \tag{10.6}$$

consideramos el análisis a partir de $t = 0$, asumiendo que la posición inicial es nula, es decir, $p(0) = p_0 = 0$.

Finalmente, enfatizamos que la relación entre el voltaje de accionamiento y la velocidad angular del motor de CC se describe, aproximadamente, por:

$$\omega(t) = K_m u(t) \quad , \tag{10.7}$$

donde K_m es la ganancia estática que relaciona el voltaje de excitación $u(t)$, descrito dentro del rango [0,5] V y la velocidad de rotación. Destacamos que la dinámica del motor es mucho más rápida que la dinámica del sistema de caudal y nivel, por lo tanto, podemos considerar una relación estática entre u y ω.

Una vez presentados todos los modelos de los elementos utilizados en el sistema de control bajo análisis, podemos unirlos para encontrar la ley de control resultante, que describe la operación en cascada del controlador proporcional, motor de CC, reducción posicional y válvula proporcional. Esta ley viene dada por:

$$\begin{aligned} V_e(t) &= K_v K_r K_m K_p \int_0^t e(\mu)d\mu \\ &= K_i \int_0^t \left((r(\mu) - h(\mu))\, d\mu\right) \quad , \end{aligned} \tag{10.8}$$

donde $K_i = (K_v K_r K_m K_p)$. *Tenga en cuenta que la Ecuación* (10.8) *describe una ley de control integral para la señal de caudal de entrada. Así, considerando el control de nivel con el caudal de entrada de agua como variable manipulada, tenemos una acción de control proporcional al valor de la integral del error de seguimiento. Llamaremos a esta ley de control de tipo I por simplicidad.*

A través de este ejemplo, podríamos inferir que una acción de control integral de tipo $u(t) = K_i \int_0^t e(\mu)d\mu$ es muy útil en sistemas de control de lazo cerrado, ya que, de hecho, permite el seguimiento de referencias de tipo escalón con error cero en estado estacionario, a pesar de perturbaciones constantes (o de tipo escalón), siempre que el sistema de lazo cerrado sea estable. Es decir, si el punto de funcionamiento, pre-especificado a través de la señal de referencia, es factible y no causa saturación del actuador, este será alcanzado con error cero.

La característica más interesante de los controladores de lazo cerrado tipo I es que la propiedad anterior es válida independientemente de la linealidad del proceso controlado, que puede ser lineal o no lineal.

En resumen: la acción integral crea una señal de control u que solo se estabilizará en algún punto de equilibrio constante distinto de cero u_∞ si la entrada del integrador, señal $e(t)$, es nula. Esto asegura, por lo tanto, que la variable de proceso se estabilice en el punto de equilibrio descrito por la señal de referencia.

Observamos que tal fenómeno es posible porque la señal de control integral depende de los valores integrados de la señal de error y no del valor del error instantáneo (como en una estrategia P). Así, la integral de error se "carga" a medida que el error varía y converge a cero, de manera que la señal de control I converge a un valor constante que garantiza el seguimiento de la referencia.

En el caso del sistema de control del tanque con un válvula motorizada, la acción integral asegura que el caudal de entrada "compense" la perturbación dada por el caudal de salida, de tal manera que $\text{lím}_{t\to+\infty}\frac{dh(t)}{dt}\to 0$ y por lo tanto $\text{lím}_{t\to+\infty} h(t) \to h_\infty$, ya que $\text{lím}_{t\to+\infty} V_e(t) \to V_\infty$ implica que $lim_{t\to+\infty}e(t) \to 0$ y por lo tanto, $lim_{t\to+\infty}h(t) = \text{lím}_{t\to+\infty} r(t) = h_\infty$.

En el ejemplo estudiado, el control tipo I se construyó mecánicamente utilizando un motor de CC y un sistema de engranajes reductores, ya que la relación de voltaje de entrada del motor para su posición es integradora. Los controladores mecánicos o electromecánicos se utilizaron ampliamente cuando se introdujeron los sistemas de control automático en la industria. Estos controladores ahora se implementan digitalmente, como estudiaremos más adelante en este capítulo.

Al igual que el motor de CC, otros procesos físicos también tienen dinámicas de integración natural, como la relación entre el nivel de un tanque y los caudales de entrada y salida cuando son controlados por bombas (consulte el Ejemplo 85 en el Capítulo 9, en el que el nivel del agua en el tanque es proporcional a la integral de la diferencia entre la entrada y la salida) o como un brazo robotico, cuya posición angular está dada por la integral de la velocidad de rotación del eje del brazo, que es, a su vez, proporcional a una señal de accionamiento del brazo.

A continuación profundizaremos en el estudio del control I y fomentaremos el uso del control PI, que es la estrategia de control más utilizada en la industria de procesos.

10.3. Control integral

Como se analizó en el apartado anterior, un sistema de control de lazo cerrado con acción I permite que la variable de proceso se mantenga en un punto de operación factible, con cero error de seguimiento. Para ello, el sistema debe ser estable en lazo cerrado, es decir, el régimen permanente especificado por la señal de referencia debe ser alcanzable y de hecho, alcanzarse según $\text{lím}_{t\to+\infty}\frac{dy(t)}{dt}\to 0$.

Sin embargo, aún no hemos elaborado el comportamiento transitorio del sistema: cómo transita la variable de proceso entre un punto de operación y otro. Entonces, ahora analizaremos los principales aspectos de los regímenes permanentes y transitorios en los sistemas de control con la acción I.

10.3.1. Control integral y régimen permanente

Primero, consideraremos el siguiente problema: una planta dada con variable controlada $y(t)$, variable manipulada $u(t)$ y perturbación $q(t)$, está regulada en lazo cerrado por un control tipo I, como se muestra en el diagrama de bloques de la Figura 10.3.

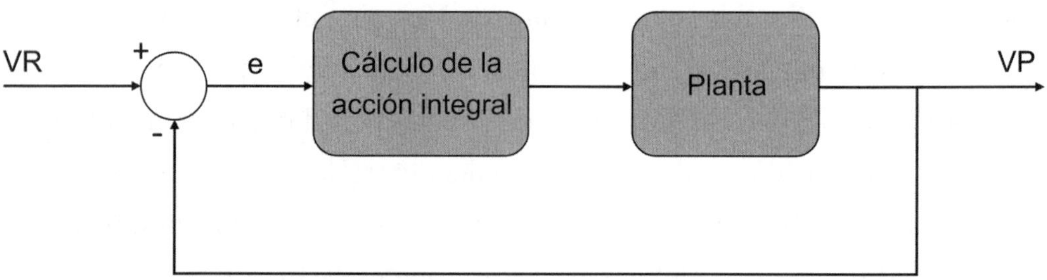

Figura 10.3 – Diagrama de bloques: retroalimentación del proceso con controlador integral.

En equilibrio, este proceso se describe mediante la siguiente relación estática: $y_\infty = f(u_\infty, q_\infty)$. Consideramos dos puntos de equilibrio arbitrarios: P_0 y P_1, definidos respectivamente por $y_0 = f(u_0, q_0)$ y $y_1 = f(u_1, q_0)$. Estos puntos se definen dentro de la región operativa permitida para la planta.

Consideremos que el proceso está en equilibrio, en un momento inicial, en el punto P_0. Luego, definimos una variable de referencia que indica al control I que la variable de proceso debe llevarse al punto P_1, es decir, la señal de referencia tiene amplitud y_1. Suponiendo que la perturbación es constante e igual a q_0 y que el sistema de lazo cerrado es estable, después de un régimen transitorio, podemos observar las señales $y(t)$ y $u(t)$ convergiendo a valores constantes. Ahora, demostraremos que este nuevo punto operativo es, de hecho, P_1 (¡el punto de equilibrio deseado!).

Cuando suponemos que el sistema alcanza un nuevo punto de funcionamiento, se supone que la señal $u(t)$ converge a un punto de equilibrio constante. Cuando la variable manipulada tiene una característica constante, esto garantiza que la señal de error e converge al origen ($\lim_{t\to+\infty} e(t) \to 0$), de lo contrario la integral de error no sería nula y la variable manipulada no se habría estabilizado en un valor constante. Por tanto, si el error es nulo, esto implica que la señal $y(t)$ converge en y_1. A su vez, la señal de control debe verificar $\lim_{t\to+\infty} u(t) \to u_1$, dado que, en equilibrio, el modelo estático de la planta $y_1 = f(u_1, q_0)$ debe ser alcanzado, por construcción.

La Figura 10.4 presenta la gráfica del error en función del tiempo en un sistema de control con acción integral. Tenga en cuenta que la señal de control $u_i(t) = K_i\left(\int_0^t e(\mu)d\mu\right)$ es proporcional al área del gráfico $e(t) \times t$. Por lo tanto, si el área del gráfico aumenta con el tiempo, el error no puede ser nulo. Cuando el error es nulo, a partir de un instante de tiempo t', $e(t) = 0\,, \forall t \geq t'$, la integral de esta señal, evaluada a partir de $t = 0$ hasta t', será constante y a partir de este momento en t', no habrá más cambios en el valor de la integral, ya que el sistema ya estará estabilizado en el punto de equilibrio deseado.

Como hemos visto, la acción integral permite llevar un sistema a un punto de funcionamiento deseado con error cero, si se garantiza la estabilidad en lazo cerrado. Destacamos que este análisis es generalmente válido para cualquier tipo de proceso.

Esta propiedad también se puede demostrar para los casos en que la perturbación cambia su valor. En este caso, el proceso se lleva a un nuevo punto operativo P_2, descrito por la relación estática $y_2 = f(u_2, q_2)$. Los sistemas de control con acción I pueden, de hecho, garantizar que se alcance este punto P_2, si es factible y si el sistema de lazo cerrado es estable. Ilustraremos esta propiedad con un ejemplo.

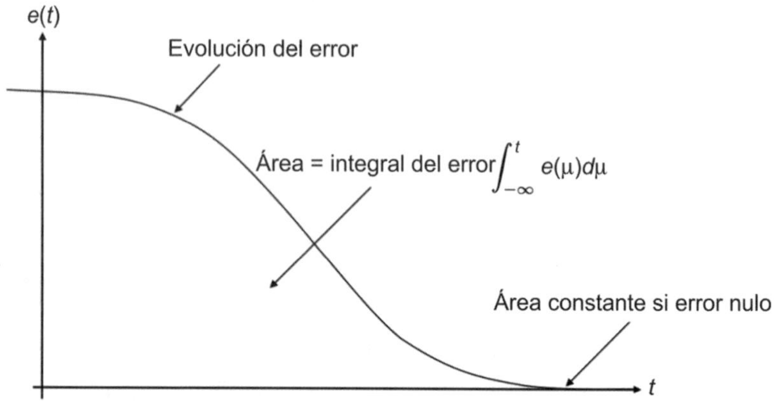

Figura 10.4 – Acción integral: evolución de la señal de error en el tiempo.

Ejemplo 89 *Considere el control de velocidad $v(t)$ (en m/s) del automóvil analizado en capítulos anteriores, representado por una ecuación diferencial no lineal:*

$$5\frac{dv(t)}{dt} + v^2(t) = 5u(t) \quad , \tag{10.9}$$

donde $u(t)$ es la señal que actúa en el acelerador, expresada en valores porcentuales.

Considere que se usa una ley de control de tipo integral para controlar la velocidad del automóvil, de la siguiente manera:

$$u(t) = K_i \left(\int_0^t (r(\mu) - v(\mu))d\mu \right) \quad , \tag{10.10}$$

donde K_i es la ganancia del controlador y $r(t)$ es una señal de referencia para la velocidad del automóvil. Este coche parte del reposo y quiere alcanzar una velocidad de 20 m/s.

Estudiaremos la dinámica de este sistema de lazo cerrado a través de un software de simulación. Veremos cómo el sistema alcanza el valor de velocidad deseado y cuánto tiempo lleva hacerlo. Evaluaremos la dinámica *resultante con dos valores distintos para la ganancia K_i. La Figura 10.5 muestra el diagrama de bloques de este sistema de control.*

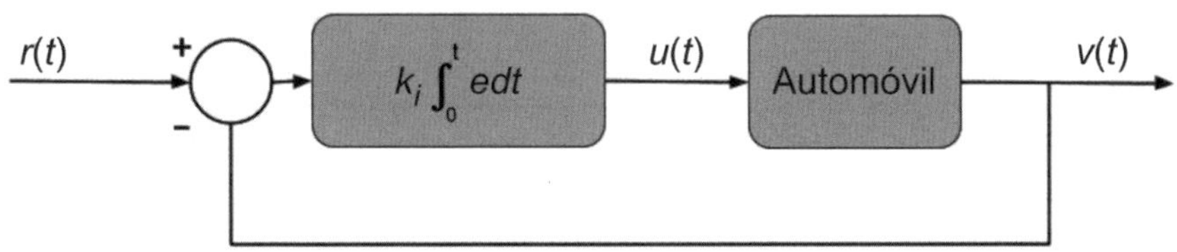

Figura 10.5 – Diagrama de bloques: sistema de control de velocidad del automóvil con control integral.

Debemos ajustar el valor de la ganancia K_i de tal forma que la respuesta $v(t)$ en lazo cerrado, sea estable, porque en este caso la condición estática $v_\infty^2 = 5u_\infty$ será verificada, dada por el modelo estático del proceso.

En un primer experimento, consideramos la siguiente señal de referencia: $r(t) = 20\,\mathbf{1}(t)$. Para que el seguimiento de la referencia sea, de hecho, observado, tenemos que asegurarnos de que $u(t) \to u_\infty$ de tal manera que la integral $\int_0^t e(\mu)d\mu$ sea constante cuando $t \to \infty$. De esta forma, nos aseguraremos de que $v(t) \to v_\infty = 20$ m/s y en consecuencia, que $u_\infty = \frac{v_\infty^2}{5} = 80\,\%$.

La Figura 10.6 muestra las respuestas en el tiempo de la velocidad y la posición del acelerador, obtenidas a través de la simulación, para dos ajustes de ganancia diferentes en el sistema de control propuesto ($K_i = 1$ y $K_i = 3$).

Como podemos ver en esta figura, las respuestas de lazo cerrado resultantes son, de hecho, estables y por lo tanto alcanzan, en ambos casos, el valor de velocidad deseado de 20 m/s. Observamos que, a medida que aumentamos el parámetro K_i (en módulo), la velocidad converge más rápidamente al punto de funcionamiento deseado y en consecuencia, se utiliza para ello una señal de aceleración con variaciones más abruptas.

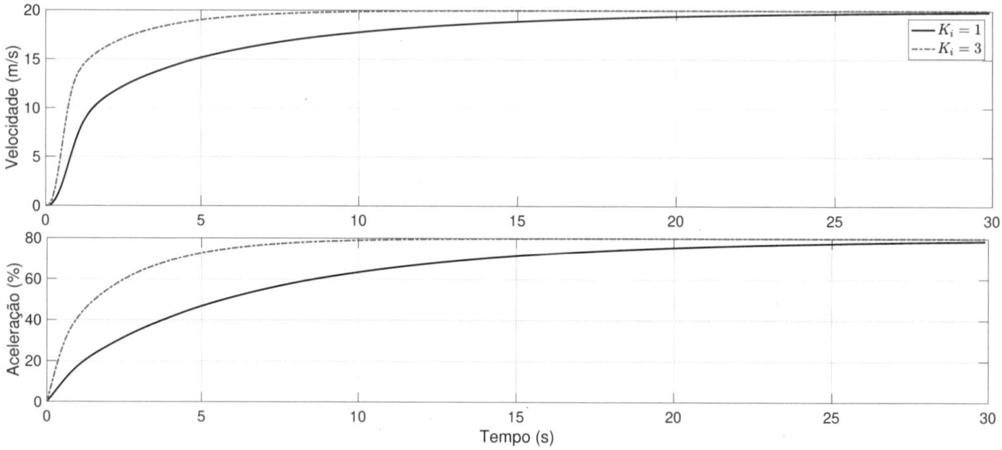

Figura 10.6 – Respuestas del sistema de control de velocidad del automóvil con control integral. Las líneas continuas representan un ajuste con $K_i = 1$, mientras que las líneas discontinuas representan un ajuste con $K_i = 3$.

Cabe señalar que si el ajuste de K_i no mantiene la estabilidad de lazo cerrado del sistema, no se alcanza la condición de régimen permanente y no tendremos un error nulo.

10.3.2. Ajuste del control integral y régimen transitorio

El segundo punto que debemos analizar se refiere a las características del régimen transitorio de los sistemas regulados en lazo cerrado con controles de acción integral.

Considerando una ley de control del tipo $u_i(t) = K_i \left(\int_0^t e(\mu)d\mu \right)$, enfatizamos que la ganancia K_i es un parámetro que se ajusta de tal manera que aumente o disminuya el efecto de la integral de error en la acción de control, como se ilustró en el Ejemplo 89.

Por lo tanto, como hicimos en el Capítulo 9 para el análisis de la estrategia de control proporcional, podemos entender intuitivamente que las ganancias de K_i más grandes tienden a acelerar la respuesta del proceso de lazo cerrado, ya que se aplica una señal de control de mayor magnitud. Sin embargo, la parte transitoria de la respuesta en el tiempo de los sistemas controlados con la acción de control I es bastante diferente de las respuestas observadas para el control P.

Para analizar este hecho, supongamos como caso de estudio un sistema lineal continuo con ganancia estática K_e (frente a la variable manipulada), controlado por un control tipo I, cuya ley es $u(t) = K_i\left(\int_0^t e(\mu)d\mu\right)$. Supongamos que este sistema parte del reposo y en un momento inicial, se aplica una señal de referencia tipo escalón con amplitud R. Además, considere que el sistema de lazo cerrado es estable y que la señal de control no sale del rango de operación $[u_{\min}, u_{\max}]$. Según análisis previos, sabemos que el régimen permanente se alcanzará para $\lim_{t\to+\infty} u(t) \to u_\infty = \frac{R}{K_e}$ y que este valor corresponde a la integral de la señal de error, evaluado desde $t = 0$ a $t = +\infty$, multiplicado por K_i.

En el instante $t = 0$, la señal de error viene dado por $e(0) = r(0) - y(0) = R$. La señal de control aplicada en un instante posterior, dada por $t = t_\epsilon$ con $t_\epsilon \to 0^+$, dada, aproximadamente [1], por $u(t_\epsilon) = K_i\left(e(0)t_\epsilon\right) = K_iRt_\epsilon$. Esta demostración indica que la señal de control integral comienza desde cero en $t = 0$ para cualquier valor del parámetro de ajuste K_i.

En los siguientes instantes, incluso con la disminución del error debido al efecto de control, lo que obligará a la variable de proceso a acercarse al valor de referencia, el valor de $u(t)$ aumentará progresivamente,[2] porque la integral $\int_0^t e(\mu)d\mu$ siempre crecerá con el tiempo siempre que la señal de error sea positiva, es decir, si $y(t) < R$

Si queremos incrementar la intensidad de la acción de control en los instantes iniciales de la respuesta, tendremos que utilizar un valor K_i mayor, de tal forma que incrementemos el valor instantáneo $u(t_\epsilon) = K_iRt_\epsilon$. Sin

[1]Note que en esta demostración, aproximamos la integral $\int_0^t e(\mu)d\mu$ por el área del rectángulo $e(t_\epsilon)t_\epsilon$, asumiendo que el error es prácticamente constante durante este pequeño intervalo de tiempo.

[2]Considere un proceso con ganancia directa positiva.

embargo, el aumento del parámetro K_i da como resultado un aumento en el valor integral a lo largo del tiempo, lo que puede causar $u(t') > \frac{R}{K_e}$ durante algún instante t' durante el régimen transitorio. Si esto ocurre, tenga en cuenta que la salida puede ser instantáneamente mayor a R y por lo tanto, el error puede ser negativo, de tal manera que su integral decrece para garantizar el equilibrio de estado estacionario. Tenga en cuenta que una señal de error negativo en un momento t'' implica $y(t'') > R$ y en este caso, el sistema presentaría una respuesta con una oscilación (u oscilaciones) alrededor del valor deseado, antes alcanzando la condición de equilibrio.

Usaremos un ejemplo para ilustrar el ajuste de K_i y su efecto sobre la respuesta transitoria en un proceso simple.

Ejemplo 90 *Considere un sistema de calefacción, cuyo modelo viene dado por la siguiente EDO:*

$$\tau \frac{dy}{dt} + y(t) \quad = \quad K_e u(t) \quad , \tag{10.11}$$

siendo $y(t)$ *la temperatura de la habitación calentada y* $u(t)$ *la potencia del dispositivo de calefacción.*

Para regular este proceso, consideraremos la siguiente ley de control de retroalimentación: $u(t) = K_i \left(\int_0^t e(\mu) d\mu \right)$, *con el error definido por* $e(t) = (r(t) - y(t))$. *La señal de referencia es del tipo escalón unitario, aumentando en el instante* $t = 0$. *En este proceso, los parámetros del modelo son* $\tau = 1$ *y* $K_e = 2$. *A continuación, ilustraremos las respuestas* $y(t)$ *obtenidas para diferentes ajustes del parámetro* K_i, *de modo que podamos discutir los efectos de las variaciones en* K_i *en el régimen transitorio del sistema. Para fines prácticos, asumimos que el sistema parte del reposo.*

La Figura 10.7 muestra la respuesta obtenida para $K_i = 0{,}1$ *y* $K_i = 1$. *En ambos casos, la señal de control comienza en* $u(0) = 0$ *y se estabiliza, en régimen permanente, en el valor final* $\lim_{t \to +\infty} u(t) = \frac{R}{K_e} = 0{,}5$. *Con el ajuste* $K_i = 0{,}1$, *la señal de control varía más lentamente, por lo que, el resultado de la integral* $K_i\left(\int_0^t e(\mu)d\mu\right)$ *nunca supera el valor de régimen permanente* $u_\infty = 0{,}5$.

Observamos, en este caso, una respuesta transitoria lenta, que tarda aproximadamente 20 s *en converger a su valor final (régimen permanente). En la respuesta obtenida con el ajuste* $K_i = 1$, *podemos ver que la señal integral crece rápidamente, provocando que la señal* $y(t)$ *se estabilice en el valor de referencia en menos de* 2 s. *Sin embargo, esta rápida respuesta causa oscilaciones en la variable de proceso, ya que la integral pasa del valor de estado estacionario* $u_\infty = 0{,}5$ *durante algunos instantes, haciendo que el error sea negativo de modo que la integral sea "descargada", disminuyendo el valor de la señal* $u(t)$.

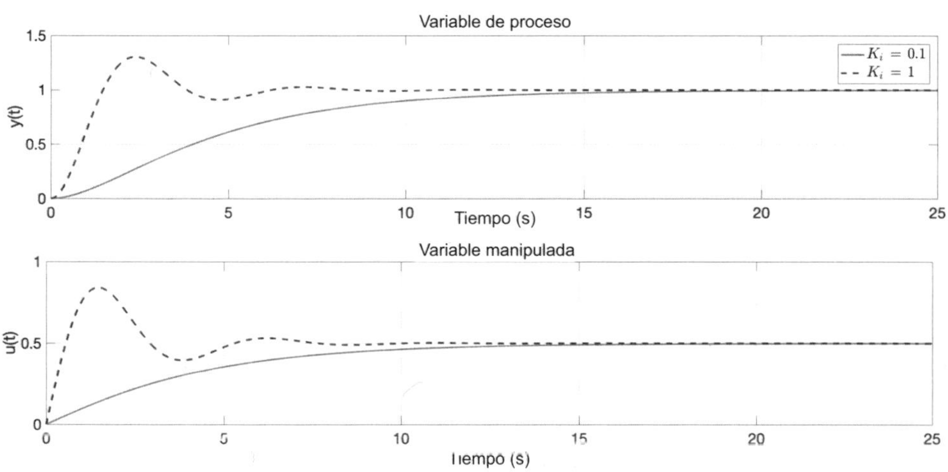

Figura 10.7 – Respuesta del sistema de lazo cerrado. Efecto de la acción integral en el régimen transitorio considerando diferentes valores de K_i (0,1 y 1).

Con base en este ejemplo, podemos concluir que el ajuste de la acción I debe realizarse con cuidado, buscando un compromiso entre el tiempo de respuesta obtenido en lazo cerrado y el nivel de oscilaciones observado tanto en la variable de proceso como en la variable de control.

La Figura 10.8 muestra la respuesta obtenida usando un ajuste $K_i = 0{,}2$, *que permite que la variable de proceso converja a un valor de referencia en aproximadamente* 8 *s, casi sin oscilaciones.*

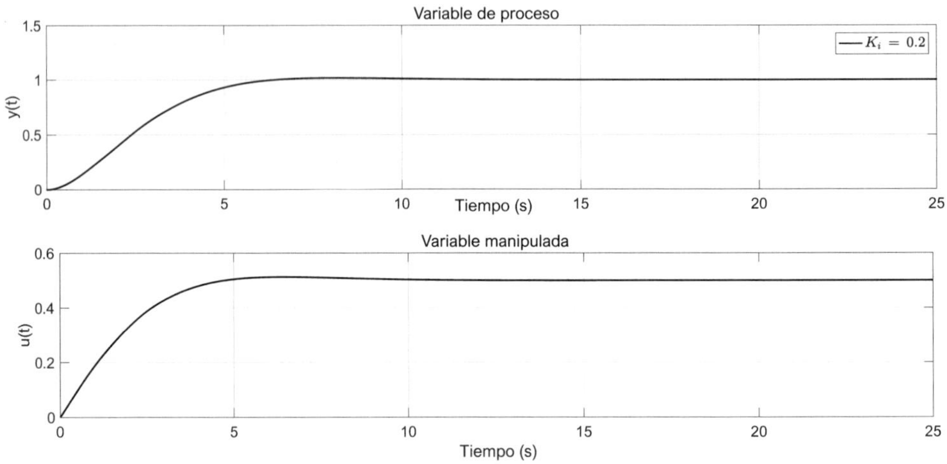

Figura 10.8 – Respuesta del sistema de lazo cerrado. Acción integral ajustada para un compromiso entre velocidad y oscilaciones en el régimen transitorio.

10.3.3. Control proporcional-integral: suma ponderada de acciones

Al comparar la acción de control I con la acción de control P, presentada y discutida en el Capítulo 9, podemos ver que actúan de manera complementaria. Observamos que, para referencias del tipo escalón de amplitud R, con la variable de proceso partiendo del reposo, la acción proporcional tiene un valor inicial grande, dado por $u_P(0) = K_p e(0) = K_p R$. Más tarde, a medida que pasa el tiempo, el error de seguimiento disminuye y la señal proporcional también disminuye, convergiendo para $\lim_{t \to +\infty} u_p(t) \to K_p e(+\infty)$. Una ley de control P que garantiza que la variable de proceso se estabiliza en un punto cercano al especificado por la señal de referencia implica un $e(+\infty) < e(0)$ y por lo tanto una señal de control en estado estacionario siempre menor que $u_P(0)$. Si queremos disminuir el error $e(+\infty)$, necesitamos aumentar K_p, lo que puede generar problemas transitorios, como la saturación de la acción de control.

Con una acción integral, observamos una señal con un valor inicial de valor cero, que converge, con el tiempo, al valor de estado estacionario requerido u_∞ para que la variable de proceso se estabilice en el punto especificado por la señal de referencia. De manera análoga al control P, si queremos una respuesta más rápida, debemos aumentar el parámetro de ajuste (en este caso, K_i). Sin embargo, este incremento provocará un aumento en los valores de control en los momentos iniciales del transitorio, causando en algunos sistemas, oscilaciones en el régimen transitorio de la variable de proceso y la variable manipulada.

Entonces, tenemos dos tipos de acciones de control (P e I) que tienen cualidades complementarias: la acción proporcional actúa de manera más efectiva durante el régimen transitorio que la acción I, pudiendo acelerar la respuesta sin causar oscilaciones; la acción I, a su vez, permite llevar el sistema al punto de funcionamiento deseado sin error (en estado estacionario), independientemente del valor del parámetro K_i, siempre que se mantenga la estabilidad en lazo cerrado.

A partir de este análisis, se hace evidente que las acciones proporcionales e integrales pueden utilizarse en una ley de control conjunto, denominada control proporcional-integral (PI). Un controlador PI se implementa mediante la suma ponderada de estas dos acciones de control:

$$u(t) \;=\; K_p e(t) + K_i \left(\int_{-\infty}^{t} e(\mu) d\mu \right) \quad , \tag{10.12}$$

donde $e(t) = (r(t) - y(t))$ es el error de seguimiento de la salida $y(t)$ a la referencia $r(t)$. Las ganancias K_i y K_p de este control son entonces sus parámetros de ajuste, utilizados para ponderar cada una de las acciones con el fin de conseguir un compromiso entre los objetivos del proyecto.

Para ilustrar esta discusión, volveremos al estudio de caso del sistema de calefacción para mostrar cómo una ley de control PI puede ser más efectiva que las leyes puramente proporcionales o integrales.

Ejemplo 91 *Utilizando el mismo modelo del ejemplo anterior, cuya EDO se presenta en la Ecuación* (10.11)*, la Figura 10.9 compara las señales obtenidas con un controlador tipo I, con el ajuste* $K_i = 0{,}2$*, con las obtenidas con un control de tipo PI, configurado con los siguientes parámetros:* $K_p = 1{,}5$ *y* $K_i = 1$.

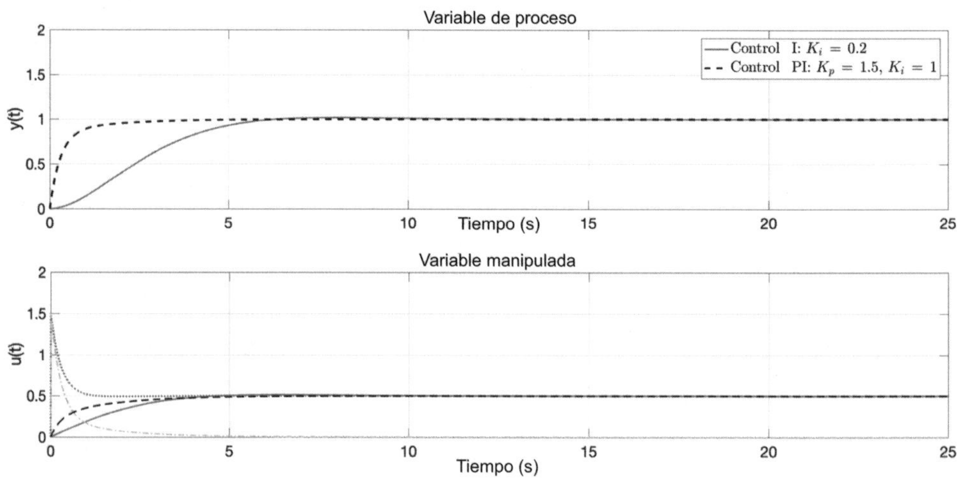

Figura 10.9 – Sistema controlado por estrategia PI. Efecto de acciones proporcionales e integrales en los regímenes transitorio y permanente. Las líneas continuas representan la estrategia I, mientras que las líneas discontinuas representan la estrategia PI (porción proporcional en linea punteada, porción integral en linea punteada y discontinua).

En esta figura podemos ver los resultados obtenidos con el control I (línea continua) y PI (línea discontinua). Notamos claramente que las respuestas obtenidas con la estrategia PI son significativamente mejores: la respuesta transitoria es más rápida, sin oscilaciones en las señales involucradas; es posible aumentar el valor del parámetro de ajuste K_i *sin afectar la respuesta de la variable de proceso. También observamos que la acción de control PI (línea discontinua) presenta una señal de control más intensa que la señal obtenida con la estrategia I (línea continua), al inicio del régimen transitorio. La Figura 10.9 también muestra las acciones P e I de la estrategia*

PI por separado (lineas punteada y linea punteada discontinua, respectivamente), mostrando el efecto complementario de estas acciones: al principio, la porción P "hace la mayor parte de el trabajo", mientras que la parcela I es una señal de menor intensidad; a medida que el error de seguimiento disminuye, la parcela proporcional converge a cero, mientras que la parcela I se vuelve predominante, convergiendo al valor de estado estacionario u_∞*. Tenga en cuenta que, a partir del instante de tiempo* $t' \approx 2\,s$*, toda la acción de control del controlador PI está determinada por la porción I, ya que esta porción es responsable de mantener el proceso en el punto de operación deseado y dado que la porción proporcional es nula en régimen permanente, pues el error converge a cero.*

Sin embargo, enfatizamos que el ajuste de las acciones de control de PI debe realizarse con cuidado, ya que las elecciones inadecuadas de los parámetros K_p *y* K_i *pueden dar lugar a respuestas no deseadas: con muchas oscilaciones o incluso inestables. Como ejemplo, la Figura 10.10 presenta las respuestas obtenidas con un controlador PI ajustado con* $K_p = 1$ *y* $K_i = 10$*. En este caso, en busca de un tiempo de respuesta más rápido en lazo cerrado, terminamos obteniendo respuestas con grandes oscilaciones en la variable de proceso y en la manipulada. Se observa que este sistema llega a la referencia por primera vez en menos de* $0{,}5\,s$*, es decir, en cuatro veces menos tiempo que en el caso anterior. Sin embargo, tenga en cuenta que las dos porciones (P e I) de la señal de control (líneas punteadas y discontinuas, respectivamente) tienen características oscilatorias en el régimen transitorio, un fenómeno que puede ser indeseable, dependiendo del proceso que se esté controlando.*

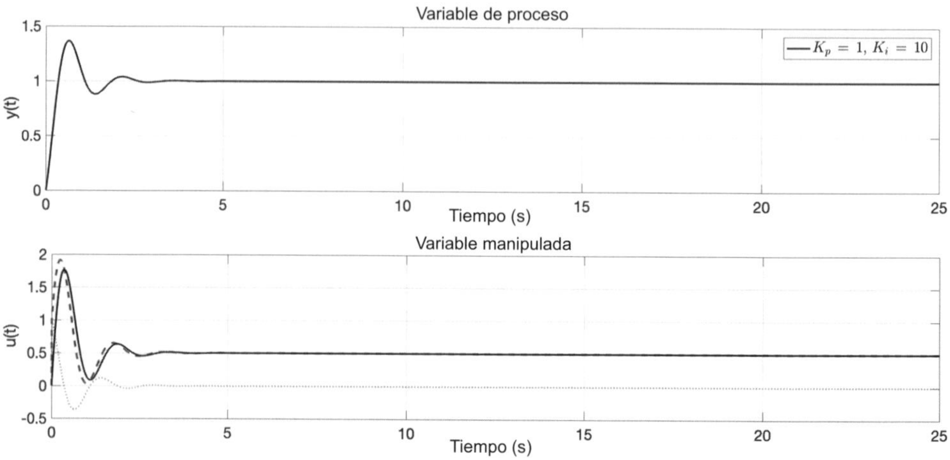

Figura 10.10 – Sistema controlado por PI. Ajuste inadecuado de acciones proporcionales e integrales provocando oscilaciones en el régimen transitorio. Señal de control total en linea continua, parte integral en linea discontinua, parte proporcional en linea punteada.

Como pudimos analizar a través de este ejemplo, el correcto ajuste de los parámetros de los controladores tipo PI es un tema importante para la correcta sintonización de aplicaciones de este tipo de control. Estudiaremos este tema en los próximos apartados de este capítulo. Primero, realizaremos un análisis de la acción I basándonos en el concepto del BIAS analizado en el capítulo anterior.

10.3.4. La acción I: ¿un BIAS automático?

En el capítulo anterior, mostramos cómo se podría complementar el control proporcional utilizando la señal BIAS, que se agregó a la acción proporcional para que pudiéramos obtener una señal de control distinta de cero cuando $e(t) \to 0$.

En aplicaciones prácticas, en la industria de procesos, la señal BIAS generalmente se ajusta manualmente o, como se analizó anteriormente, se describe en términos de la señal de referencia "automáticamente", cuando se conoce la ganancia estática del proceso.

Al comparar el control PI con un control proporcional con BIAS automático, podemos interpretar que la porción de BIAS corresponde a la porción de acción integral del error. Tenga en cuenta que la acción integral $K_i \left(\int_0^t e(\mu) d\mu \right)$ se "carga" a medida que el error varía y converge a cero. Por lo tanto, esta parte funciona como una "memoria" de la ley de control, que no necesita ser ajustada manualmente. La gran ventaja de la acción integral es su insensibilidad a los errores del modelo, propiedad que no se observa en el uso de la señal BIAS, que depende del conocimiento exacto de la ganancia estática del proceso para llevar la variable del proceso exactamente a la referencia deseada. En el caso de la acción integral, incluso sin saber exactamente el valor de las ganancias del proceso, el sistema será llevado al punto deseado con error cero, siempre y cuando el sistema sea estable en lazo cerrado.

A continuación, presentaremos un último ejemplo para que podamos ilustrar el efecto del control I sobre procesos lineales sujetos a perturbaciones constantes en estado estacionario.

Como ya se analizó, cuando un proceso está operando en un punto de operación descrito por $y_\infty = R$ y $u_\infty = \frac{R}{K_e}$ y se ve afectado por una perturbación constante, se alejará del punto de funcionamiento deseado. En este caso, la señal de error $e(t)$ inducirá variaciones en el régimen transitorio de la señal de control. La porción integral variará hasta que el proceso se estabilice nuevamente, de tal manera que la variable manipulada se estabilice en un nuevo valor constante que mantiene el error nulo a pesar de la nueva perturbación constante. Por lo tanto, los controladores de retroalimentación con acción I permiten que los procesos se lleven al punto deseado incluso con perturbaciones distintas de cero actuando en el sistema.

Ejemplo 92 *Queremos que un motor eléctrico funcione a una velocidad de rotación constante, siguiendo una señal de referencia de tipo escalón. Esta operación debe cumplirse mientras se rechazan las perturbaciones de carga* *constantes. El modelo continuo que representa el comportamiento de la velocidad de rotación $\omega(t)$ en relación a las entradas de tensión $V(t)$ y los torques de carga $T_c(t)$ (perturbaciones) es:*

$$5\frac{d\omega(t)}{dt} + \omega(t) \quad = \quad 1{,}5\,V(t) - T_c \quad . \tag{10.13}$$

Para este proceso, la señal $V(t)$ se considera una variable manipulada y en este caso, varía dentro del rango de operación de 0 hasta 5 V.

Para que la variable de proceso de este sistema pueda ser llevada a un cierto punto de equilibrio, especificado mediante una señal de referencia $r(t)$, usaremos inicialmente un controlador tipo P, cuya ley viene dada por: $V(t) = 1{,}33\,(r(t) - \omega(t))$. La Figura 10.11 presenta la respuesta de este sistema controlado por la estrategia P. En esta figura, es posible verificar que la velocidad de rotación no se mantiene en la referencia de 2 rad/s, es decir, el error de seguimiento, en estado estacionario, no es nulo. Además, cuando se aplica una perturbación de carga al proceso (en el instante de tiempo $t' = 30\,s$), el sistema no puede rechazarla, es decir, el motor pierde velocidad debido al par actuando en la dirección opuesta a su rotación.

En un segundo experimento, usaremos un controlador proporcional integral, apuntando al error de seguimiento cero en régimen permanente, incluso en el caso de la aplicación del par de carga. El control de PI viene dado por la siguiente ley: $u(t) = 1{,}33e(t) + 0{,}26\left(\int_0^t e(\mu)d\mu\right)$.

La Figura 10.12 presenta las curvas resultantes del funcionamiento del motor con esta estrategia de control. Como podemos ver, el controlador PI es capaz de garantizar que la variable de proceso siga a la señal de referencia y rechace las perturbaciones, con error cero en régimen permanente. También podemos notar que el régimen transitorio es similar al obtenido con el control P, en cuanto al tiempo necesario para seguir la referencia y rechazar la perturbación.

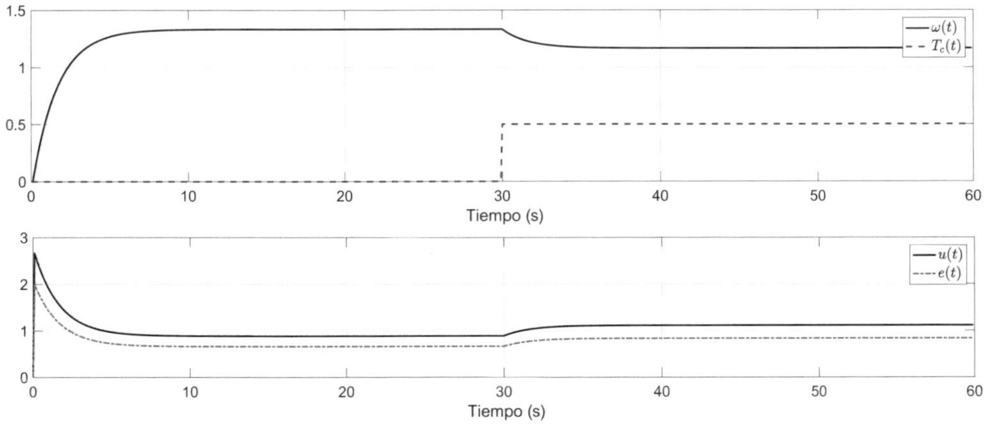

Figura 10.11 – Respuesta de un motor controlado en lazo cerrado con un controlador proporcional.

Para incrementar la velocidad de rechazo de perturbaciones de carga aplicaremos una tercera estrategia de control también del tipo PI, pero con una ganancia integral mayor. Esta nueva ley de control viene dada por: $u(t) = 1{,}33e(t) + 0{,}5\left(\int_0^t e(\mu)d\mu\right)$. *Las señales resultantes se muestran en la Figura 10.13. Como era de esperar, el aumento del peso de la acción integral acelera la respuesta de lazo cerrado, pero también provoca algunas pequeñas oscilaciones durante el régimen transitorio.*

Hasta ahora, hemos motivado, a través de ejemplos y análisis intuitivos, el uso del controlador PI. En las siguientes secciones, discutiremos con más detalle las posibles formas de implementar y ajustar los parámetros de las estrategias de tipo I y PI.

10.4. Implementación del control PI

Los controladores tipo PI representan la estrategia de control más utilizada en la práctica industrial porque, como hemos visto, ofrecen la posibilidad de seguir referencias constantes a pesar de la presencia de perturbaciones

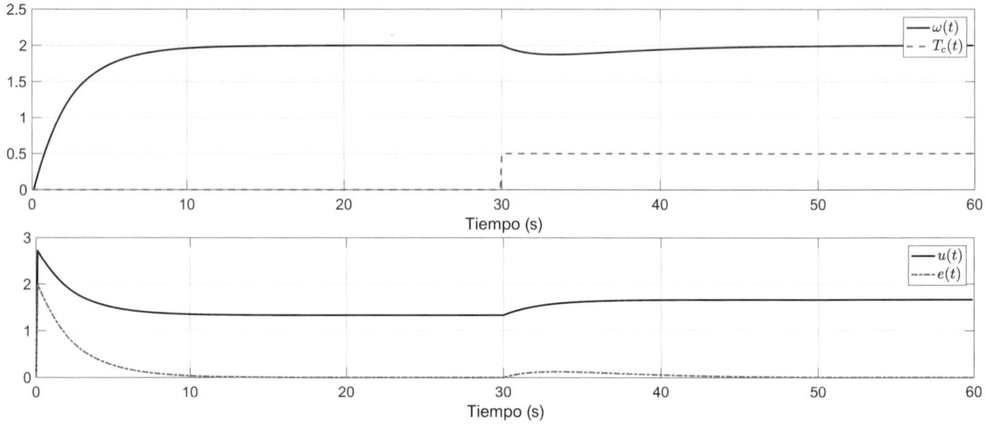

Figura 10.12 – Respuesta de un motor controlado en lazo cerrado con un controlador PI ($K_p = 1{,}33$ y $K_i = 0{,}26$).

constantes, con error cero en estado estacionario, siempre que el lazo cerrado sea estable. Además, como tienen dos parámetros de ajuste (K_p y K_i), podemos ajustar un transitorio adecuado para el sistema de control de lazo cerrado. A continuación, estudiaremos cómo implementar esta estrategia de control de forma analógica y digital.

10.4.1. Implementación analógica

Los primeros controladores PI de la industria se implementaron utilizando componentes hidráulicos y neumáticos. Sin embargo, la implementación que permitió la popularización y difusión de los controladores PI se realiza a través de circuitos electrónicos.

La Figura 10.14 muestra un controlador electrónico tipo I, implementado a través de amplificadores operacionales. En este circuito, el voltaje de salida u es proporcional a la integral de la diferencia entre los voltajes de entrada r y y.

La estructura de la Figura 10.14 representa una ligera modificación en comparación con la estructura presentada para la implementación electróni-

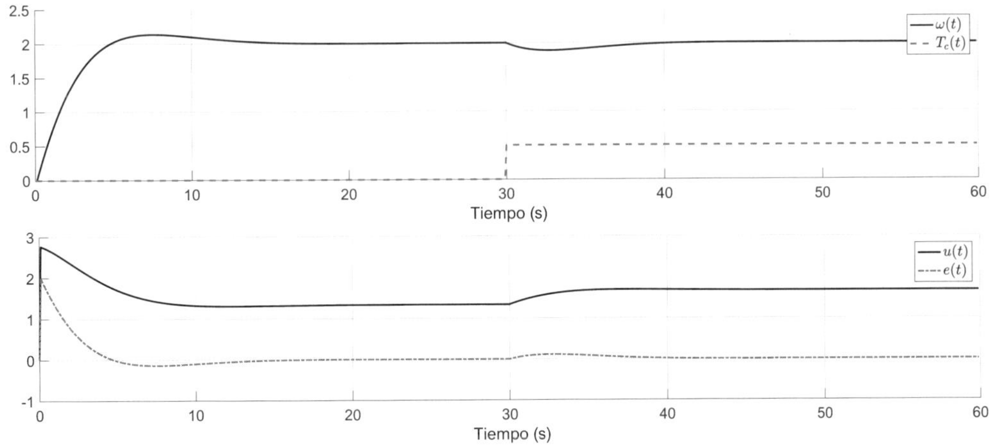

Figura 10.13 – Respuesta de lazo cerrado de un motor controlado con un controlador PI ($K_p = 1{,}33$ y $K_i = 0{,}5$).

ca de controladores tipo P, presentada en el Capítulo 9. La única diferencia es el condensador en la rama superior (retroalimentación) del amplificador operacional a la derecha, que reemplazó una resistencia eléctrica en el caso del control proporcional. Como en el caso P, la impedancia de entrada de los amplificadores operacionales es, desde un punto de vista práctico, infinita y la diferencia de potencial entre sus entradas es casi nula. Por lo tanto, el amplificador operacional de la izquierda solo actúa como un bloque inversor, de modo que el voltaje en su salida está dado por $V_i = -r$. A la entrada del segundo amplificador operacional, podemos aplicar la Ley de Ohm y obtener, directamente:

$$i(t) = \frac{(V_i(t) + y(t))}{R_1} = \frac{(y(t) - r(t))}{R_1} \quad . \tag{10.14}$$

Así, tenemos:

$$i(t) = -C\frac{du(t)}{dt} \quad . \tag{10.15}$$

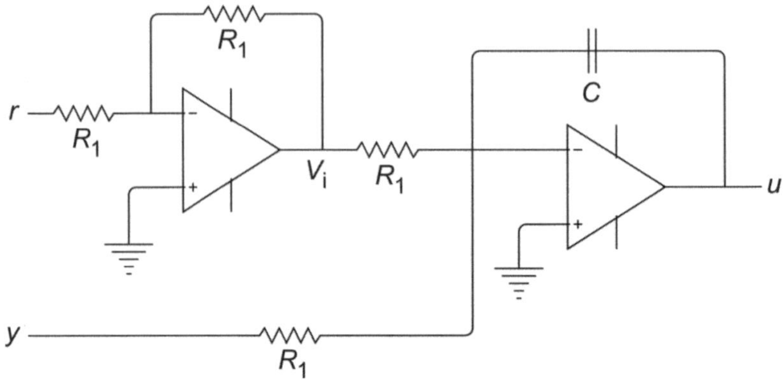

Figura 10.14 – Controlador analógico integral, implementado con amplificadores operacionales.

Finalmente, tomando $\frac{(y(t)-r(t))}{R_1} = -C\frac{du(t)}{dt}$, obtenemos:

$$u(t) = \frac{1}{R_1C}\left(\int_0^t (r(\mu) - y(\mu))\,d\mu\right) \quad . \tag{10.16}$$

Tenga en cuenta que esta es una ley de control integral basada en el error entre la señal de voltaje $r(t)$ y $y(t)$. Enfatizamos que la ganancia de esta acción integral viene dada por $K_i = \frac{1}{R_1C}$. Por tanto, en la práctica, la resistencia eléctrica R_1 es normalmente variable, lo que permite ajustar el controlador.

Basándonos en el circuito electrónico que implementa la acción I, podemos construir un controlador de tipo PI simplemente modificando el componente eléctrico de la rama superior (retroalimentación) del segundo amplificador operacional a la derecha. Al reemplazar el condensador por una rama resistivo-capacitiva, obtenemos un controlador de tipo PI. La Figura 10.15 muestra esta estructura de implementación. Las ecuaciones que modelan este circuito electrónico son similares a las anteriores:

$$u(t) = \frac{1}{R_1C}\left(\int_0^t (r(\mu) - y(\mu))\,d\mu\right) + \frac{R_2}{R_1}(r(t) - y(t)) \quad . \tag{10.17}$$

Tenga en cuenta que la relación $\frac{R_2}{R_1}$ define el peso de la acción proporcional. Nuevamente, en términos prácticos, las resistencias eléctricas R_1 y R_2 suelen ser resistencias variables (potenciómetros), por lo que se puede realizar el ajuste del controlador PI.

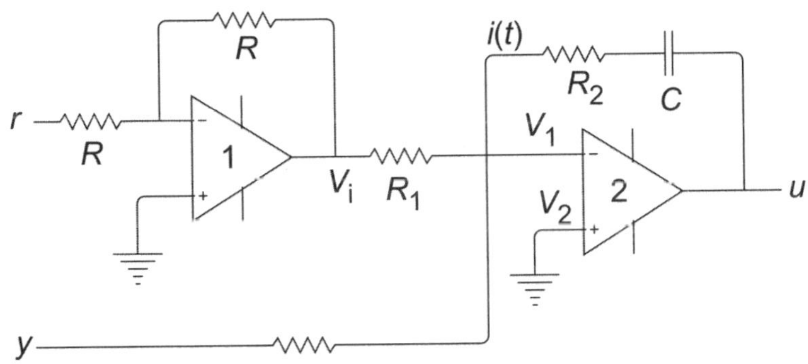

Figura 10.15 – Controlador PI analógico, implementado con amplificadores operacionales.

Debemos enfatizar un punto importante sobre la implementación de controladores a través de circuitos electrónicos: al igual que en el caso del control tipo P, el control PI debe presentar ganancias positivas para el control de un proceso con ganancia directa positiva y de igual manera, ganancias negativas. para procesos con ganancia directa negativa.

Para evitar que la implementación requiera ganancias de control negativas, se puede agregar un selector, como en la implementación de control proporcional, para definir si el error de seguimiento se calcula con base en $(r(t) - y(t))$ (en el caso de procesos con ganancia directa positiva) o en $(y(t) - r(t))$ (en el caso de procesos con ganancia directa negativa). Tenga en cuenta que en este caso, como en el caso del control P, no se necesitan cambios en el circuito analógico de implementación, solo un cambio en las señales de entrada $r(t)$ y $y(t)$ es suficiente.

10.4.2. Implementación digital

Control I

Para que un control con acción integral pueda implementarse digitalmente, embebido en microcontroladores o en computadoras que controlan el proceso en cuestión, se utilizan aproximaciones discretas de la señal continua correspondiente a la integral del error de seguimiento.

Tenga en cuenta que la integral $\int_0^t e(\mu)d\mu$ puede entenderse como la suma de porciones infinitesimales del área bajo la curva $e(t) \times t$. Por lo tanto, usando muestras discretas de la señal de error, dadas por $e(kT_s)$, donde T_s es el período de muestreo, podemos aproximar el cálculo de esta área por la suma de los rectángulos de base T_s y altura $e(kT_s)$.

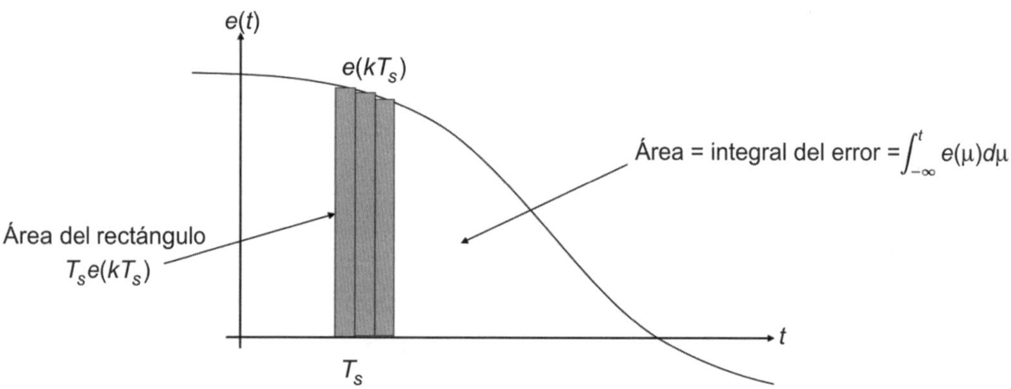

Figura 10.16 – Aproximación de suma discreta e integral de la señal de error.

Esta aproximación de $\int_0^t e(\mu)d\mu$ por $\left(\sum_{i=0}^{k} e(iT_s)T_s\right)$ con $k = \frac{t}{T_s}$ se ilustra en la Figura 10.16. Tenga en cuenta que el área formada por la suma de los rectángulos es aproximadamente equivalente al área debajo del gráfico.

Enfatizamos que, a medida que se reduce el período de muestreo T_s, la aproximación es más confiable. En el límite, tenemos la equivalencia dada por $\int_0^t e(\mu)d\mu := \lim_{T_s \to 0} \left(\sum_{i=0}^{i=\frac{t}{T_s}} e(iT_s)T_s\right)$.

Considerando $I(t)$ como la señal integral del error $I(t) = \int_0^t e(\mu)d\mu$, usamos la siguiente aproximación:

$$I(t) \approx T_s \sum_{0}^{i=\frac{t}{T_s}} e(iT_s) \quad . \tag{10.18}$$

La aproximación dada por la Ecuación (10.18) se conoce como aproximación de Euler. Para evitar que para cada nueva muestra la señal $I(k)$ tenga que recalcularse en función de todos los valores antecedentes (desde $i = 0$), se puede utilizar una ley recursiva. Usando $t = kT_s$ en la Ecuación (10.18), obtenemos la siguiente recursividad:

$$I(kT_s) = I((k-1)T_s) + T_s e(kT_s) \quad . \tag{10.19}$$

En términos de costo numérico (computacional), los algoritmos que implementan la aproximación de la Ecuación (10.18) son mucho más costosos que los algoritmos que implementan la aproximación recursiva de la Ecuación (10.19), ya que solo el valor $I(kT_s)$ debe "almacenarse en la memoria" del procesador, además del error de muestra actual $e(kT_s)$.

Luego, adaptando a la Ecuación (10.19), podemos escribir la parte I de la ley de control PI, ponderada por una ganancia K_i, mediante la siguiente ley recursiva:

$$u_i(kT_s) = u_i((k-1)T_s) + K_i T_s e(kT_s) \quad . \tag{10.20}$$

Tenga en cuenta que la Ecuación (10.20) es una aproximación de la señal integral equivalente a la aproximación de la señal de la derivada por el cociente incremental. También tenga en cuenta que:

$$e(kT_s) = \frac{I(kT_s) - I((k-1)T_s)}{T_s} \quad ,$$

es una aproximación de Euler de $e(t) = \frac{dI(t)}{dt}$.

Para aproximar el área bajo la curva $e(t) \times t$, también se pueden usar otras formas geométricas para las muestras incrementales, como trapezoides, en lugar de rectángulos, para el cálculo de la integral. En este libro, solo usaremos la aproximación rectangular.

Ahora analizaremos cómo esta implementación aproximada de la acción integral mantiene las propiedades de control que se discutieron para el caso continuo.

Para ello, podemos observar en la Ecuación (10.20) que la acción de control u_i converge a un equilibrio cuando $u_i(kT_s) = u_i((k-1)T_s)$, lo que solo ocurre cuando $e(kT_s) = 0$, como en el caso continuo.

Podemos generalizar esta propiedad al caso de sistemas discretos (y no solo a sistemas continuos muestreados). Por lo tanto, consideremos el siguiente proceso lineal discreto:

$$y(k) \;=\; \alpha y(k-1) + \beta_u u(k-1) + \beta_q q(k-1) \quad . \tag{10.21}$$

Consideremos que este proceso se controla con un controlador I, cuya ley viene dada por:

$$u(k) \;=\; u(k-1) + K_i\left(r(k) - y(k)\right) \quad , \tag{10.22}$$

donde $r(k) = R\,\mathbf{1}(k)$ es una señal de referencia escalón y $q(k) = Q\,\mathbf{1}(k))$ es una perturbación de tipo escalón. Supongamos que este proceso alcanza el régimen permanente y_∞ para $k \to \infty$. Tenga en cuenta que este equilibrio cumple la siguiente condición necesaria: $u_\infty = \frac{(y_\infty - K_q Q)}{K_e}$, con $K_e = \frac{\beta_u}{(1-\alpha)}$ y $K_q = \frac{\beta_q}{(1-\alpha)}$. En este caso, la condición de equilibrio para la señal de control viene dada por: $u_\infty = u_\infty + K_i\left(R - y_\infty\right)$, lo que implica $y_\infty = R$. Por lo tanto, el sistema de lazo cerrado alcanza el valor de referencia deseado, con error cero en régimen permanente, incluso en presencia de perturbaciones constantes.

Control PI

Una vez desarrollada la implementación discreta y digital de los controles de tipo I, ahora podemos extender los análisis al caso de los controles de tipo PI. El control proporcional digital ya había sido presentado, en el capítulo anterior, cuya ley de implementación está dada por $u_p(kT_s) = K_p e(kT_s)$. Así, la implementación digital de un controlador PI se realiza mediante las siguientes ecuaciones:

$$e(kT_s) = (r(kT_s) - y(kT_s)) \quad , \tag{10.23}$$

$$u_p(kT_s) = K_p e(kT_s) \quad , \tag{10.24}$$

$$u_i(kT_s) = u_i(kT_s - T_s) + K_i T_s e(kT_s) \quad , \tag{10.25}$$

$$u(kT_s) = u_p(kT_s) + u_i(kT_s) \quad . \tag{10.26}$$

Un aspecto importante que debe mencionarse es que la ley de control I, cuando se implementa en forma recursiva, necesita un paso de inicialización, ya que la señal u_i, para cada muestra k, depende del valor anterior en $k-1$. Por tanto, la Ecuación (10.25) debe inicializarse correctamente, con el valor que tenía la variable de proceso manipulada antes de la aplicación del control PI. Como, en general, los controladores automáticos tienen la opción[3] de transición entre el modo de operación manual a automático (y viceversa) usando un comando en el panel del equipo, el valor de $u_i((k-1)T_s)$ debe inicializarse con el valor u_{manual}, extraído de la operación del proceso en el primer instante discreto antes de la aplicación del la señal de control PI.

Por tanto, el código de control completo con inicialización y posibilidad de modificar las ganancias en cualquier momento de muestreo se realiza utilizando la siguiente lógica:

- Paso 1: Lea u_{manual} y salve el valor leído en u_{ia}.
- Paso 2: Lea $r(k)$, $y(k)$ y los valores de K_p y K_i.

[3]Analizaremos con más detalle la transición manual-automática en el Capítulo 12.

- Paso 3: Calcule $e = r(k) - y(k)$.
- Paso 4: Calcule $u_p = K_p e$ y $u_i = u_{ia} + K_i T_s e$.
- Paso 5: Calcule $u = u_p + u_i$ y aplique esta señal de control al proceso.
- Paso 6: Actualice $u_{ia} = u_i$.
- Paso 7: Retorne al Paso 2.

Este código se escribe de forma más compacta utilizando la recursividad directamente en la ley de control completa $u(k) = u_i(k) + u_p(k)$. Reemplazando la aproximación integral explícitamente en la señal de control, tenemos:

$$u(kT_s) = K_p e(kT_s) + K_i T_s \sum_{i=0}^{i=k} e(iT_s) \quad . \tag{10.27}$$

Al retrasar la Ecuación (10.27) en una muestra, tenemos:

$$u((k-1)T_s) = K_p e((k-1)T_s) + K_i T_s \sum_{i=0}^{i=(k-1)} e(iT_s) \quad . \tag{10.28}$$

Haciendo la diferencia entre estas ecuaciones, obtenemos:

$$\begin{aligned} u(kT_s) - u((k-1)T_s) &= K_p e(kT_s) - K_p e((k-1)T_s) \\ &+ K_i T_s e(kT_s) \quad . \end{aligned} \tag{10.29}$$

Así, obtenemos la siguiente ley de control de PI recursiva:

$$\begin{aligned} u(kT_s) &= u((k-1)T_s) \\ &+ (K_p + K_i T_s) e(kT_s) - K_p e((k-1)T_s) \quad . \end{aligned} \tag{10.30}$$

El algoritmo para implementar esta ley de control PI de forma recursiva es:

- Paso 1: Lea u_{manual} y salve el valor leído en u_a. Inicialice $e_a = 0$.
- Paso 2: Lea $r(k)$, $y(k)$ y los valores de K_p y K_i.
- Paso 3: Calcule $e = r(k) - y(k)$.
- Paso 4: Calcule la señal de control $u = u_a + (K_p + K_i T_s)e - K_p e_a$ y aplíquela al proceso.
- Paso 5: Actualice las variables: $u_a = u$ y $e_a = e$.
- Paso 6: Retorne al Paso 2.

De manera análoga a la implementación del control PI analógico, si queremos usar ganancias siempre positivas K_p y K_i, se puede agregar un selector al código anterior para que la acción de control se realice en base al error $(r(k) - y(k))$ (en el caso de procesos con ganancia directa positiva) o $(y(k) - r(k))$ (en el caso de procesos con ganancia negativa). Tenga en cuenta que, de esta manera, no es necesario un cambio completo en el algoritmo de control, sino solo un cambio en los signos de $r(k)$ y $y(k)$ en el Paso 3:

- Paso 1: Lea u_{manual} y salve el valor leído en u_a. Inicialice $e_a = 0$. Defina la ganancia directa del proceso: si es positiva, inicializar $p = 1$ y, si no, inicializar $p = -1$.
- Paso 2: Lea $r(k)$, $y(k)$ y los valores de K_p y K_i.
- Paso 3: Calcule $e = p\,(r(k) - y(k))$.
- Paso 4: Calcule la señal de control $u = u_a + (K_p + K_i T_s)e - K_p e_a$ y aplíquela al proceso.
- Paso 5: Actualice las variables: $u_a = u$ y $e_a = e$.
- Paso 6: Retorne al Paso 2.

Como se mencionó en capítulos anteriores, típicamente el valor de p lo establece el usuario al elegir el modo directo o inverso para el uso del controlador.

10.5. Ajuste del controlador proporcional-integral

El análisis realizado hasta ahora nos permitió formalizar el concepto de acción integral, mostrar la importancia del control PI y cómo podemos llevar a cabo la implementación de este tipo de ley de control, en forma analógica o digital. Para finalizar este capítulo, presentaremos algunas metodologías para ajustar los parámetros del controlador PI.

En los ejemplos anteriores mostramos que el ajuste de los parámetros de control de PI puede cambiar significativamente la forma de la respuesta transitoria de las señales del sistema de lazo cerrado.

En muchas aplicaciones, el ajuste de los parámetros de los controladores PI se realiza de forma empírica, mediante el análisis de simulaciones, o de forma manual, mediante experimentos directamente en la planta real.

De hecho, una de las razones del éxito de los controladores PI en la práctica es que el procedimiento de ajuste de parámetros se puede realizar de forma relativamente sencilla para muchos procesos industriales. De esta forma, es posible diseñar controladores de tipo PI con parámetros adecuados sin necesidad de cálculos muy complejos.

Sin embargo, enfatizamos que, en algunas situaciones con procesos más complejos, existe la posibilidad de desestabilización del sistema de lazo cerrado debido a la elecciones inadecuadas de los parámetros del controlador. En otros casos, el ajuste manual puede mantener la estabilidad pero dejar el proceso lejos de una condición de funcionamiento adecuada. Por esta razón, muchos investigadores, investigadoras, ingenieros e ingenieras se han centrado en la investigación y búsqueda de métodos simples pero sistemáticos para ajustar controladores PI para procesos cuyo comportamiento se puede describir, aproximadamente, mediante modelos lineales de primer orden, con (o sin) retardo.

El concepto de retardo se introdujo en el capítulo 4 para que pudiéramos explicar, matemáticamente, la relación entre el instante de aplicación de una entrada a un sistema y el tiempo que el mismo tarda en mostrar una respuesta no nula que es consecuencia de la entrada aplicada. Destacamos que en el Capítulo 7, Apartado 7.3.2, presentamos una metodología para que se obtengan modelos aproximados, de tipo estable o integrador, con retardo, a partir de datos experimentales de procesos reales, inclusive no lineales. Así, para que podamos proceder con las diferentes metodologías de ajuste para los parámetros de controladores tipo PI, consideraremos procesos cuya dinámica alrededor de puntos operativos preestablecidos se puede describir, aproximadamente, por:

- Modelos tipo estables: $\tau\frac{dy(t)}{dt} + y(t) = K_e u(t-L)$.
- Modelos tipo integrador: $\frac{dy(t)}{dt} = K_v u(t-L)$.

En los siguientes apartados, presentaremos tres métodos distintos para ajustar los controladores PI basados en los parámetros de los modelos anteriores (los valores para K_e, L y τ, o L y K_v, en el segundo caso).[4]

En los métodos de ajuste que se presentan a continuación, utilizamos la siguiente ley de control de PI:

$$u(t) = K_c\left(e(t) + \frac{1}{T_i}\left(\int_0^t e(\mu)d\mu\right)\right) \quad . \tag{10.31}$$

Tenga en cuenta que esta representación es equivalente a la ley de control PI presentada antes en este capítulo, considerando $K_c = K_p$ y $K_i = \frac{K_c}{T_i}$. En esta formulación de control PI, de la Ecuación (10.31), el parámetro T_i se llama constante de tiempo integral y K_c es la ganancia proporcional. Esta

[4]Hay muchas metodologías para ajustar los controladores PI. En este libro, solo presentaremos métodos simples que no requieren el uso de matemáticas más avanzadas.

representación es la más utilizada en la práctica y por tanto, adoptada en este libro.

Enfatizamos que un aumento en la acción integral se obtiene reduciendo el valor de la constante de tiempo integral T_i. De esta forma, los controladores ajustados con parámetros T_i más pequeños generan acciones de control más violentas. La ventaja de utilizar la constante de tiempo integral como parámetro de ajuste es que podemos relacionarla con la constante de tiempo del proceso. Entonces, en general, cuando tenemos un ajuste con $T_i < \tau$, hacemos un ajuste que pretende conseguir respuestas de lazo cerrado más rápidas que las respuestas de lazo abierto, mientras que cuando $T_i > \tau$, esperamos obtener respuestas de lazo cerrado más lentas.

En la práctica, cuando se utiliza un controlador industrial, debemos prestar atención a su configuración, es decir, si la implementación se da según la Ecuación (10.12) (llamada de implementación paralela) o según la Ecuación (10.31).

Según el tipo de implementación, ajustamos los respectivos parámetros del controlador (K_p y K_i o K_c y T_i). Tenga en cuenta que el parámetro T_i se da en unidades de tiempo (segundos, minutos, etc.), mientras que el parámetro K_i se expresa en unidades de frecuencia (Hz, 1/minuto, etc.).

10.5.1. Ajustes básicos para procesos sin retardo

Para los casos de procesos modelados a través de EDOs estables de primer orden, sin retardo ($L = 0$), los controladores PI se pueden sintonizar de manera sencilla, utilizando las siguientes reglas:

$$K_c = \frac{n}{K_e} \qquad , \qquad T_i = \tau \quad . \tag{10.32}$$

Este ajuste tiene como objetivo que el proceso, cuando se regula en lazo cerrado por la estrategia PI, presente respuestas a los escalones de referencia n veces más rápidas que las respuestas del proceso original, en lazo abierto y sin control, frente a los escalones de entrada.

En este caso, el sistema presentará respuestas en lazo cerrado para perturbaciones con periodos de tiempo en régimen transitorio muy similares a los presentados por la planta de lazo abierto. La Figura 10.17 muestra las señales de respuesta obtenidas para la variable de proceso y para la variable manipulada mediante el ajuste anterior con $n = 5$ para un proceso de primer orden con $K_e = 1$ y $\tau = 1$. Observamos que la variable de proceso de lazo cerrado alcanza 95 % de su valor de régimen permanente en aproximadamente $0,6\,\text{s}$, que es, de hecho, $\frac{1}{5}$ del tiempo de respuesta de la planta en lazo abierto (tenga en cuenta que $3\tau = 3\,\text{s}$).

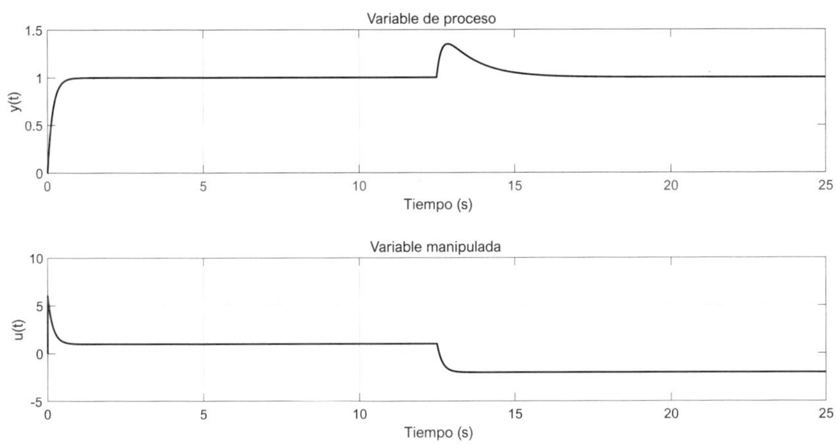

Figura 10.17 – Respuesta al escalón del sistema en lazo cerrado con PI ajustado con $K_c = \frac{5}{K_e}$ y $T_i = \tau$.

Sin embargo, tenga en cuenta que la respuesta al escalón de perturbación tarda más de $3\,\text{s}$ para volver al punto de operación. Este hecho confirma que el ajuste escogido deja lenta la respuesta del proceso a las perturbaciones.

Si queremos respuestas más rápidas ante las perturbaciones, podemos utilizar otra forma de ajuste, dada por las siguientes reglas:

$$K_c = \frac{6}{K_e} \quad , \qquad T_i = 0{,}5\tau \quad . \tag{10.33}$$

Este segundo ajuste permite que el sistema responda a las perturbaciones en aproximadamente la mitad del tiempo de respuesta de la planta de lazo abierto.

La Figura 10.18 muestra la variable de proceso y la variable manipulada del mismo proceso que en el ejemplo anterior, ahora usando esta nueva configuración. Podemos ver que la variable de proceso del sistema alcanza 95 % de su valor de régimen permanente en aproximadamente 1,5 s (que es, de hecho, la mitad del tiempo de la respuesta de la planta de lazo abierto). Tenga en cuenta que en este caso el tiempo de respuesta para el escalón de referencia también es 1,5 s, pero ahora observamos un pequeño pico en el transitorio de respuesta, también llamado sobrepaso.

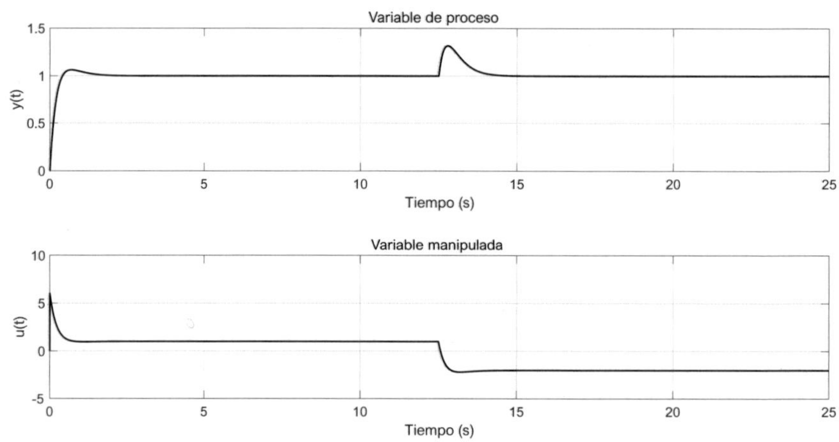

Figura 10.18 – Respuesta al escalón del sistema en lazo cerrado con PI ajustado con $K_c = \frac{6}{K_e}$ y $T_i = 0{,}5\tau$.

Para el caso de plantas integradoras o muy lentas (τ muy grande), con modelos aproximados del tipo $\frac{dy(t)}{dt} = K_v u(t)$,[5] Podemos usar el siguiente ajuste:

$$K_c = \frac{2}{K_v \tau_{\mathrm{MF}}} \quad , \quad T_i = 2\tau_{\mathrm{MF}} \quad . \tag{10.34}$$

[5]Recuerde que podemos aproximar el sistema estable mediante el sistema integrador considerando $1/\tau \approx 0$ y $K_v = K_e/\tau$.

En este caso, τ_{MF} establece la constante de tiempo deseada para el sistema de lazo cerrado. Este parámetro sirve como ajuste para elegir la velocidad de respuesta en lazo cerrado.

10.5.2. Método de ajuste de Ziegler-Nichols

En 1942, dos ingenieros (John G. Ziegler y Nathaniel B. Nichols) presentaron el primer método de ajuste de controladores PI simples para uso industrial, válido para procesos estables e integradores con retardos $L \neq 0$.

El ajuste de controladores PI según el método de Ziegler-Nichols es útil para procesos con $L < \tau$, es decir, para procesos en los que el retardo no es dominante en relación al tiempo de respuesta del sistema.

Por esta razón, el experimento de respuesta al escalón se utiliza para obtener un modelo con solo dos parámetros, L y $K_v = \frac{K_e}{\tau}$. Por lo tanto, la regla de ajuste de este método original viene dada por:

$$K_c = \frac{0{,}9}{K_v L} \quad , \quad T_i = 3L \quad . \tag{10.35}$$

Esta sintonización nos permite obtener una respuesta en lazo cerrado ante perturbaciones con características oscilatorias y relativamente rápidas, y la amplitud de la oscilación del segundo pico será menor que $\frac{1}{4}$ de la amplitud del primer pico de oscilación.

La Figura 10.19 muestra la variable de proceso y la variable manipulada de un sistema con parámetros $K_e = 1$, $L = 1$s y $\tau = 5$s, considerando la respuesta al escalón de perturbación aplicado aproximadamente en $t = 10$s. Este ajuste da como resultado la siguiente sintonía: $K_c = 4{,}5$ y $T_i = 3$ s.

Como podemos ver en la Figura 10.19, la respuesta oscilatoria tiene una relación entre el primer y segundo picos menor que $\frac{1}{4}$, según lo impuesto por el método de ajuste.

Hacemos hincapié en que este método de ajuste no es adecuado para especificaciones de diseño que requieren respuestas sin oscilaciones. Además,

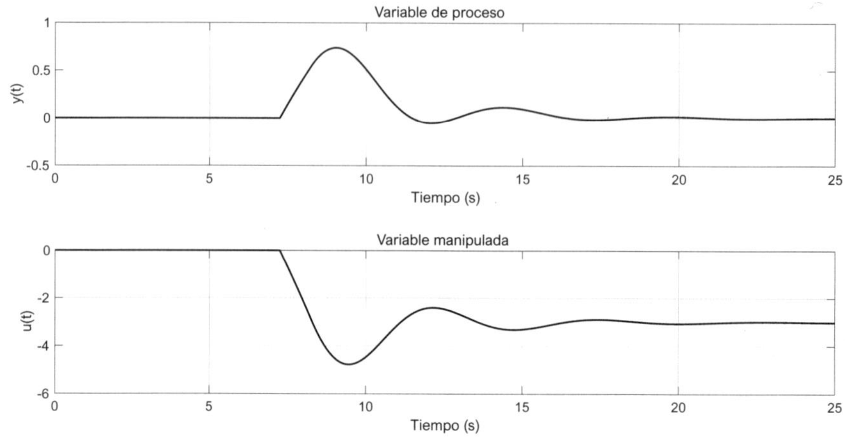

Figura 10.19 – Respuesta al escalón de perturbación del sistema en lazo cerrado con PI ajustado con el método Zeigler-Nichols con $K_c = 4{,}5$ y $T_i = 3\text{s}$.

las respuestas obtenidas para los cambios de referencia, en general, no son buenas (tienen un sobrepaso muy grande), ya que el método no tiene como objetivo regular estas respuestas.

10.5.3. Método de ajuste de Skogestad

El método Skogestad fue desarrollado por el profesor Sigurd Skogestad. Su método de sintonía pretende obtener una respuesta equilibrada entre el rechazo de perturbaciones y el seguimiento de referencias, sin oscilaciones.

Para eso, el método usa el parámetro τ_{MF}, que expresa la constante de tiempo deseada para las respuestas de lazo cerrado, como parámetro para definir el ajuste de T_i y K_c. Por lo tanto, el método permite que los ajustes del controlador PI busquen respuestas de lazo cerrado más rápidas (con τ_{MF} más pequeñas) o más lentas (con τ_{MF} más grandes). Las reglas de ajuste para modelos estables son las siguientes:

$$K_c = \frac{\tau}{K_e} \frac{1}{(L + \tau_{\mathrm{MF}})} \qquad , \qquad T_i = \min\{\tau \, , \, 1{,}5(\tau_{\mathrm{MF}} + L)\} \quad . \tag{10.36}$$

Para plantas con dinámica integradora, las reglas son:

$$K_c = \frac{1}{K_v} \frac{1}{(L + \tau_{\mathrm{MF}})} \qquad , \qquad T_i = 1{,}5(\tau_{\mathrm{MF}} + L) \quad . \tag{10.37}$$

Si comparamos estas reglas de ajuste con las del caso estable, observamos que la relación entre K_c y la pendiente de la respuesta se mantiene y la regla de T_i se reemplaza por $1{,}5(\tau_{\mathrm{MF}} + L)$, ya que, en el caso integrador, el modelo podría considerarse estable con una constante de tiempo τ infinita .

La Figura 10.20 muestra la variable de proceso y la variable manipulada de un proceso cuyo modelo se describe con los parámetros $K_e = 1$, $L = 1\,\mathrm{s}$ y $\tau = 5\,\mathrm{s}$, considerando una referencia escalón con una subida en $t = 0\,\mathrm{s}$ y una referencia escalón de perturbación con subida aproximadamente en $t = 25\,\mathrm{s}$.

En esta figura, presentamos las señales correspondientes al ajuste de Skogestad para diferentes valores de τ_{MF}. Para $\tau_{\mathrm{MF}} = 1\,\mathrm{s}$, obtenemos un controlador PI ajustado con $K_c = 2{,}5$ y $T_i = 3\,\mathrm{s}$, cuyas respuestas se muestran en línea continua. Para el ajuste correspondiente a $\tau_{\mathrm{MF}} = 3\,\mathrm{s}$, obtenemos un controlador PI con los parámetros $K_c = 1{,}25$ y $T_i \,,= 5\,\mathrm{s}$, cuyas respuestas se muestran en líneas discontinuas. Podemos observar que las respuestas frente a las perturbación respetan el límite de tiempo especificado por τ_{MF}, con tiempos de establecimiento $t_{5\,\%}$ cercanos a 3 y 9 s después del retardo, respectivamente.

Al comparar estas respuestas con las obtenidas mediante el método de ajuste de Ziegler-Nichols, observamos que el método de Skogestad consigue respuestas sin oscilaciones y para el caso de $\tau_{\mathrm{MF}} = 3\,\mathrm{s}$, los métodos presentan respuestas con tiempos transitorios ($t_{5\,\%}$) equivalentes entre sí.

También observamos que la respuesta ante referencias de tipo escalón,

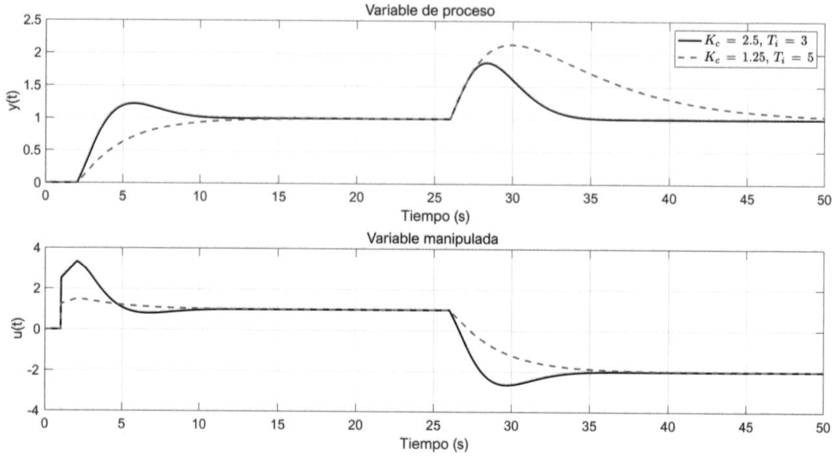

Figura 10.20 – Respuesta al escalón del proceso de lazo cerrado con PI ajustado con el método Skogestad con $\tau_{\mathrm{MF}} = 1\mathrm{s}$ y $\tau_{\mathrm{MF}} = 3\mathrm{s}$ (líneas discontinuas).

con $\tau_{\mathrm{MF}} = 3\,\mathrm{s}$, tiene el tiempo de asentamiento $t_{5\,\%}$ esperado y no tiene sobrepaso, pero para $\tau_{\mathrm{MF}} = 1\,\mathrm{s}$ tiene un sobrepaso, superando el punto de equilibrio durante el régimen transitorio.

Esto se mejora ajustando un parámetro adicional en el control PI, denominado ponderación de la señal de referencia, que veremos en el próximo capítulo. Con el fin de ilustrar el efecto de la ponderación de la referencia y motivar su estudio, la Figura 10.21 compara las respuestas del PI del ejemplo anterior con $\tau_{\mathrm{MF}} = 1\,\mathrm{s}$ (en linea continua) con el mismo PI usando una ponderación de referencia (en linea discontinua). Tenga en cuenta que con la ponderación de referencia no cambiamos la respuesta a la perturbación, pero reducimos (o eliminamos) el sobrepaso observado en la respuesta al cambio de referencia y obtenemos un $t_{5\,\%}$ cercano al pre-especificado.

10.6. Comentarios finales

En este capítulo, estudiamos las propiedades del control integral (I) y mostramos cómo este tipo de controlador permite una especificación muy

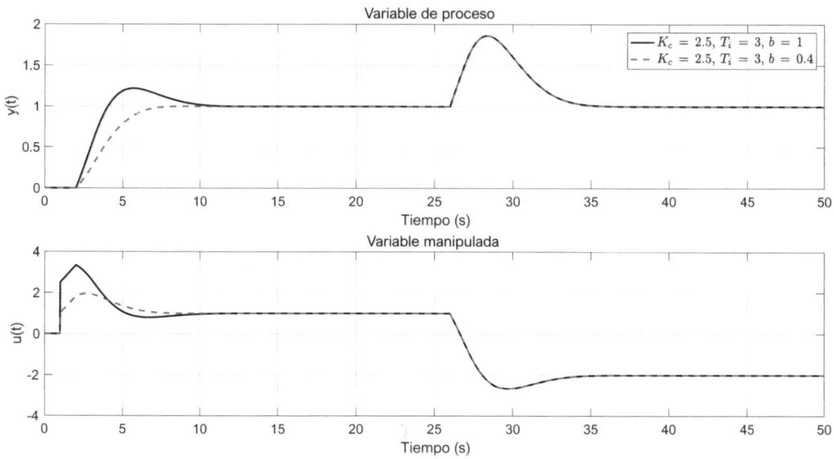

Figura 10.21 – Respuesta al escalón del proceso de lazo cerrado con PI ajustado con el método Skogestad con $\tau_{\mathrm{MF}} = 1$s, con y sin ponderación de referencia.

importante para los sistemas de control de lazo cerrado: la variable de proceso puede seguir señales de referencia tipo escalón, como rechazar perturbaciones tipo escalón, con error cero en régimen permanente.

Mostramos cómo el control I tiene una acción complementaria al control proporcional y por lo tanto, el control PI se presenta como una excelente solución para cumplir con las especificaciones de régimen transitorio y permanente. Enfatizamos que los parámetros de ponderación de las parcelas P e I deben ajustarse para que podamos obtener un compromiso entre la velocidad de respuesta (régimen transitorio) y la cantidad de oscilaciones que presentan la variable de proceso y la variable manipulada.

Además, estudiamos la implementación analógica y digital del control PI. Presentamos algunos métodos para realizar el ajuste del control PI e ilustramos los resultados con varios ejemplos.

Como explicamos brevemente en el último ejemplo, el control PI básico puede tener dificultades para obtener buenas respuestas tanto para el rechazo de perturbaciones como para el seguimiento de referencias simultáneamente, por lo que en el próximo capítulo estudiaremos una solución a este problema basada en el factor de ponderación de referencia.

En este capítulo, usamos el control PI como si pudiera usar una acción de control ilimitada, pero sabemos, como en el caso del control P, que la variable manipulada siempre estará limitada en un intervalo finito. Así, en el próximo capítulo también estudiaremos los efectos de esta limitación (o saturación) de la acción de control sobre los transitorios de la variable manipulada y la variable de proceso. También cubriremos otros aspectos prácticos del uso de control PI en aplicaciones.

Lista de ejercicios

1. Un control integrador se define como: $u(t) = \int_0^t e(\mu)d\mu$, con $e(t) = r(t) - y(t)$, donde $r(t)$ es la referencia para el sistema de control, $y(t)$ es la variable de proceso y $u(t)$ es la variable manipulada.

   Explique, por qué el control integral le permite mantener una acción de control $u_0 \neq 0$ mismo con $e_0 = 0$. ¿Cuáles son las ventajas de este tipo de control? Compare con el control proporcional.

2. Un controlador PI consta de dos acciones de control en paralelo: $u(t) = u_i(t) + u_p(t)$, donde:

$$u_p(t) = K_p e(t) \quad , \tag{10.38}$$

$$u_i(t) = \int_0^t e(\mu)d\mu \quad , \tag{10.39}$$

$$e(t) = r(t) - y(t) \quad . \tag{10.40}$$

   Para este controlador, $u_p(t)$ representa la porción proporcional de la acción de control y $u_i(t)$ la porción integral.

   Para implementar una acción de control de este tipo en una computadora o un microcontrolador, por ejemplo, es necesario aproximar la función continua mediante una ecuación en diferencias que permita el cálculo de la acción dc control de forma discreta. Una de estas aproximaciones es la aproximación rectangular (Euler) de la integral:

$$\int_0^t c(\mu)d\mu \approx \sum_{i=1}^{k} T_s c(iT_s) \quad , \tag{10.41}$$

   para la cual T_s es el período de muestreo e i es el instante de muestreo (la unidad de tiempo discreta).

   Después de la aproximación, es posible usar las propiedades de la suma para calcular $u_i(k)$ de forma recursiva, es decir, en función de $u_i(k-1)$.

Por lo tanto, es suficiente almacenar en la memoria solo el valor de $u_i(k-1)$ y en cada iteración, calcular el nuevo valor.

Otra forma de aproximar la integral es usando trapezoides, no rectángulos, de acuerdo con la Figura 10.22.

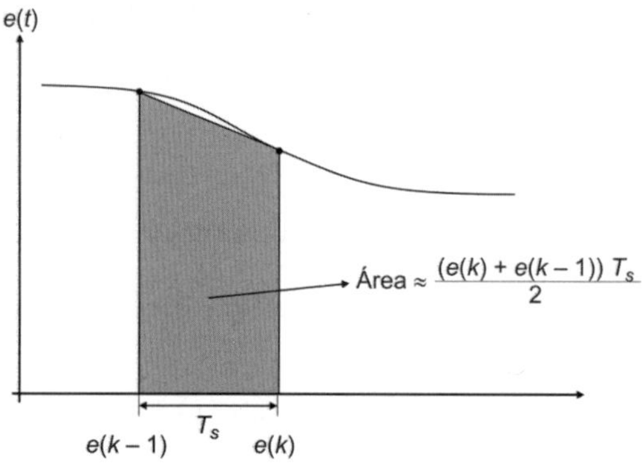

Figura 10.22 – Aproximación trapezoidal de la integral de la señal de error.

Usando la aproximación trapezoidal, encuentre la ley de control PI (recursiva) escribiendo las ecuaciones en diferencias que deben implementarse en un microcontrolador.

3. Una ducha eléctrica calienta el agua a través de una resistencia por la cual circula una corriente eléctrica. Con el fin de controlar la temperatura del agua, se realizó un experimento para analizar la respuesta dinámica del sistema y obtener un modelo para el diseño del controlador. Con la temperatura del agua en 22 °C (punto de operación), se aplicó un escalón de potencia y se observó el comportamiento de la temperatura del agua. Los resultados de este ensayo se muestran en la Figura 10.23.

   a) Analice los gráficos y determine un modelo lineal de primer orden con un retardo para el sistema, determinando los parámetros K_e (ganancia estática), τ (constante de tiempo) y L (retardo).

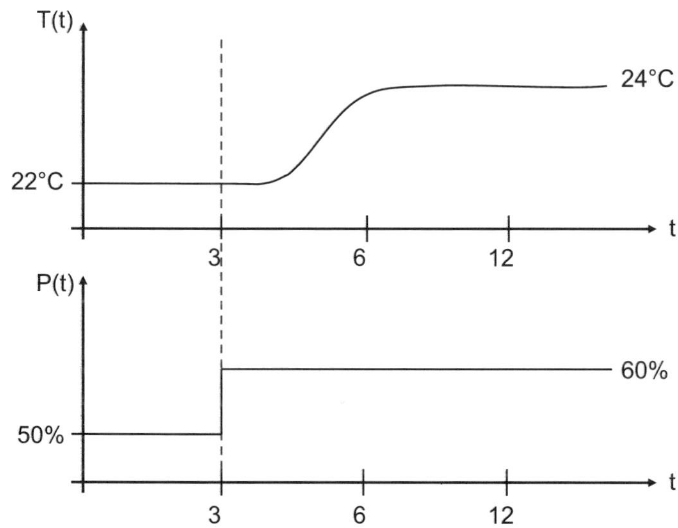

Figura 10.23 – Ducha eléctrica: respuesta de la señal de temperatura $T(t)$ frente al escalón de potencia $P(t)$.

b) Sintonice dos controladores PI para este sistema utilizando las técnicas de ajuste de Ziegler-Nichols y Skogestad.

c) Simule el sistema en lazo cerrado con los controladores ajustados utilizando las herramientas de simulación presentadas en el Apéndice C.

4. Considere el sistema de control de nivel de un tanque controlado a través de la válvula de salida. La dinámica del nivel del agua en este tanque está representada por la siguiente EDO:

$$10\frac{dh(t)}{dt} + h(t) \ = 2q(t) - 3u(t) \quad ,$$

siendo h la señal que representa el nivel del agua, q la señal que representa la entrada de agua al tanque (perturbación) y u la señal que representa la apertura de la válvula de salida, utilizada como variable manipulada.

Se debe utilizar un controlador proporcional-integral para controlar este proceso, con el objetivo de mantener el nivel h igual a una señal de referencia $r(t)$ tipo escalón, incluso en presencia de perturbaciones del tipo escalón distintas de cero.

a) El controlador PI se configura mediante la siguiente ley de implementación $u(t) = K_c e(t) + \frac{K_c}{T_i} \int_0^t e(\mu) d\mu$. Los parámetros de ajuste deben ser positivos, es decir, $K_c > 0$ y $T_i > 0$. El error $e(t)$ se puede calcular como $e(t) = r(t) - h(t)$ o como $e(t) = h(t) - r(t)$. Determine cuál de las opciones de cálculo utilizará y justifique su elección.

b) Utilizando la opción de cálculo de la señal de error del punto anterior, ajuste el controlador PI con los parámetros de sintonía $T_i = 10$s y con $K_c = \frac{1}{3}$, $K_c = 1$ y $K_c = 3$. Compare, a través de pruebas de simulación, cómo las diferentes elecciones del parámetro K_c cambian las respuestas de este sistema de control, para r y q del tipo escalón. Concluya sobre el efecto del ajuste de K_c teniendo en cuenta la intensidad de la acción de control resultante y la respuesta de la variable de proceso.

c) Repita el estudio anterior usando $K_c = 1$ y ahora variando T_i en 5, 10 y 20s. Analice los efectos del ajuste de T_i en las respuestas.

d) Encuentre la ley de control de PI discreta que se va a implementar (utilizando una aproximación de Euler) y escriba un pseudocódigo.

5. Para el proceso del ejercicio anterior, sintonice un controlador PI usando el ajuste básico presentado en la Sección 10.5.1. Compare las res-

puestas con los ajustes del ejercicio anterior, observando el comportamiento de la variable de proceso y de la acción de control. Discuta las diferencias entre las respuestas y las ventajas y desventajas de este ajuste básico en comparación con los anteriores.

6. Considere el modelo de control discreto de la velocidad de un cohete, cuya dinámica en lazo abierto viene dada por el siguiente ED:

$$v(k) \;=\; 0{,}8v(k-1) + 0{,}3u(k-1) - 0{,}2q(k-1) \quad ,$$

siendo v la velocidad del cohete, u la acción de control sobre la turbina y q la perturbación causada por la fricción cuando el cohete entra en la atmósfera.

Para este proceso, un controlador PI de tipo $u(k) = u(k-1)+k_1e(k)+k_2e(k-1)$ con $e(k) = r(k)-v(k)$, donde $r(k)$ es una señal de referencia de velocidad de tipo escalonado.

a) Demostrar que, en lazo cerrado, si la acción PI consigue que la velocidad del cohete alcance un equilibrio, dado por $\lim_{k\to+\infty} v(k) = v_e$, este equilibrio verifica que $v_e = \lim_{k\to+\infty} r(k)$. Para hacer esto, considere $k_1 + k_2 \neq 0$.

b) Escribe un código para la simulación de este sistema de control que permita analizar el comportamiento del sistema de lazo cerrado ante variaciones en las señales r y q.

c) Estudie el ajuste de los parámetros k_1 y k_2 utilizando el simulador desarrollado en el ítem anterior. Observe las respuestas de la velocidad v y la acción de control u correspondiente, considerando las entradas r y q del tipo escalón. Utilice las siguientes opciones de ajuste: (i) $k_1 = 5$ y $k_2 = -4$, (ii) $k_1 = 2$ y $k_2 = -4$, (iii) $k_1 = 5$ y $k_2 = -3$ y (iv) $k_1 = 3$ y $k_2 = -3$. Observar y discutir las diferencias entre las respuestas obtenidas, con respecto a sus regímenes transitorios, para todas estas posibilidades de sintonía.

Actividad práctica: kit experimental motor-generador

El objetivo de esta actividad es implementar y analizar una estrategia de control proporcional-integral, basada en los modelos desarrollados para el sistema de control de velocidad en los últimos capítulos. Para ello, se proponen los siguientes pasos:

- Adaptar el código de implementación de la estrategia de control proporcional aplicado al kit experimental, realizado en el capítulo anterior, incluyendo una acción integral. En este caso, implemente una estrategia de control proporcional-integral, ajuste los parámetros de la ley de control K_c y T_i mediante la metodología de ajuste básica, considerando $L = 0$. Realice pruebas de cambio de referencia y aplique ligeras perturbaciones manuales al eje del motor. Mira las respuestas. ¿Sigue el sistema la referencia con error cero en el régimen permanente? ¿Rechaza la perturbación? ¿Los resultados son consistentes con los analizados en teoría? ¿Cómo son las respuestas transitorias?

- A través experimentos, varíe los parámetros de ajuste del PI y analice los efectos observados en las respuestas. Observe si los resultados son los esperados desde un punto de vista teórico.

- A continuación, sintonice el controlador PI para obtener respuestas de lazo cerrado más rápidas que las respuestas observadas con el primer ajuste. Compare las señales de control resultantes y las diferencias entre las señales de la variable de proceso. ¿Cuáles son las desventajas de este tipo de estrategia más agresiva?

- Para uno de los ajustes anteriores, realice varios experimentos cambiando los valores de la referencia aplicada. Observe el efecto en la respuesta del sistema y vea si el resultado concuerda con el análisis teórico. ¿El error sigue siendo el especificado? ¿Se mantiene el tiempo de respuesta de lazo cerrado? También use una perturbación de carga en este estudio, analice las respuestas.

- Compare los resultados experimentales anteriores con los obtenidos con control proporcional con BIAS. ¿Cuáles son las ventajas y desventajas? Justifique teóricamente los resultados.

- Realice más pruebas con un control muy agresivo y perturbaciones de carga más fuertes. Observe si las respuestas del sistema se deterioran. ¿Qué sucede con la señal de control en transitorios? Analice.

Problema resuelto

Un compresor es un equipo que se utiliza para elevar la presión de un gas (entra al compresor a una presión determinada y sale a una presión más alta). En condiciones constantes de temperatura y presión de entrada, la presión de salida p está relacionada con el caudal que el compresor está procesando $f(t)$ mediante un modelo simplificado dado por:

$$\alpha\frac{dp(t)}{dt} + p(t) = a(f(t))^2 + b \quad ,$$

donde todas las variables están normalizadas y pueden variar en el rango $[0, 100]$ %.

En la Figura 10.24 se presentan las señales correspondientes a un experimento realizado con el sistema.

Para el diseño de un sistema de control, los datos de este experimento deben usarse para determinar los parámetros del modelo del proceso y estudiar su comportamiento.

- (a) Dibuje un diagrama de bloques del sistema.
- (b) Usando los datos del experimento, encuentre los parámetros a y b del modelo del compresor y dibuje la característica estática del sistema.
- (c) Si partiendo del mismo punto de funcionamiento $f_0 = 30\,\%$, $p_0 = 50\,\%$, se aplicó un escalón de caudal de $+5\,\%$, ¿cuál sería el valor de presión que alcanzaría el compresor en régimen permanente?
- (d) Encuentre un modelo linealizado para el sistema que opera cerca del punto de equilibrio dado por $f_0 = 30\,\%$, $p_0 = 50\,\%$. Con los datos del experimento, estime la constante de tiempo τ y la ganancia estática K_e del modelo.

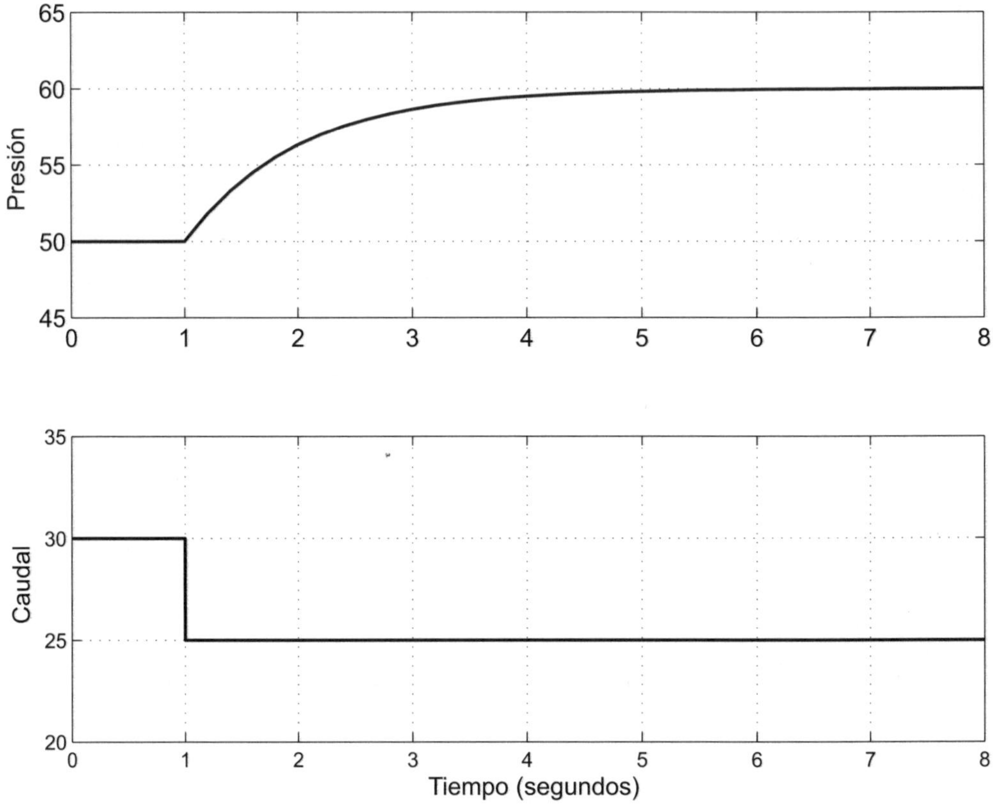

Figura 10.24 – Compresor: respuesta de la señal de presión a una señal de caudal de tipo escalón.

- (e) Usando el modelo linealizado, calcule el tiempo que le tomaría a la presión alcanzar el nuevo equilibrio para el experimento del punto (c). (Considere que, en la práctica, llegando a 99 % del valor final, el sistema ya está en equilibrio).

- (f) Un controlador PI con $K_c = 3/K_e$ y $T_i = 0{,}75\tau$ se usa para el control de presión, actuando sobre el caudal del compresor. Si la referencia de presión es 50 %, ¿cuál será el valor de la presión y el caudal en el equilibrio del sistema de lazo cerrado? ¿Porque?

Resolución

a) El diagrama de bloques del sistema se muestra en la Figura 10.25.

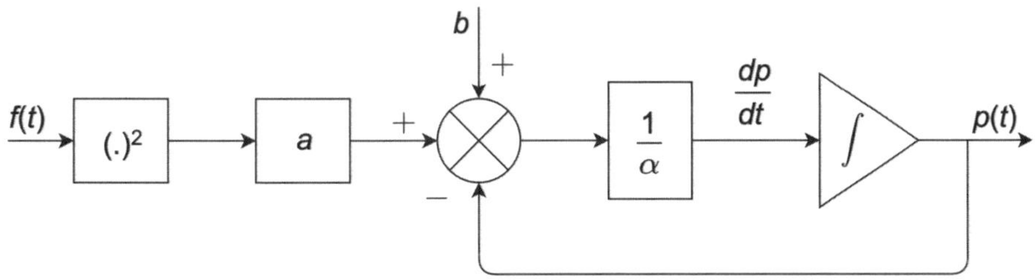

Figura 10.25 – Diagrama de bloques: compresor.

b) En estado estacionario, reemplazamos los valores del punto de operación inicial, obteniendo

$$
\begin{aligned}
p(t) &= a[f(t)]^2 + b \quad , \\
50 &= a(30)^2 + b \quad , \\
50 &= 900a + b \quad , \\
b &= 50 - 900a \quad ,
\end{aligned}
$$

de la misma manera para el otro punto de operación después del escalón de $-5\,\%$:

$$
\begin{aligned}
60 &= a(25)^2 + b \quad , \\
60 &= 625a + b \quad , \\
b &= 60 - 625a \quad .
\end{aligned}
$$

Entonces, al relacionar los términos encontrados en b, tenemos

$$
\begin{aligned}
60 - 625a &= 50 - 900a \quad , \\
a &= -0{,}0364 \quad ,
\end{aligned}
$$

y reemplazando el valor de a

$$\begin{aligned} b &= 60 - 625(-0{,}0364) \quad , \\ b &= 82{,}75 \quad . \end{aligned}$$

Por lo tanto, al reemplazar los parámetros encontrados en el modelo obtenemos la característica estática del sistema:

$$p = -0{,}036(f)^2 + 82{,}75 \quad ,$$

que se muestra en el gráfico de la Figura 10.26.

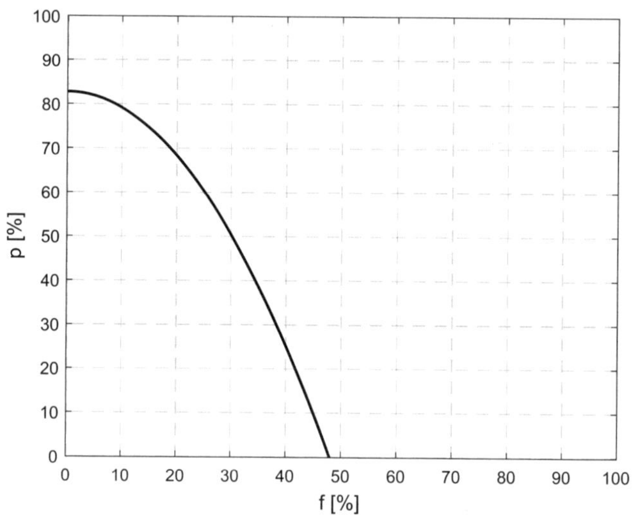

Figura 10.26 – Característica estática del compresor.

Enfatizamos que, para $f = 0$, tenemos $p = 82{,}75$ y para $p = 0$, tenemos $f = 47{,}95$.

c) En estado estacionario, el valor de caudal después del escalón de 5 % aplicado a la variable manipulada será 35 % y la presión correspondiente viene dada por:

$$\begin{aligned} p &= a(f)^2 + b \quad , \\ p &= -0{,}036(35)^2 + 82{,}75 \quad , \\ p &= 38{,}62\ \% \quad . \end{aligned}$$

Observe la característica no lineal del sistema: la aplicación de un escalón de $+5\,\%$ provocó una disminución en la presión de aproximadamente $12\,\%$, mientras que un escalón de $-5\,\%$ provocó un aumento de $10\,\%$ de presión.

d) Para la linealización del modelo, considerando que la variación alrededor del punto de operación es suficientemente pequeña, reescribimos las variables como:

$$\begin{aligned} p(t) &= p_0 + \Delta p(t) \quad , \\ f(t) &= f_0 + \Delta f(t) \quad . \end{aligned}$$

Usando la aproximación de Taylor de la función no lineal $a(f(t))^2$, obtenemos:

$$a(f(t))^2 \approx a(f_0)^2 + 2af_0\Delta f(t) \quad .$$

Entonces, sustituyendo los términos en el modelo, obtenemos:

$$\alpha\frac{d(p_0 + \Delta p(t))}{dt} = -(p_0 + \Delta p(t)) + (a(f_0)^2 + 2af_0\Delta f(t)) + b \quad .$$

Agrupando los términos y observando que $\frac{dp_0}{dt} = 0$ y $-p_0 + a(f_0)^2 + b = 0$, obtenemos:

$$\alpha\frac{d\Delta p(t)}{dt} + \Delta p(t) = 2af_0\Delta f(t) \quad .$$

Sustituyendo los valores de a y f_0, el modelo linealizado viene dado por:

$$\alpha\frac{d\Delta p(t)}{dt} + \Delta p(t) \;=\; -2{,}16\Delta f(t) \quad .$$

Al observar la respuesta del sistema en la Figura 10.25 notamos que la variable de proceso alcanza 95 % de la amplitud de variación de régimen permanente, es decir, p alcanza los 59,5 % en un tiempo de aproximadamente 3 s. Entonces tenemos que $3\tau = 3$ y por lo tanto $\alpha = \tau = 1$ s.

Finalmente, la ganancia estática del sistema linealizado se puede obtener directamente del modelo estático lineal, para el cual $\Delta p = -2{,}16\Delta f$, por lo tanto $K_e = -2{,}16$.

e) Considerando que en 99 % del valor final el sistema se alcanzo el equilibrio, tenemos:

$$\begin{aligned} 0{,}99 &= (1 - \exp^{-\frac{t}{\tau}}) \quad , \\ \ln 0{,}01 &= -\frac{t}{\tau} \quad , \\ t &\approx 5\tau \quad , \\ 5\tau &= 5 \quad . \end{aligned}$$

Por lo tanto, el tiempo que le tomará a la presión alcanzar el nuevo punto de equilibrio para la prueba del punto (c) es 5 s.

f) Si los valores ajustados son $K_c = \frac{3}{K_e}$ y $T_i = 0{,}75\tau$, obtenemos, para una referencia de 50 %;

$$\begin{aligned} K_c &= \frac{3}{-2{,}16} = -1{,}38 \quad , \\ T_i &= 0{,}75(3) = 9/4 \quad . \end{aligned}$$

Suponiendo estabilidad, en equilibrio, el valor de presión será igual a la referencia $p = 50$ %, ya que la acción integral del controlador asegura que en estado estacionario $e = 0$. Como estamos en estado estacionario, usando el modelo estático, tenemos

$$\begin{aligned} 50 &= -0{,}036(f)^2 + 82{,}75 \quad , \\ f &= 30\,\% \quad . \end{aligned}$$

Por lo tanto, el valor de la presión será 30 %.

Capítulo 11

Control PI: aspectos prácticos

En este capítulo cubriremos varios aspectos prácticos relacionados con la aplicación de controladores PI en situaciones reales. Estos aspectos prácticos se refieren al uso de sistemas del control proporcional-integral en condiciones no ideales. También estudiaremos algunas funcionalidades adicionales de los controladores PI y explicaremos algunos métodos para mejorar el comportamiento en lazo cerrado de los sistemas controlados por este tipo de controlador.

Comenzaremos este capítulo con dos casos concretos de la aplicación de controladores PI, para los cuales podemos ilustrar algunos de los temas mencionados y motivar el estudio posterior.

11.1. Estudio de caso: piloto automático de un automóvil para controlar la velocidad

Considere el diseño de un control PI para mantener automáticamente la velocidad de un automóvil. Este sistema de control tiene como objetivo regular la velocidad del automóvil para que viaje por la carretera a una velocidad próxima de la deseada. Por lo general, estos sistemas de control se activan cuando el conductor quiere que el automóvil mantenga su velocidad constante en un tramo largo, sin tener que preocuparse por la presión que debe poner en el acelerador. Así, mediante un botón en el panel activado por el usuario, el vehículo se pone en piloto automático y el sistema de control se encarga de fijar el valor de aceleración del motor. Por razones de seguridad, el control del vehículo vuelve al modo manual (regulado por el conductor) si se presiona el pedal del freno o del acelerador, o cuando se presiona el botón del panel.

En este modo de piloto automático, el automóvil viaja a una velocidad casi fija. Por tanto, podemos utilizar el siguiente modelo lineal para describir el comportamiento de la velocidad del vehículo $v(t)$:

$$m\frac{dv(t)}{dt} = K_m u(t) - K_a v(t) - F_e(t) \quad . \tag{11.1}$$

En este modelo, $m = 1000\,\mathrm{kg}$ representa la masa del automóvil, $K_m = 3000\,\mathrm{N/V}$ es una constante del motor que relaciona su fuerza con la señal de accionamiento eléctrico $u(t)$ dada dentro del conjunto $[0\,,\,5]\,\mathrm{V}$ y $K_a = 500\mathrm{kg/s}$ es una constante que relaciona la velocidad del automóvil con la fuerza de fricción causada por el aire. Además, la señal $F_e(t)$ representa una fuerza externa al sistema de control, correspondiente al efecto de la pendiente de la carretera; esta fuerza varía entre 0 y 1500 N. Además, enfatizamos que el sensor de velocidad del automóvil traduce la velocidad medida en una señal de voltaje entre 0 y 5V, de modo que la velocidad medida $v_m(t) = K_s v(t)$ se puede utilizar en el circuito electrónico que implementa la ley de control. En este caso, usamos $K_s = \frac{1}{6}\,\mathrm{Vs/m}$, considerando velocidades medidas en m/s.

Sustituyendo los valores numéricos de las constantes, tenemos el siguiente modelo para la velocidad del automóvil:

$$2\frac{dv(t)}{dt} + v(t) = 6u(t) - 0{,}002F_e(t) \quad . \tag{11.2}$$

Destacamos que este modelo tiene una constante de tiempo de 2 segundos. Usaremos el ajuste del control PI básico que vimos en el Capítulo 10, cuyo ajuste viene dado por:

$$\begin{cases} K_c = \frac{6}{K_e} = 1 & , \\ T_i = 0{,}5\tau = 1s & . \end{cases} \tag{11.3}$$

Enfatizamos que este ajuste busca una respuesta de lazo cerrado con una constante de tiempo cercana a 1 segundo. La Figura 11.1 muestra las respuestas realmente obtenidas.

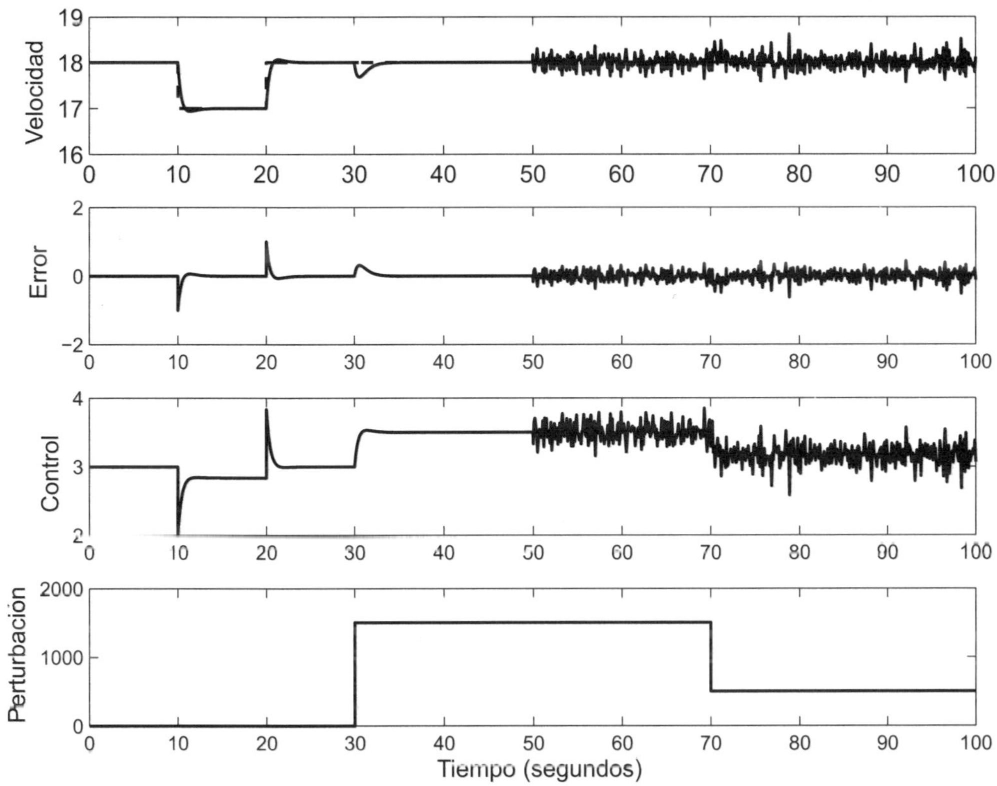

Figura 11.1 – Respuesta del sistema de control PI para el control automático (piloto) del automóvil. Primer ajuste.

El piloto automático se enciende en el instante $t = 0\,\text{s}$, cuando el automóvil circula por la carretera a $18\,\text{m/s}$. Después de diez segundos, la referencia de velocidad se cambia a 17 m/s y en el instante de tiempo $t = 20\,\text{s}$, se cambia de nuevo a 18 m/s. A los 30 segundos de simulación, la carretera por la que viaja el automóvil presenta un ascenso, representado por medio de una perturbación tipo escalón $F_e(t)$, con amplitud 1500 N. En el instante de tiempo $t = 70\,\text{s}$, esta perturbación pasa a valer 500 N, con un descenso de tipo escalón.

Para tornar la simulación mas real, se agrega un ruido de medición en la velocidad de automóvil, desde el instante de tiempo $t = 50\,\text{s}$. Destacamos que en la práctica todos los equipos de medición (sensores) son susceptibles a señales de ruido, que corrompen su funcionamiento.

De esta figura, podemos observar que:

1. el sistema de control actúa rápidamente de tal manera que asegura que las respuestas de lazo cerrado sean rápidas, llevando el sistema al valor descrito por la señal de referencia incluso en el caso de perturbaciones de tipo escalón;

2. que las respuestas tienen un pequeño sobrepaso para cambios de tipo escalón en la señal de referencia;

3. el sistema tiene una transición suave entre los modos de operación manual y automático, ya que el algoritmo de control automático se ha inicializado correctamente;

4. cuando se incluye ruido de medición en la simulación, podemos notar que hay una variación de la señal de control que actúa sobre el motor, lo que puede ser perjudicial para el sistema de inyección del automóvil.

Para fines de comparación, hemos ajustado un segundo controlador PI, cuyo ajuste viene dado por:

$$\begin{cases} K_c = \frac{5}{K_e} = 0{,}833 \quad , \\ T_i = \tau = 2s \quad . \end{cases} \tag{11.4}$$

Este segundo ajuste busca una respuesta rápida, pero sin sobrepaso. La Figura 11.2 muestra las respuestas obtenidas para el comportamiento de lazo cerrado del vehículo, considerando el mismo escenario de simulación.

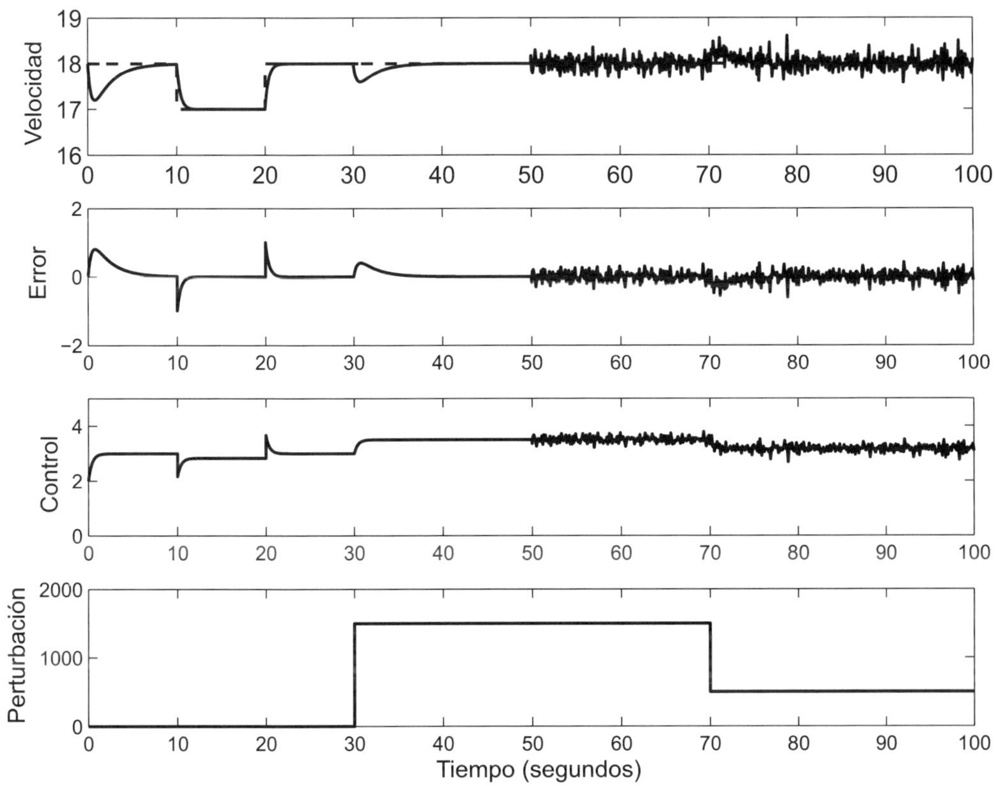

Figura 11.2 – Respuesta del sistema de control PI para el control automático (piloto) del automóvil. Segundo ajuste.

Notamos, en este caso, que:

1. el control actúa rápidamente para lograr tiempos de respuesta rápidos para cambios de referencia, pero es más lento que el primer ajuste cuando aparecen las perturbaciones. El sobrepaso en las respuestas ya no está presente;

2. el cambio de manual a automático no es suave ya que el control no se ha inicializado correctamente. Tenga en cuenta que en el instante

inicial $t = 0\,\mathrm{s}$, el vehículo desacelera y luego acelera nuevamente y se estabiliza en $v = 18\,\mathrm{m/s}$. Observe que el valor inicial del control no es igual al que mantiene el automóvil en estado estacionario con una velocidad de $18\,\mathrm{m/s}$ y por lo tanto, la respuesta presenta un régimen transitorio de unos segundos hasta que la velocidad se estabiliza en el valor de equilibrio inicial;

3. como la ganancia del controlador K_c es menor con este ajuste, observamos que el efecto del ruido de medición en la señal de control se reduce.

Con estos estudios en simulación, pudimos observar algunos aspectos importantes sobre los controladores PI y cómo podemos obtener un ajuste adecuado tanto para cambios de referencia como para perturbaciones. También pudimos observar que el efecto sobre el ruido de medición debe tenerse en cuenta en el análisis y diseño del sistema de control, así como los aspectos de implementación en cuanto al cambio entre los modos de operación manual y automático. Estudiaremos varios de estos puntos en los próximos apartados y algunos de ellos en el próximo capítulo. Sin embargo, antes de formalizar estos conceptos y profundizar el debate, presentaremos otro caso de estudio para motivar el análisis de situaciones prácticas comunes en los sistemas de control de PI.

11.2. Estudio de caso: control de un fermentador de etanol

En la industria de la caña de azúcar, uno de los productos que se fabrica es el etanol. Para su fabricación se utilizan fermentadores, encargados de fermentar el jugo extraído de la caña de azúcar (guarapo) para la elaboración del vino, un líquido fermentado que luego se destila para extraer el etanol.

Los fermentadores son básicamente tanques grandes que operan en régimen de lotes. Se cargan con el mosto (guarapo mezclado con ácido) y levaduras bio-digestivas para que se produzca de forma natural el proceso de fermentación, que transforma el azúcar presente en el mosto en alcohol. Este proceso toma aproximadamente ocho horas y para que la fermentación se realice correctamente, el nivel y temperatura de la mezcla (mosto con levadura) almacenada en estos tanques, así como el pH del caudal del mosto que llega al tanque, deben ser controlados.

Figura 11.3 – Tanque de fermentación en planta de generación de etanol de caña de azúcar.

La Figura 11.3 presenta una fotografía de un conjunto de fermentadores en una gran planta, con tanques de quinientos mil litros. Normalmente, cada planta productora de etanol cuenta con varios de estos equipos, que se cargan y descargan tres veces al día (cada ocho horas).

Para controlar el pH del mosto se regula el caudal de ácido que es inyectado en la tubería que conduce el mosto hacia el tanque fermentador.

Para controlar el nivel del tanque, se regula el caudal de este mosto de tal manera que el nivel del tanque presente un perfil determinado, definido por el operador, de acuerdo con las instrucciones de fermentación para la elaboración del vino (mosto fermentado que luego se destila generando etanol). El control de la temperatura del mosto dentro del tanque, a su vez, se realiza mediante la recirculación del vino a través de un intercambiador de calor, que utiliza agua fría (de un río o lago cercano) como refrigerante.

En el Capítulo 7, Figura 7.2, presentamos un diagrama que representa todo el proceso de fermentación con el tanque, intercambiador de calor, bomba que inyecta agua fría y válvulas de control. Tenga en cuenta que una válvula regula el caudal de ácido para controlar el pH del mosto, otra válvula regula el caudal de entrada de jugo de caña de azúcar, que se utiliza para controlar el nivel en el tanque y finalmente, una tercera válvula controla el caudal de agua que ingresa al intercambiador de calor, con el objetivo de controlar la temperatura del vino.

Para el control de estas variables se suele utilizar un conjunto de tres controladores tipo PI, uno para cada una de las variables del proceso: temperatura, nivel y pH del mosto, actuando sobre las tres válvulas instaladas en el proceso por separado. La Figura 11.4 presenta tres diagramas de bloques que ilustran el funcionamiento de estos tres lazos de control de retroalimentación.

Es importante señalar que, en dos de estos lazos de control (control de pH y temperatura), la señal de error se define con $e = y - r$, ya que las dinámicas controladas tienen ganancia directa negativa y los controladores PI industriales usados solo poseen ganancias positivas. Tenga en cuenta que un aumento en el caudal de ácido y en el caudal de agua fría provocan, respectivamente, una disminución del pH y de la temperatura del mosto. En el lazo de nivel, la señal de error se calcula como $e = r - y$, ya que este proceso presenta una ganancia positiva, ya que un aumento en el caudal de guarapo provoca un aumento en el nivel del mosto dentro del tanque.

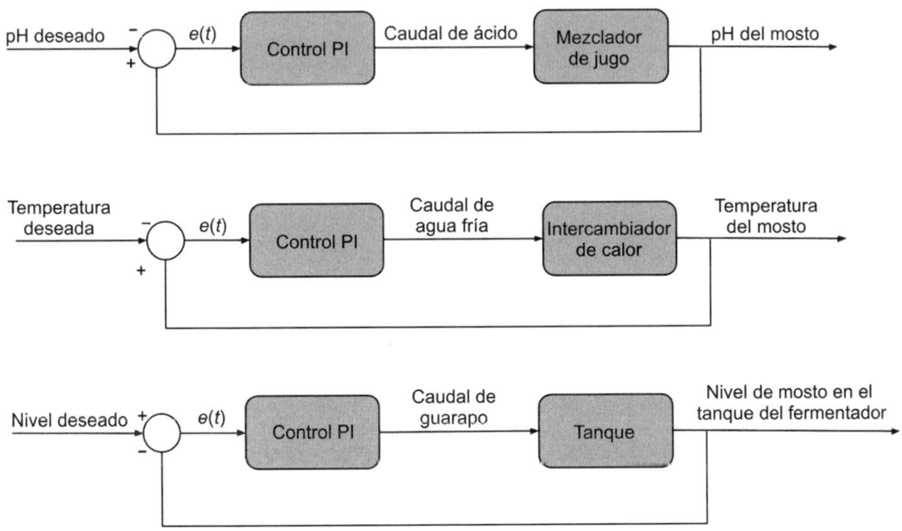

Figura 11.4 – Conjunto de lazos de control PI para el fermentador de una planta de caña de azúcar.

Analizaremos el ajuste del control de nivel del fermentador comparando los resultados de la simulación para dos técnicas de ajuste diferentes. En los ejercicios al final de este capítulo, proponemos actividades de análisis para los otros dos lazos de control de este proceso.

Consideramos un tanque de fermentación con un área base $A = 50\,\mathrm{m}^2$, cuyo nivel máximo es $10\,\mathrm{m}$ y cuyo caudal máximo de entrada es $100\,\mathrm{m}^3/\mathrm{h}$. Sabemos que durante el proceso de llenado del tanque, la válvula de salida se cierra y la recirculación del mosto no cambia el nivel $H(t)$. Por tanto, podemos utilizar el siguiente modelo para describir la dinámica de la regulación de nivel:

$$A\frac{dH(t)}{dt} = V_e(t) \quad , \tag{11.5}$$

donde $V_e(t)$ es la señal que representa el caudal de entrada.

Este modelo se puede normalizar considerando $h(t) = \frac{H(t)}{10}$ y $v_e(t) =$

$\frac{V_e(t)}{100}$. En este caso, la ecuación $10A\frac{dh(t)}{dt} = 100v_e(t)$ se convierte en $\frac{dh(t)}{dt} = 0{,}2v_e(t)$, con las señales $h(t)$ y $v_e(t)$ definidas en el rango $[0, 1]$. En este caso, el tiempo se mide en horas.

Para el control de nivel, la apertura de la válvula de entrada $a(t) \in [0, 1]$ se utiliza como variable manipulada. Consideraremos que la dinámica de esta válvula es muy rápida en comparación con la dinámica de llenado del tanque y por lo tanto, la relación $a(t) = v_e(t)$ es válida (modelo ya normalizado). Enfatizamos que el modelo $\frac{dh(t)}{dt} = 0{,}2a(t)$ es del tipo integrador, con ganancia de velocidad $K_v = 0{,}2$.

Para regular este proceso utilizaremos un controlador PI, cuyo ajuste básico se describe en el Capítulo 10, dado por:

$$K_c = \frac{2}{K_v\tau_{\text{MF}}} = \frac{10}{\tau_{\text{MF}}} \quad , \quad T_i = 2\tau_{\text{MF}} \quad , \tag{11.6}$$

donde $\tau_{\text{MF}} = 2$ horas es la constante de tiempo deseada para las respuestas de lazo cerrado. En este caso, obtenemos los parámetros $K_c = 5$ y $T_i = 4$ horas.

La Figura 11.5 muestra las respuestas de la variable de proceso y la variable de control obtenidas a través de un experimento de simulación con el modelo de este sistema (líneas continuas), considerando un escenario de llenado hasta 60 % del nivel máximo del tanque, con el ajuste propuesto.

En esta figura podemos ver que: (i) el nivel alcanza el valor deseado pero tiene un comportamiento transitorio que presenta un sobrepaso, con valores mayores a 60 %, (ii) la señal de control aplicada no cumple con las restricciones del problema, una vez que la acción de control supera el valor máximo permitido para la válvula y también alcanza un valor negativo en parte del transitorio.

Para considerar los efectos de la saturación de la señal de control, presentamos las señales resultantes (líneas discontinuas) obtenidas con un elemento limitador (saturador), que evita que la acción de control salga de la

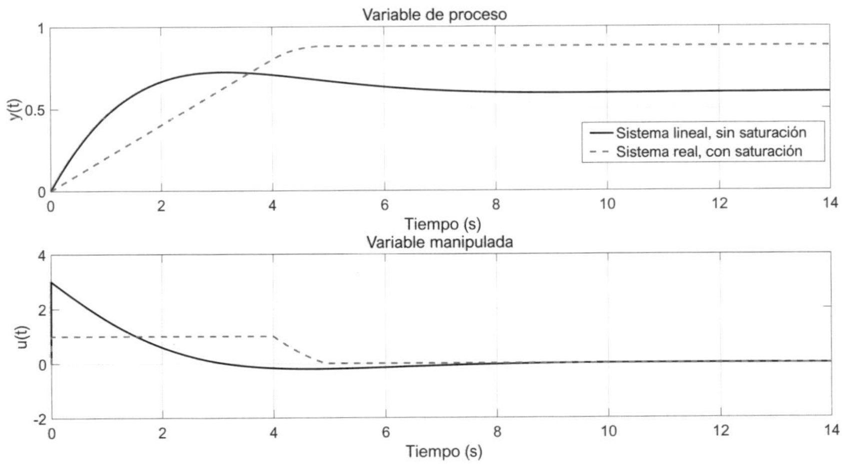

Figura 11.5 – Respuestas del control de nivel del fermentador en un ingenio de caña de azúcar.

banda [0, 1]. Como podemos ver, con esta modificación en el modelo, el control respeta los límites de operación, pero, como consecuencia, la respuesta de la regulación de nivel es bastante deteriorada, más lenta y con un valor final que supera con creces el valor de nivel deseado (60 %).

Es evidente, por tanto, que es necesario estudiar alternativas para este problema provocado por la saturación de la acción de control en un proceso controlado por un control PI.

A continuación, estudiaremos los problemas observados en las simulaciones de estos dos ejemplos anteriores. Comenzaremos discutiendo la estrategia de ponderación de la referencia.

11.3. Control PI con ponderación de la referencia

Como vimos en el ejemplo del control de velocidad del automóvil, cuando se ajustan los controladores PI para obtener respuestas rápidas en el rechazo de perturbaciones, surgen sobrepasos en la respuesta a cambios de referencia. En los ajustes clásicos, siempre tenemos un compromiso implícito entre la aceleración de las respuestas a las perturbaciones y los sobrepasos resultantes en las respuestas a las referencias.

En la Figura 11.6, presentamos un ejemplo de simulación que se refiere a un sistema de primer orden donde se emplean dos controladores de tipo PI con diferentes configuraciones. El sistema controlado se describe mediante una EDO de primer orden, con los parámetros $\tau = 5\text{s}$, $K_e = 1$ y $K_q = 1$. Consideramos una perturbación tipo escalón de amplitud 1,5 en el instante de tiempo $t = 15\text{s}$.

En el primer caso (líneas contínuas), el ajuste del PI prioriza la respuesta rápida a las perturbaciones y en consecuencia, se obtiene un sobrepaso en la respuesta al cambio de la referencia. En el segundo ajuste (líneas discontinuas), los parámetros del controlador se ajustan para eliminar el sobrepaso de la respuesta a la referencia, manteniendo el tiempo de asentamiento en lazo cerrado cercano al del primer ajuste, pero dejando la respuesta a las perturbaciones más lenta.

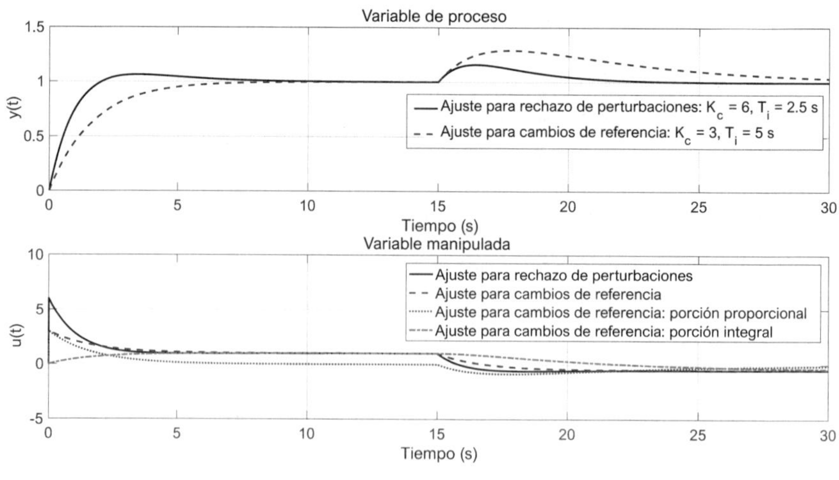

Figura 11.6 – Respuesta del sistema de control PI con ajuste para cambios de referencia y perturbaciones.

En el ajuste representado por las curvas en línea continua, observamos una acción de control más agresiva en los momentos en que se aplican cambios de tipo escalón a la señal de referencia. Como se mostró en el capítulo anterior, observamos que la porción proporcional es responsable de la acción de control en la parte inicial del régimen transitorio (línea punteada), ya que la acción integral (línea punteada discontinua) tiene una condición inicial nula. Es evidente, por tanto, que la responsabilidad del rápido aumento de la variable de proceso y del sobrepaso observado en la respuesta proviene de la parte proporcional de la acción de control.

Para el rechazo de perturbaciones, enfatizamos que la acción de control cambia solo por variaciones en la variable de proceso, ya que la señal $r(t)$ permanece constante a pesar de las perturbaciones. Tenga en cuenta que, para estas situaciones, la variable de proceso se mueve suavemente bajo el efecto de la perturbación y por lo tanto, las variaciones en las porciones P e I de la acción de control son suaves con ambos ajustes, sin que aparezcan sobrepasos.

Destacamos que la acción de control PI se puede reescribir de la siguiente manera:

$$u(t) = K_p r(t) - K_p y(t) + K_i \left(\int_0^t e(\mu) d\mu \right) . \tag{11.7}$$

Como comentamos, de estos tres términos, solo el primero puede causar cambios rápidos (repentinos) en la variable de proceso ante variaciones instantáneas en la señal $r(t)$ y en consecuencia, este término es ciertamente responsable del sobrepaso que puede tener la respuesta de lazo cerrado.

Una idea intuitiva para resolver el problema del sobrepaso en las respuestas es reducir la ganancia K_p (en módulo) de manera que $|K_p r(t)|$ se reduzca. Sin embargo, esta no es una buena solución, ya que la reducción de $|K_p|$ daña la respuesta del sistema a la perturbación, ya que también reduce el término $|K_p y(t)|$.

Luego debemos agregar un grado de libertad a la ley de control de PI de modo que podamos disminuir el primer término sin cambiar el segundo, manteniéndolo como $-K_p y(t)$ para que se mantenga la característica de la respuesta de rechazo a las perturbaciones.

Una forma sencilla de hacer esto es incluir un término de ponderación para la parte proporcional del control, multiplicando solo la señal $r(t)$. Luego definimos un factor de ponderación de referencia $b \in [0\,,\,1]$. Este factor está incluido en la ley de control de PI, de la siguiente manera:

$$u(t) \;=\; K_p\,(br(t) - y(t)) + K_i \int_0^t (e(\mu)d\mu) \quad . \tag{11.8}$$

Mediante el parámetro b, la ley de control PI con ponderación de referencia, dada en la Ecuación (11.8), presenta un parámetro de ajuste adicional, que se elige para mantener la respuesta rápida en lazo cerrado ante perturbaciones y al mismo tiempo, eliminar el sobrepaso de la respuesta a la referencia, manteniendo un tiempo de respuesta aproximadamente igual.

La Figura 11.7 muestra un controlador PI ajustado para respuestas rápidas de lazo cerrado con (líneas continuas) y sin (líneas discontinuas) el factor de ponderación de referencia b. En este caso, este factor se toma como $b = 0{,}5$. En esta figura, podemos observar que la inclusión del factor de ponderación b solo cambia la respuesta de la señal de control en los instantes iniciales. Usando $b = 0{,}5$, el valor de la acción de control, en el instante $t = 0$, presenta la mitad del valor instantáneo de la acción de control que no utiliza el factor b. Observamos cómo se redujo el sobrepaso en respuesta a la referencia; podría ser incluso más pequeño con un valor de $b < 0{,}5$.

Esta metodología permite utilizar un ajuste con $T_i < \tau$ y alta ganancia K_c (en módulo), buscando una aceleración de las respuestas en lazo cerrado ante perturbaciones y en un segundo paso, la corrección de las respuestas a los cambios en las referencias utilizando el factor de ponderación b, utilizado para reducir o eliminar el sobrepaso de la respuesta a las referencias de tipo escalón.

Para ejemplificar el uso de esta metodología de ponderación de referen-

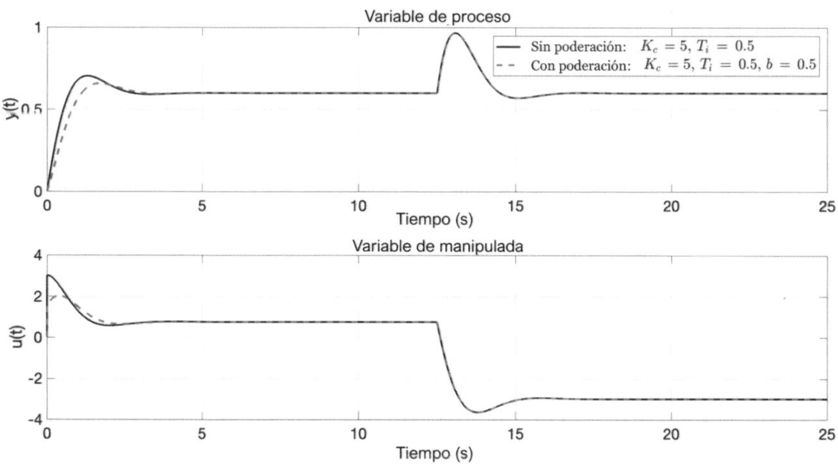

Figura 11.7 – Respuesta del sistema de control PI con ajuste rápido y uso de b para evitar sobrepasos en respuesta a la referencia.

cia, presentaremos como ejemplo un sistema de control PI para regular la temperatura de un horno.

Ejemplo 93 *Considere un horno de la industria cerámica cuya fuente de energía es el gas natural. El modelo que representa el comportamiento de las variaciones de temperatura del horno $y(t)$ con respecto a las variaciones en la apertura de la válvula de gas $u(t)$ y las variaciones de temperatura de entrada de las cerámicas $q(t)$ (perturbación del sistema) viene dada por:*

$$20\frac{dy(t)}{dt} + y(t) \quad = \quad 5u(t-1) + q(t-1) \quad , \tag{11.9}$$

donde el tiempo se da en minutos. Destacamos que este modelo presenta un retardo de un minuto entre la aplicación del control u y la perturbación q y los efectos observados en la variable de proceso y.

Para este sistema, queremos diseñar un control PI que garantice una respuesta de lazo cerrado para el rechazo de perturbaciones de temperatura de entrada de tipo escalón con un tiempo de establecimiento cercano a $\frac{1}{4}$ del tiempo de establecimiento de lazo abierto de la planta. Además, la res-

puesta no debe ser oscilante y el sobrepaso máximo en la respuesta a las perturbaciones de tipo escalón debe ser inferior a 5 %.

Dadas las especificaciones, el ajuste de los parámetros del sistema de control PI se realiza siguiendo el método de sintonización de Skogestad, ya que proporciona respuestas sin oscilación y permite ajustar el tiempo de respuesta esperado para el lazo cerrado.

En este caso, el tiempo de asentamiento en lazo abierto es aproximadamente $t_{5\%} = 3\tau + L = 3(20) + 1 = 61$ *minutos. Queremos un tiempo de asentamiento de lazo cerrado de aproximadamente* 15 *minutos. Luego, usando el método de ajuste de Skogestad para* $\tau_{MF} = 5$ *minutos, obtenemos los siguientes parámetros para el controlador PI:*

$$\begin{cases} K_c = \frac{20}{5}\frac{1}{1+5} = 0{,}67 \quad , \\ T_i = \min\left(20\,,\,1{,}5(5+1)\right) = 9 \quad . \end{cases} \tag{11.10}$$

A través de experimentos de simulación, presentamos las señales de control resultantes en la Figura 11.8 (líneas continuas). En esta figura podemos observar que, de hecho, las respuestas no presentan oscilaciones y tienen un tiempo de asentamiento adecuado. Sin embargo, la respuesta a la referencia tiene un sobrepaso mayor de lo deseado.

Para bajar el sobrepaso de la respuesta a la referencia y mantener la misma respuesta ante perturbaciones, ajustamos el factor b *usando un valor menor que 1.*

Así, la Figura 11.8 también muestra el resultado obtenido usando un factor de ponderación $b = 0{,}6$ *(curvas discontinuas). De hecho, como podemos ver, las respuestas obtenidas cumplen con todas las especificaciones solicitadas. Observe cómo el uso de* b *suaviza la acción de control en los instantes iniciales después de aplicar una referencia de tipo escalón. La señal de control aplicada instantáneamente por el controlador PI viene dada por* $u(0) = K_p e(0) = 0{,}66$, *en el caso del controlador con* $b = 1$, *y* $u(0) = K_p\,(br(0) - y(0)) = 0{,}41$, *en el caso de PI con ponderación* $b = 0{,}6$.

Esta reducción del valor inicial de la señal de control implica una reducción del sobrepaso en la variable de proceso.

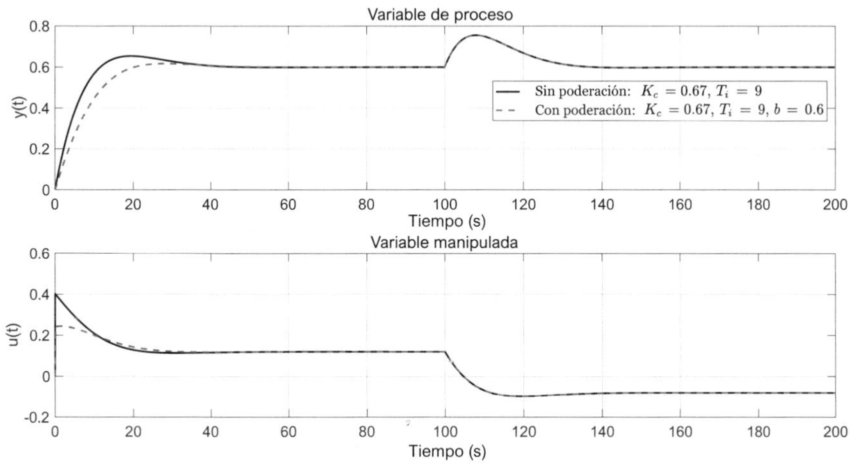

Figura 11.8 – Respuesta del sistema de control PI en un horno de cerámica con ajuste rápido y uso del factor de ponderación b para evitar sobrepasos en respuesta a la referencia.

Para finalizar esta sección, presentamos un breve análisis de la implementación discreta de una ley de control PI con ponderación de referencia. Para hacer esto, simplemente podemos modificar la formulación (código) del sistema de control discreto presentado en el capítulo anterior.

Primero, podemos reescribir la ley de control PI (sin la ponderación de referencia), para el caso discreto:

$$u(kT_s) \quad = \quad K_p e(kT_s) + K_i T_s \sum_{i=0}^{i=k} e(iT_s) \quad . \tag{11.11}$$

Incluyendo la ponderación de la referencia en el primer término, obtenemos:

$$u(kT_s) \quad = \quad K_p \left(br(kT_s) - y(kT_s)\right) + K_i T_s \sum_{i=0}^{i=k} e(iT_s) \quad . \tag{11.12}$$

Retrasando la ecuación en una muestra, obtenemos:

$$\begin{aligned} u((k-1)T_s) &= K_p\left(br((k-1)T_s) - y((k-1)T_s)\right) \\ &+ K_iT_s \sum_{i=0}^{i=(k-1)} e(iT_s) \quad . \end{aligned} \tag{11.13}$$

Restando estas ecuaciones y organizándolas, obtenemos:

$$\begin{aligned} u(kT_s) &= u((k-1)T_s) + K_pb\left(r(kT_s) - r((k-1)T_s)\right) \\ &- K_p\left(y(kT_s) - y((k-1)T_s)\right) + K_iT_se(kT_s) \quad . \end{aligned} \tag{11.14}$$

Finalmente, podemos reestructurar la ley de control de la siguiente manera, en notación compacta:

$$\begin{aligned} u(k) &= u(k-1) + (K_pb + K_iT_s)\, r(k) \\ &- (K_pb)\, r(k-1) - (K_p + K_iT_s)\, y(k) + K_py(k-1) \quad . \end{aligned} \tag{11.15}$$

Tenga en cuenta que esta ecuación también es válida para el caso sin ponderación de referencia, utilizando $b = 1$.

11.4. Modos de funcionamiento: manual y automático

Como vimos en el problema del piloto automático, la configuración de un controlador PI debe ser tal que el cambio entre los modos de funcionamiento manual y automático (y viceversa) se realice sin problemas, es decir, sin saltos en la acción de control cuando se cambia de modo.

Cabe señalar que este tipo de cambio entre modos de operación es muy utilizado en plantas industriales. Un ejemplo de cambio de un modo de funcionamiento manual a automático se observa en el momento de dar partida a un proceso. Generalmente se controla la planta, en modo manual, hasta que esté funcionando en las proximidades de un punto de operación predefinido, para el cual el controlador automático fue diseñado.

Otra situación ocurre cuando el operador observa que el control no está actuando correctamente y decide operar manualmente para garantizar la seguridad del sistema, hasta que se rediseñe la ley de control.

Por lo tanto, analizaremos estos aspectos prácticos de implementación considerando un sistema de control PI digital con ponderación de referencia, como el de la Ecuación (11.15).

Para eso, consideraremos que el valor de control manual es enviado manualmente por el usuario al sistema de control (por ejemplo, vía teclado) y su valor viene dado por u_{manual}. También consideraremos que el cambio de operación entre modo manual y automático se impone mediante una señal enviada por el usuario al sistema de control, definiendo una variable $A = 1$ para operación automática y $A = 0$ para operación manual. De manera complementaria, el valor anterior de la variable A se almacena en la variable A_a, de manera que el sistema de control digital pueda saber si hubo (o no) cambio entre los modos de operación. Cuando el controlador se enciende en funcionamiento automático, se definen $A = 1$ y $A_a = 0$.

Cuando el sistema de control opera en modo manual, el valor u_{manual} debe pasarse a la acción de control, es decir, $u(t) = u_{\text{manual}}$. De lo contrario, el valor de la señal de control $u(t)$ debe calcularse de acuerdo con una ley PI. Destacamos que la transición entre ambos modos de funcionamiento debe realizarse sin saltos en la acción de control.

Para que se garantice esta correcta transición entre modos de funcionamiento, el control automático debe ser inicializado en el momento de su activación con el valor del control manual que se estaba aplicando. Caso contrario, la señal de inicialización del modo manual en el instante del cambio, debe ser igual al último valor de control automático aplicado. El código de implementación digital se puede escribir de la siguiente manera:

- Paso 0: Se define la ganancia directa del proceso: cuando positiva, se inicializa $p = 1$ y cuando negativa, se inicializa $p = -1$.
- Paso 1: Lea A (modo de operación).
- Paso 2:
  - Caso $A = 1$ y $A_a = 0$, lea u_{manual} y guarde el valor leído en u_a. Lea la referencia r y la variable de proceso y. Inicialice $r_a = r$ y $y_a = y$. Continúe en el Paso 3.
  - Caso $A = 1$ y $A_a = 1$, continúe en el Paso 3.
  - Caso $A = 0$ y $A_a = 1$, se define $u = u_a$ y continúe en el Paso 8.
  - Caso $A = 0$ y $A_a = 0$, continúe en el Paso 7.
- Paso 3: Lea los valores de K_p, K_i y b.
- Paso 4: Calcule el control $u = u_a + p(K_p b + K_i T_s)r - pK_p br_a - p(K_p + K_i T_s)y + pK_p y_a$ y aplique el control al proceso.
- Paso 5: Se actualizan las variables: $u_a = u$, $r_a = r$, $y_a = y$, $A_a = A$.
- Paso 6: Retorne al Paso 2.
- Paso 7: Lea u_{manual} y haga $u = u_{\text{manual}}$.
- Paso 8: Se aplica u al proceso.
- Paso 9: Retorne al Paso 1.

11.5. Control PI con saturación de acción de control

Como se analizó anteriormente, en la práctica, todos los controladores y actuadores tienen límites físicos de actuación. Cuando el valor de la variable de control alcanza el límite máximo (o mínimo) de la banda de actuación del actuador, la señal de control se satura. Este hecho hace que el lazo de retroalimentación se rompa, ya que el actuador permanecerá en su límite máximo $u_{\max}$ (ou mínimo $u_{\min}$) independientemente del valor de la variable de proceso.

Desde el punto de vista del proceso, esta situación se interpreta fácilmente como una respuesta de lazo abierto a una entrada de valor fijo. Aquí, consideraremos la implementación discreta del control para realizar el análisis de esta situación.

Comencemos este análisis considerando una ley de control proporcional y un actuador que define un rango limitado de valores para la señal de control que realmente se aplica al proceso. Consideremos que la señal de actuación se da dentro del conjunto $[u_{\min}\,,\, u_{\max}]$. Tenga en cuenta que la señal de control siempre se calcula como $u(k) = K_p e(k)$. Sin embargo, la variable manipulada realmente aplicada al proceso u_r viene dada por:

$$u_r(k) = \begin{cases} u_{\min}, & \text{si } K_p e(k) \leq u_{\min} \quad , \\ u_{\max}, & \text{si } K_p e(k) \geq u_{\max} \quad , \\ K_p e(k), & \text{caso contrario} \quad . \end{cases} \tag{11.16}$$

Por tanto, cuando se utiliza una estrategia de tipo P, que no tiene memoria, la acción de control en un cierto instante de muestreo no depende del control aplicado en el instante anterior. Tenga en cuenta que, si se conoce el error en el instante k, la señal de control en este instante viene dada por $K_p e(k)$, sin depender de la condición en la que se encontraba el sistema en el instante anterior (con saturación del actuador o no). Como se analizó anteriormente, si el error está dentro de la banda proporcional del control, observamos una actuación de tipo P, de lo contrario, una actuación de tipo *on-off*. Por lo tanto, observaremos una combinación de respuestas de lazo abierto y de lazo cerrado cuando el actuador del sistema esté o no saturado, respectivamente.

Sin embargo, cuando se usa un controlador con acción integral, ya que tiene memoria, tendremos un problema. Cuando la señal de control se satura, la integral puede acumularse, es decir, la integral del error puede aumentar más de lo necesario, causando problemas al sistema de control y deteriorando la respuesta de lazo cerrado. Esto retrasa el instante que el sistema vuelve a una condición de actuación no saturada. A continuación, analizaremos este caso con más detalle, considerando un control PI simple (sin ponderación de referencia).

11.5.1. El efecto de la acumulación de la acción integral

Considere el caso de un controlador PI discreto. Para tal controlador, la acción de control se calcula de la siguiente manera:

$$u(k) \;=\; u(k-1)+K_1e(k)+K_2e(k-1) \quad , \tag{11.17}$$

donde $K_1 = K_p + K_iT_s$ y $K_2 = -K_p$.

Como en el caso del control P, cuando ocurre la saturación de la señal de control, observamos que la señal de actuación real enviada al proceso, $u_r(k)$, viene dada por:

$$u_r(k) \;=\; \begin{cases} u_{\min}, & \text{si } u(k) \leq u_{\min} \quad , \\ u_{\max}, & \text{si } u(k) \geq u_{\max} \quad , \\ u(k-1)+K_1e(k)+K_2e(k-1), & \text{caso contrario} \quad . \end{cases}$$

En este caso, dado que actualizamos la señal de control en el instante anterior $u(k-1)$ en base a la señal calculada, se genera la siguiente situación: si hay saturación en el límite superior en el instante $k-1$, es decir, $u(k-1) > u_{\max}$, el valor que se guarda en la memoria del sistema de control para el cálculo de $u(k)$ será mayor que el valor de la señal de control que se aplicó realmente al proceso, $u_r(k-1) = u_{\max}$. Por lo tanto, si el error instantáneo

$e(k)$ sigue siendo positivo, la acción de control $u(k)$ será incluso mayor que $u(k-1)$ y la señal aplicada seguirá siendo $u_r(k) = u_{\max}$.

Por lo tanto, mientras la señal de error e no cambie de signo o converja a cero, la parte integral de la señal de control continúa creciendo. Además, si el valor acumulado en la integral de la señal de error, en el instante k, es mayor que el valor del régimen permanente de la porción integral, el error deberá ser negativo en algún punto futuro para que la integral acumulada pueda reducirse.

Tenga en cuenta que hemos discutido el caso de la saturación en el límite superior, pero ocurre un fenómeno análogo en el caso de la saturación en el límite inferior. En este caso, la integral continuará disminuyendo indefinidamente, a menos que el signo del error se vuelva positivo de manera que la integral deje de disminuir.

A continuación, ilustraremos este fenómeno gráficamente para el caso de la saturación en el límite superior.

Consideraremos un ejemplo de un control PI aplicado a un proceso con ganancia directa positiva (representado por una EDO con parámetros $\tau = 5$s y $K_e = 2$), por ahora sin saturación en el control. Este controlador se sintonizó para buscar respuestas adecuadas del sistema de lazo cerrado a los cambios en la señal de referencia, como se muestra en la Figura 11.9.

Esta figura muestra la variable de proceso, la acción de control y también la parte que se refiere a la integral del error. Recuerde que la integral del error se puede calcular como el área entre la señal de error y el eje de abscisas. En este caso, la señal integral del error $i(t) = \left(\int_0^t e(\mu)d\mu\right)$ aumenta progresivamente desde el origen hasta que la variable de proceso alcanza el valor de referencia. A continuación, la acción integral $i(t)$ disminuye cuando el error es negativo, hasta alcanzar el valor de equilibrio final. Por tanto, observamos una acumulación de la acción integral durante el tiempo en que el signo de error es positivo y una descarga de la integral cuando el error es negativo.

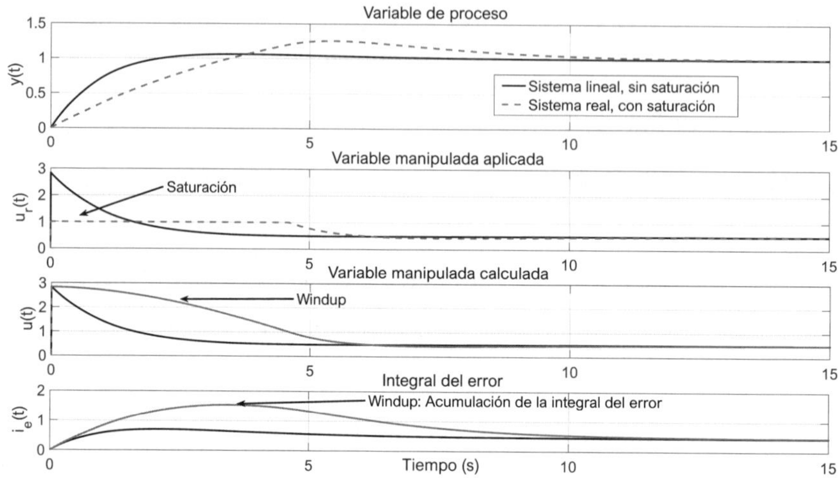

Figura 11.9 – Respuesta del sistema con control PI sin saturación (líneas continuas) y con saturación (líneas discontinuas) de la acción de control.

Ahora incluiremos el fenómeno de saturación en la señal de control, representado por $u_{\min} = -1$ y $u_{\max} = 1$. Con la saturación del actuador, el valor de control aplicado en el proceso ya no será la señal de control $u(t)$ calculada por la estrategia PI, sino $u_r(t)$. Las curvas resultantes cuando hay saturación en $u(t)$ se muestran en lineas discontinuas.

Primero, observamos que la banda disponible para la señal de control real $u_r(t)$ es menor que la banda utilizada por la señal de control en el caso sin saturación. Una vez que se restringe la acción de control, observamos respuestas de lazo cerrado más lentas. Tenga en cuenta también que el valor de equilibrio final del control no cambia, es decir, después del transitorio, en ambos casos, el valor de la integral del error será el mismo. Se espera esta propiedad, ya que el punto de equilibrio del proceso $(u(+\infty), y(+\infty))$ solo depende de la referencia elegida y está dentro de la banda de control admisible.

Analizando el régimen transitorio, podemos observar que, en la primera parte del transitorio de la variable de proceso, la integral del error $i(t)$ referente al caso con saturación (linea discontinua) es mayor que la integral en el caso sin saturación (linea continua), ya que el área entre la curva de error y el eje de abscisas en el caso de saturación es mayor que el área del error en el caso sin saturación.

Así, la parte positiva de la señal $i(t)$ en el caso con saturación es mayor que la parte positiva de la señal $i(t)$ en el caso sin saturación, lo que implica que la parte negativa de esta señal también debe ser mayor (en módulo), en el caso de saturación. Este fenómeno se observa claramente en la Figura 11.9, ya que el sistema con saturación tiene un sobrepaso mucho mayor en la respuesta, tardando más en alcanzar el equilibrio que en el caso sin saturación.

Además, mientras el error sea positivo, el controlador entiende que debe incrementar la señal de control a través de la acción integral y como el control está saturado, este incremento no causa el efecto deseado, es decir, la respuesta del sistema permanece en lazo abierto con máximo control. Esto implica que la acción de control integral aumenta más de lo necesario. Por lo tanto, la respuesta del sistema en el caso de saturación permanecerá más tiempo en un régimen de saturación de lo que sería necesario y también más tiempo con error negativo, de modo que $i(t)$ se descargue por completo. Este efecto de sobrecarga de la acción integral se denomina en la literatura de control como ***windup***, un término del idioma inglés.

El fenómeno de *windup* ocurre porque la señal de control PI se calcula en base a una acción de control previa teóricamente mayor (en módulo) que la señal de control que se aplicó realmente al sistema, por lo que la parte integral de la acción de control calculada es mayor (en módulo) que lo necesario, actuando como si el sistema no estuviera saturado.

En cada paso discreto, la ley de control PI viene dada por $u(k) = u(k-1) + K_1 e(k) + K_2 e(k-1)$. En el caso de procesos con ganancia directa positiva, cuando la saturación ocurre en un instante de tiempo $k-1$, tenemos $u_r(k-1) = u_{\max}$. Sin embargo, la ley de control se actualiza considerando $u(k-1)$, que es mayor que $u_r(k-1)$. Así, en cada paso durante el régimen de saturación, cuando $u_r(k) = u_{\max}$, podríamos adaptar la ley de control de PI para considerar este fenómeno, de la siguiente forma: $u(k) = u_{\max} + K_1e(k) + K_2e(k-1)$. Así, el valor de u no crece tanto y cuando la señal de error cambia de signo, volviéndose negativa, la señal de control disminuye y abandona el régimen de saturación más rápidamente.

Con esta pequeña modificación al código de control, evitamos que la acción integral siga cargándose. Entonces tenemos una manera de eliminar o reducir la sobrecarga de acción integral, y por esta razón, las estrategias que evitan o alivian el problema de *windup* en los sistemas de control se denominan *anti-windup*. Mostraremos el efecto de esta modificación del control en el mismo proceso. La Figura 11.10 muestra el resultado obtenido al actualizar correctamente la señal de control.

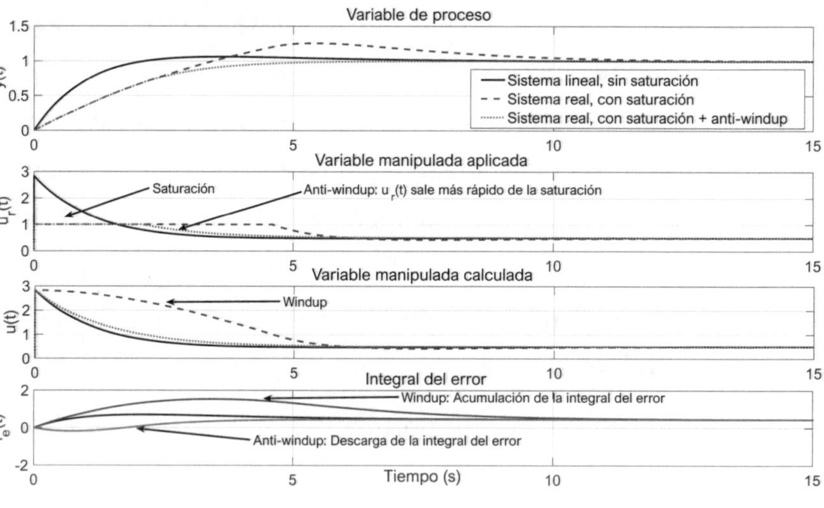

Figura 11.10 – Respuesta del sistema con control PI sin saturación (líneas continuas), con saturación (líneas discontinuas) de la acción de control con saturación y actualización correcta de la acción de control (líneas punteadas).

Como se puede ver en esta figura, la nueva ley de control PI adaptada permite mantener el tiempo de subida de la señal de control saturada, con respecto al caso sin *anti-windup*, pero sin provocar el sobrepaso en la respuesta de la variable de proceso antes mencionada. Además, la variable de proceso llega a la referencia en menos tiempo que en el caso sin saturación. Observe que la integral del error alcanza el equilibrio más rápidamente y sin exceder el valor final. Se evita la sobrecarga de la acción integral y se mejora la respuesta de la variable de proceso.

Es importante señalar que el fenómeno de *windup* también puede ocurrir cuando el sistema se ve afectado por una perturbación rápida y de gran amplitud, lo que provoca una señal de control fuera de la banda permitida. La Figura 11.11 muestra esta situación para los tres casos, sin saturación (líneas continuas), con saturación (líneas discontinuas) de la acción de control y con saturación y actualización correcta de la acción de control (líneas punteadas y discontinuas).

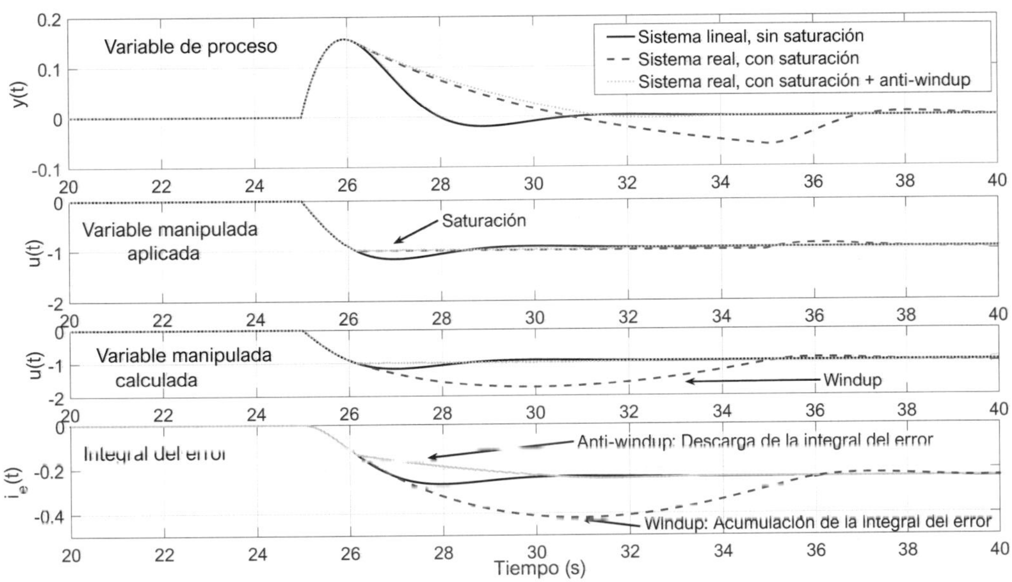

Figura 11.11 – Respuesta del sistema con control PI a una perturbación: sin saturación (líneas continuas), con saturación (líneas discontinuas) de la acción de control con saturación y actualización correcta de la acción de control (líneas punteadas).

Observe cómo el efecto de la saturación no solo hace que el rechazo de la perturbación sea más lento (líneas discontinuas) que en el caso sin saturación (líneas continuas), sino que también provoca un gran sobrepaso de la variable de proceso frente a la señal de referencia (en este ejemplo por valores menores que la referencia). Las señales de control con una actualización de saturación correcta (líneas punteadas y discontinuas) demuestran que esta estrategia evita que se produzca el efecto de *windup*.

Existen varias estrategias *anti-windup* y todas tienen la idea básica de evitar que el integrador del controlador continúe cargándose/descargándose cuando ocurre la saturación. En este libro, solo presentaremos dos estrategias, una para la implementación digital y otra para la implementación analógica.

Sin embargo, antes de pasar a la parte de análisis específico de estas estrategias, discutiremos un último punto. Una pregunta que podríamos hacernos es: ¿no sería mejor cambiar el ajuste de los parámetros del controlador PI para evitar la saturación, en lugar de utilizar alguna estrategia *anti-windup*?

Tenga en cuenta que, para evitar que la señal de control se sature durante el régimen transitorio, es decir, que no supere los límites inferior o superior de la banda de actuación, es necesario que la señal se limite al intervalo $[u_{\min}\,,\, u_{\max}]$ durante todo el régimen de transición. Sin embargo, esto implicaría una respuesta más lenta para la variable de proceso.

Destacamos que el mismo tipo de comportamiento puede ocurrir ante una perturbación, ya que si el control es ajustado para no saturar, presentará una respuesta transitoria más lenta.

Así, la solución que utiliza un control saturado con corrección de *windup* es más interesante, siempre que logremos evitar oscilaciones y grandes sobrepasos en la respuesta transitoria del sistema.

Usaremos el ejemplo del tanque fermentador discutido anteriormente en este capítulo. Si quisiéramos llenar el tanque hasta cierto nivel, la estrategia más eficiente es utilizar el caudal máximo hasta que el nivel alcance el valor deseado y luego cerrar la válvula que alimenta al fermentador al instante. La implementación perfecta de esta estrategia requiere un control instantáneo y no lineal, usando $u(t) = u_{\max}$, para cada instante de tiempo t tal que $y(t) \leq r(t)$ y $u(t) = 0$, desde el siguiente instante. Sin embargo, observe que un control PI con *anti-windup* se acerca mucho a esta estrategia ideal.

Ilustraremos las diferencias entre las respuestas de un proceso continuo, descrito por una EDO de primer orden con $K_e = 1$, $K_q = 1$ y $\tau = 2$, con dos controles PI diferentes, uno que deja que la acción de control se sature y usa un *anti-windup* (PI-1, líneas continuas) y uno más conservador, que no permite que la variable manipulada alcance la saturación (PI-2, líneas discontinuas), ajustado para respuestas menos agresivas. Consideramos una perturbación escalón de amplitud 1,5 en el instante de tiempo $t = 15$s. La saturación está dada por $u \in [-2, 2]$.

La Figura 11.12 muestra las respuestas usando las estrategias de control PI-1 y PI-2. Como se puede observar, la estrategia con *anti-windup* (PI-1) permite una respuesta más rápida y que rechaza mucho mejor la perturbación, gracias al uso de una acción de control que es más rápida, pero que deja el régimen de saturación en el momento correcto.

11.5.2. *Anti-windup* digital

Para formalizar la implementación de una estrategia PI *anti-windup*, revisaremos a continuación el código discreto que incluye el cambio entre modos manual y automático, con el factor de ponderación de la referencia, incluyendo el efecto de saturación:

- Paso 0: Se define la ganancia directa del proceso: cuando positiva, se inicializa $p = 1$ y cuando negativa, se inicializa $p = -1$
- Paso 1: Lea A (modo de operación).
- Paso 2:
    - Caso $A = 1$ y $A_a = 0$, Lea u_{manual} y guarde el valor leído en u_a. Lea la referencia r y la variable de proceso y. Inicialice $r_a = r$ y

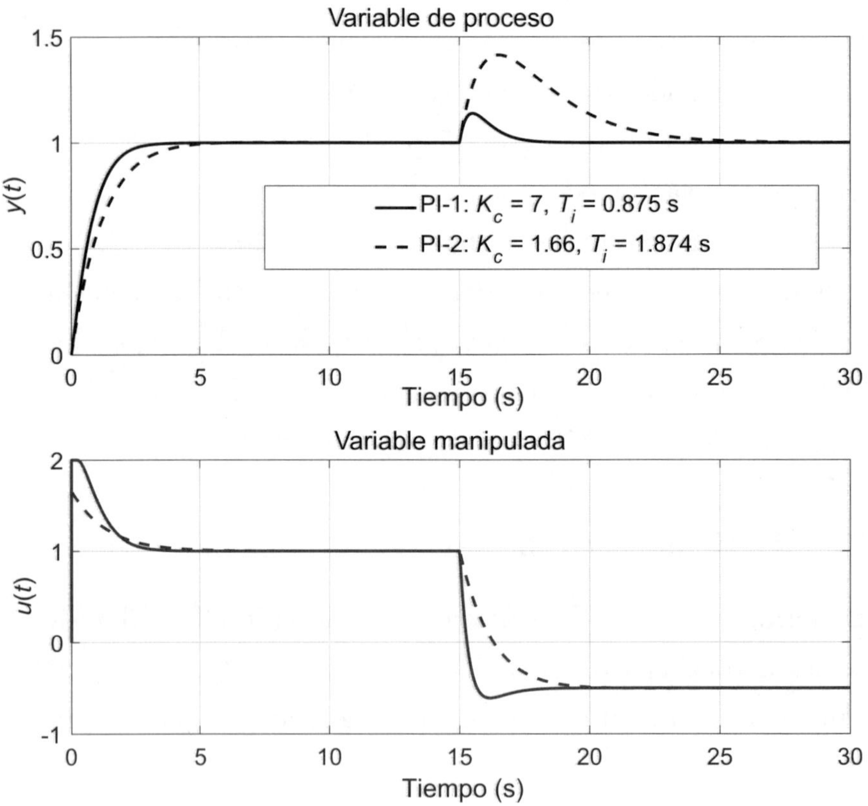

Figura 11.12 – Respuesta del sistema con controladores PI-1 y PI-2.

$y_a = y$. Continuar en el Paso 3.

- Caso $A = 1$ y $A_a = 1$, continuar en el Paso 3.
- Caso $A = 0$ y $A_a = 1$, defina $u = u_a$. Continuar en el Paso 9.
- Caso $A = 0$ y $A_a = 0$, Continuar en el Paso 8.

- Paso 3: Lea los valores de K_p, K_i y b.
- Paso 4: Calcule el control $u = u_a + p(K_p b + K_i T_s)r - pK_p br_a - p(K_p + K_i T_s)y + pK_p y_a$.
- Paso 5:
  - Caso $u_{\min} \leq u \leq u_{\max}$, se aplica u al proceso.
  - Caso $u < u_{\min}$, defina $u = u_{\min}$ y aplique u al proceso.
  - Caso $u > u_{\max}$, defina $u = u_{\max}$ y aplique u al proceso.
- Paso 6: Se actualizan las variables: $u_a = u$, $r_a = r$, $y_a = y$, $A_a = A$.
- Paso 7: Retorne al Paso 2.
- Paso 8: Lea u_{manual} defina $u = u_{\text{manual}}$.
- Paso 9: Se aplica u al proceso.
- Paso 10: Retorne al Paso 1.

Comparando este código con el código del control PI anterior, solo agregamos los pasos 5 y 6 para incluir la saturación de la señal de control y la actualización correcta de las variables del sistema de control.

Ejemplo 94 *Control de inventarios de una fábrica*
En este ejemplo, recuperaremos el control del inventario del almacén que ya analizamos en capítulos anteriores, que es un proceso naturalmente discreto.

Para este proceso, analizaremos el uso de la estrategia de control PI con anti-windup.

El modelo del sistema viene dado por:

$$E(k) \;=\; E(k-1) + P(k-d) - V(k) \quad . \tag{11.18}$$

El índice k es natural y representa el tiempo en días, $E(k)$ representa el stock a controlar, $P(k)$ los pedidos o variable manipulada, $V(k)$ las ventas o perturbaciones y d es la demora en días desde que el pedido se envía a la fábrica y llega al almacén.

En este ejemplo, consideramos que la capacidad máxima del almacén es de cinco mil cajas, un límite superior de ventas por día de doscientas cajas, un límite superior de entrada de producto por día de doscientas cajas y un retardo discreto de $d = 3$ días.

En este caso, el control PI utilizado se ajusta de tal forma que la respuesta del sistema sea suave, con el objetivo de mantener el nivel de stock cercano a la mitad de la capacidad de dos mil quinientas cajas, evitando siempre vaciar o sobrecargar el almacén.

Usaremos el ajuste del PI con el método de Skogestad para plantas integradoras, especificando un tiempo de respuesta de lazo cerrado esperado de cinco días. Por lo tanto, usamos $\tau_{MF} = 5$ días y dado que el modelo continuo análogo se da con $L = 3$ días y $K_v = 1$, los parámetros de ajuste son:

$$K_c = \frac{1}{8} \qquad y \qquad T_i = 12 \quad . \tag{11.19}$$

El PI discreto se implementa usando $K_p = \frac{1}{8}$ y $K_i = \frac{K_c}{T_i} = \frac{1}{96}$, considerando el tiempo de muestreo de $T_s = 1$ día, según la siguiente ley, *considerando constante r:*

$$\begin{cases} P(k) &= \quad P(k-1) + (K_p + K_i T_s)(r - E(k)) - K_p(r - E(k-1)) \quad , \\ P(k) &= P(k-1) + 0{,}1354(2500 - E(k)) - 0{,}125(2500 - E(k-1)) \quad . \end{cases}$$

Para efectos de simulación, se consideró un año completo, con trescientos sesenta y cinco días de operación, con un perfil de ventas dado por doscientas cajas vendidas por día en los primeros cien días, ninguna caja vendida en los cien días siguientes y ochenta cajas vendidas por día en los últimos sesenta y cinco días. La idea del ejemplo es mostrar una situación difícil de controlar, con un período sin ventas y variaciones bruscas en el perfil de ventas.

Mostraremos dos situaciones, una con control PI sin anti-windup y otra con anti-windup. La Figura 11.13 muestra el resultado del caso simulado con PI sin anti-windup, considerando una situación puramente teórica, es decir, sin poner límites físicos al almacén. En este caso, observamos que el sistema no respeta los límites predeterminados y el stock E asume valores superiores a cinco mil piezas y menores a cero, lo que sería físicamente imposible. Para una mejor visualización, se interpolaron los valores discretos, mostrando curvas continuas de todas las variables.

Es evidente que esta situación simulada no es posible, pero podemos ver a través de esta simulación que el control diseñado no podría mantener el stock bien regulado. Tenga en cuenta que entre los días cien y ciento treinta aproximadamente, los pedidos se saturan en doscientas cajas incluso después de que las ventas caen a cero, ya que la integral del error está sobrecargada (como se muestra en el cuarto gráfico de la figura). Lo mismo ocurre después del día doscientos, cuando las ventas comienzan de nuevo, pero los pedidos permanecen en cero, lo que hace que la integral del error permanezca negativa durante un largo período de tiempo. Por lo tanto, la saturación de la acción integral provoca una respuesta inadecuada de ese sistema.

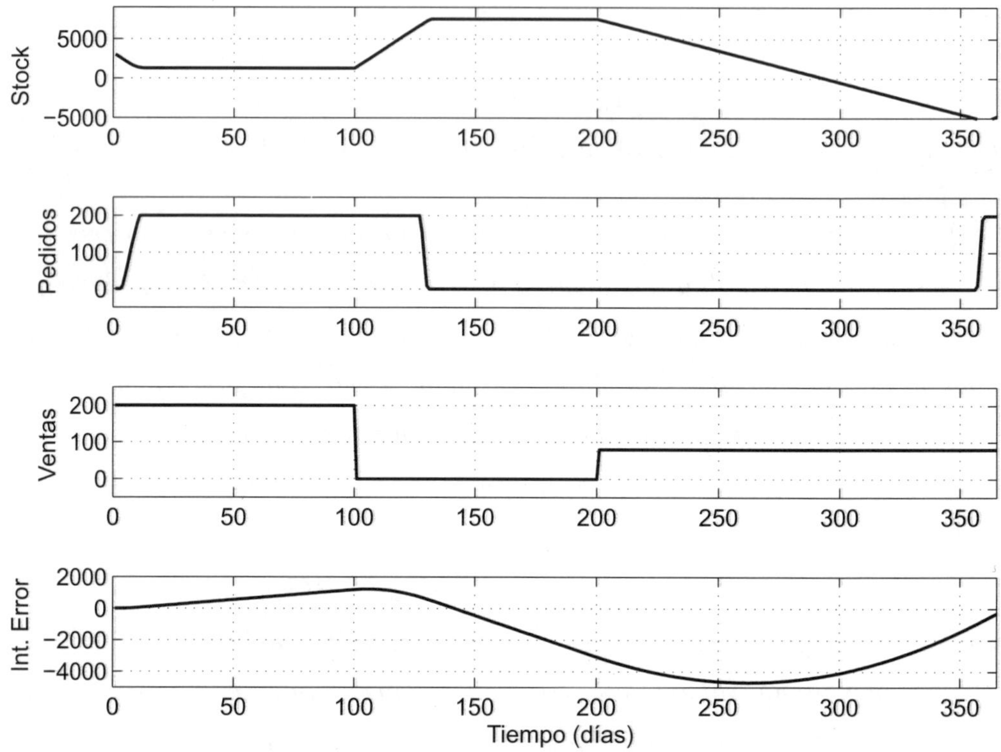

Figura 11.13 – Resultado de aplicar el control PI en el almacén para el control de stock, sin utilizar una estrategia *anti-windup.*

En la Figura 11.14, presentamos las simulaciones del mismo caso, considerando ahora la inclusión de una solución anti-windup. Como se puede ver, el inventario se mantiene dentro de los límites y cuando las ventas se estabilizan, el controlador lleva el stock a la referencia deseada de 2500 piezas.

En esta figura, también podemos ver que la integral del error permanece entre cero y doscientos y cómo los pedidos salen de la saturación rápidamente después de cambios en el número de cajas vendidas (en los días cien y doscientos). Por tanto, el control PI propuesto con la estrategia anti-windup tiene un resultado satisfactorio para el proceso.

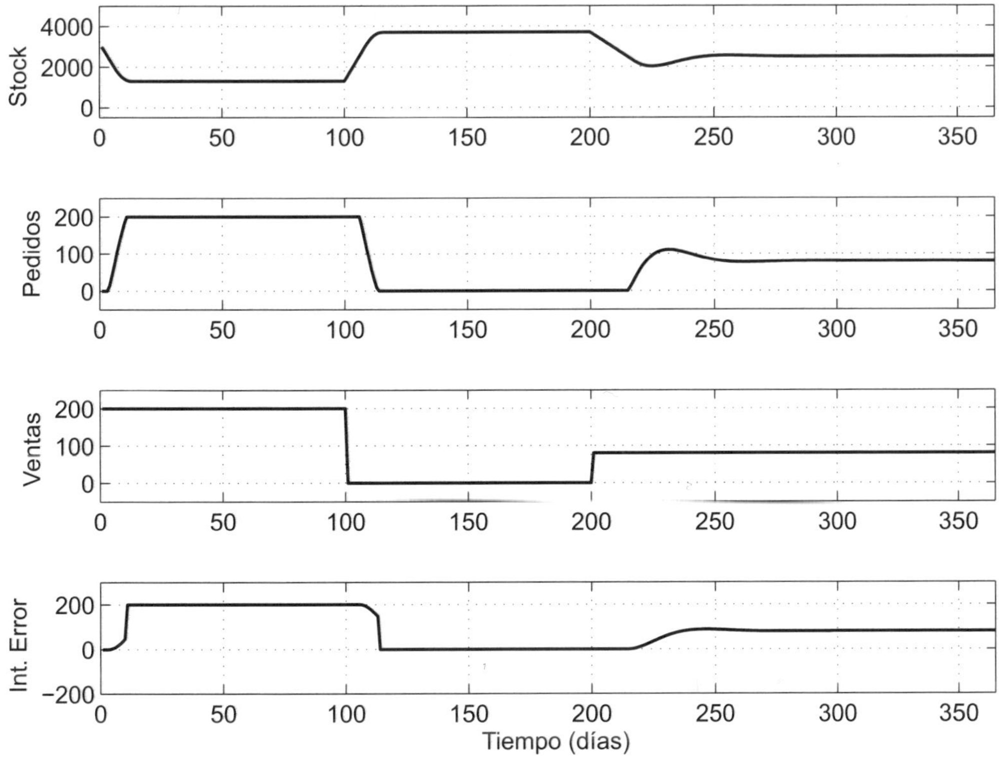

Figura 11.14 – Resultado de aplicar un control PI en el almacén para control de stock, utilizando una estrategia *anti-windup*.

11.5.3. *Anti-windup* analógico

Analizaremos ahora la estrategia de descarga de acción integral en una implementación analógica como la que se presenta en la Figura 11.15, considerando un PI cuya ecuación de control está dada por: $u(t) = K_c e(t) + \frac{K_c}{T_i}\left(\int_0^t e(\mu)d\mu\right)$.

En este diagrama de bloques, podemos ver que el bloque integrador del PI integra una señal que es la suma de la señal normal del PI $\frac{K_c}{T_i}e(t)$ con la señal $K_{aw}(u_r(t) - u(t))$ que sirve para corregir la acumulación de la integral.

Cuando no ocurre la saturación, tenemos $u(t) = u_r(t)$, una ley de control PI sin estrategia de compensación *anti-windup*, dado que la entrada del bloque K_{aw} es cero . Cuando el sistema se satura en el límite superior $u_{\max}$,

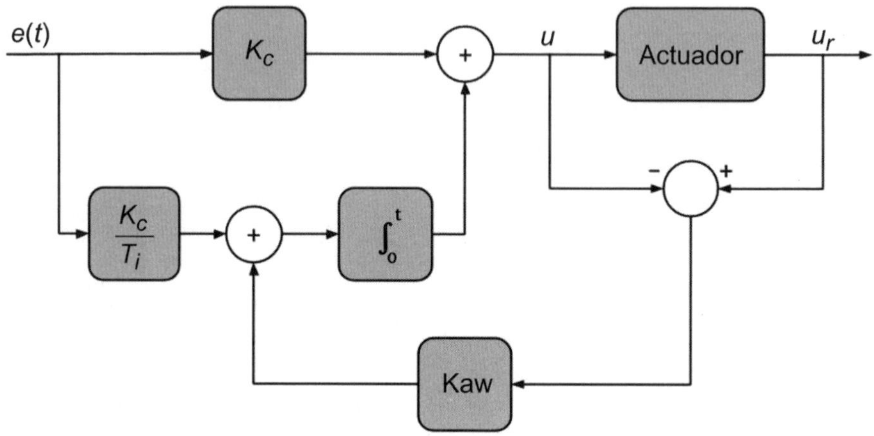

Figura 11.15 – Diagrama de bloques: implementación de la acción *anti-windup* analógica.

observamos $u_r(t) < u$ y por lo tanto la entrada del bloque K_{aw} es negativa y su salida hace que la acción integral disminuya, ayudando, a su vez, a que la señal de control $u(t)$ salga de la saturación. En el caso de que la señal de control $u(t)$ se sature en el límite inferior $u_{\min}$, tenemos $u_r(t) > u(t)$ y la entrada de el bloque K_{aw} será positiva, causando que la integral aumente, evitando que u continúe disminuyendo. De esta forma, la estrategia corrige el efecto de *windup*. Esta estrategia tiene un parámetro de ajuste, que es la ganancia K_{aw}. Valores muy pequeños de esta ganancia pueden hacer que el efecto de compensación sea nulo y por lo general, se debe elegir $K_{aw} > \frac{K_c}{T_i}$.

Cabe señalar que esta estrategia también se puede implementar digitalmente, discretizando las ecuaciones correspondientes al diagrama de bloques presentado y escribiendo un código equivalente. La implementación digital de esta estrategia se propone como un ejercicio en la lista al final de este capítulo.

Terminaremos esta sección con un ejemplo del uso de esta estrategia para ilustrar el efecto del ajuste de la ganancia *anti-windup* K_{aw}.

Ejemplo 95 *En este ejemplo utilizaremos el modelo de un intercambiador de calor vapor-agua, cuyo modelo dinámico viene dado por la siguiente EDO:*

$$2\frac{dT(t)}{dt} = 6V(t) + 6T_v(t) \quad , \tag{11.20}$$

siendo T la temperatura del agua de salida (que es la variable de proceso), V el caudal de vapor (variable manipulada) y T_v la temperatura del vapor de entrada (perturbación).

Inicialmente consideraremos el ajuste básico del PI con $K_c = 1$ y $T_i = 1$ y un cambio de referencia de tipo escalón unitario en tiempo cero, además de un escalón de perturbación de amplitud 0,5 en 6 segundos. La región operativa del control viene dada por el rango: $[-0{,}5, 0{,}5]$.

Mediante simulaciones, comparamos la respuesta del sistema con y sin estrategia anti-windup, para dos ajustes diferentes de la ganancia K_{aw}. En la Figura 11.16, presentamos las señales resultantes para el caso de $K_{aw} = 2$. Las curvas en línea continua muestran las respuestas para el caso sin anti-windup y las curvas discontinuas para el caso con anti-windup.

Como puede verse, la respuesta del sistema con este ajuste anti-windup funciona muy bien para los cambios de referencia, evitando el sobrepaso en la respuesta. Tenga en cuenta que la acción de control no se satura para la respuesta de perturbación.

Para finalizar esta discusión, la Figura 11.17 muestra el resultado obtenido con un ajuste más agresivo del control PI ($K_c = 2$ y $T_i = 0{,}6s$), usando un nuevo valor de ganancia anti-windup $K_{aw} = 2{,}5$. En este caso, la amplitud de la perturbación aumenta a 0,65, lo que hace que la acción de control se sature también en la respuesta de rechazo a la perturbación. Notamos que la respuesta para el cambio de referencia con anti-windup (curvas discontinuas) es muy buena, subiendo a máxima velocidad y deteniéndose rápidamente para alcanzar el valor de la referencia sin sobrepasos.

También notamos que la respuesta a perturbaciones presenta un me-

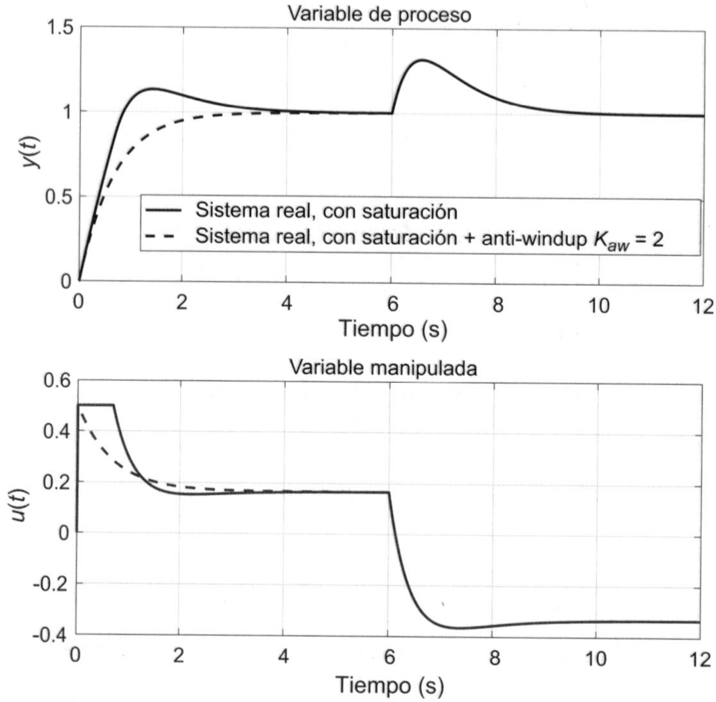

Figura 11.16 – Intercambiador de calor: control de temperatura con un controlador PI ($K_c = 1, T_i = 1$s) con *anti-windup*, con $K_{aw} = 2$ (líneas discontinuas) y sin *anti-windup* (líneas continuas).

nor tiempo de asentamiento, ya que la acción de control satura, pero el anti-windup evita que la variable de proceso tenga un sobrepaso negativo. También señalamos que el PI con anti-windup lleva la variable de proceso a la referencia en casi la mitad del tiempo que tomaría el control sin anti-windup.

11.6. Comentarios finales

En este capítulo, analizamos varios problemas prácticos relacionados con la estrategia de control de PI. Mostramos cómo agregar un grado de libertad en el control a través de la ponderación de la referencia que puede mejo-

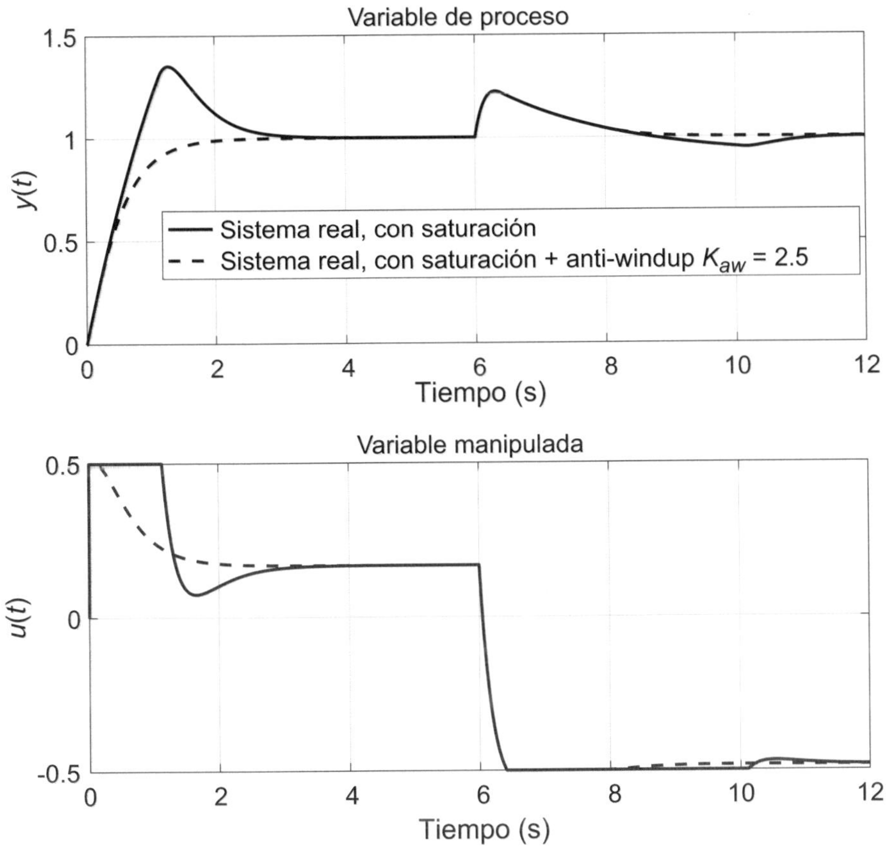

Figura 11.17 – Control de temperatura del intercambiador de calor con PI ($K_c = 2, T_i = 0{,}6$) con *anti-windup*, con $K_{aw} = 2{,}5$ (líneas discontinuas) y sin *anti-windup* (líneas continuas).

rar el compromiso entre las respuestas a los cambios de referencia y a las perturbaciones. También mostramos cómo usar una modificación de la ley de control PI para evitar el problema que causa la saturación en el lazo cerrado y también analizamos algunos aspectos de la implementación del control relacionados con la conmutación manual-automático.

Como se comentó, el algoritmo de control PI es una estrategia ampliamente utilizada en la industria. Para completar el estudio, en el próximo capítulo discutiremos los controladores proporcionales integrales derivados

(PID), que se obtienen agregando una porción derivada al control PI. Además, veremos algunos aspectos prácticos importantes, como el manejo de ruido y señales de perturbación medibles.

Lista de ejercicios y actividades propuestas

Ejercicios

1. Analice el control PI del pH del fermentador de etanol presentado al comienzo del capítulo. El modelo identificado en el punto de operación del proceso es de primer orden con retardo y tiene $K_e = -1$, $K_q = 2$, $\tau = 11$s y $L = 1$s:

$$11\frac{dpH(t)}{dt} + pH(t) = -V_a(t-1) + 2V_c(t-1) \quad ,$$

siendo el caudal de ácido V_a la variable manipulada y el caudal de caldo V_c la perturbación. Ajuste un PI para este proceso utilizando el método de Zeigler-Nichols, analice por simulación las respuestas ante perturbaciones de V_c. Observe las respuestas a un cambio de referencia y analice la presencia y la magnitud del sobrepaso de esta curva. Utilice el ajuste de la ponderación de la referencia b para mejorar esta respuesta.

2. Analice el control PI de la temperatura del fermentador de etanol presentado al comienzo del capítulo. El modelo identificado en el punto de operación del proceso es de primer orden con retardo y tiene $K_e = -0{,}57$, $K_q = 1$, $\tau = 1{,}2$h y $L = 0{,}2$h:

$$1{,}2\frac{dT(t)}{dt} + T(t) = -0{,}57a(t-0{,}2) + T_a(t-0{,}2) \quad ,$$

siendo la variable manipulada la apertura de la válvula de agua a que alimenta al intercambiador de calor y su temperatura T_a la perturbación. Ajuste un PI para este proceso utilizando el método de Skogestad, analice mediante simulación las respuestas a los cambios de la referencia y a las perturbaciones de tipo escalón en la señal $T_a(t)$. Evalúe la posibilidad de utilizar el ajuste b. Implemente el control

PI digitalmente y simule comparando con el caso simulado de forma continua. Evalúe la elección del período de muestreo T_s utilizando diferentes valores y comparando los resultados.

3. Implemente digitalmente la estrategia *anti-windup* que se muestra en la Figura 11.15. Para eso, discretice las ecuaciones en el diagrama de bloques presentado y escriba un código equivalente. Estudie por simulación un sistema de control de nivel de un tanque con un modelo:

$$10\frac{dh(t)}{dt} = V_e(t) - V_s(t) \quad ,$$

donde V_s es la variable manipulada y V_e es la perturbación. Implemente varios ajustes de PI y simule varios casos de perturbaciones y use la estrategia *anti-windup* implementada tanto analógica como digitalmente. Compare los resultados.

4. Implemente un código de simulación para el control de stock en el almacén que se presenta en este capítulo. Proponga diferentes situaciones con diferentes perfiles de ventas y analice el desempeño del sistema usando simulaciones.

5. Implemente un código de simulación para usar un control PI con transición de manual a automático. Como ejemplo de un proceso use el modelo de un horno dado por:

$$5\frac{dT(t)}{dt} + T(t) \;=\; 5P(t) + T_a(t) \quad , \tag{11.21}$$

donde la potencia P es la variable manipulada y la temperatura ambiente T_a es la perturbación; el tiempo es dado en minutos. Utilice un escenario en el que el operador lleva al proceso desde $t = 0$ con $T = T_a = 20\,^{\circ}\mathrm{C}$ manualmente hasta que el horno alcance la temperatura de funcionamiento $T = 200\,^{\circ}\mathrm{C}$ y solo en este momento, conecta el control en automático. Considere que el horno funciona durante dos horas y luego se cambia a manual para controlar el enfriamiento.

Actividad propuesta

La intensificación del desplazamiento humano y el transporte de mercancías en las últimas décadas favorecieron la ruptura de barreras ecológicas, proporcionando un aumento significativo en la introducción de especies invasores en ecosistemas. Estas invasiones biológicas se señalan como una de las principales causas de pérdida de biodiversidad en el planeta, generando preocupación en los distintos entornos en los que se introducen, como es el caso del mejillón dorado (*Limnoperna fortunei*, visto en la Figura 11.18). El mejillón dorado se considera una especie exótica invasora en América del Sur y desde que ingresó a esta región, ha provocado cambios en la dieta de varias especies de peces, que probablemente se aprovechan de su alta abundancia en el medio ambiente. En la parte alta del río Uruguay, el *L. fortunei* se registró por primera vez en el año 2012 y desde entonces, se han estudiado los daños que trajo a la vida de los peces del río.

En este problema, la vida de los peces en este río es cuantitativamente caracterizado por el uso del factor de condición (K). Este factor se parece al índice de masa corporal humana (IMC), en cierto modo. A través de él, se puede concluir sobre la calidad de vida de las especies de peces. En un estudio realizado con datos reales, se observó que hubo un aumento significativo en el factor de condición de las especies *Iheringichthys labrosus* y *Schizodon nasutus* luego de la invasión del mejillón dorado.

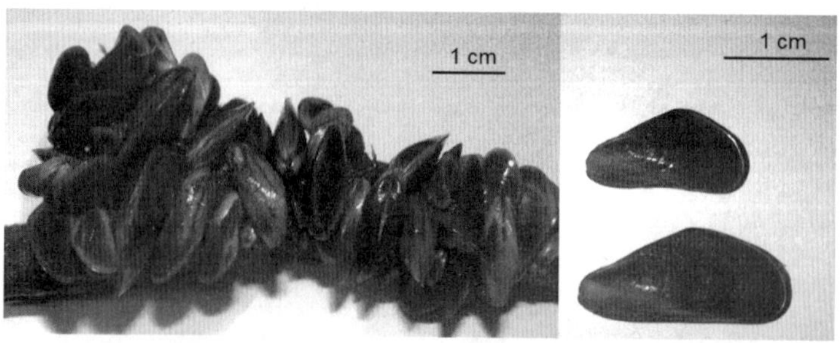

Figura 11.18 – Mejillón dorado adulto.

Hipótesis

Para el desarrollo de este trabajo se asume que:

1. La dinámica temporal (discreta) del factor de condición de la especie *Iheringichthys labrosus* y *Schizodon nasutus* se puede describir en términos de la presencia de mejillones (u) y de factores acuáticos extraños, como la disponibilidad de recurso alimentario en el agua (q, dado entre 0 y 1000 unidades de recursos por m^3).

2. La presencia (o no) de este invasor está representada por una función escalón que va de 0 a 100 %, como se muestra en la Figura 11.19.

3. En este trabajo, la escala de tiempo está en meses. Se realiza un muestreo cada tres meses.

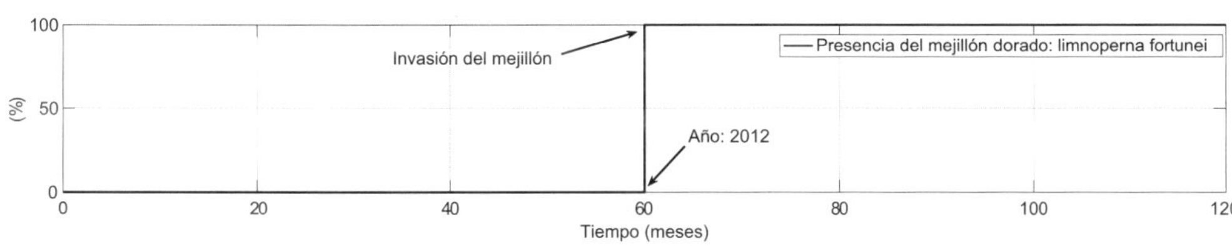

Figura 11.19 – Presencia del mejillón dorado en el alto río Uruguay.

Modelo

Considere el siguiente modelo para el factor de condición de la especie *Iheringichthys labrosus* y *Schizodon nasutus*, respectivamente, según la presencia de este invasor ecológico:

$$\begin{aligned} K_{labrosus}(k) &= 0{,}6K_{labrosus}(k-1) \\ &+ 0{,}2u(k-1) + 0{,}04q(k-1) \quad , \end{aligned} \tag{11.22}$$

$$\begin{aligned} K_{nasutus}(k) &= 0{,}7K_{nasutus}(k-1) \\ &+ 0{,}15u(k-1) + 0{,}04q(k-1) \quad , \end{aligned} \tag{11.23}$$

donde K representa el factor de condición y k es la escala de tiempo discreto (muestras). K se da en una escala normalizada, es decir, de 0 a 100 %.

Tenga en cuenta que: los factores de condición por debajo de 50 % son considerado saludables, y los factores de condición mayores que ese valor son peligrosos para la continuidad de la vida de esa especie.

Para controlar el efecto de este invasor sobre la vida marina, se agrega cloro al agua. Este compuesto regula la cantidad de mejillones en el agua muy rápidamente (dado el muestreo de tres meses), sin afectar tanto la vida de otros animales marinos. Se considera, entonces, que después del año 2016 , la señal de control u se da de acuerdo con la siguiente ley:

$$u(k) = 100 - C_\ell(k) \ ,$$

donde $C_\ell(k)$ representa la tasa de inyección de cloro al agua. Esta variable también está normalizada (dada desde 0 a 100 %), pero es imperativo tener en cuenta que puede asumir el valor máximo de 70 %.

Para controlar el valor K de las condiciones de vida de las dos especies de peces mencionadas, a través del filtrado del mejillón dorado (dado por la inserción de cloro en el agua), se proponen dos estrategias de control distintas:

Proporcional

$$e(k) = R_j(k) - K_j(k) \ , \tag{11.24}$$

$$C_\ell(k) = K_p e(k) + BIAS(k) \ . \tag{11.25}$$

Proporcional-integral

$$e(k) = R_j(k) - K_j(k) \ , \tag{11.26}$$

$$C_\ell(k) = K_c e(k) + \frac{K_c}{T_i} i(k) \ , \tag{11.27}$$

donde j puede representar una de las dos especies. La señal $i(k)$ representa una aproximación discreta para la señal integral de $e(k)$ a lo largo del tiempo k.

Tenga en cuenta que el control es ajustado para una de las especies y su acción sobre el factor de condición del otro es solo una consecuencia (las dinámicas son desacopladas). Así, elija una especie de pez (*I. labrosus* o *S. nasutus*) y adopte una estrategia de control. Como la señal de control actúa en todas las especies que están en el río, sus dinámicas temporales también se verán influenciadas.

Preguntas

Sobre este problema, se pregunta:

1. Antes de la invasión, estas especies de peces tenían factores K estables, respectivamente, iguales a 25 % (*I. labrosus*) y a 33,33 % (*S. nasutus*). En estas condiciones, determinar el valor de disponibilidad de los recursos hídricos antes de la presencia del mejillón, dada por $\hat{q}$. En secuencia, determine el valor final de los factores de condición después de la invasión del mejillón (sin el control) para cada una de las especies.

2. Considerando el límite de inyección de cloro en el agua, determine una referencia adecuada $r_j(k)$ para cada especie, asumiendo una disponibilidad constante de recursos igual a $\hat{q}$.

3. Proponga un método para calcular la integral del error $i(k)$, a cada iteración. A partir de aquí, elija solo una de las especies para controlar y por el momento, mantenga q constante e igual a $\hat{q}$.

4. Escriba un código para simular el efecto de la invasión del mejillón dorado en la vida (factor K) de las dos especies de peces estudiados, a través de Matlab. Luego, realice una simulación de una invasión de tres años de duración.

5. Adaptar el código del punto anterior para incorporar una estrategia de control P con BIAS para el control del factor de condición. Es posible garantizar factores de condición saludables a pesar de las variaciones de q? Para esto, considere q como una señal de tipo escalón de amplitud 500 (comenzando desde $\hat{q}$).

6. Ahora compare la estrategia anterior con un controlador PI. Analice el rechazo de perturbaciones de q, seguimiento de referencias y tiempo

de respuesta. Considere el mismo tipo de perturbación q que en el punto anterior.

7. Planifique, si es posible, una estrategia de PI que tenga en cuenta el error medio o los errores de las dos especies de peces. Elabore una respuesta analítica.

Actividad práctica: kit experimental motor-generador

El objetivo de esta actividad es: (1) implementar y analizar una estrategia de control proporcional-integral cuando la señal de control se satura e incluir una acción *anti-windup* en el control; (2) estudiar los cambios de funcionamiento entre dos modos: Automático y Manual. Para ello, se proponen los siguientes pasos:

- Adecuar el código de implementación de la estrategia de control PI aplicada al kit experimental, realizada en el capítulo anterior, incluyendo una estrategia tipo *anti-windup* y una lógica de operación de conmutación entre dos modos: Automático y Manual. Recuerde que, en modo Automático, la acción de control la define el controlador tipo PI, al que se le pasa la señal de referencia; en modo Manual, el valor de la variable manipulada aplicada al motor se define directamente.

- Para este experimento, ajuste los parámetros de la ley de control K_c y T_i mediante la metodología de ajuste básica, considerando $L = 0$ y una respuesta agresiva.

- Manteniendo solo el modo automático, realice varios cambios de referencia y aplique perturbaciones manuales en el eje del motor para hacer que la señal de control se sature. Observe las respuestas y compárelas con el caso estudiado anteriormente sin la estrategia *anti-windup*. ¿Los resultados son consistentes con los analizados en la teoría? ¿Cómo son las respuestas transitorias observadas? Explique cómo funciona la estrategia *anti-windup*.

- Estudie con experimentos, los efectos causados en las respuestas por las variaciones en los parámetros de ajuste del PI. ¿Qué pasa si el controlador es menos agresivo? Observe si los resultados son los esperados desde un punto de vista teórico.

- Para una de las configuraciones anteriores, realice experimentos cambiando los valores de la referencia. Observe el efecto en la respuesta del sistema y vea si el resultado concuerda con el análisis teórico. También use variaciones de perturbación de carga en los experimentos y analice las respuestas.

- Realice experimentos con un control PI no agresivo pasando de manual a automático y de nuevo a manual. Observe si las respuestas del sistema se deterioran en el momento del cambio. ¿Qué sucede con la señal de control en los cambios de modo? ¿Esta transición es suave? Si no es así, revise la implementación del módulo de pasaje manual-automático.

Problema resuelto

Un sistema de control de temperatura para un horno en una industria de cerámica utiliza un control PI que actúa sobre la apertura de la válvula de gas que alimenta el quemador, como se muestra en la Figura 11.20. En esta figura, $T(t)$ es la temperatura del horno y $u(t)$ la señal enviada a la válvula de gas para regular su apertura.

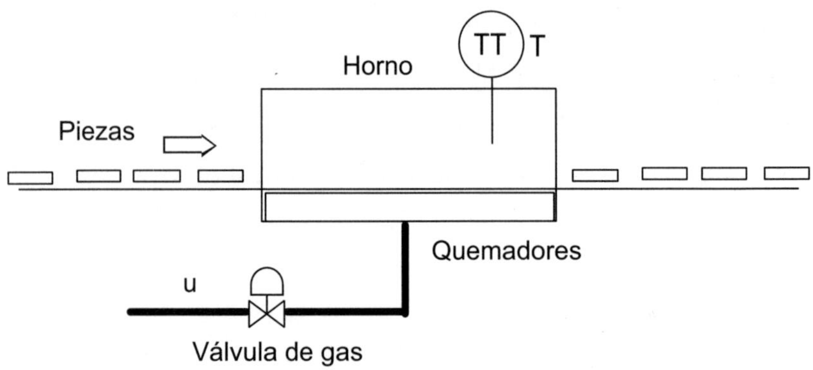

Figura 11.20 – Sistema de control de temperatura para horno cerámico.

Se supone que la dinámica del horno que relaciona T con u está bien representada por un modelo de primer orden en la cercanía de las condiciones de operación, con ganancia estática K_e y constante de tiempo τ.

La Figura 11.21 muestra el resultado de un experimento realizado en lazo cerrado con el control PI solo con la ganancia proporcional activada, siendo $K_p = 5$ y BIAS $= 35\,\%$, comenzando desde el punto de operación $70\,\%$ de temperatura y $35\,\%$ de apertura de la válvula de control. Las variables están normalizadas y pueden variar entre 0 y $100\,\%$.

El resultado de este experimento debe usarse para encontrar el modelo del proceso y posteriormente ajustar un controlador PI, utilizando la siguiente regla de ajuste: $K_c = 3/K_e$ y $T_i = 0{,}75\tau$.

- Encuentre el valor de los parámetros K_e y τ del modelo del horno.
- Si la referencia se cambiara a $75\,\%$, ¿cuál sería el valor de la temperatura del horno en régimen permanente con control proporcional para

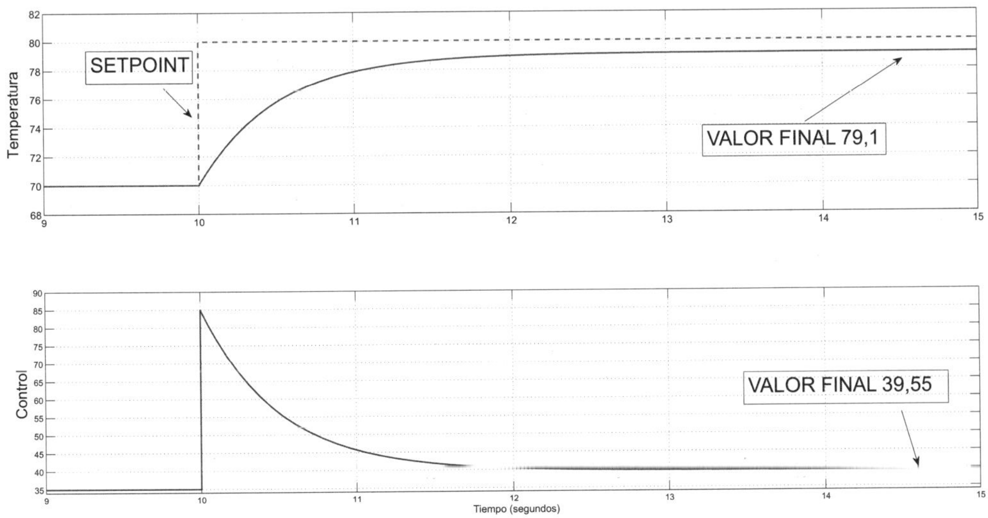

Figura 11.21 – Resultado del experimento con un cambio de referencia en el sistema de control de temperatura de un horno cerámico con control proporcional.

el mismo $K_p = 5$ y BIAS $= 35\,\%$?

- Ajuste el PI utilizando el método propuesto. ¿Necesita mantener el BIAS en su control PI? Si es así, ¿qué BIAS usar?
- Si la referencia se cambiara a $60\,\%$, ¿cuál sería el error entre la referencia y la temperatura de equilibrio después del transitorio con el control PI ajustado? ¿Porque?
- El control PI debe programarse en un microcontrolador. Escriba el código de control. ¿Cómo se puede elegir el período de muestreo?

Resolución

a) El sistema presentado tiene la forma

$$\tau\frac{dy(t)}{dt} + y(t) \quad = \quad K_e u(t) \quad ,$$

donde las señales $y(t) = T(t)$ y $u(t) = av(t)$ corresponden a la temperatura y la apertura de la válvula, respectivamente.

En el punto de operación inicial tenemos $T = 70\,\%$ y $av = 35\,\%$, en lazo cerrado, considerando un $K_p = 5$ y un BIAS $= 35\,\%$, tenemos el siguiente diagrama de la Figura 11.22.

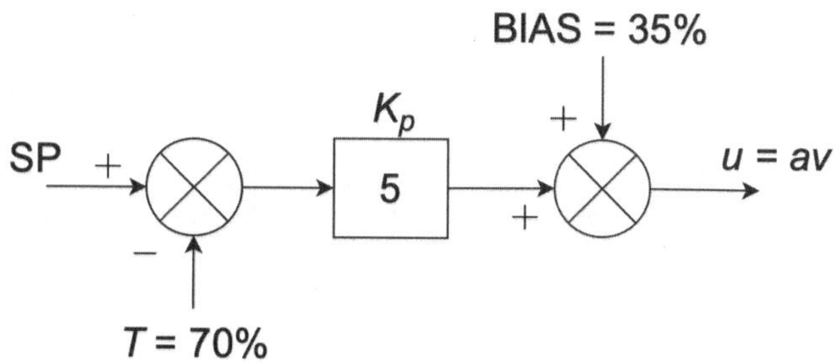

Figura 11.22 – Diagrama de bloques del sistema.

Observamos que el horno esta en punto de operación $T_\infty = 70\,\%$, o sea que la acción del BIAS mantiene el error nulo con $av = 35\,\%$. Por tanto, obtenemos:

$$K_e = \frac{70\ \%}{35\ \%} = 2 \quad .$$

Para analizar la parte dinámica, calculamos la constante de tiempo de lazo cerrado del sistema:

$$\tau_{\text{MF}} = \frac{\tau}{1 + K_e K_p} \quad .$$

En este caso, analizando el gráfico de respuesta de lazo cerrado, podemos determinar aproximadamente el valor del parámetro τ_{MF}.

Sabemos que, después de aplicar el escalón, el tiempo que tarda la respuesta en llegar a $63\,\%$ de la variación de la respuesta final es aproximadamente igual a τ_{MF}.

Al analizar el primer gráfico de la Figura 11.21, observamos una variación final de 9,1°C (79,1°C – 70°C) y por lo tanto 63 % de ese valor es 5,733°C. Por lo tanto, buscamos en la curva de $T(t)$ el valor de 75,733°C, encontrando un valor de tiempo de 10,5 s, es decir, desde el instante en que se aplicó el paso al valor de 63 %, tenemos 0,5 s. Por lo tanto, como $\tau_{\mathrm{MF}} = 0{,}5$, tenemos:

$$\tau = 0{,}5(1+2(5)) = 0{,}5(11) = 5{,}5 \quad \mathrm{s}\,.$$

Los valores encontrados son:

$$K_e - 2 \quad \mathrm{y} \quad \tau = 5{,}5 \quad \mathrm{s} \quad .$$

b) Si la referencia pasa a 75 %, para el sistema en equilibrio en el nuevo punto de operación con el control P, tenemos:

$$\begin{aligned} e_\infty &= r_\infty - 2(\mathrm{BIAS} + K_c e_\infty) \quad , \\ e_\infty &= 75 - 70 - 10 e_\infty \quad , \\ 11 e_\infty &= 5 \quad . \end{aligned}$$

Por tanto, el error de régimen permanente será de aproximadamente 0,45 %. Por lo tanto, el valor de temperatura del horno en régimen permanente será $T_\infty = 74{,}55\,\%$.

c) El ajuste del controlador PI viene dado por $K_c = \frac{3}{K_e}$ y $T_i = 0{,}75\tau$. Así, obtenemos:

$$K_c = \frac{3}{2} \quad ,$$
$$T_i = 0{,}75(5{,}5) = 4{,}125\,\mathrm{s} \quad .$$

d) Incluso si la referencia cambia a 60 %, el error en régimen permanente (después del estado transitorio) será nulo, porque el controlador tiene una acción integral y consideramos que el sistema de lazo cerrado es estable.

Recordando que la acción integral solo puede tener una acción de control constante si su entrada es cero, por lo que siempre llegará a un punto de equilibrio con $e = 0$, considerando un sistema de lazo cerrado estable.

e) El código debe seguir la siguiente lógica:

```
Inicializa;
u_ia = u manual;
Leer T(k), r(k);
Calcular e(k) = r(k) - T(k);
Calcular u_i = u_ia + K_i e(k) T_s
         u_p = K_p e(k)
         u = u_i + u_p
Enviar  u;
Actualizar    u_ia = u_i;
Retorna a leer;
```

En general, el período de muestreo T_s se elige aproximadamente igual a 1/20 del tiempo de asentamiento de la respuesta de lazo cerrado esperada del sistema.

Capítulo 12

Control proporcional-integral-derivativo (PID)

En este capítulo, estudiaremos el controlador proporcional-integral-derivativo (PID). Esta es la estructura de control más utilizada en la industria, además de ser ampliamente conocida y estudiada en la academia. Los algoritmos de control PID se pueden encontrar en aplicaciones específicas de un solo lazo y en prácticamente todos los controladores lógicos programables (PLC). Los controladores PID también se encuentran como bloques específicos en todos los sistemas de control digital.

La estructura de control PID se consigue añadiendo una nueva acción de control a la estructura PI: la acción derivativa, que, como veremos, puede mejorar el rendimiento del controlador PI en algunas situaciones.

Así, en este capítulo comenzaremos presentando el concepto de acción derivativa para, posteriormente, analizar propiedades, nociones básicas de sintonía y aspectos prácticos de la implementación de esta estrategia de control.

Enfatizamos que, en este capítulo, también estudiaremos temas relacionados con la medición del ruido y el control anticipatorio acoplado a lazos PID, temas de gran importancia práctica.

12.1. La acción derivativa: prediciendo el futuro

El control PI, que presentamos en los Capítulos 10 y 11, combina ponderadamente dos acciones de control: la acción proporcional, que actúa solo sobre la base de la información de error presente (es proporcional al error entre la referencia - o una ponderación de ella - y la variable de proceso) y la acción integral, que actúa con la información del error pasado (integral de error desde el momento inicial de tiempo hasta el momento actual).

Entonces surge la siguiente pregunta: ¿podríamos mejorar el rendimiento de este controlador utilizando alguna información sobre el comportamiento futuro de la señal de error? Por tanto, tenemos dos aspectos a analizar:

1. ¿Qué ventajas tendríamos al utilizar el conocimiento sobre el comportamiento futuro del error en la acción de control?

2. Es evidente que el comportamiento futuro de las variables en un sistema de control no es una señal disponible. Por tanto, si se verifica que el uso de la información de la señal de error futura puede mejorar el rendimiento del controlador, ¿es posible utilizar algún tipo de estimación o predicción de la señal de error futura para agregarla al cálculo de la ley de control?

Comenzaremos analizando las ventajas de utilizar el conocimiento del comportamiento futuro de la señal de error en la ley de control. Para ello, consideremos un ejemplo de un proceso regulado a través de un esquema de control de lazo cerrado del tipo PI en un escenario para el cual ajustamos el controlador para que tenga una respuesta rápida.

Al aplicar un cambio de referencia de tipo escalón a este sistema, observaremos que la variable de proceso se mueve hacia la referencia con una cierta velocidad. El escenario "ideal" sería que esta variación de la variable de proceso sea instantánea, de modo que la variable de proceso se acerque mucho a la señal de referencia y que "frene" rápidamente para alcanzar el valor deseado sin sobrepasar.

Discutimos, con varios ejemplos y casos de estudio en el Capítulo 10, que, generalmente, cuando buscamos respuestas muy rápidas, terminamos teniendo como consecuencia sobrepasos u oscilaciones de la variable de proceso alrededor del valor de la referencia.

Para obtener una respuesta que desacelere en el momento oportuno, sería interesante que el controlador conociera, en cada instante, cuáles serían los valores de error futuros, para poder decidir de la mejor manera cuándo comenzar la desaceleración ("frenado") de la acción de control. Es decir, el conocimiento del comportamiento futuro del sistema podría ayudar en la construcción de una acción de control ideal, asegurando que la respuesta del sistema tenga el desempeño deseado.

Usaremos un modelo simple de un proceso discreto para discutir esta propiedad en términos matemáticos. Considere el siguiente modelo de tipo ED:

$$y(k) = ay(k-1) + bu(k-1) \quad . \tag{12.1}$$

Observe que, para este proceso, si queremos que la salida tenga un comportamiento futuro dado $y(k+1)$, podemos definir *a priori* los valores de $y(k)$ que queremos y calcular la señal del control resultante basándose en la secuencia de valores para y. Esto podría hacerse mediante la siguiente ley de control:

$$u(k) = (1/b)y(k+1) - (a/b)y(k) \quad . \tag{12.2}$$

Por lo tanto, si supiéramos los valores futuros de la salida del proceso (en este ejemplo, como el sistema es de primer orden, sería suficiente conocer el valor de la salida un paso por delante, $y(k+1)$), podríamos calcular la señal de control óptima para la respuesta deseada.

Observe que si el proceso tiene un retardo de d muestras entre la entrada y la salida, el modelo estaría dado por $y(k+1+d) = ay(k+d)+bu(k)$ y la ley de control vendría dada por $u(k) = (1/b)y(k+1+d) - (a/b)y(k+d)$. En este segundo caso, necesitaríamos conocer los valores de salida futuras d y $d+1$ pasos por delante del instante actual. Sin embargo, ambas leyes de control no son factibles, ya que los valores futuros de la salida no se conocen previamente.

Pasamos, por tanto, a la segunda cuestión mencionada anteriormente. ¿Cómo podemos aproximarnos al comportamiento futuro de una variable a lo largo del tiempo? La forma más sencilla de estimar el valor futuro de una variable, basándose en la información disponible en un instante actual, es aproximar la curva que describe el comportamiento de la variable por la tangente en el instante y luego tomar esa recta tangente como estimación para el comportamiento futuro de la variable.

Este procedimiento es análogo a la metodología detallada para el procedimiento de linealización. Por lo tanto, consideremos una señal arbitraria variable en el tiempo $x(t)$. Para estimar el valor de $x(t+\delta t)$, donde δt es un incremento de tiempo para el futuro, podemos realizar la siguiente aproximación basada en la expansión de Taylor de primer orden:

$$x(t+\delta t) \approx x(t) + \left.\frac{dx(t)}{dt}\right|_t \delta t \quad . \tag{12.3}$$

Mediante la aproximación presentada en la Ecuación (12.3), hacemos una predicción aproximada para la variable x, considerando el instante futuro $t+\delta t$, con base en el valor instantáneo de la variable $x(t)$, que se conoce, y su derivada con respecto al tiempo, evaluada en el instante t, que también se conoce. Podemos aplicar esta aproximación a la señal de error de un sistema de control. En este caso, denotando $\hat{e}(t+\delta t)$ como la estimación futura del error, tenemos:

$$\hat{e}(t+\delta t) \quad = \quad e(t) + \left.\frac{de(t)}{dt}\right|_t \delta t \quad . \tag{12.4}$$

Por lo tanto, usando la Ecuación (12.4) para estimar el error en un instante futuro basado en una combinación lineal de la señal de error y su derivada (evaluada en el instante de tiempo actual), podemos considerar una acción dc control proporcional al valor futuro de error del sistema, en un instante T_d posterior a t, de la siguiente manera:

$$u_D(t) \quad = \quad K_D\hat{e}(t) \quad = \quad K_D e(t) + K_D\frac{de(t)}{dt}T_d \quad . \tag{12.5}$$

La ley de control presentada en la Ecuación (12.5) es del tipo proporcional-derivativa (PD), ya que tiene un término proporcional a la señal de error con ganancia K_D y otro proporcional a la derivada de la señal de error, con ganancia $K_D T_d$.

Como complemento al análisis anterior, la Figura 12.1 ilustra gráficamente la evolución de una señal de error en el tiempo $e(t)$ y el uso de la aproximación dada en la Ecuación (12.4) para el cálculo de $e(t+T_d)$, tomado sobre la base de la recta tangente al punto t. Como podemos ver en esta figura, la senal $\hat{e}(t+T_d)$ se aproxima bastante bien a la señal real $e(t+T_d)$. Sin embargo, es evidente que existe una diferencia entre los valores reales y pronosticados para la señal de error futuro, dependiendo de la forma de la curva $e(t)$ y del valor del paso de predicción T_d.

A partir de esta idea, podemos desarrollar un controlador que tenga en cuenta las acciones del presente (acción P), pasado (acción I) y futuro

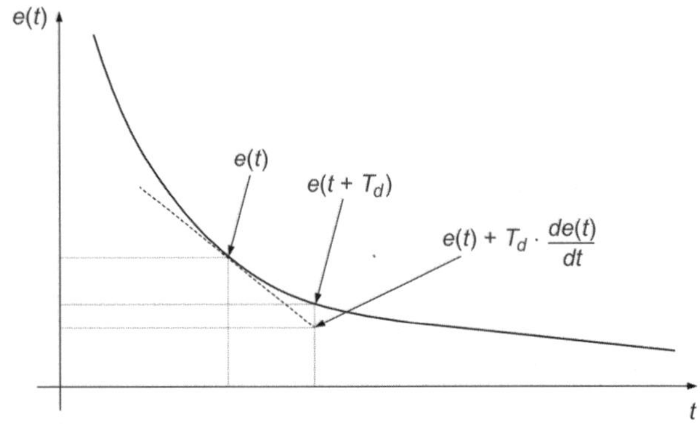

Figura 12.1 – Interpretación de la acción PD como predicción de error lineal.

(acción PD) de forma unificada, de la siguiente manera:

$$u(t) \;=\; \overbrace{K_{p_1}e(t)}^{\text{Porción P}} + \overbrace{K_i\left(\int_0^t e(\mu)d\mu\right)}^{\text{Porción I}} + \overbrace{K_D e(t) + K_D\frac{de(t)}{dt}T_d}^{\text{Porción PD}} \quad .(12.6)$$

La Ecuación (12.6) se reescribe como una ley de control PID, como sigue:

$$u(t) \;=\; \overbrace{K_p e(t)}^{\text{Porción P}} + \overbrace{K_i\left(\int_0^t e(\mu)d\mu\right)}^{\text{Porción I}} + \overbrace{K_d\frac{de(t)}{dt}}^{\text{Porción D}} \quad , \qquad (12.7)$$

donde agrupamos los dos términos proporcionales, usando $K_p = K_{p_1} + K_D$ y definiendo la ganancia de la derivada como $K_d = K_D T_d$.

12.2. Controladores PID y sus configuraciones

Con base en el análisis de la sección anterior, pudimos demostrar que la ley de control PID es equivalente a una ley PI más un término derivativo, usado como una aproximación del valor futuro de la señal de error. La configuración del PID presentada en la Ecuación (12.7) se llama **ideal** y se implementa en la forma **paralela**.

Este PID se denomina ideal porque consideramos una implementación perfecta de la acción derivativa en la ecuación del control. Analizaremos este punto con más detalle a continuación. Además, la llamamos configuración en paralelo, ya que las tres acciones de control (proporcional, integral y derivativa) se calculan por separado y luego se suman, como se muestra en el diagrama de bloques de la Figura 12.2.

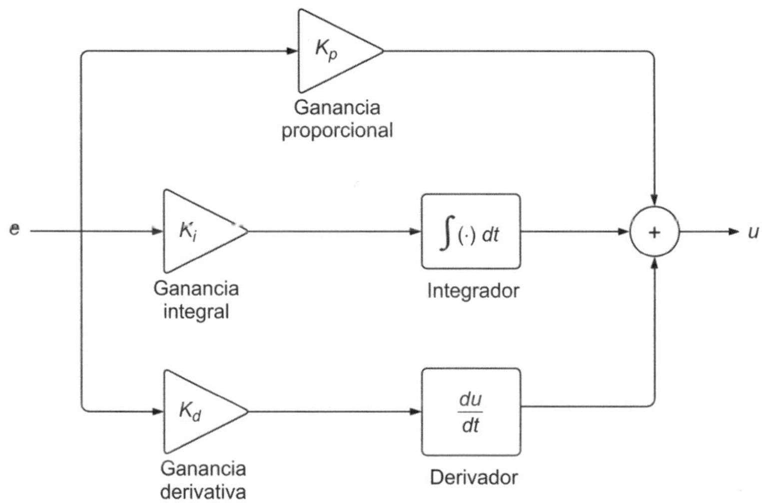

Figura 12.2 – Diagrama PID ideal en configuración paralela.

El control PID ideal también se puede implementar de otras formas. Aquí mencionaremos una más, conocida como la estructura **académica**. Esta implementación se utiliza en la mayoría de los libros y materiales didácticos de sistemas de control. La expresión de la ley de control del PID académico viene dada por:

$$u(t) \;=\; K_c\left(e(t) + \frac{1}{T_i}\left(\int_0^t e(\mu)d\mu\right) + T_d\frac{de(t)}{dt}\right) \quad . \qquad (12.8)$$

Veamos que esta expresión es similar a la ley de control PI presentada en el Capítulo 10, con la adición de la acción derivativa. En este caso, tenemos una ponderación T_d de la acción derivativa, parámetro llamado como **tiempo derivativo**. La Figura 12.3 muestra cómo implementar esta estructura de control (en el caso ideal). Observe que la ganancia de K_c multiplica todos los términos de esta ley de control.

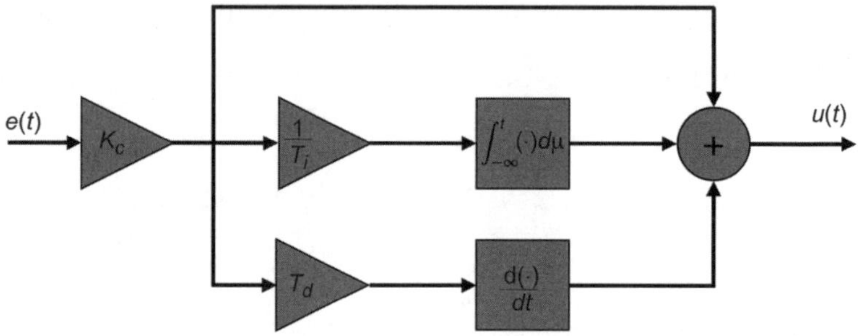

Figura 12.3 – Diagrama PID ideal en entorno académico.

En ambas configuraciones de controladores PID, observamos tres parámetros de ajuste: las ganancias K_p, K_i y K_d, en el primer caso, la ganancia K_c y los tiempos T_i y T_d, en el segundo .

En el Capítulo 11, presentamos la metodología de ponderación de la señal de referencia en la acción proporcional, en estrategias de control PI, como una forma de ajustar simultáneamente las respuestas a perturbaciones y a cambios de referencia, evitando que aparezcan valores muy elevados de la acción de control para cambios repentinos de la referencia, lo que provoca sobrepaso en la respuesta de lazo cerrado de la variable de proceso. Como la inclusión de la acción derivativa no cambia el efecto que la acción P tiene sobre los cambios de la referencia, el uso de la ponderación de la referencia en la acción proporcional se mantendrá en el control PID.

Por otro lado, debemos debatir cuál es el efecto de la acción derivativa sobre la señal de control, cuando ocurren cambios bruscos en la referencia. Observe que la acción derivativa viene dada por:

$$u_D(t) = K_d \frac{de(t)}{dt} = K_d \frac{dr(t)}{dt} - K_d \frac{dy(t)}{dt} \quad . \tag{12.9}$$

Por lo tanto, cuando ocurren cambios de tipo escalón en la señal de referencia, observamos un cambio instantáneo en $r(t)$, cuya derivada $\frac{dr(t)}{dt}$ es instantáneamente indefinida. Siendo t_m el momento de cambio del escalón de referencia, de r_1 a r_2, tenemos $\lim_{t \to t_m^-} r(t) = r_1$ y $\lim_{t \to t_m^+} r(t) = r_2$, por lo tanto, $\lim_{t \to t_m} \frac{dr(t))}{dt} \to +\infty$. Por esta razón, en la práctica, es bastante común que la acción derivativa se tome solo en base a la variable de proceso, es decir:

$$u_D(t) = -K_d \frac{dy(t)}{dt} \quad . \tag{12.10}$$

Así, la acción derivativa solo contribuye al rechazo de perturbaciones, que se sienten a través de variaciones de $y(t)$, pero no produce saltos bruscos en la acción de control ante cambios bruscos en la señal $r(t)$.

Incluyendo esta consideración sobre la acción derivativa en la ley de control PID, llegamos a las siguientes expresiones completas, considerando la ponderación de la referencia y la derivada solo en la variable de proceso:

$$u(t) = K_p(br(t) - y(t)) + K_i \left(\int_0^t e(\mu) d\mu \right) - K_d \frac{dy(t)}{dt} \quad , \tag{12.11}$$

para el caso paralelo y:

$$u(t) = K_c \left(br(t) - y(t) + \frac{1}{T_i} \left(\int_0^t e(\mu) d\mu \right) - T_d \frac{dy(t)}{dt} \right) \quad , \tag{12.12}$$

para el caso académico.

Observe que en estas dos configuraciones tenemos leyes de control con cuatro parámetros de ajuste, que ahora incluyen el factor de ponderación de referencia b.

Como ya analizamos, en el Capítulo 10, los efectos del ajuste de las porciones proporcional e integral de control (incluido el factor de ponderación b), analizaremos aquí solo algunos aspectos relacionados con el ajuste de la acción derivativa.

Como se analizó a lo largo de este capítulo, a través de la acción derivativa, incluimos una predicción del error futuro del sistema y así anticipamos acciones de control, que actuarán en un instante de tiempo actual para corregir un error que ocurrirá en un instante futuro.

Sabemos que la predicción de la señal de error a partir de la aproximación de la recta tangente, dada en la Ecuación (12.4), solo será válida para valores pequeños de T_d, ya que, en este caso, hacemos predicciones para instantes futuros muy cercanos al instante actual de tal manera que la discrepancia entre la señal real del error en el futuro y la aproximación de esta señal por su tangente sea pequeña.

Sin embargo, cuando se usa un parámetro T_d de magnitud muy pequeña, el término derivativo puede hacer poco para mejorar la respuesta del sistema de control, ya que la acción de control resultante del PID estará muy cerca de la acción de un controlador PI.

Al utilizar un parámetro T_d de mayor magnitud, observaremos un efecto más "predictivo" sobre la acción de control y por tanto, la respuesta resultante del sistema bajo control será diferente a la respuesta encontrada con una estrategia de controlador PI. Por otro lado, dado que tenemos una mayor discrepancia entre la señal de error real futura y su aproximación dada por la Ecuación (12.4), podremos observar un efecto negativo en la respuesta de lazo cerrado, es decir, los beneficios de utilizar el conocimiento del error futuro en el control pueden ser diezmados usando una predicción incorrecta.

Por estas razones, el ajuste de la acción derivativa del control PID requiere mucho cuidado. A continuación, ilustraremos este hecho a través de algunos casos de estudio, utilizando un ajuste manual del PID. Destacamos que en la práctica industrial muchos operadores utilizan ajustes manuales intuitivos basados en las ideas de las acciones P, I y D. Los operadores con gran experiencia pueden lograr buenos resultados, pero en general es mejor recurrir a métodos de ajuste establecidos. Cabe señalar que hay informes que muestran que muchos de los lazos que utilizan PID en la industria funcionan de manera inapropiada porque están mal ajustados.

Ejemplo 96 *Considere el control de temperatura de un horno eléctrico. En un experimento se aplicó una señal de potencia tipo escalón y se observó el comportamiento de la temperatura, de tal forma que se obtuvo un modelo de primer orden, del tipo EDO con retardo. Este modelo tiene los siguientes parámetros:* $K_e = 1$, $\tau = 5$ *minutos y un retardo de* $L = 1$ *minutos.*

Para el control de este horno eléctrico, consideremos el uso de un PID ideal, en la forma académica, con ponderación de referencia, cuya ley de implementación se da en la Ecuación (12.12).

Inicialmente, el parámetro de tiempo derivativo se usa como $T_d = 0$ *minutos, es decir, solo se usa un controlador PI, con los parámetros* $K_c = 2{,}19, T_i = 2{,}37$ *minutos y un factor de ponderación* $b = 0{,}26$. *Usando este PI, las respuestas obtenidas se muestran en la Figura 12.4. En este caso, consideramos una perturbación de amplitud unitaria, tipo escalón, aplicada en un tiempo de 25 minutos.*

Luego, se ajusta manualmente un controlador PID, con el objetivo de acelerar la respuesta de la variable del proceso sin causar un aumento del sobrepaso ni de las oscilaciones. Los resultados del control del horno eléctrico con este PID se muestran en la misma figura (líneas discontinuas). Estas respuestas se obtienen con los siguientes parámetros de ajuste: $K_c = 3{,}72, T_i = 2{,}29$ *minutos,* $T_d = 0{,}29$ *minutos y* $b = 0{,}26$. *Como se puede observar, el uso de la acción derivativa permite incrementar la ganancia proporcional y la intensidad de la acción integral (el parámetro* T_i *es menor) para ganar velocidad y al mismo tiempo, lograr una desaceleración de la respuesta en las cercanías de la referencia, disminuyendo el sobrepaso. Observe también que la respuesta a la perturbación se mejora significativamente y que, para que esta mejor respuesta se obtenga con la regulación a través del PID, la acción de control resultante es más rápida y agresiva que la acción de control obtenida con la estrategia PI.*

Enfatizamos que la mejora en los resultados del ejemplo anterior, se

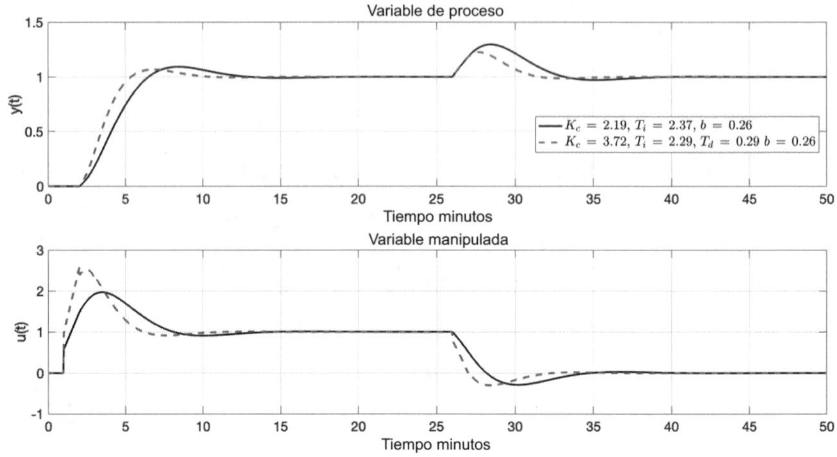

Figura 12.4 – Resultados obtenidos con las estrategias PI (líneas continuas) y PID (líneas discontinuas) para el control del horno eléctrico, con un retardo de $L = 1$ minuto.

puede explicar porque los controladores PID tienen un grado más de libertad de ajuste que el controlador PI. Esta diferencia se hace aún más evidente en el caso de procesos más complejos. Sin embargo, para los procesos con comportamiento suficientemente bien representados por modelos EDO/ED de primer orden sin retardo, las diferencias en las respuestas son menos evidentes. Veremos dos ejemplos más para ilustrar estas situaciones.

Ejemplo 97 *Suponga que el horno utilizado en el ejemplo anterior ha sido modificado para mejorar los sistemas de actuación y medición de temperatura. El experimento de identificación se realizó nuevamente, esta vez encontrando los siguientes parámetros para un modelo EDO de primer orden con retardo:* $K_e = 1$, $\tau = 5$ *minutos y retardo* $L = 0{,}05$ *minutos.*

Destacamos que este modelo con menor retardo que el anterior es más fácil de controlar. Como en el ejemplo anterior, este horno se controla inicialmente con un controlador tipo PI con los parámetros $K_c = 12{,}24, T_i = 0{,}83$ *y* $b = 0$*. Las respuestas de este caso se muestran en la Figura 12.5 (líneas continuas).*

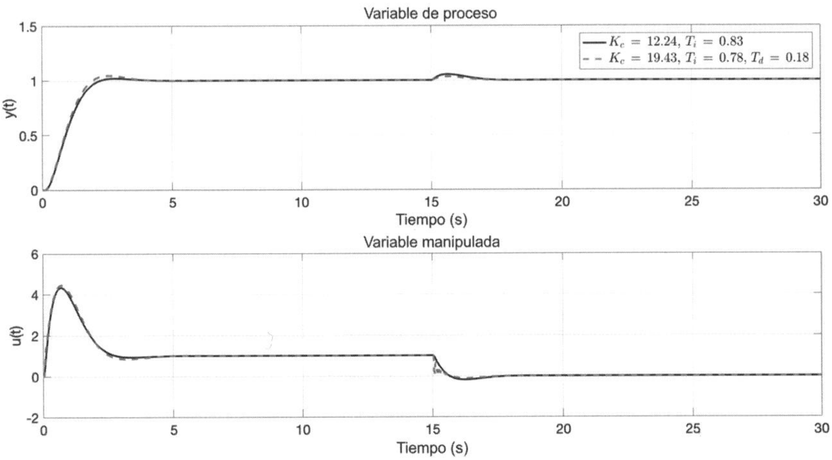

Figura 12.5 – PI (líneas continuas) y PID (líneas discontinuas) controlando la temperatura del horno eléctrico con $L = 0{,}05$ minutos de retardo.

Luego, se ajusta un controlador de tipo PID para acelerar la respuesta, evitando sobrepaso u oscilaciones. Este PID está sintonizado con los siguientes parámetros: $K_c = 19{,}43, T_i = 0{,}78$, $T_d = 0{,}18$ *y* $b = 0$. *Los resultados se muestran en la misma figura, con líneas discontinuas. Observe que, en este caso con menos retardo, la diferencia en las respuestas observadas es mínima, la ganancia de velocidad en la respuesta frente al rechazo a la perturbación es pequeña, pero la respuesta de la referencia tiene un sobrepaso mayor. Por lo tanto, es posible obtener buenos resultados empleando simplemente un controlador PI en procesos con retardos insignificantes.*

Como pudimos ver en estos dos últimos ejemplos, al agregar la acción derivativa para mejorar las respuestas de lazo cerrado, necesitamos ajustar todos los parámetros del control, ya que hay acoplamiento entre las tres acciones. Cuando el proceso presenta retardos más importantes, la predicción del error a través de la recta tangente, dada por la Ecuación (12.4), se vuelve menos representativa, lo que dificulta el ajuste manual del PID. En el caso con menos retardo, la sintonización del controlador PID se vuelve más simple, por lo que muchas veces en la industria se usa el factor L/τ del modelo como medida de la dificultad de controlar la planta. Aún es importante señalar que, cuando controlamos un proceso que tiene un retardo en su dinámica, este retardo siempre aparece en la respuesta de lazo cerrado, por lo que, el control solo logra modificar la dinámica de la variable del proceso después de este retardo.

Antes de pasar a discutir los métodos de ajuste sistemáticos del PID, presentemos un último ejemplo con un retardo mayor, es decir, con un factor L/τ mayor.

Ejemplo 98 *Después de un largo tiempo de uso, el horno eléctrico del ejemplo anterior se ha deteriorado. Se repite el experimento de identificación obteniendo los siguientes parámetros:* $K_e = 1$, $\tau = 5$ *minutos y retardo* $L = 3$ *minutos. Observe que, en este caso, el sistema presenta una respuesta con más retardo que en los casos anteriores.*

Como en los ejemplos anteriores, se utiliza un controlador PI, con parámetros $K_c = 0{,}91, T_i = 4{,}7$ *minutos y* $b = 0$*, y un controlador PID, que tiene como objetivo acelerar la respuesta de la variable de proceso, sin provocar sobrepasos ni oscilaciones. Este PID se ajusta con los parámetros* $K_c = 1{,}54, T_i = 5{,}12$ *minutos,* $T_d = 1{,}05$ *minuto y un factor de ponderación* $b = 0$*. Las respuestas obtenidas con estos dos controladores se muestran en la Figura 12.6: PI (líneas continuas) y PID (líneas discontinuas).*

Como puede verse, en este caso, el comportamiento de las respuestas de la variable de proceso obtenidas con el controlador PID es significativamente mejor que las conseguidas con el controlador PI. Observe que los parámetros de ajuste del controlador PID han aumentado en comparación con los del controlador PI.

Un punto importante a enfatizar en este ejemplo es que la respuesta del proceso de lazo cerrado tiene un tiempo de estabilización de aproximadamente 20 minutos para el cambio de referencia. Observe que tenemos en la respuesta un retardo de 3 minutos y un transitorio hasta llegar a la referen-

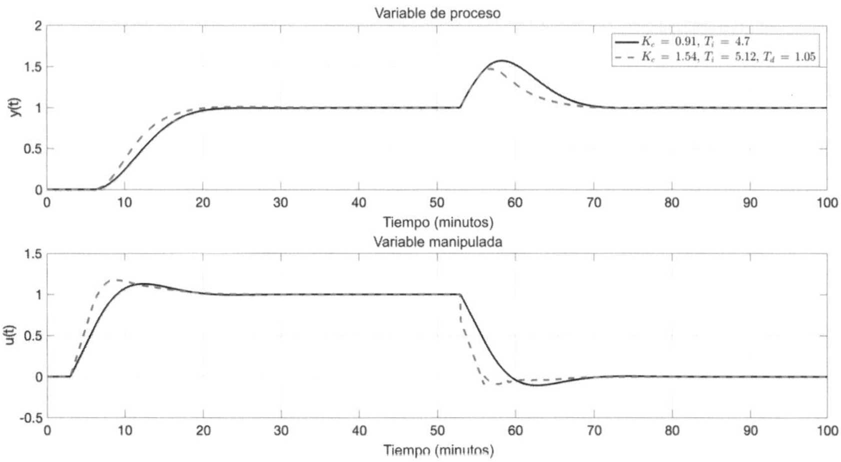

Figura 12.6 – PI (líneas continuas) y PID (líneas discontinuas) controlan los resultados del horno eléctrico con retardo $L = 3$ minutos.

cia de aproximadamente 17 minutos. El proceso que estamos controlando tiene un retardo de 3 minutos y una constante de tiempo de 5 minutos, por lo que en lazo abierto se necesitan aproximadamente $3+5\tau = 3+25 = 28$ *minutos para llegar a 99 % del valor final. Por tanto, el aumento en la velocidad de respuesta en este caso es mucho menos significativo que en el caso con un pequeño retardo del ejemplo anterior, cuando el tiempo de lazo abierto era de aproximadamente 25 minutos y el tiempo de lazo cerrado de aproximadamente 4 minutos. Esto muestra cómo el retardo impone una limitación al ajuste de respuestas rápidas. Esto es intuitivamente lógico, ya que el controlador siempre recibe con retraso la información de la salida y esto dificulta la interpretación de la relación causa-efecto entre la variable de control y la variable de proceso, obligándolo a actuar más lentamente para evitar respuestas no deseadas.*

Para ilustrar esta discusión, supongamos que queremos acelerar aún más la respuesta a la perturbación. Por lo tanto, se busca una nueva sintonización cambiando solo el parámetro de tiempo derivativo. Para hacer esto, este parámetro se incrementa a $T_d = 3{,}12$ *minutos, un valor cercano al re-*

tardo del sistema. La respuesta de este nuevo ajuste se muestra en la Figura 12.7, que compara el PI (líneas continuas), el segundo PID (líneas discontinuas) y este último PID ajustado con un tiempo derivativo más largo (líneas punteadas).

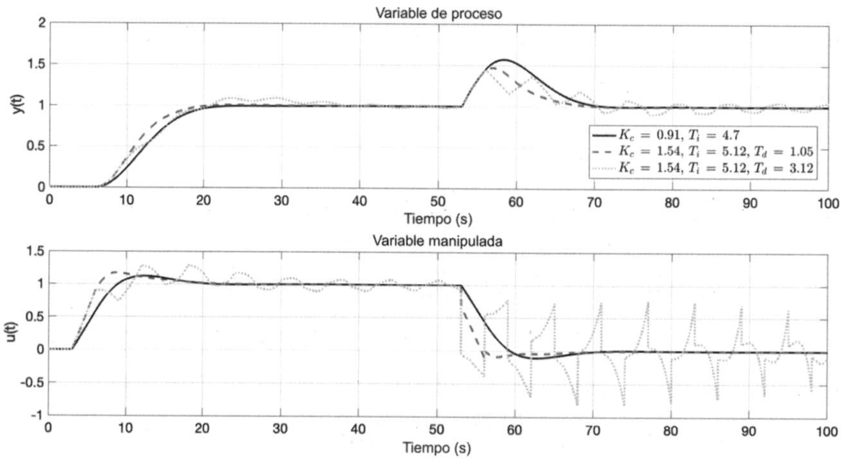

Figura 12.7 – Resultados del control PID $T_d = 1{,}05$ (líneas continuas), con $T_d = 3{,}12$ (líneas discontinuas) para el horno eléctrico con retardo $L = 3$ minutos.

Observe que el nuevo PID intenta reaccionar más rápidamente para rechazar las perturbaciones, pero esto provoca muchas oscilaciones en la variable de proceso y en la variable de control. Este resultado no es deseado y muestra lo complejo que es el ajuste manual del PID y también cómo el retardo limita la obtención de respuestas muy rápidas.

Los tres ejemplos presentados, con todos los controladores ajustados manualmente, permitieron ilustrar aspectos cualitativos del uso de la acción derivativa. Presentaremos, a continuación, algunos métodos de sintonización de los parámetros de ajuste de los controladores PID, que son ampliamente utilizados en el entorno industrial.

12.3. Sintonización de controladores PID

Como en el caso de los controladores de tipo PI, existen muchas metodologías posibles para definir los parámetros de ajuste de los controladores de tipo PID. En general, la gran mayoría de estudios teóricos que proponen métodos de ajuste para controladores PI también contemplan el caso de los controladores PID. En este libro introductorio, presentaremos solo algunos de estos métodos de ajuste.

12.3.1. Método de ajuste de Ziegler-Nichols de lazo abierto

El método de sintonización de Zeigler-Nichols para controladores PID, implementado de forma académica, es válido para procesos estables e integradores, con retardos poco significativos: $0{,}1\tau \leq L \leq \tau$.

De manera análoga al método de ajuste para controladores PI, esta metodología de ajuste se basa en un modelo con solo dos parámetros, L y $K_v = \frac{K_e}{\tau}$, como se explica en el Capítulo 10.

La metodología de ajuste viene dada por la siguiente regla:

$$K_c = \frac{1{,}2}{K_v L}, \qquad T_i = 2L, \qquad T_d = L/2 \quad . \tag{12.13}$$

Esta metodología busca una atenuación de perturbaciones con una tasa de decaimiento entre el primer y segundo pico de la respuesta de la variable de proceso del orden de $\frac{1}{4}$. Podemos observar cómo el retardo del modelo L limita las acciones P e I (si L aumenta, éstas disminuyen) y cómo el tiempo derivativo tiene una relación directa con el retardo, justificando la interpretación de la predicción ya comentada.

Al comparar este ajuste con el del PI del Capítulo 10, podemos observar que el uso de la acción derivativa permite incrementar las ganancias relacionadas con las acciones proporcionales e integrales, manteniendo una especificación de respuesta similar. Ilustraremos el uso de este método con un ejemplo.

Ejemplo 99 *Consideremos el mismo ejemplo del Capítulo 10 para el ajuste de Zeigler-Nichols para controladores PI, considerando un proceso modelado a través de una EDO con parámetros* $K_e = 1$, $L = 1s$ *y* $\tau = 5s$. *Comparemos ahora los resultados obtenidos en términos de control en lazo cerrado con un controlador PI y un controlador PID. El ajuste del PI viene dado por:* $K_c = 4{,}5$ *y* $T_i = 3\,s$ *y el control PID viene dado por* $K_c = 6$, $T_i = 2\,s$ *y* $T_d = 0{,}5\,s$.

La Figura 12.8 muestra la variable de proceso y la variable manipulada, en lazo cerrado, considerando la respuesta de este sistema de control a un escalón de perturbación de 1,5 *amplitud aplicada aproximadamente en* $t = 6\,s$. *Las respuestas obtenidas con el controlador PI se muestran en línea continua, mientras que las respuestas correspondientes a la estrategia PID se muestran en líneas discontinuas.*

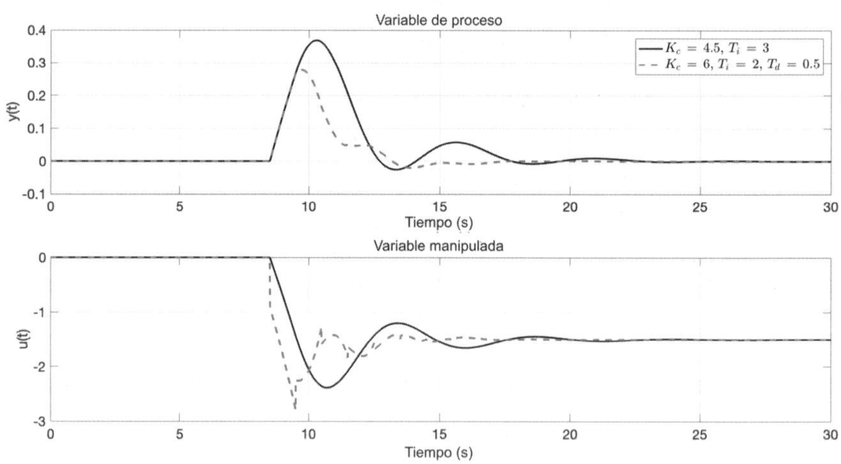

Figura 12.8 – Respuesta al escalón del proceso de lazo cerrado con el PI (líneas continuas) y el PID (líneas discontinuas) ajustados con el método Zeigler-Nichols.

Como podemos ver en esta figura, ambos controladores garantizan la especificación de atenuación de las oscilaciones a una tasa de $\frac{1}{4}$ *entre picos.*

Sin embargo, las respuestas obtenidas con el control PID son más rápidas y las variaciones de la variable de proceso son de menor amplitud. En consecuencia, vemos una acción de control más agresiva con el controlador PID. Observe que solo realizamos un experimento de rechazo de perturbaciones, ya que el método de Ziegler-Nichols está diseñado específicamente para este propósito.

En el Capítulo 10, comentamos que las respuestas obtenidas con este método de ajuste para cambios en la señal de referencia no son buenas, ya que el método no tiene como objetivo regular estas respuestas. Lo ilustraremos a través de una nueva simulación, utilizando la ponderación de la referencia en la acción proporcional del controlador. Haciendo hincapié en que el controlador PID se implementa con la acción derivativa aplicada únicamente en la variable de proceso, es decir, $u_D(t) = -T_d \frac{dy(t)}{dt}$.

Ejemplo 100 *La Figura 12.9 presenta las respuestas PID del ejemplo anterior para un cambio de referencia, con el factor de ponderación de referencia* $b = 1$ *(líneas continuas) y* $b = 0{,}3$ *(líneas discontinuas).*

Como puede verse, usando la ponderación de la referencia, obtenemos una respuesta elegante para el comportamiento del sistema de lazo cerrado, tanto para el cambio de la referencia como para el rechazo de la perturbación de carga aplicada en el instante $t = 15\,s$.

Esta figura también muestra la evolución de la señal $u_D(t)$, *correspondiente a la acción derivativa, en línea punteada y punteada discontinua. Podemos observar que esta acción actúa solo después de que la variable de proceso se mueve, es decir, no hay acción derivativa sobre* $r(t)$. *Observe que la porción* $u_D(t)$ *contribuye significativamente a la señal de control durante el inicio del régimen transitorio del proceso.*

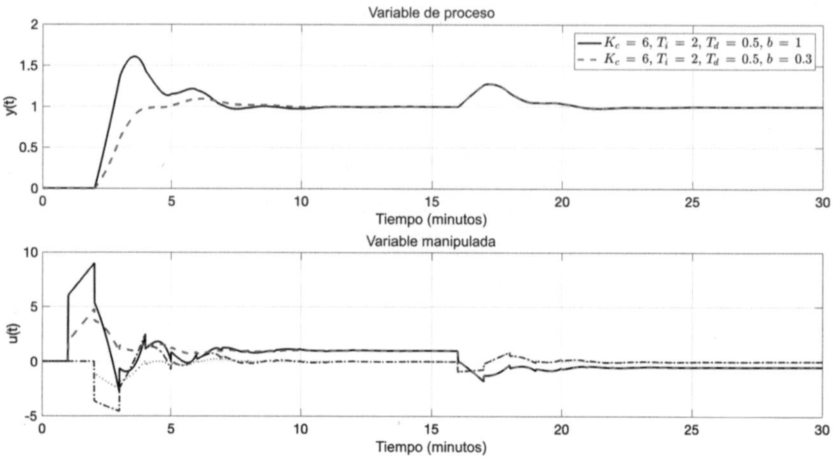

Figura 12.9 – Respuesta al escalón en proceso de lazo cerrado con PID ajustado con el método de Zeigler y Nichols, con factor de ponderación de referencia $b = 1$ (líneas continuas) y $b = 0{,}3$ (líneas discontinuas).

12.3.2. Método de ajuste de Ziegler-Nichols de lazo cerrado

El método presentado anteriormente requiere un experimento de lazo abierto para determinar los parámetros del proceso y en consecuencia, la desconexión del controlador PID (poniéndolo en modo manual). Esto es un inconveniente en aplicaciones prácticas donde un control ya está en funcionamiento y se desea cambiar el ajuste, pero sin desconectar el controlador.

Para este tipo de situaciones, los mismos investigadores han desarrollado un método diferente conocido como método de sintonización de Zeigler-Nichols de lazo cerrado.

En este método, los parámetros PID se pueden obtener a través de un experimento de lazo cerrado, con un sistema de control ya en funcionamiento, sin la necesidad de un experimento de identificación de lazo abierto para el proceso.

Esta segunda metodología de ajuste para controladores de tipo PID se da a través de tres pasos:

- Con un controlador PID en funcionamiento, las acciones integral y derivativa se desactivan.

- Usando solo la acción proporcional, la ganancia del controlador se incrementa hasta que la respuesta de lazo cerrado sea oscilatoria, con amplitud constante. Para esta respuesta, se mide el período de la oscilación T_0 y se almacena la ganancia proporcional K_0 utilizada para que la respuesta muestre estas oscilaciones.

- Se ajusta el PID con $K_c = 0{,}6K_0$, $T_i = 0{,}5T_0$ y $T_d = 0{,}125T_0$.

En la práctica, el procedimiento de ajuste del PID posterior a esta prueba debe realizarse de forma secuencial: en primer lugar reduciendo la ganancia proporcional y posteriormente, introduciendo la acción derivativa para finalmente, aplicar la acción integral. Ilustraremos el uso de esta metodología de ajuste con un ejemplo.

Ejemplo 101 *La Figura 12.10 muestra la variable de proceso y la variable manipulada en lazo cerrado de un proceso controlado mediante un controlador tipo PID con solo la acción proporcional activada, frente a una entrada tipo escalón. Se desconoce el modelo de proceso, pero el valor de la ganancia proporcional que hace que la salida oscile es* $K_0 = 8{,}5$*. Observe que esta ganancia se obtiene empíricamente, haciendo pequeños incrementos hasta obtener la condición deseada. En esta figura, podemos ver que el período de oscilación es* $T_0 \approx 3{,}3\,s$*.*

Con estos valores obtenidos en el experimento de lazo cerrado, el PID se sintoniza según el método de Zeigler-Nichols, con los siguientes parámetros: $K_c = 5{,}1$*,* $T_i = 1{,}65\,s$ *y* $T_d = 0{,}4125\,s$*. Así, utilizando este ajuste, las respuestas obtenidas para la regulación de este proceso de lazo cerrado se presentan en la Figura 12.11, con y sin el uso del factor de ponderación de referencia.*

En esta figura podemos observar dos respuestas: las líneas continuas, considerando el PID sin ponderación de referencia, usando $b = 1$ *y las*

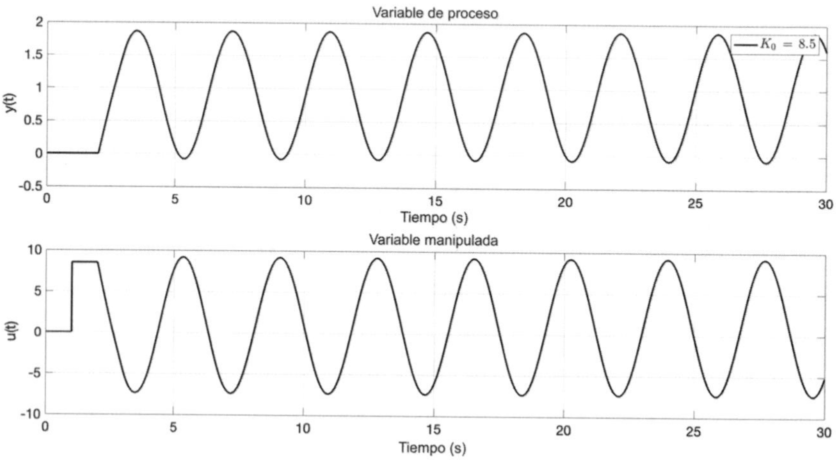

Figura 12.10 – Respuesta al escalón con el PID solo con la acción P activa para el experimento de lazo cerrado del método de Zeigler y Nichols.

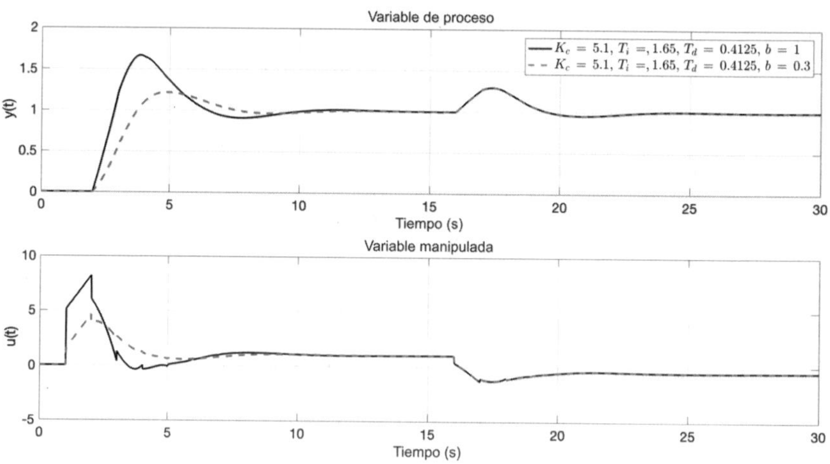

Figura 12.11 – Respuesta al escalón de referencia y perturbación con el PID ajustado por el método Zeigler-Nichols de lazo cerrado: con $b = 1$ (líneas continuas) y $b = 0{,}3$ (líneas discontinuas).

líneas discontinuas, considerando el PID ajustado con un factor de ponderación $b = 0{,}3$. Observe cómo la respuesta a perturbaciones cumple los requisitos pre-especificados y cómo la respuesta a la referencia, que tiene un sobrepaso grande, se puede mejorar utilizando el factor de ponderación b.

De estos ejemplos podemos concluir que los dos métodos de Zieggler-Nichols permiten obtener una respuesta rápida pero oscilatoria al rechazo de perturbaciones y que, utilizando un factor de ponderación de referencia adecuado, podemos obtener una respuesta aceptable a los cambios de referencia. Estos dos métodos son los más conocidos en el entorno industrial y ampliamente utilizados por los operadores en diversos procesos.

12.3.3. Método de ajuste PID-IMC

Para concluir este apartado, presentaremos una metodología de ajuste final para encontrar los parámetros del controlador PID. Este método fue desarrollado por el profesor Manfred Morari y su grupo de investigación en la década de 1980 y desde entonces, ha sido ampliamente utilizado en el entorno industrial.

El método se llama PID-IMC, ya que se basa en una metodología de diseño denominada control por modelo interno (del inglés, *internal model control*). El estudio de la teoría del IMC no es objetivo de este libro.

Esta metodología de ajuste considera que el proceso bajo control está representado por un modelo de primer orden con retardo y utiliza un parámetro de ajuste λ para definir la velocidad de respuesta de lazo cerrado para cambios de referencia. Las respuestas a las perturbaciones de la carga no se consideran en este método para el ajuste (hay estudios para casos que consideran el problema completo).

Según esta metodología, el ajuste de los parámetros PID, en la configuración académica, viene dado por:

$$\left\{\begin{array}{lll} K_c & = & \frac{\tau+0,5L}{K_e(\lambda+0,5L)} \quad , \\ T_i & = & \tau + 0,5L\,, \qquad T_d \;=\; \frac{\tau L}{2\tau+L} \quad . \end{array}\right. \tag{12.14}$$

Estas reglas de ajuste buscan que la respuesta de lazo cerrado del proceso sea poco oscilante para los valores de ajuste $\lambda > 0{,}8L$, es decir, para un factor de velocidad elegido mayor que 80 % que el retardo del proceso.

Ilustraremos el uso de esta regla de ajuste y la compararemos con el método de Zeigler-Nichols de lazo abierto.

Ejemplo 102 *Considere el mismo modelo de proceso ya presentado en los últimos ejemplos, representado por una EDO de primer orden con retardo, con parámetros:* $K_e = 1$, $L = 1s$ *y* $\tau = 5s$. *Se considera en el experimento un cambio de referencia en el tiempo cero y una perturbación de tipo escalón de amplitud* 1,5 *aplicada en el tiempo* $25s$ *de la simulación.*

La Figura 12.12 muestra la variable de proceso y la variable manipulada en lazo cerrado para esta nueva metodología de ajuste, sintonizada con $\lambda =$ 1 *(líneas continuas). Los parámetros de ajuste del PID son:* $K_c = 3{,}67$, $T_i = 5{,}5s$ *y* $T_d = 0{,}45s$. *Las respuestas para el método Zeigler-Nichols de lazo abierto, con un factor de ponderación* $b = 0{,}3$, *se presentan en líneas discontinuas.*

En términos de resultados, podemos ver que este nuevo método de ajuste garantiza una buena respuesta de regulación de la variable de proceso ante cambios de referencia, sin oscilaciones y sin necesidad de utilizar un factor de ponderación de referencia en la acción proporcional.

Sin embargo, como desventaja de este ajuste, destacamos que las respuestas a las perturbaciones de carga son mucho más lentas en comparación con las respuestas obtenidas con el método de Zeigler-Nichols. Así, podemos concluir que este método de ajuste es más adecuado para aplicaciones donde el processo es sometido a cambios continuos de referencia.

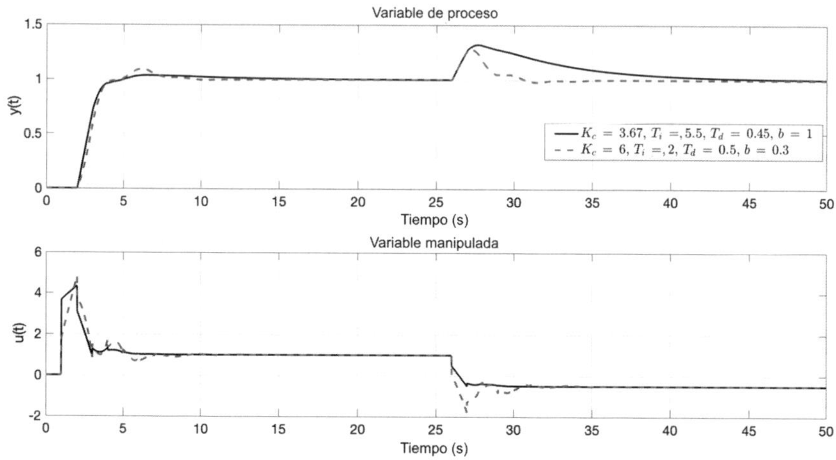

Figura 12.12 – Respuesta al escalón de referencia y perturbación con PID ajustado por el método IMC (líneas continuas) y el método de lazo abierto de Zeigler-Nichols (líneas discontinuas).

Observe que las acciones de control que provienen de esta estrategia de ajuste son mucho más suaves que las acciones de control obtenidas previamente con el método Zeigler-Nichols.

Para finalizar este ejemplo, analizaremos el efecto del parámetro de ajuste λ en las respuestas del proceso, utilizando un valor de λ más bajo que en el experimento anterior y manteniendo la misma perturbación. La Figura 12.13 muestra la variable de proceso y la variable manipulada en lazo cerrado para un nuevo ajuste, con $\lambda = 0{,}5$ (líneas continuas), lo que da como resultado los parámetros $K_c = 5{,}5$, $T_i = 5{,}5s$ y $T_d = 0{,}45s$. En este caso, se utiliza un factor de ponderación de la referencia $b = 0{,}8$ para reducir el sobrepaso de la respuesta al escalón de la referencia. A efectos comparativos, las respuestas obtenidas para el caso de $\lambda = 1$ se presentan mediante líneas discontinuas.

Podemos observar, por tanto, que a medida que disminuimos el valor del parámetro de ajuste λ, las respuestas se vuelven más oscilatorias, pero el tiempo de estabilización de la respuesta no cambia mucho. Cabe destacar que este método de ajuste no puede garantizar un buen comportamiento de

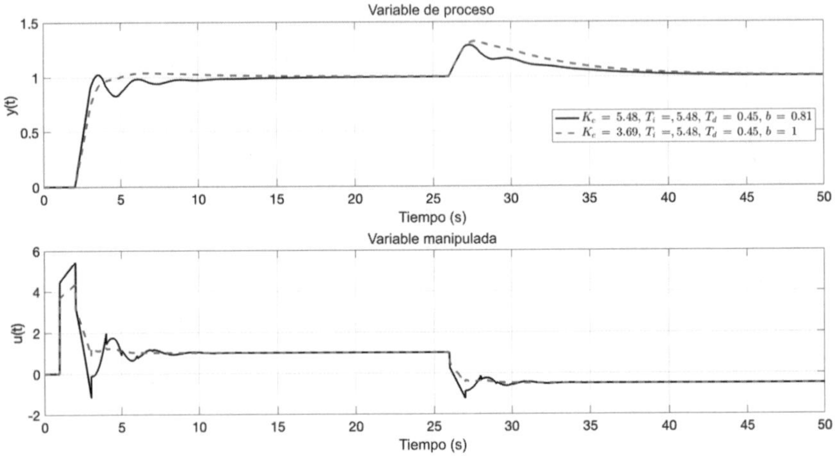

Figura 12.13 – Respuesta al escalón de referencia y perturbación con el PID ajustado por el método IMC con $\lambda = 0{,}5$ (líneas continuas) y $\lambda = 1$ (líneas discontinuas).

la variable de proceso ante perturbaciones. Existen alternativas para mejorar estos aspectos, pero no serán presentadas en este libro.

12.4. Implementación de controladores PID

Como se analizó en los capítulos anteriores para las estrategias P y PI, aquí detallaremos cómo se pueden implementar controladores tipo PID, tanto en el caso analógico, mediante el uso de circuitos electrónicos con amplificadores operacionales, como en el caso digital, mediante códigos elaborados en tiempo discreto.

12.4.1. Implementación analógica de controladores PID

Para agregar la parte de acción derivativa a la estructura de implementación analógica de los controladores PI (detallada en el Capítulo 10), solo necesitamos presentar cómo implementar un circuito de derivación de señal y agregar esta nueva acción a la estructura de control PI.

Para implementar la acción derivativa, simplemente actuando sobre la variable de proceso $y(t)$, podemos usar el circuito electrónico que se muestra en la Figura 12.14. Aplicando las mismas consideraciones ya presentadas en el Capítulo 10 sobre el uso de un amplificador operacional, tenemos, por construcción:

$$i(t) = -C\frac{dy(t)}{dt} \quad \text{e} \quad i(t) = \frac{u_D(t)}{R_3} \quad , \tag{12.15}$$

donde $i(t)$ es la corriente que fluye a través del condensador y la resistencia. Al manipular, tenemos el valor del voltaje de salida como:

$$u_D(t) = -CR_3\frac{dy(t)}{dt} \quad , \tag{12.16}$$

con $T_d = CR_3$.

Por lo tanto, la ganancia de la acción derivativa se ajusta directamente a través de del valor de la resistencia R_3. Observe que, en la práctica, R_3 es una resistencia variable (potenciómetro), por lo que el parámetro T_d del controlador PID se puede ajustar manualmente.

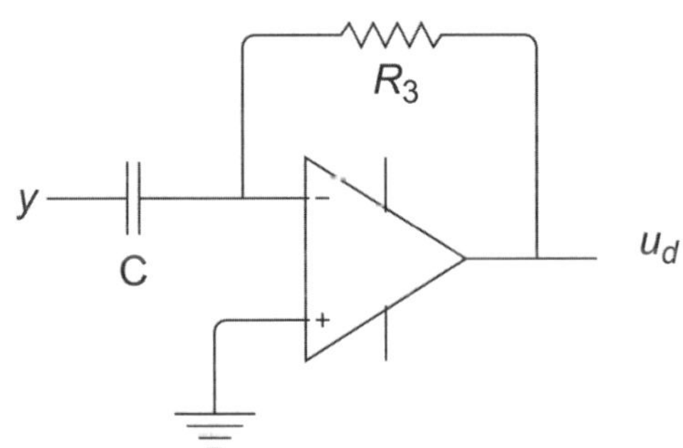

Figura 12.14 – Implementación de la acción derivativa utilizando un amplificador operacional.

Entonces, para construir el circuito de implementación de un control PID, simplemente agregamos la porción que se refiere a la acción derivativa a la estructura del controlador PI presentada en el Capítulo 10, ajustando la conexión entre los amplificadores operacionales, como se presenta en el circuito electrónico de la Figura 12.15.

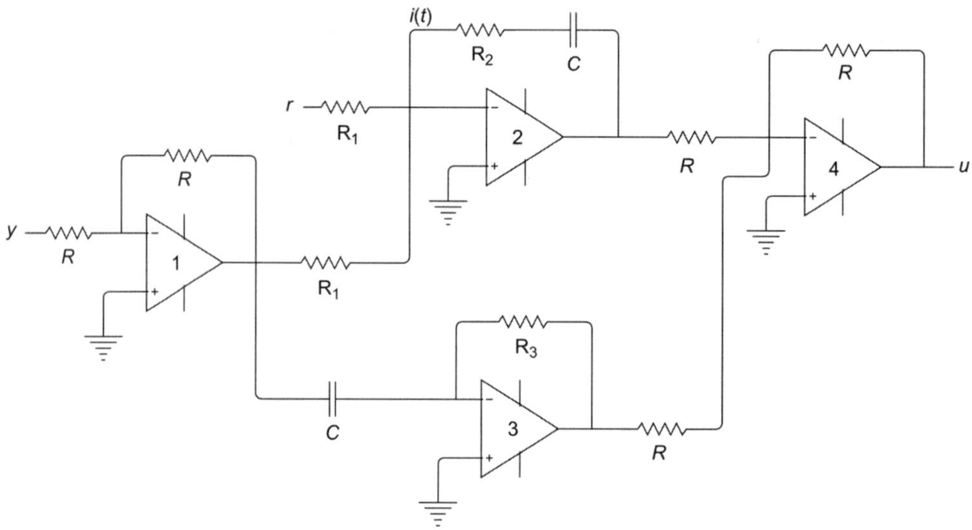

Figura 12.15 – Implementación de un PID usando un amplificador operacional.

La ley de control implementada a través de este circuito electrónico viene dada por:

$$
\begin{aligned}
u(t) &= \overbrace{\left(\frac{R_2}{R_1}\right)}^{K_p}(r(t)-y(t)) + \overbrace{\left(\frac{1}{R_1 C}\right)}^{K_i}\left(\int_0^t e(\mu)d\mu\right) \\
&- \overbrace{(CR_3)}^{K_d}\frac{dy(t)}{dt} \quad .
\end{aligned}
\tag{12.17}
$$

Observe que para esta implementación analógica de un controlador PID, la resistencia R_1 se usa para ajustar el parámetro K_i, mientras que las resistencias R_2 y R_3 se usan para ajustar los parámetros K_p y K_d, respectivamente.

Enfatizamos que utilizamos algunas simplificaciones con respecto a los amplificadores operacionales en estos circuitos electrónicos. Un punto a tener en cuenta es que el modelo utilizado para representar el amplificador operacional, que es representado por una ganancia muy alta, es válido solo para señales de baja frecuencia (con variaciones suficientemente lentas). Por lo tanto, si las señales $r(t)$ y $y(t)$ cambian muy rápidamente, los resultados de las ecuaciones no serán completamente verdaderos, solo aproximados. Este punto es más importante en el caso de la implementación de la derivada, porque si la señal de entrada de la derivada varía demasiado rápido, el amplificador operacional filtrará naturalmente este comportamiento y no tendremos una derivada perfecta en la salida del amplificador. Normalmente, en la práctica industrial, la señal $y(t)$ tendrá variaciones suaves, pero su medición puede verse afectada por el ruido, por lo que la señal que llega al controlador tiene variaciones rápidas, aunque de pequeña amplitud. Este punto se estudiará con más detalle en apartados posteriores de este capítulo.

12.4.2. Implementación digital de controladores PID

Para implementar un controlador tipo PID en forma digital, primero debemos aproximar la acción derivativa para el caso discreto, mediante una aproximación de Euler de la derivada de una señal, es decir:

$$\frac{dy(t)}{dt} \approx \frac{y(kT_s) - y((k-1)T_s)}{T_s} , \tag{12.18}$$

donde T_s es el período de muestreo del controlador.

De esta forma, la acción de control derivativa del controlador PID se aproxima por:

$$u_D(t) = -K_d \frac{y(kT_s) - y((k-1)T_s)}{T_s} . \tag{12.19}$$

Añadiendo este término derivativo a las siguientes ecuaciones discretas, de la implementación digital de controladores PI, tenemos:

$$\left\{\begin{array}{lcl} e(kT_s) & = & (r(kT_s) - y(kT_s)) \quad , \\ u(kT_s) & = & K_p e(kT_s) + K_i T_s \sum_{i=0}^{i=k} e(iT_s) \quad , \end{array}\right. \tag{12.20}$$

con lo que podemos escribir completamente la ley del PID:

$$\begin{aligned} u(kT_s) &= K_p e(kT_s) + K_i T_s \sum_{i=0}^{i=k} e(iT_s) \\ &- K_d \frac{y(kT_s) - y((k-1)T_s)}{T_s} \quad . \end{aligned} \tag{12.21}$$

Para una representación recursiva de esta ley de control PID, podemos usar la señal de control en un paso anterior:

$$\begin{aligned} u((k-1)T_s) &= K_p e((k-1)T_s) + K_i T_s \sum_{i=0}^{i=k-1} e(iT_s) \\ &- K_d \frac{y((k-1)T_s) - y((k-2)T_s)}{T_s} \quad , \end{aligned} \tag{12.22}$$

al reemplazar la Ecuación (12.21) en la Ecuación (12.22), obtenemos:

$$\begin{aligned} u(kT_s) &= u((k-1)T_s) + (K_p + K_i T_s) e(kT_s) \\ &- K_p e((k-1)T_s) - \frac{K_d}{T_s} \left(y(kT_s) - 2y((k-1)T_s) + y((k-2)T_s) \right) \quad . \end{aligned} \tag{12.23}$$

Observe que para implementar este código en una computadora o microprocesador, necesitaremos almacenar en memoria los valores de las muestras de la señal de error y de la señal de control en el instante anterior, así como los valores de las muestras de la variable de proceso en los últimos dos instantes. Así, el algoritmo para implementar esta ley de control PID, en forma recursiva, viene dado por:

- Paso 1: Lea u_{manual} y guarde el valor leído en u_a, lea $y(k)$ y guarde el valor en y_a y y_{aa}. Inicialice $e_a = 0$.

- Paso 2: Lea $r(k)$, $y(k)$ y los parámetros K_p, K_i e K_d.
- Paso 3: Calcule $e = r(k) - y(k)$.
- Paso 4: Calcule la ley de control

$$u = u_a + (K_p + K_i T_s)e - K_p e_a - \frac{K_d}{T_s}\left(y(k) - 2y_a + y_{aa}\right).$$

  Aplique u al proceso.

- Paso 5: Actualice las variables: $u_a = u$, $e_a = e$, $y_{aa} = y_a$, $y_a = y(k)$.
- Paso 6: Retorne al Paso 2.

Las variaciones de este código para la introducción del factor de ponderación de la referencia, la opción de conmutación entre los modos manual y automático y la opción de calcular el error para procesos con ganancia directa positiva o negativa se pueden realizar de forma análoga a la implementación de estas estrategias para controladores PI (ver Capítulo 11).

12.5. Medición ruidosa

A lo largo de este libro, en prácticamente todos los análisis y experimentos presentados hasta el momento, los controladores P, PI y PID se diseñaron considerando que las señales de proceso medidas estaban libres de ruido de medición.

A los efectos del análisis conceptual de estos controladores, esta hipótesis (sin ruido) es adecuada. Sin embargo, cuando trabajamos con aplicaciones reales, las señales provenientes de las plantas físicas siempre se ven afectadas por el ruido y dado que los controladores toman estas señales como base para construir las leyes de control, las señales resultantes se corrompen por la presencia del **ruido**.

El término ruido se utiliza para definir variaciones en las señales medidas que no se esperan en condiciones ideales. El ruido se usa generalmente para representar variaciones rápidas de baja amplitud (en comparación con la amplitud real de la señal) observadas al medir una variable.

Consideremos un ejemplo práctico. Al medir el caudal de agua en una tubería, nos interesa determinar cuántos litros fluyen por segundo en el local donde está instalado el sensor de caudal. Este caudal depende de la señal de control que regula la bomba de agua conectada a la tubería. Si la bomba opera en condiciones constantes, esperamos medir un caudal constante en la tubería. Sin embargo, debido a la turbulencia del fluido que fluye, el sensor de medición puede presentar oscilaciones muy rápidas alrededor del caudal que esperaríamos medir.

En este caso, decimos que la medición es ruidosa o que hay una señal de ruido sumada a la señal medida. El ruido de medición también es causado por interferencias electromagnéticas en el sensor de medición y por otras causas externas, que a menudo son difíciles de identificar con precisión.

En todas las situaciones con ruido de medición, observamos señales que presentan una superposición de comportamientos, con una variación más lenta en el tiempo de mayor amplitud (señal real) superpuesta por una señal con variaciones mucho más rápidas y de menor amplitud (señal de ruido).

La Figura 12.16 presenta la señal relacionada con la variable de proceso de un sistema de calentamiento térmico, sujeto al ruido de medición. En este caso, el ruido está presente en la curva inferior de la simulación, la curva superior se refiere a la señal sin ruido.

El ruido siempre estará presente en todos los sistemas reales. Sin embargo, ¿qué efecto tiene el ruido en los sistemas de control? Analizaremos esto en los próximos apartados.

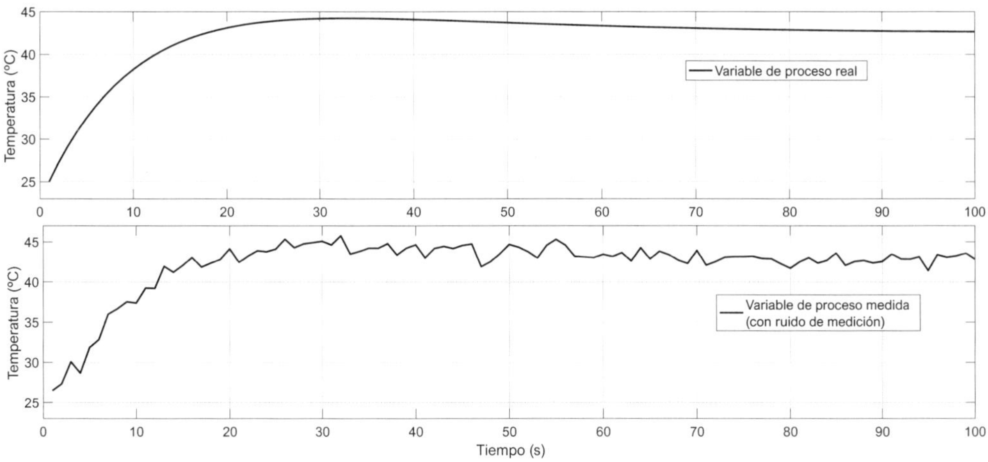

Figura 12.16 – Efecto del ruido sobre la señal medida en el proceso.

12.5.1. El efecto del ruido en la medición

El efecto más desventajoso de la presencia de ruido en los sistemas de control de lazo cerrado está asociado con la variable manipulada. En las estrategias de control de retroalimentación, la señal de control siempre se calcula en función de la variable del proceso. Esta, a su vez, se mide con ruido. Por tanto, si la estrategia de control amplifica este ruido, la variable manipulada puede tener variaciones de amplitud muy rápidas y grandes. Ilustraremos este fenómeno mediante un ejemplo y posteriormente, realizaremos un análisis matemático del problema.

Ejemplo 103 *Considere un sistema de control proporcional que actúa sobre la apertura de una válvula, para controlar el caudal de un fluido en una tubería. El proceso que relaciona la señal de voltaje (en voltios) que define la apertura de la válvula con el caudal medido en la tubería es modelado por una EDO de primer orden sin retardo, con parámetros* $\tau = 1\ s$ *y* $K_e = 5\ Vs/m^3$.

Para este problema de control, se instalaron dos controladores proporcionales, uno con ganancia proporcional $K_p = 2$ *y el otro con ganancia proporcional* $K_p = 20$*. Las respuestas del sistema de lazo cerrado de este* *sistema, para un cambio de referencia de tipo escalón de amplitud* $1\,m^3/s$ *de caudal, se presentan en la Figura 12.17, considerando un caso ideal, por ahora sin ruido de medición.*

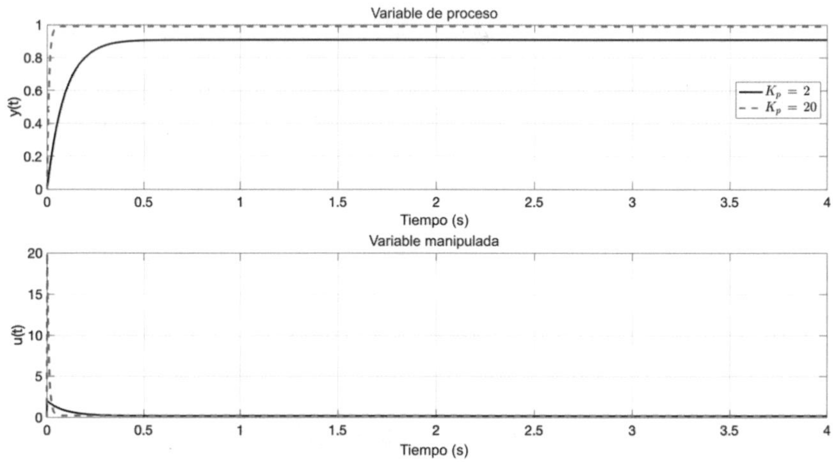

Figura 12.17 – Control P de caudal en una tubería con $K_p = 2$ (líneas continuas) y $K_p = 20$ (líneas discontinuas).

A través de las respuestas presentadas en esta figura, parece evidente que el controlador ajustado con $K_p = 20$ *es más ventajoso, ya que logra que la variable de proceso se estabilice más rápidamente, con menos error de seguimiento. Lógicamente, este control con mayor ganancia presenta un valor mucho mayor de la acción de control, principalmente en los momentos iniciales del transitorio.*

Sin embargo, al realizar este mismo experimento con la presencia de ruido de medición en la señal de caudal (amplitud media de $0{,}01\,m^3/s$*) y saturación de la variable manipulada (*$u \in [-1,\ 1]\ V$*), podemos ver que esta conclusión es apresurada.*

La Figura 12.18 presenta el experimento en condiciones reales, con medición de ruido y saturación. Observe que, en este caso, después del régimen transitorio inicial en los primeros segundos, la variable manipulada del controlador con $K_p = 20$ *oscila mucho más que la variable manipulada ob-*

tenida mediante $K_p = 2$. Esta oscilación, en la práctica, es inaceptable, ya que una señal de actuación tan brusca y variable para abrir la válvula dañaría el mecanismo de la válvula. Además, con la saturación, las diferencias entre las velocidades de las respuestas transitorias para los dos ajustes de K_p disminuyen. Por tanto, las ventajas del control proporcional con mayor ganancia proporcional, en un caso real, se ven superadas por las desventajas que aparecen debido al efecto del ruido y las limitaciones físicas del actuador.

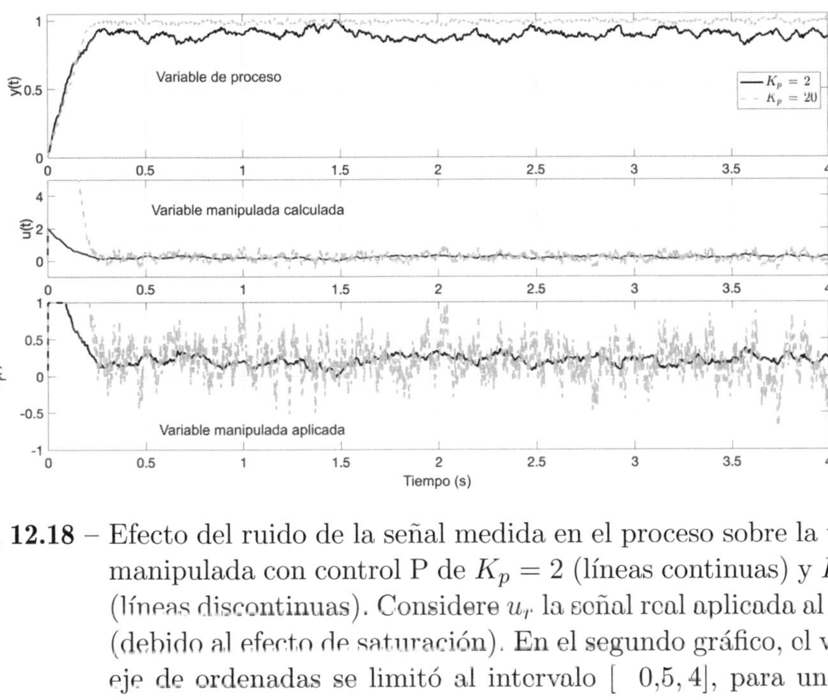

Figura 12.18 – Efecto del ruido de la señal medida en el proceso sobre la variable manipulada con control P de $K_p = 2$ (líneas continuas) y $K_p = 20$ (líneas discontinuas). Considere u_r la señal real aplicada al proceso (debido al efecto de saturación). En el segundo gráfico, el valor del eje de ordenadas se limitó al intervalo $[\ 0{,}5, 4]$, para una mejor visualización de las respuestas.

Analíticamente, es relativamente sencillo mostrar lo que sucede en este sistema de control con el ruido de medición vinculado a la variable del proceso. Para ello, consideraremos la señal de la variable de proceso representada como:

$$y_m(t) \;=\; y(t) + \nu(t) \quad , \tag{12.24}$$

donde $y(t)$ es la variable de proceso real, $y_m(t)$ es la señal medida para esta variable y $\nu(t)$ es el ruido en la medición. Enfatizamos que $\nu(t)$ es una señal de alta frecuencia y baja amplitud si comparada a la amplitud de $y(t)$. Esta señal de ruido es, *a priori*, desconocida.

En el caso del control proporcional, al sustituir $y_m(t)$ en la ley de control, obtenemos:

$$u(t) \;=\; K_p\left(r(t) - y_m(t)\right) \;=\; K_p\left(r(t) - y(t)\right) - K_p\nu(t) \quad . \tag{12.25}$$

A través de esta ecuación, podemos observar que la señal de control, en una situación real, está compuesta por dos porciones: una porción ideal, calculada en base a la señal de error real (sin ruido), y un nuevo término, referido al ruido en la medición, dada por $-K_p\nu(t)$.

Así, podemos concluir que la señal de ruido, en los lazos de control de retroalimentación, reaparece en la variable manipulada amplificada por la ganancia proporcional del controlador, K_p. Por lo tanto, para controladores con mayor ganancia proporcional, el efecto del ruido será mayor en la variable manipulada del sistema de lazo cerrado.

Observe que este fenómeno de reaparición de ruido en la señal de control no es exclusivo de las leyes de control de tipo P. En los sistemas de control de tipo PI, observamos el mismo problema en la parte proporcional del control. Observe que al sustituir $y_m(t)$ en la ley de control de PI, obtenemos:

$$\begin{aligned} u(t) &= K_p\left(r(t) - y_m(t)\right) + K_i\left(\int_0^t \left(r(\mu) - y_m(\mu)\right) d\mu\right) \qquad (12.26)\\ &= K_p e(t) + K_i\left(\int_0^t e(\mu) d\mu\right) - K_p\nu(t) - K_i\left(\int_0^t \nu(\mu) d\mu\right) \quad . \end{aligned}$$

Así, en este caso, $-K_p\nu(t)$ es un término de amplificación del ruido de medición, por una ganancia proporcional K_p, en la variable manipulada.

Observe que el término $-K_i\left(\int_0^t \nu(\mu)d\mu\right)$ es nulo o muy pequeño si comparado a la amplitud promedio de $u(t)$ y por lo tanto despreciable, ya que en la mayoría de los casos el ruido tiene una integral nula, ya que las variaciones positivas se "compensan" con las variaciones negativas de la señal $\nu(t)$, de modo que el área entre la curva y el eje de la abscisa se vuelve nula[1].

En el caso de los controladores PID, observamos una amplificación del ruido tanto en la parte proporcional como en el término derivativo. Por tanto, analicemos la acción derivativa sobre una señal ruidosa, dada por:

$$u_D(t) = -K_d \frac{dy_m(t)}{dt} = -K_d \frac{dy(t)}{dt} - K_d \frac{d\nu(t)}{dt} \quad . \tag{12.27}$$

Observamos que el efecto de ruido reaparece a través de un término $-K_d \frac{d\nu(t)}{dt}$. Observe que, dado que las señales de ruido $\nu(t)$ tienen características de cambio muy rápido, las señales $\frac{d\nu(t)}{dt}$ tienen amplitudes mucho mayores que las amplitudes de $\nu(t)$, que a su vez, serán amplificadas por la ganancia derivativa K_d.

Entonces, con base en la discusión anterior, podemos esperar que un controlador tipo PID siempre presentará un efecto de amplificación del ruido de medición en la variable manipulada y que esta amplificación será mayor que la observada en los casos de controladores P o PI, debido al término derivativo. Como se analizó, este fenómeno es desventajoso y puede causar desgaste y daño al sistema de actuación.

Para ilustrar esta discusión, presentamos, a continuación, un proceso con ruido de medición para el cual observaremos las porciones proporcional, integral y derivativa del control PID por separado, con el objetivo de mostrar experimentalmente el análisis anterior.

Ejemplo 104 *Considere el control de un proceso de temperatura de un intercambiador de calor, cuyo modelo de lazo abierto es una EDO de primer orden con retardo y con los siguientes parámetros:* $K_e = 2$, $\tau = 20\,s$ *y*

[1]En los sistemas de control, se usa mucho el modelo de ruido blanco, que tiene componentes de igual magnitud presentes en todo el espectro de frecuencias y que verifica esta propiedad.

$L = 5\,s$. Una perturbación escalón de amplitud de 1,5 ocurre en el instante de tiempo $t = 100\,s$.

Para controlar este sistema térmico, se configura un controlador PID con los siguientes parámetros: $K_c = 2$, $T_i = 8{,}5\,s$, $T_d = 2\,s$ y $b = 0$. Las respuestas obtenidas se muestran en la Figura 12.19.

En esta figura podemos ver que, a pesar de que la amplitud del ruido es pequeña en la temperatura (variable de proceso), el efecto del ruido sobre la acción de control es muy grande, haciendo casi imposible su aplicación práctica para regular la válvula que controla la cantidad de vapor que va al intercambiador de calor.

También observamos los valores de las acciones de control proporcionales, integrales y derivativas por separado. Estas porciones de la señal de control se muestran, respectivamente, con líneas discontinuas de color verde claro, líneas sólidas de color púrpura y líneas de punteada amarillas. Observe que el efecto del ruido en la acción integral es nulo y muy pequeño en la acción proporcional. Sin embargo, en la acción derivativa, observamos un gran efecto del ruido, que contribuye con casi todo el ruido observado en la variable manipulada.

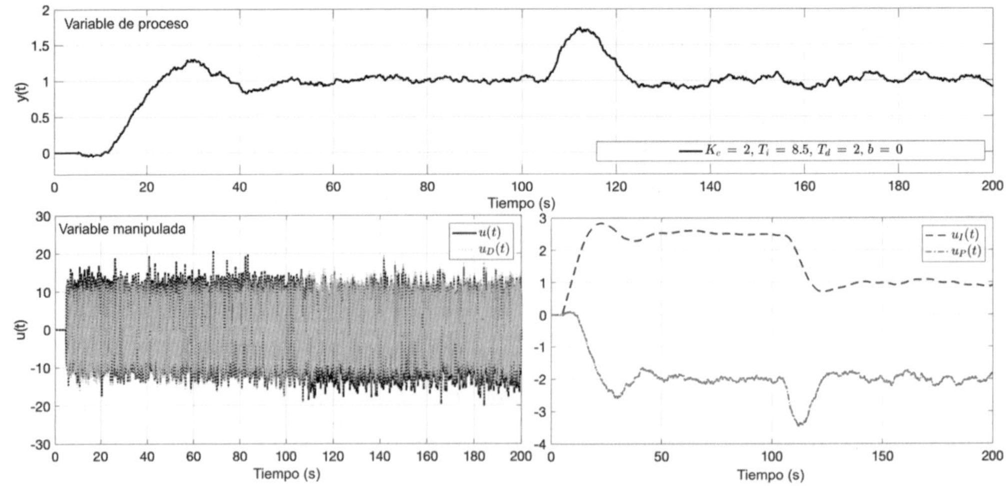

Figura 12.19 – Efecto del ruido de la señal medida en el proceso sobre la variable manipulada con control PID.

El efecto del ruido en los controladores industriales es un problema importante y por esta razón, la acción de control derivativa del PID a menudo no se utiliza precisamente debido a los efectos negativos causados por el ruido.

Una solución a este problema es el uso de una acción derivativa de menor intensidad, ya que, con la disminución de la ganancia derivativa $|K_d|$, la amplificación de esta porción se hace menor. Sin embargo, esta opción afecta el ajuste del controlador PID, perdiendo la efectividad de la acción derivativa en lazo cerrado. Una segunda solución, que es la más adoptada en la práctica, es el uso de filtros en la realimentación, cuyo objetivo es reducir la amplitud de la señal de ruido en la señal $y_m(t)$, utilizada en el controlador. Analizaremos el uso de estos filtros en el próximo apartado.

12.5.2. Filtro de medición

Los filtros son elementos familiares de nuestra vida diaria. Normalmente, un filtro es un sistema que se utiliza para retener alguna impureza de un fluido o de un proceso determinado. Por ejemplo, utilizamos filtros para eliminar las impurezas del agua potable; los tamices también son un tipo de filtro que solo deja pasar los granos de un cierto material que tengan un diámetro menor que un determinado valor.

En los sistemas de medición, los filtros se utilizan para separar la información importante de una señal del resto de su composición. Por ejemplo, cuando llenamos un tanque con una manguera que arroja agua desde cierta altura, la superficie del agua en el tanque tendrá pequeñas oscilaciones debido al impacto del agua en la superficie. Si queremos medir el nivel del tanque, no nos interesan estas pequeñas fluctuaciones de nivel provocadas por el impacto del caudal de agua, sino más bien la variación de nivel de dinámica más lenta, que cambia debido al caudal principal de agua que sale de la manguera. Observe que si colocamos la manguera directamente contra la superficie del agua, veríamos el mismo aumento de nivel, sin ninguna oscilación causada por el impacto del caudal de agua.

De esta forma, un sensor de nivel podría utilizar un filtro que solo detectaría la variación lenta del nivel del agua en el tanque, información de interés, sin que las variaciones rápidas por caída de agua afecten esta medición. Por lo tanto, el sensor de nivel debe diseñarse para proporcionar señales insensibles a este ruido causado por las oscilaciones de la superficie del tanque.

Con base en este análisis, podemos estudiar cómo desarrollar un filtro que realice tal operación, midiendo solo las variaciones más lentas de una señal de interés y eliminando o atenuando las variaciones más rápidas.

Normalmente, un sensor que "recibe" una señal ruidosa $y_m(t) = y(t) + \nu(t)$, siendo $y(t)$ la señal de interés y $\nu(t)$ la porción ruidosa, con variaciones rápidas. El filtro que "deja pasar" solo la información principal, correspondiente a la señal $y(t)$, se llama pasa bajas, ya que solo deja pasar las variaciones de frecuencia más lentas da la señal.

Ahora ilustraremos con un ejemplo el uso de un filtro pasa bajas hidráulico. Imaginemos que una planta industrial tiene dos procesos en cascada, con el primer proceso alimentando al segundo a través del caudal de un cierto fluido. Consideremos que este caudal es extremadamente ruidoso, es decir, sujeto a una señal de ruido que presenta alta frecuencia y pequeñas variaciones de amplitud alrededor de su valor promedio, corrompiendo la señal principal, como se ilustra en la Figura 12.20.

Considere que el segundo proceso, que recibe el caudal de este fluido, es muy sensible al ruido y por tanto, no se puede poner en funcionamiento directamente con este caudal que sale del primer proceso.

Así, se instala un "tanque pulmón" entre ambos procesos, de manera que el primer proceso descarga el producto en el tanque pulmón, el cual, a su vez, tiene un caudal de salida que fluye hacia el segundo proceso por una tubería instalada en su base, de modo que la salida solo dependa del nivel del tanque, como se analizó en el Capítulo 9.

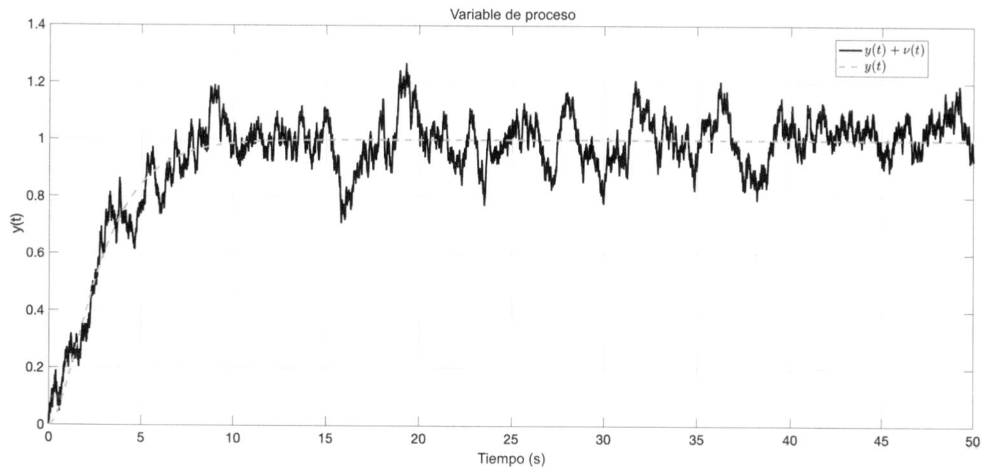

Figura 12.20 – Señal de caudal sujeta a variaciones de alta frecuencia (ruido de medición).

La idea de este proyecto es que si el tanque intermedio, introducido como un paso intermedio entre los dos procesos, es lo suficientemente grande y siempre tiene líquido, las pequeñas oscilaciones de ruido causadas por la salida del primer proceso tendrán poco efecto en la variación del nivel del tanque y en consecuencia, la salida del tanque, que alimenta el segundo proceso, no se verá afectada por las variaciones rápidas en el caudal de entrada. Por tanto, el segundo proceso está aislado de los efectos del ruido.

Tomemos un ejemplo numérico de esta operación en cascada con un tanque intermedio para fines ilustrativos. Considere que el caudal de entrada al tanque intermedio (salida del primer proceso) es del orden de $v_0 = 1\,\mathrm{m}^3/\mathrm{min}$ (caudal principal) y el ruido varía este caudal en $\pm 1\,\%$ muy rápidamente. Podemos representar la señal de ruido $\nu(t)$, en este caso, como una secuencia de escalones unitarios, con signo positivo o negativo, con subidas/bajadas cada segundo. Observe que las variaciones de esta señal son mucho más rápidas que el caudal de agua. También considere que el tanque intermedio es cilíndrico y tiene un volumen de $1{,}1\,\mathrm{m}^3$, con una base de $1\,\mathrm{m}^2$, operando con un nivel de agua cercano a la altura $h_0 = 1\,\mathrm{m}$.

La dinámica del nivel del tanque intermedio viene dada por $\frac{dh(t)}{dt} = v(t) - v_s(t) = v(t) - \sqrt{2gh(t)}$. Considerando una linealización de estas dinámicas en la cercanía del punto de equilibrio (h_0, v_0, v_0), tomando $h(t) = h_0 + \delta h(t)$ (nivel del tanque pulmón), $v(t) = v_0 + \delta v(t)$ (caudal de entrada al tanque pulmón) y $v_s(t) = v_0 + \delta v_s(t)$ (caudal de salida al tanque pulmón), obtenemos el siguiente modelo:

$$\left\{ \begin{array}{rcl} \frac{d\delta h(t)}{dt} & = & \delta v(t) - \delta v_s(t) \\ & = & \delta v(t) - \sqrt{\frac{g}{2h_0}} \delta h(t) \\ & = & \delta v(t) - 2{,}23 \delta h(t) \end{array} \right. .$$

Considerando la dinámica linealizada para el caudal de salida $\delta v_s(t) = 2{,}23 \delta h(t)$, podemos reescribir el modelo anterior como:

$$0{,}447 \frac{d\delta v_s(t)}{dt} + \delta v_s(t) = \delta v(t) \quad . \tag{12.28}$$

Observe que este es un modelo EDO de primer orden con constante de tiempo $\tau = 0{,}447\,\text{min}$ y ganancia estática unitaria. Por lo tanto, si el caudal de entrada es constante e igual a v_0, observamos un caudal de salida $v_s = v_0$.

Con base en este modelo aproximado, ahora analizaremos cuál será la variación de la señal de caudal de salida $v_s(t)$ debido a las variaciones en la señal de caudal de entrada $v(t)$ de pequeña amplitud y alta frecuencia, considerando $\delta v(t) = \nu(t)$ como una secuencia de escalones de amplitud $\pm\, 0{,}01\,\text{m}^3/\text{min}$, con subidas/bajadas cada segundo ($\frac{1}{60}$ minuto).

Tomemos, como ejemplo, $\nu(t)$ como un escalón que se eleva en $t = 0$ de amplitud $0{,}01\,\text{m}^3/\text{min}$. El resultado que sigue se extiende a una secuencia de escalones, ya que el modelo aproximado es lineal. Para este tipo de señal $\nu(t)$, obtenemos la siguiente respuesta para $\delta v_s(t)$:

$$\delta v_s(t) = 0{,}01 \left(1 - e^{-\frac{t}{0{,}447}}\right) \quad . \tag{12.29}$$

Un segundo después de la aplicación de esta señal, tenemos un caudal de salida dado por:

$$\delta v_s(\frac{1}{60}) \;=\; 0{,}01\left(1 - e^{-0{,}037}\right) \;=\; 0{,}00037\,\mathrm{m}^3/\mathrm{min} \quad . \qquad (12.30)$$

De esta respuesta, podemos concluir que el caudal de salida prácticamente no cambia con las oscilaciones de las entradas rápidas y además, la amplitud de ruido de $0{,}01\,\mathrm{m}^3/\mathrm{min}$ se reduce aproximadamente setenta y siete veces.

Por lo tanto, enfatizamos que el tanque intermedio funciona como un filtro pasa bajas, no permitiendo que las variaciones rápidas en la señal de caudal de entrada se reflejen en la señal de caudal de salida. La salida presentará variaciones en diente de sierra, con subidas y bajadas exponenciales con un período de un segundo, similares a las curvas correspondientes a las variables de proceso reguladas por estrategias *on-off*.

Observe que el volumen del tanque cambiará este resultado: si el tanque es muy pequeño, está claro que la oscilación del nivel será mayor y en consecuencia, la salida se verá más afectada por las variaciones en la entrada. Si el tanque es más grande, la variación de caudal en la salida será menor. El parámetro que muestra la reducción de la amplitud de salida es la constante de tiempo τ. Los tanques pulmón cilíndricos de una altura determinada dan como resultado modelos con constantes de tiempo más altas τ si tienen una base más grande, generando así salidas menos sensibles al ruido $\nu(t)$.

Con base en esta discusión, de forma general, podemos inferir en el siguiente modelo tipo EDO:

$$\tau_f \frac{dy_f(t)}{dt} + y_f(t) \;=\; y(t) \quad , \qquad (12.31)$$

que actúa como un filtro pasa bajas, de tal manera que las oscilaciones de la variable de entrada del filtro $y(t)$ se transmiten de forma reducida a la variable filtrada $y_f(t)$.

La elección del parámetro τ_f debe hacerse de tal manera que se reduzcan las oscilaciones rápidas en la señal $y(t)$. Sin embargo, esta reducción no debería causar demasiada deformación de las características dinámicas de la señal filtrada, es decir, $y_f(t)$ debería contener la información relevante de $y(t)$. Ilustraremos este punto con un ejemplo.

Ejemplo 105 *Considere el siguiente modelo normalizado de la temperatura de un horno $T(t)$, regulado mediante una señal de potencia $P(t)$, también normalizada:*

$$10\frac{dT(t)}{dt} + T(t) = P(t) \quad . \tag{12.32}$$

En este horno se realizó un experimento en lazo abierto, observando la respuesta $T(t)$ para un escalón unitario $P(t)$. Sin embargo, la señal medida se corrompe por el ruido de medición vinculado al sensor de temperatura. Para filtrar este ruido, se diseñaron tres filtros diferentes, siguiendo el modelo EDO presentado en la Ecuación (12.31)*, para los cuales $y(t) = T(t)$. Cada uno de estos filtros está diseñado con una constante de tiempo τ_f diferente (*0,1*,* 1 *y* 5 *s).*

La Figura 12.21 muestra las tres señales de temperatura filtradas. Observamos que el filtro con $\tau_f = 0{,}1\,s$, debido a su dinámica muy rápida, prácticamente no atenúa el ruido presente en la señal medida.

El filtro con $\tau_f = 1\,s$, por otro lado, logra atenuar el ruido, causando poco efecto en la dinámica principal de la señal medida, sin embargo, tenga en cuenta que la señal filtrada es un poco más lenta que la señal obtenida aplicando el primer filtro.

Finalmente, el tercer filtro, con $\tau_f = 5\,s$, es el que logra la mayor atenuación del ruido de medición, pero, por otro lado, presenta una señal de temperatura más lenta en relación con la señal real.

Podemos deducir, con base en este ejemplo, que siempre existe un compromiso entre la atenuación del ruido de medición y la deformación de la

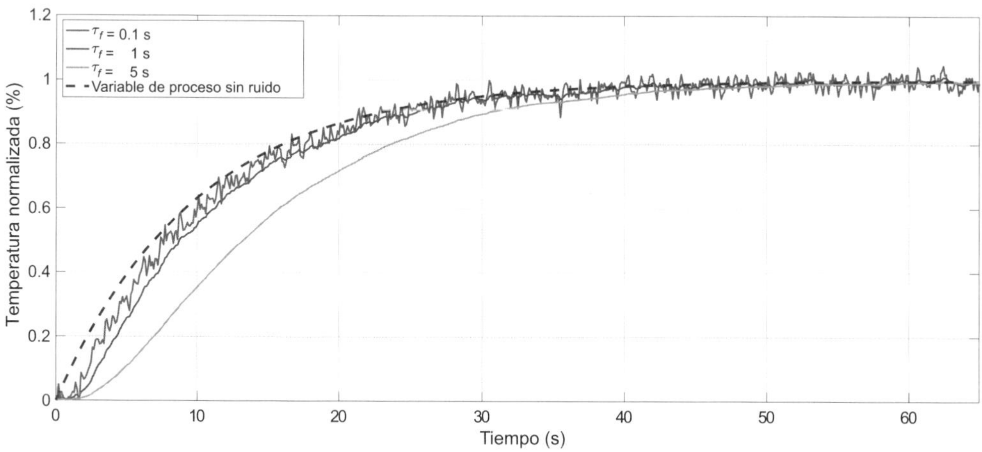

Figura 12.21 – Efecto de ruido sobre la temperatura del horno para diferentes filtros.

señal original. Los filtros con constantes de tiempo muy pequeñas τ_f no deforman la señal, pero tampoco atenúan el ruido; los filtros con constantes muy grandes τ_f atenúan fuertemente el ruido presente en la señal filtrada, pero deforman mucho la señal.

En la práctica, este compromiso se establece mediante una constante de tiempo intermedia τ_f, que equilibra la atenuación del ruido con la deformación de la señal. Una regla de ajuste simple para este parámetro es tomarlo como diez veces más pequeño que la constante de tiempo del proceso.

Enfatizamos que el diseño del filtro se vuelve más fácil cuanto más rápida es la variación del ruido en comparación con la variación natural de la señal a filtrar.

La Figura 12.22 muestra las tres respuestas de la señal de temperatura del horno normalizadas del ejemplo anterior para una entrada escalón de potencia, utilizando el filtro con una constante de tiempo $\tau_f = 0{,}1\,\mathrm{s}$ para tres señales de ruido diferentes, de característica sinusoidal y la misma amplitud. Observe cómo el filtro atenúa mejor el ruido que varía más rápido. En la figura, la primera señal de ruido sinusoidal tiene una frecuencia

$\omega = 10$, la segunda $\omega = 50$ y la tercera $\omega = 100$.

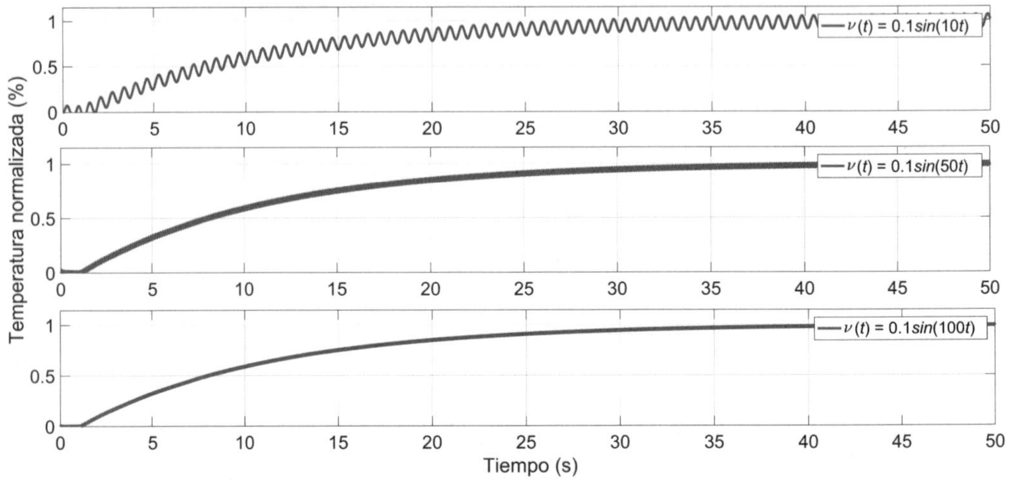

Figura 12.22 – Efecto de diferentes ruidos en la temperatura del horno con filtro $0{,}1\frac{dy_f(t)}{dt} + y_f(t) = y(t)$.

12.5.3. Implementación de filtro de medición

Al igual que con los controladores, los filtros de medición se pueden implementar de forma analógica o digital.

Para implementar un filtro pasa bajas del tipo presentado en la Ecuación (12.31) de forma analógica, un circuito resistivo-capacitivo es suficiente. El circuito eléctrico que se muestra en la Figura 12.23 se denomina filtro RC pasivo, en el cual se filtra el voltaje aplicado sobre los terminales izquierdos (V_i) y el voltaje resultante se da sobre el condensador, en paralelo con los terminales en la derecha (V_o).

Aplicando las leyes de Kirchhoff en este circuito, considerando $V_i(t)$ el voltaje aplicado a la izquierda y $V_0(t)$ el voltaje medido a la derecha, tenemos:

$$RC\frac{dV_0(t)}{dt} + V_0(t) \;=\; V_i(t) \quad . \tag{12.33}$$

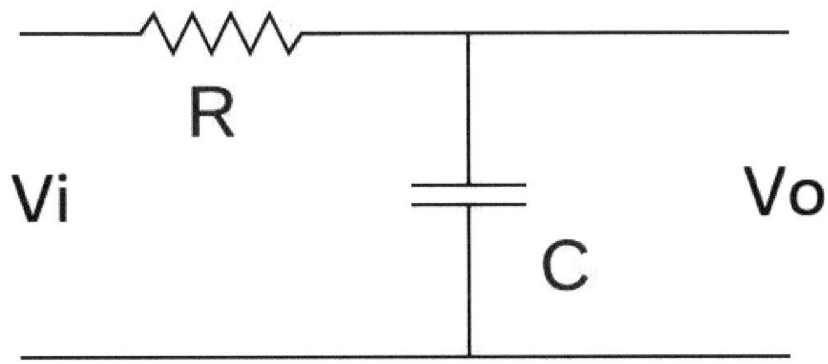

Figura 12.23 – Filtro RC pasivo para atenuación del ruido de alta frecuencia.

Observe que esta EDO es análoga a la Ecuación (12.31), considerando $\tau_f = RC$. Para implementar un filtro de constante de tiempo ajustable, se usa un condensador de capacitancia fija y una resistencia de tipo variable (potenciómetro) para que la constante de tiempo τ_f se pueda ajustar manualmente.

Otra forma de implementar un filtro de pasa bajas es a través de un circuito electrónico con un amplificador operacional, como se muestra en la Figura 12.24. Este tipo de implementación se denomina comúnmente filtro RC activo. El modelo que describe la dinámica de este circuito también viene dado por la Ecuación (12.33).

La implementación digital de un filtro pasa bajas de primer orden se puede realizar en base a los conceptos discutidos en el Capítulo 6, utilizando una ED de primer orden, cuya respuesta es equivalente a la respuesta de un filtro analógico correspondiente.

Por lo tanto, el filtro pasa bajas de la Ecuación (12.31) se puede implementar en forma digital a través de la siguiente ED:

$$y_f(k) = a_f y_f(k-1) + (1-a_f)\, y(k-1) \quad . \tag{12.34}$$

En esta ED, y representa la señal original y y_f la señal filtrada. Observe

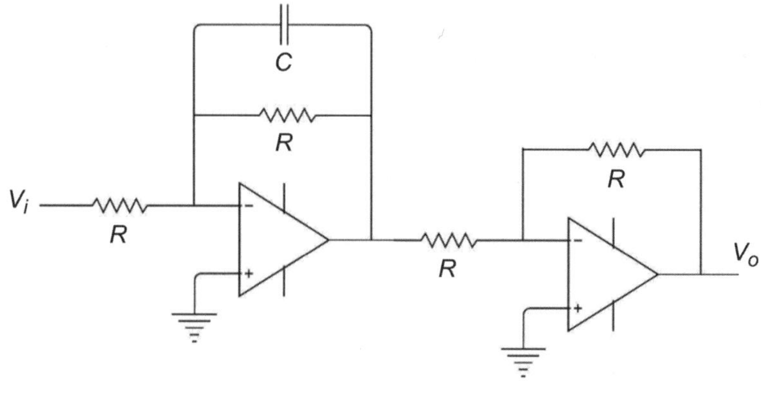

Figura 12.24 – Filtro activo para atenuación del ruido de alta frecuencia.

que este filtro tiene ganancia estática unitaria, es decir, como en el caso continuo, cuando y es constante, obtenemos $y_f(+\infty) = y(+\infty)$.

El ajuste de la constante de tiempo de este filtro pasa bajas digital se realiza de la misma forma que en el caso analógico. Para este filtro, ajustamos el parámetro a_f. Con base en la equivalencia entre representaciones continuas y discretas, tenemos que la equivalencia entre la constante de tiempo τ_f de un filtro continuo y el parámetro a_f de un filtro discreto viene dada por: $a_f = e^{-\frac{T_s}{\tau_f}}$, donde T_s es el período de muestreo del filtro digital. Con base en esta equivalencia, tenemos un parámetro de ajuste $a_f \in (0,1)$, lo que implica un filtro que restringe más el ruido para a_f más cerca de 1 y menos ruido si este parámetro está más cerca de 0.

Otra forma sencilla de implementar un filtro en forma digital es usando un promedio móvil, como se describe en la Ecuación (12.35). En este caso, la señal filtrada $y_f(k)$ se toma como el promedio de los últimos m valores de la variable ruidosa $y(k)$. Dado que el ruido es una señal de promedio cero, o casi cero, como se analizó anteriormente, cuando promediamos los valores de y, obtenemos una señal y_f con ruido reducido. De la misma forma que en el caso del filtro de primer orden, con un aumento en el número de muestras m, obtenemos una señal filtrada con menos ruido.

Sin embargo, al utilizar un número muy elevado de muestras m, observamos una mayor deformación de la señal original, ya que sus variaciones en el tiempo se ven corrompidas por el uso de la media. Por lo tanto, existe una compensación entre la capacidad de filtrado y la distorsión de la señal para el ajuste de m, así como para el ajuste de τ_f en el filtro pasa bajas analógico.

$$y_f(k) = \frac{1}{m}\left(\sum_{i=0}^{m-1} y(k-i)\right) \quad . \tag{12.35}$$

12.5.4. El uso de filtros de ruido en el control PID

En cuanto a los sistemas de control, el interés por el uso de filtros de medida se refiere al filtrado de las salidas de un proceso, con el objetivo de atenuar el ruido en la señal utilizada por el controlador.

El objetivo del diseño de un filtro pasa bajas es que sea capaz de mantener las características dinámicas de la variable de proceso $y(t)$ y al mismo tiempo, atenuar las variaciones de alta frecuencia presentes en la señal medida. Como $y(t)$ varía con una dinámica dada por la constante de tiempo del sistema de lazo cerrado τ_{MF}, el filtro debe diseñarse con una constante de tiempo τ_f mucho menor que τ_{MF}, de tal manera que la respuesta no se deforme y mucho mayor que el período de oscilación del ruido presente en la variable medida.

En el caso de los controladores PID, como ya hemos comentado, el ruido de alta frecuencia en la medida de la variable de proceso afecta principalmente a las acciones proporcional y derivativa, con mayor intensidad en esta segunda. Por lo tanto, es habitual que la señal derivada en el término derivativo de la ley PID sea una señal filtrada. Para el caso del algoritmo PID paralelo, la acción derivativa, en este caso, se describe mediante la siguiente ecuación, para la cual $y_f(t)$ proviene de la Ecuación (12.31):

$$u_d(t) \;=\; -K_d \frac{dy_f(t)}{dt} \quad . \tag{12.36}$$

En aplicaciones con controladores PID, la constante de tiempo del filtro τ_f se define proporcionalmente al valor de la ganancia derivativa K_d (en módulo). Por tanto, el filtrado se vuelve mayor o menor dependiendo de la intensidad de la acción derivativa. Normalmente se utiliza una regla del tipo $\tau_f = \gamma_f |K_d|$, donde $\gamma_f < 1$ es una constante de proporcionalidad. Los valores más grandes de γ_f implican un filtro más lento y por lo tanto una acción de filtrado más intensa.

En el caso de controladores PID implementados en forma académica, la constante de tiempo de filtro se define de acuerdo con la siguiente regla de proporción inversa: $\tau_f = \frac{T_d}{N_f}$, con valores menores de la constante N_f implica filtros más lentos, con un filtrado más intenso.

Ilustraremos el uso de filtrado en un sistema de control PID mediante un experimento de simulación.

Ejemplo 106 *Considérese un proceso que trabaja en lazo cerrado, con regulación realizada por medio de un controlador PID, cuyos parámetros están sintonizados coherentemente. El controlador PID se implementa en forma académica y se incluye un filtro de medición en la acción derivativa, donde se utiliza* $\tau_f = \frac{T_d}{N_f}$*, con* $N_f = 30$.

La respuesta de la variable de proceso es satisfactoria y cumple con todas las especificaciones de diseño. Sin embargo, el efecto del ruido de medición en la señal de control es muy grande.

Entonces, en lugar de modificar la ganancia del controlador, disminuyendo la acción derivativa para reducir el efecto de ruido en la variable manipulada, elegimos modificar el valor de la constante de proporcionalidad inversa N_f*, usando* $N_f = 4$ *y* $N_f = 0{,}1$*, por lo que el filtrado es más intenso.*

En la Figura 12.25, se presentan las señales correspondientes a la variable de proceso medida (ruidosa), la variable de proceso filtrada y la variable manipulada para este sistema de control, considerando tres configuraciones diferentes para el filtro pasa bajas, con $N_f = 30$, $N_f = 4$ *y* $N_f = 0{,}1$.

Como podemos ver, el filtrado es insuficiente para el primer ajuste, ya que la señal de control tiene mucho ruido. Con el tercer ajuste, observamos que el efecto del ruido sobre la variable manipulada prácticamente desaparece, pero la dinámica de la variable de proceso se ve alterada por la lentitud de la dinámica del filtro. Es evidente, por tanto, que el compromiso de ajuste del filtro se obtiene con $N_f = 4$*, lo que garantiza una reducción del efecto de ruido en la señal de control sin cambiar la dinámica de la variable controlada.*

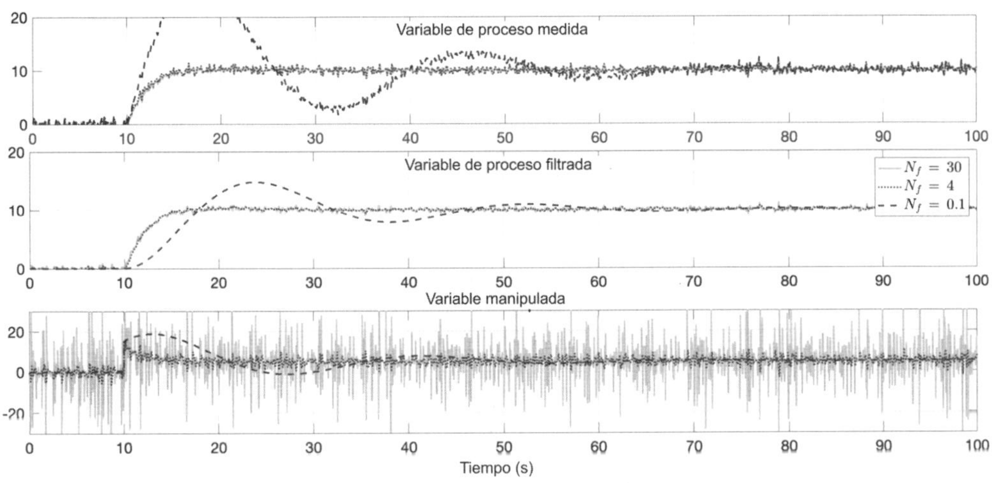

Figura 12.25 – Respuestas del sistema en lazo cerrado con controlador PID, usando filtro en acción derivativa y considerando ruido de medición de alta frecuencia.

12.6. Control anticipativo

Las respuestas de lazo cerrado del sistema de control P, PI y PID a las perturbaciones pueden mejorarse en gran medida cuando las perturbaciones que afectan el proceso son medibles. En estos casos, es posible utilizar una estrategia de control con acción anticipatoria, que actúa sobre la variable manipulada antes de que se observe el efecto de la perturbación sobre la variable de proceso.

Ya mencionamos al comienzo de este libro que, en muchos procesos, es posible medir las perturbaciones más relevantes, que más afectan el comportamiento de la variable del proceso. Por ejemplo, en un ambiente donde se controla la temperatura interna, podemos medir las variaciones de la temperatura exterior al ambiente y utilizar esta información para corregir el cálculo de la acción de control de tal manera que anticipemos el efecto que esta perturbación provoca en la dinámica de la temperatura interna. Observe que si la potencia del calentador que calienta la habitación es constante, cuando la temperatura exterior al ambiente varía, observaremos un cambio en la temperatura interna. Cuando se conoce el modelo de proceso, podemos manipular la potencia en función de la medición de la variación de temperatura externa para compensar el efecto de esta perturbación, sin esperar a que la temperatura ambiente cambie, debido al efecto de la perturbación, para iniciar la corrección.

Esta misma idea es válida para un proceso en el que enfriamos un ambiente: el efecto que el aumento de temperatura externa provoca sobre la temperatura interna del ambiente puede corregirse con un aumento anticipado de la potencia de los equipos que enfrían el ambiente.

Formalizaremos este concepto a través del siguiente modelo lineal que describe las variaciones en la temperatura del ambiente refrigerado:

$$\tau \frac{d\Delta T(t)}{dt} + \Delta T(t) = K_e \Delta P(t) + \Delta T_e(t) \quad . \tag{12.37}$$

En este modelo, $\Delta T_e(t)$ representa las variaciones en la temperatura del ambiente externo, una señal medible y $\Delta P(t)$ las variaciones en la potencia del equipo que enfría el ambiente, cuya temperatura está dada por $T(t) =$

$T_0 + \Delta T(t)$.

Consideremos que se utiliza una estrategia de control anticipatorio para controlar este proceso, donde:

$$\Delta P(t) \;=\; -\frac{1}{K_e}\Delta T_e(t) + u(t) \quad . \tag{12.38}$$

Observe que cuando reemplazamos esta ley de control en el modelo del proceso, obtenemos el siguiente modelo modificado para el sistema compuesto por el proceso y el control anticipatorio:

$$\tau\frac{d\Delta T(t)}{dt} + \Delta T(t) \;=\; K_e u(t) \quad . \tag{12.39}$$

Con la acción de control anticipatoria, dada por la Ecuación (12.38), pudimos eliminar el efecto de las perturbaciones. El nuevo modelo que se utilizará para diseñar un control de retroalimentación que actúa sobre $u(t)$ tiene la misma ganancia estática y constante de tiempo que el sistema original. Para este nuevo sistema, podemos diseñar una ley de control de PI (por ejemplo), siguiendo algunos de los métodos ya presentados, de manera que:

$$u(t) \;=\; K_p e(t) + K_i\left(\int_0^t e(\mu)d\mu\right) \quad , \tag{12.40}$$

con $e(t) = \Delta r(t) - \Delta T(t)$.

Combinando las dos estrategias obtenemos una ley de control para la señal de potencia dada por:

$$\Delta P(t) \;=\; -\frac{1}{K_e}\Delta T_e(t) + K_p e(t) + K_i\left(\int_0^t e(\mu)d\mu\right) \quad . \tag{12.41}$$

Esta ley de control realiza conjuntamente una acción tipo PI y una acción anticipatoria ante la perturbación, con ganancia de compensación $-\frac{1}{K_e}$.

Si se conoce perfectamente la ganancia estática del proceso K_e, esta estrategia de control elimina instantáneamente el efecto de las perturbaciones, teniendo así un desempeño superior en comparación con un controlador PI simple, sin una estrategia anticipatoria. Sin embargo, tenga en cuenta que esta estrategia solo es viable porque la perturbación es medible.

Con base en esta discusión del control anticipatorio, generalizaremos el resultado anterior a un proceso continuo genérico estable modelado a través de una EDO de primer orden, cuya variable de proceso $y(t)$ se controla a través de una variable manipulada $u(t)$ y sujeto a una perturbación mensurable $q(t)$:

$$\tau \frac{dy(t)}{dt} + y(t) = K_e u(t) + K_q q(t) \quad . \tag{12.42}$$

Para este proceso, queremos utilizar un controlador anticipatorio del tipo:

$$u(t) = K_a q(t) + u_r(t) \quad . \tag{12.43}$$

Esta ley se introducirá en el modelo de proceso de lazo abierto de tal manera que el término $K_a q(t)$ elimina el efecto de $q(t)$ en la variable de proceso, lo que hace que $u_r(t)$ sea la nueva variable manipulada para el nuevo modelo de sistema sin perturbaciones.

Por lo tanto, queremos encontrar una ganancia K_a para que el sistema equivalente esté libre de perturbaciones. Reemplazando esta ley de control anticipatorio en el modelo de proceso, obtenemos:

$$\begin{aligned} \tau \frac{dy(t)}{dt} + y(t) &= K_e \left(K_a q(t) + u_r(t)\right) + K_q q(t) \\ &= K_e u_r(t) + \left(K_q + K_e K_a\right) q(t) \quad . \end{aligned} \tag{12.44}$$

En este caso, tomando la ganancia anticipatoria $K_a = -\frac{K_q}{K_e}$, obtenemos un modelo equivalente para el sistema, ahora sin perturbaciones:

$$\tau\frac{dy(t)}{dt} + y(t) \quad = \quad K_e u_r(t) \quad , \tag{12.45}$$

donde podemos definir la variable manipulada $u_r(t)$ usando cualquier tipo de estrategia de control de realimentación.

En términos generales, consideraremos que la señal de control $u_r(t)$ viene dada por una estrategia PID, ya que los controladores P y PI son solo casos particulares de PID (con acciones integrales y derivativas desactivadas).

Entonces, la ley de control completa viene dada por la suma de una ley de control PID con una acción anticipatoria, utilizada para eliminar (al menos teóricamente) el efecto de la perturbación en el sistema de lazo cerrado. La ley de control resultante, por tanto, viene dada por:

$$u(t) \quad = \quad \overbrace{-\frac{K_q}{K_e}q(t)}^{\text{Anticipatoria}} + \underbrace{K_p e(t) + K_i\left(\int_0^t e(\mu)d\mu\right) - K_d\frac{dy(t)}{dt}}_{\text{PID}} . \tag{12.46}$$

La Figura 12.26 presenta un diagrama de bloques que ilustra la implementación de este sistema de control PID anticipatorio, en el que podemos observar las acciones anticipatorias y de retroalimentación separadas (diagrama superior) o integradas (diagrama inferior).

La segunda estructura, en la que se implementa el controlador PID con una acción anticipatoria integrada, se encuentra en muchos controladores industriales. En este caso, el controlador tiene cuatro parámetros de ajuste: K_p, K_i, K_d y K_a.

Observe que este controlador PID recibe los valores de la señal de referencia $r(t)$, la variable de proceso $y(t)$ y la perturbación $q(t)$ para el cálculo de $u(t)$. Lógicamente, podemos agregar otras funcionalidades a esta estructura, como ponderación de referencia, *anti-windup*, filtro de realimentación, etc.

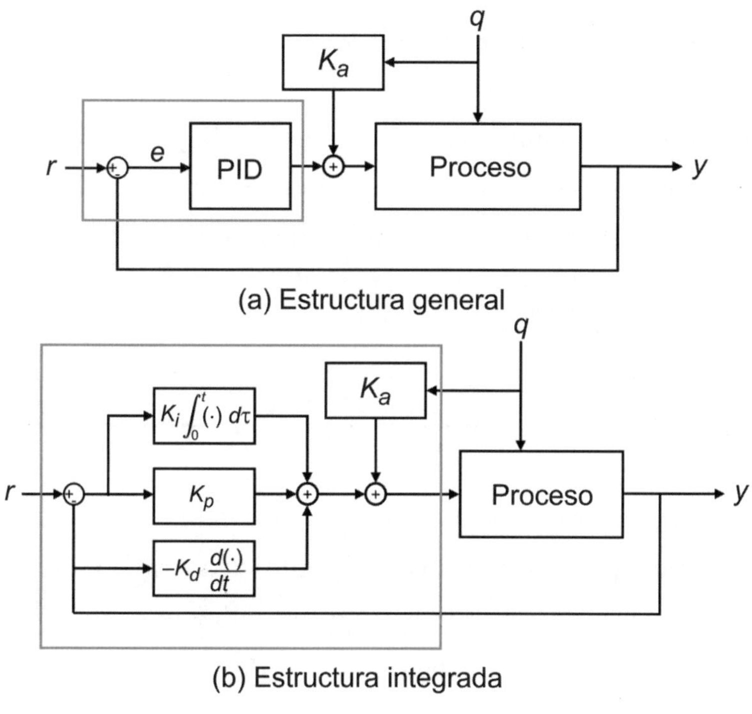

Figura 12.26 – Sistema controlado con control anticipatorio y controlador PID.

La implementación discreta de este tipo de control anticipatorio es simple, ya que la acción anticipatoria es solo una acción de tipo proporcional complementaria a la ley de control de retroalimentación. Una vez que se mide la perturbación $q(k)$, se implementa la ley de control anticipatorio $u_a(k)$ mediante la siguiente ecuación discreta:

$$u_a(k) = K_a q(k) \quad . \tag{12.47}$$

Como en el caso continuo, la ganancia anticipatoria K_a se calcula en base al modelo de proceso de lazo abierto. Considerando un modelo del proceso tipo ED de primer orden, del tipo:

$$y(k) = \alpha y(k) + \beta_u u(k-1) + \beta_q q(k-1) \quad , \tag{12.48}$$

tomamos la ganancia anticipada como $K_a = -\frac{\beta_q}{\beta_u}$. En el código de control digital de la estructura de control completa, simplemente agregamos la medida de q y la sumamos, ponderada por K_a, al valor de control calculado.

Observe que la acción anticipatoria es instantánea, eliminando perfectamente el efecto de la perturbación en el modelo del proceso. Sin embargo, debemos tener en cuenta que, en la práctica, esto no es lo que se observa, ya que el modelo no representa perfectamente el proceso.

Por ello, las ganancias K_e y K_q (o parámetros β_u y β_q) son una representación de la realidad del proceso y por tanto, el control anticipatorio proyectado con una ley $-\frac{K_q}{K_e}q(t)$ (o $-\frac{-\beta_u}{\beta_q}q(k)$, en el caso discreto) no compensará el efecto de perturbación perfectamente, pero atenuará el efecto de la perturbación muy rápidamente, ayudando al control PID. A través de un ejemplo de simulación, analizaremos este fenómeno.

Ejemplo 107 *Considere un sistema de control de nivel de agua en un tan-*

que, como un modelo de lazo abierto dado por:

$$50\frac{dh(t)}{dt} + h(t) \;=\; 2a_e(t) - 1{,}5a_s(t) \quad . \tag{12.49}$$

En este modelo, $a_e(t)$ y $a_s(t)$ son señales que representan las aberturas de las válvulas de entrada y salida de agua del tanque, respectivamente y $h(t)$ es la señal que representa el nivel de agua medido.

En este proceso, la apertura de la válvula de salida $a_s(t)$ es la variable manipulada, mientras que $a_e(t)$ es una perturbación en el tanque, que representa la entrada de agua al tanque. Esta perturbación se puede medir para cada instante de tiempo.

Se desea que este sistema rechace las perturbaciones $a_e(t)$ lo más rápido posible y que el nivel del agua en el tanque siga una señal de referencia $r(t)$ tipo escalón sin error en régimen permanente, con un tiempo de respuesta más rápido que el de lazo abierto. Para cumplir con estas especificaciones, se utiliza un control PI con acción anticipatoria ante perturbaciones.

En este ejemplo, compararemos los resultados obtenidos con un controlador PI con y sin control anticipatorio. Para hacer esto, los parámetros del controlador PI se ajustan de la siguiente manera: $K_c = \frac{6}{K_e} = -4$ y $T_i = 0{,}5\tau = 25\,s$. El control anticipatorio se implementa con la siguiente ganancia: $K_a = -\frac{K_q}{K_e} = -\frac{2}{(-1{,}5)} = 1{,}33$.

Las respuestas de lazo cerrado para una señal de $r(t)$ tipo escalón de amplitud 0,5 y una señal de tipo escalón unitario $a_e(t)$ se presentan en la Figura 12.27, que detalla las señales relativas al nivel y a la variable manipulada.

Observe cómo el control anticipatorio puede eliminar completamente el efecto de la perturbación, instantáneamente, mientras que el controlador PI sin acción anticipatoria puede eliminarlo solo en régimen permanente. Observe también que el control con acción anticipatoria actúa instantáneamente cuando aumenta la perturbación de tipo escalón. La acción $K_aq(t)$

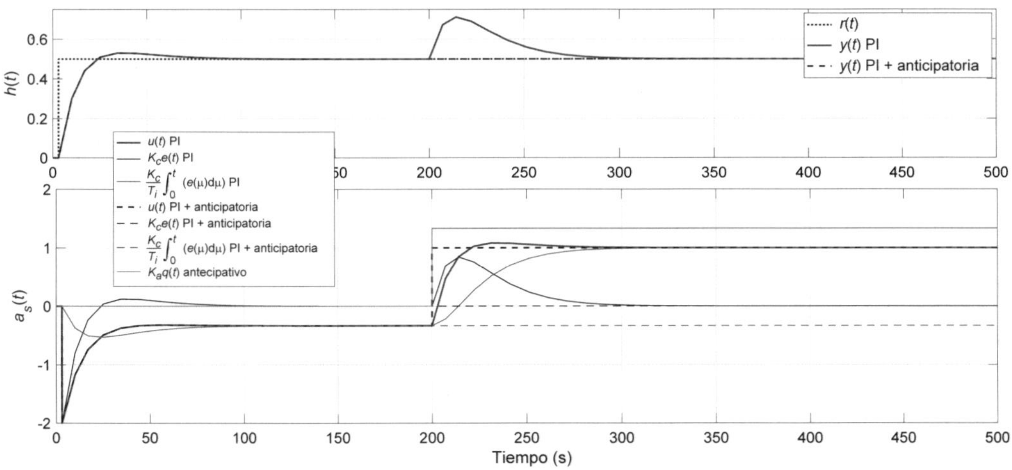

Figura 12.27 – Control del tanque en lazo cerrado. Comparación de respuestas con controlador PI con y sin ganancia anticipatoria.

contribuye a la señal de control con la energía necesaria para compensar los efectos de la perturbación que actúa sobre el sistema.

Para completar este ejemplo, consideraremos que la ganancia estática del proceso no se determinó correctamente, es decir, la ganancia del modelo no coincide exactamente con la ganancia del proceso. Para eso, consideraremos que la ganancia estática del proceso es $K_e = 3$, mientras que la ganancia estática del modelo es $K_e = 1{,}5$. Se mantienen los ajustes de los parámetros de la estrategia de control.

Las respuestas de lazo cerrado para el mismo escenario (señales $r(t)$ y $q(t)$ tipo escalón) se presentan en la Figura 12.28. Observe que, en este caso, las respuestas de rechazo de perturbación no son perfectas, pero aun así, el control anticipatorio ayuda mucho a eliminar el efecto de la perturbación, presentando respuestas más eficientes que las obtenidas con una estrategia PI sin acción anticipatoria.

A través de este ejemplo en simulación, pudimos observar la eficiencia del control anticipatorio incluso cuando no hay un conocimiento exacto del proceso, es decir, cuando hay errores de modelado. Analizaremos con más detalle el caso en que el modelo no es perfecto y los efectos observados en

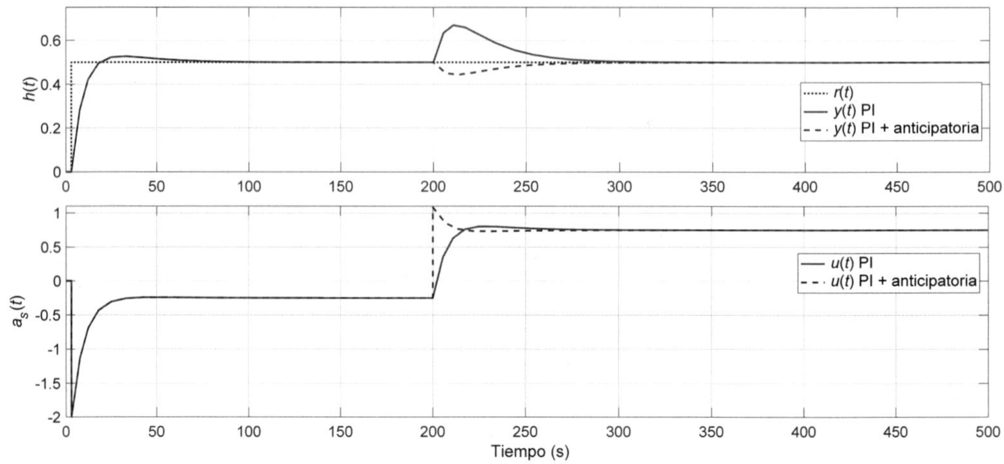

Figura 12.28 – Respuestas en lazo cerrado del tanque con control anticipatorio y controlador PI para el caso con error de estimación de la ganancia estática del de proceso. Comparación de respuestas con y sin ganancia anticipatoria.

las respuestas obtenidas con leyes de control anticipatorio.

En situaciones reales, no conocemos exactamente el comportamiento de los procesos, pero sí modelos aproximados para estos comportamientos. Por lo tanto, consideraremos dos representaciones matemáticas diferentes, una para el proceso real y otra para el modelo que describe la dinámica del proceso.

Consideremos un proceso continuo estable de primer orden con variable de proceso $y(t)$, señal de control $u(t)$ y perturbación medible $q(t)$:

$$\tau \frac{dy(t)}{dt} + y(t) = K_e u(t) + K_q q(t) \quad . \tag{12.50}$$

Suponemos, entonces, que el modelo que describe este proceso viene dado por la siguiente EDO:

$$\tau_m \frac{dy(t)}{dt} + y(t) = K_{em} u(t) + K_{qm} q(t) \quad . \tag{12.51}$$

En este caso, existe un error al estimar todos los parámetros. La ley de control anticipatorio se calcula con base en el modelo de proceso (el proceso en sí no es conocido por el proyectista). Por lo tanto, tenemos una ganancia anticipatoria $K_a = -\frac{K_{qm}}{K_{em}}$. Aplicando la ley de control $u(t) = K_a q(t) + u_r(t)$, obtenemos la siguiente dinámica de lazo cerrado:

$$\begin{aligned} \tau\frac{dy(t)}{dt} + y(t) &= -\left(\frac{K_e K_{qm}}{K_{em}}\right) q(t) + K_e u_r(t) + K_q q(t) \\ &= K_e u_r(t) + \left(\frac{K_q - K_e K_{qm}}{K_{em}}\right) q(t) \quad . \end{aligned} \tag{12.52}$$

Observe que, en este caso, la perturbación no se elimina por completo del sistema. Se mantiene un término de perturbación con una nueva ganancia estática, dada por $K_q^{\text{nuevo}} = \left(\frac{K_q - K_e K_{qm}}{K_{em}}\right)$. Este término es nulo cuando el modelo es perfecto, es decir, cuando $K_{em} = K_e$ y $K_{qm} = K_q$. Sin embargo, la nueva ganancia estática contra perturbaciones K_q^{nuevo} puede ser mayor o menor que la ganancia original K_q, dependiendo del error de modelado (discrepancia entre K_{em}, K_e, K_{qm} y K_q) e incluso pueden tener un signo invertido.

Destacamos, por tanto, que el control anticipatorio solo es ventajoso si se reduce la ganancia estática ante perturbaciones, es decir, si $|K_q^{\text{nuevo}}| < |K_q|$, de manera que el sistema equivalente es menos sensible a los efectos de la perturbación que el sistema original.

Esto demuestra que, en la práctica, el control anticipatorio no siempre es ventajoso y que debemos tener una idea de la representatividad del modelo para decidir si agregar una acción anticipatoria. Observe que un modelo representativo tiene un pequeño error de modelado y por lo tanto, un nivel reducido de discrepancia entre el modelo y los parámetros del proceso (K_{em}, K_e, K_{qm} y K_q). En este caso, un control anticipatorio mejorará el rendimiento ante perturbaciones.

Como ya comentamos, se utilizará una estrategia de control de retroalimentación (P, PI o PID) junto con la acción anticipatoria, actuando sobre el proceso equivalente (con compensación de perturbación):

$$\tau\frac{dy(t)}{dt} + y(t) = K_e u_r + K_q^{\text{nuevo}} q(t) \quad . \tag{12.53}$$

En este caso, la ley de control de retroalimentación, ajustada en base al modelo (con los parámetros τ_m y K_{em}), no dará el mismo resultado experimental que en el caso teórico, para el cual los parámetros del modelo y del proceso son los mismos. En general, la respuesta obtenida experimentalmente se verá deteriorada en comparación con el caso teórico, presentando posibles oscilaciones. Sin embargo, si el controlador mantiene la estabilidad del sistema de lazo cerrado, la acción integral asegurará que la variable del proceso converja a la referencia en régimen permanente. Analizaremos más temas sobre el problema de las incertidumbres de modelado en el Capítulo 13.

12.7. Comentarios finales

En este capítulo, presentamos la estrategia de control de retroalimentación PID y discutimos varios aspectos prácticos relacionados con su implementación.

A través de la interpretación de la acción derivativa como una predicción de la futura señal de error, detallamos cómo los controladores PID pueden ofrecer ventajas sobre los controladores PI al tener un término que corrige el comportamiento de la salida de manera predictiva.

Mostramos que el análisis del efecto del ruido de medida es de fundamental importancia en los sistemas de control y que su efecto se puede mitigar con el uso de filtros. Además, estudiamos cómo se pueden diseñar estrategias de control anticipatorio, para el caso de perturbaciones mensurables, dando la posibilidad de mejorar la respuesta de rechazo a las perturbaciones del sistema. Abordamos de manera preliminar el tema de los errores de modelado y la incertidumbre, que analizará mejor en el próximo capítulo.

El algoritmo de control PID es una estrategia bien conocida y también se usa ampliamente en la práctica industrial. La inclusión de la parte derivativa debe hacerse con cuidado, ya que las respuestas pueden deteriorarse si los parámetros no están bien ajustados y si la señal medida se ve muy afectada por el ruido. Podemos concluir que el control PID considerando una acción anticipatoria y ponderación de referencia es una estrategia muy versátil para llevar a cabo el control de muchos procesos en la práctica.

Lista de ejercicios y actividades propuestos

Ejercicios

1. Escriba un pseudocódigo para simular un sistema de control PID que actúa en un proceso discreto de primer orden con retardo, descrito por el siguiente modelo:

$$y(k) \quad = \quad 0{,}8y(k-1) + 0{,}4u(k-5) - 0{,}2q(k-5) \quad , \qquad (12.54)$$

considerando un periodo de muestreo de $T_s = 1$s. Simule el sistema funcionando en lazo cerrado, aplicando señales de referencia $r(t)$ y perturbación $q(t)$ del tipo escalón unitario.

2. Considere un proceso de control de temperatura de un intercambiador de calor, con un modelo continuo de primer orden identificado con los parámetros $L = 2\,$s, $\tau = 10\,$s, $K_e = 4$ y $K_q = -2$, para los cuales la variable manipulada es la potencia entregada al sistema y la perturbación es el caudal de producto. Ajuste un control PID utilizando los métodos de Ziegler-Nichols de lazo abierto y lazo cerrado. Compare los resultados de las respuestas de temperatura obtenidas para el seguimiento de señales de referencia de tipo escalón, considerando las señales de perturbación de caudal de tipo escalón. Intente mejorar las respuestas obtenidas utilizando el factor de ponderación de referencia.

3. Para el sistema de control PID del ejercicio anterior, ajustado por el método de Ziegler-Nichols de lazo abierto, compare el desempeño del controlador con la acción derivativa aplicada en la señal de error y solo en la variable del proceso. ¿Esta modificación afecta las respuestas a la perturbación y a la referencia? Justifica tu respuesta.

4. Queremos estudiar el efecto del ruido de medición en la señal de control PID del Ejercicio 1, ajustada por el método de Ziegler-Nichols de lazo

cerrado. Considere un filtro de ruido modelado por la siguiente EDO:

$$\tau_f \frac{dy_f(t)}{dt} + y_f(t) \;=\; y(t) \quad . \tag{12.55}$$

Analice el efecto de ajustar el parámetro τ_f en las respuestas del proceso de lazo cerrado y cómo lograr un buen compromiso entre la atenuación del ruido y la velocidad y el sobrepaso de la respuesta de lazo cerrado.

5. Considere un proceso de control de nivel de un sistema de tanques acoplados con un modelo EDO, identificado con los parámetros $L = 1\,\mathrm{s}$, $\tau = 15\,\mathrm{s}$, $K_e = 2$ y $K_q = -1$, donde la variable manipulada es la apertura de la válvula de entrada de fluido en el sistema y la perturbación es la apertura de la última válvula de salida del tanque. A través de experimentos de simulación, realice el siguiente experimento de acuerdo con los siguientes pasos:

   - (i) Sintonice un controlador PI mediante el método Ziegler-Nichols de lazo abierto y verifique las respuestas sin considerar el ruido.
   - (ii) Agregue la acción derivativa al control y ajústelo manualmente. Observe si es posible mejorar la respuesta obtenida.
   - (iii) Repita el ajuste de la acción derivativa, considerando ahora la presencia de ruido de medición. Compare con el caso anterior.

6. Para el mismo sistema de tanques que en el ejercicio anterior, compare mediante simulación el desempeño del PI ajustado por el método de lazo abierto de Ziegler-Nichols con y sin la inclusión de una acción anticipatoria. Considere tres casos en este estudio: (i) cuando los retardos del modelo para la variable manipulada y la perturbación son iguales y el modelo es perfecto; (ii) cuando los retardos del modelo para la variable manipulada y la perturbación son iguales y el modelo tiene un error de +20 % en relación con la ganancia estática K_e y de

-5 % en relación a la ganancia K_q; (iii) cuando el retardo frente a la señal de control es 1 s, frente a la perturbación de 0,5 s y el modelo es perfecto (parámetros iguales al proceso) ; (iv) cuando el retardo a la señal de control es 1 s, la perturbación de 0,5 s y el modelo tiene un error de $+20$ % en relación con la ganancia estática K_e y -5 % en relación con la ganancia K_q.

Actividad propuesta

Un control de tipo PID se implementa mediante la siguiente ley de control:

$$u(t) = K_c\left(e(t) + \frac{1}{T_i}\int e(\tau)d\tau + T_d\frac{de(t)}{dt}\right) \quad . \qquad (12.56)$$

Además, se puede incluir un factor de ponderación de referencia. Para una acción de control más suave, en la práctica, la acción derivativa se aplica sobre la variable de proceso. En este caso, se utiliza la ley de control descrita por la Ecuación (12.57).

$$u(t) = K_c\left((br(t) - y(t)) + \frac{1}{T_i}\int e(\tau)d\tau - T_d\frac{d(y(t))}{dt}\right) \quad . \qquad (12.57)$$

En este caso, el parámetro T_i sintoniza la acción integral y el parámetro T_d regula la parte derivativa. La ganancia proporcional de control viene dada por K_c. El parámetro de ajuste b es un factor de ponderación de referencia, que afecta solo a la parte proporcional de la acción de control. Observe que, para $b = 1$, tenemos un control de tipo PID "normal", para el cual la señal $r(t)$ se considera completamente en la acción proporcional, lo que resulta en acciones de control más abruptas para cambios de referencia tipo escalón. En el caso de que b se acerque a cero, el efecto es al revés, con cambios más suaves en la señal de control.

Considere un proceso descrito por el siguiente modelo:

$$5\frac{dy(t)}{dt} + y(t) \;=\; 0{,}5u(t-2) + 0{,}2q(t-2) \quad . \qquad (12.58)$$

La variable de proceso medida es:

$$y_m(t) \;=\; y(t) + \nu(t) \quad , \qquad (12.59)$$

donde $\nu(t) = 0{,}01\sin(2000t)$ es una señal de ruido de medición de alta frecuencia.

Para controlar la salida de este proceso, un controlador PID debe ajustarse en forma académica, sintonizado usando el método de lazo cerrado de Ziegler-Nichols ya presentado en este capítulo.

1. Ajuste los parámetros del controlador PID según sea necesario y verifique que la respuesta a una perturbación tipo escalón tenga el segundo pico de oscilación con una amplitud menor que $\frac{1}{4}$ de la amplitud del primer pico. Observe las señales relevantes, principalmente la acción derivativa y el efecto de ruido, aplicando un escalón de referencia y un escalón de perturbación. Analice los resultados.

2. Con el mismo ajuste que en la pregunta anterior, cambie la ley de control a un PID como el que se muestra en la Ecuación (12.57), manteniendo $b = 1$. Observe las señales relevantes y compare los resultados con las respuestas a la pregunta anterior. ¿Qué parte de la respuesta cambia con el nuevo control y por qué?

3. Analice el efecto del ruido en el controlador del punto anterior. ¿Cómo se podría disminuir este ruido, considerando el uso de un filtro en la medida de la variable de proceso en el canal de retroalimentación?

4. ¿Cómo se podría mejorar la respuesta transitoria del sistema? Explique y demuestre.

5. Agregue el factor de ponderación de la señal de referencia (b entre 0 y 1) a la ley de control y compare la respuesta del sistema con diferentes ajustes de b. ¿Cuál se considera la principal ventaja de utilizar el factor de ponderación b en la ley de control?

6. Cree un pseudocódigo discreto para la ley de control del primer punto. Analice el efecto del período de muestreo sobre los resultados obtenidos con la implementación de esta estrategia discreta, es decir, utilizar

un T_s apropiado y luego aumente el valor de T_s, observe y explique los resultados obtenidos.

Actividad práctica: kit experimental motor-generador

El objetivo de esta actividad es implementar y analizar una estrategia de control proporcional-integral-derivativa y analizar el uso de la ponderación de la referencia, el uso de la acción D en la retroalimentación y el efecto del ruido en la señal de control. Para ello, se proponen los siguientes pasos:

- Adaptar el código desarrollado en los capítulos anteriores para implementar un controlador PID para el kit experimental, incluyendo una acción derivativa. Cree un código para el control PID con acción D sobre el error y otro con acción D solo en la variable de proceso.

- Primero use el control con la acción D en el error. Utilice el ajuste de los parámetros K_c y T_i como en la experiencia del capítulo anterior y luego ajuste T_d manualmente, comenzando con un valor de $T_d = 0{,}1$. Aplique variaciones de tipo escalón a la referencia en la región donde obtuvo el modelo linealizado en los capítulos anteriores. También aplique perturbaciones manualmente en el eje del motor. Analice las respuestas observadas y el efecto de la acción derivativa. Principalmente observe la acción de control y comente los resultados.

- Ahora use el control con la acción D en la salida de velocidad. Use el mismo ajuste de PID que en el punto anterior y compare los resultados obtenidos aplicando variaciones de tipo escalón en la referencia y perturbaciones manuales en el eje del motor. Analice las respuestas observadas y las diferencias en la acción de control y en la velocidad del motor con respecto al caso anterior. ¿Cuáles son las ventajas y desventajas de cada estructura PID?

- Modifique el control PID con la acción D en la velocidad para incluir el parámetro de ponderación de la referencia b. Repita los experimentos del punto anterior y compare las respuestas de este nuevo PID con $b = 0{,}5$ y el anterior que no usó b. ¿Cambian las respuestas a las perturbaciones? ¿Se ven afectadas las respuestas a los cambios de referencia? ¿Cuál es el efecto de b en la acción de control? Comente los resultados. Modifique el valor de b y observe los efectos en las respuestas.

- Ahora analice el ruido en la señal de velocidad y su efecto en la señal de control. Modifique el código para poder ver por separado las acciones P, D e I del control PID. Observe el efecto del ruido en cada una de ellas. Adapte este código PID con la inclusión de un filtro digital para atenuar el efecto del ruido de medición en la señal de control. Realice experimentos, observe las respuestas para diferentes valores del ajuste de la acción D y la constante de tiempo del filtro. Analice las diferencias entre las respuestas obtenidas.

Problema resuelto

Una empresa de ingeniería automotriz desea instalar un control automático de velocidad en sus automóviles. Para ello, estudia un modelo del comportamiento del automóvil, relacionando la velocidad v con la acción sobre el acelerador a y el ángulo de inclinación de la carretera θ. El propósito del sistema es que el control ajuste automáticamente la aceleración para mantener una velocidad determinada para diferentes pendientes de la carretera. El modelo simplificado que representa la dinámica del automóvil viene dado por la siguiente ecuación diferencial:

$$m\frac{dv(t)}{dt} = 80a(t) - 200v(t) - mg\sin(\theta(t)) \quad ,$$

siendo $m = 1000\,\text{kg}$ la masa del automóvil y $g = 10\text{m/s}^2$ la aceleración de la gravedad. En este modelo, a está en el rango $[0, 100\,\%]$, θ está en el rango $[0, 10]\,^\circ$ y v en el rango $[0, 40]\,\text{m/s}$. El tiempo se mide en segundos.

- (a) Analice el comportamiento estático del coche y dibuje la característica estática del sistema considerando las variables que considere importantes.

- (b) Dibuje un diagrama de bloques del sistema identificando la variable del proceso, la variable manipulada y la perturbación, así como la operación de integración de las variables.

- (c) Encuentre un modelo linealizado para el sistema que opera cerca del punto de equilibrio dado por $v = 30$ m/s y $\theta = 5\,^\circ$. Escriba el modelo en forma de una ecuación diferencial lineal de primer orden que defina en este nuevo modelo la variable de proceso $y(t)$, la variable manipulada $u(t)$ y la perturbación $q(t)$.

- (d) Suponga que se utiliza un control proporcional K_p con BIAS en el controlador de velocidad. Calcule el valor del BIAS que debe usarse para mantener la velocidad en 25 m/s cuando el automóvil está en una carretera inclinada de 10° y usando $K_p = 5$. ¿Cuál sería el BIAS si la ganancia fuera $K_p = 7$?

- (e) Usando el modelo linealizado y el control proporcional, calcule K_p que se usará en el sistema de modo que la constante de tiempo del sistema de lazo cerrado sea 1/3 de la constante de tiempo del automóvil no controlado. Para la ganancia encontrada, ¿cuál es el valor de la banda proporcional?

- (f) Se utiliza un control PI para regular la velocidad. Este controlador está dado por la siguiente ley:

$$a(t) = K_c e(t) + \frac{K_c}{T_i}\int_0^t e(\mu)d\mu \quad , \qquad e(t) = r(t) - v(t) \quad ,$$

con $K_c = 3/K_e$ y $T_i = 0{,}75\tau$, siendo K_e la ganancia estática del modelo linealizado para la relación entre y y u; τ la constante de tiempo del modelo lineal del automóvil y $r(t)$ la referencia de velocidad. Dibuja un diagrama de bloques del proceso con control. Si la referencia de velocidad (SP) es 30 m/s, ¿Cuál será el valor de la acción del acelerador en el equilibrio del sistema de lazo cerrado cuando $\theta = 5^\circ$? ¿Porque?

- (g) Finalmente, la empresa quiere analizar el uso de un control PID de velocidad para tener buenas respuestas tanto a las perturbaciones como a los cambios en la referencia. Tiene dos opciones de implementación. El primer PID viene dado por:

$$a(t) = K_c e(t) + \frac{K_c}{T_i}\int_0^t e(\mu)d\mu + K_c T_d \frac{de(t)}{dt} \quad ,$$

$$e(t) = r(t) - v(t) \quad ,$$

y el segundo PID viene dado por:

$$a(t) = K_c(br(t) - v(t)) + \frac{K_c}{T_i}\int_0^t e(\mu)d\mu - K_cT_d\frac{dv(t)}{dt} \quad ,$$

$$e(t) = r(t) - v(t) \quad .$$

¿Cuál de los PID elegiría y por qué? Justificar. Comente las ventajas y desventajas de cada PID.

Resolución

a) El modelo estático del proceso se obtiene para $\frac{dv}{dt} = 0,\ m = 10^3,\ g = 10,\ v = [0, 40],\ \theta = [0, 10],\ u = [0, 100\,\%]$,:

$$0 = 80u_0 - 200v_0 - 10^4 \sin\theta_0 \quad . \tag{12.60}$$

Aislando v_0, tenemos:

$$v_0 = \frac{80u_0}{200} - \frac{10^4 \sin(\theta_0)}{200} = 0{,}4u_0 - 50\sin(\theta_0) \quad . \tag{12.61}$$

En las Figuras 12.29 y 12.30, se muestran las características estáticas. Enfatizamos que existe una relación lineal creciente entre u_0 y v_0, mientras que existe una relación decreciente no lineal entre θ_0 y v_0.

b) El diagrama de bloques se muestra en la Figura 12.31.

c) Utilizando $v_0 = 30$ m/s y $\theta = 5^o$, obtenemos:

$$30 \;=\; 0{,}4u_0 - 50\sin(5) \;=\; 0 - 4u_0 - 50(0{,}09) \quad . \tag{12.62}$$

Aislando u_0, obtenemos:

$$u_0 \;=\; \frac{30 + (50(0{,}09))}{0{,}4} \;=\; 86{,}25 \quad \%\,. \tag{12.63}$$

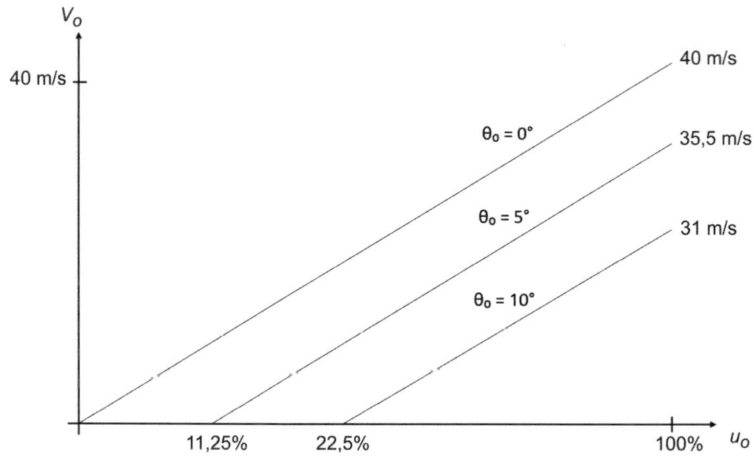

Figura 12.29 – Relación $v_0 \times u_0$.

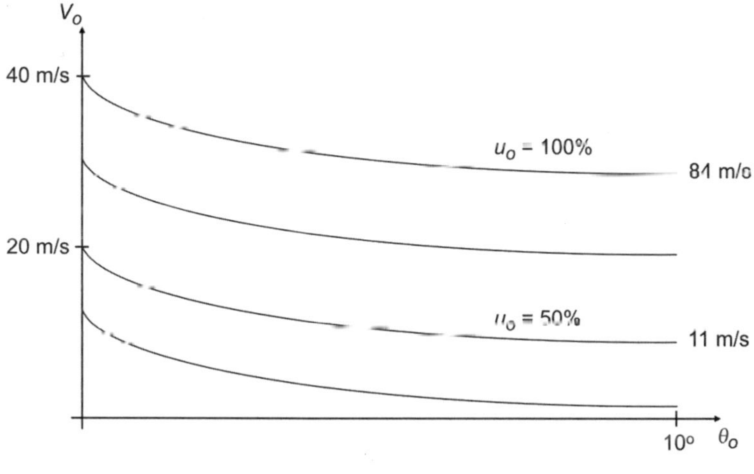

Figura 12.30 – Relación $v_0 \times \theta_0$.

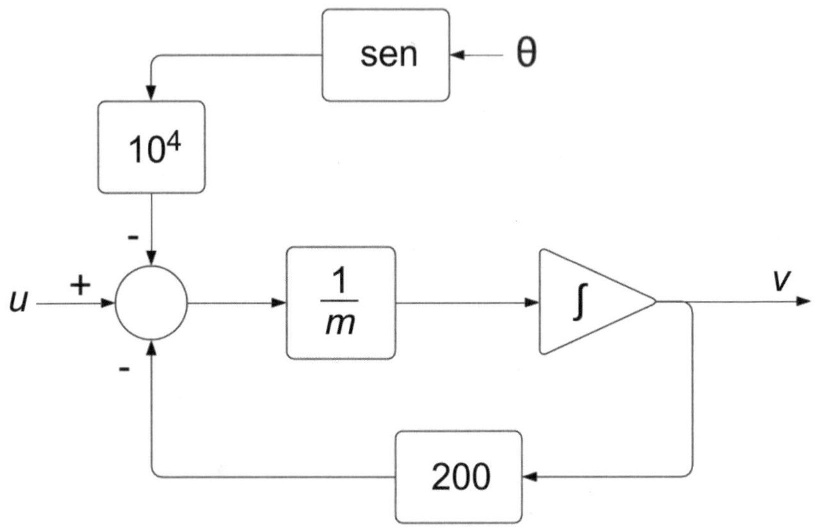

Figura 12.31 – Diagrama de bloques.

Tomando $v(t) = v_0 + \Delta v(t)$, $u(t) = u_0 + \Delta u(t)$ y $\theta(t) = \theta_0 + \Delta\theta(t)$, obtenemos:

$$m\frac{d\Delta v(t)}{dt} = 80\Delta u(t) - 200\Delta v(t) - 10^4\cos(\theta_0)\Delta\theta(t) \quad . \tag{12.64}$$

Por lo tanto, tenemos la siguiente EDO que describe aproximadamente el sistema, cerca del punto de operación:

$$\frac{10^3}{200}\frac{d\Delta v(t)}{dt} + \Delta v(t) = \frac{80}{200}\Delta u(t) - \frac{9962}{200}\Delta\theta(t) \quad . \tag{12.65}$$

d) Para una mejor comprensión de este proceso, presentamos el diagrama de bloques en la Figura 12.32.

En este diagrama, es posible verificar que, en equilibrio, $r = v = 25$ m/s.

Para calcular el valor de BIAS, solo tenemos que analizar el sistema en equilibrio. En este caso, usaremos el modelo estático:

$$v_0 = 0{,}4u_0 - 50\sin(\theta_0) \quad .$$

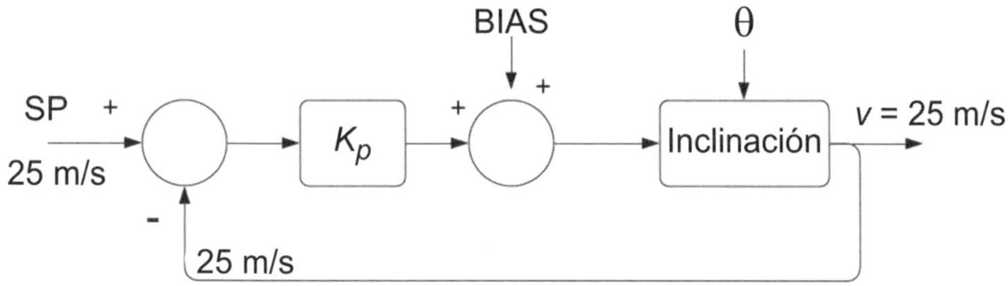

Figura 12.32 – Diagrama de bloques.

Dado que, en equilibrio, asumimos la hipótesis de error nulo, tenemos:

$$u_0 \;=\; K_p e_0 + \text{BIAS} \;=\; \text{BIAS} \quad .$$

Entonces tenemos:

$$25 \;=\; 0,4u_0 - 50 * \sin(10)\,,\; 0{,}4u_0 \;=\; 25 + 4{,}5\,,\; u_0 \;=\; \tfrac{29{,}5}{0{,}4} = 73{,}75\,\% \quad .$$

e) Tenemos: $\tau_{\text{MF}} = \dfrac{\tau}{1 + K_e K_p}\,, \qquad K_e = \tfrac{80}{200} = 0{,}4\,, \qquad \tau = \tfrac{10^3}{200} = 5\,\text{s}\,.$

$$1 + K_e K_p = 3 \quad \rightarrow \quad K_e K_p = 2 \quad \rightarrow \quad K_p = \frac{2}{0{,}4} = 5 \quad . \qquad (12.66)$$

Si $K_p = 5$ y como BP$= \frac{100\,\%}{K_p}$, entonces, BP$=$ 20 m/s.

f) El diagrama de bloques que representa este sistema de control es mostrado en la Figura 12.33.

Tenemos los siguientes parámetros de ajuste para el controlador PI:

$$T_i \;=\; 0{,}75(5) \;=\; 3{,}75\,\text{s}\,, \qquad K_c = \frac{3}{K_e} \;=\; \frac{3}{0{,}4} \;=\; 7{,}5 \quad . \qquad (12.67)$$

Con una referencia de 30 m/s y $\theta = 5^o$ y dado que, en el equilibrio, la acción integral garantiza el error nulo, podemos usar nuevamente el modelo

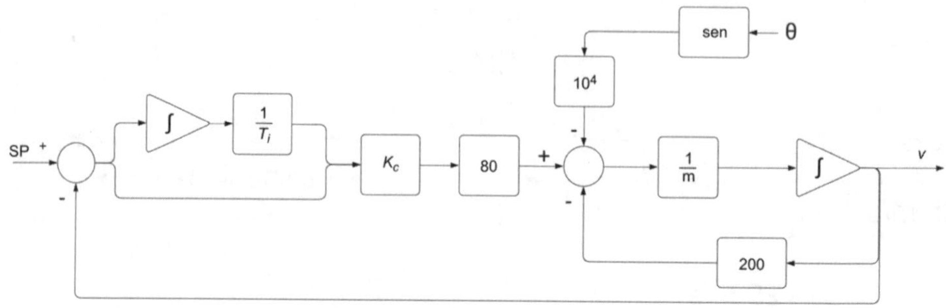

Figura 12.33 – Diagrama de bloques.

estático del sistema para calcular la señal de control:

$$30 = 0{,}4u_0 - 50(0{,}09) \qquad \rightarrow \qquad u_0 = 86,25~\% \quad . \tag{12.68}$$

Sabemos que la acción integral del controlador solo puede alcanzar un valor constante cuando su entrada (el error) es nula. Por lo tanto, el equilibrio de este sistema solo se logra con la variable de proceso igual a la referencia (en estado estacionario), siempre que el sistema sea estable en lazo cerrado.

g) Primero, cabe señalar que ambos PID tienen el mismo desempeño para la respuesta a perturbaciones, dado que la acción de control en el caso $r(t) = 0$ (lo que equivale a decir que la referencia no cambia) es la misma. Por lo tanto, si se ajustan por igual, permiten la misma respuesta del sistema de lazo cerrado.

Claramente, el segundo PID tiene la ventaja de poder usar un cuarto parámetro de ajuste, que es la ponderación de la referencia (b). Con este parámetro adicional es posible regular el sobrepaso en la acción de control causado por la acción P en caso de cambios repentinos de la referencia. Además, el segundo controlador PID tiene la acción derivativa aplicada solo a la salida del proceso, evitando que, al aplicar un cambio brusco de referencia, la señal de control presente una variación casi infinita. De esta forma, el segundo controlador PID es más ventajoso que el primero.

Capítulo 13

Control avanzado: conceptos básicos de optimización y robustez

En este capítulo, primero estudiaremos algunos temas avanzados relacionados con el control de procesos. Abordaremos cuestiones relativas a los niveles de control secundario y terciario, en cuanto a la planificación del proceso productivo mediante la optimización.

Posteriormente, analizaremos el tema de error de modelado, es decir, cuando el modelo de un proceso no puede representar fielmente el comportamiento del proceso real. En este caso, se presentan nociones de control robusto, como la robustez de la acción integral.

13.1. Planificación del proceso de producción

En el Capítulo 7, comentamos que los sistemas de control están organizados en niveles jerárquicos con diferentes especificaciones y requisitos. En los capítulos del 8 al 12, cubrimos las estrategias de control de nivel primario, con especificaciones de diseño como seguimiento de referencia y rechazo de perturbaciones. Sin embargo, los niveles más altos de control (secundario y terciario) también son de suma importancia para la planificación general de la producción.

En el nivel secundario, se tienen en cuenta los aspectos relacionados con las interacciones entre los subprocesos y las complejidades de la planta. Por ejemplo, cuando un proceso tiene sus características que varían en el tiempo o dadas según la región de operación, se utilizan estrategias adaptativas para adecuar el desempeño del proceso a pesar de estas variaciones. Estudiaremos, en la Sección 13.3, un poco más de este tema.

En el nivel terciario, se tienen en cuenta los aspectos económicos y de planificación de la producción. En plantas complejas, el régimen de producción se determina en base a una planificación a largo plazo. En este nivel se calculan los valores de referencia a enviar a los controladores locales instalados en cada uno de los subprocesos de la planta.

Por ejemplo, en un sistema de generación de energía renovable, con paneles fotovoltaicos y turbinas de biogás, el nivel terciario de control determina cuándo producir más energía a partir del biogás, en base a la demanda contratada y pronósticos meteorológicos que indican la irradiación que se recibirá. Cuando hay un día nublado, por ejemplo, no hay forma de determinar una generación fotovoltaica muy alta y para cubrir la demanda, habrá que utilizar más el sistema de generación de biogás. Por tanto, las señales de referencia transmitidas a los controladores locales de cada uno de estos dos subsistemas deben ser coherentes con el régimen operativo plausible.

En muchos procesos de producción industrial solo se utilizan dos niveles de control, pasando directamente del nivel terciario al primario (sin la aplicación de control avanzado). Así, el régimen operativo de los niveles de control inferiores se determina mediante una optimización estática, realizada en el nivel de control terciario y transferida directamente a los controles PID locales. A continuación, estudiaremos algunos conceptos básicos sobre optimización y planificación de un sistema de producción.

13.2. Optimización

La optimización es una rama de la investigación en matemáticas que busca modelar, analizar y resolver analítica (o numéricamente) los problemas que consisten en minimizar o maximizar una función sobre un conjunto.

Un problema real de optimización del tipo minimización, sin restricciones, se describe utilizando la siguiente notación:

$$x^\star = \arg\min_{x \in \mathbb{R}} f(x) \quad . \tag{13.1}$$

En este problema, buscamos el valor de la variable x, definida dentro del conjunto de números reales $\mathbb{R}$, que minimiza la función objetivo $f(x)$. Decimos que $x^\star$ es el argumento que encuentra el valor más pequeño posible de $f(x)$, dado por $f(x^\star)$.

A continuación presentamos un ejemplo sencillo que ilustra el uso de este tipo de problema de optimización.

Ejemplo 108 *El proceso de producción de una sustancia química $y(t)$ se describe mediante el siguiente modelo:*

$$\tau \frac{dy(t)}{dt} + y(t) = K_e u(t) \quad . \tag{13.2}$$

Este proceso está controlado, en lazo cerrado, por un controlador PID que asegura que la señal $y(t)$, que representa la cantidad de producto producido, rastrea una señal de referencia de producción, dada por $r(t)$.

Sin embargo, existe un costo asociado con la producción de este producto. Este costo, en unidades normalizadas, viene dado por la siguiente ecuación estática no lineal:

$$f\left(y(t)\right) = b\left(y(t) - a\right)^2 \quad , \tag{13.3}$$

siendo a y b dos parámetros que dependen del precio de la materia prima y *de la energía eléctrica requerida para la producción del componente químico.*

Este costo de producción no es necesariamente constante en el tiempo, ya que depende de la situación del mercado y del valor de las materias primas y la energía, por ejemplo, cambiando cada día o semana. Por lo tanto, como varía tan lentamente en comparación con la dinámica del proceso, se puede considerar como constante para el control PID de la cantidad de producto. Por lo que tenemos dos problemas que deben ser resueltos; cada día se busca el valor de y *que minimiza el costo de producción, dados* a *y* b*. Este valor* y *deseado se pasa como referencia al PID de ese día.*

Dado que el controlador PID local garantiza que la variable de proceso $y(t)$ *sigue el perfil de una señal de referencia* $r(t)$*, el costo de producción se da en términos de la señal de referencia, es decir,* $f\left(r(t)\right)$*, despreciando los momentos de tiempo en los que* $y(t) \neq r(t)$ *(que, como hemos comentado, son solo los momentos del transitorio de la respuesta de* $y(t)$*).*

En este caso, la señal de referencia $r(t)$ *debe determinarse de tal manera que la función* $f\left(r(t)\right)$ *se minimice. Considerando que* $y(t)$ *es una variable definida dentro del conjunto de números reales (y por lo tanto* $r(t)$ *también), el problema de optimización utilizado para definir la señal* $r(t)$ *es el siguiente:*

$$r^{\star} = \arg\min_{r \in \mathbb{R}} b(r-a)^2 \quad . \tag{13.4}$$

Tenga en cuenta que $f(r)$ *es una función cuadrática cuyo valor mínimo se conoce; una parábola tiene su valor mínimo en el punto en el que está centrada. Por lo tanto, sabemos que* $r^{\star} = a$ *es el argumento que minimiza* $b(r-a)^2$*.*

También se puede resolver este problema usando la derivada: el punto mínimo de $f(r)$*, con respecto a* r*, está dado por* $\frac{df(r)}{dr} = 0$*. Tenga en cuenta que* $\frac{df(r)}{dr} = 2b(r-a)$*, por lo tanto,* $r^{\star} = a$ *es la única solución a este problema de optimización. Por lo tanto, cada día, se encontrará un valor* *de $r^\star$ dependiendo del valor de a en ese día y se pasará como referencia al PID.*

Tenga en cuenta que el problema de minimización sin restricciones es un problema cuya solución se conoce para cualquier función analítica definida de $\mathbb{R}$ a $\mathbb{R}$, que solo requiere el cálculo de la derivada de la función de costo. Observe que el punto mínimo también se puede encontrar mediante enfoques numéricos, evaluando la función en diferentes puntos dentro del dominio en un proceso iterativo, hasta que se verifique una convergencia.

Aunque el problema de optimización anterior es de gran relevancia, la mayoría de los problemas de optimización reales no son ilimitados. En este caso, no solo debemos encontrar un valor mínimo para una función de costo, sino que también debemos preocuparnos por las restricciones sobre el dominio y la imagen de este costo.

Un problema de optimización real del tipo de minimización, con restricciones de desigualdad, se describe utilizando la siguiente notación:

$$\begin{aligned} x^\star &= \arg \min_{x \in \mathbb{R}} f(x) \\ \text{tal que:} \quad & A_d(x) \leq b_d(x) \quad . \end{aligned} \tag{13.5}$$

En este problema, buscamos el valor de la variable x, definida dentro del conjunto de números reales, que minimiza la función objetivo $f(x)$ sujeta a la restricción (posiblemente no lineal) $A_d(x) \leq b_d(x)$. En este caso, $x^\star$ es el argumento real que encuentra el valor más pequeño posible de $f(x)$, dado por $f(x^\star)$, que respeta la desigualdad $A_d(x^\star) \leq b_d(x^\star)$.

Ejemplo 109 *Volvamos al ejemplo anterior de producción de un químico, cuyo costo de producción viene dado por la siguiente ecuación estática no lineal para un cierto día, representada en términos de la señal de referencia:*

$$f(r) = (r - 0{,}5)^2 \quad . \tag{13.6}$$

Tenga en cuenta que asumimos los parámetros $a = 0{,}5$ *y* $b = 1$ *en este caso. Consideremos que la señal de referencia* $r(t)$ *se define como un conjunto de números reales. Sin embargo, el funcionamiento de este sistema requiere un nivel de producción mínimo dado por* $\underline{r} = 0{,}6$ *y no puede exceder un nivel máximo dado por* $\overline{r} = 0{,}8$.

Además, se considera que el costo de producción debe estar siempre dentro de un umbral de referencia, dado por: $0{,}05 \leq f\,(r(t)) \leq 0{,}1$.

En este caso, obtenemos un problema de optimización restringido:

$$\begin{aligned} r^\star \quad &= \quad \arg\min_{r \in \mathbb{R}} (r - 0{,}5)^2 \\ \textit{tal que:} \quad & \quad 0{,}6 \leq r \leq 0{,}8 \\ & \quad 0{,}05 \leq f(r) \leq 0{,}1 \quad . \end{aligned} \tag{13.7}$$

Tenga en cuenta que la solución analítica a este problema ya no se conoce, en disonancia con el caso irrestricto. Sin embargo, podemos encontrar la solución $r^\star$ *al problema mediante una interpretación gráfica del costo* $f(r)$ *a lo largo del dominio de los números reales y bajo el efecto de las restricciones sobre* r *y* $f(r)$.

La Figura 13.1 muestra la curva estática $f(r)$ *para cada* $r \in \mathbb{R}$. *Tenga en cuenta que esta curva es una parábola centrada en* $0{,}5$, *cuyo valor mínimo se da exactamente para* $r = 0{,}5$ *en el caso no restringido. Con las restricciones antes mencionadas, observamos que el punto mínimo se desplaza* $r = 0{,}723$, *en el cual la curva* $f(r)$ *cumple con la restricción mínima* $f(r) \geq 0{,}05$ *y está limitado por restricciones en el dominio de* r.

En el problema de dos capas de optimización y control cada día el sistema optimizador recibe los valores de a *y* b, *el rango de valores máximo y mínimo de* f *y calcula la solución óptima de* r. *Este valor se pasa al PID que controla* y *en esa referencia durante ese día y al día siguiente se repite el procedimiento para nuevos valores de* a *y* b.

Tenga en cuenta que las restricciones $r \in [0{,}6\,,\,0{,}8]$ *y* $f(r) \in [0{,}05\,,\,0{,}1]$

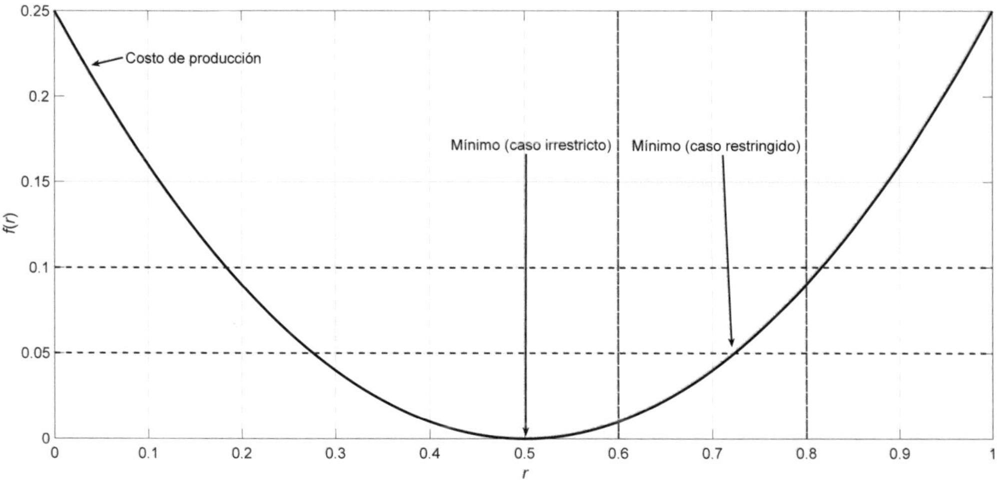

Figura 13.1 – Interpretación gráfica de un problema de optimización restringido.

se puede reescribir en términos de una desigualdad no lineal en r, del tipo $A_d(r) \leq b_d(r)$, de la siguiente manera:

$$\begin{bmatrix} -r \\ r \\ -(r-0{,}5)^2 \\ (r-0{,}5)^2 \end{bmatrix} \leq \begin{bmatrix} 0{,}6 \\ 0{,}8 \\ -0{,}05 \\ 0{,}1 \end{bmatrix}. \tag{13.8}$$

Para ilustrar el uso de la optimización en un nivel superior de la pirámide de control, presentamos un ejemplo motivador.

Ejemplo 110 *En la industria de la caña de azúcar, los excedentes del proceso de generación de azúcar y etanol se pueden utilizar para la generación de energía. Estos excedentes son desechos orgánicos, como el bagazo de caña de azúcar y la paja, que se pueden quemar en calderas, generando vapor, que a su vez acciona una turbina y genera electricidad.*

En muchas plantas industriales, la generación de energía a partir de estos residuos orgánicos las hace autosuficientes. Sin embargo, la generación de energía debe ser coordinada, de tal manera que haya energía disponible para sostener los procesos de producción de azúcar y etanol.

A lo largo de la zafra, por tanto, el perfil de generación de energía se vincula al perfil de demanda energética para la producción de azúcar y etanol. En temporada baja, cuando no hay cosecha y por tanto, no hay exceso de bagazo y paja, también se debe mantener la generación para, por ejemplo, inyectar un excedente de carga a la red eléctrica (venta de energía a la red). Así, la decisión de las señales de referencia de generación de energía, pasadas a procesos de bajo nivel (control local de la caldera, control local de la turbina eléctrica, etc.), debe tener en cuenta aspectos como la disponibilidad de biomasa (bagazo y paja), que varía en los períodos de cosecha y fuera de temporada y el costo de producción de energía (costo de operación y mantenimiento de la caldera y turbina), que debe minimizarse. Para eso, se resuelve un problema de optimización.

Suponga que la disponibilidad de biomasa $b(t)$ *se describe de acuerdo con la siguiente desigualdad variable en el tiempo:*

$$b_{min}(t) \quad \leq \quad b(t) \quad \leq \quad b_{max}(t) \quad . \tag{13.9}$$

Estas señales que varían en el tiempo son periódicas y cambian todos los meses. Así, al inicio de cada mes, se sabe que la disponibilidad de biomasa para los días siguientes se define dentro de un intervalo fijo. Además, suponga que el costo de producción de energía se describe en función del uso de biomasa b*, de acuerdo con una función* $f(b)$*. Este costo no debe exceder un valor máximo, dado por* f_{max}*.*

Así, con el fin de minimizar el costo de generación de energía y al mismo tiempo, asegurar que la biomasa esté siempre disponible para la generación, se resuelve el siguiente problema de optimización restringida:

$$
\begin{aligned}
b^{\star} \quad &= \quad \arg\min_{b \in \mathbb{R}} f(b) \\
\textit{tal que:} \quad & b_{min}(t) \leq b \leq b_{max}(t) \\
& f(b) \leq f_{max} \quad .
\end{aligned} \tag{13.10}
$$

Destacamos que, en la mayoría de los procesos reales, la optimización realizada en el nivel terciario de control se realiza periódicamente, en muestras de mayor tiempo que en muestras de niveles inferiores. La optimización estática se utiliza como una forma de definir los puntos de operación para el proceso y así definir las señales de referencia que se pasan a niveles inferiores de control.

El problema de optimización se describe a menudo como una función de varias variables, como las referencias de varios controladores locales diferentes, que juntos deben respetar un costo máximo.

A continuación, presentamos un ejemplo final que ilustra una situación en la que el optimizador toma una decisión que influye en múltiples variables.

Ejemplo 111 *Considere una industria química a gran escala. En esta industria se elaboran varios productos, cuyos pH deben ser controlados. La dinámica local de cada producto está controlada por controladores tipo PID, los cuales determinan la cantidad de ácido $u_i(t)$ inyectado en la mezcla de tal manera que el producto tiene su pH $y_i(t)$ siguiendo un nivel de referencia $r_i(t)$. El subíndice i indica el i-ésimo sistema de control de pH. Consideramos que existen n sistemas de control.*

En esta industria, existe un límite mínimo y máximo para el caudal de ácido que se distribuye entre cada sistema de mezcla, respectivamente, dado por u_{min} y u_{max}. Además, el costo de producción está vinculado de manera compleja a la suma del valor de régimen permanente de los pH de cada uno de los n productos. Dado que, en régimen permanente, asumimos que cada $y_i = K_i u_i$ converge a la referencia r_i, el costo de producción se da de la *siguiente manera, en términos de las n señales de referencia:*

$$f(r_1,\ldots,r_n) = 1 - \frac{1}{1+e^{-\left(\left(\frac{\sum_{i=1}^{n} r_i}{n}\right)-10\right)}} + 0{,}01\left(\left(\sum_{i=1}^{n} r_i\right) - 3\right)^2 \quad .$$

Teniendo en cuenta que cada r_i se define dentro del rango $[0\,,\,14]$, el problema de minimización resultante, utilizado para determinar las señales de referencia, es tomar $r = \begin{bmatrix} r_1 & \ldots & r_n \end{bmatrix}$, dado por:

$$\begin{aligned} r^\star \quad &= \quad \arg \min_{r\,\in\,[0\,,\,14]} f(r) \\ \textit{tal que:} \quad & u_{max} \leq \left(\sum_i \frac{r_i}{K_i}\right) \leq u_{max} \quad . \end{aligned} \tag{13.11}$$

Enfatizamos que este problema de optimización es extremadamente complejo y no lineal, dependiendo de n variables restringidas. Para ilustrar gráficamente la forma de la función de costo, la Figura 13.2 muestra esta optimización para un problema con $n = 1$, $K_1 = 0{,}5$, $u_{min} = 1{,}9$ y $u_{max} = 2{,}3$. En este caso más simple con una sola variable, podemos inferir la solución gráficamente. En el caso general, necesitamos usar algoritmos de cálculo iterativos y complejos para llegar a la solución.

13.3. Incertidumbre en el modelado

Otro tema de fundamental importancia en el contexto de los sistemas de control es el efecto de modelar la incertidumbre sobre el comportamiento de un sistema de lazo cerrado. La incertidumbre del modelado se define como la discrepancia entre el modelo de proceso y el proceso en sí.

¿Qué sucede cuando diseñamos un sistema de control basado en un modelo que se comporta de manera diferente al proceso? ¿El sistema de lazo ce-

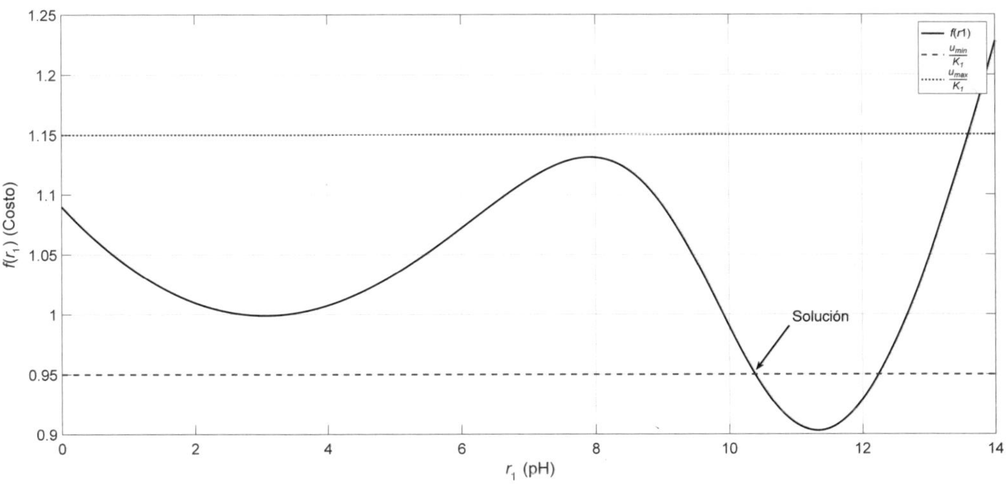

Figura 13.2 – Interpretación gráfica de un problema de optimización restringido complejo.

rrado mantendrá la estabilidad? ¿Y cómo será la actuación? Las respuestas a estas preguntas se estudian dentro del tema denominado "control robusto".

Decimos que un sistema de control es robusto cuando, aun estando diseñado en base a un modelo nominal, garantiza las especificaciones de diseño (como estabilidad y desempeño) cuando se aplica en el proceso real, es decir, a pesar de la presencia de estas incertidumbres de modelado.

En la teoría de control robusto intentamos, si es posible, cuantificar el nivel de incertidumbre de un modelo. Por ejemplo, podemos suponer que para tener una representación fiel del proceso necesitamos varios modelos, cada uno capturando un cierto comportamiento del proceso. Como solo se puede elegir un modelo único (denominado nominal) para el ajuste de control, consideramos como incertidumbre la diferencia entre el modelo nominal y todos los demás modelos.

Una forma general de obtener varios modelos que representan un proceso es considerar límites para los parámetros de un cierto modelo, tomándolos como variantes de tiempo. Continuaremos con un ejemplo ilustrativo de este concepto.

Ejemplo 112 *Considere la dinámica de la velocidad de un automóvil, descrita por la segunda ley de Newton:*

$$\frac{d\left(m(t)v(t)\right)}{dt} = F_m(t) - F_a(t) \quad , \tag{13.12}$$

donde $v(t)$ es la velocidad del automóvil, $m(t)$ es la masa del automóvil (variable en el tiempo), $F_m(t)$ es la fuerza del motor que impulsa el automóvil y $F_a(t)$ una fuerza de fricción en la dirección opuesta al movimiento del automóvil.

Consideremos que la fuerza del motor está dada por $F_m(t) = a_1 u(t)$, donde $u(t) \in [-0{,}5\,,\,1{,}5]$ que es la posición del acelerador del automóvil (pedal), y que la fuerza de fricción está descrita por la señal $F_a(t) = a_2 v(t)$.

Tenga en cuenta que la masa del vehículo depende de cuántas personas se transporten. Por lo tanto, consideramos que la masa total del vehículo está descrita por $m(t) = m_0 + \delta m(t)$, com $m_0 = 900\,kg$, siendo la masa del automóvil sin gente y $\delta m(t) \in [70\,,\,350]\,kg$ la masa adicional, que varía según el número de personas en el automóvil, considerando la masa promedio de una persona como $70\,kg$ y que el automóvil puede transportar hasta cinco personas. Tenga en cuenta que podemos considerar tener cinco modelos diferentes en función del número de personas en el automóvil.

Podemos considerar, por simplicidad, que $\frac{\delta m(t)}{dt} = 0$. De esta forma obtenemos el siguiente modelo:

$$\overbrace{\frac{(m_0 + \delta m(t))}{a_2}}^{\tau(t)} \frac{dv(t)}{dt} + v(t) = \overbrace{\frac{a_1}{a_2}}^{K_e} u(t) \quad . \tag{13.13}$$

El parámetro acotado $\delta m(t)$ es un parámetro de incertidumbre de este modelo. Tenga en cuenta que la constante de tiempo $\tau(t)$ de este modelo varía en el tiempo, pero se limita a un conjunto conocido: $\tau(t) \in \frac{m_0}{a_2} + \left[\frac{70}{a_2}\,,\,\frac{350}{a_2}\right]$.

Por lo tanto, llamamos ***control robusto*** *a una ley de retroalimentación*

$u(t) = f(v(t))$ que garantiza que se respetan las especificaciones de diseño, a pesar de las variaciones en el modelo causadas por $\delta m(t)$ (por personas que entran y salen del vehículo).

Tenga en cuenta que la variable de incertidumbre $\delta m(t)$ no se conoce, ya que el controlador no tiene información sobre la medida instantánea de la masa del vehículo, a priori.

A continuación ilustraremos los resultados de un controlador proporcional. Consideremos los parámetros $a_1 = 290\,N/V$ y $a_2 = 10\,kg/s$.

En una situación real, las personas entrarían o saldrían del vehículo solo con este en reposo. Sin embargo, para fines de simulación, asumiremos que $\delta m(t)$ puede variar instantáneamente incluso si $v(t)$ no es nulo, como si alguien sale o entra con el automóvil andando. Esta simplificación nos permite demostrar cómo se comporta la dinámica de lazo cerrado del sistema con variaciones en los parámetros de su modelo.

Suponga que se utiliza un modelo nominal de este sistema, dado por la Ecuación (13.13) con $\delta m = 70\,kg$, para la sintonización del controlador proporcional, buscando un tiempo de asentamiento de lazo cerrado $t_{5\%} < 150\,s$, para el seguimiento de referencias de velocidad $r(t)$ del tipo escalón. Para ello se toma el modelo del proceso nominal en lazo cerrado, con $u(t) = K_p\,(r(t) - v(t))$:

$$\frac{970}{10}\frac{dv(t)}{dt} + v(t) = 29\left(K_p\,(r(t) - v(t))\right) \quad , \tag{13.14}$$

$$\left(\frac{97}{1+29K_p}\right)\frac{dv(t)}{dt} + v(t) = \left(\frac{29K_p}{1+29K_p}\right) r(t) \quad . \tag{13.15}$$

Para garantizar las especificaciones (según el modelo nominal), basta con que la ganancia proporcional se elija como $K_p = 0{,}035$, lo que lleva a $\tau_{MF} = \left(\frac{97}{1+29K_p}\right) \approx 48\,s$ y en consecuencia, $t_{5\%} = 144\,s$. Teóricamente, de acuerdo con el modelo nominal, el error de seguimiento a las señales de referencia de tipo escalón será de $e_r = \left(\frac{97}{1+29K_p}\right) \approx 50{,}37\ \%$.

En la Figura 13.3, se presentan las curvas resultantes de este proce-

so, considerando la ley de control $u(t) = 0{,}035\,(r(t) - v(t))$ *y variaciones del tipo escalón en la variable de incertidumbre* $\delta m(t)$. *En esta figura, se marcan los tiempos de estabilización* $t_{5\,\%}$ *obtenidos para la variable de proceso, ante varios cambios de tipo escalón en la referencia. Evidentemente, la estrategia de control no puede garantizar las especificaciones al utilizar el modelo nominal del proceso. Cada vez que* $\delta m(t) > 70\,kg$, *no se cumplen las especificaciones.*

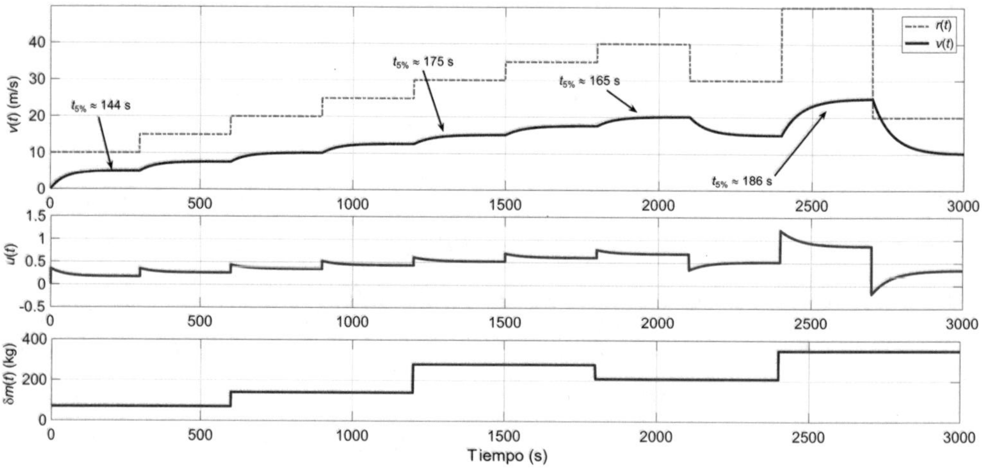

Figura 13.3 – Ejemplo: control de velocidad de un automóvil con modelo incierto.

Como se vio en el ejemplo anterior, las incertidumbres en el modelo afectan el desempeño del sistema de control. A continuación, analizaremos cómo ajustar controladores proporcionales y proporcionales-integrales robustos que garanticen las especificaciones incluso en casos inciertos. Todos los análisis y discusiones se realizarán en el dominio del tiempo continuo, pero son conceptualmente válidos también para el caso discreto, con las manipulaciones necesarias.

Consideraremos un proceso genérico, con parámetros variables en el tiempo, descrito por la siguiente ecuación diferencial:

$$\tau(t)\frac{dy(t)}{dt} + y(t) \;=\; K_e(t)u(t) \quad . \tag{13.16}$$

Se sabe que estos parámetros que varían en el tiempo son de naturaleza limitada y que los límites son conocidos, es decir, $\tau(t) \in [\underline{\tau}, \overline{\tau}]$ y $K_e(t) \in [\underline{K_e}, \overline{K_e}]$. Entonces, ¿cómo podemos proceder con el diseño de controladores robustos, conociendo los límites de variación de los parámetros? A continuación, estudiaremos un poco sobre la síntesis y aplicación de un controlador proporcional robusto y las propiedades de robustez implícitas de los controladores de acción integral.

13.3.1. Control proporcional robusto

Consideraremos, a continuación, que las variaciones $\frac{d\tau(t)}{dt}$ y $\frac{dK_e(t)}{dt}$ son insignificantes. En este caso, el sistema esta descrito por la aproximación mostrada en la Ecuación (13.16) que puede ser controlado por un controlador proporcional basado en un "**modelo nominal del peor caso**".

Este modelo nominal del peor de los casos representa la posible dinámica del sistema con parámetros variables que requiere acciones de control más agresivas para ser controlada.

Tenga en cuenta que un sistema más lento necesitará una acción de control más intensa para ser acelerado en comparación con un sistema más rápido. Asimismo, un sistema con una ganancia estática más baja necesitará una acción de control más intensa para asegurar un menor error de seguimiento de las referencias de tipo escalón, en lazo cerrado. Esto se puede verificar fácilmente utilizando el cálculo de τ_{MF}, K_{MF} y sus dependencias con τ, K_p y K_e.

Por tanto, el modelo nominal del peor caso se obtiene evaluando la Ecuación (13.16) con $\tau(t) = \overline{\tau}$ y $K_e(t) = \underline{K_e}$. Este modelo es el más lento y con la menor ganancia estática posible, dentro de los modelos posibles definidos por los conjuntos $\tau(t) \in [\underline{\tau}, \overline{\tau}]$ y $K_e(t) \in [\underline{K_e}, \overline{K_e}]$.

Respecto al ejemplo del apartado anterior, del automóvil con masa variable por número de pasajeros, descrito por la Ecuación (13.13), este modelo de peor caso es el que representa la dinámica de aceleración con mayor número de personas a bordo del vehículo. Tenga en cuenta que, con más personas en el vehículo, la constante de tiempo $\tau(t)$ de la Ecuación (13.13) aumenta, lo que hace necesaria una estrategia de aceleración más agresiva para seguir las referencias de velocidad.

Procederemos, por tanto, demostrando que una estrategia de control proporcional basada en este modelo del peor de los casos, conocido como robusto, puede garantizar la estabilidad en lazo cerrado y además, una dinámica que respete las especificaciones de diseño.

Consideraremos un proceso con ganancia directa positiva. En este caso, un controlador proporcional robusto se define de acuerdo con la siguiente ley de control: $u(t) = K_p(r(t) - y(t))$, con $K_p > 0$. Esta ley de control debe garantizar que el sistema de lazo cerrado sea estable a pesar de las variaciones de los parámetros. Además, se debe garantizar una especificación de diseño, o que el tiempo de asentamiento en lazo cerrado, para cambios de señal de referencia de tipo escalón, sea siempre menor que $3\tau_{\mathrm{MF}}$, o que el error estático de lazo cerrado para las señales de referencia de tipo escalón sea menor que e_{MF}.

Utilizando el procedimiento metodológico presentado en el Capítulo 9, considerando el modelo del peor de los casos $\overline{\tau}\frac{dy(t)}{dt} + y(t) = \underline{K_e}u(t)$, se define $K_p \geq \frac{\left(\frac{\overline{\tau}}{\tau_{\mathrm{MF}}}-1\right)}{\underline{K_e}} > 0$ para la primera especificación, dado que $\frac{\overline{\tau}}{\tau_{\mathrm{MF}}} > 1$. Para la segunda especificación, obtenemos $K_p \geq \frac{1-e_{\mathrm{MF}}}{e_{\mathrm{MF}}\underline{K_e}} > 0$ una vez que $e_{\mathrm{MF}} < 1$.

Tenga en cuenta que las ganancias proporcionales calculadas garantizan que el control con el modelo nominal cumpla con las especificaciones de diseño. Si utilizamos el mayor de los dos valores calculados, cumpliremos ambas especificaciones.

Sin embargo, describiremos algunas ideas sobre cómo podemos demostrar que las especificaciones también se cumplen en el modelo real.

Reemplazando la ley de control en la ecuación que describe la verdadera dinámica del sistema, obtenemos el siguiente modelo de lazo cerrado:

$$\tau_{\text{MF}}(t)\frac{dy(t)}{dt} + y(t) = K_{e_{\text{MF}}}(t)r(t) \quad . \tag{13.17}$$

En comparación con el sistema que estudiamos en los capítulos anteriores, podemos interpretar este modelo como una EDO de primer orden variable en el tiempo, en la que la constante de tiempo (variante) del sistema de lazo cerrado se define por $\tau_{\text{MF}}(t) = \left(\frac{\tau(t)}{1+K_e(t)K_p}\right)$, mientras que la ganancia estática en lazo cerrado viene dada por $K_{e_{\text{MF}}}(t) = \left(\frac{K_e(t)K_p}{1+K_e(t)K_p}\right)$.

Una forma de demostrar que el sistema es estable en lazo cerrado es demostrar que $\lim_{t\to+\infty} y(t) \to y_\infty$ y que la señal $\breve{y}(t) = y(t) - y_\infty$ tiene energía finita. Sin embargo, las herramientas que permiten tal demostración están fuera del contexto de este libro. Pero, intuitivamente, podemos atribuir la estabilidad de este sistema a una constante de tiempo $\tau_{\text{MF}}(t) > 0$ (recuerde que las EDOs con $\tau > 0$ son estables). Ya hemos considerado que la ganancia estática del proceso es positiva $K_e(t) > 0$ y que está limitada en el rango $\underline{K_e} \leq K_e(t) \leq \overline{K_e}$ y que la constante de tiempo del proceso también es positiva $\tau(t) > 0$ y que $\underline{\tau} \leq \tau(t) \leq \overline{\tau}$. Por construcción, tenemos que:

$$\frac{\overline{\tau}}{1+\underline{K_e}K_p} \geq \frac{\tau(t)}{1+K_e(t)K_p} \geq \frac{\underline{\tau}}{1+\overline{K_e}K_p} > 0 \quad , \tag{13.18}$$

dado que el producto $\overline{K_e}K_p > 0$. Esto significa que el sistema será estable en lazo cerrado con estas dos ganancias proporcionales robustas.

Ahora demostramos que se respetan las especificaciones de comportamiento de lazo cerrado:

- Para la primera ganancia proporcional, que tiene como objetivo especificar el tiempo de establecimiento en lazo cerrado, es suficiente analizar la constante de tiempo del sistema en lazo cerrado:

$$\frac{\tau(t)}{1+K_e(t)K_p} = \frac{\tau(t)}{1+K_e(t)\frac{\left(\frac{\overline{\tau}}{\tau_{\mathrm{MF}}}-1\right)}{\underline{K_e}}} \leq \frac{\overline{\tau}}{1+\underline{K_e}\frac{\left(\frac{\overline{\tau}}{\tau_{\mathrm{MF}}}-1\right)}{\underline{K_e}}} = \tau_{\mathrm{MF}} \quad .$$

Tenga en cuenta que la especificación de diseño está, de hecho, garantizada.

- Para la segunda ganancia proporcional, que tiene como objetivo especificar el error de seguimiento en lazo cerrado, simplemente analizamos el error estático en lazo cerrado:

$$\frac{1}{1+K_e(t)K_p} = \frac{1}{1+K_e(t)\frac{1-e_{\mathrm{MF}}}{e_{\mathrm{MF}}\underline{K_e}}} \leq \frac{1}{1+\underline{K_e}\frac{1-e_{\mathrm{MF}}}{e_{\mathrm{MF}}\underline{K_e}}} = e_{\mathrm{MF}} \quad .$$

  Podemos ver que la especificación de diseño está nuevamente garantizada.

Como ejemplo, volveremos al estudio de caso del automóvil con un modelo con parámetros variables, cuya velocidad está controlada por un controlador proporcional. Ahora, sin embargo, el ajuste de la ganancia proporcional seguirá la metodología de ajuste robusta, teniendo en cuenta el modelo nominal del peor de los casos.

Ejemplo 113 *Consideremos el control de velocidad de un automóvil, cuyo modelo completo viene dado por la siguiente ecuación diferencial:*

$$\tau(t)\frac{dv(t)}{dt} + v(t) = 29u(t) \quad . \tag{13.19}$$

Para este sistema, $\tau(t) \in [97\,,\,125]$ s es una constante de tiempo variable en el tiempo que depende del número de pasajeros en el vehículo.

El modelo nominal del caso más desfavorable se da con la mayor cons-

tante de tiempo, es decir, se describe mediante la siguiente EDO:

$$125\frac{dv(t)}{dt} + v(t) \;=\; 29u(t) \quad . \tag{13.20}$$

Para este sistema, queremos diseñar un controlador proporcional robusto que asegure que el tiempo de asentamiento en lazo cerrado, frente a cambios tipo escalón en la señal de referencia de velocidad $r(t)$*, sea siempre menor o igual a* 90 s*. En este caso, la constante de tiempo del modelo nominal, en lazo cerrado, debe ser menor o igual a* $\tau_{MF} = 30$ s*.*

Siguiendo la metodología descrita en este capítulo, se toma la siguiente ley de control robusto: $u(t) = K_p\,(r(t) - y(t))$*, con* $K_p \geq \frac{\left(\frac{125}{30}-1\right)}{29} \approx 0{,}11$*. Obtenemos, así, una ganancia* $K_p > 0$ *y podemos demostrar que la desigualdad* $\frac{\tau(t)}{1+K_e(t)K_p} > 0$ *se mantiene para todo el rango de* $\tau(t)$*, lo que le da al sistema de lazo cerrado una característica estable.*

Tenga en cuenta que esta ganancia proporcional es significativamente mayor que la ganancia proporcional obtenida en el diseño del ejemplo anterior, utilizando un modelo nominal con una constante de tiempo menor. Recalcamos, por tanto, que la acción de control debe ser más agresiva con esta estrategia de ajuste robusta.

En la Figura 13.4, se presentan las señales mas importantes para el control de este proceso (variable de proceso, variable manipulada y $\tau(t)$*). Tenga en cuenta que las especificaciones requeridas se mantienen, ya que el tiempo de establecimiento de lazo cerrado* $t_{5\%}$ *es, de hecho, siempre menor que* 90 s*. También tenga en cuenta que el comportamiento mejora en comparación con el comportamiento logrado con una regla de ajuste estándar (consulte la Figura 13.3).*

13.3.2. Robustez de la acción integral

En el contexto de este libro, realmente no podemos discutir cómo ajustar de manera robusta un controlador de tipo PI, ya que esta discusión requiere

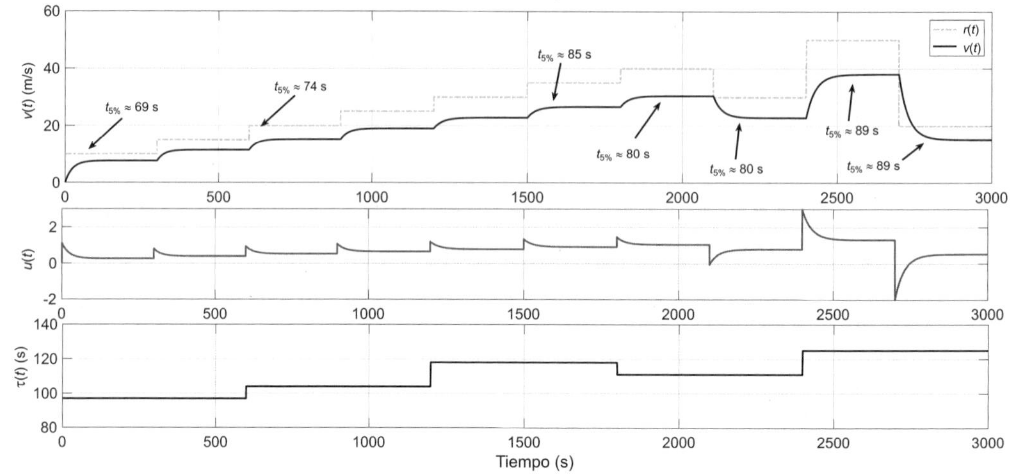

Figura 13.4 – Ejemplo: control proporcional robusto a través del modelo del peor de los casos.

herramientas matemáticas más avanzadas. Sin embargo, analizaremos algunas propiedades importantes de la acción integral frente a las incertidumbres del modelo. Para ello, consideraremos que un proceso con dinámica descrita por la ecuación diferencial de la Ecuación (13.16).

Reorganizaremos la Ecuación (13.16), tomando $K_e(t) = K_e^{\text{nom}} + \delta K_e(t)$ y $\tau(t) = \tau^{\text{nom}} + \delta\tau(t)$, de la siguiente forma:

$$\begin{aligned} \tau^{\text{nom}} \frac{dy(t)}{dt} + y(t) &= K_e^{\text{nom}} u(t) \\ &+ \underbrace{\left(\delta K_e(t) u(t) - \delta\tau(t) \frac{dy(t)}{dt} \right)}_{q_\delta(t)} \quad . \end{aligned} \tag{13.21}$$

Observe que la Ecuación (13.21) puede verse como una EDO de primer orden de parámetros conocidos con una perturbación limitada $q_\delta(t)$, ya que $\delta K_e(t)$, $\delta\tau(t))$, $u(t)$ y $\frac{dy(t)}{dt}$ son señales limitadas a conjuntos conocidos.

De manera simplificada, podemos entender que la diferencia entre el modelo nominal $\tau^{\text{nom}} \frac{dy(t)}{dt} + y(t) = K_e^{\text{nom}} u(t)$ y un modelo con parámetros variantes limitados (Ecuación (13.21)) que viene dada por una perturbación limitada a un conjunto conocido: $q_\delta(t)\ ,\in\ \mathcal{Q}$.

Por lo tanto, cuando la ley de control tiene acción integral, el sistema de lazo cerrado, si es estable, podrá garantizar error cero de seguimiento de referencias constantes, si la perturbación $q_\delta(t)$ tiende a un valor constante y la magnitud de la perturbación $q_\delta(t)$ es, de hecho, rechazable, es decir, que la acción de control requerida para el rechazo de la perturbación de mayor modulo $|q_\delta(t)|$ es factible.

Analizaremos intuitivamente, a través de un ejemplo, esta característica robusta de la acción integral.

Ejemplo 114 *Consideremos, nuevamente, el control de velocidad de un automóvil, cuyo modelo completo viene dado por la siguiente ecuación diferencial:*

$$\tau(t)\frac{dv(t)}{dt} + v(t) \quad = \quad 29u(t) \quad . \tag{13.22}$$

Para este sistema, $\tau(t) \in [97\ ,\ 125]$ *s es la constante de tiempo variable en el tiempo del sistema, que depende del número de pasajeros en el vehículo. El modelo nominal se describe mediante la siguiente EDO:*

$$125\frac{dv(t)}{dt} + v(t) \quad = \quad 29u(t) \tag{13.23}$$

Para este sistema, queremos diseñar un controlador proporcional integral, del tipo:

$$u(t) \quad = \quad K_c\left(e(t) + \frac{1}{T_i}\int_0^t (e(\mu)d\mu)\right) \quad . \tag{13.24}$$

Para hacer esto, los parámetros del controlador PI se establecen de acuerdo con la configuración básica (ver Capítulo 10), para una respuesta de lazo cerrado tres veces mas rápida que en lazo abierto ($n = 3$*). Por tanto, utilizando el modelo nominal, obtenemos* $K_c = \frac{3}{K_e} = 0{,}103$ *y* $T_i = \tau = 125$ *s.*

Las señales de importancia para el control de este proceso se presentan en la Figura 13.5. Observe que, con la acción integral, hay un seguimiento de referencias de tipo escalón, con error nulo, incluso con las variaciones en el tiempo de los parámetros del proceso.

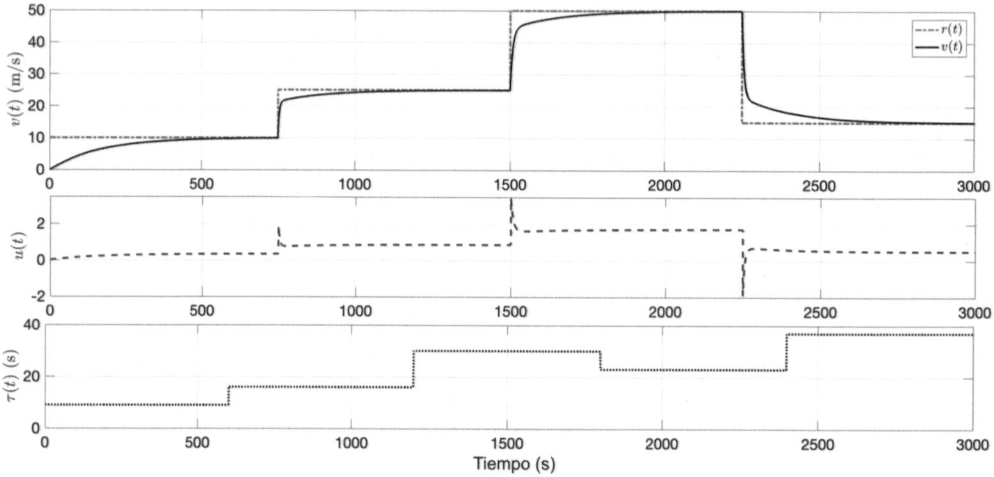

Figura 13.5 – Ejemplo: robustez de la acción integral.

El ejemplo anterior sirvió para mostrar que el seguimiento de referencias de tipo escalón está garantizado por estrategias con acción integral, a pesar de las incertidumbres del modelado, si el sistema de lazo cerrado es estable. Sin embargo, enfatizamos que las incertidumbres de modelado pueden desestabilizar el lazo cerrado. El estudio de la estabilidad en lazo cerrado, dadas las incertidumbres del modelado, es un tema de estudio complejo y requiere herramientas matemáticas más avanzadas.

Intuitivamente, podemos argumentar que existe un límite de incertidumbre que es tolerado por una estrategia de control PI. Este límite se cuantifica a través del **margen de robustez del controlador**, un índice que mide la magnitud máxima de las incertidumbres de modelado toleradas por el controlador. El estudio de los márgenes de robustez no es el tema central de este libro y se puede encontrar en las referencias complementarias que se presentan al final de este capítulo.

13.4. Control lineal de parámetros variables (LPV)

Para finalizar este capítulo de conceptos básicos sobre temas avanzados, comentaremos brevemente las técnicas de control lineal de parámetros variables (LPV).

Cuando un proceso es lineal pero tiene parámetros variantes en el tiempo y estos parámetros, además de estar limitados a conjuntos conocidos, son medibles, la ley de control se puede adaptar en tiempo real, teniendo en cuenta las medidas de los parámetros variantes.

Para ejemplificar este tipo de enfoque, podemos suponer que el sistema controlado se describe mediante un modelo con parámetros variantes como se indica en la Ecuación (13.16). Además, se considera que los parámetros se miden para cada instante de tiempo. Así, es posible diseñar un controlador cuyos parámetros varíen en función de las medidas $\tau(t)$ y $K_e(t)$. El siguiente ejemplo ilustra y compara este tipo de enfoque con las técnicas robustas.

Ejemplo 115 *Consideremos, nuevamente, el control de velocidad de un automóvil, cuyo modelo completo viene dado por la siguiente ecuación diferencial:*

$$\tau(t)\frac{dv(t)}{dt} + v(t) \;=\; 29u(t) \qquad (13.25)$$

Para este sistema, $\tau(t) \in [97\,,\,125]$ s es "la constante de tiempo" variante en el tiempo que depende del número de pasajeros en el vehículo. Consideraremos que el parámetro $\tau(t)$ se mide para cada instante de tiempo t, ya que el automóvil tiene un sensor que mide la masa de pasajeros embarcados.

Por tanto, queremos diseñar un controlador proporcional LPV, cuya ganancia proporcional se adapte en función de $\tau(t)$. Para hacerlo, substituimos la ley de control lineal a parámetros variantes $u(t) = K_p\left(\tau(t)\right)$ en la

Ecuación (13.25), *obteniendo la siguiente dinámica de lazo cerrado:*

$$\left(\frac{\tau(t)}{1+29K_p\left(\tau(t)\right)}\right)\frac{dv(t)}{dt}+v(t) \;=\; \left(\frac{29K_p\left(\tau(t)\right)}{1+29K_p\left(\tau(t)\right)}\right)r(t) \quad (13.26)$$

Tenga en cuenta que, en lazo cerrado, con un "abuso" de denominación, podríamos decir que la constante de tiempo del modelo variable en el tiempo está dada por $\left(\frac{\tau(t)}{1+29K_p(\tau(t))}\right)$*, mientras que la ganancia estática para las señales de referencia viene dada por* $\left(\frac{29K_p(\tau(t))}{1+29K_p(\tau(t))}\right)$.

Como especificación de diseño, es necesario que el controlador garantice un tiempo de establecimiento de lazo cerrado $t_{5\,\%} \leq 90\,s$*, para las siguientes referencias de velocidad* $r(t)$ *del tipo escalón. Por lo tanto, se necesita:*

$$\left(\frac{\tau(t)}{1+29K_p\left(\tau(t)\right)}\right) \;=\; 30 \quad , \qquad (13.27)$$

$$K_p\left(\tau(t)\right) \;=\; \left(\frac{\left(\frac{\tau(t)}{30}-1\right)}{29}\right) \quad . \qquad (13.28)$$

Tenga en cuenta que esta ganancia proporcional se adapta en función de $\tau(t)$*. Para fines de comparación, también consideramos la estrategia proporcional robusta de los ejemplos anteriores, con* $K_p = 0{,}11$.

Las señales de importancia para el control de este proceso se muestran en la Figura 13.6. Tenga en cuenta que con el enfoque LPV, la acción de control no necesita ser tan agresiva en todo momento como con la estrategia robusta, lo cual es ventajoso, pero igual consigue un comportamiento similar al otro control.

Enfatizamos que el enfoque LPV es muy útil para "ocultar" las no linealidades de un proceso, cuando estos términos son medibles para cada instante de tiempo.

Un proceso cuyo modelo dinámico es no lineal, de tipo $\frac{dy(t)}{dt} = f\left(u(t), y(t)\right)$, se puede representar usando un formalismo LPV si la función no lineal

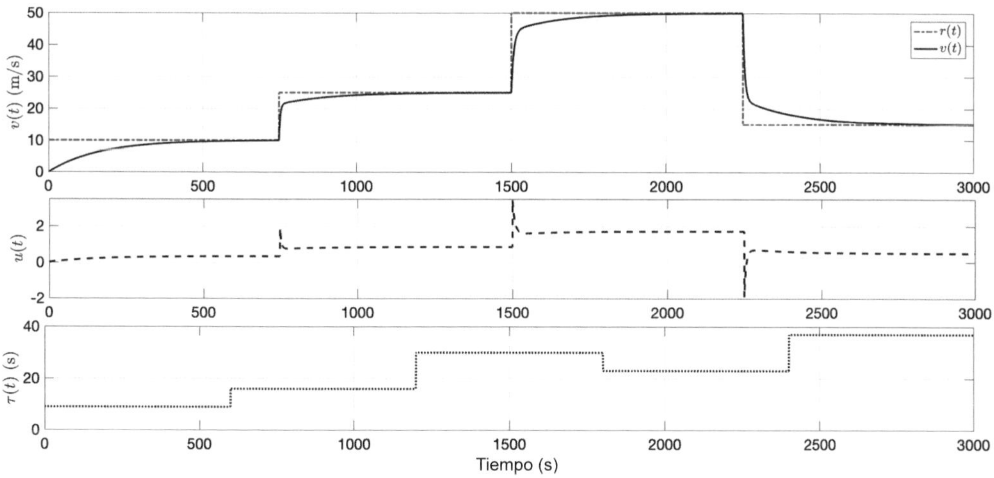

Figura 13.6 – Ejemplo: estrategia LPV.

$f(u(t), y(t))$ se puede reescribir como $f_u(u(t), y(t))\, u(t) + f_y(u(t), y(t))\, y(t)$, donde f_u y f_y son funciones no lineales medibles y acotadas. Exploraremos este concepto con un último ejemplo.

Ejemplo 116 *Considere la dinámica no lineal de un tanque cilíndrico con área de la base A, cuyo nivel $y(t)$ debe ser controlado por el caudal de líquido en la entrada superior del tanque, independientemente del caudal que sale del tanque a través del orificio abierto en su base:*

$$A\frac{dy(t)}{dt} = u(t) - \sqrt{2gy(t)} \quad . \tag{13.29}$$

Tenga en cuenta que este es un modelo no lineal, debido al término $\sqrt{2gy(t)}$. Sin embargo, dado que $y(t)$ es una señal medida para cada instante de tiempo, podemos reescribir este modelo de la siguiente manera:

$$A\frac{dy(t)}{dt} = u(t) - a(t)y(t) \quad , \tag{13.30}$$

$$\frac{A}{a(t)}\frac{dy(t)}{dt} + y(t) = \frac{1}{a(t)}u(t) \quad , \tag{13.31}$$

siendo $a(t) = \frac{\sqrt{2g}}{\sqrt{y(t)}}$ *un parámetro variante en el tiempo. Dado que la señal* $y(t)$ *está limitada, por construcción, al conjunto* $[y_{min}\,,\, y_{max}]$*, ya que describe el nivel del tanque,* $a(t)$ *también está limitada para todos los* $y_{min} > 0$.

Luego tenemos el siguiente modelo LPV:

$$\tau(t)\frac{dy(t)}{dt} + y(t) \;=\; K_e(t)u(t) \quad , \tag{13.32}$$

para el cual $\tau(t) = \frac{A\sqrt{y(t)}}{\sqrt{2g}} \in [\frac{Ay_{min}}{\sqrt{2g}}\,,\, \frac{Ay_{max}}{\sqrt{2g}}]$ *y* $K_e(t) = \frac{\sqrt{y(t)}}{\sqrt{2g}} \in [\frac{y_{min}}{\sqrt{2g}}\,,\, \frac{y_{max}}{\sqrt{2g}}]$ *son parámetros que varían en el tiempo, limitados y medibles.*

Podemos inferir, del modelo LPV, que la dinámica del sistema es más rápida a medida que el tanque se vacía cuando $y(t)$ *se acerca de* y_{min}*. Tenga en cuenta que, dado que los parámetros variantes* $\tau(t)$ *y* $K_e(t)$ *se miden para cada instante de tiempo, se diseña un controlador LPV sin que sea necesario la linealización del modelo.*

Así, vamos a sintetizar un controlador proporcional LPV, con BIAS automático, con la siguiente ley de control:

$$u(t) \;=\; K_p\left(\tau(t), K_e(t)\right) + BIAS(K_e(t)) \quad . \tag{13.33}$$

Entonces podemos ajustar la ganancia proporcional $K_p\left(\tau(t), K_e(t)\right)$ *de tal forma que el tiempo de establecimiento en lazo cerrado sea siempre menor que un límite y en paralelo, utilizar la señal BIAS automática para garantizar un error cero al seguimiento de las referencias de tipo escalón.*

La dinámica LPV de lazo cerrado del sistema se describe mediante la siguiente ecuación:

$$\begin{aligned}\left(\frac{\tau(t)}{1 + K_e(t)K_p\left(\tau(t), K_e(t)\right)}\right)\frac{dy(t)}{dt} + y(t) \;=&\; \\ \left(\frac{K_e(t)K_p\left(\tau(t), K_e(t)\right)}{1 + K_e(t)K_p\left(\tau(t), K_e(t)\right)}\right) r(t)& \\ + \left(\frac{K_e(t)}{1 + K_e(t)K_p\left(\tau(t), K_e(t)\right)}\right) BIAS(K_e(t))& \quad .\end{aligned} \tag{13.34}$$

Consideramos que está preestablecido que el sistema de control debe garantizar un tiempo de establecimiento en lazo cerrado, menor a $t_{5\%} = 3\tau_{MF}$*, tomamos la siguiente ganancia proporcional LPV:* $K_p(\tau(t), K_e(t)) = \left(\frac{\frac{\tau(t)}{\tau_{MF}}-1}{K_e(t)}\right)$*. Destacamos que esta ganancia se da de forma simplificada, en términos del parámetro* $a(t)$*:* $K_p(a(t)) = \left(\frac{A}{\tau_{MF}} - a(t)\right)$*.*

De manera complementaria, tomamos la señal de BIAS automática de manera que la ganancia para la señal de referencia sea la unidad: $BIAS(K_e(t)) = \frac{1}{K_e(t)}r(t)$*. Tenga en cuenta que esta señal también se reescribe de una manera simplificada, en términos del parámetro* $a(t)$*:* $BIAS(a(t)) = a(t)r(t)$*.*

A continuación, presentamos los resultados de la simulación para este sistema de control LPV, en comparación con un sistema de control proporcional con BIAS automático basado en un modelo linealizado del proceso, obtenido mediante una expansión de Taylor en las cercanías de $\overline{y}$*. Para hacer esto, considere los siguientes parámetros:* $y_{min} = 0\,m$*,* $y_{max} = 1{,}5\,m$*,* $\overline{y} = 0{,}5\,m$*,* $A = 1\,m^2$*,* $g \approx 9{,}81\,m/s^2$*. Además, se busca* $\tau_{MF} = 0{,}1$ *.*

En la Figura 13.7, se presentan las señales de relevancia. Observamos que la estrategia LPV consigue adaptar la ganancia proporcional y la señal BIAS de forma que se garantice un error de seguimiento de referencia cero. La estrategia lineal, basada en un modelo linealizado, presenta errores distintos de cero para el seguimiento en todos los puntos operativos que no sean $\overline{y}$*.*

13.5. Comentarios finales

En este capítulo, discutimos algunas cuestiones preliminares sobre optimización para planificación de los procesos y sobre técnicas de control avanzadas, que son robustas frente a la incertidumbre del modelado.

Estos puntos se abordaron meramente de manera ilustrativa y preliminar, solo para motivar al lector en temas más avanzados. Sin embargo,

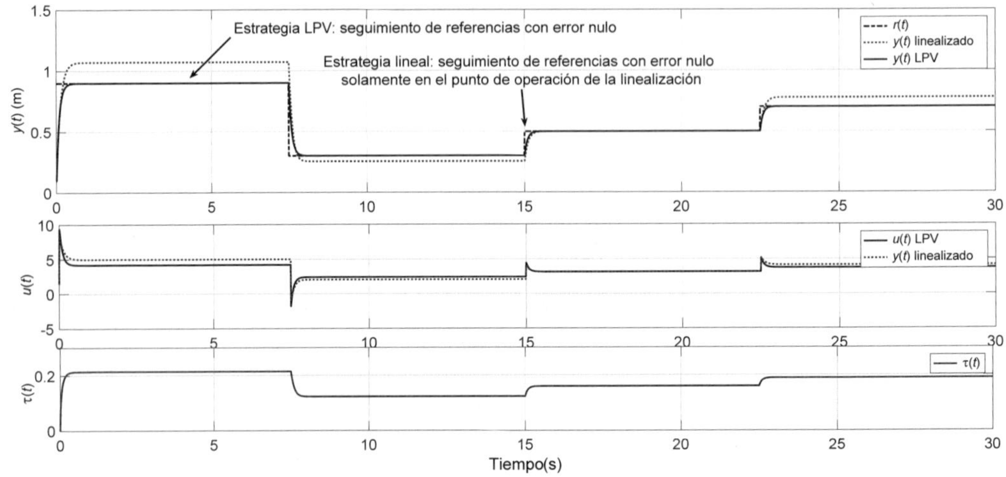

Figura 13.7 – Control de nivel LPV en un tanque con caudal libre por orificio de salida.

enfatizamos que el estudio de estos temas es de gran importancia para la implementación de sistemas de control más complejos, pero requieren herramientas matemáticas que están más allá del alcance de este libro.

13.6. Lectura complementaria

Para conocer más sobre el tema de optimización y planificación de la producción a través de sistemas de control, recomendamos las siguientes referencias complementarias:

- AGUIRRE, L. A. *Enciclopédia de Automática. Vol. 3: Controle e Automação.* São Paulo: Editora Blucher, 2007.
- BRASIL, R. M.; DA SILVA, M. A. *Otimização de projetos de engenharia.* São Paulo: Editora Blucher, 2019.
- BARBU, V.; PRECUPANU, T. *Convexity and optimization in Banach spaces.* Dordrecht: Springer Science & Business Media, 2012.

Para un estudio en profundidad de temas relacionados con la estabilidad y el rendimiento de sistemas de control robustos, frente a las incertidumbres del modelado, además de los enfoques modernos y LPV, recomendamos las siguientes referencias:

- GEROMEL, J. C.; KOROGUI, R. H. *Controle linear de sistemas dinâmicos: teoria, ensaios práticos e exercícios.* São Paulo: Editora Blucher, 2019.
- MOHAMMADPOUR, J.; SCHERER, C. W. *Control of linear parameter varying systems with applications.* Dordrecht: Springer Science & Business Media, 2012.
- SENAME, O.; GASPAR, P.; BOKOR, J. *Robust control and linear parameter varying approaches: application to vehicle dynamics.* Heidelberg: Springer, 2013.

Lista de ejercicios y actividades propuestas

Ejercicios

1. Piense en una fábrica de calzado. El costo total de producción de n pares de zapatos se da de acuerdo con la siguiente ecuación de costos:

$$J(J_0, m, x, x_{ref}) = J_0 - \left(\frac{(0{,}1m^3 + 4)}{(0{,}05m^2 - m)} \right) + 0{,}1(x - x_{ref})^2 \quad ,$$

donde las variables J_0, m, x y x_{ref} representan, respectivamente: un costo mínimo de producción, la cantidad de material necesaria para la producción de los zapatos, el stock de zapatos producidos y el número de pares de zapatos que se desea tener en stock. Tenga en cuenta que J_0 se da nominalmente dentro del rango $(1, 3)$. La referencia de stock deseada viene dada por $x_{ref} = 0{,}5$. Recuerda que $m \geq 0$ y $J \geq 0 \, \forall \, J_0 \neq 0$.

- Utilizando un *software* de simulación numérica dibuje los gráficos: $J \times m$ y $J \times x$ para los intervalos de relevancia.
- Usando derivación numérica, calcule los Jacobianos $\frac{\partial J}{\partial m}$, $\frac{\partial J}{\partial x}$ y encuentre los puntos máximos/mínimos de J, dentro del rango factible del problema.
- Ahora, considere que el costo total de producción de n pares de zapatos J se describe según la cantidad de material necesario para la producción, m. Esto, a su vez, se da como una función del número de pares de zapatos encargados para la venta (n, entero, expresado en múltiplos de 100; $n = 1$ significa que 100 pares serán producidos), como se establece a continuación:

$$m(n) = -0{,}5n^3 + 0{,}7n^2 + 2n + 2(n-2)^3 - 0{,}1(n-3)^2 + 2 \quad .$$

- Analice gráficamente los mínimos y máximos locales de m en función de n.
- Para simplificar la matemática, considere que n puede tomar valores reales dentro del rango $(2, 3)$. Encuentre una función que se aproxime razonablemente bien a la gráfica de la función $m(n)$ dentro de este rango.
- Considere nuevamente que n es real y se da dentro del rango $(2, 3)$. Encuentre una función que que se aproxime razonablemente bien $m(n)$ cerca del punto $n = 2{,}5$, usando una función lineal de tipo $\hat{m}(n) = a_0 n + b_0$.

2. Considere un sistema de control de presión en un tanque cuya dinámica de lazo abierto está modelada por:

$$5\frac{dy(t)}{dt} + y(t) = 2u(t) - 0{,}7q(t) \quad .$$

En este modelo, y representa la presión dentro del tanque (variable controlada), u representa la señal de caudal de gas de entrada al tanque y q representa la apertura de la válvula de salida de gas del tanque. El tiempo se mide en segundos.

Para este sistema se proponen dos estrategias de control diferentes: un controlador proporcional, cuya ley de implementación es $u(t) = K_p(r(t) - y(t)) + \text{BIAS}$ y un controlador proporcional-integral, cuya ley de implementación es $u(t) = K_c(r(t) - y(t)) + \frac{K_c}{T_i}\int_0^t (r(\mu) - y(\mu))d\mu$. Para estos controladores, $r(t)$ es una señal de referencia de presión del tipo escalón.

El control P debe ajustarse para que la dinámica de lazo cerrado de este sistema presente una constante de tiempo igual a $\tau_{\text{MF}} = 1$s. Además, el controlador debe mantener el proceso en el punto de operación definido por $y_r = 8{,}6$, $u_r = 5$ y $q_r = 2$.

El control PI se ajusta con los parámetros de sintonía $T_i = 5$s y $K_c = 5$.

Sintonice los parámetros del controlador proporcional y estudie, mediante pruebas de simulación, el comportamiento del sistema de lazo cerrado bajo la acción de los dos controladores. Para hacer esto, realice los siguientes experimentos:

a) Partiendo del reposo, llevar el sistema al punto de funcionamiento $P_r = (y_r, u_r, q_r)$, eligiendo una señal de referencia adecuada. Observe y compare las trayectorias de respuesta, teniendo en cuenta los tiempos de establecimiento ($t_{5\,\%}$). ¿Pueden los dos controladores llevar el sistema al punto P_r?

b) Simule el comportamiento del sistema cuando se somete a perturbaciones de tipo escalón, para operaciones cercanas a P_r (por ejemplo, incremente el valor de equilibrio de la señal q de 2 a 3). Observe las respuestas obtenidas con las dos estrategias de control y compare las características de los regímenes transitorios y permanentes. ¿Qué estrategia de control puede obtener la respuesta más rápida? ¿Qué controlador mantiene la variable de proceso en la referencia, incluso con la perturbación aplicada? Justifica tus respuestas.

3. Considere un proceso lineal de parámetros variantes en el tiempo, descrito por la siguiente ecuación diferencial:

$$\tau(t)\frac{dy(t)}{dt} + y(t) \quad = \quad K_e(t)u(t) + K_q q(t) \quad ,$$

con $\tau(t) \in [5\,,\,10]\,$s, $K_e(t) \in [0{,}5\,,\,0{,}8]$ y $K_q = 0{,}25$. Este proceso se controla mediante la variable manipulada $u(t)$, de tal manera que la variable de proceso $y(t)$ sigue una señal de referencia $r(t)$, del tipo escalón unitario, independientemente de las perturbaciones $q(t)$ del tipo escalón. Proponga una ley de control proporcional robusta, basada en un modelo nominal del peor de los casos, que garantice $t_{5\,\%} \leq 2\,\mathrm{s}$, en lazo cerrado. A través de experimentos de simulación, analice los efectos de esta ley de control robusta frente a las perturbaciones.

4. Considerando el proceso variante en el tiempo del punto anterior, considere que $\tau(t)$ y $K_e(t)$ son variables medidas para cada instante de tiempo. De esta forma, diseñe una ley de control LPV proporcional que garantice $t_{5\,\%} \leq 2\,\mathrm{s}$ en lazo cerrado. Mediante experimentos de simulación, compare los resultados obtenidos, en lazo cerrado, con esta estrategia de control y con la estrategia robusta, analizando las ventajas y desventajas de cada enfoque.

Apéndice A

Problemas y soluciones

En este capítulo proponemos una serie de problemas relacionados con los contenidos estudiados y desarrollados en los capítulos anteriores. Todas los problemas vienen con resolución, recomendamos a los lectores y lectoras a intentar resolver los problemas antes de ver las soluciones.

A.1. Problema 1

Para concentrar el jugo de la caña de azúcar, una industria de caña de azúcar utiliza evaporadores que al inyectar vapor, aumentan la temperatura del jugo, evaporando el agua que contiene y aumentan la concentración de azúcar. Para controlar la concentración, se opera la válvula que inyecta vapor en el evaporador. La calidad del jugo que ingresa al evaporador es una perturbación del sistema. Estudiando el comportamiento del proceso en la cercanía del punto de operación, se propuso un modelo lineal discreto dado por la ecuación:

$$y(k) = 0{,}7y(k-1) + \gamma u(k-1) - 0{,}3q(k-1) \quad ,$$

donde $y(k)$ es la concentración de azúcar en el jugo en la salida, $u(k)$ es el caudal de vapor inyectado y $q(k)$ es la dilución en el jugo en la entrada del evaporador. Las muestras se miden cada segundo y γ es una constante real.

- (a) Para determinar el valor de γ se realiza el siguiente experimento: el sistema parte del reposo, con $u = 0$, $q = 0$, $y = 0$ y se aplica un escalón de amplitud 0,1 en u, manteniendo $q = 0$; después de diez segundos, se mide $y(10) = 0{,}195$. Encuentre la forma general de la respuesta del sistema para el experimento propuesto. Usando datos del experimento, determine el parámetro del modelo γ y calcule el valor final de la salida ($y(\infty)$). ¿Cuál es la ganancia estática del modelo del sistema para la relación entre u y y?

- (b) Ahora considere que $\gamma = 0{,}6$. ¿Cuál es la ganancia estática del modelo del sistema para la relación entre q y y? ¿Cuanto tiempo el sistema tardaría en salir del reposo y llegar a $y = -0{,}0975$ cuando se aplica un escalón de 0.1 de amplitud en q, manteniendo $u = 0$?

- (c) Un control proporcional con BIAS de la forma $u(k) = K_p(r(k) - y(k)) + \text{BIAS}$ se usa para controlar la concentración, donde $r(t))$ es la referencia de tipo escalón deseada. Encuentre el modelo dinámico del sistema de lazo cerrado (considere $\gamma = 0{,}6$). ¿Qué K_p debería usar para obtener una ganancia estática de lazo cerrado (entre r y y) de 2/3? Con el K_p encontrado, ¿sería posible ajustar el BIAS para que la concentración alcance el valor de $r = 1$ si la concentración de entrada es constante e igual a $q = 0{,}5$? ¿Cuál es el valor del BIAS? Encuentre el tiempo aproximado para alcanzar 95 % del valor final en un experimento donde $q = 0$ y BIAS $= 0$ se mantienen constantes y se aplica un escalón de referencia de amplitud 0,2.

A.1.1. Resolución

a) Sabemos que la forma general de la respuesta del sistema para un escalón de amplitud u_0 y un escalón de amplitud q_0, ambos aplicados en

$t = 0$, es:

$$y(k) \;=\; (0{,}7)^k y(0) + \frac{1-0{,}7^k}{(1-0{,}7)}\,\gamma u_0 - 0{,}3\frac{1-0{,}7^k}{(1-0{,}7)}\,q_0 \quad . \tag{A.1}$$

En el experimento partimos de $u = 0,\ q = 0,\ y = 0$ y aplicamos solo un escalón en $t = 0$ de amplitud 0,1, manteniendo $q = 0$, por lo que la respuesta es la siguiente:

$$y(k) \;=\; \frac{1-0{,}7^k}{(1-0{,}7)}\,\gamma 0{,}1 \quad . \tag{A.2}$$

El sistema llega a $k = 10$ en $y(10) = 0{,}195$, así:

$$y(10) \;=\; \frac{(1-0{,}7^{10})}{0{,}3}\,0{,}1\gamma \;=\; \frac{\gamma}{3}(1-0{,}7^{10}) \;=\; 0{,}195 \quad , \tag{A.3}$$

y podemos calcular γ como:

$$\gamma \;=\; \frac{3(0{,}195)}{1-0{,}7^{10}} \;=\; \frac{0{,}585}{0{,}9717} \;\approx\; 0{,}6 \quad . \tag{A.4}$$

Dado γ podemos calcular el valor final da concentración $y(\infty)$ usando el limite de la Ecuación (A.2) para $k \to \infty$:

$$y(\infty) \;=\; \frac{1}{0{,}3}(0{,}6)(0{,}1) \;=\; 0{,}2 \quad . \tag{A.5}$$

La ganancia estática K_e puede ser calculada como:

$$K_e \;=\; \frac{\gamma}{1-0{,}7} \;=\; \frac{0{,}6}{0{,}3} \;=\; 2 \quad . \tag{A.6}$$

Esta ganancia también podría calcularse con el cociente entre el valor final de y y u, ya que el sistema es lineal:

$$K_e = \frac{0{,}2}{0{,}1} = 2 \quad . \tag{A.7}$$

b) Ahora calcularemos la ganancia estática para la relación entre q y y:

$$K_{eq} = \frac{-0{,}3}{1-0{,}7} = -1 \quad . \tag{A.8}$$

Para calcular el tiempo que el sistema tardaría en salir del reposo y llegar a $y = -0{,}0975$ al aplicar un escalón de amplitud de 0.1 en q, manteniendo $u = 0$, usaremos nuevamente la forma general de la respuesta con las nuevas condiciones:

$$y(k) \;=\; -0{,}3\frac{1-0{,}7^k}{(1-0{,}7)}0{,}1 \;=\; -0{,}0975 \quad . \tag{A.9}$$

Para encontrar el valor de k usamos:

$$y(k) \;=\; -0{,}1(1-0{,}7^k) \;=\; -0{,}0975 \quad , \tag{A.10}$$

que lleva a $1 - 0{,}7^k = 0{,}975$ o $0{,}7^k = 0{,}025$, así:

$$k \;=\; \frac{\log(0{,}025)}{\log(0{,}7)} \;=\; 10{,}34 \quad , \tag{A.11}$$

es decir, el sistema toma aproximadamente 11 pasos (aproximándose al número entero más grande más cercano).

c) Para esta pregunta, comenzaremos calculando el modelo del sistema en lazo cerrado. Para esto, reemplazamos la ley de control:

$$u(k) \;=\; K_p(r(k) - y(k)) + \text{BIAS} \quad , \tag{A.12}$$

en el modelo del proceso, obtenemos:

$$
\begin{aligned}
y(k) &= 0{,}7y(k-1) + 0{,}6K_p(r(k-1) - y(k-1)) \\
&+ 0{,}6\text{BIAS} - 0{,}3q(k-1) \quad ,
\end{aligned}
\tag{A.13}
$$

que puede ser organizada en la forma clásica de una ED de primer orden como:

$$
\begin{aligned}
y(k) &= (0{,}7 - 0{,}6K_p)y(k-1) + 0{,}6K_p r(k-1) \\
&+ 0{,}6\text{BIAS} - 0{,}3q(k-1) \quad .
\end{aligned}
\tag{A.14}
$$

Para calcular la ganancia estática entre r y y usamos la definición de ganancia estática:

$$
K_{eMF} = \frac{0{,}6K_p}{1-(0{,}7-0{,}6K_p)} = \frac{K_p}{0{,}5+K_p} \quad .
\tag{A.15}
$$

Dado que $K_{eMF} = 2/3$:

$$
\frac{K_p}{0{,}5+K_p} = \frac{2}{3} \qquad \rightarrow \qquad K_p = 1 \quad .
\tag{A.16}
$$

Para encontrar el BIAS para mantener la concentración y en la referencia $r = 1$ con $q = 0{,}5$ usamos la señal de control del sistema de equilibrio, que en este caso será igual al BIAS, ya que el error es cero. Así, a partir del modelo del proceso, considerando la condición de equilibrio con $y = 1$ y $q = 0{,}5$:

$$
1 = 0{,}7(1) + 0{,}6\text{BIAS} - 0{,}3(0{,}5) \quad .
\tag{A.17}
$$

Resolviendo la Ecuación (A.17) llegaremos a la conclusión de que BIAS = 0,75.

Para calcular el tiempo necesario para alcanzar el 95 % del valor final en un experimento de lazo cerrado con $q = 0$ y BIAS $= 0$, usaremos el modelo encontrado en la Ecuación A.14, los valores especificados y el $K_p = 1$ calculado, obteniendo:

$$y(k) = 0{,}1y(k-1) + 0{,}6r(k-1) \quad . \tag{A.18}$$

La respuesta de este sistema al escalón de referencia es:

$$y(k) = [1 - (0{,}1)^k]\frac{0{,}6}{0{,}9}r_0 = [1 - (0{,}1)^k]y_f \quad , \tag{A.19}$$

donde y_f es el valor final de y y r_0 es el escalón aplicado. Para calcular el tiempo para alcanzar el valor de 95 % de y_f usamos:

$$1 - 0{,}1^k = 0{,}95 \rightarrow 0{,}1^k = 0{,}05 \rightarrow k = \frac{\log(0{,}05)}{\log(0{,}1)} = 1{,}3 \quad , \tag{A.20}$$

es decir, el sistema toma aproximadamente 2 pasos para alcanzar el valor deseado (aproximándose al entero más grande más cercano).

A.2. Problema 2

Para controlar la velocidad de rotación de un sistema turbina-generador, utilizado para generar electricidad a frecuencia constante la industria de la caña de azúcar, se acciona la válvula que inyecta vapor en la turbina. La carga eléctrica en el sistema de generación actúa como freno en el generador, alterando la velocidad. Estudiando el comportamiento del proceso, se propuso un modelo discreto dado por la ecuación:

$$y(k) = 0{,}85y(k-1) + au(k-1) - bq(k-1) \qquad k = 1, 2, 3, ...segundos$$

donde $y(k)$ es la velocidad, $u(k)$ el caudal de vapor inyectado y $q(k)$ la carga eléctrica en el sistema. a y b reales son parámetros del sistema. Las variables u y q están normalizadas en el rango $[0, 1]$ y y están en el rango $[0, 3]$.

- (a) Para determinar los valores de a y b se midieron las condiciones de operación en dos puntos de equilibrio:

  - con $u_1 = 0{,}5, q_1 = 0{,}5$ se midió $y_1 = 0{,}5$;
  - con $u_2 = 0{,}8, q_2 = 0{,}2$ se midió $y_2 = 2{,}0$;

  Determine los parámetros del modelo a y b.

- (b) ¿Cuál es la ganancia estática del modelo del sistema para la relación entre u y y, para la relación entre q y y?

- (c) Suponga que el sistema está en equilibrio inicial $u_i = 0{,}5, q_i = 0{,}5, y_i = 0{,}5$ y se aplica un escalón al caudal de vapor, pasando de $u_i = 0{,}5$ a $u_f = 0{,}8$ (q queda constante). Calcule el valor final y_f que alcanzará la velocidad en el nuevo equilibrio. Calcule el tiempo que la velocidad necesita para alcanzar aproximadamente 95 % de la variación $(y_f - y_i)$.

- (d) Un control proporcional con BIAS de la forma $u(k) = K_p(r(t) - y(k)) + \text{BIAS}$ se usa para controlar la velocidad, donde $r(t)$ es el valor de la referencia constante deseada. Encuentre el modelo dinámico del sistema en lazo cerrado. ¿Cuál es el K_p que se debe usar para obtener una ganancia estática de lazo cerrado (entre r y y) de 0.9? Con el K_p encontrado, ¿sería posible ajustar el BIAS para que la velocidad alcance el valor de $r = 2$ si la carga eléctrica es $q = 0{,}3$? ¿Cuál es el valor del BIAS?

A.2.1. Resolución

a) Los dos experimentos realizados nos dan los valores de las variables en dos puntos de equilibrio. Esta condición implica que $y(k) = y(k-1)$, por lo tanto, usando el modelo:

$$y(k) = 0{,}85y(k-1) + au(k-1) - bq(k-1) \quad , \tag{A.21}$$

en el primer caso con $u_1 = 0{,}5$, $q_1 = 0{,}5$, $y_1 = 0{,}5$, tenemos:

$$0{,}5 = 0{,}85(0{,}5) + 0{,}5a - 0{,}5b \quad ,$$

$$a - b = 0{,}15 \quad . \tag{A.22}$$

Para $u_2 = 0{,}8$, $q_2 = 0{,}2$ se midió $y_2 = 2{,}0$, con esto:

$$2 = 0{,}85(2) + 0{,}8a - 0{,}2b \quad ,$$

$$4a - b = \frac{3}{2} \quad . \tag{A.23}$$

Usando los resultados obtenidos en las Ecuaciones (A.22) y (A.23) podemos descubrir los valores de a y b:

$$3a + (a - b) = \frac{3}{2} \quad ,$$

$$3a = 1{,}5 - 0{,}15 = 1{,}35 \quad ,$$

$$a = 0{,}45 \quad . \tag{A.24}$$

Ahora, reemplazando el valor de a en las Ecuaciones. (A.22) o (A.23), encontramos el valor de b:

$$b = 0{,}3 \quad . \tag{A.25}$$

b) Para determinar las ganancias estáticas utilizamos el modelo de proceso en condiciones de equilibrio:

$$y_0 = 0{,}85y_0 + 0{,}45u_0 - 0{,}3q_0 \quad . \tag{A.26}$$

Calculamos así y_0:

$$y_0 = \frac{0{,}45}{1-0{,}85}u_0 - \frac{0{,}3}{1-0{,}85}q_0 = 3u_0 - 2q_0 \quad , \tag{A.27}$$

que es el modelo estático del sistema.

Como el sistema es lineal, las ganancias estáticas se definen por las relaciones entre los valores de equilibrio de las variables de forma independiente. De esta manera, los valores de K_e y K_q se calculan como:

$$K_e = 3, \qquad K_q = -2 \quad . \tag{A.28}$$

c) En el experimento el sistema parte de un punto de equilibrio conocido y queremos saber el valor final y_f cuando la señal de control pasa de $u_i = 0{,}5$ a $u_f = 0{,}8$, manteniendo constante q. El modelo estático del sistema determina la relación entre la variación de u y q con y en estado estacionario, así:

$$\Delta y = K_e \Delta u + K_q \Delta q \quad . \tag{A.29}$$

Ahora basta substituir los valores de las variaciones en la Ecuación (A.29):

$$\Delta y = 3(0{,}3) - 2(0) = 0{,}9 \quad . \tag{A.30}$$

Conociendo la variación de y podemos calcular $y_f = y_i + \Delta y$:

$$y_f = y_i + \Delta y = 0{,}5 + 0{,}9 = 1{,}4 \quad . \tag{A.31}$$

Para calcular el tiempo que tarda la velocidad en alcanzar el 95 % de la variación del experimento, usaremos la ecuación de la respuesta general del sistema en la variable incremental:

$$\Delta y = K_e(1 - a^k)\Delta u = (1 - (0{,}85)^k)\Delta y_f \quad , \tag{A.32}$$

ya que solo hubo variación en u. Para llegar al 95 % del valor final, necesitamos encontrar k de modo que $(1 - (0{,}85)^k) = 0{,}95$ o $(0{,}85)^k = 0{,}05$:

$$0{,}85^k = 0{,}05 \quad \rightarrow \quad k = \frac{\log(0{,}05)}{\log 0{,}85} \approx 18{,}43 \quad . \tag{A.33}$$

Por lo tanto, necesitaremos 19 pasos para llegar a aproximadamente el 95 % de la variación final.

d) Para analizar el sistema de lazo cerrado, reemplazamos $u(k)$ en el modelo del proceso por: $K_p(r(k) - y(k)) + \text{BIAS}$, obteniendo:

$$\begin{aligned} y(k) &= 0{,}85y(k-1) - 0{,}3q(k-1) \\ &+ 0{,}45(K_p(r(k-1) - y(k-1)) + \text{BIAS}) \quad , \end{aligned} \tag{A.34}$$

$$\begin{aligned} y(k) &= 0{,}85y(k-1) - 0{,}3q(k-1) \\ &+ 0{,}45K_p r(k-1) - 0{,}45K_p y(k-1) + 0{,}45\text{BIAS} \quad , \end{aligned} \tag{A.35}$$

$$\begin{aligned} y(k) &= (0{,}85 - 0{,}45K_p)y(k-1) + 0{,}45K_p r(k-1) \\ &+ 0{,}45\text{BIAS} - 0{,}3q(k-1) \quad . \end{aligned} \tag{A.36}$$

Utilizando la expresión de la ganancia estática y sabiendo que $K_{eMF} = 0{,}9$:

$$K_{eMF} = \frac{0{,}45K_p}{1-(0{,}85-0{,}45K_p)} = 0{,}9 \quad , \tag{A.37}$$

$$0{,}45K_p = 0{,}9 - 0{,}9(0{,}85) + 0{,}9(0{,}45)K_p \quad . \tag{A.38}$$

Haciendo las multiplicaciones y aislando K_p:

$$K_p = \frac{0{,}135}{0{,}045} = 3 \quad . \tag{A.39}$$

Como la referencia es $r = 2$ y sabemos que el control se ha establecido en $y = 2$, es decir, el error es nulo, entonces $u =$ BIAS. Entonces, usando $y = 2$ y $q = 0{,}3$ en el modelo estático, tenemos:

$$2 = 2(0{,}85) + 0{,}45\text{BIAS} - 0{,}3(0{,}3) \quad . \tag{A.40}$$

Aislando BIAS:

$$\text{BIAS} = \frac{0{,}39}{0{,}45} \approx 0{,}87 \quad . \tag{A.41}$$

A.3. Problema 3

En un proceso de la industria farmacéutica, se utilizan dos fluidos X y Y para producir un producto Z en una reacción exotérmica, que también tiene un residuo W. El caudal de salida del producto Z depende de las entradas de X y Y y el modelo que describe la dinámica de este caudal es:

$$4\frac{dz(t)}{dt} + 2z(t) = x(t)/y(t) \quad ,$$

donde x es la salida de X, y la de Y y z la de Z. Todos los caudales están en $\frac{1}{\text{min}}$ y el tiempo en minutos.

En este sistema, el caudal de X se utiliza como variable manipulada, siendo el caudal de Z la variable de proceso y el caudal de Y una perturbación.

- (a) Analice el comportamiento estático del reactor y dibuje la característica estática del sistema considerando las variables que considere importantes. Considere y en el rango $[1, 4]$ y x en el rango $[1, 8]$.

- (b) Dibuje un diagrama de bloques del sistema que identifique la variable del proceso, la variable manipulada y la perturbación, así como la operación de integración de la variable.

- (c) Encuentre un modelo linealizado para el sistema que opera en la cercanía del punto de equilibrio dado por $x = 6, y = 3$.

- (d) Usando el modelo linealizado, calcule la ganancia estática del sistema para la relación entre la perturbación y la variable de proceso y el tiempo que tomaría para pasar del punto de equilibrio dado por $x = 6, y = 3$ para el punto de equilibrio dado por $x = 6, y = 4$ (considere que, en la práctica, al llegar a 99 % del valor el sistema ya está en equilibrio).

- (e) Se utiliza un controlador PI para controlar el nivel:

$$x(t) = K_c e(t) + \frac{K_c}{T_i} \int_0^t e(\mu) d\mu \,, \qquad e(t) = r(t) - z(t) \quad ,$$

  con $K_c = 1/K_e$ y $T_i = \tau$, siendo K_e la ganancia estática del modelo linealizado para la relación entre z y x; τ la constante de tiempo del modelo y $r(t)$ la referencia de caudal. Dibuja un diagrama de bloques del proceso con control. Si la referencia es 1,2, ¿cuál será el valor de la salida z y la entrada x en el equilibrio del sistema de lazo cerrado cuando $y = 2$? ¿Porque?

A.3.1. Resolución

a) Para analizar el comportamiento estático, consideramos todas las variables en un valor fijo, por lo tanto $\left(\frac{dz(t)}{dt} = 0\right)$ y el modelo dinámico se convierte en el modelo estático dado por:

$$z = \frac{x}{2y} \quad . \tag{A.42}$$

Para dibujar las características estáticas del sistema, consideramos, para los intervalos definidos, la relación entre x y z para valores fijos de y, $z = f_1(x)$, y luego la relación entre y y z para valores fijos de x, $z = f_2(y)$.

La Figura A.1 muestra $z = f_1(x)$ para varios valores de y. Podemos ver en la figura que la relación entre los incrementos de x y los incrementos de z es constante para cada valor de y, es decir, el modelo estático $\Delta z = f_1(\Delta x)$ es lineal. También observamos que la ganancia estática es siempre positiva, por lo que en cualquier punto de operación, un aumento de x provoca un aumento de z.

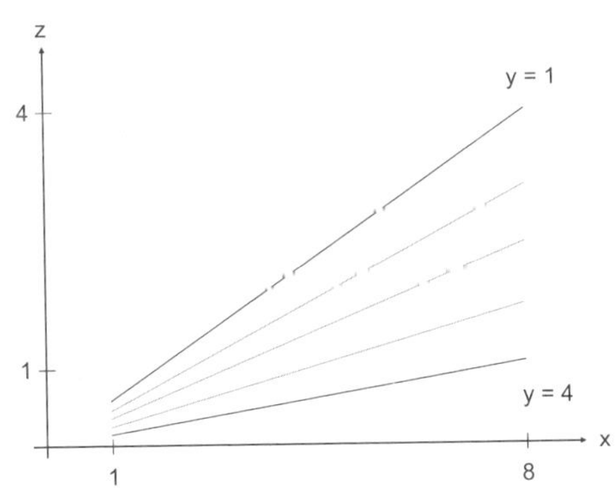

Figura A.1 – Función $z = f_1(x)$.

La Figura A.2 muestra $z = f_2(y)$ para varios valores de x. Podemos ver en la figura que la relación entre los incrementos de y y los incrementos de z para cada valor de x es variable con el valor de y, es decir, el modelo estático $z = f_2(y)$ no es lineal. También observamos que la ganancia estática es siempre negativa, por lo que en cualquier punto de operación, un aumento de y provoca una disminución de z. Aún notamos que el módulo de la ganancia estática es más grande para valores menores de y.

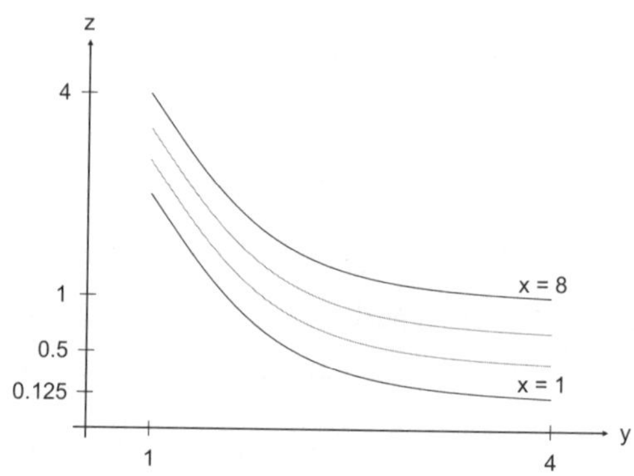

Figura A.2 – Función $z = f_2(y)$.

b) Para dibujar el diagrama de bloques usamos la ecuación del modelo reescrita como:

$$\frac{dz(t)}{dt} = -1/4\left(\frac{x(t)}{y(t)} - 2z(t)\right) \quad ,$$

es decir, la derivada de z se puede calcular como una función de los valores de x y y usando la expresión $-1/4[x(t)/y(t) - z(t)]$. Por lo tanto, usando bloques de suma, división, integración y ganancia, podríamos dibujar el diagrama de bloques como en la Figura A.3.

c) Para encontrar un modelo linealizado en el punto de operación dado por $x_0 = 6$ y $y_0 = 3$, primero calculamos el valor de z_0 usando el modelo estático:

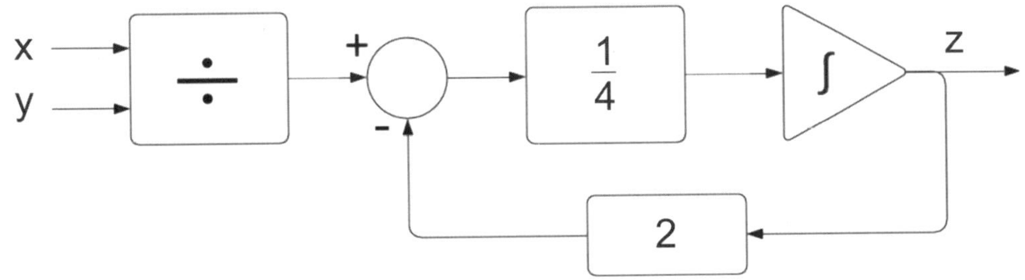

Figura A.3 – Diagrama de bloques.

$$z_0 = \frac{x_0}{2y_0} = \frac{6}{3} = 1 \quad .$$

El modelo linealizado relaciona las variables incrementales Δz, Δx y Δy cuando x, y y z varían en las proximidades del punto de operación $x_0 = 6$, $y_0 = 3$, $z_0 = 1$, entonces $x = x_0 + \Delta x, y = y_0 + \Delta y$ y $z = z_0 + \Delta z$. Así, realizaremos un cambio de variables en el modelo no lineal y aproximaremos por Taylor de primer orden las funciones no lineales del modelo.

Aplicando el cambio de variables en el modelo obtenemos el siguiente resultado:

$$4\frac{dz_0}{dt} + 4\frac{d\Delta z}{dt} + 2z_0 + 2\Delta z = \frac{x_0 + \Delta x}{(y_0 + \Delta y)} \quad . \tag{A.43}$$

Dado que z_0 es constante, simplificamos el modelo a:

$$4\frac{d\Delta z}{dt} + 2z_0 + 2\Delta z = \frac{x_0 + \Delta x}{(y_0 + \Delta y)} \quad . \tag{A.44}$$

Teniendo en cuenta que el único término no lineal es $\frac{x}{y}$, hagamos una aproximación por Taylor de primer orden (no necesitamos colocar el tiempo explícitamente en las ecuaciones):

$$\frac{x}{y} \approx \frac{x_0}{y_0} + \frac{1}{y_0}\Delta x + \frac{-x_0}{(y_0)}\Delta y \quad .$$

Usando la expresión anterior y sustituyendo los valores de x_0, y_0 y z_0, obtenemos:

$$\frac{x}{y} \approx 2 + \frac{1}{3}\Delta x + \frac{-2}{3}\Delta y \quad .$$

Reemplazando en la Ecuación (A.44) y simplificando:

$$2\frac{d\Delta z}{dt} + \Delta z \;=\; \frac{\Delta x}{6} - \frac{\Delta y}{3} \quad . \tag{A.45}$$

que es el modelo linealizado del sistema en el punto de equilibrio elegido.

d) La Ecuación (A.45) se presenta en la forma estándar de una EDO de primer orden y los valores de las ganancias son evidentes:

$$K_e \;=\; \frac{1}{6}, \qquad\qquad K_q \;=\; -\frac{1}{3} \quad ,$$

dado que en equilibrio el modelo estático es $\Delta z = \frac{\Delta x}{6} - \frac{\Delta y}{3}$.

En el modelo estándar también se identifica la constante de tiempo $\tau =$ 5s y el tiempo que tarda el sistema en dejar un punto de equilibrio y alcanzar el 99 % de otro punto de equilibrio para que Δy pueda ser aproximado por 5τ:

$$\tau_{99\,\%} \;=\; 5\tau \;=\; 10\,\mathrm{s} \quad .$$

e) Para dibujar el diagrama de bloques solo necesitamos agregar al diagrama del proceso la relación entre la señal de control x, la variable de proceso z y la referencia. El control en este caso tiene $K_c = 1/K_e = 6$ y $T_i = 2$.

La Figura A.4 muestra este diagrama con las acciones integral y proporcional del control PI.

Dado que este es un controlador PI que asumimos que mantiene la estabilidad de lazo cerrado, el error nulo está garantizado en el equilibrio, por lo que si la referencia es 1,2, el sistema generará $z = 1{,}2$.

Para calcular el valor de la entrada de control x, simplemente sustituimos

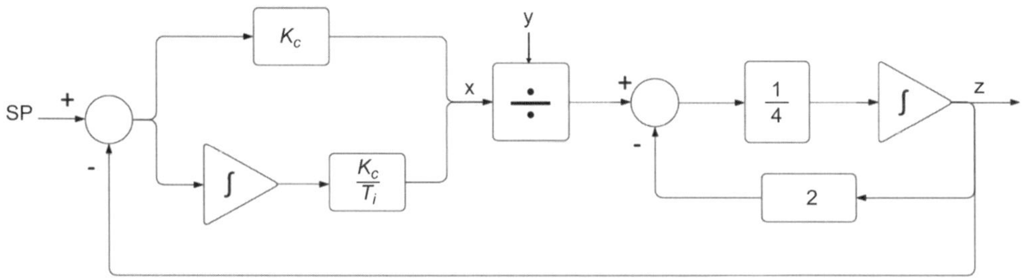

Figura A.4 – Diagrama de bloques con control PI.

los valores de $z = 1{,}2$ y $y = 2$ en el modelo estático del proceso:

$$2z_0 = \frac{x_0}{y_0}, \qquad x_0 = 2\,(1{,}2)\,2 = 4{,}8 \quad . \tag{A.46}$$

A.4. Problema 4

El modelo discreto obtenido a partir de experimentos en una región operativa de un intercambiador de calor de una planta termo-solar viene dado por la ecuación:

$$y(k) = ay(k-1) + bu(k-1) + cq(k-1) \quad ,$$

para la cual $y(k)$ es la temperatura de salida del agua calentada en el intercambiador, $u(k)$ es la apertura de la válvula que regula el caudal de entrada del termo-fluido y $q(k)$ es un caudal de entrada de agua al intercambiador. En este problema, $u(k)$ se considera como variable manipulada, $y(k)$ como variable de proceso y $q(k)$ como perturbación. Las muestras se miden cada minuto.

- (a) Para determinar los parámetros a, b, c del modelo de planta, se realizaron algunos experimentos utilizando el sistema de lazo cerrado con un control $u(k) = K_p[r(k) - y(k)] + \text{BIAS}$, donde r es la referencia o temperatura de referencia para el sistema con control. En los experimentos realizados, se mantienen $K_p = 2$ y BIAS $= 5$. En la primera parte del experimento, el sistema está en equilibrio $y = u = q = 0$ y se aplica un escalón de perturbación de valor 1 en el momento $k = 0$ y la referencia se cambia al valor 2 en ese momento. Como el sistema tiene un BIAS bien ajustado, la variable de proceso alcanza la referencia al final del experimento. En el transitorio de este experimento, el valor de $y(k)$ se mide en el instante $k = 6$ y se determina (aproximadamente) el valor $y = 0{,}74$. En la segunda parte del experimento, partiendo del punto de equilibrio alcanzado previamente, se mantiene el valor de referencia pero se elimina la perturbación (es decir, q vuelve a cero) y el sistema con el mismo control alcanza el valor de equilibrio de $y = 2{,}25$. Usando esta información y asumiendo que el modelo lineal representa bien el sistema, determine los parámetros del modelo a, b y c.

- (b) Considere un nuevo intercambiador de calor de la misma planta solar, con el mismo modelo que el anterior pero con $a = 0{,}85, b = 0{,}2$ y $c = -0{,}1$. Usando nuevamente un control $u(k) = K_p[r(k) - y(k)] +$ BIAS queremos encontrar K_p y BIAS para que se cumplan las condiciones del siguiente experimento: inicialmente $r = 0$ y la perturbación aplicada es $q = 2$. En un momento dado, la referencia se cambia a 3, manteniendo q constante. Se desea que la temperatura y alcance la referencia en el nuevo equilibrio y que el tiempo para pasar de 0 a 90 % del valor de la referencia sea de 10 minutos.

- (c) Se diseña un control PI para el proceso del punto anterior en la forma $u(k) = u(k-1) + K_1 e(k) + K_2 e(k-1)$ con $K_1 + K_2 \neq 0$, donde $e(k) = r(k) - y(k)$ y r es la temperatura de referencia para el sistema con control. Suponga que el sistema está en equilibrio $u = y = q = 0$ y se aplica una variación de referencia de cero a 4 y una perturbación de tipo escalón de valor 2. Suponga que el sistema alcanza un nuevo punto de equilibrio después de cierto tiempo. ¿Cuál será el valor de y y u en este nuevo punto de equilibrio? ¿Porque? Explique analíticamente el resultado.

A.4.1. Resolución

a) En el experimento hemos definido: BIAS $= 5$, $K_p = 2$ y $r = 2$. Usando la ecuación del proceso:

$$y(k) = ay(k-1) + bu(k \quad 1) + cq(k-1) \quad , \tag{A.47}$$

y la del control:

$$u(k) = K_p(r(k) - y(k)) + \text{BIAS} \quad , \tag{A.48}$$

calculamos el modelo del sistema en lazo cerrado:

$$\begin{aligned} y(k) &= (a - bK_p)y(k-1) + bK_p r(k-1) \\ &+ b\text{BIAS} + cq(k-1) \quad , \end{aligned} \tag{A.49}$$

aún podríamos hacer la siguiente sustitución para simplificar la ecuación:

$$a - bK_p = a_{\text{MF}} \quad , \tag{A.50}$$

y luego calcular la respuesta del sistema de lazo cerrado para condición inicial cero y entradas constantes de referencia r_0, BIAS y perturbación q_0:

$$y(k) = (1 - a_{\text{MF}}^k)\left[\frac{bK_p}{1 - a_{\text{MF}}}r_0 + \frac{b}{1 - a_{\text{MF}}}\text{BIAS} + \frac{c}{1 - a_{\text{MF}}}q_0\right] \tag{A.51}$$

El valor final del experimento se obtiene cuando el tiempo llega al infinito $k \to \infty$ y asumiendo estabilidad, tenemos que a_{MF}^k tiende a 0, por lo que se verifica:

$$y_\infty = \frac{bK_p r_0 + b\text{BIAS} + cq_0}{1 - a_{\text{MF}}} \quad . \tag{A.52}$$

En la primer experiencia con $r_0 = 2$, $q_0 = 1$, BIAS $= 5$ y $K_p = 2$, tenemos $y_\infty = 2$, así:

$$2 = \frac{4b + 5b + c}{1 - a_{\text{MF}}} = \frac{9b + c}{1 - a_{\text{MF}}}. \tag{A.53}$$

En el transitorio del experimento, tenemos que para $k = 6$, $y(6) = 0{,}74$, así:

$$0{,}74 = (1 - a_{\text{MF}}^6)\frac{9b + c}{1 - a_{\text{MF}}} \quad . \tag{A.54}$$

Usando la Ecuación (A.53) en la Ecuación (A.54) obtenemos:

$$0{,}74 = (1 - a_{\text{MF}}^6)2 \quad . \tag{A.55}$$

Aislando a_{MF}

$$a_{\text{MF}} = \sqrt[6]{0{,}63} = 0{,}92 \quad . \tag{A.56}$$

Con este resultado, sustituimos en la Ecuación (A.53)

$$2 = \frac{9b + c}{1 - 0{,}92} \quad ,$$

$$9b + c = 0{,}16 \quad . \tag{A.57}$$

Obteniendo una relación entre b y c.

En la segunda parte del experimento sabemos que se alcanza el equilibrio con $y = 2{,}25$ y $q = 0$ manteniendo $r_0 = 2$ y el mismo ajuste del caso anterior.

Reemplazando estos valores en la Ecuación (A.52):

$$2{,}25 = \frac{9b}{1-a_{\mathrm{MF}}} = \frac{9b}{0{,}08} \quad \rightarrow \quad b = \frac{0{,}08(2{,}25)}{9} = 0{,}02 \quad . \qquad \text{(A.58)}$$

Ahora sustituyendo el valor de b en la Ecuación (A.50) (sabiendo que $K_p = 2$)

$$a_{\mathrm{MF}} = a - bK_p \ \rightarrow \ a - 0{,}02(2) = 0{,}92 \ \rightarrow \ a = 0{,}96 \quad . \qquad \text{(A.59)}$$

Ahora substituyendo los valores conocidos en la Ecuación (A.57)

$$9b + c = 0{,}16 \ \rightarrow \ 9(0{,}02) + c = 0{,}16 \ \rightarrow \ c = -0{,}02 \quad . \qquad \text{(A.60)}$$

b) En el nuevo modelo tenemos $a = 0{,}85$, $b = 0{,}2$, y $c = -0{,}1$. Las condiciones iniciales son $r = 0$, $q = 2$. Al final del experimento tenemos $r_0 = 3$ y $q = 2$. Como queremos que el sistema alcance el equilibrio en $r_0 = y_f = 3$, sabemos que el error será nulo y la acción de control final será igual al BIAS. Así, el valor final de y viene dado por:

$$\begin{aligned} y_f &= ay_f + b\mathrm{BIAS} + cq_f \quad \rightarrow \qquad \text{(A.61)} \\ 3 &= 0{,}85(3) + 0{,}2\mathrm{BIAS} - 0{,}1(2) \quad . \end{aligned}$$

Aislando BIAS:

$$\mathrm{BIAS} = 3{,}25 \quad . \qquad \text{(A.62)}$$

Para encontrar el valor de K_p, usemos la respuesta transitoria del sistema de lazo cerrado dada por:

$$\begin{aligned} y(k) &= (a - bK_p)y(k-1) + b\text{BIAS} + cq(k-1) \\ &+ bK_p r(k-1) \quad . \end{aligned} \tag{A.63}$$

Dado que la perturbación y la señal BIAS son constantes, la variación de y depende de la variación de la referencia. Por lo tanto, obtenemos:

$$\Delta y = (1 - a_{\text{MF}}^k)\frac{bK_p}{1 - a_{\text{MF}}}\Delta r = (1 - a_{\text{MF}}^k)\Delta y_f \quad . \tag{A.64}$$

Para obtener el 90 % del valor final en 10 minutos, necesitamos $1 - a_{\text{MF}}^{10} = 0{,}9$, de modo que podemos calcular el valor de a_{MF} con:

$$a_{\text{MF}}^{10} = 0{,}1 \qquad \rightarrow \qquad a_{\text{MF}} = \sqrt[10]{0{,}1} \approx 0{,}794 \quad . \tag{A.65}$$

Ahora, aislaremos K_p en $a_{\text{MF}} = a - bK_p$:

$$K_p = \frac{a - a_{\text{MF}}}{b} \qquad \rightarrow \qquad K_p = 0{,}28 \quad . \tag{A.66}$$

c) Ahora el proceso está inicialmente en (0.0.0) y la referencia cambia de 0 a 4, cuando se aplica una perturbación $q = 2$. Como el sistema alcanza un nuevo punto de equilibrio, asumimos que $e(k) = e(k-1) = e_f$, $u(k) = u(k-1) = u_f$ y $y(k) = y(k-1) = y_f$, donde los valores e_f, u_f y y_f definen el nuevo equilibrio.

Usando la ecuación del control en el equilibrio, tenemos:

$$u_f = u_f + K_1 e_f + K_2 e_f \qquad \rightarrow \qquad 0 = (K_1 + K_2)e_f \quad ,$$

y como $K_1 + K_2 \neq 0$, tenemos $e_f = 0$. Esto muestra que el sistema llega al nuevo equilibrio con error cero.

De esta forma $y_f = r = 4$ y utilizando el modelo estático del sistema, tenemos:

$$4 \quad = \quad 4a + bu_f + 2c \quad . \tag{A.67}$$

Substituyendo ahora los valores de a, b y c (recordando que son los valores dados en el punto b)) y aislando u_f:

$$u_f \; = \; \frac{4 - 4a - 2c}{b} \quad \rightarrow \quad u_f \; = \; \frac{4 - 4(0{,}85) + 2(0{,}1)}{0{,}2} \; = \; 4 \quad , \tag{A.68}$$

que es el valor da acción de control del PI en el punto de operación final.

A.5. Problema 5

Un tanque de mezcla de la industria petroquímica utiliza dos fluidos X y Y para producir un producto Z y un residuo W. La concentración de producción de Z depende de las entradas de X y Y con el modelo:

$$\frac{dz(t)}{dt}x(t) = -z(t) + [x(t)]^2 + 2y(t) \quad ,$$

donde x es el caudal de X, y el de Y y z la concentración de Z. Los caudales están en $\frac{\mathrm{l}}{\mathrm{min}}$, la concentración en $\frac{\mathrm{mol}}{\mathrm{min}}$ y el tiempo en minutos.

En este sistema, el caudal de X se utiliza como variable manipulada, siendo la concentración de Z la variable del proceso y el caudal de Y una perturbación.

- (a) Dibuje las características estáticas del sistema considerando que x y y varían respectivamente, en los intervalos $[0,2]\frac{\mathrm{l}}{\mathrm{min}}$ y $[0,1]\frac{\mathrm{l}}{\mathrm{min}}$.

- (b) Encuentre un modelo linealizado para el sistema que opera cerca del punto de equilibrio dado por $x = 1\frac{\mathrm{l}}{\mathrm{min}}, y = 0{,}5\frac{\mathrm{l}}{\mathrm{min}}$. Calcule la constante de tiempo τ y la ganancia estática del modelo para la manipulada y para la perturbación del modelo linealizado encontrado.

- (c) Se realizan dos experimentos partiendo del punto de equilibrio $x_0 = 1; y_0 = 0{,}5; z_0 = 2$. En el primer experimento, el valor de la perturbación se cambia a $y_f = 0{,}75$ manteniendo constante $x = x_0$, en el segundo experimento el valor de control se cambia a $x_f = 1{,}25$ manteniendo constante $y = y_0$. Usando el modelo linealizado calculado en (2.b), ¿cuánto tiempo le tomará al sistema aproximadamente estabilizarse en el nuevo punto de equilibrio en ambos experimentos? Aún en este modelo linealizado, ¿cuál es el punto final en el que este sistema se estabiliza para las variaciones de y y x propuestas en cada experimento? Ahora calcule el caudal final (real) en que el sistema se estabilizará para las mismas variaciones de y y x en cada experimento (use el modelo no lineal). Analice las diferencias entre el punto que se estabilizará en el modelo linealizado y no lineal utilizando gráficas en ambos casos.

- (d) Suponga que se usa un controlador PI para controlar la concentración z, usando la señal $r(t)$ como referencia. Hay dos posibles implementaciones de este PI.

$$\text{Opción 1: } x(t) = K_p e(t) + K_i \int_0^t e(\mu)d\mu, \quad e(t) = r(t) - z(t).$$

$$\text{Opción 2: } x(t) = K_p[br(t) - y(t)] + K_i \int_0^t e(\mu)d\mu, \quad e(t) = r(t) - z(t).$$

En el segundo PI hay un parámetro adicional b llamado ponderación de referencia. Analice los dos controles y compare el comportamiento del sistema al aplicar perturbaciones de tipo escalón y cambios de referencia de tipo escalón. ¿Cuáles son las ventajas o desventajas de cada control?

A.5.1. Resolución

a) Para estudiar el comportamiento estático partimos de la ecuación del modelo dinámico:

$$\frac{dz(t)}{dt}\,x(t) \;=\; -z(t) + [x(t)]^2 + 2y(t) \quad , \tag{A.69}$$

y considerando la condición de equilibrio con derivada cero. Esto nos lleva al modelo estático del sistema:

$$z \;=\; x^2 + 2y \quad . \tag{A.70}$$

Para dibujar las características estáticas del sistema, consideramos, para los intervalos definidos, la relación entre x y z para valores fijos de y, $z = f_1(x)$, y luego la relación entre y y z para valores fijos de x, $z = f_2(y)$. La Figura A.5 de la izquierda, muestra $z = f_1(x)$ para varios valores de y. Podemos ver en la figura que la relación entre los incrementos de x y los incrementos de z es positiva, no es constante y aumenta para valores superiores de x, configurando un comportamiento estático no lineal. En la Figura A.5 de la derecha, vemos $z = f_2(y)$ para varios valores de x. En este caso, la relación entre los incrementos de y y los incrementos de z es positiva y constante, configurando un comportamiento estático lineal entre Δy y Δz.

b) El modelo debe linealizarse en el punto $x_0 = 1,\quad y_0 = 0{,}5$, que corresponde a un valor de $z_0 = 2$. Luego definimos las variables incrementales para analizar las variaciones cercanas al equilibrio:

$$x \;=\; x_0 + \Delta x \quad ,$$

$$y \;=\; y_0 + \Delta y \quad ,$$

$$z \;=\; z_0 + \Delta z \quad , \tag{A.71}$$

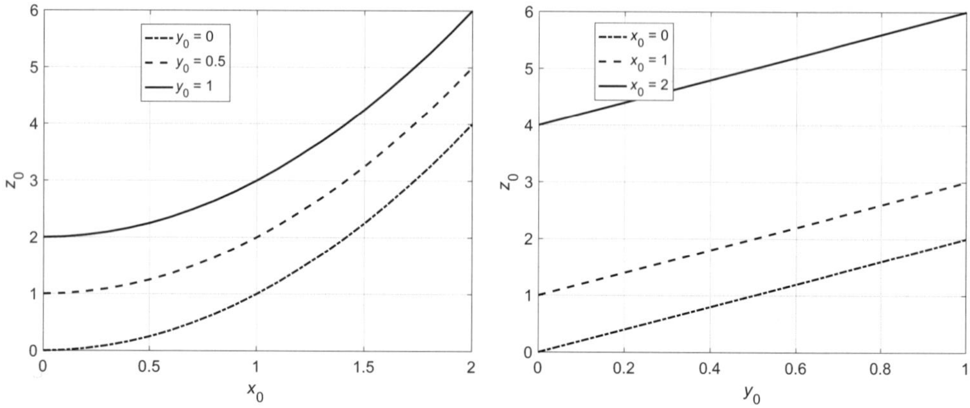

Figura A.5 – Relaciones estáticas entre z, x y z, y.

y substituyendo en la Ecuación (A.69):

$$\begin{aligned} \frac{d(z_0 + \Delta z)}{dt}(x_0 + \Delta x(t)) &= -(z_0 + \Delta z(t)) + [x_0 + \Delta x(t)]^2 \\ &+ 2[y_0 + \Delta y(t)] \quad . \end{aligned}$$

Sabiendo que z_0 es constante y aproximando las dos funciones no lineales del modelo usando Taylor de primer orden, tenemos:

$$x^2 \approx x_0^2 + 2x_0\Delta x \quad ,$$

$$\frac{dz}{dt}x \approx \frac{dz}{dt}|_0 x_0 + \frac{dz}{dt}|_0 \Delta x + x_0\frac{d\Delta z}{dt} = x_0\frac{d\Delta z}{dt} \quad ,$$

tenemos:

$$x_0\frac{d\Delta z}{dt} = 2x_0\Delta x + 2\Delta y - \Delta z - z_0 + x_0^2 + 2y_0 \quad , \tag{A.72}$$

como $-z_0 + x_0^2 + 2y_0 = 0$ (condición de equilibrio), resulta:

$$x_0\frac{d\Delta z}{dt} = 2x_0\Delta x + 2\Delta y - \Delta z \quad . \tag{A.73}$$

Ahora, substituyendo os valores de x_0, y_0 y z_0 y organizando:

$$\frac{d\Delta z}{dt} + \Delta z = 2\Delta x + 2\Delta y \quad . \tag{A.74}$$

Analizando la Ecuación (A.74) que está en la forma estándar de una EDO de primer orden, los valores de interés son evidentes:

$$\tau = 1, \qquad K_e = 2, \qquad K_q = 2 \quad .$$

c) En los experimentos de esta parte del problema, el sistema parte del punto de equilibrio: $x_0 = 1$, $y_0 = 0{,}5$ y $z_0 = 2$.

- En el primer experimento, $x_0 = 1$, cambiamos y de y_0 a $y_f = 0{,}75$ y debemos encontrar el valor final z_{f1}.
- En el segundo experimento variamos x de x_0 a $x_0 = 1{,}25$, mantenemos $y = y_0 = 0{,}5$ y debemos encontrar el valor final z_{f2}.

Suponiendo que $z_f = z_0 + \Delta z$ y observando que en el primer experimento $\Delta x = 0$ tenemos del modelo linealizado que:

$$\Delta z = K_q \Delta y \qquad \rightarrow \qquad \Delta z = 2(0{,}25) = 0{,}5 \quad . \tag{A.75}$$

Por lo tanto:

$$z_{f1} = 2 + 0{,}5 = 2{,}5 \quad . \tag{A.76}$$

Ahora, usando el modelo real estático no lineal, podríamos encontrar el valor final de z_{f1} directamente como:

$$z_{f1} = x_0^2 + 2y_f \quad . \tag{A.77}$$

Substituyendo os valores:

$$z_{f1} = 1^2 + 2(0{,}75) = 2{,}5 \quad . \tag{A.78}$$

Como se esperaba, el valor de z_{f1} encontrado es el mismo que en el caso de usar el modelo linealizado, ya que el modelo incremental es lineal en la relación estática $z = f_2(y)$. Confirmando el resultado observado en la Figura A.5.

Repitamos ahora el procedimiento para el segundo experimento. Calculando la variación por el modelo linealizado, tenemos:

$$z_{f2} = z_0 + K_e \Delta x = 2 + 2(0{,}25) = 2{,}5 \quad . \tag{A.79}$$

Ahora, calculando mediante el modelo no lineal usando la Ecuación (A.77):

$$z_{f2} = (1{,}25)^2 + 2(0{,}5) = 2{,}5625 \quad . \tag{A.80}$$

Como era de esperar, el valor obtenido por la ecuación linealizada es diferente del valor de la ecuación no lineal, ya que la relación estática $z = f_1(x)$ no es lineal, como se ve en la Figura A.5.

Ahora, calcularemos el tiempo para alcanzar el equilibrio, asumiendo que el 99 % del punto final es suficiente. Sabemos que para un sistema lineal se verifica que el tiempo de respuesta no depende de la amplitud de entrada ni de la ganancia estática, sino solo del τ. Así, podríamos calcular:

$$\tau_{99\,\%} = 5\tau = 5(1) = 5 \quad , \tag{A.81}$$

que es válido para ambos experimentos.

d) Considerando el control de PI implementado de dos formas sugeridas podemos concluir que para las perturbaciones obtendremos respuestas y acciones de control iguales en ambos PI, ya que el parámetro b solo modifica el valor del término relativo a $r(t)$, que en este escenario no cambia. Tenga en cuenta que para $r = 0$ las dos acciones de control son iguales $u_1 = u_2$.

Pero para cambios en la señal de referencia tendremos diferentes señales de control. Para el segundo caso, con $0 < b < 1$, a medida que el valor de b disminuye, el valor pico y la amplitud de la señal de control en el régimen transitorio también disminuyen. Normalmente, para un cambio de referencia de tipo escalón de amplitud A, en el control u_1 tendremos un cambio de acción de control instantáneo directamente proporcional a A, de valor K_pA. En el control u_2, este valor será $K_pAb < K_pA$. Esto permite más posibilidades de ajustar el control para tener respuestas rápidas a las perturbaciones (K_p grande) y mantener las respuestas a la referencia sin sobrepaso (b pequeñas). Claramente, el control 2 tiene ventajas al permitir un ajuste más adecuado de las dos respuestas.

Tenga en cuenta que b solo tiene un efecto sobre el transitorio de la respuesta. En estado estacionario la señal de control final u_f será la misma en ambos controladores, así como el valor de equilibrio de la variable de proceso $y_f = r$, ya que el término integral del error $e = r - y$ es el que garantiza la convergencia de la señal de error para cero en ambas leyes de control. Por otro lado, como el punto de equilibrio del proceso es único, para ese y_f y para una perturbación dada hay un valor único de u_f. La diferencia entre los controles 1 y 2 está en los valores de las acciones de control P e I en el estado estacionario, ya que en el caso 1 tendremos $u_{P1} = 0$ y $u_{I1} = u_f$, mientras que en el caso 2 tendremos $u_{P2} = K_py_f(b-1)$ y $u_{I2} - u_f - K_py_f(b-1)$.

Apéndice B

Kit experimental: control de velocidad de un motor de CC

En este Apéndice, presentamos un manual para configurar una plataforma de control digital experimental para probar varias de las metodologías presentadas a lo largo de este libro. El sistema propuesto permite el control de velocidad de un par motor-generador formado por motores de corriente continua (CC).

B.1. Kit experimental

El kit experimental propuesto, como se ilustra en la Figura B.1, tiene un bajo costo de montaje. Para su fabricación son necesarios los siguientes componentes:

- dos motores de CC de 5 V;
- un transistor MOSFET;
- una protoboard pequeña;
- cables de cobre (*jumpers*);

- un microcontrolador Arduino.

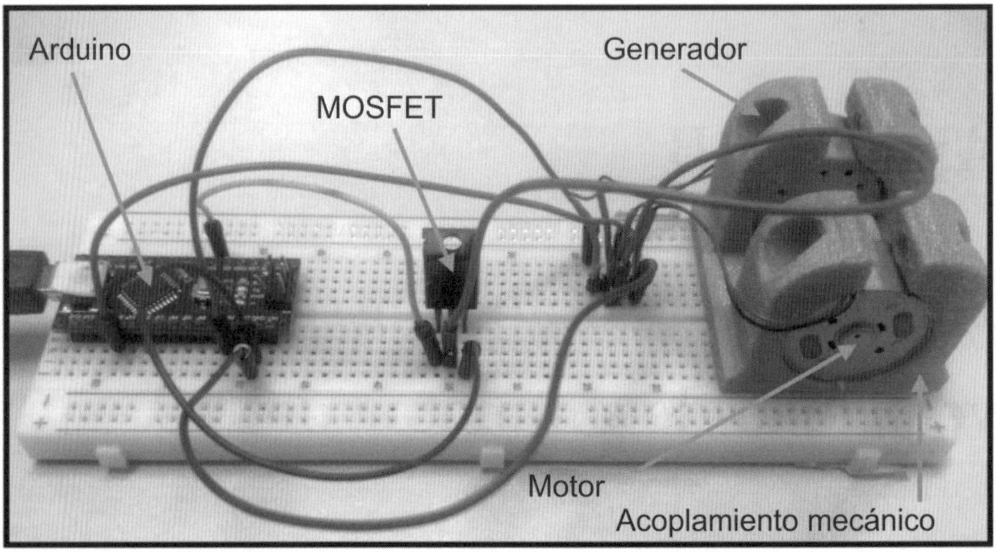

Figura B.1 – Foto del kit experimental elaborado por los autores.

Los dos motores se encuentran acoplados mecánicamente por su eje, como se muestra en la Figura B.2.

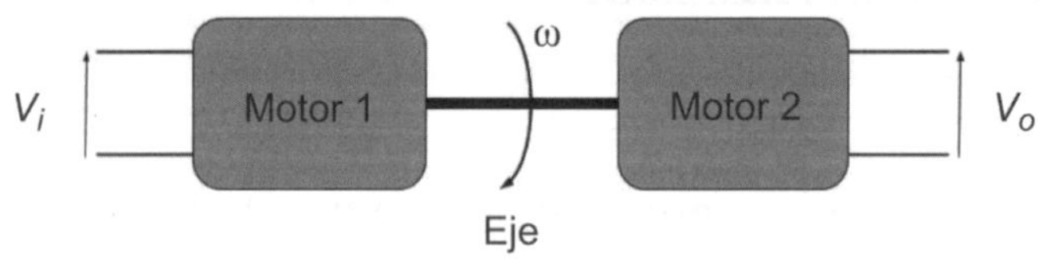

Figura B.2 – Montaje del proceso motor-generador.

El primer motor es impulsado por un voltaje de entrada $V_i(t)$ y girando a una velocidad de rotación ω, hace que el segundo motor se mueva, generando un voltaje $V_o(t)$ en los terminales del segundo motor. Por lo tanto, la señal de control del proceso es el voltaje de suministro del primer motor, a la izquierda en la figura; y la variable del proceso (señal medida) es el voltaje del segundo motor, a la derecha en la figura. Para simplificar, consideramos que el voltaje en las terminales del segundo motor son medidas de velocidad. En el kit, ambos voltajes pueden variar entre 0 y 5 V.

En este sistema, el controlador se implementará en un microcontrolador Arduino, que ya cuenta con un sistema de conversión analógico-digital y permite la comunicación con la computadora, en la que se escribirá el código de control.

Para la actuación, el Arduino envía un voltaje entre 0 y 5 voltios al primer motor, que por simplicidad, se implementará a través de la salida PWM del Arduino. Finalmente, el Arduino puede comunicarse con la computadora para enviar información y de esta forma, habilitar la visualización de gráficos, por ejemplo.

B.2. Modulación PWM

Explicaremos cómo funciona el modo Arduino PWM antes de presentar el sistema de montaje del kit.

Modulación de pulsos (del ingles, *pulse width modulation*) es una alternativa a la implementación de la actuación proporcional mediante un actuador *on-off*. Si la frecuencia utilizada para encender y apagar el actuador es mucho mayor que la inversa del período de tiempo promedio de la dinámica del sistema, entonces podemos considerar que el sistema recibe una actuación dada por el valor promedio de la señal de voltaje enviada. Piense, por ejemplo, en lo que sucede con los sistemas de iluminación de corriente alterna y nuestra percepción del fenómeno. Como la lámpara se enciende y apaga 60 veces por segundo, nuestros ojos no pueden reaccionar a esta variación tan rápida de la luz emitida por la lámpara, por lo que quedamos con la impresión de que está siempre encendida. Solo percibimos el valor medio de la luz emitida.

Para este caso de estudio, la señal PWM de amplitud de 5 V tiene la característica que se muestra en la Figura B.3.

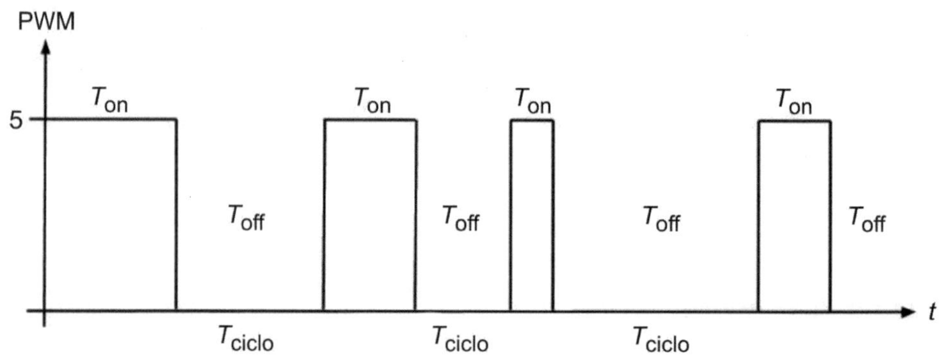

Figura B.3 – Señal tipo PWM.

Cada T_{Ciclo}, esta señal se define como 5 V por un tiempo T_{On} y como 0 V por un período de tiempo T_{Off}, tal que $T_{\text{Ciclo}} = (T_{\text{On}} + T_{\text{Off}})$.

El valor promedio del voltaje aplicado en un ciclo i es:

$$V_{\text{promedio}}(i) = \frac{(5T_{\text{On}}(i) + 0T_{\text{Off}}(i))}{T_{\text{Ciclo}}} = \frac{5T_{\text{On}}(i)}{T_{\text{Ciclo}}} \quad . \tag{B.1}$$

En una ventana de n ciclos, el valor promedio del voltaje aplicado a cada ciclo viene dado por:

$$V^{n}_{\text{promedio}} = \frac{1}{n}\sum_{i=1}^{n}\left(\frac{5T_{\text{On}}(i)}{T_{\text{Ciclo}}}\right) = \left(\frac{5}{nT_{\text{Ciclo}}}\right)\sum_{i=1}^{n}(T_{\text{On}}(i)) \quad . \tag{B.2}$$

Así, cuando regulamos cada período $T_{\text{On}}(i)$, podemos obtener un voltaje promedio dado entre 0 y 5 V. Es decir, la señal de control se convierte en el ancho de pulso que define el "On". Con este tipo de implementación no necesitamos un actuador de voltaje variable, sino solo un interruptor capaz de abrirse y cerrarse rápidamente. En el kit propuesto, el MOSFET se utiliza como interruptor electrónico, ya que es capaz de cambiar entre 0 y 5 voltios con una frecuencia muy alta.

En el caso del Arduino, este microcontrolador permite regular intervalos de tiempo de 256 para cada ciclo. Por lo tanto, podemos tener pulsos de 0 a 255 en el estado Activado, de un total de 256 ciclos posibles. Considerando que el voltaje de "On" es 5 V, esto nos permite regular el valor promedio con una variación de $\frac{5}{255} \approx 0{,}02$ V por muestra, es decir, podemos aumentar o disminuir el voltaje aplicado en pasos de 0,02 V, aproximadamente. Esta resolución de voltaje es suficiente para nuestra aplicación y podemos considerar que el sistema de actuación PWM con el interruptor se puede modelar como un actuador proporcional, para el cual el voltaje aplicado es proporcional al período de tiempo en el estado "On".

El transistor MOSFET se ilustra en la Figura B.4. Como se mencionó, este elemento electrónico funciona como un interruptor: si el voltaje aplicado al pin 1 es 5 V, el interruptor está cerrado y por lo tanto, el voltaje en el pin 2 es igual al voltaje en el pin 3; si el voltaje aplicado al pin 1 es cero (0 V), el interruptor está abierto y por lo tanto, no fluye corriente entre los pines 2 y 3.

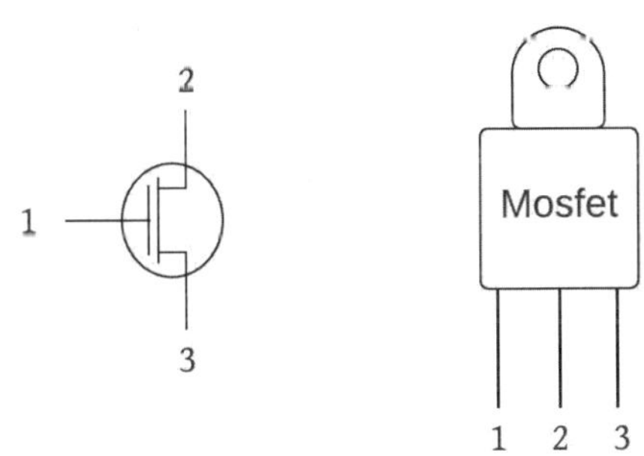

Figura B.4 – Transistor tipo MOSFET.

B.3. Circuito electrónico

La implementación de este kit experimental sigue el esquema que se muestra en la Figura B.5. El elemento en el centro es el transistor MOSFET. Los dos motores con acoplamiento mecánico se muestran a la derecha de la figura (este acoplamiento se puede construir con un tubo de plástico del diámetro adecuado). Como se muestra en la figura, la señal de control generada por Arduino en su puerto PWM se usa para activar el MOSFET que actúa como interruptor.

En este esquema, se considera:

1. A0: Entrada analógica del Arduino.

2. GND: Puesta a tierra.

3. PWM: Salida PWM del Arduino.

4. 5V: Salida del Arduino en 5 V.

5. USB: Cable de conexión con la computadora, comunicación y alimentación en 5 V.

Ahora discutiremos cómo funciona la llave electrónica en el esquema. El motor 1 está conectado al terminal positivo de 5 V y el terminal negativo al pin 2 del MOSFET. Por lo tanto, cuando el MOSFET se activa con 5 V en el pin 1, cierra el interruptor y el terminal negativo del motor estará conectado a tierra, por lo que estaremos aplicando 5 V a la entrada del motor 1. Cuando el MOSFET se active con 0 V en el pin 1, abre el interruptor y evita que la corriente pase a través del motor 1.

Finalmente, para completar el esquema, el motor que funciona como generador debe estar conectado al Arduino de tal manera que el voltaje aplicado al puerto de lectura analógica A0 sea positivo. Tenga en cuenta que este voltaje depende del sentido de rotación del motor. Por lo tanto,

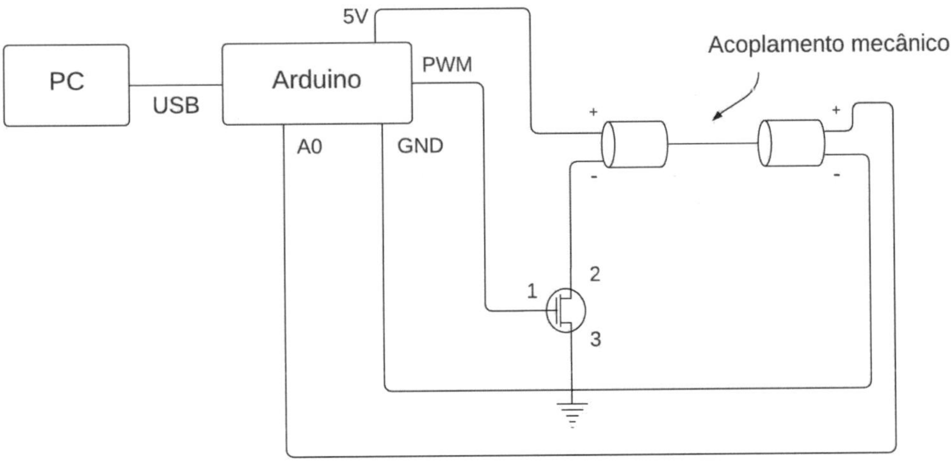

Figura B.5 – Circuito de implementación del kit experimental.

verifique el voltaje del sentido de rotación, con un *tester*, antes de conectar el motor a la puerta A0 del Arduino.

Este kit se ensambla de acuerdo con los siguientes pasos:

- Paso 1: Fije los motores a la placa de pruebas con pegamento caliente o silicona. Acople los motores por el eje y compruebe si hay deslizamiento.

- Paso 2: Realice todas las conexiones a tierra (GND). No conecte el generador al puerto A0.

- Paso 3: Conecte el cable USB. Cargue el programa en el Arduino usando la interfaz de la aplicación Arduino (detalles a continuación). Realice un experimento de lazo abierto, es decir, envíe una señal al motor a través del puerto PWM y usando un *tester*, verifique el voltaje en el generador. Después de identificar la polaridad del voltaje, conecte el cable de salida (+) del generador a la puerta A0. Compruebe si se recibe la señal y si puede ver la medición de velocidad.

- Paso 4: Realice varios experimentos en lazo abierto para ver todas las señales y analizar el comportamiento del sistema.

B.4. Tutorial de comunicación con Arduino

La comunicación entre la computadora y el microcontrolador Arduino debe realizarse utilizando software propietario para ese sistema. Toda la documentación e instrucciones para instalar este software están disponibles en *https://www.arduino.cc*, para los más diversos sistemas operativos.

A continuación, detallaremos cómo se puede elaborar un código básico para la implementación de sistemas de control de velocidad, en el kit experimental, a través del microcontrolador Arduino. Para ello, consideremos que el kit está correctamente montado, como se describe en el esquema de montaje anterior. Destacamos, además, que el microcontrolador Arduino opera mediante instrucciones elaboradas en códigos en el lenguaje propietario del sistema, pero muy similar a C.

En un primer paso, debemos definir los puertos de lectura y envío de señales entre el Arduino y el banco experimental. Considerando que la señal de actuación se realiza a través de la puerta analógica A0 y que la adquisición de la señal de medición digital se realiza a través de la puerta digital 11, el código de implementación debe comenzar de la siguiente manera:

```
#define MEDICION A0
#define ACTUACION 11
```

A continuación, debemos definir los parámetros de los controladores (K_p, T_i, etc) como tipo de constantes volátiles *float*:

```
volatile const float Kp = 1;
volatile const float Ti = 1;
```

Luego debemos proceder con el arranque del sistema. Para hacerlo, debemos inicializar los puertos de Arduino como puertos de datos de lectura (adquisición) o envío (actuación). Además, establecemos la tasa de envío de información a través de canales de comunicación (*Baud Rate*). Para el propósito de este trabajo, una tasa de 9600 muestras por unidad de tiempo es suficiente. El código de inicialización es el siguiente:

```
void setup() {
  Serial.begin(9600);
  pinMode(ACTUACION, OUTPUT);
  pinMode(MEDICION, INPUT);
}
```

Finalmente, debemos escribir el bucle principal de operación de Arduino. En este bucle, debe ser implementada la lógica del sistema de control. A modo de ejemplo, presentamos a continuación un lazo que implementa una lógica de control *on-off* y presenta la señal medida de la variable de proceso en el canal serial. Tenga en cuenta que las señales se miden entre 0 y 255, según la explicación anterior. En este ejemplo, la banda de encendido-apagado se define entre 100 y 200 unidades.

```
void loop()
{
    float uanterior = 0;
    if (analogRead(MEDICION) < 100){
        uanterior = 255;
        analogWrite(ACTUACION, uanterior);
    }
    else if (analogRead(MEDICION) > 200){
        uanterior = 0;
        analogWrite(ACTUACION, uanterior);
    }
    else{
        analogWrite(ACTUACION, uanterior);
    end
```

```
    Serial.print(analogRead(MEDICION));
    Serial.print("\t");
}
```

Enfatizamos que se pueden definir funciones separadas para el funcionamiento de este microcontrolador antes del bucle principal y operar dentro de él. Como ejemplo, considere la siguiente función que calcula una señal de control proporcional, dentro de los límites de actuación, basándose en una señal de error.

```
void controlProporcional (float erro) {
    if(erro < 0){
        analogWrite(ACTUACION, 0);
    }
    else if(Kp*erro > 255){
        analogWrite(ACTUACION, 255);
    }
    else{
        analogWrite(ACTUACION,Kp*erro);
    }
}
```

Apéndice C

Simuladores de procesos

Para que las estrategias de control presentadas a lo largo de este libro puedan ser probadas y analizadas, hemos incluido dos herramientas de simulación como material didáctico complementario.

Estas herramientas son gratuitas y permiten la simulación de procesos SISO modelados por la siguiente EDO:

$$\tau\frac{dy(t)}{dt} + y(t) = K_e u(t) + K_q q(t) \quad . \tag{C.1}$$

Estas herramientas también consideran el ruido de medición, como:

$$y_m(t) = y(t) + \nu(t) \quad , \tag{C.2}$$

donde $y_m(t)$ es la señal medida que se refiere a la variable de proceso, utilizada por una estrategia de control para formalizar una acción de control $u(t)$. Las perturbaciones $q(t)$ son del tipo escalón, al igual que la señal de referencia $r(t)$.

Las herramientas son las siguientes:

1. Herramienta implementada en Matlab desarrollada por los autores de este libro, disponible en **http://livro.link/sbanm01**.

2. Herramienta que se ejecuta directamente en los sistemas operativos Windows, Linux y Macintosh, desarrollada por los profesores José Luis Guzmán, Karl J. Åström, Sebastián Dormido, Tore Hägglund e Yves Piguet, disponible en **http://livro.link/sbanm02**.

En los enlaces anteriores, se incluyen instrucciones y detalles para usar cada una de estas herramientas.

Biografía de los autores

Julio Elias Normey-Rico Licenciado en Ingeniería Electrónica por la Universidad Nacional de La Plata (1986), Magíster en Ingeniería Eléctrica por la Universidad Federal de Santa Catarina (1989) y Doctor en Robótica Automática y Electrónica - Universidad de Sevilla (1999). Actualmente es Catedrático de la Universidad Federal de Santa Catarina, investigador 1A del CNPq, coordinador de varios proyectos de investigación en áreas energéticas y miembro del comité editorial del Congreso Internacional de Energías Renovables y de la revista Frontiers. Coordina diversas alianzas con la industria del sector energético y acuerdos de cooperación internacional (Argentina, Uruguay, España, Chile e Italia) y coordina el Grupo de Investigación en Energías Renovables de la Universidad Federal de Santa Catarina. Tiene experiencia en Ingeniería de Control y Automatización, con énfasis en Control de Procesos, actuando en los siguientes temas: control de sistemas con retardo y control predictivo, con aplicaciones en diversos sectores, principalmente en petróleo y gas natural y energías renovables así como en sistemas epidemiológicos. Es autor de más de 330 artículos de conferencias y revistas y ha publicado cuatro capítulos de libros y un libro de texto (*Control of Dead-Time Processes*, Springer). Ha impartido disciplinas sobre control de procesos y sistemas lineales desde 1990, participando como profesor invitado en varias universidades y habiendo impartido cursos sobre la materia para el sector industrial. Fue conferencista invitado en varios congresos nacionales e internacionales y ha dirigido más de 60 tesis de doctorado y maestría. Desde el año 2000, ha sido miembro del comité de varios congresos nacionales relacionados con el control automático y recientemente, fue Coordinador General del Simposio IFAC DYCOPS 2019.

Marcelo Menezes Morato es candidato a doctorado en Automatización y Sistemas en la Universidad Federal de Santa Catarina (UFSC) y en Automatización y Producción en la Université Grenoble-Alpes, Francia. Es miembro del Grupo de Investigación en Energías Renovables (GPER/UFSC) y del GIPSA-Lab (Grenoble, Francia). Es Ingeniero de Control y Automatización (2018, Summa Cum Laude) y Magister en Ingeniería de Automatización y Sistemas (CNPq, 2019), egresado de la misma institución. Actuó como profesor substituto contratado en el Departamento de Automatización y Sistemas de la UFSC (2019-2020) y en el Instituto Politécnico de Grenoble (2022). Durante varios años (2016-2022) actuó como asistente de profesor en disciplinas de control de procesos. Es autor de más de cuarenta y seis artículos de conferencias y revistas. Actualmente, también es revisor de varias revistas y congresos internacionales y colabora en la co-dirección de estudiantes de grado en proyectos de investigación. En el 2019, fue galardonado con el premio *Green Talents* del gobierno alemán, otorgado a jóvenes científicos con investigaciones relevantes en el área de la sustentabilidad. En el 2020, fue honrado por la Municipalidad de Florianópolis con la Medalla João David Ferreira Lima por los servicios relevantes prestados a la educación superior en el municipio.

Lista de figuras

GRÁFICA PAYM
Tel. [11] 4392-3344
paym@graficapaym.com.br